Technische Elektronik

Von

Dr.-Ing. Max Knoll

o. Professor an der
Technischen Hochschule München

und

Dr.-Ing. Joseph Eichmeier

Oberingenieur an der
Technischen Hochschule München

Zweiter Band

Stromsteuernde und elektronenoptische Entladungsgeräte

Mit 303 Abbildungen

Springer-Verlag

Berlin/Heidelberg/New York

1966

ISBN-13: 978-3-642-92916-8   e-ISBN-13: 978-3-642-92915-1
DOI: 10.1007/978-3-642-92915-1

Titel Nr. 1243

Vorwort

Im ersten Band des Buches über „Technische Elektronik" wurden die Grundlagen der Hochvakuum-, Gas- und Festkörper-Entladungsgeräte, die wichtigsten Verfahren zur Herstellung dieser Geräte und die Vakuumtechnik behandelt. Der vorliegende zweite Band setzt den Inhalt des ersten Bandes als bekannt voraus und befaßt sich vorwiegend mit den Entladungsgeräten selbst, ihren verschiedenen Eigenschaften, Formen, Daten und Dimensionierungsformeln. Beide Bände entstanden aus Vorlesungen über Technische Elektronik, die von 1947 bis 1956 an der Universität Princeton und von 1956 bis heute an der Technischen Hochschule München gehalten wurden.

Der Inhalt des zweiten Bandes ist in zwei Kapitel gegliedert: im ersten werden die stromsteuernden Hochvakuum-, Gas- und Festkörper-Entladungsgeräte, im zweiten Teil die elektronenoptischen Geräte (einschließlich der Teilchenbeschleuniger) behandelt. Vom ersten Kapitel ist einiges aus den Abschnitten über Hochvakuumröhren bereits im Band I gebracht worden. Dies geschah mit Rücksicht auf die Studenten der Starkstromtechnik und anderer Fachrichtungen, für die im wesentlichen die Kenntnis der Grundlagen der Elektronik als ausreichend angesehen wird. Vom zweiten Kapitel gehen die Abschnitte I und III auf ein Manuskript von M. KNOLL und G. WENDT zurück, dessen Veröffentlichung infolge der Ereignisse des letzten Krieges unterbleiben mußte. Der Schluß des zweiten Bandes enthält eine Aufgabensammlung über den Inhalt beider Bände. Sie soll dem Leser die Möglichkeit bieten, einen Teil des Stoffes an Hand von praktischen Rechenbeispielen zu erarbeiten.

Das Literaturverzeichnis stellt wie im ersten Band nur eine bescheidene, vorwiegend nach pädagogischen Gesichtspunkten getroffene Auswahl aus dem umfangreichen Schrifttum über die „Technische Elektronik" dar. Zusammenfassende Darstellungen größerer Teilgebiete der Elektronik sind mit einem Sternchen gekennzeichnet.

Für das Korrekturlesen des Manuskripts bzw. für wertvolle Hinweise danken wir den Herren Dr. rer. nat. W. DOMMASCHK, Dr. rer. nat. W. HARTH, Dipl.-Ing. M. HARTL, Dr.-Ing. I. RUGE und Dipl.-Ing. F. SCHÄFF, für wesentliche Hilfe beim Entwurf und Anfertigen der Abbildungen den Herren Dipl.-Ing. J. TIEMANN, E. LANGE, V. KACHEL und H. GERBER. Dem Verlag gebührt unser Dank für die sorgfältige Berücksichtigung aller unserer Wünsche und für die gute Ausstattung des Buches.

München, im Januar 1966   **M. Knoll · J. Eichmeier**

Inhaltsverzeichnis

Inhaltsverzeichnis

V

Kapitel 2

Elektronenoptische Geräte

Inhaltsverzeichnis   XI

Verzeichnis der wichtigsten Symbole

A	[A/cm² °K²]	erste Richardson-Konstante
A	[1/cm Torr]	erste Townsend-Konstante
A_E, A_M	[—]	Auflösungsvermögen von elektrischen bzw. magnetischen Spektrographen
A_e, A_m	[—]	Ablenkvermögen von elektrischen bzw. magnetischen Ablenkorganen
A_t	[mA/Wcm²]	thermische Elektronenausbeute
a	[—]	Transformationsfaktor
α	[°]	Winkel
α	[1/cm]	Townsendscher Ionisierungskoeffizient
α	[V/°K]	Thermokraft
B	[Vs/cm²]	magnetische Induktion
B	[°K]	zweite Richardson-Konstante
B	[V/cm Torr]	zweite Townsend-Konstante
B_l	[Lux]	Beleuchtungsstärke
β, β_a	[—]	Formfaktor bei Dioden
β	[eV/°K]	Änderung der Breite des verbotenen Bandes
C	[F]	Kapazität
C_B	[—]	Belowsche Konstante
C_T	[—]	Tanksche Konstante
c	[cm/sec]	Lichtgeschwindigkeit*
γ	[p/cm³]	spezifisches Gewicht
D	[cm²/sec]	Diffusionskonstante
D	[—]	Durchgriff
D_a	[—]	Anodendurchgriff
D_b	[—]	Bremsgitterdurchgriff
D_s	[—]	Schirmgitterdurchgriff
d	[cm]	Schichtdicke, Abstand von Elektroden
δ	[—]	Sekundäremissionskoeffizient
δ_E	[Å]	Auflösungsvermögen eines Elektronenmikroskops
E	[V/cm]	elektrische Feldstärke
E	[Ws, eV]	Energie
e	[As]	Elektronenladung (Elementarladung)*
e_e, e_m	[cm/V, cm/A]	Ablenkempfindlichkeit elektrischer bzw. magnetischer Ablenkorgane
e_p	[µA/Lm]	Lumen-Empfindlichkeit
ε_0	[As/Vcm]	Dielektrizitätskonstante des Vakuums*
ε_r	[—]	relative Dielektrizitätskonstante
F	[cm²]	Fläche, Oberfläche
f	[Hz]	Frequenz
f_g	[Hz]	Grenzfrequenz
f	[cm]	Brennweite

* Siehe Anhang, S. 380.

f_1, f_2	[cm]	gegenstand- bzw. bildseitige Brennweite
Φ	[Vsec]	Induktionsfluß
φ	[°]	Drehwinkel
G	[W/cm²]	Güte einer Röntgenröhre
g	[cm/sec²]	Erdbeschleunigung
g	[cm]	Gitter-Kathoden-Abstand
η	[—]	Wirkungsgrad
η	[—]	Stromverstärkungsfaktor
η	[g/sec cm]	Zähigkeitskoeffizient
H	[A/cm]	magnetische Feldstärke
h	[Ws²]	Plancksches Wirkungsquantum*
I	[A, mA, μA]	Stromstärke
I_H	[A]	Heizstrom
I_a	[A, mA]	Anodenstrom
I_d	[A]	Durchlaßstrom
I_e	[A, mA]	Emissionsstrom
I_k	[A, mA]	Kathodenstrom
I_{ph}	[μA]	Photostrom
I_s	[mA]	Sättigungsstrom
j	[A/cm²]	Stromdichte
j_n, j_{an}	[mA/cm²]	Stromdichte bei normaler bzw. anormaler Glimmentladung
j_s	[mA/cm²]	Emissionsstromdichte
K	[p, Ws/m]	Kraft
K	[mA/V³ᐟ²]	Raumladungskonstante
K	[cd]	Lichtstärke
k	[Ws/°K]	Boltzmannsche Konstante*
$\varkappa$	[cal/cm sec °K, W/cm°K]	Wärmeleitfähigkeit
L, l	[cm]	Länge
L	[Lm]	Lichtfluß
L	[Moleküle/Mol]	Loschmidtsche Zahl*
λ	[cm, Å]	Wellenlänge
λ_{max}	[cm]	langwellige Grenze
λ_e, λ_i	[cm]	mittlere freie Weglänge von Elektronen bzw. Ionen
λ	[—]	Zerfallskonstante
M	[Ws³/cm²]	Teilchenmasse
m, m_e	[Ws³/cm²]	Elektronenmasse
m_i	[Ws³/cm²]	Ionenmasse
μ	[—]	Atomgewicht
μ	[1/cm]	Absorptionskoeffizient
μ	[—]	Leerlaufspannungsverstärkung
μ	[—]	Gittersteuerverhältnis
μ_0	[Vsec/Acm]	Permeabilität des Vakuums*
μ_n, μ_p	[cm²/Vs]	Beweglichkeit von Elektronen bzw. Löchern
N	[—]	Teilchenzahl, Besetzungsdichte eines Energieniveaus
N	[W]	Leistung
N_D	[r/h]	Dosisleistung
N_H	[W]	Heizleistung
N_R	[W]	Strahlungsleistung einer Röntgenröhre
N_a	[W]	Anodenverlustleistung

* Siehe Anhang. S. 380.

Symbol	Einheit	Bedeutung
N_f, N_λ	[W]	spektrale Röntgenstrahlleistung
n	[1/cm³]	Teilchenkonzentration, Elektronenkonzentration im Halbleiter
n	[1/sec]	Drehzahl
n	[—]	optischer Brechungsindex
n	[1/cm]	Stab- bzw. Wendelzahl eines Gitters
n	[—]	Windungszahl
n_A	[1/cm³]	Akzeptorkonzentration
n_D	[1/cm³]	Donatorkonzentration
P	[—]	Zahl der Elektron-Loch-Paare
p	[Torr]	Druck
p	[1/cm³]	Löcherkonzentration im Halbleiter
Q, q	[As]	Ladung
Q	[Ws/cm³ °K]	Wärmekapazität pro cm³
R	[Ω]	Ohmscher Widerstand
R, r	[cm]	Radius allgemein
R_H	[cm³/As]	Hallkonstante
R_s	[cm]	Sollkreisradius bei Beschleunigern
R_a	[Ω]	Außenwiderstand, Anodenwiderstand
R_i	[Ω]	Innnenwiderstand
r_a	[cm]	Anodenradius
r_k	[cm]	Kathodenradius
Δr	[cm]	Bildfehlerradius
ϱ	[g/cm³]	Dichte eines Stoffes
ϱ	[As/cm³]	Raumladungsdichte
ϱ_T	[Ω mm²/m]	spezifischer Widerstand
S	[mA/V]	Steilheit
s	[cm]	Schubweg
s_0	[1/cm Torr]	spezifische Ionisierung
σ	[1/Ω cm]	elektrische Leitfähigkeit
σ_n, σ_p	[1/Ω cm]	durch Elektronen bzw. Löcher hervorgerufene Leitfähigkeit eines Halbleiters
T	[°K]	absolute Temperatur
T	[sec]	Periodendauer
T_s	[°K]	Schmelztemperatur
T_a	[°K]	Anodentemperatur
T_b	[°K]	Betriebstemperatur
T_h	[sec]	Halbwertzeit
t	[sec]	Zeit
t_e	[μsec]	Entionisierungszeit
t_i	[μsec]	Ionisierungszeit
τ	[sec]	Laufzeit
τ	[μsec]	Lebensdauer
U	[V]	Spannung
U_A, U_K	[V]	Austrittsspannung der Anode bzw. Kathode
U_D	[V]	Diffusionsspannung
U_H	[V]	Heizspannung
U_H	[V]	Hallspannung
U_L	[V]	Lochscheibenspannung
U_N	[V]	Netzelektrodenspannung
U_R	[V]	Rohrelektrodenspannung
U_s	[V]	Schwellenspannung

Symbol	Einheit	Bedeutung
U_T	[V]	Temperaturspannung
U_a	[V]	Anodenspannung
U_{br}	[V]	Durchbruchspannung
U_g	[V]	(Steuer-) Gitterspannung
U_k	[V]	Kontaktspannung
U_k	[V]	Kathodenfall
U_m	[V]	Tiefe des Potentialminimums vor der Kathode
U_p	[V]	Plasmapotential
U_p	[V]	Ablenkspannung
U_r	[V]	Raumladegitterspannung
U_s	[V]	Schirmgitterspannung
U_s	[V]	Sondenpotential
U_{sp}	[V]	Sperrspannung
U_{st}	[V]	Steuerspannung
U_w	[V]	wirksame Spannung in einer Diode
U_z	[V]	Zündspannung
U_0	[V]	Voltäquivalent der Austrittsgeschwindigkeit von Elektronen
V	[cm³]	Volumen
V	[−]	Stromverstärkung von Sekundärelektronen-Vervielfachern
V	[−]	Abbildungsmaßstab, Vergrößerung
v, v_0	[cm/sec]	Teilchengeschwindigkeit
v_d	[cm/sec]	Driftgeschwindigkeit
v_p	[cm/sec]	Phasengeschwindigkeit
W	[eV]	Austrittsarbeit
W_H	[eV]	Austrittsarbeit eines Halbleiters
W_M	[eV]	Austrittsarbeit eines Metalls
w	[cm]	Basisschichtdicke
ω	[1/sec]	Winkelgeschwindigkeit, Kreisfrequenz
x	[cm]	Ortskoordinate
x_m	[cm]	Abstand des Potentialminimums bzw. -maximums von der Kathode
x_m, x_e	[cm]	Ablenkung durch elektrische bzw. magnetische Ablenkorgane
y	[cm]	Ortskoordinate
y_m, y_e	[cm]	Ablenkung durch elektrische bzw. magnetische Ablenkorgane
Z	[−]	Ordnungszahl eines Elements
z	[cm]	Ortskoordinate
z	[1/°K]	thermoelektrische Effektivität

Kapitel 1

Stromsteuernde Hochvakuum-, Gas- und Festkörper-Entladungsgeräte

I. Hochvakuumdioden und ihre Entladungsformen

A. Energieprofile emittierter Elektronen zwischen Kathode und Anode

1. „Kontaktspannung" U_k

Verbindet man zwei Metalle durch direkte Berührung miteinander (vgl. Abb. 1), so entsteht an der Kontaktstelle eine Potentialdifferenz, die sogenannte *Kontaktspannung U_k*, die gleich der Differenz der Austrittsspannungen der beiden Metalle ist. Das Metall mit der *höheren* Austrittsarbeit wird dabei *negativ* gegenüber dem mit kleinerer Austrittsarbeit.

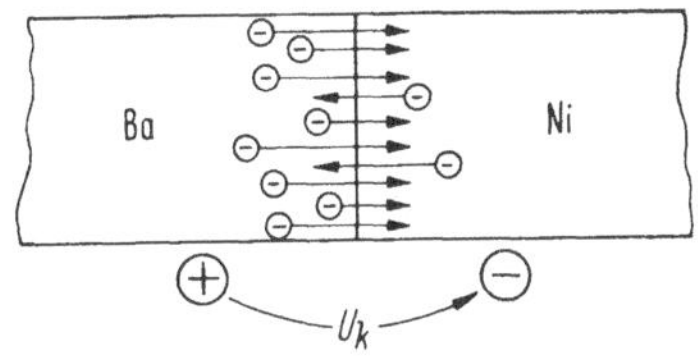

Beispiel: Handelt es sich bei den beiden Metallen um Barium (Austrittsspannung $U_{Ba} = 1{,}6$ V) und Nickel ($U_{Ni} = 4{,}0$ V), so wird die Kontaktspannung $U_k = U_{Ni} - U_{Ba} = 4{,}0 - 1{,}6 = 2{,}4$ V; das Barium lädt sich dabei positiv gegenüber dem Nickel auf.

Abb. 1. Entstehung der Kontaktspannung U_k zwischen zwei sich berührenden Metallen durch überwiegenden Elektronenübergang vom Metall niedrigerer Austrittsarbeit (z. B. Barium) in das höherer Austrittsarbeit (z. B. Nickel).

Die Kontaktspannung ist nicht direkt meßbar. Sie kommt dadurch zustande, daß das Metall mit der kleineren Austrittsarbeit bei gleicher Temperatur mehr Elektronen emittiert (d. h. verliert) als das Metall mit der größeren Austrittsarbeit; das erstere lädt sich daher positiv auf.

Bei *Hochvakuumröhren* tritt diese Kontaktspannung U_k zwischen Kathode und Anode in Erscheinung, auch wenn diese sich nicht berühren (vgl. Bd. I, S. 36). Es muß nur ein Elektronenstrom (z. B. der Anlaufstrom) zwischen ihnen fließen und ihre Oberflächen müssen aus verschiedenem Material bestehen, also auch verschiedene Austrittsarbeiten haben. In einer Hochvakuumdiode ist die Kontaktspannung

$$U_k = U_K - U_A \tag{1}$$

($U_K = $ Austrittsspannung der Kathode, $U_A = $ Austrittsspannung der Anode; die zugehörigen Austrittsarbeiten sind $W_K = e U_K$ und $W_A = e U_A$: $e = $ Elementarladung $= 1{,}6 \cdot 10^{-19}$ As).

Bei Röhren mit Oxydkathoden ist gewöhnlich $U_K < U_A$, die Kontaktspannung U_k also *negativ*; das Kontaktfeld wirkt daher bei solchen Röhren stets als Bremsfeld. Dies hat zur Folge, daß die zwischen Kathode und Anode *wirksame* Spannung U_w (vgl. Abb. 2) nicht mit der äußeren Anodenspannung U_a übereinstimmt. Dabei gilt folgendes:

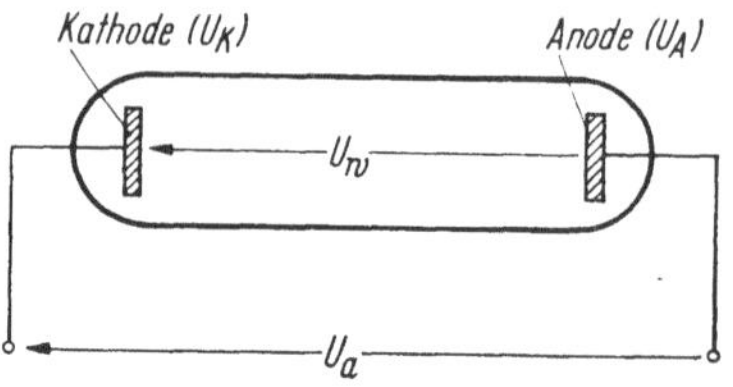

Abb. 2. Wirksame Spannung U_w in einer Diode, an der eine äußere Anodenspannung U_a liegt. U_K, U_A = Austrittsspannungen.

a) Ist $U_a = 0$ (vgl. Abb. 3a), so ist (im Falle $U_K < U_A$) die in der Röhre wirksame *Gegen*spannung U_{w1}:

$$U_{w1} = -U_k. \tag{1a}$$

U_{w1} wirkt auf die von der Kathode emittierten Elektronen bremsend.

b) Ist $U_a < 0$ (Anlaufstromgebiet; vgl. Abb. 3b), so ergibt sich die wirksame Anoden*gegen*spannung U_{w2}, d. h. derjenige Teil der äußeren Anoden*gegen*spannung U_a, der in der Röhre selbst vorhanden ist, aus der Gleichung[1]:

$$U_a = U_K + U_{w2} - U_A = U_{w2} + U_k; \tag{2}$$

$$U_{w2} = U_a - U_k. \tag{2a}$$

U_{w2} wirkt auf die von der Kathode emittierten Elektronen ebenfalls bremsend. Für $U_a = 0$ geht Gl. (2a) in Gl. (1a) über. U_{w2} ist anstelle von U_a in das Anlaufstromgesetz [Gl. (11) bzw. (13)] einzusetzen, wenn Anode und Kathode aus verschiedenem Material bestehen.

c) Ist $U_a > 0$ (Raumladungsgebiet; vgl. Abb. 3c), so erhält man die wirksame Anodenspannung U_{w3} aus der Beziehung[1]:

$$U_a = U_A + U_{w3} - U_K = U_{w3} - U_k; \tag{3}$$

$$U_{w3} = U_a + U_k. \tag{3a}$$

U_{w3} wirkt auf die von der Kathode emittierten Elektronen beschleunigend, solange (im Fall $U_K < U_A$) $|U_a| > |U_k|$ ist. Bei hohen (positiven) äußeren Anodenspannungen (d. h. für $U_a \gg U_A$ bzw. U_K) ist die Kontaktpotentialdifferenz U_k gegenüber U_a vernachlässigbar.

---

[1] U_a ist in diesen Gleichungen jeweils positiv einzusetzen.

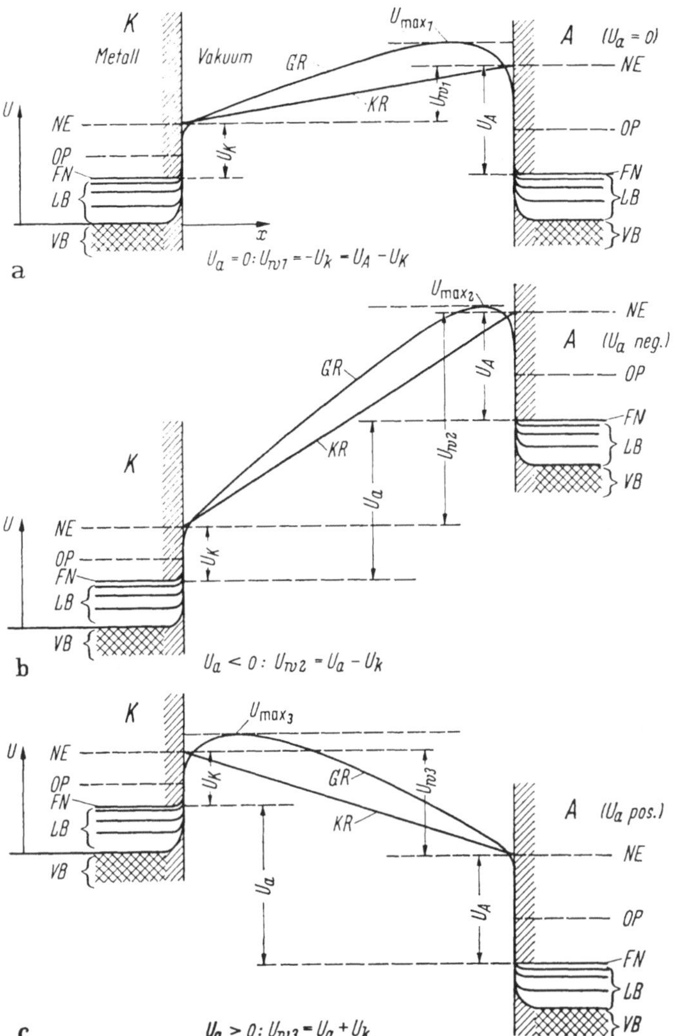

Abb. 3 a—c. Energieprofile in einer Elektronenröhre mit ebenen Elektroden für $U_K < U_A$ (bremsendes Kontaktfeld).

a) Kontaktfeld allein ($U_a = 0$); b) Kontaktfeld mit zusätzlichem Bremsfeld infolge einer negativen äußeren Anodenspannung U_a; c) Kontaktfeld mit zusätzlichem Beschleunigungsfeld infolge einer positiven äußeren Anodenspannung U_a.

U = negatives Potential (entspricht der potentiellen Energie $E_p = eU$ der von der Kathode emittierten Elektronen);

U_{w1}, U_{w2}, U_{w3} = wirksame Spannung in der Röhre;

U_K, U_A = Austrittsspannung der Kathode bzw. Anode;

U_a = Anodenspannung;

U_{max_1} = Potentialmaximum, das bei $U_a < 0$ näher an der Anode (U_{max_2}), bei $U_a > 0$ dagegen näher an der Kathode (U_{max_3}) liegt;

NE = niedrigstes Emissionsniveau, OP = Oberflächenpotentialniveau, FN = Fermi-Niveau, LB = Leitungsband, VB = Valenzband;

GR = Potentialverlauf bei großer Raumladung (hohem Strom), KR = Potentialverlauf bei vernachlässigbar kleiner Raumladung (kleinem Strom).

1*

2. Energieprofile für $U_K < U_A$ (bremsendes Kontaktfeld; Fall der stromsteuernden Glühkathodenröhren)

Die durch die Gln. (1a), (2a) und (3a) beschriebenen Verhältnisse lassen sich anschaulich anhand von Elektronenenergieprofilen darstellen, die sich zwischen Kathode und Anode auf Grund der Kontaktspannung ausbilden (vgl. Abb. 3). In Abb. 3a ist der Potentialverlauf zwischen Kathode und Anode einer Diode für den Fall $U_a = 0$ (Kontaktfeld allein) gezeichnet. Abb. 3b gilt für eine kleine negative Anodenspannung und Abb. 3c zeigt die Verhältnisse bei schwacher positiver Anodenspannung. Die Anodenspannung wurde hier absichtlich klein gewählt (etwa 5 V), um den Einfluß der Kontaktpotentialdifferenz sichtbar werden zu lassen. Ähnliche Energieprofile erhält man auch für die Triode, wenn man sich deren Dreielektrodensystem durch ein äquivalentes Diodensystem ersetzt denkt (SCHRADER [21]).

Das bisher Gesagte gilt streng nur für Kathoden aus reinem Metall. Für Oxydkathoden ist der Emissionsmechanismus komplizierter. Die Austrittsarbeit ist hier eine Funktion des Stromes und der Temperatur. Diese Einflüsse können jedoch bei Messungen an Elektronenröhren meist vernachlässigt werden.

Auch durch andere Ursachen, z. B. durch verschiedene Bedampfung des Steuergitters mit Barium, kann dessen Austrittsarbeit und damit die Kontaktspannung zwischen Gitter und Kathode für jede Röhre individuell um ein bis einige Volt variieren. Da die Gittervorspannung meist auch nur einige Volt beträgt, kann dies eine erhebliche Verschiebung der Röhrenkennlinien bedeuten. Die Folge davon ist ein schlechtes Arbeiten der Röhre in der für die ursprüngliche Kennlinie dimensionierten Schaltung (vgl. Bd. I, S. 261).

3. Energieprofile für $U_K > U_A$ (beschleunigendes Kontaktfeld; Fall des thermionischen Energiewandlers)

Ist in einer Diode die Austrittsarbeit der Kathode größer als die der Anode, besteht also z. B. die Anode aus einer Ag_2O–Cs-Schicht ($U_A = 1,5$ V) und die Kathode aus Molybdän ($U_K = 3$ V), so erhält man anstelle des bremsenden Kontaktfelds der Abb. 3a das Kontakt-Beschleunigungsfeld der Abb. 4a. Durch dieses Feld gelangen (bei Vernachlässigung von Raumladungserscheinungen) alle von der Kathode emittierten Elektronen zur Anode, ohne daß dazu eine beschleunigende äußere Anodenspannung erforderlich wäre. Besteht zwischen Kathode und Anode keine leitende Verbindung, so hat der Elektronenstrom zur

Folge, daß sich die Anode gegenüber der Kathode so weit negativ auf-
lädt, bis das den Elektronenfluß verursachende beschleunigende Kontaktfeld abgebaut ist (vgl. Abb. 4 b). Zwischen Kathode und Anode (in diesem Fall auch Emitter bzw. Kollektor genannt) entsteht dadurch eine
Klemmenspannung U_o, die im Leerlauffall ungefähr gleich der Kontaktpotentialdifferenz zwischen beiden Elektroden, bei Stromentnahme
wegen des endlichen Innenwiderstandes dagegen kleiner als diese ist.
Die Anordnung wirkt demnach als Energiewandler (Konverter). in

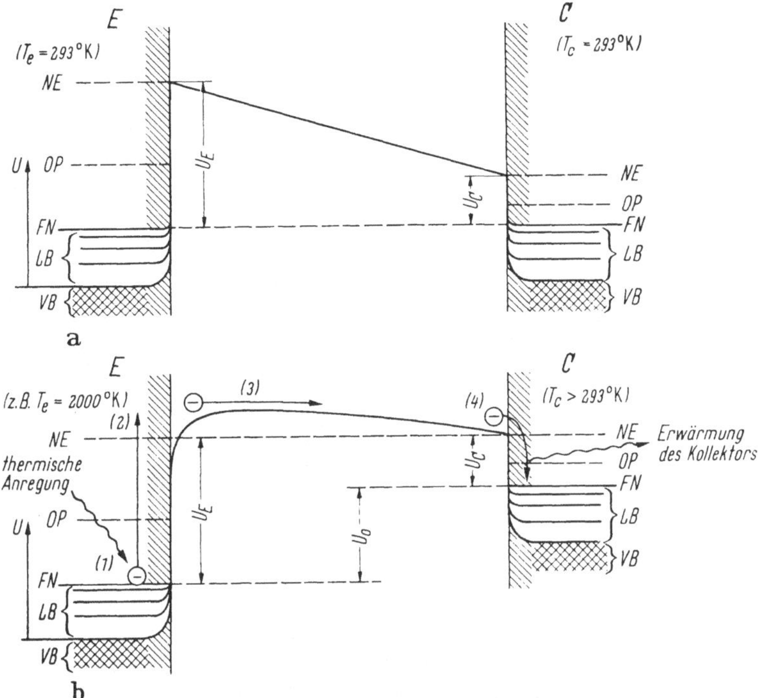

Abb. 4a u. b. Energieprofile in einem thermionischen Energiewandler mit ebenen Elektroden ($U_E > U_C$:
beschleunigendes Kontaktfeld).
a) Emitter nicht geheizt: Raumladung Null; b) Emitter geheizt: Auftreten eines Potentialmaximums
infolge der Elektronenraumladung, die zur Erhöhung des Kollektorstroms mit positiven Caesium-
ionen neutralisiert werden muß. Die Folge des Elektronenstroms zum Kollektor ist eine meßbare
Quellenspannung U_o zwischen Emitter und Kollektor ($\ominus$ = Elektron).
U_E, U_C = Austrittsspannung des Emitters E bzw. Kollektors C; (über die Bedeutung von U, NE,
OP, FN, LB und VB vgl. Abb. 3).

welchem die der Kathode zugeführte thermische Energie (die z. B. einem
Atomreaktor entnommen werden kann) mit einem bestimmten Wirkungsgrad direkt in elektrische Energie umgesetzt wird, die einem Verbraucher
zugeführt werden kann.

Der Mechanismus der Energieumwandlung wird aus Abb. 4b ersichtlich. Durch thermische Energiezufuhr werden Elektronen im Emitter

von Energieniveaus (*1*), die in der Nähe des Fermi-Niveaus (*FN*) liegen. zum Energieniveau (*2*) emporgehoben, das mit dem Potentialmaximum identisch ist. Die Elektronen können dadurch den Emitter verlassen (*3*) und im Kontakt-Beschleunigungsfeld zum Kollektor gelangen (*4*). Dieser lädt sich dadurch negativ auf, bis das elektrische Feld zwischen Emitter und Kollektor nahezu abgebaut ist (annähernd horizontaler Verlauf der Potentialkurve in Abb. 4b bei Vernachlässigung der Raumladung). Die beim Auftreffen der Elektronen auf den Kollektor (d. h. beim Elektronenübergang von (*3*) nach (*4*) bzw. *FN*) freiwerdende Energie wird im Kollektor in Wärme verwandelt.

Anwendung: Abb. 5 zeigt den Versuchsaufbau eines thermionischen Energiewandlers nach WILSON [*28*] (vgl. auch [*6, 10, 11, 17, 27*]). Um eine den Wirkungsgrad erniedrigende Raumladungsbegrenzung des Kollektorstroms zu vermeiden, muß die Elektronenraumladung durch positive Ionen[1] (z. B. Caesium-Ionen) neutralisiert werden. Als Ionenquelle dient in der Anordnung der Abb. 5 ein glühender Wolframdraht, an dessen Oberfläche die von einem Vorratsbehälter verdampfenden Cs-Atome thermisch ionisiert werden. Die mit dieser Anordnung erzeugbare Ausgangsleistung pro cm² Anodenoberfläche beträgt $N_a = 3{,}2$ W/cm² (0,8 V Ausgangsspannung bei einer Emissionsstromdichte von 4 A/cm²). Der Wirkungsgrad (erzeugte Leistung pro Watt Heizleistung) ist $\eta = N_a/N_H \approx 9\%$. Durch Erhöhung der Emissionsstromdichte auf etwa 10 A/cm² und durch Erniedrigung der Energieverluste (Wärmeabstrahlung, Wärmeableitung, Erwärmung des Kollektors, Abkühlung des Emitters durch Elektronenemission, Energieverluste in den Zuleitungen und im Entladungsraum) läßt sich mit derartigen Energiewandlern ein maximaler Wirkungsgrad von etwa 30% erreichen.

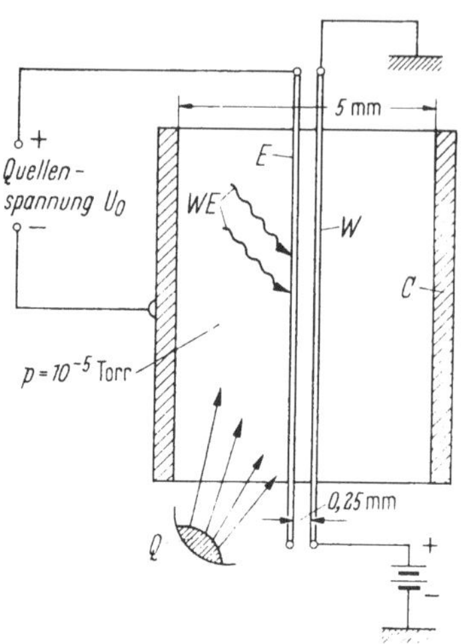

Abb. 5. Prinzipieller Aufbau eines thermionischen Energiewandlers (Versuchsanordnung nach WILSON [*28*]).
E = Emitter aus Molybdän ($T_e = 1300 \ldots 2500\,°$K, $U_E = 3$ V. Drahtdurchmesser 0,5 mm);
C = Zylinderförmiger Kollektor mit einer **Ag₂O-Cs**-Schicht ($T_e < 650\,°$K. $U_C \approx 1{,}5$ V);
W = Wolfram-Ionenquelle zur Raumladungskompensation ($T_w > 1200$ K. thermische Ionisierung der landenden **Cs**-Atome);
Q = Caesium-Dampfquelle. *WE* = Wärmeenergiezufuhr.

---

[1] Daher der Name „thermionischer Energiewandler" (engl. thermionic energy converter).

Als Heizquelle für den Emitter kommt in erster Linie der Kern eines Atomreaktors in Frage. Zur günstigsten Ausnützung der im Reaktor entstehenden Wärme kann der Reaktorkern z. B. aus einzelnen thermionischen Brennstoffelementen zusammengesetzt werden. Abb. 6 zeigt den möglichen Aufbau eines solchen Elements.

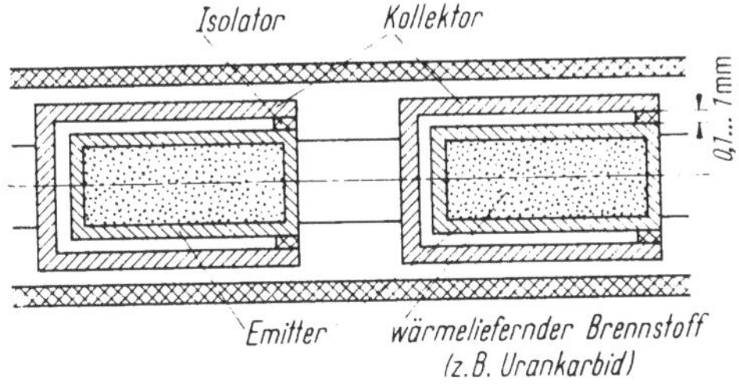

Abb. 6. Teil eines zusammengesetzten thermionischen Brennstoffelements bestehend aus mehreren in Serie geschalteten Einzelelementen (vgl. [6]).

B. Kennliniengleichungen für Hochvakuumdioden mit ebener bzw. zylinderförmiger Massivglühkathode

Die I_a–U_a-Kennlinie einer Hochvakuumdiode setzt sich nach Abb. 7 aus drei Abschnitten zusammen: dem Sättigungs-, Anlaufstrom- und Raumladungsbereich (vgl. auch Bd. I, Abb. 22). Das erste dieser drei Gebiete (das Sättigungsgebiet) ist dadurch charakterisiert, daß sich der

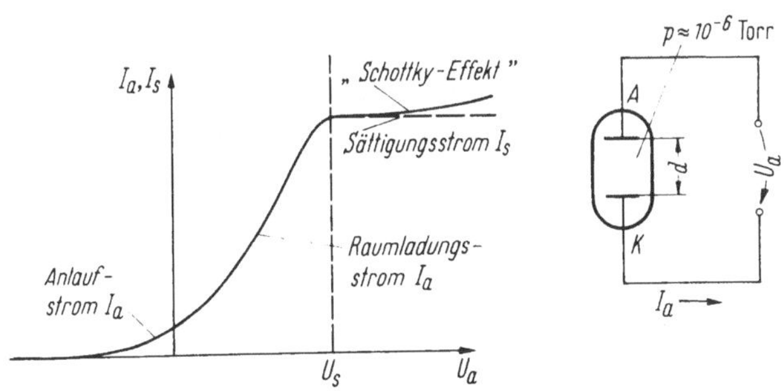

Abb. 7. I_a–U_a-Kennlinie einer Hochvakuumdiode.

Anodenstrom I_a nur wenig mit der Anodenspannung U_a ändert: dies ist bei $U_a > U_s$ der Fall (U_s = Sättigungsspannung: vgl. Abb. 7). Im Anlaufstromgebiet ist $U_a < 0$ (falls Raumladungseinflüsse und Kontaktspannung vernachlässigt werden) und für das Raumladungsgebiet gilt $0 < U_a < U_s$.

1. Sättigungsbereich ($U_a > U_s$)

Werden alle von der Kathode emittierten Elektronen zur Anode geführt, so fließt ein für die betreffende Röhre charakteristischer Sättigungsstrom I_s, dessen Zusammenhang mit den Betriebsdaten der Kathode durch die Richardson-Gleichung beschrieben wird [vgl. Bd. I. Gl. (27) u. (28)]:

$$I_s = A F T^2 e^{-U_K/U_T} \quad [\text{A}]. \tag{4}$$

In dieser Gleichung bedeuten F [cm²] die Fläche, T [°K] die die Temperatur, $U_T = kT/e = T/11\,600$ [V] (T in °K) die Temperaturspannung und U_K [V] die Austrittsspannung der Kathode; die Richardson-Konstante A beträgt nach der Theorie 120 A/(cm² °K²), weicht jedoch für technische Kathoden zum Teil erheblich von diesem Wert ab (vgl. Bd. I, Tab. 1). Für Massivkathoden ist die Sättigungsstromdichte, also das Verhältnis I_s/F, bei der jeweiligen Betriebstemperatur von der Größenordnung 0,1 A/cm², für Oxydkathoden kann sie bis zu 3 A/cm² (bei Impulsbetrieb bis 100 A/cm²) betragen.

Die Gl. (4) gilt sowohl für Dioden mit ebener als auch für solche mit zylinderförmiger Elektrodenanordnung, wenn für F die jeweilige Kathodenoberfläche eingesetzt wird (für eine zylinderförmige Kathode ist $F = 2 r_k \pi l$; r_k = Kathodenradius, l = wirksame Kathodenlänge).

Nach Gl. (4) hängt der Sättigungsstrom I_s einer „idealen" Diode nur von den Eigenschaften der Kathode ab; er ist dagegen unabhängig von der Anodenspannung U_a. In Wirklichkeit ist jedoch stets eine geringe Spannungsabhängigkeit des Stromes im „Sättigungsgebiet" vorhanden. Man bezeichnet diese Erscheinung als Schottky-Effekt. Er entsteht dadurch, daß das zwischen Kathode und Anode herrschende elektrische Feld die Austrittsarbeit der Kathode reduziert und damit den Emissionsstrom erhöht, obwohl die Kathodentemperatur konstant bleibt[1]. Die Erniedrigung der Kathodenaustrittsarbeit durch ein äußeres elektrisches Feld veranschaulicht die Abb. 8a (vgl. auch Bd. I, Abb. 55). Ohne äußeres Feld müssen die aus der Kathode austretenden Elektronen die Potentialdifferenz (Potentialschwelle) zwischen dem niedrigsten Emissionsniveau (NE) und dem Fermi-Niveau (FN) überwinden, die mit der Austrittsspannung U_K der Kathode (bezogen auf das Fermi-Niveau) identisch ist. Wird dagegen der Potentialschwelle an der Kathodenoberfläche ein äußeres Feld überlagert, so entsteht ein Potentialmaximum, das um einen Betrag ΔU_K unter dem niedrigsten Emissionsniveau liegt. Die Elektronen überwinden in diesem Fall bei der Emission

---

[1] Die Emissionsstromerhöhung infolge des „Tunneleffekts" (vgl. Bd. I, S. 71) ist bei heißer Kathode gegenüber dem Schottky-Effekt vernachlässigbar.

nur noch einen Potentialberg der Höhe $U_K - \varDelta U_K$, was einer Erniedrigung der Austrittsspannung um den Betrag $\varDelta U_K$ entspricht.

Der Abstand d_s des negativen Potentialmaximums von der Kathode (vgl. Abb. 8a) ergibt sich aus der Tatsache, daß der Potentialverlauf

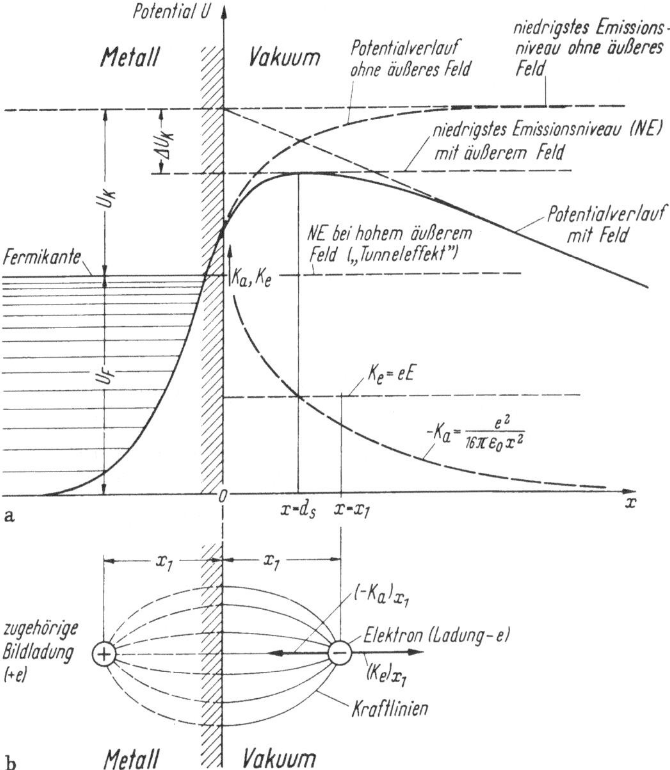

Abb. 8. a) Potentialverlauf an einer elektronenemittierenden Kathode ohne bzw. mit äußerem Anodenfeld; b) Richtung von Bild- und Feldkraft an einem Elektron vor der Kathode.

an der Oberfläche von Massivkathoden ohne äußeres Feld und bei Vernachlässigung von Raumladungserscheinungen vorwiegend durch die Bildkraft bestimmt wird (vgl. Bd. I, Abb. 15). Die Bildkraft ist gleich der elektrostatischen Anziehungskraft K_a, die von den positiven Metallionen auf ein (im Abstand x) vor der Metalloberfläche befindliches Elektron ausgeübt wird. Aus Symmetriegründen (vgl. Abb. 8b) ist K_a mit der Kraft identisch, mit der eine spiegelbildlich zur Metalloberfläche im Metallinneren gelegene fiktive positive Bildladung von der Größe der Elementarladung auf das Elektron wirkt. Nach dem Coulombschen

Gesetz wird daher die auf das Elektron vor der Metalloberfläche wirkende Anziehungskraft[1]:

$$K_a = \frac{e^2}{4\pi\varepsilon_0 (2x)^2} = \frac{e^2}{16\pi\varepsilon_0 x^2}. \tag{5}$$

(K_a in Ws/cm, e [As] = Elementarladung, $\varepsilon_0 = 1/(4\pi \cdot 9 \cdot 10^{11})$ F/cm = Feldkonstante, x [cm] = Abstand des Elektrons von der Kathodenoberfläche). Durch ein äußeres Beschleunigungsfeld wird auf das Elektron andererseits eine von der Metalloberfläche wegtreibende Kraft

$$K_e = eE \tag{6}$$

ausgeübt (K_e hat die Dimension Ws/cm, wenn e in As und E in V/cm eingesetzt wird). Bei $x = d_s$ ist $K_a = K_e$. Daraus ergibt sich:

$$d_s = \frac{1}{2}\sqrt{\frac{e}{4\pi\varepsilon_0 E}} \tag{7}$$

(d_s in cm, e in As, ε_0 in F/cm und E in V/cm). Mit wachsender Feldstärke wird d_s kleiner, wandert also das Potentialmaximum auf die Kathode zu. d_s ist von der Größenordnung der Gitterkonstanten der Kathode (einige Å), wenn die Feldstärke größer als etwa 10^6 V/cm ist.

Der Betrag $\Delta W_K = e\,\Delta U_K$, um den die Austrittsarbeit der Kathode durch ein äußeres Feld der Feldstärke E erniedrigt wird, ergibt sich aus der Energiebilanz für ein Elektron, das von der Metalloberfläche ins Unendliche gebracht wird. Es ist:

$$\Delta W_K = e\,\Delta U_K = \underbrace{eEd_s}_{} + \underbrace{\int\limits_{d_s}^{\infty} K_a\,dx}_{}. \tag{8}$$

vom Feld E einem Elektron zwischen $x = 0$ und $x = d_s$ zugeführte Energie	gegen die Anziehungskraft K_a vom Feld E einem Elektron zwischen $x = d_s$ und $x \to \infty$ zugeführte Energie

Mit Berücksichtigung von Gl. (5) erhält man aus Gl. (8):

$$\Delta W_K = eEd_s + \frac{e^2}{16\pi\varepsilon_0 d_s}. \tag{8a}$$

Durch Einsetzen von d_s aus Gl. (7) in Gl. (8a) ergibt sich:

$$\Delta U_K = \frac{\Delta W_K}{e} = \sqrt{\frac{eE}{4\pi\varepsilon_0}} = 3{,}8 \cdot 10^{-4}\,\sqrt{E} \;\text{[V]} \quad (E \text{ in V/cm}). \tag{9}$$

---

[1] Die folgende Rechnung gilt nur für glatte Metalloberflächen.

Durch die Erniedrigung der Austrittsspannung um den Betrag ΔU_K wird der Emissionsstrom (Sättigungsstrom) erhöht (vgl. Abb. 7). Ist j_s die Emissionsstromdichte bei Abwesenheit eines äußeren elektrischen Feldes (Austrittsspannung der Kathode U_K) und j_{s_k} die Emissionsstromdichte bei vorhandenem Feld (Austrittsspannung der Kathode U_K'), so wird nach Gl. (4):

$$j_s = A\, T^2 e^{-U_K/U_T} \quad \text{und} \quad j_{s_k} = A\, T^2 e^{U_K'/U_T}.$$

Mit

$$U_K' = U_K - \Delta U_K = U_K - \sqrt{\frac{eE}{4\pi\varepsilon_0}} \tag{9a}$$

wird die „korrigierte" Stromdichte j_{s_k}:

$$j_{s_k} = j_s e^{4{,}4\sqrt{E}/T} \quad (E \text{ in V/cm}, \; T \text{ in } ^\circ\text{K}). \tag{10}$$

Die Gln. (7), (9) und (10) gelten für beliebige Elektrodensysteme.

Beispiele: Bei Verstärkerröhren kleinerer Leistung ist die an der Kathodenoberfläche auftretende Feldstärke von der Größenordnung 1000 V/cm. Mit diesem Wert wird nach Gl. (9) $\Delta U_K = 0{,}012$ V und nach Gl. (10) $j_{s_k}/j_s = 1{,}08$ (thorierte Wolframkathode, $T = 1800\,^\circ\text{K}$). Die Sättigungsstromzunahme beträgt also hier 8%.

In Hochspannungsgleichrichterröhren kann die Feldstärke 10^5 V/cm betragen. Dann wird $\Delta U_K = 0{,}12$ V und $j_{s_k}/j_s = 1{,}75$ (wenn die Kathode aus Wolfram besteht und die Kathodentemperatur $2500\,^\circ\text{K}$ beträgt). Durch das Anlegen der Anodenspannung steigt also der Emissionsstrom in diesem Fall um 75%.

2. Anlaufstrombereich ($U_a < 0$)

a) Diode mit ebenen Elektroden. Liegt an einer Diode eine negative Anodenspannung U_a, so fließt in der Röhre ein „Anlaufstrom" I_a, dessen Abhängigkeit von der Anodengegenspannung bei Vernachlässigung von Raumladungserscheinungen durch das Anlaufstromgesetz gegeben ist [vgl. Bd. I, Gl. (26a)]. Für ebene Elektroden und vernachlässigbare Kontaktspannung lautet dieses Gesetz:

$$I_a = I_s e^{-U_a/U_T} \tag{11}$$

(I_a [A], I_s [A] = Sättigungsstrom nach Gl. (4), U_T [V] = Temperaturspannung der Kathode; U_a [V] ist hier positiv einzusetzen; bei Vorhandensein einer Kontaktspannung ist anstelle von U_a der Wert von U_{w2} aus Gl. (2a) als positive Zahl einzusetzen).

Der Anodenstrom nimmt also im Anlaufstrombereich mit steigender äußerer Bremsspannung U_a nach einer e-Funktion ab (z. B. auf ein Zehntel seines ursprünglichen Wertes bei Erhöhung von U_a um 2,3 U_T). Die Temperaturspannung U_T beträgt für eine Massivglühkathode (z. B. Wolfram, $T = 2500\,°K$) etwa 0,2 V, für eine Bariumoxyd-Kathode ($T = 1100\,°K$) etwa 0,1 V.

Trägt man den Anlaufstrom I_a nach Gl. (11) im logarithmischen Maßstab als Funktion von U_a auf, so erhält man eine Gerade (vgl. Abb. 9). Aus der Neigung

$$\tan \alpha = \left| \frac{d(\ln I_a)}{dU_a} \right| = \left| \frac{1}{I_a} \frac{dI_a}{dU_a} \right| = \frac{1}{U_T} \tag{12}$$

dieser Geraden läßt sich U_T und damit die Kathodentemperatur T ermitteln:

$$T = \frac{e}{k}\, U_T = 11\,600 \cdot U_T = \frac{11\,600}{\tan\alpha}\, [°K]. \tag{12a}$$

Aus dem Schnittpunkt der Anlaufstromgeraden mit der annähernd horizontal verlaufenden Sättigungsstromkennlinie kann außerdem die Größe der Kontaktspannung U_k bestimmt werden, die gleich der Entfernung dieses Schnittpunkts von der Ordinate ist (vgl. Abb. 9). Ist die

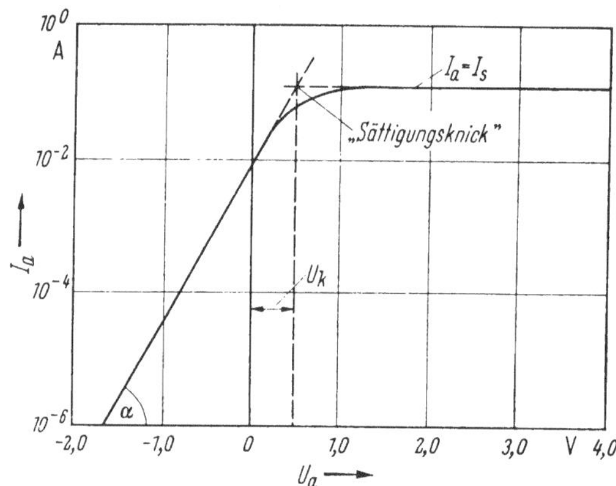

Abb. 9. Anlaufstromkennlinie einer Diode in halblogarithmischer Darstellung („Anlaufstromgerade"). Aus dem Neigungswinkel α der Geraden läßt sich die Kathodentemperatur $T = 11\,600/\tan\alpha$ und aus der Lage des „Sättigungsknicks" die Kontaktspannung U_k bestimmen. Die Abrundung des „Sättigungsknicks" entsteht durch die Zwischenschicht der (Oxyd-)Kathode und durch örtliche Schwankungen der Kontaktspannung.

Kontaktspannung Null, so liegt der Schnittpunkt („Sättigungsknick") bei $U_a = 0$; bei bremsendem Kontaktfeld ($U_K < U_A$) liegt er im Gebiet $U_a > 0$, bei beschleunigendem Kontaktfeld ($U_K > U_A$) dagegen im Gebiet $U_a < 0$.

b) Diode mit zylinderförmigen Elektroden. Bei der Berechnung des Anlaufstroms in zylinderförmigen Elektrodensystemen (mit dem Kathodenradius r_k und dem Anodenradius r_a) sind nach SCHOTTKY [20] auch die tangentialen Geschwindigkeitskomponenten der Elektronen beim Verlassen der Kathode zu berücksichtigen. Unter dieser Voraussetzung und mit den Einschränkungen, daß $U_a \geq 3\,U_T$ und $r_k \ll r_a$ ist, gilt (vgl. auch [18], S. 12):

$$I_a = \frac{2}{\sqrt{\pi}}\, I_s \sqrt{\frac{U_a}{U_T}}\, e^{-U_a/U_T}. \tag{13}$$

Auch hier läßt sich wie beim ebenen Elektrodensystem aus der Neigung

$$\tan \alpha = \left| \frac{d(\ln I_a)}{d\,U_a} \right| = \frac{1}{U_T} - \frac{1}{2\,U_a} \approx \frac{1}{U_T} \tag{13a}$$

(für $U_a \gg U_T$) die Kathodentemperatur und aus der Lage des Sättigungsknicks die Kontaktspannung U_k ermitteln.

3. Raumladungsbereich ($0 < U_a < U_s$)

Im Raumladungsgebiet steigt der Anodenstrom einer Diode proportional mit $U_a^{3/2}$ an [vgl. Bd. I, Gl. (76)]:

$$I_a = K U_a^{3/2} \tag{14}$$

(I_a in mA, K in mA/V$^{3/2}$ und U_a in V). Der Proportionalitätsfaktor K heißt „*Raumladungskonstante*" und ist nur von der Elektrodengeometrie, nicht aber von den Betriebsdaten der Röhre abhängig.

a) Diode mit ebenen Elektroden

x) Austrittsgeschwindigkeit der Elektronen $v_o = 0$. Unter der Voraussetzung $v_o = 0$ wird für planparallele Elektroden (CHILD [2], LANGMUIR [15]):

$$K = \frac{4}{9}\, \varepsilon_o \sqrt{\frac{2e}{m}}\, \frac{F}{d^2} = 2{,}33 \cdot 10^{-3}\, \frac{F}{d^2} \quad [\text{mA/V}^{3/2}] \tag{14a}$$

(F [cm²] = Elektrodenfläche, d [cm] = Elektrodenabstand). Mit Gl. (14) ergibt sich

$$I_a = 2.33 \cdot 10^{-3}\, \frac{F}{d^2}\, U_a^{3/2} \quad [\text{mA}] \tag{15}$$

(F in cm², d in cm, U_a in V).

Nach Gl. (15) ist der Anodenstrom im Raumladungsbereich unabhängig von der Kathodentemperatur. Dies gilt jedoch nur unter der idealisierenden Voraussetzung, daß die Geschwindigkeit v_0 der Elektronen beim Austritt aus der Kathode gleich Null ist. In technischen Elektronenröhren ist diese Voraussetzung aber nicht erfüllt; dort haben die von der Kathode emittierten Elektronen stets eine dem Anlaufstromgesetz entsprechende, d. h. von der Kathodentemperatur abhängige Geschwindigkeitsverteilung ($v_0 > 0$). Zur *genaueren* Berechnung des Raumladungsstroms in Elektronenröhren muß daher eine gegenüber Gl. (15) modifizierte Formel verwendet werden, in der die Abhängigkeit des Anodenstroms von der Kathodentemperatur zum Ausdruck kommt.

β) Austrittsgeschwindigkeit der Elektronen $v_0 > 0$ (Geschwindigkeitsverteilung entsprechend dem Anlaufstromgesetz). In diesem Fall bildet sich in einem Abstand x_m vor der Kathode ein Potentialminimum[1] U_m aus, das von der (den Zusammenhang zwischen Raumladungs- und Potentialverteilung beschreibenden) Poisson-Gleichung gefordert wird [vgl. Bd. I, Gl. (69c)]. Die Potentialschwelle U_m ist negativ gegenüber der Kathode und kann deshalb nur von Elektronen überwunden werden, deren Austrittsenergie größer als $|e\,U_m|$ ist. Ihre Tiefe (U_m) und Lage (x_m) hängen von der Anodenspannung sowie von der Temperatur und Austrittsarbeit der Kathode ab.

Durch das bei $x = x_m$ vorhandene Potentialminimum wird der Entladungsraum zwischen Kathode und Anode in zwei Abschnitte geteilt: Im Gebiet $x < x_m$ (zwischen Kathode und Potentialminimum) finden die von der Kathode austretenden Elektronen ein Bremsfeld vor. Der zum Potentialminimum fließende Strom I_a gehorcht daher dem Anlaufstromgesetz [Gl. (11)]:

$$I_a = I_s e^{-U_m/U_T}. \tag{16}$$

Im Gebiet $x > x_m$ (zwischen Potentialminimum und Anode) herrscht dagegen ein Beschleunigungsfeld, in dem der ganze, das Potentialminimum erreichende Elektronenstrom I_a zur Anode fließt. Das Gebiet $x > x_m$ kann dabei als eine Diode mit der Anodenspannung $U_a - U_m$ und mit dem Elektrodenabstand $d - x_m$ aufgefaßt werden. Berücksichtigt man noch die thermische Energieverteilung der Elektronen, so erhält man für den Anodenstrom die Beziehung (EPSTEIN [5], LANGMUIR [14]; vgl. auch [4, 18, 23] sowie Bd. I, Gl. (79)):

$$I_a = 2,33 \cdot 10^{-3}\, F\, \frac{(U_a - U_m)^{3/2}}{(d - x_m)^2} \left[1 + 2,66 \sqrt{\frac{U_T}{U_a - U_m}} \right] \text{[mA]} \tag{17}$$

(F [cm²] = Kathodenoberfläche, d [cm] = Elektrodenabstand, x_m [cm] = Abstand des Potentialminimums von der Kathode, U_m [V] = Tiefe

---

[1] Dieses Potentialminimum entspricht dem Potentialmaximum der Abb. 3.

des Potentialminimums, U_a [V] = Anodenspannung und U_T [V] = Temperaturspannung der Kathode; U_m ist in Gl. (17) negativ einzusetzen, so daß $U_a - U_m > U_a$ wird). Das Korrekturglied in der eckigen Klammer von Gl. (17) entsteht durch die (thermische) Energieverteilung der Elektronen, welche die Potentialschwelle überwinden können. Die *mittlere* Elektronengeschwindigkeit ist daher im Gebiet $x > x_m$ stets größer als es dem örtlichen Potential $U - U_m$ entspricht; dadurch wird die Raumladung erniedrigt und der Anodenstrom gemäß Gl. (17) erhöht.

Die Größe von U_m erhält man aus Gl. (16) durch Umformung:

$$U_m = U_T \ln (I_s/I_a). \tag{16a}$$

Die Potentialschwellentiefe U_m nimmt also mit steigendem Anodenstrom ab. In Abb. 10 ist der Zusammenhang zwischen U_m und dem Verhältnis I_a/I_s für verschiedene Kathodentemperaturen dargestellt. Daraus geht hervor, daß U_m für Anodenspannungen $U_a > 50$ V gegenüber U_a vernachlässigbar ist.

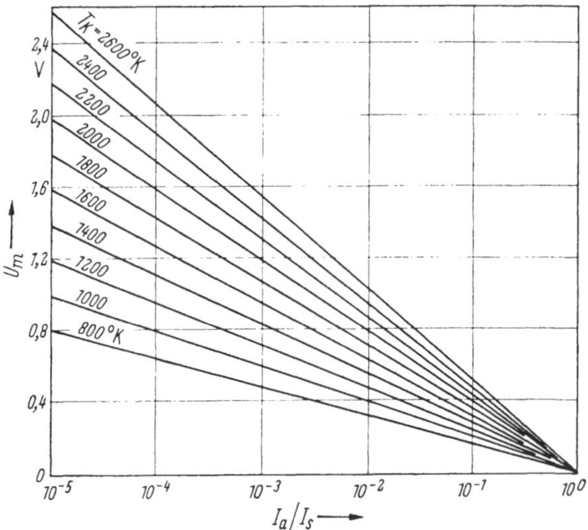

Abb. 10. Tiefe U_m des Potentialminimums einer Diode mit ebenen Elektroden in Abhängigkeit vom Verhältnis I_a/I_s (vgl. [18]).

Unter der Voraussetzung $|U_m| > 4 U_T$ gilt für x_m näherungsweise die Beziehung [18, 23]:

$$x_m = 8,8 \cdot 10^{-5} \, T^{3/4} \, (F/I_a)^{1/2} \ [\text{cm}] \tag{18}$$

(T [°K] = Kathodentemperatur, F [cm²] = Kathodenoberfläche, I_a [mA] = Anodenstrom). In Abb. 11 ist dieser Zusammenhang für verschiedene Kathodentemperaturen dargestellt. Mit steigendem Anodenstrom und fallender Temperatur wird x_m kleiner, wandert also das Potentialminimum auf die Kathode zu. Für Stromdichten $I_a/F > 10$ mA/cm² und Anodenabstände $d \geq 0,5$ cm ist x_m gegenüber d vernachlässigbar. Durch zwei Strommessungen bei verschiedenen Anodenspannungen sind x_m und U_m auch experimentell bestimmbar.

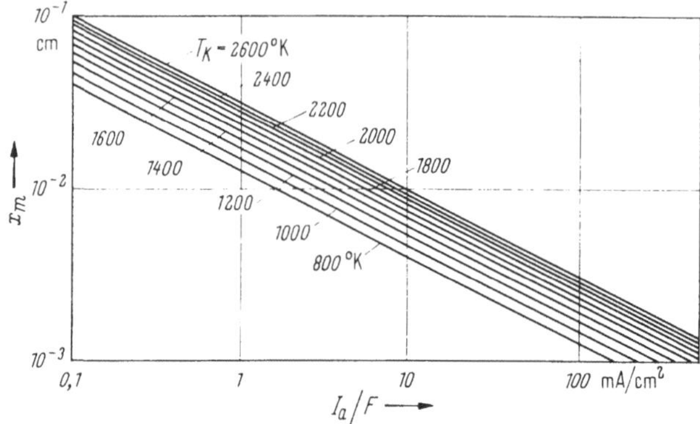

Abb. 11. Entfernung x_m des Potentialminimums von der Kathode einer Hochvakuumdiode mit ebenen Elektroden in Abhängigkeit von der Stromdichte $j = I_a/F$ (vgl. [18]).

Den Fehler, den man bei Verwendung von Gl. (15) anstelle der genaueren Gl. (17) macht, zeigt das folgende

Beispiel: Für eine Diode mit $F = 2$ cm², $d = 0,5$ cm und $U_a = 100$ V wird nach Gl. (15) $I_a = 18,6$ mA. Aus Gl. (17) erhält man dagegen mit $T = 2500$°K (Wolframkathode), $x_m \approx 10^{-2}$ cm und $U_m \approx 0,7$ V: $I_a \approx 18,6$ $(1 + 0,12) = 20,8$ mA. Der Strom ist also um 12% höher als der aus Gl. (15) berechnete. Die Stromerhöhung rührt praktisch nur von dem Korrekturglied in der eckigen Klammer der Gl. (17) her.

Für Dioden mit relativ großem Elektrodenabstand ($d >$ etwa 1 mm) stimmt der aus Gl. (17) berechnete Anodenstrom gut mit dem experimentell ermittelten Wert überein[1]. Bei kleineren Elektrodenabständen können dagegen erhebliche Abweichungen auftreten, die unter anderem von Sekundäremission, Reflexion der Primärelektronen an der Anode sowie Aufladungserscheinungen herrühren. Bei Röhren mit Oxydkathoden kommen als weitere Fehlerquellen die Rauhigkeit der Kathodenoberfläche[2] sowie der nichtmeßbare Widerstand der Isolationsschicht zwischen dem Bariumoxyd und dem Trägermetall hinzu[3].

---

[1] Der durch die Kontaktspannung verursachte Fehler ist wegen der relativ hohen Anodenspannung im Raumladungsgebiet vernachlässigbar klein.

[2] Infolge der Oberflächenrauhigkeit der Kathode treten unkontrollierbare räumliche Schwankungen des Elektrodenabstandes auf.

[3] Der in diesem Isolationswiderstand auftretende Spannungsabfall verringert die in der Röhre wirksame Anodenspannung um einen nichtmeßbaren, vom Anodenstrom abhängigen Betrag.

Wird die Kathode einer Diode mit ebenen Elektroden auf ihre Betriebstemperatur T_b aufgeheizt, so stellt sich in der Röhre bei angelegter äußerer Anodenspannung eine bestimmte Raumladungs-,

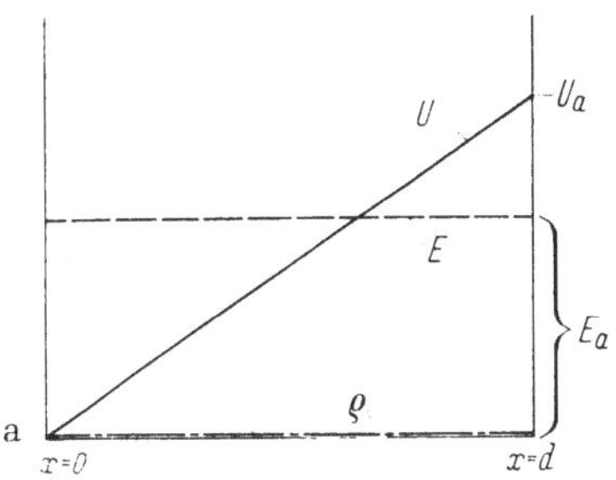

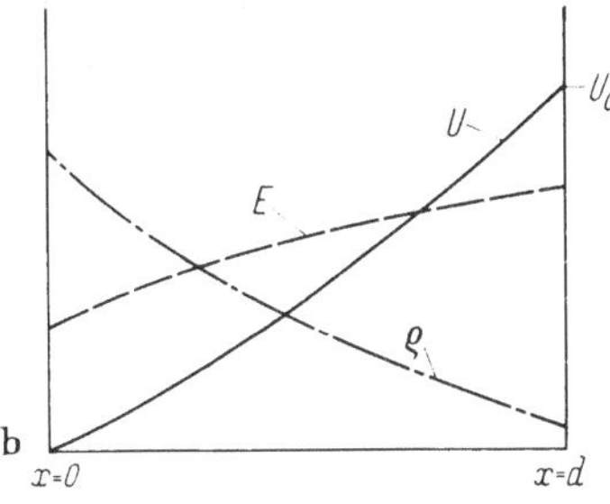

Kathodentemp.: $T = 0$ $0 < T < T_b$

Raumladung: $\varrho = 0$ $\varrho \neq 0$

Austrittsgeschw.: — $r_0 > 0$ (Verteilung entsprechend dem Anlaufstromgesetz)

Emissions- und Anodenstrom: $I_e = I_a = I_s = 0$ $I_e = I_a = I_s = \text{const} \neq 0$ $I_s = F \varrho r$

Feldstärke an der Kathode: $\dfrac{dU}{dx} = \text{const} > 0$ $\left(\dfrac{dU}{dx}\right)_s > 0$

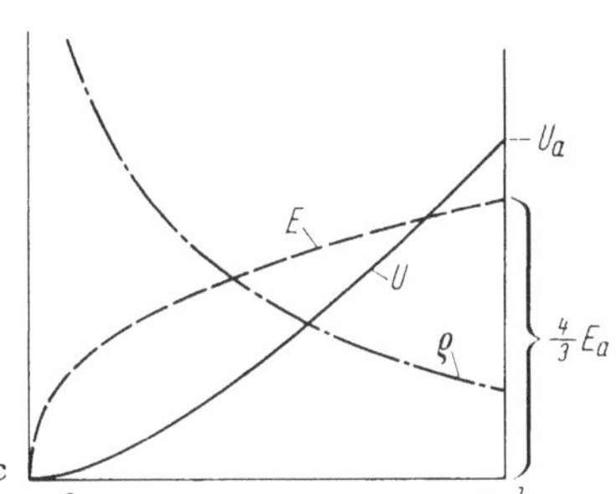

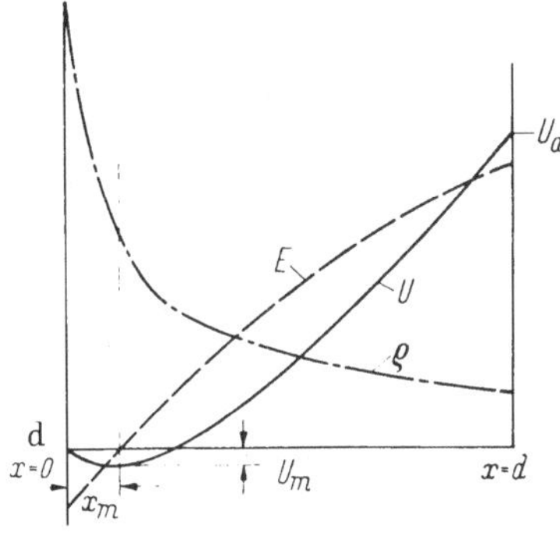

Kathodentemp.: $T = T_b$ $T = T_b$

Raumladung: $\varrho \neq 0$ $\varrho \neq 0$

Austrittsgeschw.: $r_0 = 0$ $r_0 > 0$ (Verteilung entsprechend dem Anlaufstromgesetz)

Emissions- und Anodenstrom: $I_e = I_a = I_s = \text{const}$; $I_a = f(U_a)$ nach Gl. (15) $I_e > I_a$ (ein Teil der emittierten Elektronen kehrt zur Kathode zurück) ; $I_a = f(U_a)$ nach Gl. (17)

Feldstärke an der Kathode: $\left(\dfrac{dU}{dx}\right)_s = 0$ $\left(\dfrac{dU}{dx}\right)_s = 0$

Abb. 12a—d. Raumladungs-, Potential- und Feldverteilungskurven für verschiedene Betriebszustände einer Hochvakuumdiode mit ebenen Elektroden.
a) Raumladungsfreie Diode (Plattenkondensator); b) Diode bei schwacher Raumladung; c) Diode bei starker Raumladung ($r_0 = 0$; „ideale Diode"); d) Diode bei starker Raumladung ($r_0 > 0$; technische Dioden).
T = Kathodentemperatur; ϱ = Raumladungsdichte; U = Potential; E = Feldstärke; T_b = Betriebstemperatur der Kathode; I_s = Gesamtstrom an einer beliebigen Stelle x; I_a = Anodenstrom; I_e = primärer, von der Kathode emittierter Elektronenstrom; r_0 = Geschwindigkeit der Elektronen beim Austritt aus der Kathode; F = Elektrodenfläche.

Potential- und Feldverteilung ein. In Abb. 12 sind diese Verteilungskurven für die Fälle $v_0 = 0$ ($T = T_b$) und $v_0 > 0$ (Verteilung entsprechend dem Anlaufstromgesetz; $T = T_b$) gezeichnet. Zum Vergleich sind im gleichen Bild auch die Verhältnisse für $T = 0$ (raumladungsfreier Fall) und $0 < T \ll T_b$ (temperaturbegrenzter Fall) dargestellt.

b) Diode mit zylinderförmigen Elektroden

α) *Austrittsgeschwindigkeit der Elektronen* $v_0 = 0$. Die Raumladungskonstante K für ein zylindrisches Elektrodensystem mit dem Kathodenradius r_k und dem Anodenradius r_a erhält man durch Lösung der Differentialgleichung, die sich aus der Poisson-Gleichung

$$\frac{1}{r} \frac{d}{dr} \left(r \frac{dU}{dr} \right) = \frac{\varrho}{\varepsilon_0} , \tag{19}$$

der Gleichung für die Stromdichte

$$j = \varrho v = \frac{I}{2\pi r l} \tag{20}$$

und der Energiegleichung

$$eU = \frac{1}{2} m v^2 \tag{21}$$

gewinnen läßt. Die Differentialgleichung lautet:

$$\frac{1}{r} \frac{d}{dr} \left(r \frac{dU}{dr} \right) = \frac{1}{2\pi \varepsilon_0} \frac{I}{l} \sqrt{\frac{m}{2e}} \frac{1}{r \sqrt{U}} \tag{22}$$

und hat die Lösung

$$U^{3/2} = \frac{j}{\frac{4}{9} \varepsilon_0 \sqrt{\frac{2e}{m}}} r^2 \beta^2 . \tag{23}$$

In diesen Gleichungen bedeuten ϱ [As/cm³] die Raumladungsdichte, U [V] das Potential bezogen auf das der Kathode, r [cm] die Entfernung von der Röhrenachse, I [A] den von der Kathode ausgehenden Elektronenstrom und v [cm/sec] die Elektronengeschwindigkeit. In Gl. (19) fehlen die Zylinderkoordinaten φ und z, da das Potential in zylindrischen Elektronenröhren von φ und z unabhängig ist (wenn man von Randstörungen absieht).

Der dimensionslose Faktor β^2 in Gl. (23) ist eine Funktion von r/r_k und berücksichtigt die Tatsache, daß wegen $v_0 = 0$ die Feldstärke an der Kathodenoberfläche gleich Null sein muß: $(dU/dr)_{r_k} = 0$. Wäre $(dU/dr)_{r_k}$ größer oder kleiner als Null, so würden unabhängig von der

Anodenspannung im ersten Fall alle, im zweiten dagegen überhaupt keine Elektronen zur Anode gelangen. Die Abhängigkeit des Faktors β^2 vom Verhältnis r/r_k zeigt Abb. 13.

Die Gl. (23) beschreibt den Potentialverlauf $U(r)$ in einer Diode mit zylinderförmigen Elektroden bei starker Raumladung. Sie liefert auch den Zusammenhang zwischen Anodenstrom I_a und Anodenspannung U_a, wenn man berücksichtigt, daß an der Anode $U = U_a$, $r = r_a$ und $\beta^2 = \beta_a^2$ wird. Mit Gl. (20) (in der I durch I_a ersetzt wird) ergibt sich aus Gl. (23) die Raumladungsgleichung

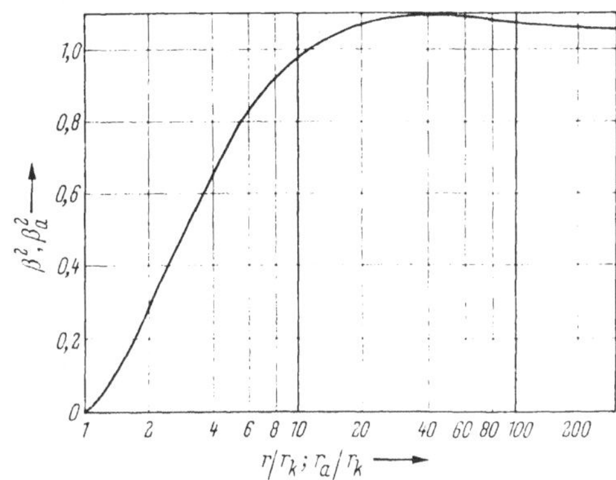

Abb. 13. Abhängigkeit des Faktors β^2 (bzw. β_a^2) vom Verhältnis $\dfrac{r}{r_k}$ (bzw. $\dfrac{r_a}{r_k}$); (r_a — Anodenradius; r_k — Kathodenradius).

$$I_a = \frac{8}{9}\,\pi\varepsilon_0\,\sqrt{\frac{2e}{m}}\,\frac{l}{r_a\beta_a^2}\,U_a^{3/2} \tag{24}$$

mit der *Raumladungskonstanten*

$$K = \frac{8}{9}\,\pi\varepsilon_0\,\sqrt{\frac{2e}{m}}\,\frac{l}{r_a\beta_a^2} = 14{,}65\cdot 10^{-3}\,\frac{l}{r_a\beta_a^2}\ [\mathrm{mA/V^{3/2}}] \tag{24a}$$

(l [cm] = wirksame Kathodenlänge, r_a [cm] = Anodenradius, β_a^2 [dimensionslos] = Wert von β^2 für $r = r_a$).

Für $r_a \geq 10\,r_k$ wird der Faktor $\beta_a^2 \approx 1$ (vgl. Abb. 13) und die Gl. (24) vereinfacht sich in diesem Fall zu:

$$I_a \approx \frac{4}{9}\,\varepsilon_0\,\sqrt{\frac{2e}{m}}\,\frac{2r_a\pi l}{r_a^2}\,U_a^{3/2} = 2{,}33\cdot 10^{-3}\,\frac{F_a}{r_a^2}\,U_a^{3/2}\ [\mathrm{mA}]\ (r_a \geqq 10\,r_k). \tag{25}$$

Die Gl. (25) hat dieselbe Form wie die Gl. (15) für Dioden mit ebenen Elektroden. Unter der Voraussetzung $r_a \geq 10\,r_k$ verhält sich also eine zylindrische Diode bezüglich ihres Raumladungsstroms wie eine Diode mit ebenen Elektroden, deren Fläche gleich der Anodenfläche (F_a) und deren Elektrodenabstand gleich dem Anodenradius der zylindrischen Diode ist. Der Fehler, den man bei Verwendung von Gl. (25) anstelle von Gl. (24) macht, beträgt maximal etwa 10%.

Rechnet man aus den Gl. (23) und (24) $U(r)$ bzw. U_a als Funktion der übrigen Größen aus und bildet das Verhältnis $U(r)/U_a$, so ergibt

2*

sich für den örtlichen Potentialverlauf in der zylindrischen Diode die Beziehung:

$$U(r) = \left(\frac{r\,\beta^2}{r_a\beta_a^2}\right)^{2/3} U_a. \tag{26}$$

Die entsprechende Gleichung für die Feldstärke lautet vgl. [18]:

$$\frac{dU(r)}{dr} = \frac{2}{3}\,\frac{U_a}{r}\left(\frac{r\,\beta^2}{r_a\beta_a^2}\right)^{2/3}\left[1 + \frac{r}{r_k\,\beta^2}\,\frac{d\beta^2}{d(r/r_k)}\right]. \tag{27}$$

β) Austrittsgeschwindigkeit der Elektronen $v_0 > 0$ (Geschwindigkeitsverteilung entsprechend dem Anlaufstromgesetz). Auch bei zylindrischen Dioden tritt im Fall $v_0 > 0$ vor der Kathode ein Potentialminimum auf. Der Einfluß der Potentialschwelle ist hier jedoch wesentlich geringer als in Dioden mit ebenen Elektroden. Das liegt daran, daß in der Raumladungsgleichung der zylindrischen Diode für $r_a \gg r_k$ der Radius r_k der Kathode nicht vorkommt [s. Gl. (25)], so daß eine durch das Potentialminimum verursachte scheinbare Vergrößerung des Kathodendurchmessers keinen merklichen Einfluß auf den Anodenstrom hat [18].

Nach LANGMUIR [14] ist die kinetische Energie eines Elektrons an der Stelle r mit dem Potential U: $e \cdot (U - U_m + \frac{3}{2}\,U_T)$, wobei der Energieanteil $e\,U_T$ von der radialen thermischen Anfangsgeschwindigkeit der Elektronen und der Anteil $e\,U_T/2$ von der Geschwindigkeitskomponente herrührt, die senkrecht zur Kathodenachse und zum Radiusvektor gerichtet ist. Mit dieser vereinfachenden Annahme ergibt sich als Lösung der Differentialgleichung (22) die Raumladungsgleichung:

$$I_a = 14{,}65 \cdot 10^{-3}\,\frac{l}{r_a\beta_a^2}\left[U_a - U_m + \frac{3}{8}\,U_T\left(\ln\frac{U_a}{U_T}\right)^2\right]^{3/2}\ [\text{mA}] \tag{28}$$

(I_a [A] = Anodenstrom, U_a [V] = Anodenspannung, U_m [V] = Tiefe des Potentialminimums, U_T [V] = Temperaturspannung der Kathode. l [cm] = wirksame Kathodenlänge, r_a [cm] = Anodenradius; über

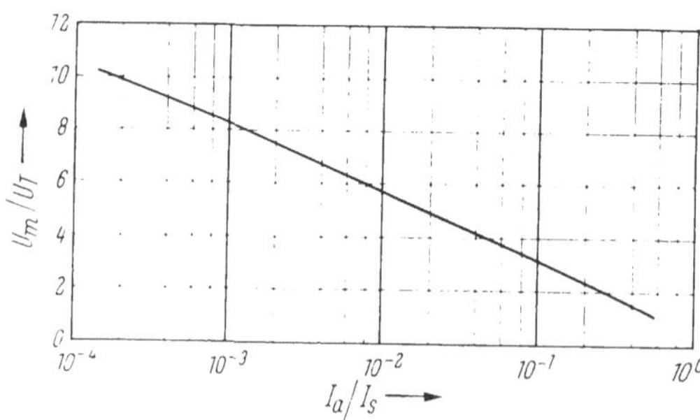

Abb. 14. Tiefe U_m des Potentialminimums einer Diode mit Zylinderelektroden in Abhängigkeit vom Verhältnis I_a/I_s.

(An der Ordinate ist das Verhältnis U_m/U_T aufgetragen; U_T = Temperaturspannung der Kathode; vgl. [18].)

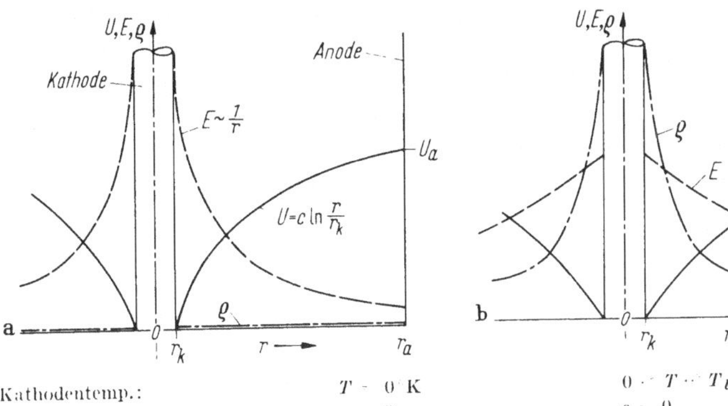

Kathodentemp.:	$T = 0\ \mathrm{K}$	$0 < T < T_b$
Raumladung:	$\varrho = 0$	$\varrho = 0$
Austrittsgeschw. v_0 der Elektronen:	—	$r_0 > 0$ (Verteilung entsprechend dem Anlaufstromgesetz)
Emissions- und Anodenstrom:	$I_e = I_a = I_r = 0$	$I_e = I_a = I_r = \mathrm{const} \neq 0$
Feldstärke an der Kathode:	$\left(\dfrac{dU}{dr}\right)_{r_k} > 0$	$\left(\dfrac{dU}{dr}\right)_{r_k} > 0$

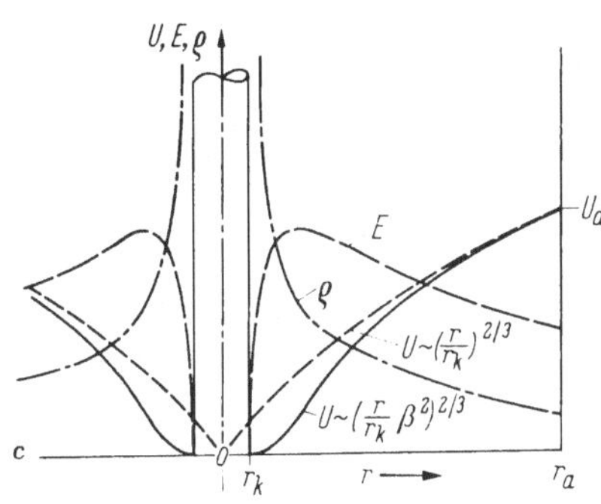

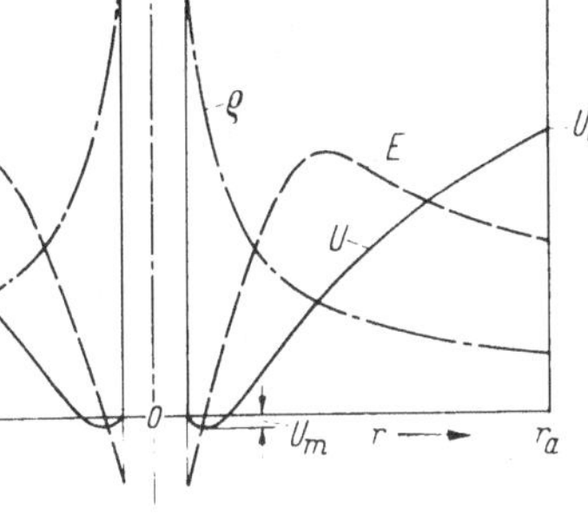

Kathodentemperatur:	$T = T_b$	$T = T_b$
Raumladung:	$\varrho \neq 0$	$\varrho \neq 0$
Austrittsgeschw. v_0:	$r_0 = 0$	$r_0 > 0$ (Verteilung entsprechend dem Anlaufstromgesetz)
Emissions- und Anodenstrom:	$I_e = I_a = I_r = \mathrm{const}$; $I_a = f(U_a)$ nach Gl. (24)	$I_a < I_e$ (ein Teil der emittierten Elektronen kehrt vor dem Potentialminimum um); $I_a = f(U_a)$ nach Gl. (28)
Feldstärke an der Kathode:	$\left(\dfrac{dU}{dr}\right)_{r_k} = 0$	$\left(\dfrac{dU}{dr}\right)_{r_k} < 0$

Abb. 15a—d. Raumladungs-, Potential- und Feldverteilungskurven für verschiedene Betriebszustände einer Hochvakuumdiode mit zylinderförmigen Elektroden.

a) Raumladungsfreie Diode (Zylinderkondensator); b) Diode bei schwacher Raumladung; c) Diode bei starker Raumladung ($r_0 = 0$; „ideale Diode“); d) Diode bei starker Raumladung ($r_0 > 0$; technische Dioden).

T — Kathodentemperatur; ϱ — Raumladungsdichte; U — Potential; E — Feldstärke; T_b — Betriebstemperatur der Kathode; I_r — Gesamtstrom an einer beliebigen Stelle r; I_a — Anodenstrom; I_e — primärer, von der Kathode emittierter Elektronenstrom; v_0 — Geschwindigkeit der Elektronen beim Austritt aus der Kathode.

$\beta_a^2 = f(r_a/r_k)$ vgl. Abb. 13; U_m ist in Gl. (28) negativ einzusetzen, so daß $U_a - U_m > U_a$ wird). Die Tiefe U_m der Potentialschwelle vor der Kathode hängt wie bei der Diode mit ebenen Elektroden vom Verhältnis I_s/I_a ab. Abb. 14 zeigt diesen Zusammenhang [18].

Den Fehler, den man bei Verwendung von Gl. (24) anstelle von Gl. (28) macht, zeigt folgendes

Beispiel: Für eine Diode mit $r_a = 0,5$ cm, $r_k = 0,05$ cm, $l = 2$ cm und $U_a = 40$ V wird nach Gl. (24) $I_a = 15,1$ mA.

Für $U_T = 0,2$ V (Wolframkathode, $T = 2320\,°\mathrm{K}$) wird nach Gl. (4) $I_s = 33,6$ mA, $I_a/I_s \approx 0,45$ und damit $U_m \approx 1,4\ U_T = 0,28$ V (vgl. Abb. 14); U_m kann also vernachlässigt werden. Aus Gl. (28) erhält man $I_a = 16,5$ mA. Durch die Anfangsgeschwindigkeit der Elektronen wird also der Anodenstrom um etwa 9% erhöht.

In Analogie zu Abb. 12 sind in Abb. 15 die Raumladungs-, Potential- und Feldverteilungskurven einer zylindrischen Diode für die Fälle $v_0 = 0$ $(T = T_b)$ und $v_0 > 0$ (Geschwindigkeitsverteilung entsprechend dem Anlaufstromgesetz; $T = T_b$) gezeichnet. Zum Vergleich sind im gleichen Bild auch die Verhältnisse für $T = 0$ (raumladungsfreier Fall) und $0 < T \ll T_b$ (temperaturbegrenzter Fall) dargestellt.

c) Graphisch-experimentelle Bestimmung der Raumladungskonstanten K. Die in den Gln. (14a) und (24a) näherungsweise berechnete

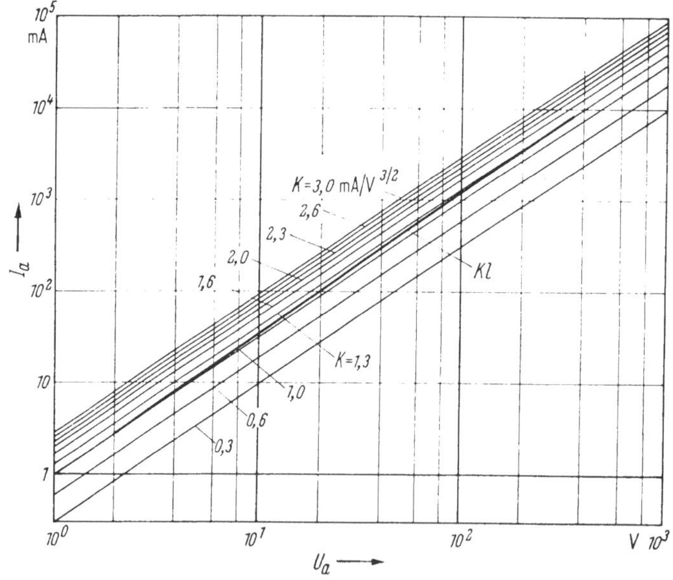

Abb. 16. Graphische Ermittlung der Raumladungskonstanten K einer Diode aus der logarithmischen Darstellung der Raumladungsgleichung $I_a = K U_a^{3/2}$ für verschiedene Werte von K [mA/V$^{3/2}$]. Kl gemessene Kennlinie einer Diode, deren Raumladungskonstante K bestimmt werden soll. (K liegt hier zwischen 1,0 und 1,3.)

Raumladungskonstante K einer Diode läßt sich experimentell durch Aufnahme der I_a–U_a-Kennlinie bestimmen. Der Verlauf dieser Kennlinie wird im Raumladungsgebiet durch die Gl. (14) beschrieben, deren logarithmische Form

$$\log I_a = \log K + \frac{3}{2} \log U_a \qquad (29)$$

die Gleichung einer Geraden darstellt. Zeichnet man daher in ein Diagramm mit doppelt logarithmischen Koordinaten (vgl. Abb. 16) z. B. neun Gerade entsprechend Gl. (29) ein, die zu neun verschiedenen K-Werten zwischen 0,3 und 3,0 gehören (Erfahrungswerte für technische Dioden), so kann man aus der ebenfalls eingezeichneten Geraden einer beliebigen zu messenden Diode den zugehörigen K-Wert rasch und relativ genau ermitteln.

C. Daten von Hochvakuum-Gleichrichtern

1. Betriebsdaten

Die wichtigsten Betriebsdaten von Hochvakuum-Gleichrichtern sind der Effektivwert der gleichzurichtenden Wechselspannung (der je nach Röhrentype 10 V bis 20 kV beträgt), der durch die Röhre fließende Gleichstrom (100 µA bis einige A), die maximal zulässige Sperrspannung (100 V bis 50 kV) und der maximal zulässige Spitzenstrom (der je nach Röhrenart 10 mA bis etwa 10 A beträgt). Der Frequenzbereich, in dem Hochvakuum-Gleichrichter verwendbar sind, erstreckt sich bis etwa 1000 MHz.

Hinsichtlich ihrer Betriebsspannung lassen sich die Hochvakuum-Gleichrichter in drei Gruppen einteilen: in Hochspannungsgleichrichter (für hohe Spannung, aber niedrige Leistung), Gleichrichter für Sendeanlagen (d. h. für mittlere Spannung und hohe Leistung) und Netz- bzw. HF-Gleichrichter (für kleine Spannung und kleine Leistung). Ein typischer Vertreter der erstgenannten Gruppe ist die DY 86, die als Gleichrichterröhre zur Erzeugung der Speisespannung für Fernsehbildröhren dient. Die Betriebsgleichspannung dieser Röhre beträgt 18 kV, der Betriebsgleichstrom

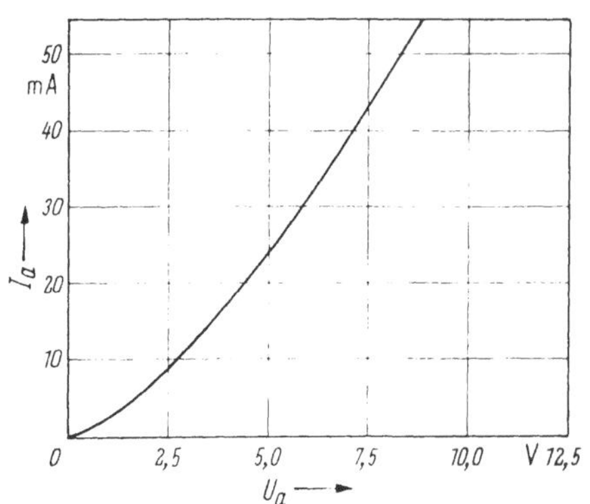

Abb. 17. I_a–U_a-Kennlinie einer Hochvakuum-Gleichrichterröhre (z. B. der EAA 91).

150 µA und die maximal zulässige Sperrspannung 22 kV. Zur Gruppe
der Senderöhren-Gleichrichter gehört die RG 1000/3000 mit einer Betriebsgleichspannung von 3 kV und einem Gleichstrom von 1,25 A, d. h.
einer Leistung von 3,75 kW. Die dritte Gleichrichtergruppe dient zur
Erzeugung von Gleichspannung in Netzgeräten bzw. zur Gleichrichtung
von Nachrichtensignalen. Eine solche Röhre für Netzgleichrichtung ist
die EZ 81 für eine Gleichspannung von 350 V und einen Gleichstrom
von 150 mA, also eine Leistung von etwa 50 W. Als Beispiel zeigt Abb. 17
die I_a–U_a-Kennlinie der HF-Gleichrichterröhre EAA 91.

2. Emissions- und Heizdaten

Ihren unterschiedlichen Betriebseigenschaften entsprechend unterscheiden sich die drei genannten Gleichrichtergruppen auch im Aufbau
der Kathode. Während die Gleichrichter niedriger Leistung meist eine
Bariumoxyd-Kathode enthalten, verwendet man in Senderöhren-Gleich-
richtern die gegenüber Ionenaufprall unempfindlichere thorierte Wolframkathode und in Hochspannungsgleichrichtern die Wolfram-Massivkathode. Die Emissions- und Heizdaten dieser verschiedenen Kathoden-
arten sind in Tab. 1 wiedergegeben (vgl. auch Bd. I, Tab. 1, S. 39).

Tabelle 1
Emissions- und Heizdaten verschiedener Kathoden für Hochvakuum-Gleichrichter

Material	Kathoden-temperatur T [°K]	Emissions-stromdichte j_s[A/cm²]	Heiz-leistung N_H[W/cm²]	Elektronen-ausbeute A_t[mA/W]	Verwendung in
Wolfram	2500	0,3	60	5	Hochspannungs-gleichrichtern
thoriertes Wolfram	1800	1	20	50	Senderöhren-Gleichrichtern
Bariumoxyd	1100	3	3	1000	Rundfunk-Gleichrichtern

3. Konstruktionsarten

Die verschiedenen Anwendungsgebiete der Hochvakuum-Gleichrichter finden ihren Niederschlag auch in den äußeren Konstruktions-
merkmalen dieser Röhren. Gleichrichter für den Niederfrequenzbereich
enthalten meist ein zylindrisches Elektrodensystem mit einer Anode für
Einweg- oder zwei Anoden für Zweiweggleichrichtung. Zur Erhöhung
der Spannungsfestigkeit ist bei Hochspannungsgleichrichtern die Anodenzuführung nicht am Röhrensockel, sondern in Form einer Anodenkappe

am gegenüberliegenden Röhrenende angebracht. Für sehr hohe Spannungen (bis 400 kV) ist das Elektrodensystem zur Vermeidung scharfer Kanten oft als ebenes System mit scheiben- oder topfförmiger Anode ausgeführt; dadurch wird die Durchschlagsgefahr herabgesetzt (vgl. Abb. 18a). Bei Hochleistungsgleichrichtern (z. B. für 15 kV und 2 A) bildet die Anode in Form eines großen Kupferzylinders einen Teil des Röhrenkolbens und wird zur besseren Wärmeabfuhr mit Wasser gekühlt.

In Dioden für Hochfrequenzgleichrichtung bis 1000 MHz verwendet man ähnlich wie bei Hochspannungsröhren häufig ein ebenes Elektrodensystem. Dies ermöglicht bei der Röhrenherstellung die genaue Justierung der Anode gegenüber der Kathode bei sehr kleinem Elektronenabstand[1]. Die Abb. 18b zeigt den Systemaufbau einer derartigen „Scheibendiode" [9].

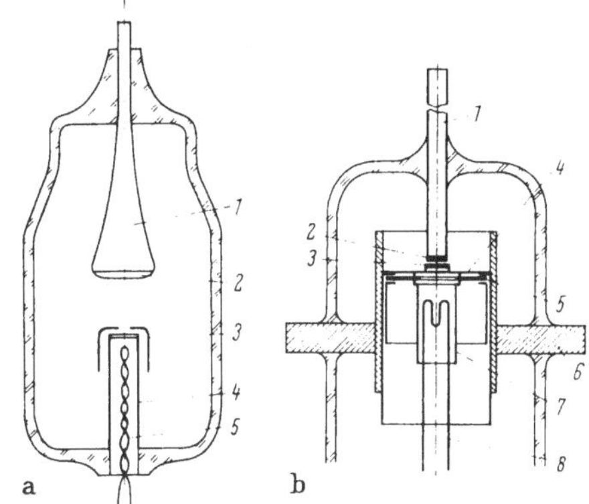

Abb. 18. a) Hochspannungsgleichrichterröhre mit ebenen Elektroden. 1 Anodenträger aus Molybdän; 2 Anodenteller aus Wolfram; 3 Wehneltzylinder aus Molybdän; 4 Kathode; 5 Heizdraht.
b) Aufbau einer Scheibendiode für Hochfrequenzgleichrichtung (VALVO EA 52) [9]. 1 Anodenanschluß; 2 Anode; 3 Kathodenemissionsschicht; 4 Metallfolie (10 μ dick, schlecht wärmeleitend); 5 Glimmerhalterung; 6 Kathodenanschluß; 7 Kathodenträger; 8 Heizdraht.

D. Röntgenröhren

1. Mechanismus der Röntgenstrahlerzeugung

Treffen Elektronen mit hoher Geschwindigkeit (d. h. mit einer Energie von mindestens 100 eV) auf eine Metallelektrode auf, so lösen sie aus dieser Röntgenstrahlen aus. Bei Elektronenröhren, die mit Anodenspannungen von höchstens einigen 100 V betrieben werden, tritt die Röntgenstrahlung außerhalb des Röhrenglaskolbens nicht in Erscheinung, weil sie vom Glaskolben praktisch vollständig absorbiert wird. Bei Hochspannungsröhren (z. B. Gleichrichter- oder Senderöhren) kann dagegen die Strahlungsintensität außerhalb der Röhre beträchtlich sein, so daß für den Betrieb solcher Röhren entsprechende Strahlenschutzeinrichtungen erforderlich sind. Entladungsgeräte, in denen der Aufprall hochbeschleunigter Elektronen auf eine Metallelektrode („Anti-

---

[1] Mit kleiner werdendem Elektrodenabstand nimmt die Elektronenlaufzeit ab und die Grenzfrequenz der Diode zu.

kathode") zur Röntgenstrahlerzeugung ausgenutzt wird, bezeichnet man als Röntgenröhren.

Die Röntgenstrahlung ist eine elektromagnetische Strahlung im Wellenlängenbereich $0,03\ \text{Å} \leq \lambda \leq 100\ \text{Å}$, an den sich bei $\lambda < 0,03\ \text{Å}$ der Bereich der γ-Strahlen und bei $\lambda > 100\ \text{Å}$ das Gebiet der UV-Strahlung anschließt.

Der Mechanismus der Röntgenstrahlauslösung durch Elektronen stellt die Umkehrung des äußeren lichtelektrischen Effekts dar: Während hier aus einem Metall durch Lichtstrahlen Elektronen ausgelöst werden, erfolgt dort eine Auslösung von Licht- bzw. Röntgenstrahlen durch schnelle Elektronen, die innerhalb der Elektronenhülle der Metallatome abgebremst werden. Die kleinste Wellenlänge λ_{min}, die bei gegebener Energie eU_a eines auslösenden Elektrons in der entstehenden Röntgenstrahlung auftritt, ist [vgl. Bd. I, Gl. (44a)]:

$$\lambda_{\mathrm{min}} = \frac{12\,400}{U_a}\ [\text{Å}]\ (U_a \text{ in V}). \tag{30}$$

Für eine Röntgenröhre bedeutet U_a diejenige Anodenspannung, die mindestens erforderlich ist, um eine Röntgenstrahlung der Wellenlänge $\lambda \geq \lambda_{\mathrm{min}}$ bzw. der Frequenz $f \leq f_{\mathrm{max}} = c/\lambda_{\mathrm{min}}$ zu erzeugen.

Alle von der Anode emittierten Röntgenquanten mit Wellenlängen $\lambda \geq \lambda_{\mathrm{min}}$ ergeben zusammen das „Bremsspektrum" und die „charakteristische Strahlung" der betreffenden Röntgenröhre. Das Bremsspektrum entsteht durch kontinuierliche Abbremsung der Elektronen im Potentialfeld zwischen den Elektronenschalen der einzelnen Atome in der Anode. Erfolgt diese Abbremsung einmalig und geht dabei die gesamte Elektronenenergie verloren, so wird pro auftreffendes Elektron ein Röntgenquant mit der Wellenlänge $\lambda = \lambda_{\mathrm{min}}$ emittiert (Kante des Bremsspektrums); erfolgt dagegen die Abbremsung stufenweise, so werden pro auftreffendes Elektron mehrere Röntgenquanten mit der Wellenlänge $\lambda > \lambda_{\mathrm{min}}$ ausgesandt (Röntgen-Emissionsband). Die dem Bremsspektrum überlagerte charakteristische Strahlung (vgl. Abb. 19a) wird durch Elektronenübergänge zwischen den innersten (K-, L- und M-) Schalen einzelner angeregter Atome des Antikathodenmaterials ausgelöst (vgl. auch Bd. I, S. 89ff.).

2. Strahlungsleistung einer Röntgenröhre

Trägt man die im Wellenlängenintervall zwischen λ und $\lambda + d\lambda$ von der Anode einer Röntgenröhre abgegebene (spektrale) Röntgenstrahlleistung N_λ als Funktion der Wellenlänge auf, so erhält man Verteilungskurven, wie sie in Abb. 19a für zwei verschiedene Anodenspannungen dargestellt sind. Die N_λ-Kurve für das Bremsspektrum durchläuft nach

Abb. 19a ein Maximum bei $\lambda = \lambda_0$ und verschiebt sich mit wachsender Anodenspannung nach links (zu kleineren Wellenlängen). Abb. 19b zeigt die Abhängigkeit der spektralen Röntgenstrahlleistung N_f von der Frequenz f im Bereich $f < f_{\max} = c/\lambda_{\min}$ (c = Lichtgeschwindigkeit), wobei

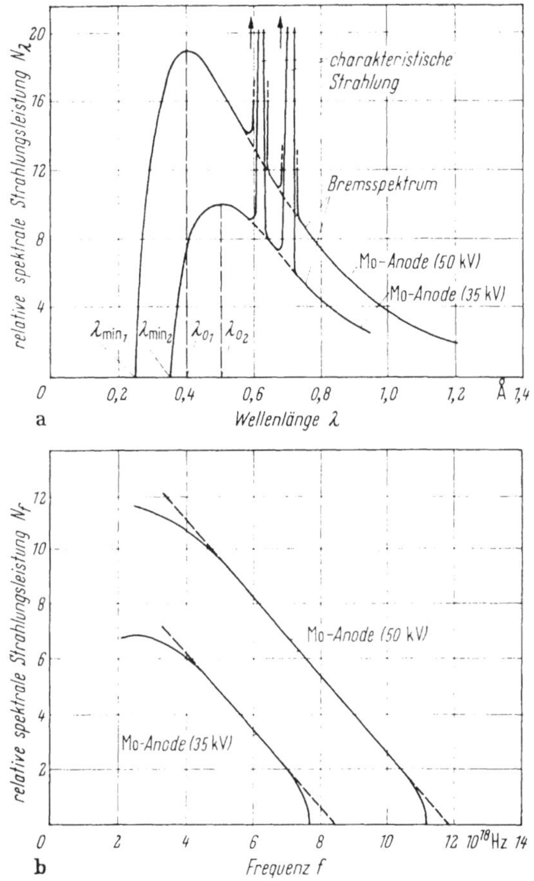

Abb. 19. a) Spektrale Strahlungsleistung N_λ einer Röntgenröhre als Funktion der Wellenlänge λ (für zwei verschiedene Anodenspannungen); b) spektrale Strahlungsleistung N_f der gleichen Röhre als Funktion der Frequenz f (ohne Berücksichtigung der charakteristischen Strahlung) [13].

die charakteristische Strahlung nicht berücksichtigt ist[1]. Für verschiedene Anodenspannungen ergeben sich (abgesehen von den Randgebieten) parallele Geraden, die der empirischen Gleichung

$$N_f = a I_a Z (f_{\max} - f) \tag{31}$$

---

[1] Zwischen N_f und N_λ besteht die Beziehung: $N_f\,df = N_\lambda\,d\lambda$ oder $N_f = (c/f^2) N_\lambda$; ($f = c/\lambda$) [19].

genügen. Hierin bedeuten a eine Röhrenkonstante, I_a der zur Anode fließende Elektronenstrom, Z die Ordnungszahl des Anodenmaterials und $f_{max} = c/\lambda_{min}$ die zur Bandkante des Bremsspektrums gehörige Frequenz. Durch Integration von Gl. (31) erhält man die gesamte[1] von einer Röntgenröhre abgegebene Strahlungsleistung N_R:

$$N_R = \int_0^{f_{max}} N_f \, df = a\, I_a Z \int_0^{f_{max}} (f_{max} - f)\, df =$$

$$= [a\, I_a Z\, (f_{max} f - f^2/2)]_0^{f_{max}} = \frac{a}{2}\, a\, I_a\, Z\, f_{max}^2 . \tag{31a}$$

Mit Gl. (30) und unter Berücksichtigung der Beziehung $\lambda_{min} = c/f_{max}$ ergibt sich:

$$N_R = C\, U_a^2\, I_a\, Z \quad [\mathrm{W}] \tag{32}$$

(U_a [V] = Anodenspannung der Röntgenröhre, I_a [A] = Anodenstrom, Z = Ordnungszahl des Anodenmaterials und C = Röhrenkonstante; für die meisten technischen Röntgenröhren beträgt $C = 1 \cdot 10^{-9}$ bis $1{,}5 \cdot 10^{-9}$ $\mathrm{V^{-1}}$; in diesem Wert ist auch der von der charakteristischen Strahlung herrührende Beitrag zur Gesamtstrahlung enthalten).

Nach Gl. (32) wächst die Röntgenstrahlleistung quadratisch mit der Anodenspannung und linear mit dem Anodenstrom sowie der Ordnungszahl Z des Anodenmaterials. Daher werden Röntgenröhren stets mit hohen Anodenspannungen (10 kV bis 5 MV) und relativ hohen Anodenströmen (Größenordnung 10 mA; bei Hochleistungsröhren im Impulsbetrieb bis 50 A; bei Röntgenblitzröhren bis 10^4 A) betrieben. Aus dem gleichen Grund werden für die Anode meist thermisch hochbelastbare Stoffe mit hoher Ordnungszahl (z. B. **W**, **Ta** oder **Mo**) verwendet.

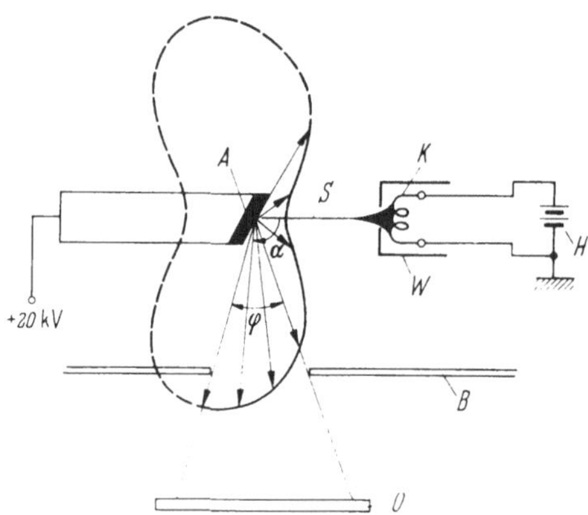

Abb. 20. Räumliche Verteilung der von einer Röntgenröhre abgegebenen Strahlungsleistung bei einer Anodenspannung von z. B. 20 kV (vgl. [19]).
- - - - -: Verteilung bei „dünner" Anode (Röntgenstrahlabsorption in der Anode vernachlässigbar);
————: Verteilung bei „dicker" Anode (völlige Röntgenstrahlabsorption in der Anode).
A = Anode (z. B. aus Wolfram); K = Kathode (Wolframwendel); W = Wehneltzylinder; H = Heizbatterie; S = Elektronenstrahl; B = Blende; O = Objekt; $\varphi/2$ = praktisch verwendete Röntgenstrahlapertur; $\varkappa$ = Winkel gegen die Röhrenachse.

[1] Der Anteil der charakteristischen Strahlung wird durch die in Gl. (32) eingeführte Röhrenkonstante C mitberücksichtigt.

Die *räumliche Verteilung* der von einer Röntgenröhre abgegebenen Strahlungsleistung hängt von der Anodenspannung und von der Form der Anode ab. Abb. 20 zeigt eine Intensitätsverteilung, wie sie bei Anodenspannungen von etwa 3 bis 30 kV im Strahlenfenster einer Röntgenröhre auftreten kann. Das Maximum der Strahlungsleistung erscheint hier unter einem Winkel $x \approx 90°$ gegen die Kathodenstrahl-($=$ Röhren-) Achse. Dies kommt daher, daß sich die Elektronen auf ihren Bremswegen in der Anode wie elektrische Dipole verhalten, deren Strahlungsmaximum immer senkrecht zur Dipolachse gerichtet ist. Da die einzelnen Elektronenbremswege (Dipole) im Mittel die gleiche Richtung haben wie der auf die Anode auftreffende Elektronenstrahl, steht der Vektor der maximalen Röntgenstrahlintensität auf diesem senkrecht. Bei sehr hoher Anodenspannung nimmt das Strahlungsdiagramm die Form einer schmalen Keule an und das Strahlungsmaximum verschiebt sich immer mehr in Kathodenstrahlrichtung ($x = 180°$), weil mit wachsender Elektronengeschwindigkeit der Impuls hf/c der entstehenden Röntgenquanten gleich dem Elektronenimpuls mv wird. Nach dem Impulserhaltungssatz müssen in diesem Fall die Geschwindigkeitsvektoren der Elektronen und Röntgenquanten die gleiche Richtung haben.

Unter der *Härte der Röntgenstrahlung* versteht man die mittlere Energie der im Röntgenspektrum enthaltenen Strahlungsquanten. Sie ist durch die Anodenspannung der betreffenden Röntgenröhre festgelegt und kann nicht beliebig gesteigert werden, da sich die energiereichen Quanten sehr harter Röntgenstrahlen bei ihrer Wechselwirkung mit Atomkernen in je ein Positron und ein Elektron aufspalten („Paarbildung", CURIE 1934). Bei sehr hohen Anodenspannungen ($U_a > 1$ MV) nimmt daher die von einem Objekt (z. B. Röhrenfenster, Metallprobe oder Patient) durchgelassene Strahlungsleistung wegen des Quantenzerfalls mit wachsender Anodenspannung wieder ab.

3. Wirkungsgrad, Güte und Belastbarkeit einer Röntgenröhre

Unter dem *Wirkungsgrad* η einer Röntgenröhre versteht man das Verhältnis der gesamten abgegebenen Röntgenstrahlleistung N_R zur zugeführten Kathodenstrahlleistung N_a. Mit Gl. (32) und $N_a = U_a I_a$ wird:

$$\eta = \frac{N_R}{N_a} = \frac{C U_a^2 I_a Z}{U_a I_a} = C U_a Z \tag{33}$$

(U_a in V, $Z =$ Ordnungszahl des Anodenmaterials, $C = 1 \cdot 10^{-9}$ bis $1.5 \cdot 10^{-9} \frac{1}{V}$; diese Beziehung gilt ebenso wie Gl. (32) für 5 kV $< U_a < 5$ MV).

Nach Gl. (33) ist der Wirkungsgrad einer Röntgenröhre der Anoden-spannung direkt proportional, dagegen unabhängig vom Anodenstrom. Für Anodenspannungen $U_a < 1$ MV beträgt er nur einige Prozent; der größte Teil der Kathodenstrahlenergie wird also in diesem Fall in Wärme verwandelt.

Beispiel: Für eine Röntgenröhre mit $U_a = 400$ kV, $I_a = 10$ mA, $C = 10^{-9}$ 1/V und Wolframanode ($Z = 74$) wird nach Gl. (32) die Strahlungsleistung $N_R = 118{,}4$ W und nach Gl. (33) der Wirkungsgrad $\eta \approx 3\%$.

Bei kleineren Anodenspannungen ist der tatsächliche Nutzeffekt η^* kleiner als η, da nach Abb. 20 von der gesamten Röntgenstrahlleistung nur der ausgeblendete Teil innerhalb eines Raumwinkels φ praktisch verwendbar ist:

$$\eta^* = \eta \, (1 - \cos \varphi/2) . \qquad (33\,\mathrm{a})$$

Mit wachsender Anodenspannung wird jedoch — wie schon erwähnt — die „natürliche Apertur" des Röntgenstrahlbündels immer kleiner, so daß schließlich bei sehr hohen Anodenspannungen $\eta^* \approx \eta$ wird.

Die *Güte G einer Röntgenröhre* ergibt sich aus der Schärfe eines mit der Röntgenstrahlung erzeugten Leuchtschirmbildes. Die Bildschärfe (Güte) wird dabei um so höher, je kleiner die vom Kathodenstrahl getroffene Anodenfläche F_a (Brennfleckfläche) und je größer die ab-gegebene Röntgenstrahlleistung N_R ist. Berücksichtigt man, daß für die Bildschärfe nicht unmittelbar die Brennfleckfläche F_a, sondern deren Projektion F_R (effektive Fokusfläche) in Richtung der Röntgenstrahl-achse maßgebend ist, so wird laut Definition:

$$G = N_R/F_R \quad [\mathrm{W/cm^2}] \qquad (34)$$

(N_R [W] = abgegebene Röntgenstrahlleistung, F [cm²] = effektive Brennfleckfläche = Brennfleckprojektion in Richtung der Röntgen-strahlachse).

Um die effektive Fokusfläche möglichst klein zu halten, wird der Elektronenstrahl in Röntgenröhren häufig mit elektronenoptischen Mit-teln (Hohlkathode, Wehnelt-Zylinder, elektrische und magnetische Lin-sen) auf die Anode fokussiert (Feinfokusprinzip; z. B. für Röntgen-Schattenmikroskope; Brennfleckdurchmesser 0,5 bis 0,05 mm). Eine andere Möglichkeit besteht darin, den Winkel zwischen der Fokusfläche und der Röhrenachse so zu wählen, daß ein bandförmiger Brennfleck auf der Anode in Beobachtungsrichtung (Röntgenstrahlrichtung) als sehr kleines Viereck erscheint (Götze-Strichfokus auf abgeschrägter Anode).

Die Röntgenstrahlleistung N_R und damit auch die Güte G einer Röntgenröhre wird durch die *zulässige Anodentemperatur T_a* in Brennfleckmitte begrenzt. Nach BOUWERS [1] ist die zulässige Anodentemperatur:

$$T_a = 0{,}48\, N_a^* \sqrt{\frac{\varDelta t}{\pi \varkappa Q}} \quad [^\circ \mathrm{C}] \tag{35}$$

(N_a^* [W/cm^2] = zulässige Anodenverlustleistung pro Flächeneinheit (hoch für Anoden mit hohem Schmelzpunkt); $\varDelta t$ [sec] = Zeitdauer, während der die Temperaturerhöhung erfolgt (Belastungszeit); $\varkappa$ [W/cm $^\circ$C] = Wärmeleitfähigkeit des Anodenmaterials; Q [Ws/$^\circ$C cm^3] = Wärmekapazität pro cm^3 Anodenmaterial). Wegen seiner hohen thermischen Belastbarkeit ist Wolfram das günstigste Anodenmaterial für Röntgenröhren. Seine zulässige Anodentemperatur beträgt $T_a \approx 2500\,^\circ$K (Schmelzpunkt $T_s = 3660\,^\circ$K). Da es außerdem eine hohe Ordnungszahl ($Z = 74$) hat, erreicht man damit relativ hohe Werte für η und G.

Durch Verwendung einer tellerförmigen Drehanode anstelle einer ruhenden Anode kann die zulässige Anodenverlustleistung um einen Faktor p erhöht werden, weil sich der Anodenstrom dann auf eine um diesen Faktor größere Fläche verteilt. Dies zeigt folgende Überlegung (VAN DER TUUK [26]): Die Temperaturzunahme $(\varDelta T)_r$ einer ruhenden Anode (r) steigt angenähert proportional zur Wurzel aus der Belastungszeit an: $(\varDelta T)_r = k\sqrt{\varDelta t}$. Unter der Voraussetzung, daß sich der Brennfleck (mit der Breite b) bei Drehung der Anode (d) während der Belastungszeit $\varDelta t$ über eine Strecke $p^2 b$ bewegt, wird die Belastungszeit für irgendeinen Punkt der Drehanode um den Faktor p^2 auf $\varDelta t/p^2$ verkleinert. Die Temperaturzunahme an den belasteten Stellen der Anode beträgt dann $(\varDelta T)_d = k\sqrt{\varDelta t/p^2} = (1/p)k\sqrt{\varDelta t} = (1/p)(\varDelta T)_r$, ist also um den Faktor p kleiner als bei ruhender Anode. Eine Drehanode kann daher um den Faktor p höher belastet werden, bis ihre Temperaturzunahme während der Belastungszeit $\varDelta t$ gleich der Temperaturzunahme der ruhenden Anode ist. Da $p^2 b$ die Strecke ist, die ein Brennfleckpunkt am Anodenumfang zurücklegt, wird [26]:

$$p^2 b = 2\,r\,\pi\,n\,\varDelta t$$

oder

$$p = \sqrt{\frac{2\,r\,\pi\,n\,\varDelta t}{b}}\,, \tag{36}$$

wobei r [cm] = Abstand der Brennfleckmitte von der Anodenachse (einige cm), n [1/sec] = Umdrehungszahl der Drehanode (Größenordnung 50 1/sec), $\varDelta t$ = Belastungs- oder Expositionszeit ($\varDelta t$ ist stets kleiner als $1/n$; Gl. 36 gilt nur für $\varDelta t < 40$ msec), und b [cm] = Brennfleckbreite (0,05 bis 1 mm); (Größenordnung von p : ≈ 10).

4. Absorption von Röntgenstrahlen

Die Absorption einer „monochromatischen" Röntgenstrahlung von der Leistung N_0 in einer Materialschicht der Dicke d erfolgt in Analogie zum allgemeinen Strahlungsabsorptionsgesetz. Die nach der Absorption verbleibende Strahlungsleistung N_d ist demnach (vgl. Abb. 21):

$$N_d = N_0 e^{-\mu d} \; [\mathrm{W}] \tag{37}$$

$(N_0 \,[\mathrm{W}] =$ Strahlungsleistung vor der Absorption, $\mu \,[1/\mathrm{cm}] =$ Absorptionskoeffizient der Materialschicht, $d \,[\mathrm{cm}] =$ Schichtdicke). Der Absorptionskoeffizient μ der Materialschicht ist stark von der Wellenlänge der Röntgenstrahlung abhängig (vgl. Tab. 2). Aus Abb. 21 und Tab. 2 geht hervor, daß die Absorption in der Materie mit zunehmender Härte der Röntgenstrahlung (d. h. mit abnehmender Wellenlänge) abnimmt. Für Wellenlängen

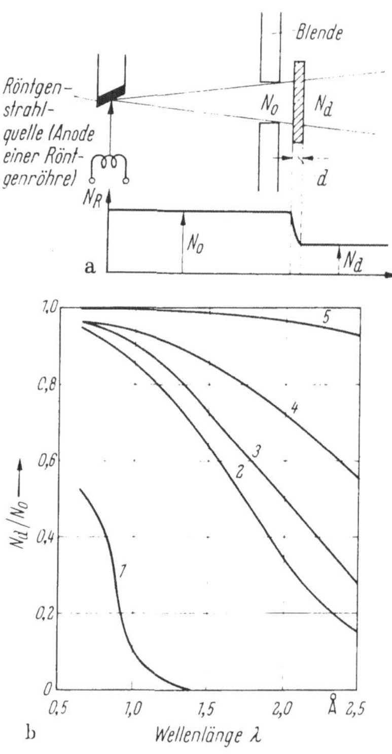

Abb. 21. a) Sprunghafte Abnahme der Röntgenstrahlleistung N_R beim Durchgang der Strahlung durch eine Materialschicht der Dicke d (Schwächung der Röntgenstrahlung in Luft vernachlässigt);
b) relative Röntgenstrahlleistung nach Durchgang der Strahlung durch verschiedene Schichten der Dicke d in Abhängigkeit von der Wellenlänge (vgl. [89]).
1 Pyrexglas ($d = 1$ mm); 2 Lindemann-Glas ($d = 0,25$ mm); 3 Aluminium ($d = 0,025$ mm); 4 Beryllium ($d = 0,50$ mm); 5 Zellophan ($d = 0,02$ mm).

$\lambda > 0{,}01$ Å erfolgt die Schwächung der Röntgenstrahlung in Materie auf zweierlei Weise: (a) durch photoelektrische Absorption (d. h. Auslösung von Photoelektronen aus den Atomen der Anode; die Energie der Photoelektronen wird in der Anode in Wärme verwandelt) und (b) durch den Compton-Effekt (d. h. Energieverlust der Röntgenquanten beim Zusammenstoß mit quasifreien oder schwach gebundenen Elektronen in der Anode).

Tabelle 2

Werte von μ für einige Metalle und verschieden harte Röntgenstrahlung

	$\mu\,(0{,}1\ \text{Å})$	$\mu\,(0{,}01\ \text{Å})$
Be	0,24	0,10
Al	0,40	0,15
Cu	2,69	0,47
Pb	35.8	0,56

Dazu kommt außerdem noch die räumliche Streuung (d. h. die Richtungsänderung der Röntgenstrahlen ohne Energieabgabe).

Die von einer Röntgenröhre erzeugte heterogene Strahlung wird beim Durchdringen von Materie nicht nur geschwächt, sondern auch homogenisiert (gefiltert). Als Beispiel zeigt Abb. 22, wie das Bremsspektrum einer Röntgenröhre beim Durchgang der Strahlung durch ein Aluminium- bzw. Glasfenster wegen der vollständigen Absorption des weichen Strahlungsanteils schmäler wird. Bei weiterer Schwächung der Röntgenstrahlung schrumpft deren Bremsspektrum zu einem schmalen Spektralband zusammen: die Röntgenstrahlung ist dann nahezu „monochromatisch".

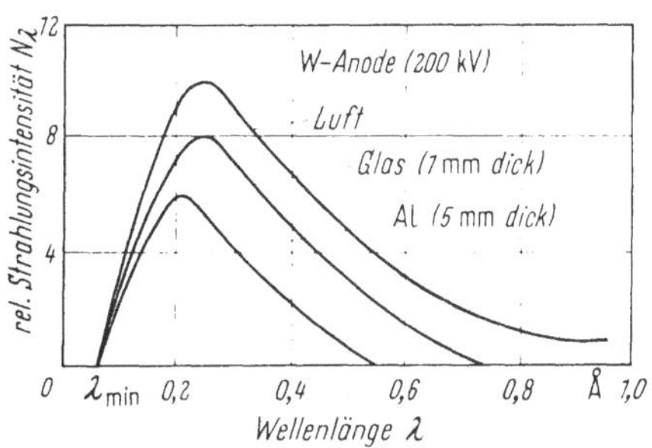

Abb. 22. Schwächung und Homogenisierung der Röntgenstrahlung (Bremsspektrum) beim Durchgang durch ein Glas- bzw. Aluminiumfenster (vgl. [19]).

Eine andere Möglichkeit zur Erzeugung monochromatischer Strahlung besteht im Herausfiltern der charakteristischen Strahlung aus dem Bremsspektrum mit Hilfe von Kristall-Monochromatoren, die nach der Braggschen Formel[1] dimensioniert sind [vgl. Bd. I, Gl. (11)]:

$$n\,\lambda = 2d\,\cos\varphi \qquad\qquad (38)$$

(n = ganze Zahl [1 bis 3], λ = Wellenlänge des mit maximaler Intensität reflektierten Anteils der auf den Kristall auftreffenden Röntgenstrahlung, d = Abstand benachbarter Gitterebenen im Kristall [Gitterkonstante], φ = Einfalls- bzw. Reflexionswinkel der Röntgenstrahlung = Winkel zwischen der Röntgenstrahlrichtung und dem Lot auf die Gitterebenen). Nach Gl. (38) muß ein Kristall mit der Gitterkonstanten d um einen Winkel $90° - \varphi$ gegen einen einfallenden heterogenen Röntgenstrahl geneigt sein, damit eine monochromatische Strahlung der Wellenlänge λ unter dem Winkel φ reflektiert wird.

5. Technische Röntgenanlagen

a) Aufbau von Röntgenröhren. Röntgenröhren enthalten als Kathode meist eine flache Glühspirale aus Wolfram und als Antikathode eine massive Kupferelektrode, an deren Stirnseite häufig eine Wolfram- oder Molybdänplatte eingesetzt ist. Vor der Kathode ist meist eine Wehnelt-

---

[1] Über die Ableitung dieser Gleichung siehe z. B. [7], S. 454.

Elektrode angeordnet, die den Elektronenstrahl bündelt. Das ganze Elektrodensystem ist in einem auf etwa 10^{-6} Torr evakuierten[1] Glas-

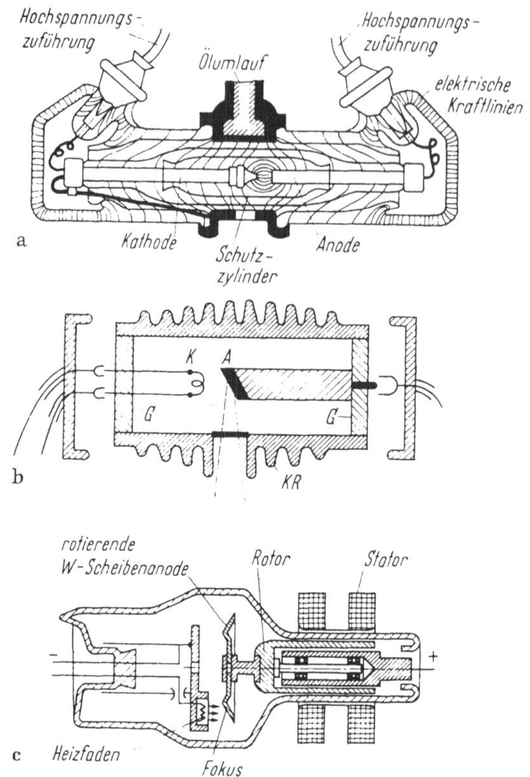

Abb. 23a—c. Aufbau typischer Röntgenröhren für mittlere Wellenlängen ($0,03 < \lambda < 1$ Å) [19]. a) Technische Röntgenröhre (200 kV, 10 mA) in Strahlenschutzhaube. Schutzzylinder- und Doglasprinzip; Ölumlaufkühlung; Verlauf der elektrischen Kraftlinien; b) Schema einer Röntgenkleinströhre nach dem Metalix-Prinzip (K = Kathode, A = Anode, G = Glasscheibe, KR = Kühlrippen); c) Querschnitt einer Drehanoden-Röntgenröhre.

oder Metallgefäß untergebracht. Typische Ausführungsformen von Röntgenröhren zeigt die Abb. 23.

Ein wichtiges Problem stellt die *Kühlung der Antikathode* dar. Bei Röhren niedriger Leistung genügt die *Luftkühlung* mit Hilfe von Kühlrippen und einem Ventilator. Für Röhren höherer Leistung benutzt man statt dessen die Strahlungs-, Umlauf- oder Siedekühlung. *Strahlungsgekühlte* Röhren sind mit einer meist tellerförmigen Drehanode (selten mit einer ruhenden Anode) ausgestattet, die mit einigen tausend

---

[1] Gasgefüllte Kaltkathoden-Röntgenröhren werden manchmal noch als „offene" Röhren in Laborversuchen verwendet.

Umdrehungen pro Minute um die Röhrenachse rotiert; dadurch wird die Abstrahlfläche der Anode um etwa den Faktor 100 (die Verlustleistung nach Gl. (36) jedoch nur um den Faktor $\sqrt{100} = 10 = p$) vergrößert. Röhren mit *Umlaufkühlung* enthalten ein von kaltem Wasser bzw. Öl durchströmtes Antikathodenrohr. Bei der *Siedekühlung* (Verdampfungskühlung) wird die Tatsache ausgenutzt, daß die Überführung von 1 l Wasser von 100 °C in Dampf von 100 °C eine Wärmemenge von 539 kcal erfordert. Diese Verdampfungswärme wird der (hohlen, mit Wasser gefüllten) Anode entzogen. Wenn das Wasser in der Anode siedet, bleibt die Anodentemperatur konstant, weil die Verdampfungswärme an einen Kühler weitergegeben wird. Das an diesem kondensierende Wasser wird zur Anode zurückgeleitet.

Die Betriebseigenschaften von Röntgenröhren können durch die Reflexion von Primärelektronen und durch Bildung von Sekundärelektronen an der Anode erheblich verschlechtert werden. Die reflektierten Primärelektronen können z. B. am Stiel der Anode landen und dort wegen ihrer hohen Energie eine Röntgen-„Stielstrahlung" auslösen, die die Bildschärfe der Röhre verschlechtert. Andererseits besteht die Möglichkeit, daß die Primär- und Sekundärelektronen die Glaskolbenwand negativ aufladen. Das zwischen der (negativen) Wandladung und der (positiven) Anodenzuführung sich bildende elektrische Feld könnte außerhalb der Röhre zu unerwünschten Sprüherscheinungen führen sowie die Symmetrie des fokussierenden Kathoden-Anoden-Feldes in der Röhre stören.

Zur *Vermeidung der „Stielstrahlung" und Glaskolbenaufladung* werden folgende Mittel angewandt: 1. Die Anode wird innerhalb der Röhre mit einem dickwandigen Metallrohr umgeben, das die reflektierten Primärelektronen und die Sekundärelektronen abfängt (*Anodenschutzzylinder-Prinzip*). 2. Innerhalb des Röhrenglaskolbens wird zum gleichen Zweck ein Schutzglasrohr angeordnet (*Doppelglas-[„Doglas-"]Prinzip*). 3. Der mittlere Teil des Röhrenmantels wird als schützender Metallzylinder ausgeführt; die Röhrenenden bestehen dagegen aus Glas oder Porzellan und sind mit dem Metallzylinder vakuumdicht verbunden (*Metalix-Prinzip*) [19].

Wegen der hohen Betriebsspannung sind für Röntgenröhren besondere Schutzmaßnahmen und -einrichtungen erforderlich. Die wichtigsten Mittel gegen Durch- und Überschlagsgefahr sind: Vermeidung scharfer Kanten am Systemaufbau und ungleichmäßiger Feldverteilung innerhalb der Röhre, besonders an den Hochspannungs-Durchführungen; Einbettung der Röhre in Keramik- oder Ölisolation, die gleichzeitig als Berührungsschutz dient.

Zum weiteren Schutz gegen Berührung und zur Absorption der Röntgenstreustrahlung (Gefahr der Strahlenschädigung) werden die

3*

Röntgenröhren stets in ein strahlungssicheres, geerdetes Gehäuse eingebaut. In Tab. 3 sind die zum wirksamen Strahlenschutz erforderlichen Schichtdicken einiger Stoffe für verschiedene Spannungen einer Röntgenröhre wiedergegeben [8]. Als Maß für die erforderliche Schichtdicke dient die Toleranzdosisleistung des Menschen. Bei Bestrahlung des ganzen

Tabelle 3
*Strahlenschutz-Schichtdicken verschiedener Materialien (in cm)
als Funktion der Röntgenröhrenspannung [8]*

Spannung [kV]	Blei	Eisen	Barytstein	Beton	Ziegelstein
50	0,1	0,5	1,5	7,0	10,0
100	0,2	1,2	3,0	14,0	20,0
200	0,4	5,2	6,0	28,0	36,0
400	1,5	7,5	13,5	30,0	27,3
1000	5,0	10,0	30,0	—	—

Körpers und einer Röntgenquantenenergie < 3 MeV beträgt diese für Männer unter Strahlenschutzkontrolle 0,1 r/Woche, für Frauen unter Strahlenschutzkontrolle 0,025 r/Woche und für die übrige Bevölkerung 0,01 r/Woche. Bei „offenen" unabgeschirmten Röntgenröhren kann die Strahlungsdosisleistung bis zu 50 r[1] pro Woche, also das Fünfhundertfache der Toleranzdosisleistung für Männer unter Strahlenschutzkontrolle betragen. Zum Strahlungsschutz ist daher bei allen Röntgenröhren eine Abschirmung aus Blei oder anderen (billigeren) Stoffen erforderlich. In Tab. 4 sind die Mindestbleidicken angegeben, die zur Abschirmung der Röntgenstrahlung in 2 m Abstand vom Fokus einer Röntgenröhre mit 20 mA Stromstärke benötigt werden [8].

Tabelle 4
*Zur Abschirmung der Primärstrahlung erforderliche Mindestbleidicke in 2 m Abstand
vom Fokus einer Röntgenröhre bei einer Stromstärke von 20 mA [8]*

Anodenspannung [kV]	Für Toleranzdosis erforderliche Bleidicke [cm]	Für Erbschädigungsdosis[2] erforderliche Bleidicke [cm]
bis 100	0,18	0,28
bis 200	0,35	0,52
bis 300	1,05	1,50

[1] 1 r (Röntgen) ist diejenige Strahlungsmenge, die in 1 cm³ Luft Ionen beiderlei Vorzeichens mit der Ladungssumme 1 ESE (elektrostatische Ladungseinheit) erzeugt. 1 r entspricht einer Strahlungsenergie von $84 \cdot 10^{-7} \approx 10^{-5}$ Ws (die Toleranzdosisleistung also 10^{-6} Ws pro Woche). Wegen der hohen Energie der einzelnen Röntgenquanten stellt schon diese winzige Energiemenge die äußerste Belastungsgrenze für den Organismus dar!

[2] Die Erbschädigungsdosis beträgt ein Zehntel der Toleranzdosis.

b) Schaltungen zum Betrieb von Röntgenröhren. Röntgenröhren
können nicht mit Wechselspannung betrieben werden, da in diesem Fall
während der negativen Spannungsphase die Gefahr der Elektronenemission von der Anode besteht, die zur Zerstörung der Kathode führen
kann. Deshalb verwendet man stets eine gleichgerichtete, mehr oder weniger geglättete Spannung, die mit Hilfe von Spannungsvervielfacher-

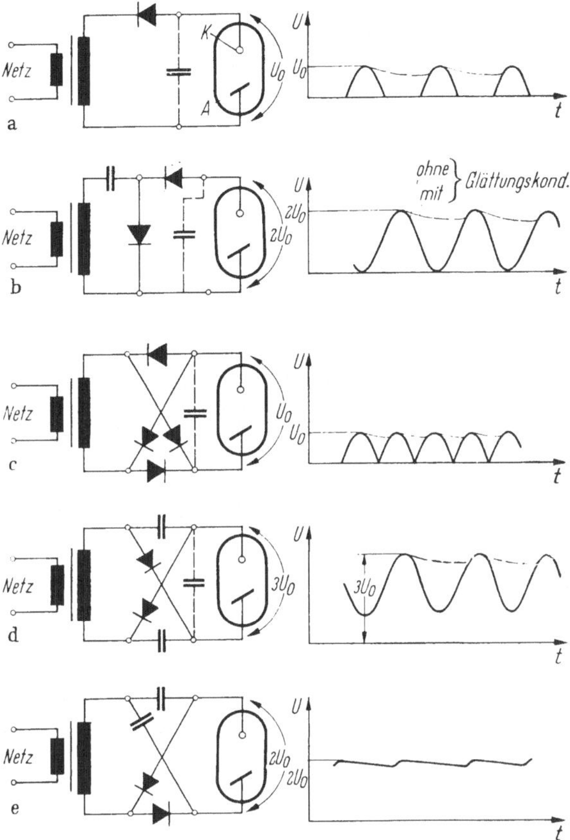

Abb. 24a—e. Elektrische Schaltungen zum Betrieb von Röntgenröhren [19].
a) Halbwellenschaltung (für Kleinströntgenröhren); b) unsymmetrische Villard-Schaltung (Spannungsverdopplung); c) Graetzschaltung mit vier Ventilen; d) Zimmermann-Witka-Schaltung (Spannungs-
verdreifachung); e) einfache Greinacher-Schaltung (Spannungsverdopplung).
——— : Spannungsverlauf ohne ⎫ Glättungskondensator.
- - - - : Spannungsverlauf mit ⎭

schaltungen erzeugt wird. In Abb. 24 sind verschiedene derartige
Schaltungen sowie der zeitliche Verlauf der von ihnen gelieferten gleich-
gerichteten Spannung dargestellt. Bei der Auswahl einer Schaltung muß
berücksichtigt werden, daß der zeitliche Verlauf der Speisespannung die

spektrale Zusammensetzung sowie die Intensität der erzeugten Röntgenstrahlung erheblich beeinflußt. Als Gleichrichter benutzt man entweder Hochspannungs-Glühkathodengleichrichterröhren oder Stabgleichrichter aus Selen. Zum Impulsbetrieb von Röntgenröhren dienen Schaltungen.

Tabelle 5

Anwendungsgebiete und zugehörige charakteristische Daten von Röntgenröhren

Anwendungsgebiet	Anodenspannungsbereich	effektive Fokusfläche	Bemerkungen
Biophysik	$1.5\ \text{kV} < U_a < 1\ \text{MV}$	klein	– –
Medizin a) Diagnostik	$U_a < \approx 80\ \text{kV}$	klein zur Erzeugung scharfer Bilder	Bildkontrast nimmt mit zunehmender Spannung ab;
b) Therapie	$U_a > \approx 80\ \text{kV}$ (gewöhnlich nicht über 300 kV)	groß	Zweck: Großes Durchdringungsvermögen der Röntgenstrahlung für Heilzwecke;
Strukturforschung a) Grobstrukturforschung (Geometrische Optik; Röntgen-Schattenbild)	$12\,\text{kV} < U_a < 400\,\text{kV}$	klein (Größenordnung 20 mm²)	meist Bremsspektrum von Wolfram; Anwendungsbeispiel: Aufsuchen von Hohlräumen (Lunkern) in Metall-Gußstücken;
b) Feinstrukturforschung (Physikalische Optik; Röntgenbeugungsbild [Laue-Diagramm])	$1\ \text{kV} < U_a < 12\ \text{kV}$ (Spannungsbereich nach oben durch Größenordnung der Gitterkonstanten von Kristallen $[\approx 1\ \text{Å}]$ begrenzt)	klein (Größenordnung 1 mm²)	meist charakteristische Strahlung der Anode; Anwendungsbeispiel: Bestimmung der Gitterkonstanten und Kristallstruktur von Festkörpern;
c) Spektralanalyse	$U_a < 100\ \text{kV}$		Bestimmung der chemischen Zusammensetzung eines Stoffes aus dessen charakteristischer Röntgenstrahlung, die durch andere Röntgenstrahlen angeregt wird;
Röntgenmikroskopie	$1.5\,\text{kV} < U_a < 15\,\text{kV}$	sehr klein (bis 10^{-4} mm Durchmesser)	Prinzip: Bildung von Röntgen-Photoelektronen und Abbildung im Elektronenmikroskop.

bei denen der während einer Kondensator-Entladung erzeugte Spannungsimpuls mit einem Impuls-Transformator auf die gewünschte Amplitude
(z. B. 200 kV) gebracht wird.

c) Anwendungen von Röntgenröhren. Betriebsspannung und effektive
Fokusfläche sind die charakteristischen Daten, die das Anwendungs-
gebiet einer Röntgenröhre festlegen (vgl. Tab. 5).

E. Hochvakuum-Photodioden (Photozellen)

Im Gegensatz zu den bisher betrachteten Hochvakuumröhren mit
elektronenemittierender *Glüh*kathode wird der Elektronenstrom bei den
Hochvakuum-Photodioden durch Lichtquanten-(Photonen-)Aufprall auf
eine (*kalte*) Photokathode erzeugt. Der von der Anode abgesaugte Elektronenstrom ist ein Maß für den einfallenden Lichtfluß.

1. Lichtstärke und Lichtfluß

Die internationale Einheit der Lichtstärke K ist das „candela‟:
1 candela [cd] ist ein Sechzigstel der Lichtstärke, die 1 cm² Oberfläche
des schwarzen Körpers bei 1771 °C senkrecht zur Oberfläche ausstrahlt.
Diese Einheit ist nur wenig verschieden von den früher benutzten Ein-
heiten „Talglicht‟, „Hefnerkerze‟ und „Neue Kerze‟.

Der Lichtfluß L, der auf eine Fläche F trifft und von einer punkt-
förmigen Lichtquelle der Stärke K im Abstand d ausgeht, ist [*12*]:

$$L = \frac{K F}{d^2} \tag{39}$$

(L in Lumen [Lm], K in candela [cd], F in cm² und d in cm).

Nach Gl. (39) ist 1 Lumen derjenige Lichtfluß, der von einer Lichtquelle der Stärke 1 cd in den Raumwinkel Ω ($= F/d^2$) $= 1$ sterad ab-
gestrahlt wird. Bei der Wellenlänge der maximalen Augenempfindlichkeit ($\lambda = 5600$ Å) entspricht 1 Lumen einer abgestrahlten Licht-
leistung von 0,0016 Watt.

Beispiel: Eine Photokathode mit 3 cm² Fläche wird in 10 cm Abstand mit einer
Lichtquelle der Stärke 1 cd beleuchtet. Dann beträgt der Lichtfluß $L = 1 \cdot 3/100$
$= 0,03$ Lm.

2. Lichtempfindlichkeit von Photozellen

Der Anodenstrom I_a einer Photozelle ist dem Lichtfluß L direkt
proportional (vgl. Abb. 25 sowie Bd. I, Abb. 42a):

$$I_a = e_p L. \tag{40}$$

Die Proportionalitätskonstante e_p gibt die Elektronenausbeute pro Lumen an und wird Lumen-Empfindlichkeit der betreffenden Photozelle genannt. Die Lumen-Empfindlichkeit hängt praktisch nur von den Eigenschaften der Photokathode (vgl. Bd. I, S. 63) und von der Farbe (Wellenlänge) des auftreffenden Lichts ab. Bei Angabe der Lumen-Empfindlichkeit muß daher stets auch die Farbe der verwendeten Lichtquelle angegeben werden. Die Angaben in Industriedatenblättern beziehen sich meist auf die Lichtfarbe einer Wolframfadenlampe mit einer Glühtemperatur von 2850 °K.

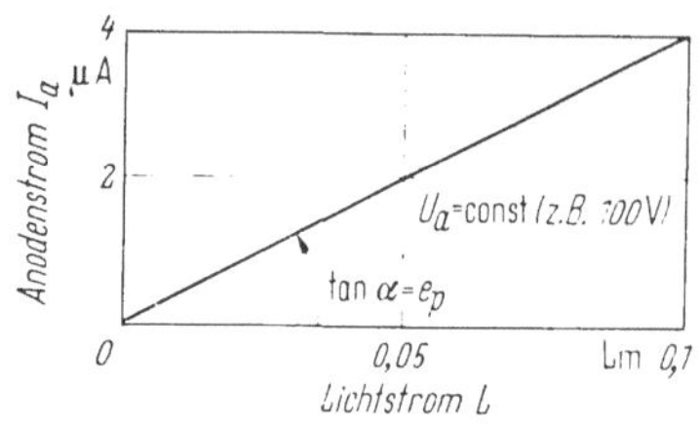

Abb. 25. Abhängigkeit des Anodenstroms einer Hochvakuum-Photozelle vom auftreffenden Lichtfluß.

Bei Bestrahlung mit Wechsellicht hoher Frequenz nimmt die Lumen-Empfindlichkeit einer Photozelle aus Laufzeitgründen mit wachsender Frequenz ab:

Beispiel: In einer Photozelle mit ebenen Elektroden (Abstand $d = 1.5$ cm) beträgt die Elektronenlaufzeit τ bei $U_a = 250$ V: $\tau = 2\,d/v_a = 2d\,\sqrt{m/(2e\,U_a)}$ $= 3 \cdot 10^{-9}$ sec (v_a = Elektronengeschwindigkeit an der Anode); daraus ergibt sich eine Wechsellicht-Grenzfrequenz $f_g = 1/\tau = 3 \cdot 10^8$ Hz. Oberhalb dieser Frequenz nimmt die Empfindlichkeit der Photozelle rasch ab.

3. I_a-U_a-Kennlinienfeld und Betriebsschaltung einer Photozelle

Die Abb. 26 zeigt das I_a-U_a-Kennlinienfeld und die typische Betriebsschaltung einer Photozelle. Der bei Bestrahlung durch die Photozelle fließende Elektronenstrom verursacht am äußeren Widerstand R_a einen dem Lichtfluß direkt proportionalen Spannungsabfall (vgl. Abb. 26a). Bei konstantem Lichtfluß L_0 ergibt sich der Arbeitspunkt der Photozelle als Schnittpunkt der Widerstandsgeraden für R_a mit der zum Lichtfluß L_0 gehörenden I_a-U_a-Kennlinie (vgl. Abb. 26b). Bei Bestrahlung der Photozelle mit Wechsellicht pendelt der Arbeitspunkt auf der Widerstandsgeraden hin und her.

Aus dem I_a-U_a-Kennlinienfeld läßt sich die Lumen-Empfindlichkeit der Photozellenkathode ablesen:

Beispiel: Für $L = 0{,}03$ Lm wird nach Abb. 26b die Anodenspannung $U_a = 190$ V ($R_a = 5$ MΩ) und der Anodenstrom $I_a = 1{,}3\,\mu$A. Die Lumen-Empfindlichkeit der Photokathode beträgt daher $e_p = 1{,}3/0{,}03 = 43\,\mu$A/Lm.

Bei genauen quantitativen Lichtstrommessungen und geringer Lichtstärke ist vom Anodenstrom einer Photozelle der *Dunkelstrom* abzuziehen.

d. h. der Strom, der ohne Bestrahlung bei angelegter Spannung durch die Photozelle fließt. Der Dunkelstrom setzt sich aus dem Isolationsstrom, dem Feldemissionsstrom, dem thermischen Emissionsstrom der Kathode und dem positiven Ionenstrom der Restgase zusammen. Er beträgt etwa 10^{-1} bis 10^{-3} μA.

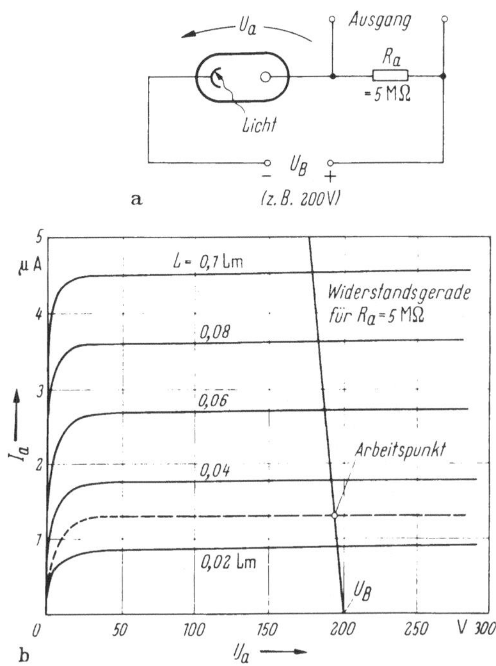

Abb. 26. Betriebsschaltung (a) und I_a–U_a-Kennlinienfeld (b) einer Hochvakuum-Photozelle.

4. Ausführungsformen und Daten technischer Photozellen

Technische Hochvakuum-Photozellen enthalten eine stab-, ring- oder netzförmige Anode und eine halbzylinder- oder scheibenförmige Kathode, die als dünner Metallfilm auf einen Kathodenträger oder auf die Innenwand des Röhrenglaskolbens aufgedampft ist. Die Abb. 27

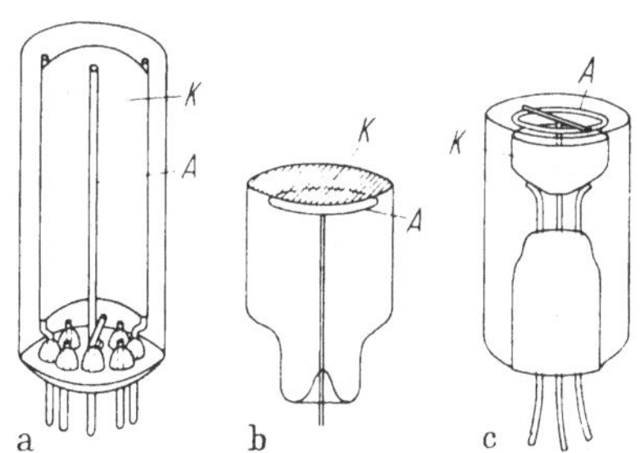

Abb. 27a—c. Ausführungsformen typischer Hochvakuum-Photozellen
a) mit halbzylindrischer Kathode und Stabanode; b) mit ebener transparenter Photokathode und Ringanode; c) mit Topfkathode und Ringanode.
(K = Photokathode; A = Anode.)

zeigt einige typische Elektrodenanordnungen. Die Photokathoden haben gewöhnlich eine Fläche von 1 bis 5 cm² und eine Empfindlichkeit von 20 bis 40 µA/Lm. Die Betriebsspannung von Photozellen beträgt meist 90 V, bei einigen Typen bis 250 V.

II. Gasgefüllte Dioden und ihre Entladungsformen

Die Gasdioden lassen sich in zwei Gruppen einteilen: in Röhren mit selbständigen und in solche mit unselbständigen Entladungen. Eine *selbständige Entladung* ist dadurch charakterisiert, daß alle für den Stromdurchgang erforderlichen Ladungsträger von der Entladung selbst gebildet werden. Die „Zündung" einer solchen Entladung erfolgt zwar immer durch eine nichtstationäre, von fremden Teilchenquellen ausgelöste unselbständige Entladung, den sogenannten Vorstrom; sobald aber Zündung eingetreten ist, kann die ionisierende fremde Energiequelle wegfallen, ohne daß die Entladung erlischt. Im Gegensatz dazu ist eine *unselbständige Entladung* zu ihrer Aufrechterhaltung an eine ständige Energiezufuhr aus fremden Elektronenquellen gebunden; wird die Energiezufuhr unterbrochen, so erlischt diese Entladung, obwohl die zugehörige Betriebsspannung konstant gehalten wird. (Über die wichtigsten Elementarprozesse in Gasentladungen vgl. Bd. I, Kap. 1, Abschn. IX).

A. Dioden mit selbständigen Entladungen

(Überwiegende Trägererzeugung durch die Entladung selbst; jedoch Fremdzündung)

1. Glimmentladungs-Dioden

Solche Dioden bestehen meist aus zwei scheiben-, ring- oder zylinderförmigen kalten Elektroden, die in einen gasgefüllten Glaskolben eingeschmolzen sind. Wird an eine derartige Röhre eine allmählich wachsende Gleichspannung U_a angelegt (vgl. Abb. 28a), so fließt zunächst ein sehr schwacher Strom (Größenordnung 10^{-18} bis 10^{-6} A). Dieser sogenannte Vorstrom wird von Ladungsträgern gebildet, die durch die kosmische Strahlung, durch Photoemission von den Elektroden und Isolatoren oder durch absichtlich eingebaute radioaktive Quellen dauernd in der Röhre entstehen. Im Vorstrombereich ist die Raumladung in der Röhre praktisch vernachlässigbar, und der Potentialverlauf entspricht dem einer Hochvakuumdiode. Überschreitet die Anodenspannung U_a den

Wert der Zündspannung U_z, so steigt der Strom sprungartig an, und der Spannungsabfall an der Röhre sinkt (abfallender Kennlinienast in Abb. 28b). Die dunkle, stromschwache (unselbständige) *Vorstromentladung* geht in diesem Augenblick der „*Zündung*" in die helle, stromstärkere (selbständige) *Glimmentladung* über. Bei dieser steigt der Potentialverlauf zwischen den Elektroden nicht mehr wie bei einer Hochvakuumdiode an, sondern wird durch Raumladungen verzerrt (vgl. Abb. 28c); zu seiner Bestimmung sind Sondenmessungen nötig (s. S. 75ff.)

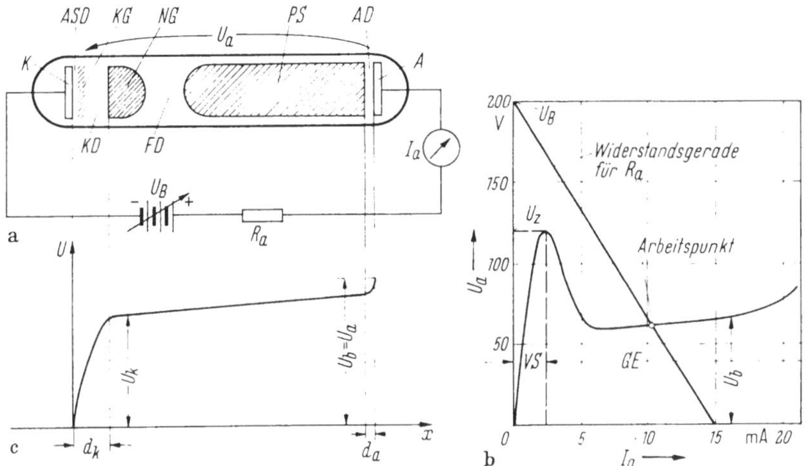

Abb. 28. Betriebsschaltung (a), I_a-U_a-Kennlinie (b) und Potentialverlauf nach der Zündung (c) einer Glimmentladungsdiode; K = Kathode; A = Anode; ASD = Astonscher Dunkelraum; KG = Kathodenglimmlicht; KD = Kathodendunkelraum; NG = negatives Glimmlicht; FD = Faradayscher Dunkelraum; PS = positive Säule; AD = Anodendunkelraum; d_k = Länge des Kathodenfallraums; d_a = Länge des Anodenfallraums; U_k = Kathodenfall; U_b = Brennspannung; VS = Vorstromgebiet; GE = Glimmentladungsgebiet; U_z = Zündspannung.

Wegen der geringen Zahl der anfangs vorhandenen Ladungsträger erfordert die Zündung eine gewisse Zeit (maximal etwa eine Sekunde) und erfolgt erst bei relativ hohen Spannungen (100 bis 500 V). Nach der Zündung stellt sich in der Röhre die (wesentlich niedrigere) *Brennspannung* U_b ein. Der durch die Röhre fließende Strom (d. h. der Arbeitspunkt) wird durch den äußeren Widerstand R_a festgelegt (vgl. die Widerstandsgerade in Abb. 28b).

Das wesentliche Merkmal einer Glimmentladung ist neben den typischen Leuchterscheinungen (vgl. Abb. 28a sowie Bd. I. Abb. 150) der sogenannte *Kathodenfall* U_k, d. h. der Spannungsabfall längs der (raumladungsarmen) Kathodenfallstrecke d_k (vgl. Abb. 28a), der bis zu 80% der Diodenspannung betragen kann. Im Kathodenfallraum (= Raum zwischen Kathode und kathodenseitigem Rand des negativen Glimmlichts) werden die aus der Kathode durch Ionen- und Photonenaufprall ausgelösten Elektronen so stark beschleunigt, daß sie anschließend als gerichteter Elektronenstrahl in die nahezu feldfreie Zone des negativen Glimmlichts eintreten; dort geben sie ihre Energie durch Anregungs- und Ionisierungsprozesse wieder ab. Aus dem Glimmlicht diffundieren andererseits Ionen in den Fallraum und werden in diesem zur Kathode beschleunigt, wo sie beim Aufprall weitere Elektronen auslösen. Im negativen Glimmlicht erfolgt der Trägertransport vorwiegend durch Diffusion. Hinter dem Glimmlicht werden die Elektronen durch ein schwaches elektrisches Feld zur Anode beschleunigt; auf dem Weg dorthin erzeugen sie durch Stoßionisierung die positive Säule. Diese stellt ein quasineutrales *Plasma* dar, d. h. ein hochgradig ionisiertes Gas, in welchem die Elektronenkonzentration ($n = 10^{10}$ bis 10^{13} 1/cm³) gleich der Ionenkonzentration ist. Zwischen der positiven Säule und der Anode bildet sich infolge der Abstoßung der positiven Ionen eine Zone negativer Raumladung mit einer entsprechenden Potentialdifferenz, die man als *Anodenfall* bezeichnet (vgl. Bd. I, Abb. 150).

Je nach der Stromdichte und der Größe des Kathodenfalls unterscheidet man zwischen Dioden mit normaler und solchen mit anormaler Glimmentladung.

a) Dioden mit normaler Glimmentladung (Stromdichte $j_n = 0{,}01$ bis 10 mA/cm²; Gasdruck etwa 10^{-2} bis 10 Torr). Im Gebiet der normalen Glimmentladung ist nur ein Teil der Kathode an der Entladung beteiligt. Die vom Glimmlicht bedeckte Kathodenfläche bestimmt den Durchmesser und damit die Oberfläche des Entladungskanals. Ist diese groß, so sind auch die Trägerverluste durch Diffusion zu den Gefäßwänden groß. Die Entladung zieht sich deshalb so weit zusammen, daß die Trägerverluste durch Rekombination und Diffusion mit einem Minimum an Energieaufwand (d. h. bei kleinem Kathodenfall und niedriger Stromdichte) ausgeglichen werden können (Minimumprinzip nach STEENBECK).

Wird der durch die Röhre fließende Gesamtstrom durch Verkleinerung des Vorwiderstandes erhöht, so wächst die mit dem Glimmlicht bedeckte Fläche der Kathode proportional mit dem Strom; die („normale") Stromdichte j_n bleibt dabei konstant. Auch der normale Kathodenfall U_{kn}, der ungefähr gleich der Brennspannung U_b ist, sowie die Länge d_{kn} des Kathodenfallraums sind vom Strom unabhängig. Die Größen j_n, U_{kn} und d_{kn} hängen bei gegebenem Druck nur vom Material (der Austrittsarbeit) der Kathode und von der Art des Füllgases ab. U_{kn} ist außerdem unabhängig vom Gasdruck p. Allgemein gelten für eine normale Glimmentladung die Beziehungen:

$$U_{kn} = C_1; \quad j_n/p^2 = C_2; \quad d_{kn}\,p = C_3. \tag{41}$$

Die Werte der Konstanten C_1, C_2 und C_3 sind in der Tab. 6 für verschiedene Kathodenmaterialien zusammengestellt [31. 35].

Tabelle 6

Werte der Konstanten C_1. C_2 und C_3 [s. Gl. (41)] für verschiedene Kathodenmaterialien und Gase [31, 35]

Kathodenmaterial	Gas	C_1 [V]	C_2 [μA/cm^2 Torr^2]	C_3 [cm Torr]
Fe	He	150	2	1,3
	Ar	165	160	0,33
	Hg	298	8	—
	Luft	269	- -	0,52
Al	H$_2$	170	90	0,72
	Luft	229	330	0,25
Ni	Ne	140	4	—
	N$_2$	197	36	—
Mg	He	125	3	1,45
	Ne	94	5	—
	Ar	119	20	---
Cu	Luft	370	240	0.23
	Hg	447	15	0.6
Pt	Luft	277	550	---
	Ar	131	150	- -

Die wichtigsten Glimmentladungsröhren sind:

α) *Der Glimmstabilisator.* Er dient zur Konstanthaltung der Spannung an einem Verbraucherwiderstand bei Netzspannungs- oder Belastungsschwankungen. Abb. 29a zeigt einige Ausführungsformen von Glimmentladungs-Stabilisatorröhren. Die Elektroden solcher Röhren bestehen meist aus **Mo** oder **Fe**. Die Oberfläche der Kathode wird häufig mit einer Oxydschicht bedeckt, um die Austrittsarbeit zu erniedrigen, und wird außerdem möglichst groß gemacht, damit die Röhre in einem großen Strombereich im Gebiet der normalen Glimmentladung betrieben werden kann. Als Füllgas verwendet man **Ne** mit Zusätzen von **Ar**; der Druck beträgt je nach Röhrentype 10^{-1} bis etwa 10 Torr. Die Brennspannung U_b liegt zwischen 70 und 160 V, und die Zündspannung ist jeweils um etwa 25 bis 100 V höher. Zur Stabilisierung höherer Spannungen können bis zu zehn Glimmstrecken in derselben Röhre in Serie geschaltet werden (vgl. Abb. 29a).

Abb. 29b zeigt die typische Kennlinie und die Betriebsschaltung einer Gleichspannungs-Stabilisatorröhre. Ist ΔU_1 eine Spannungsschwankung der Gleichspannungsquelle U_1 und ΔU_2 die zugehörige

Spannungsänderung am Verbraucherwiderstand R_2 (Spannungsabfall U_2), so gilt:

$$\frac{\Delta U_2}{U_2} = \frac{\Delta U_1}{U_1} \cdot \frac{1 + \dfrac{R_1}{R_2} + \dfrac{R_1}{\tan \alpha}}{1 + \dfrac{R_1}{R_2} + \dfrac{R_1}{\tan \beta}}. \tag{42}$$

Auf Grund des nahezu horizontalen Kennlinienverlaufs im Arbeitsbereich der Röhre ist $\tan \alpha \gg \tan \beta$; daher wird $\Delta U_2/U_2 \ll \Delta U_1/U_1$. Die Span-

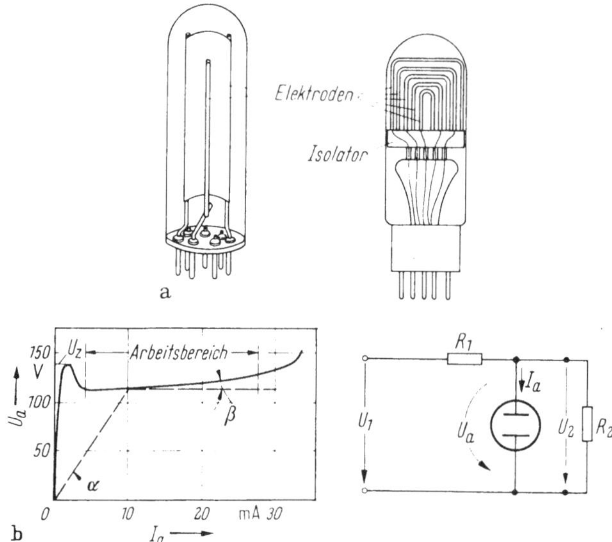

Abb. 29. a) Verschiedene Ausführungsformen von Glimmentladungs-Stabilisatorröhren mit einer bzw. mehreren Glimmstrecken; b) I_a–U_a-Kennlinie und Betriebsschaltung einer Gleichspannungs-Stabilisatorröhre.

nungsänderungen am Verbraucher sind also wesentlich kleiner als die Schwankungen, die von der Spannungsquelle ursprünglich erzeugt werden.

β) *Der Glimmgleichrichter.* Die Gleichrichterwirkung dieser Röhre beruht auf der verschieden großen Oberfläche und Austrittsarbeit der Elektroden. Die Kathode ist im allgemeinen größer und hat eine kleinere Austrittsarbeit als die Anode. Ist die Anode positiv, so kann ein relativ großer Strom (50 bis 100 mA) durch die Röhre fließen, bis die ganze Kathode mit Glimmlicht bedeckt ist; geringe Spannungsänderungen ergeben in diesem Fall große Stromänderungen (Durchlaßrichtung; normale Glimmentladung). Ist die Anode dagegen negativ, so wird sie wegen ihrer geringen Oberfläche schon bei sehr kleinen Strömen vollständig mit Glimmlicht bedeckt; in diesem Fall steigt der Strom mit wachsender negativer Anodenspannung nur geringfügig an (Sperrichtung; anormale Glimmentladung; vgl. Abb. 30).

Vorteile des Glimmgleichrichters sind der Wegfall der Heizung und der einfache Aufbau; von Nachteil sind die relativ niedrigen Ströme in Durchlaßrichtung. Glimmgleichrichter werden heute nur noch als Ladegleichrichter für Akkumulatorbatterien verwendet.

γ) *Die Glimmlampe.* Bei den Glimmlampen wird das Leuchten des negativen Glimmlichts einer Glimmentladung für Signal- und Beleuchtungszwecke ausgenutzt. Glimmlampen enthalten zwei **Fe-**, **Ni-** oder **Al**-Elektroden (vgl. Abb. 31 a) und sind mit einem Edelgasgemisch gefüllt (Druck:

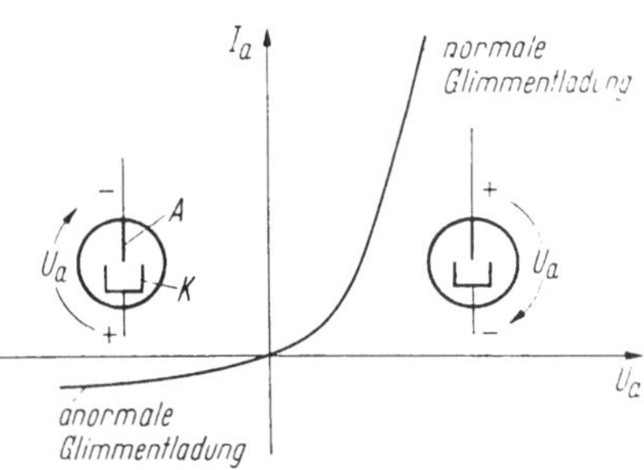

Abb. 30. I_a – U_a-Kennlinie eines Glimmlichtgleichrichters.

1 bis 20 Torr). Ihre Betriebsspannung (Gleich- oder Wechselspannung) beträgt 50 bis 220 V, der dabei fließende Strom einige Milliampere. Der erzeugbare Lichtstrom beträgt etwa 1 Lumen.

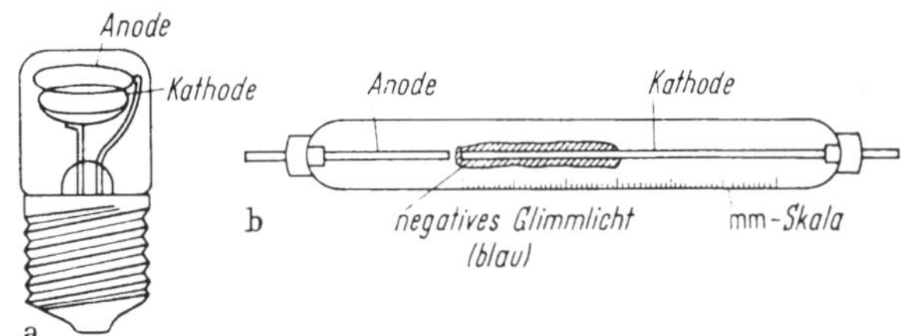

Abb. 31 a u. b. Beispiele von Glimmentladungsröhren mit kalter Kathode.
a) Glimmlampe; b) Amplitudenröhre.

δ) *Die Amplitudenröhre.* Amplitudenröhren dienen als Spannungsindikatoren zur Anzeige von Gleichspannungsänderungen (Beispiel: Druckanzeige für Manometer). Sie enthalten eine stiftförmige Anode und eine lange Drahtkathode, die bei der Zündung teilweise mit Glimmlicht bedeckt wird (vgl. Abb. 31 b). Die Länge des Glimmlichts ist der äußeren Spannung angenähert proportional.

ε) *Die Leuchtröhre mit kalten Kathoden.* Bei den Leuchtröhren wird die Lichtemission der positiven Säule einer Glimmentladung für Beleuchtungszwecke verwendet. Die oft mehrere Meter langen Röhren enthalten zwei kalte Elektroden, sind mit einem Edelgas- oder Edelgas-Quecksilber-Gemisch gefüllt (Druck etwa 1 bis 10 Torr) und werden über einen Transformator mit Wechselspannungen von 700 bis 10000 V betrieben. Die Stromstärke beträgt etwa 50 mA, der erzeugbare Lichtstrom 100 bis 200 Lumen. Zur Umwandlung der Lichtfarbe (z. B. orangerot bei **Ne**-Füllung, gelb bei **He**-Füllung und blau bei **Ne–Ar–Hg**-Füllung) in eine andere Farbe (z. B. weiß) wird die Innenwand des Röhrenglaskolbens häufig mit einer photolumineszierenden Schicht bedeckt, die als „Lichttransformator" wirkt.

$\zeta)$ *Gas-Schaltdioden.* Das Zünden oder Löschen einer Entladung zwischen den Elektroden einer Gasdiode wirkt wie das Schließen bzw. Öffnen eines mechanischen Schalters. Die speziell für Schaltzwecke dimensionierten Gas-Schaltdioden bestehen aus einem mit Neon (Druck 100 Torr) gefüllten Glaskolben, in den ein Molybdänrohr als Hohlkathode und eine stiftförmige Anode eingeschmolzen sind. Die Röhren werden durch einen Anodenspannungsimpuls gezündet (Zündspannung 190 V), haben eine Brennspannung von 99 V (bei einem Strom von 10 mA) und eine Schaltzeit von etwa 0,5 msec. Sie können z. B. in Telefonsystemen zum Durchschalten der 3-kHz-Sprechkanäle eingesetzt werden [52a].

b) Dioden mit anormaler Glimmentladung (Stromdichte j_{an} > 10 mA/cm²). Ist in einer Diode mit normaler Glimmentladung die ganze Kathode mit Glimmlicht bedeckt, so geht die Entladung bei weiterer Stromerhöhung in eine anormale Glimmentladung über, bei der die Stromdichte j_{an} und der („anormale") Kathodenfall U_{ka} mit dem Gesamtstrom wachsen. Allgemein wird in diesem Entladungsgebiet $U_{ka} \gg U_{kn}$ und $j_{an} > j_n$, wobei j_{an} angenähert proportional mit U_{ka} ansteigt (vgl. Bd. I, Abb. 127). Die Gln. (41) verlieren in diesem Gebiet ihre Gültigkeit.

Die anormale Glimmentladung wird vor allem in Kathodenzerstäubungsanlagen technisch angewandt. Sie tritt auch im Glimmgleichrichter während der negativen Halbwelle der Anodenspannung auf.

c) Dioden mit „behinderter" Glimmentladung. Wird in einer Glimmentladungsröhre bei konstant gehaltenem Strom und Druck der Elektrodenabstand d verkleinert, so stellt sich bei einem bestimmten Mindestwert des Abstandes ein höherer Kathodenfall U_{ka} und daher eine höhere Brennspannung U_b ein (vgl. Abb. 32a). Dies kommt daher, daß die an der Kathode ausgelöste Elektronenzahl im kleiner gewordenen Entladungsraum (durch Vergrößerung der Beschleunigungsspannung) erhöht werden muß, um dieselbe Anzahl von Ionen in der entsprechend kürzeren positiven Säule zu erzeugen (vgl. Abb. 32b). Eine solche Entladung bezeichnet man als „behinderte Glimmentladung" (vgl. auch Bd. I, S. 235).

d) Dioden mit „Hohlkathoden-Entladung". In einer Glimmentladungsdiode läßt sich die Stromdichte bei konstantem Kathodenfall und Druck erheblich vergrößern, wenn man anstelle einer einzelnen

Kathode zwei ebene, in geringem Abstand parallel zueinander angeordnete Platten als Kathoden verwendet, während die Anode die gleiche bleibt (vgl. Abb. 33a [31]). Eine Stromerhöhung erhält man auch bei Verwendung von Halbkugel- oder Zylinderkathoden anstelle von ebenen Kathoden (vgl. Abb. 33 b). Die stromerhöhende Wirkung solcher „Hohlkathoden" beruht darauf, daß der Verlust von Ionen (durch Diffusion an die Röhrenwand) und Photonen verringert wird, weil die Kathode das Glimmlicht weitgehend umschließt.

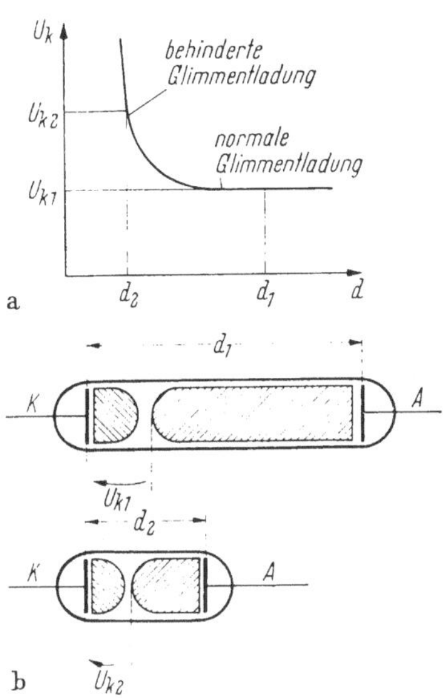

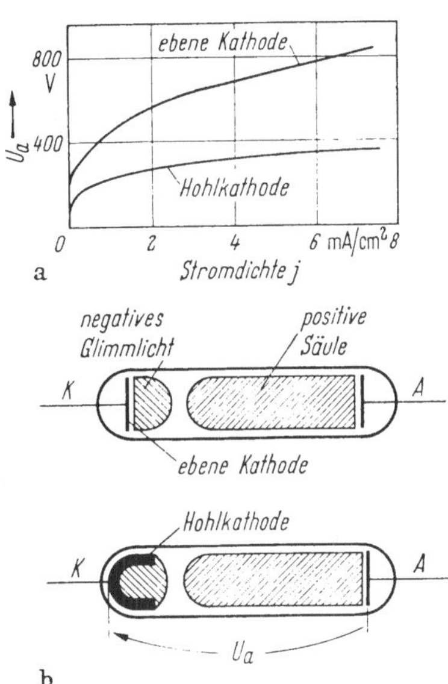

Abb. 32a u. b. Entstehung einer „behinderten" Glimmentladung (mit großem Kathodenfall) bei Verkleinerung des Elektrodenabstandes in einer Glimmentladungsröhre. Für $d_1 > d_2$ wird $U_{k2} > U_{k1}$ (U_k = Kathodenfall).

Abb. 33. a) Erhöhung der Stromdichte in einer Glimmentladungsröhre bei Ersatz der ebenen Kathode durch eine Hohlkathode [31]; b) Glimmentladung in einer Röhre mit ebener bzw. Hohlkathode.

e) Dioden mit „Spritzentladung". Wird die Kathode einer Glimmentladungsröhre mit einer dünnen Schicht eines hochisolierenden Oxyds, z. B. Al_2O_3, bedeckt (vgl. Abb. 34a), so entsteht eine Entladung mit sehr niedrigem Kathodenfall U_k (≈ 40 V) und sehr hoher Stromdichte j ($j > 1000 \, j_n$; $j_n =$ „normale" Stromdichte bei nichtoxydierter Kathode). In der Entladung fehlt der Kathodendunkelraum, d. h. das negative Glimmlicht beginnt unmittelbar an der Kathodenoberfläche. Diese Entladungsform kommt dadurch zustande, daß die in der Entladung gebildeten Ionen beim Aufprall auf die Kathode aus der dort haftenden Oxydschicht Sekundärelektronen herausschlagen (vgl. Abb. 34b). Der Sekundäremissionskoeffizient δ von Oxyden ist meist erheblich größer als eins (vgl. Bd. I, Abb. 52); daher lädt sich die Oberfläche der Oxydschicht sehr hoch positiv auf. Da die Kathode geerdet ist, entsteht in der (etwa 10 μ dicken) Oxydschicht eine hohe elektrische Feldstärke (von der Größenordnung 10^7 V/cm), die zur Feldemission aus der Kathode führt und dadurch die hohe Stromdichte verursacht. Man bezeichnet diese Erscheinung als „Malter-Effekt" und die zugehörige Entladung als „Spritzentladung" [*40*, *41*].

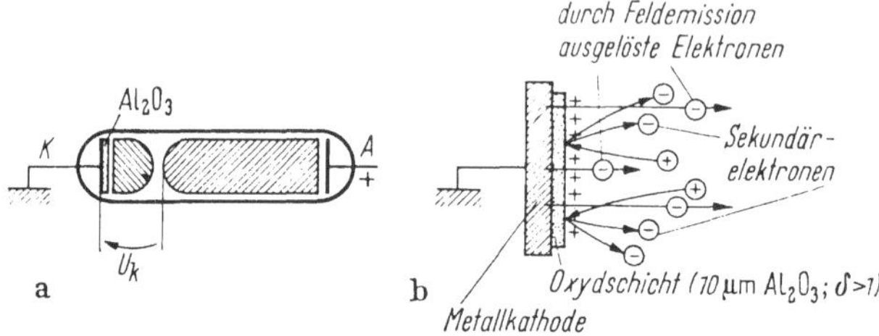

Abb. 34. a) Gasgefüllte Röhre mit „Spritzentladung"; b) Kathodenaufbau und Emissionsmechanismus in einer Röhre mit Spritzentladung.

2. Lichtbogen-Dioden

Bei hohen Strömen (über etwa 1 A) schlägt die anormale Glimmentladung in den Lichtbogen um. Der anormale Kathodenfall U_{ka} steigt dabei mit wachsendem Strom bis zu einem Maximum an und fällt dann stark ab (auf etwa 5 bis 20 V; vgl. Bd. I, Abb. 127). Die verschiedenen Lichtgebilde der Glimmentladung verschmelzen bei diesem Übergang unter Beibehaltung eines Kathoden- und Anodenfallraums zur Lichtbogensäule. Gleichzeitig zieht sich die Ansatzfläche der Entladung auf der Kathode zu einem sehr kleinen „Brennfleck" zusammen (stationärer und nichtstationärer Brennfleckbogen; vgl. Abb. 35a), oder der Lichtbogen löst sich ganz von den Elektroden ab (brennfleckloser Bogen).

Die Art des Lichtbogens, der sich in einer Röhre einstellt, hängt im wesentlichen vom Entladungsmechanismus im Kathodenfallraum ab, d. h. von der Art, wie die für den Stromdurchgang in der Lichtbogensäule erforderlichen Ladungsträger erzeugt werden [*34*]. Beim *brennflecklosen Bogen* entstehen die zur Stoßionisierung notwendigen Elektronen überwiegend durch *thermische Emission* von der durch die Entladung aufgeheizten Kathode und zu einem geringen Anteil durch Feldemission („thermische Feldemission"). Dieser Entladungstyp tritt z. B. in manchen Hochdruck-Bogenlampen mit Kohle- oder Wolframelektroden auf. Der *stationäre Brennfleckbogen* bildet sich, wenn der unmittelbar vor der Kathode liegende Teil der Lichtbogensäule durch Elektronenstöße so stark erhitzt wird, daß er infolge thermischer Ionisierung Ionen in Rich tung zur Kathode und Elektronen in Richtung zur Anode emittieren kann (*Dampfschichtemission*). Die zur Plasmaerhitzung erforderlichen Elektronen werden an der Kathode von aufprallenden Ionen ausgelöst; dabei bildet sich auf der Kathode ein Brennfleck. Diese Entladung tritt insbesondere dort auf, wo Kathoden aus leichtverdampfbaren Stoffen wie **Zn** oder **Ag** die Bildung einer heißen Dampfzone vor der Kathode

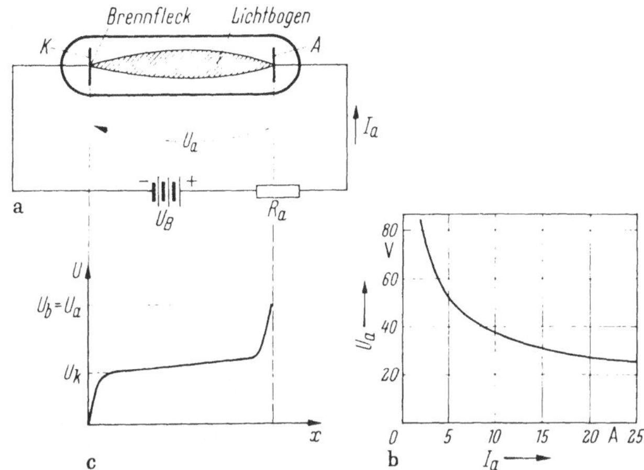

Abb. 35. Betriebsschaltung (a). I_a–U_a-Kennlinie (b) und Potentialverlauf nach der Zündung (c) einer Lichtbogendiode.

fördern. Die hohe Temperatur der Plasmaschicht vor der Kathode ist nur möglich, wenn die Schicht wenig Energie durch Strahlung und Konvektion an die (kältere) Kathode abgibt. Dies ist der Grund, warum sich die Bogensäule an der Kathodenfläche sehr stark zusammenzieht [34]. Entladungen dieser Art findet man z. B. in Bogenlampen mit Edelgas- oder Quecksilberdampffüllung vor. Im *nichtstationären Brennfleckbogen* (bei dem der Brennfleck auf der Kathode umherwandert) werden die für den Lichtbogen notwendigen Elektronen überwiegend durch *Feldemission* aus der Kathode geliefert. Die von dort emittierten und im Kathodenfall beschleunigten Elektronen erzeugen ihrerseits durch Stoßionisierung Ionen, die zur Kathode wandern. Durch die hohe positive Raumladung dieser Ionen entsteht das die Feldemission verursachende hohe elektrische Feld von etwa 10^7 V/cm vor der Kathode. Dieser Entladungstyp tritt im Quecksilberdampf-Gleichrichter mit flüssiger Kathode auf. In Tab. 7 sind die wichtigsten Daten für die drei genannten Bogenentladungstypen zusammengestellt.

Die Strom-Spannungs-Charakteristik von Bogenentladungen ist fallend, d. h. die Brennspannung nimmt mit zunehmender Stromstärke ab (vgl. Abb. 35b), weil sowohl der Durchmesser als auch die Temperatur

4*

Tabelle 7

Typische Betriebsdaten der verschiedenen Lichtbogenarten (vgl. [34])

	Brennfleckloser Bogen	Stationärer Brennfleckbogen	Nichtstationärer Brennfleckbogen
Kathodenfall [V]	5—13	5—20	5—11
Kathodenstromdichte [A/cm²]	etwa 10^3	10^4—10^6	bis 10^7
Kathodentemperatur [°K]	bis 4000	bis 3700	bis 2300
Druck [Torr]	bis einige 10^5	100 bis einige 10^3	10^{-1} bis 10^{-1}
Säulentemperatur [°K]	etwa 10^4	bis $3 \cdot 10^4$	—
Anwendungsbeispiel	Hochdruck-Bogenlampen	Bogenlampen mit W- oder Kohleelektroden, Schweißlichtbögen	Quecksilberdampf-Gleichrichter

und damit die Leitfähigkeit der Bogensäule zunehmen. Der Säulenwiderstand nimmt deshalb mit wachsendem Strom ab.

Die wichtigsten Dioden mit selbständiger Lichtbogenentladung sind:

a) Der Quecksilberdampf-Gleichrichter. Dieser Gleichrichter enthält in einem auf 10^{-3} Torr evakuierten Hartglas- oder Eisengefäß eine (flüssige) Hg-Kathode (vgl. Abb. 36), eine oder mehrere darüber angeordnete Graphitanoden und einen Zündstift, der beim Hochziehen aus dem Quecksilberteich zwischen diesem und einer der Anoden eine Bogenentladung einleitet (Tauchzündung). Auf der Kathode bildet sich dabei ein nichtstationärer Brennfleck, aus dem durch Feldemission Elektronen und durch Verdampfung Hg - Atome (als Dampfstrahl) in den Entladungsraum gelangen. Durch Ionisierung der Hg - Atome werden die für die Bogensäule erforderlichen Ionen erzeugt.

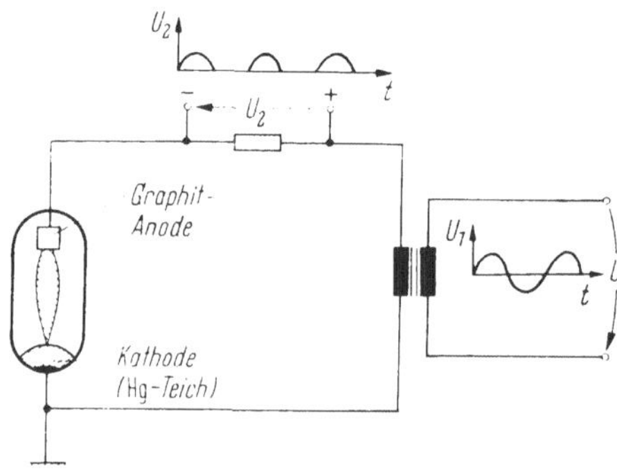

Abb. 36. Betriebsschaltung eines einanodigen Quecksilberdampf-Gleichrichters.

Der nichtionisierte Teil des Hg-Dampfs wird an Kühlflächen kondensiert und gelangt in den Kathodenteich zurück. Die Bogenentladung brennt nur bei positiver Anodenspannung; wird die Anode negativ, so erlischt die Entladung (bis auf einen kleinen Hilfslichtbogen zwischen der Kathode und einer Hilfsanode, die das Wiederzünden der Hauptentladungsstrecke erleichtert), und der Stromfluß zur Anode wird unterbrochen, weil jetzt die in der Bogensäule vorhandenen Elektronen nicht zur Anode gelangen können.

Hinsichtlich der Leistung unterscheidet man drei Gruppen von **Hg**-Dampfgleichrichtern: 1. Pumpenlose Glas-Gleichrichter mit einer Brennspannung von etwa 10 V, einem Gleichstrom bis zu 500 A und Luftkühlung; 2. pumpenlose Eisen-Gleichrichter mit einer Brennspannung von etwa 15 V, einem Gleichstrom von 500 bis 1000 A und Luftkühlung; 3. Eisen-Großgleichrichter in Kesselform mit angeschlossener Diffusionspumpe (Brennspannung etwa 25 V, Gleichstrom über 1000 A, Wasserkühlung). Neben diesen Gleichrichtertypen mit drei oder mehr Anoden gibt es auch pumpenlose einanodige Gefäße für Ströme bis 9000 A.

b) Die Wolfram-Punktlichtlampe. Diese Bogenlampe enthält als Elektroden zwei kleine Wolframkugeln und als Füllgas Stickstoff (Druck 100 bis 200 Torr) oder Neon (Druck etwa 400 Torr). Die Anode ist an einem Bimetallstreifen befestigt und berührt vor der Zündung die (thorierte) Wolframkathode. Beim Anlegen der Betriebsspannung (110 oder 220 V Wechselspannung) werden die Elektroden getrennt und der Lichtbogen gezündet. Die Stromaufnahme dieser Lampe beträgt einige Ampere, der emittierte Lichtstrom 500 bis 12000 Lm und die Lichtausbeute (Lichtstrom pro Watt zugeführter Leistung) 20 bis 25 Lm/W [*43*].

c) Bogenlampen mit Kohleelektroden. Mit derartigen Lampen können bei Stromstärken bis 300 A Lichtströme bis 600000 Lm erzeugt werden; die Lichtausbeute beträgt 20 bis 40 Lm/W [*43*].

B. Dioden mit unselbständigen Gasentladungen

(Trägererzeugung durch Einstrahlung oder Glühkathode)

1. Dioden mit unselbständiger Kaltkathoden-Gasentladung

a) Ionisationskammer (vgl. [*37, 50, 53*])

$\varkappa$) *Elektrodenanordnung und I_a–U_a-Kennlinie.* Ionisationskammern sind Dosis- bzw. Dosisleistungsmeßgeräte[1], die im wesentlichen aus einer gasgefüllten Kammer mit zwei ebenen oder zylinderförmigen Elektroden

---

[1] Das heißt Meßgeräte, mit denen gewöhnlich nicht einzelne Quanten registriert, sondern die ionisierende Wirkung vieler einfallender Quanten gemessen wird.

bestehen (vgl. Abb. 37a). Da die Dosisleistung durch die Anzahl von Ladungsträgern bestimmt wird, die pro Sekunde in einem Gas unter Normalbedingungen von einer einfallenden UV-, Röntgen- oder radioaktiven Strahlung durch Stoßionisierung erzeugt werden, ist der zu den Elektroden fließende Kammer-Sättigungsstrom ein Maß für die eingestrahlte Dosisleistung. Bei Verdopplung der Dosisleistung erhält man daher auch den doppelten Sättigungsstrom (vgl. Abb. 37b).

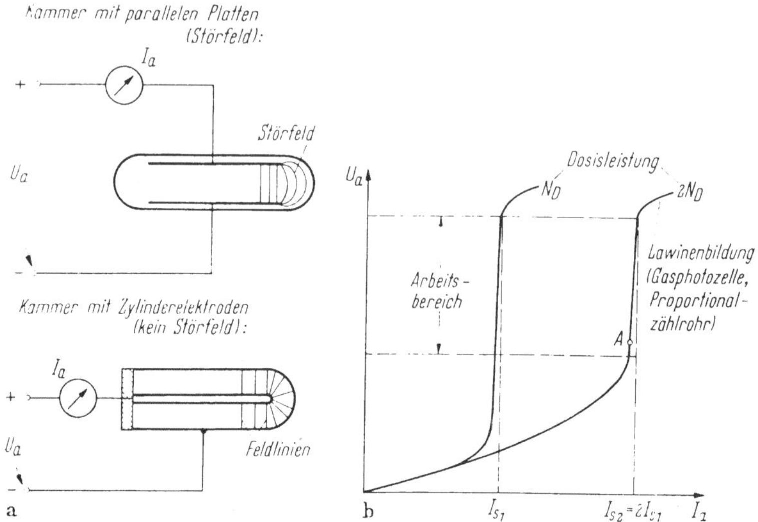

Abb. 37a u. b. Elektrodenanordnung (a) und I_a–U_a-Kennlinie (b) einer Ionisationskammer. A = günstigster Arbeitspunkt (niedrigste Spannung des Sättigungsbereichs).

Ist die Gleichspannung U_a zwischen den Elektroden einer Ionisationskammer klein, so wird nur ein Teil der erzeugten Ladungsträger von den Elektroden abgesaugt, da die übrigen vorher rekombinieren (d. h. sich zu neutralen Gasmolekülen vereinigen). Der Strom steigt in diesem Spannungsbereich angenähert linear mit der Spannung an (Ohmscher Bereich; vgl. Abb. 37b). Bei Erreichen der Sättigungsspannung werden alle gebildeten Ladungsträger abgesaugt, und es fließt der von der Spannung unabhängige Sättigungsstrom. Wird die Spannung U_a über den Sättigungsbereich hinaus erhöht, so steigt der Kammerstrom erneut an. Die im Gasraum gebildeten Elektronen werden jetzt durch das elektrische Feld so stark beschleunigt, daß sie ihrerseits neutrale Gasmoleküle ionisieren können (Bildung von Elektronenlawinen). Die I_a–U_a-Kennlinie der Ionisationskammer (Abb. 37b) entspricht dem linken ansteigenden Ast der allgemeinen Gasentladungs-Charakteristik (vgl. Bd. I. Abb. 127). Unterschiede zwischen dieser Charakteristik und der Kennlinie der Abb. 37b entstehen durch verschiedene Maßstäbe und Elektrodengeometrie.

β) Gasfüllung. Als Füllgas für Ionisationskammern verwendet man heute meist Luft oder Argon bei einem Druck von 760 bis etwa 10^4 Torr. Je höher der Druck gewählt wird, desto größer wird die Zahl der ionisierenden Stöße eines in den Gasraum eindringenden Teilchens, desto größer wird daher auch der Sättigungsstrom.

γ) Dimensionierung. Für eine Kammer mit zwei parallelen Platten in Luft gilt für den Sättigungsstrom I_s die Beziehung (vgl. [52])[1]:

$$I_s = 3,2 \cdot 10^{-14}\, N_D V\, \frac{p}{T} \quad [\text{A}], \tag{43}$$

wobei N_D = Dosisleistung [in r/h], V = wirksames Kammervolumen [in cm³], p = Kammerdruck [in Torr] und T = abs. Temperatur [in °K]. Der Sättigungsstrom ist also der Dichte (d. h. dem Druck) des Füllgases und dem Kammervolumen direkt proportional. Druck und Kammervolumen dürfen daher nicht zu klein gewählt werden.

Beispiel: Für $p = 1,52 \cdot 10^3$ Torr (2 Atm.), $T = 300\,°$K, $V = 40$ cm³ und $N_D = 10^{-3}$ r/h (entspricht etwa der Toleranzdosisleistung) ergibt sich bei einer Kammer mit ebenen Elektroden ein Sättigungsstrom $I_s \approx 7 \cdot 10^{-15}$ A. Diese Stromstärke liegt unter der Grenze der Meßbarkeit. Durch Erhöhung des Drucks auf 10 Atm und des Kammervolumens auf 400 cm³ sowie mit Zylinderelektroden erhält man für dieselbe Dosisleistung Ströme von der Größenordnung 10^{-12} A.

δ) Messung des Sättigungsstroms. Bei technischen Ionisationskammern wird der Sättigungsstrom I_s (Größenordnung 10^{-12} A) gewöhnlich zum Aufladen des Gitters einer Verstärkerröhre verwendet. Abb. 38 zeigt die zugehörige Betriebsschaltung. Der Kammerstrom erzeugt an einem hochohmigen Widerstand einen Spannungsabfall, der das Gitter einer „Elektrometerröhre" aussteuert. Bei dieser Röhre wird durch Unterheizung (zur Vermeidung von Gitteremission), durch Betrieb mit niedriger Anodenspannung ($U_a < U_i$ zur Vermeidung eines von positiven Ionen

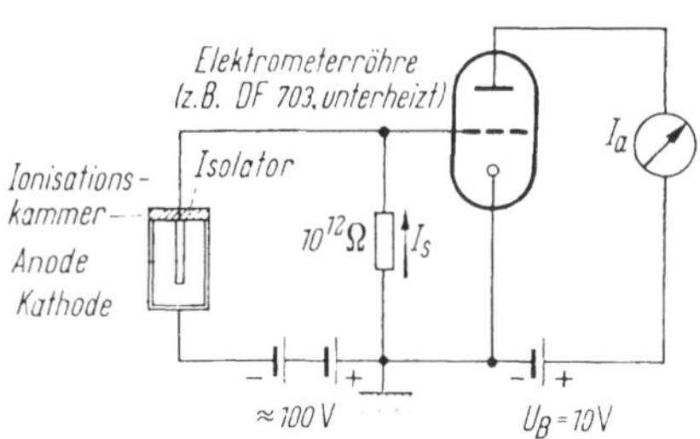

Abb. 38. Betriebsschaltung einer Ionisationskammer mit angeschlossenem Gleichstromverstärker.

---

[1] Die Dosis 1 r erzeugt in Luft bei 0 °C und 760 Torr etwa $n_0 = 2 \cdot 10^9$ Ladungsträgerpaare/cm³; dies entspricht einer Ladung $q_0 = e n_0 = 3,2 \cdot 10^{-10}$ As/cm³. Der von der Dosisleistung 1 r/h im Kammervolumen V erzeugte Strom ist daher $I_s = e n_0 V/3600$ A. Für eine Dosisleistung N_D ergibt sich daraus bei Umrechnung von Normalbedingung auf den Druck p und die Temperatur T:

$$I_s = \frac{e n_0}{3600}\, N_D V\, \frac{p}{760}\, \frac{273}{T} = 3,2 \cdot 10^{-14}\, N_D V\, \frac{p}{T} \quad [\text{A}].$$

herrührenden Gitterreststroms), durch Abschirmung gegen Licht und andere Strahlung (zur Vermeidung von Photoemission) und durch eine hervorragende Gitterisolierung dafür gesorgt, daß der störende (weil Schwankungen unterworfene) Gitterreststrom um mindestens eine Zehnerpotenz niedriger ist als der kleinste zu messende Ionisationskammerstrom (d. h. gewöhnlich kleiner als $5 \cdot 10^{-14}$ A).

Statt über eine Verstärkerröhre kann der Ionisationskammerstrom auch direkt durch Laden oder Entladen eines statischen Elektrometers gemessen werden.

ε) *Abhängigkeit des Sättigungsstroms von der Energie der einfallenden Strahlung.* Zur Kontrolle dafür, ob der Sättigungsstrom I_s bei gleicher zugeführter Dosisleistung N_D konstant bleibt, wenn Teilchen verschiedener Energie E_k in die Kammer eindringen, dient das I_s/E_k-Diagramm (vgl. Abb. 39; $E_k =$ Energie der einfallenden Teilchen oder Quanten). Dieses Diagramm erhält man durch Messung des Kammerstroms bei Bestrahlung mit verschiedenen radioaktiven Quellen, die Teilchen oder Quanten mit bekannter Energie E_k emittieren. Die I_s/E_k-Kennlinie sollte im Idealfall eine horizontale Gerade darstellen.

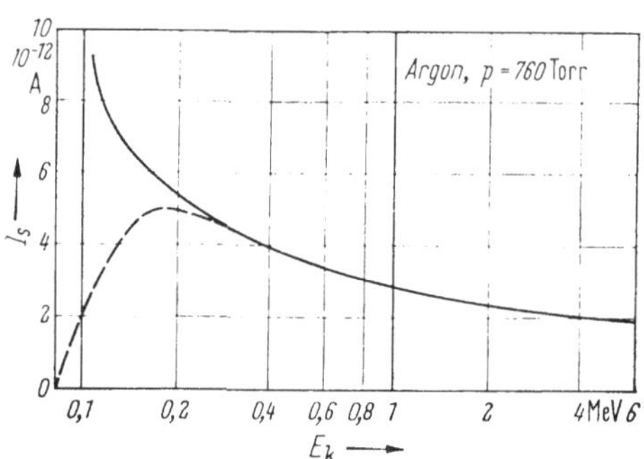

Abb. 39. Abhängigkeit des Sättigungsstroms I_s von der Energie E_k der einfallenden Strahlung.

– – – – –: Kurvenverlauf bei Absorption des energieärmeren Anteils der Gesamtstrahlung durch einen Wandbelag aus Blei;

————: Kurvenverlauf ohne Wandbelag.

Statt dessen steigt jedoch bei den meisten Ionisationskammern I_s mit abnehmender Strahlungsenergie E_k an, weil die Ionisierungswahrscheinlichkeit im Füllgas wächst (zunehmender Photoeffekt im Gas). Dieser Effekt kann teilweise dadurch kompensiert werden, daß der energiearme Anteil der Primärstrahlung (z. B. der Strahlungsanteil mit der Energie $E_k < 0.4$ MeV) durch einen entsprechenden Wandbelag (z. B. eine 0,2 mm dicke Bleifolie) absorbiert wird (vgl. Abb. 39).

ζ) *Ausführungsformen von Ionisationskammern.* Abb. 40a zeigt den Aufbau einer als Dosismesser für Röntgenstrahlung verwendeten großen Kammer mit Plattenelektroden. In Abb. 40b ist der Querschnitt durch eine kleine Kammer mit eingebautem Elektrometer gezeigt, die als Kernstrahlungs-Dosismesser verwendet wird. Das Elektrometer besteht hier aus der Ionisationskammerwand (erste Elektrode) und einem metallisierten, u-förmig gebogenen dünnen Quarzfaden (zweite Elektrode). Durch Schütteln der ganzen Anordnung wird der Metallmantel des Quarzfadens gegenüber der Gehäusewand aufgeladen[1], wobei sich der Quarzfaden zum Nullpunkt der durch ein Okular beobachtbaren, in Milliröntgen geeichten Skala verschiebt. Wird das (am Körper zu tragende) Gerät radioaktiver Strahlung ausgesetzt, so entlädt sich das

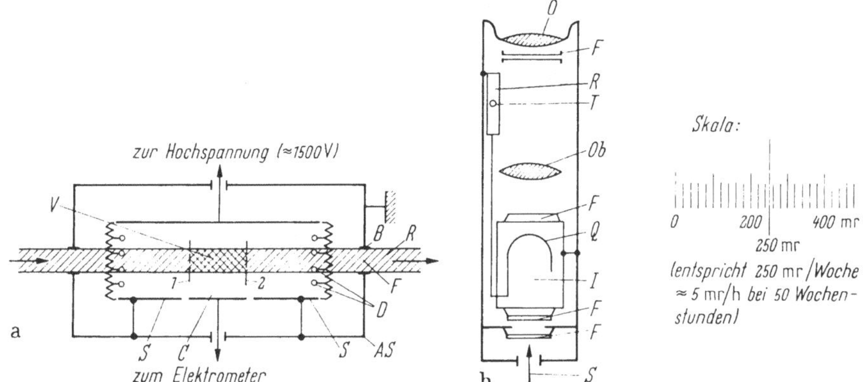

Abb. 40a u. b. Ausführungsformen von Ionisationskammern.
a) Große Kammer mit Plattenelektroden (Dosismesser für Röntgenstrahlung) [52].
V = benutztes (ionisiertes) Kammervolumen; B = Blende; F = Fenster für den Strahlenaustritt (zur Vermeidung von Sekundärstrahlung); R = Röntgenstrahl; D = an ein Potentiometer angeschlossene Schutzdrähte zur Feldhomogenisierung; S = Schutzplatte; AS = Abschirmgehäuse; C = Elektronenkollektor.
b) Kleine Kammer mit eingebautem Elektrometer (Kernstrahlungs-Dosismesser; Philips).
O = Okular; F = Fenster; R = Reibungsgenerator; T = Hg-Tropfen; Ob = Objektiv; Q = Quarzfaden; I = Ionisationskammer; S = Skalenbeleuchtung.

Elektrometer allmählich, und der Quarzfaden stellt sich auf einen bestimmten Skalenwert ein; aus diesem Wert und der Expositionszeit kann die aufgenommene Dosisleistung und damit die Strahlenbelastung ermittelt werden.

b) Gasgefüllte Photozelle. Gasgefüllte Photozellen enthalten als Füllgas meist Argon bei einem Druck von 10^{-2} bis einige Torr und besitzen ähnliche Elektrodenanordnungen wie Hochvakuum-Photozellen (vgl. Abb. 27). Die Gasfüllung hat zur Folge, daß die von der Kathode bei Lichteinstrahlung emittierten Elektronen auf ihrem Weg zur Anode neutrale Gasmoleküle ionisieren und dadurch zusätzliche Elektronen erzeugen, d. h. Elektronen, die nicht von der Kathode, sondern aus dem Gasraum stammen. Diese Elektronen werden ihrerseits zur Anode hin beschleunigt und tragen durch Stoßprozesse zur Gesamtionisierung bei. Die so entstehenden Elektronenlawinen (Townsend-Lawinen) ergeben an der Anode einen Strom, der um einen Faktor i_{1} größer ist als der

---

[1] Durch das Schütteln wird in einem in das Dosimeter eingebauten Isolierstoffröhrchen ein Quecksilbertropfen hin und her bewegt; die so entstehende Reibungselektrizität bewirkt die Aufladung des Elektrometers.

ursprünglich von der Kathode emittierte Photostrom. Man bezeichnet diese Trägervermehrung durch Stoßionisierung im Gasraum als „Stromverstärkung".

Für eine Gas-Photozelle mit ebenen oder zylinderförmigen Elektroden läßt sich der Wert von η_1 nach den im Bd. I angegebenen Gln. (133) bzw. (134) ermitteln, wobei vorausgesetzt wird, daß die Ladungsträger nur durch Photoemission und durch Elektronenstoßionisierung im Gasraum erzeugt werden. Spielt auch die Elektronenerzeugung durch Ionenaufprall auf die Kathode eine Rolle, so ergibt sich der zugehörige „Stromverstärkungsfaktor" aus Bd. I, Gl. (143). Technische Gas-Photozellen, bei denen die Stromverstärkung überwiegend durch Elektronenstoßionisierung im Gasraum erfolgt, haben bei ihrer Betriebsspannung (z. B. 90 V) einen Stromverstärkungsfaktor $\eta_1 = 3$ bis 7 und eine entsprechende Lumen-Empfindlichkeit von 100 bis 150 µA/Lm.

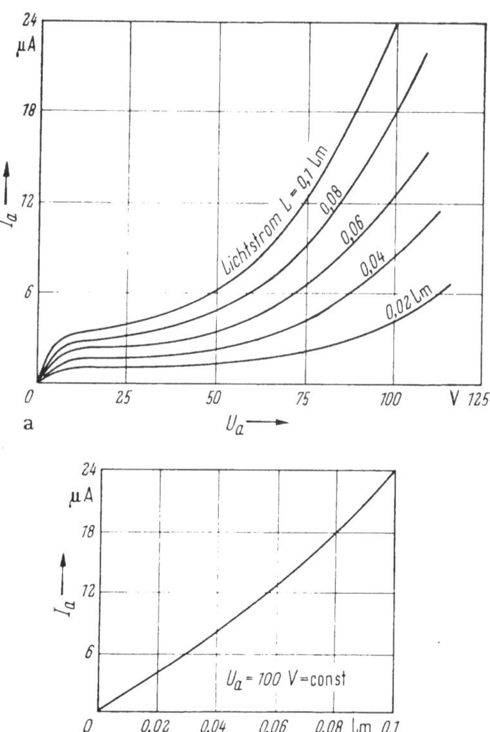

Abb. 41. a) $I_a - U_a$-Kennlinienfeld einer gasgefüllten Photozelle; b) Abhängigkeit des Anodenstroms dieser Photozelle vom Lichtstrom (U_a = const = 100 V).

Die Stromverstärkung setzt bei einer bestimmten, von der Gasart und der Elektrodengeometrie abhängigen Anodenspannung ein und steigt exponentiell mit wachsender Anodenspannung an. Das I_a–U_a-Kennlinienfeld einer Gas-Photozelle besitzt daher nicht mehr Sättigungscharakter (wie das der Hochvakuum-Photozelle), sondern zeigt den in Abb. 41a dargestellten Verlauf. Dieser Kennlinienverlauf entspricht dem in der Umgebung des Punktes B gelegenen Teil der allgemeinen Gasentladungs-Charakteristik (vgl. Bd. I, Abb. 127). Auf Grund dieses Kennlinienverlaufs steigt der Anodenstrom einer Gas-Photozelle mit wachsendem Lichtstrom nicht linear (wie bei der Hochvakuumzelle), sondern stärker als linear an (vgl. Abb. 41b).

Der Kennlinienverlauf der Abb. 41a wird für ebene Elektroden durch die im Bd. I angegebenen Gln. (129) und (133) beschrieben, deren Zusammenfassung die Beziehung:

$$I_a = I_0 e^{\left[A\,p\,d\,e^{-Bp/E}\right]} \qquad (44)$$

ergibt. (I_a = Anodenstrom [in A], I_0 = von der Kathode emittierter Photostrom [in A], A, B = Townsend-Konstanten [vgl. Bd. I, Tab. 5], p = Druck [in Torr], E = Feldstärke [in V/cm] und d = Elektrodenabstand [in cm].)

Die durch Gl. (44) gegebene Abhängigkeit des Anodenstroms I_a vom Gasdruck p ist in Abb. 42 dargestellt. Die Funktion $I_a = f(p)$ durchläuft ein Maximum bei $p_0 = E/B$

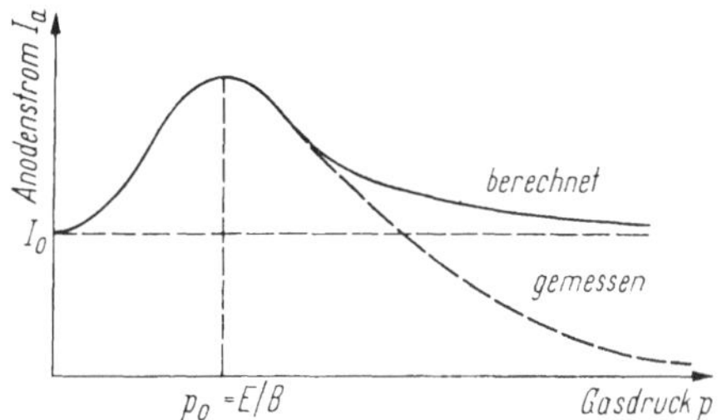

Abb. 42. Verlauf des Anodenstroms I_a in Abhängigkeit vom Druck p in einer gasgefüllten Photozelle (I_0 = Emissionsstrom der Kathode).

———— : Berechneter Kurvenverlauf nach Gl. (44);

– – – – : gemessener Kurvenverlauf. (Die Erniedrigung des Anodenstroms bei höheren Drucken ist auf die in Gl. (44) nicht berücksichtigte, mit dem Druck zunehmende Rückstreuung von Elektronen zur Kathode zurückzuführen.)

(„Stoletow-Effekt"). Bei sehr großen bzw. sehr kleinen Drucken wird $\eta_1 = 1$ (bei großen Drucken auch < 1 infolge der Rückstreuung von Elektronen zur Kathode), weil entweder die Weglängenspannung der Elektronen zur Ionisierung nicht ausreicht (große Drucke) oder weil die Ionisierungswahrscheinlichkeit wegen der niedrigen Molekülkonzentration zu gering ist (kleine Drucke).

Die Ausbildung von Elektronenlawinen bei Belichtung und die Entionisierung des Füllgases beim Abschalten der Belichtung erfordert bei technischen Gas-Photozellen eine Zeit von 5 bis 100 μsec.

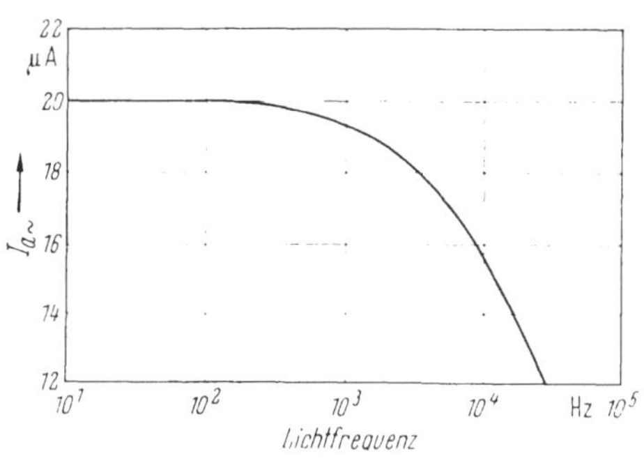

Abb. 43. Abhängigkeit des Anodenwechselstroms einer Gas-Photozelle von der Frequenz des einfallenden Lichts.

Diese Trägheit äußert sich in einer Abnahme des Anodenwechselstroms bei Bestrahlung mit Wechsellicht steigender Frequenz (vgl. Abb. 43). Der Wechselstromabfall setzt ein, wenn die Belichtungszeit während einer Periode ungefähr gleich der mittleren Ionisierungszeit des Füllgases wird.

c) Gasentladungs-(Geiger-Müller-)Zählrohre (vgl. [*30, 36, 45, 46, 50, 53*]).

α) Betriebsschaltung, Entladungsmechanismus und Strom-Spannungs-Kennlinie. Geiger-Müller-Zählrohre dienen zur Messung der Intensität[1] radioaktiver Strahlung. Sie bestehen aus einem Glas- oder Metallrohr, das als Elektroden eine wendel- oder zylinderförmige Kathode und einen längs der Röhrenachse verlaufenden „Zähldraht" als Anode enthält (vgl. Abb. 44). Als Füllgase verwendet man Luft, Wasserstoff, Edelgase und Zusätze von organischen Dämpfen (z. B. Alkohol) oder Halogendämpfen (z. B. Chlor) bei einem Druck von etwa 100 Torr.

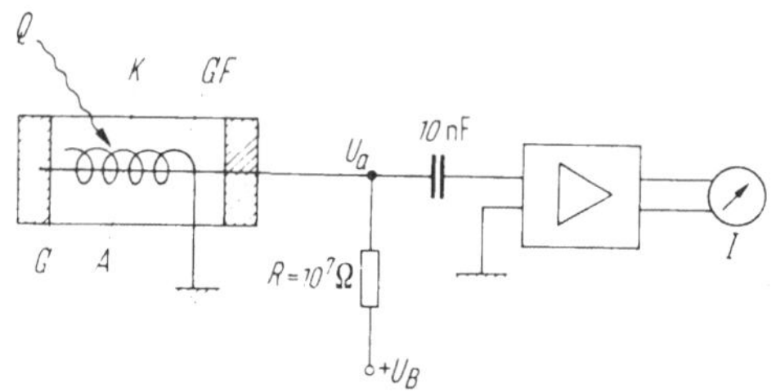

Abb. 44. Aufbau und einfachste Betriebsschaltung eines Geiger-Müller-Zählrohrs.
A = Anode; K = Kathode; Q = Zerfallsquant; G = luftdichtes Gefäß (Glas oder Metall); GF = Gasfüllung (Luft, H_2 oder Edelgase [$p \approx 100$ Torr] mit Zusatz von organischen Dämpfen, z. B. Alkohol); I = Meßinstrument. Kopfhörer, Oszillograph oder Impulszähler.

Unter der Einwirkung radioaktiver Strahlung wird in einem solchen Entladungsgefäß von jedem Elementarteilchen, das in das Gefäß eindringt, eine bestimmte Anzahl von Ladungsträgern (Elektronen und Ionen) gebildet (primäre Ionisation). Legt man an das Entladungsgefäß über einen Widerstand R eine allmählich wachsende Spannung U_B an (Abb. 44), so finden bei gleichbleibender Strahlungsintensität nacheinander folgende Entladungsvorgänge statt:

Bei *niedriger* Betriebsspannung (U_B = 1 bis einige 100 V) werden die von einem Elementarteilchen primär gebildeten Ladungsträger im elektrischen Feld des Zählrohrs beschleunigt und von den Elektroden abgesaugt; dabei entstehen jedoch keine Trägerlawinen (Stromverstärkungsfaktor η = 1), weil die Energie der Elektronen zur weiteren Ionisierung nicht ausreicht. In diesem Spannungsbereich verhält sich das Zählrohr wie eine Ionisationskammer (*Ionisationskammerbereich*).

Bei *mittlerer* Betriebsspannung (U_B = 100 bis etwa 1000 V) kommt es infolge der höheren Energie der primären Elektronen in Anodennähe zur Ausbildung von Trägerlawinen (sekundäre Ionisation; Stromverstärkungsfaktor η = 2 bis 10^8). Die Entladung im Zählrohr bleibt dabei auf den Ort der primären Ionisation lokalisiert. Die Zahl der primären Elektronen hängt von der Energie des ionisierenden Elementarteilchens ab; da außerdem jedes primäre Elektron eine eigene Elektronen-

---

[1] Intensität = Zahl der Quanten, die pro Zeiteinheit auf eine bestrahlte Fläche auftreffen.

lawine erzeugt, deren Größe mit der Anodenspannungs wächst, ist der während einer Entladung fließende Anodenstrom sowohl der Anodenspannung als auch der Energie des auslösenden Teilchens proportional. Man bezeichnet deshalb diesen Betriebsbereich des Zählrohrs als „*Proportionalbereich*". Er dient zur Messung der *Energie* der einfallenden Teilchen.

Bei *hoher* Betriebsspannung ($U_B \approx 400$ bis 2000 V) wird die von einem Elementarteilchen ausgelöste Entladung in erheblichem Maße durch die Erzeugung von Photonen verstärkt, die durch Ionisierung von Gasmolekülen und durch Auslösung von Photoelektronen an der Zählrohrwand (bzw. Kathode) zum Gesamtstrom beitragen. Die Zahl ionisierender Photonen kann dabei so groß werden, daß geeignete Vorkehrungen getroffen werden müssen, damit die Entladung automatisch wieder erlischt (selbstlöschende Zählrohre). Da die Bewegungsrichtung der Photonen vom elektrischen Feld unabhängig ist, bleibt die Entladung nicht auf den Ort der Primärionisation beschränkt, sondern breitet sich innerhalb von Mikrosekunden durch „Querzündung" längs des ganzen Zähldrahts aus. Der Entladungsstrom ist in diesem Fall von der Energie der in das Zählrohr eindringenden Elementarteilchen unabhängig und hängt nur von der Anodenspannung ab. Diesen Betriebsbereich (mit einem Stromverstärkungsfaktor $\eta = 10^8$ bis 10^{11}) bezeichnet man als „*Auslösebereich*" des Zählrohrs. Er dient zur Messung der *Zahl* der pro Zeiteinheit einfallenden Teilchen unabhängig von deren Energie. In diesem Bereich werden die Geiger-Müller-Zählrohre im allgemeinen betrieben.

Bei weiterer Erhöhung der Betriebsspannung geht die unselbständige (weil durch eine äußere Strahlung verursachte) selbstlöschende Zählrohrentladung in eine selbständige Dauer-Glimmentladung über.

Aus den beschriebenen Entladungsvorgängen, die bei wachsender Betriebsspannung in einem Zählrohr stattfinden, resultiert die Strom-Spannungs-Kennlinie der Abb. 45. Diese Kennlinie entspricht etwa dem zwischen den Punkten A und D gelegenen Teil der allgemeinen Gasentladungs-Charakteristik (vgl. Bd. I, Abb. 127).

Um mit einem Zählrohr einzelne Elementarteilchen oder Quanten einer radioaktiven Strahlung nachweisen zu können, ist es erforderlich, daß eine Entladung möglichst schnell nach ihrer Auslösung wieder erlischt. Dies wird durch Wahl eines hohen Arbeitswiderstandes R (≈ 10 MΩ) in der Betriebsschaltung des Zählrohrs erreicht (vgl. Abb. 44). Beim Zünden des Zählrohrs verursacht der Entladungsstrom an diesem Widerstand einen hohen Spannungsabfall, um den die Anodenspannung während der Entladung erniedrigt wird. Da aber jetzt die Anodenspannung zur Aufrechterhaltung der Entladung nicht mehr ausreicht, erlischt diese, während die Anodenspannung rasch wieder auf ihren ursprünglichen Wert ($U_a \approx U_B$) ansteigt.

Das Erlöschen der Zählrohrentladung wird dadurch erleichtert, daß die während der Entladung entstandene Ionenraumladung die Feldstärke in Anodennähe so weit herabsetzt, daß dort eine Lawinenbildung nicht mehr möglich ist. Da die Ionenraumladung nur langsam verschwindet, bleibt das Zählrohr eine Weile gegenüber einfallenden Teilchen

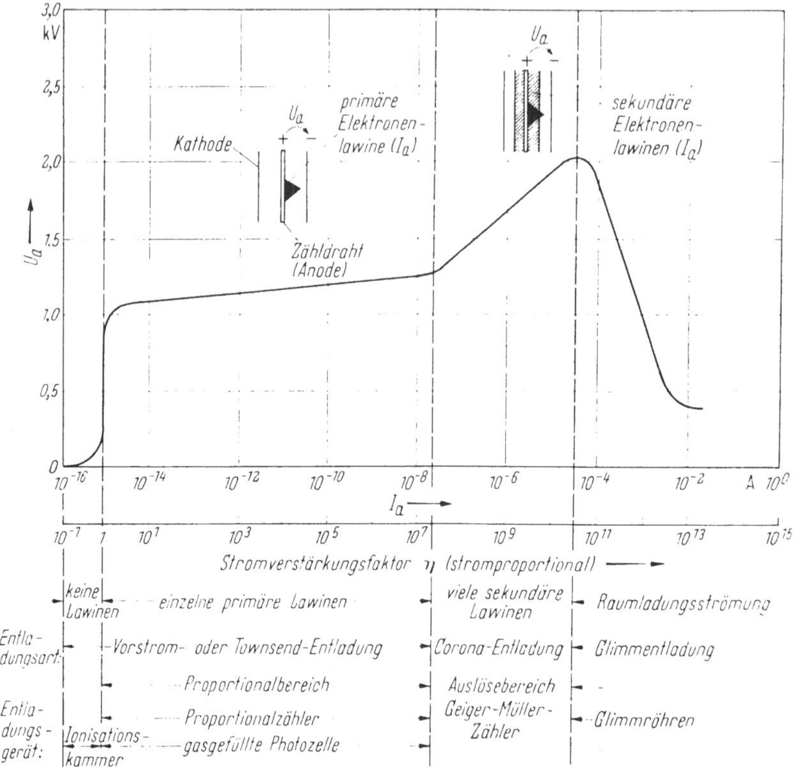

Abb. 45. Strom-Spannungs-Kennlinie eines Geiger-Müller-Zählrohrs.

unempfindlich. Diese Zeit von der Größenordnung 10^{-5} bis 10^{-3} Sekunden bezeichnet man als „*Totzeit*"[1]. In der darauffolgenden „*Erholungszeit*" (recovery time) von 10^{-4} bis 10^{-3} Sekunden arbeitet das Zählrohr wieder, jedoch wegen der noch nicht ganz verschwundenen Ionenraumladung mit zu kleinen Amplituden.

---

[1] Die Totzeit durchläuft in Abhängigkeit von der Anodenspannung ein Maximum: Bei kleinen Anodenspannungen ist sie niedrig, weil die Zahl der abzusaugenden Ladungsträger gering ist, und bei hohen Anodenspannungen ist sie ebenfalls niedrig, weil die nach der Zündung entstandene Raumladung wegen der hohen Feldstärke schneller abgesaugt wird.

Eine Herabsetzung der Tot- und Erholungszeit und damit ein größeres Auflösungsvermögen erreicht man mit möglichst kleiner Zählrohrkapazität und durch Beifügen von Dampfzusätzen zum Füllgas (z. B. 90 Torr Ar + 10 Torr Alkoholdampf). Der Dampfzusatz absorbiert die in Zähldrahtnähe gebildeten Photonen und verhindert so die Auslösung von Photoelektronen an der Kathode; dadurch wird die Nachentladung abgekürzt (selbstlöschende Zählrohre).

Wegen der kosmischen Strahlung finden in einem Zählrohr auch ohne Gegenwart eines radioaktiven Präparats Entladungen statt, die man als „Nulleffekt" bezeichnet. Der Nulleffekt bildet den „Störpegel" für ein zu messendes Nutzsignal.

Die bei einer Entladung im Zählrohr auftretende Spannungs-Signalamplitude läßt sich aus der erzeugten Ladung Q und der Zählrohrkapazität C ermitteln:

$$U = \frac{Q}{C} = \frac{\eta e s_0 l p}{C} \tag{45}$$

(U = am Zählrohr auftretende Spannungsamplitude [in V], η = Stromverstärkungsfaktor, e = Elementarladung, s_0 = spezifische Ionisierung [in Trägerpaare/cm Torr], l = vom ionisierenden Teilchen im Zählrohr zurückgelegter Weg [in cm], p = Gasdruck [in Torr] und C = Zählrohrkapazität [in F]).

β) *Impulszahl-Kennlinie.* Für die Messung der Intensität einer radioaktiven Strahlung ist die Impulszahl-Kennlinie $n_i = f(U_a)$ des benutzten Zählrohrs maßgebend. Diese Kennlinie beschreibt den Zusammenhang zwischen der sekundlichen Impulszahl und der Anodenspannung bei konstant gehaltener Dosisleistung.

Abb. 46 zeigt den typischen Verlauf der für ein Zählrohr charakteristischen Impulszahl-Kennlinie für zwei verschiedene Dosisleistungen N_D. Die Kennlinie weist ein Plateau auf, d. h. einen Spannungsbereich. in welchem die sekundliche Impulszahl von der Anodenspannung nahezu unabhängig ist. In diesem Bereich lösen alle in das Zählrohr eindringenden Elementarteilchen unabhängig von ihrer Energie eine Entladung aus. Der Abfall der Impulszahl-Kennlinie bei kleinen Werten der Anodenspannung ($U_a < U_{an}$; vgl. Abb. 46) entsteht dadurch, daß in diesem Spannungsbereich nur die in Anodennähe (hohe Feldstärke!) eindringenden Elementarteilchen eine Entladung auslösen können; die übrigen Teilchen bleiben wirkungslos, weil die gebildeten Ladungsträger zu schnell rekombinieren. bevor sie durch das elektrische Feld getrennt werden können. Der Anstieg der Impulszahl bei hohen Werten der Anodenspannung ($U_a > U_e$) stellt den Übergang zur Glimmentladung dar.

Da Geiger-Müller-Zählrohre stets im Bereich des Plateaus betrieben werden, soll dessen Steilheit möglichst gering sein, damit die gemessene Impulszahl von Betriebsspannungsschwankungen unabhängig ist. Unter

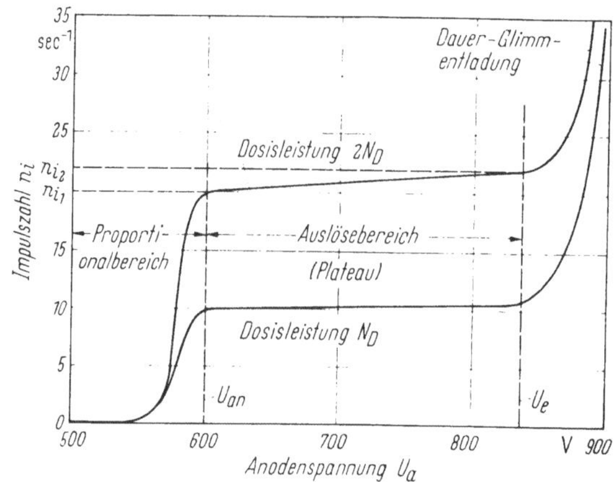

Abb. 46. Verlauf der Impulszahl-Kennlinie $n_i = f(U_a)$ eines Zählrohrs für zwei verschiedene Dosisleistungen. U_{an} Plateau-Anfangsspannung (wesentlich für den Batterieaufwand); U_e Plateau-Endspannung; $U_e - U_{an}$ gewählter Zählbereich (wegen Spannungsunabhängigkeit der Zählrate).

der Plateausteilheit S versteht man die prozentuale Impulszahländerung pro Volt Plateaulänge:

$$S = \frac{n_{i2} - n_{i1}}{n_{i1}(U_e - U_{an})} \cdot 100 \quad [\%/\mathrm{V}] \tag{46}$$

(n_{i1} = Impulszahl bei der Plateau-Anfangsspannung U_{an}. n_{i2} = Impulszahl bei der Plateau-Endspannung U_e). Für technische Zählrohre beträgt die Plateausteilheit S = 0,01 bis 0,05%/V und die Plateaulänge $U_e - U_{an}$ = 100 bis 400 V.

Die Steilheit, Höhe und Länge des Plateaus hängen von der Dosisleistung, der Temperatur und vom Durchmesser des Anodendrahts ab. Die Plateausteilheit nimmt mit der Dosisleistung und dem Drahtdurchmesser zu. Die Abhängigkeit der Plateausteilheit vom Drahtdurchmesser zeigt folgendes

Beispiel: Ein Zählrohr mit Argon-Alkohol-Füllung und 25 mm Rohrdurchmesser hat bei einem Anodendrahtdurchmesser von 0,3 mm ein gutes Plateau, bei 0,5 mm Drahtdurchmesser dagegen überhaupt kein Plateau. Im zweiten Fall reicht nämlich die Feldstärke in Drahtnähe nicht mehr aus, um in einem gewissen Anodenspannungsbereich alle in das Zählrohr eindringenden Teilchen zum Auslösen einer Entladung zu zwingen.

γ) Dosisleistungs-Kennlinie. Aus Abb. 46 geht hervor, daß die sekundliche Impulszahl n_i bei konstanter Zählrohrspannung U_a der eingestrahlten Dosisleistung N_D proportional ist. Genauer läßt sich dieser Zusammenhang an Hand der Dosisleistungs-Kennlinie $n_i = f(N_D)$ der Abb. 47 darstellen, die zeigt, daß die Empfindlichkeit eines Zählrohrs mit dessen Volumen wächst. Bei hohen Werten der Dosisleistung N_D verläuft die

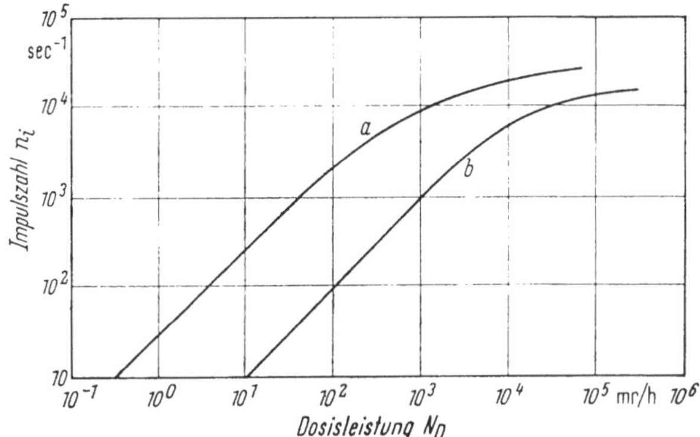

Abb. 47. Dosisleistungs-Kennlinien $n_i = f(N_D)$ zweier Zählrohre mit verschiedenem Volumen. Kurve a: Zählrohrvolumen $V \approx 10$ cm³, Plateausteilheit $S = 0{,}01$ %/V; Kurve b: Zählrohrvolumen $V \approx 2$ cm³, Plateausteilheit $S = 0{,}07$ %/V.

Kennlinie flacher, weil die maximale Impulszahl durch das Auflösungsvermögen des Zählrohrs begrenzt wird.

δ) Aufbau von Zählrohren. Zerlegbare Zählrohre bestehen in der einfachsten Ausführung aus einem Messingrohr von 1 bis 2 cm Durchmesser (Kathode), das auf beiden Seiten mit einem Isolierstopfen vakuumdicht verschlossen ist. Der Anodendraht besteht gewöhnlich aus Wolfram und hat einen Durchmesser von etwa 0,1 mm. Als Füllgas verwendet man häufig eine Mischung von etwa 100 Torr **Ar** und 10 Torr Alkohol.

Abgeschmolzene Zählrohre (vgl. Abb. 48) enthalten einen Kathodenzylinder aus einem Material mit kleinem Photoeffekt, d. h. großer Aus-

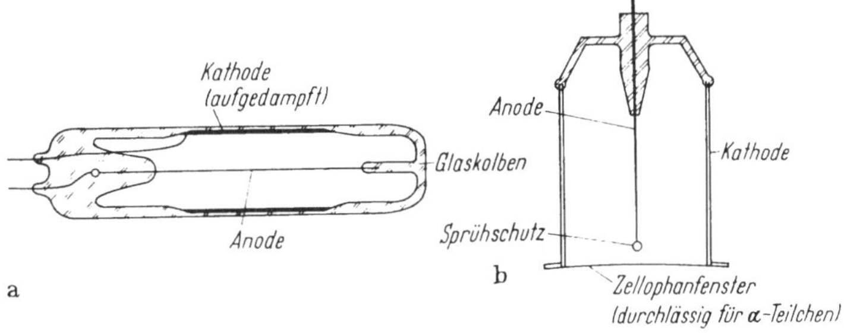

Abb. 48a u. b. Verschiedene Ausführungsformen von Geiger-Müller-Zählrohren. a) β-Zählrohr mit dünner Seitenwand und aufgedampfter Kathode; b) γ-Zählrohr mit dünnem Zellophanfenster und äußerem Kathodenzylinder.

trittsarbeit (wegen der erwünschten Selbstlöschung von Nachentladun-
gen), z. B. Cu (bzw. CuO_2), Ta, Ni oder W. Als Anode wird meist ein W-,
Stahl- oder Ni-Draht mit 0,1 bis 0,3 mm Durchmesser verwendet.
(Drähte mit 0,1 mm Durchmesser wählt man für Zählrohre mit hohem
Druck oder kleiner Betriebsspannung.) Vor der Füllung mit einer vor-
bereiteten Gasmischung werden der Glaskolben (bei etwa 400 °C) und die
Elektroden (durch Glühen) unter dauerndem Pumpen entgast.

Für nichtselbstlöschende Zählrohre verwendet man als Füllgas z. B.
He, Ne und Ar mit einem Zusatz von etwa 10% H_2. Für selbstlöschende
Zählrohre eignen sich Ar oder Ne mit etwa 1% Cl_2- oder Br_2-Zusatz
(Halogen-Zähler) oder ein Gemisch von Xe + O_2 + N_2 + Ar (z. B.
15 Torr Xe + 15 Torr N_2 + 1 Torr O_2 + 700 Torr Ar). Die Fremdgas-
zusätze (nämlich H_2, Cl_2 bzw. Br_2 oder O_2 + N_2) zu den Edelgasen sind
erforderlich, um Nachentladungen im Zählrohr zu verhindern. Die
Fremdgasmoleküle entziehen nämlich den meisten angeregten Edelgas-
atomen bei Stoßprozessen die gesamte Anregungsenergie; dadurch wird
verhindert, daß die angeregten Edelgasatome ionisierende UV-Photonen
aussenden oder beim Aufprall auf die Kathode Sekundärelektronen auslösen können. Häufig werden den Edelgasen anstelle der obengenannten
Fremdgase organische Dämpfe beigefügt, die — wie erwähnt — durch
Absorption von Photonen ebenfalls die Nachentladungen abkürzen.

Die Bauform eines Zählrohrs wird im wesentlichen durch die Art
der Strahlung bestimmt, für deren Messung es verwendet werden soll:
Zählrohre für γ-Strahlung können wegen der großen Reichweite der
γ-Quanten als relativ dickwandige Glas- oder Metallröhren ausgeführt
werden. Zählrohre für α- oder β-Strahlung müssen dagegen wegen der
geringen Reichweite der α- und β-Teilchen mit einem (sehr dünnen)
Glimmerfenster ausgestattet sein. Bei Zählrohren für Neutronenstrahlung
muß die Kathode mit einer Cadmium- oder Borschicht überzogen sein,
in welcher die einfallende Neutronenstrahlung durch Kernumwandlungs-
prozesse in radioaktive Strahlung umgewandelt wird.

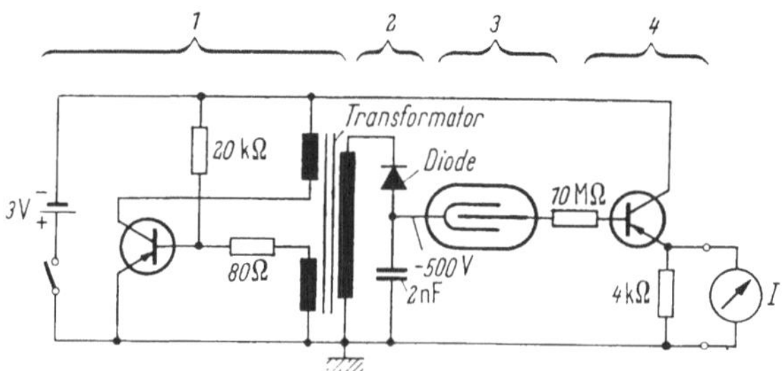

Abb. 49. Einfache Batterieschaltung für ein tragbares Strahlungsmeßgerät mit Geiger-Müller-Zählrohr.
1 1-kHz-Oszillator zur Hochspannungserzeugung; 2 Gleichrichter; 3 Zählrohr; 4 Verstärker mit
Anzeigeinstrument.

ε) Einfache Batterieschaltung für ein tragbares Strahlungsmeßgerät.
Abb. 49 zeigt als Anwendungsbeispiel eines Geiger-Müller-Zählrohrs eine
Batterieschaltung für ein tragbares Strahlungsmeßgerät. Die Schaltung
besteht aus einem 1-kHz-Transistor-Oszillator, der über einen Gleichrichter die Hochspannung für das Zählrohr erzeugt, und der eigentlichen
Zählrohrschaltung mit angeschlossenem einstufigem Transistor-Ver-
stärker.

d) Corona-Stabilisatorröhren. Elektrodenanordnung und Entladungs-
form der Corona-Stabilisatorröhren sind mit denen der Geiger-Müller-
Zählrohre identisch. Während jedoch bei diesen die Entladung sofort
nach der Zündung wieder zum Verlöschen gebracht wird, bleibt sie bei
den Corona-Stabilisatoren während des Betriebs dauernd aufrechterhalten.
Diese Dauerentladung stellt eine Zwischenform zwischen stationärer
Vorstrom- und Glimmentladung dar und wird als stationäre Corona-
Entladung bezeichnet. Deren Zündung erfolgt durch Anlegen der
Betriebsspannung an die Stabilisatorröhre. Um das Zünden, d. h. die
Ausbildung von sekundären Trägerlawinen, zu erleichtern, ist in die
Röhre ein schwaches Radiumpräparat eingebaut, das die primäre
Ionisation hervorruft. Um eine Selbstlöschung der Corona-Entladung
zu vermeiden, besteht die Gasfüllung der Stabilisatorröhren aus reinen
Edelgasen (ohne Dampfzusatz).

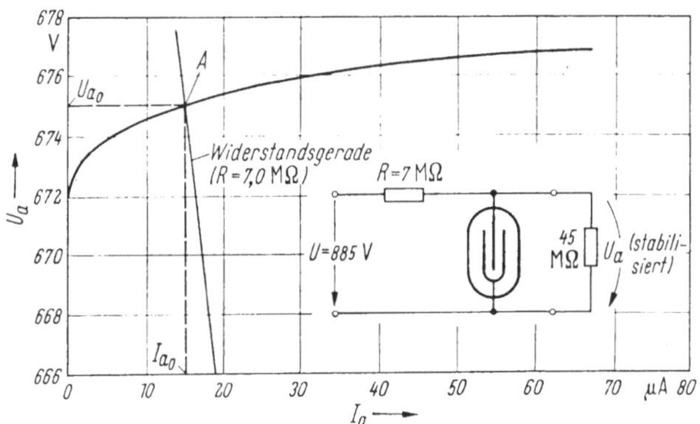

Abb. 50. I_a–U_a-Kennlinie und Betriebsschaltung einer Corona-Stabilisatorröhre.
A = gewählter Arbeitspunkt (U_{a_0} = 675 V, I_{a_0} = 15 μA). Im Bereich $I_a >$ I_{a_0} kann die Ausgangsspannung U_a um höchstens 3‰ schwanken.

In Abb. 50 sind die I_a–U_a-Kennlinie und die zugehörige Betriebsschaltung einer handelsüblichen Corona-Stabilisatorröhre mit Draht-
anode und Zylinderkathode dargestellt. Die relativ geringe Stromaufnahme (< 1 mA) und die hohe Betriebsspannung (500 bis 4000 V) be-

5*

schränken den Anwendungsbereich solcher Röhren auf die Stabilisierung von Hochspannungsquellen mit sehr niedriger Strombelastung. Ein wesentlicher Vorteil sind die niedrigen Herstellungskosten und die hohe Lebensdauer dieser Röhren.

2. Dioden mit (unselbständiger) Glühkathoden-Gasentladung

(vgl. [*31—33, 43, 49, 51*])

a) I_a-U_a-Kennlinien einer Glühkathoden-Gasdiode bei verschiedenem Druck. Läßt man in einer Hochvakuumdiode mit Glühkathode den Gasdruck durch Einleiten eines Edelgases (z. B. Argon) allmählich ansteigen, so wird die I_a-U_a-Kennlinie einer solchen Diode entsprechend Abb. 51 modifiziert. Bei einem Druck von etwa 10^{-6} Torr wird der durch die Röhre fließende Strom durch die Raumladungswolke vor der Kathode begrenzt und gehorcht dem $U^{3/2}$-Gesetz (vgl. Kennlinie I in Abb. 51).

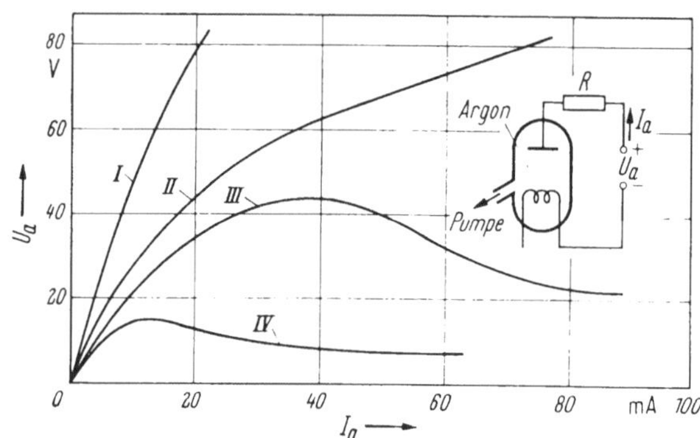

Abb. 51. $I_a - U_a$-Kennlinien einer Glühkathoden-Gasdiode bei verschiedenem Druck [*31*].
I $p \approx 10^{-6}$ Torr (Hochvakuumentladung); *II* $p = 2.5 \cdot 10^{-4}$ Torr (Vorstromentladung); *III* $p = 5 \cdot 10^{-1}$ Torr (Glimmentladung); *IV* $p = 6 \cdot 10^{-1}$ Torr (Niedervolt-Bogenentladung).

Das Restgas hat in diesem Fall auf die Entladung keinen Einfluß, da die Zahl der ionisierenden Stöße zu gering ist. Bei einem Druck von etwa 10^{-4} Torr können die von der Kathode emittierten Elektronen in stärkerem Maße Gasmoleküle ionisieren und dadurch im Entladungsraum einzelne Elektronenlawinen auslösen. Bei gleicher Anodenspannung erhöht sich deshalb der durch die Röhre fließende Strom (Vorstromentladung, Kennlinie II). Bei weiterer Drucksteigerung wird die Trägererzeugung durch Stoßionisierung im Entladungsraum so stark, daß in der Röhre eine Glimmentladung gezündet wird (vgl. Kennlinie III). Voraussetzung ist dabei, daß die an der Röhre liegende Anodenspannung U_a mindestens gleich der Zündspannung U_z ist. Im Augenblick der

Zündung steigt der Strom wie bei einer Kaltkathoden-Gasentladung sprungartig an und muß durch einen Vorwiderstand begrenzt werden. Nach der Zündung liegt an der Gasdiode die Brennspannung U_b, die ungefähr gleich der Ionisierungsspannung U_i des Füllgases ist (≈ 20 V; bei Kaltkathoden-Glimmentladungen ist $U_b \approx 200$ V, also wesentlich höher). Wird der Druck in der Gasdiode noch weiter erhöht, so erniedrigt sich die Zündspannung bis zum Wert der Ionisierungsspannung des Füllgases ($U_z \approx U_i$), und die Brennspannung wird kleiner als diese ($U_b < U_i$; Niedervolt-Bogenentladung, vgl. Kennlinie IV).

Das Absinken der Anodenspannung U_a bzw. der Brennspannung U_b mit wachsendem Gasdruck ist darauf zurückzuführen, daß die den Strom begrenzende Elektronen-Raumladungswolke vor der Kathode in zunehmendem Maße durch die Ionenraumladung kompensiert wird. An die Stelle des reinen Elektronenstroms im Hochvakuum tritt bei wachsendem Druck ein Teilchenstrom, der sich wie bei den Kaltkathoden-Entladungen aus einer großen Elektronenstromkomponente I_e und einer kleinen Ionenstromkomponente I_i zusammensetzt. Für das Stromdichteverhältnis j_e/j_i gilt bei vollständiger Raumladungskompensation ($\varrho_e = \varrho_i$) die allgemeine Beziehung:

$$\frac{j_e}{j_i} = \frac{\varrho_e v_e}{\varrho_i v_i} = \sqrt{\frac{m_i}{m_e}} \gg 1 \qquad (47)$$

(ϱ_e, ϱ_i = Elektronen- bzw. Ionenraumladungsdichte, $v_e = \sqrt{(2e/m_e)U}$ = Elektronengeschwindigkeit, $v_i = \sqrt{(2e/m_i)U}$ = Ionengeschwindigkeit, m_e, m_i = Elektronen- bzw. Ionenmasse; über die Werte von j_e/j_i für verschiedene Gase vgl. Tab. 8).

Tabelle 8

Trägerstromdichteverhältnis j_e/j_i für verschiedene Gase. Beispiel: In einer Entladungsröhre mit Hg-*Dampffüllung ist der Ionenstrom 605mal kleiner als der Elektronenstrom [31]*

Gas	Hg	Ar	Ne	He
$\dfrac{j_e}{j_i} = \sqrt{\dfrac{m_i}{m_e}}$	605	270	192	85,5

Im Fall der Glimm- und Niedervolt-Bogenentladung (Kurven III und IV in Abb. 51) gilt für die Trägerstromdichten j_e bzw. j_i vor der Kathode die Gleichung (LANGMUIR, vgl. [31]):

$$j_{e,i} = 1.86 \, \frac{4}{9} \, \varepsilon_0 \, \sqrt{\frac{2e}{m_{e,i}}} \, U_k^{3/2}/d_k^2 \qquad (48)$$

(U_k = Kathodenfall [in V], d_k = Länge der Kathodenfallstrecke [in cm] (Größenordnung 10 bis 10^3 μ), ε_0 = Dielektrizitätskonstante des Vakuums). Die variablen Größen U_k, d_k und $j_{e,i}$ stellen sich jeweils so ein, daß Gl. (48) erfüllt wird. Die Gesamtstromdichte ist dabei stets $j = j_e + j_i$.

b) Räumlicher Potentialverlauf in einer Glühkathoden-Gasdiode bei wachsendem Gasdruck. Das Ansteigen des Stroms in einer gasgefüllten Glühkathodenröhre mit wachsendem Druck (vgl. Abb. 51) hat eine entsprechende Änderung des Potentialverlaufs in der Röhre zur Folge (vgl. Abb. 52). Bei der Hochvakuumentladung ($p \approx 10^{-6}$ Torr. Kurve I) besteht vor der Kathode ein durch die Raumladung bedingtes Potentialminimum. Im Vorstromgebiet ($p \approx 10^{-4}$ Torr, Kurve II) verschwindet das Potentialminimum infolge der Kompensation der negativen Elektronenraumladung durch positive Ionen. Der Potentialverlauf wird in diesem Fall angenähert linear wie im Hochvakuum bei kleinen Strömen. Bei der Glimm- und Niedervolt-Bogenentladung ($p \approx 10^{-3}$ bis 10^3 Torr. Kurve III) bildet sich wie bei den Kaltkathoden-

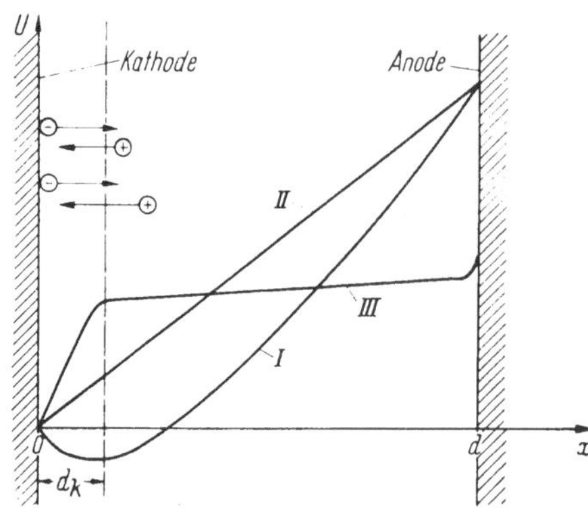

Abb. 52. Räumlicher Potentialverlauf in einer Glühkathoden-Gasdiode bei verschiedenem Druck.
I $p \approx 10^{-6}$ Torr (Raumladungsströmung im Hochvakuum); II $p \approx 10^{-4}$ Torr (Vorstromentladung); III $p \approx 5 \cdot 10^{-1}$ Torr (Glimm- bzw. Niedervolt-Bogenentladung). $d_k = 10^{-1}$ bis 10^{-6} mm gegenüber 1 bis 100 mm bei kalter Kathode.

Entladungen vor der Kathode ein Fallraum der Länge d_k aus, in welchem nahezu die gesamte Röhrenspannung abfällt. Der Kathodenfall wird ungefähr gleich der Ionisierungsspannung des Füllgases ($U_k \approx U_i$) und die Kathodenfallstrecke ungefähr gleich der mittleren freien Weglänge der Elektronen ($d_k \approx \lambda_e$).

Beispiel: Für $p = 0{,}1$ Torr wird $d_k = 0{,}2$ mm in **Hg** und 0,6 mm in **Ar**; für $p = 760$ Torr wird $d_k = 2 \cdot 10^{-6}$ mm in **Hg** und $6 \cdot 10^{-6}$ mm in **Ar**.

c) Ausführungsformen von Gasdioden mit Glühkathoden

$\varkappa$) *Gas-Gleichrichter mit Glühkathode.* Gasgefüllte Gleichrichterröhren können wegen der hohen Leitfähigkeit des Füllgases während der Entladung bei gleicher Anodenspannung wesentlich höhere Anodenströme führen als Hochvakuum-Gleichrichter derselben Bauart. Den prinzipiellen Aufbau einer Gas-Gleichrichterröhre zeigt Abb. 53a. Die Röhre enthält eine direkt oder indirekt geheizte, zum Schutz gegen Ionenaufprall teilweise abgeschirmte Oxydkathode (mit vernickeltem Wolfram-

draht als Träger des Oxyds) und eine (Quecksilber abweisende) Graphitanode. Als Gasfüllung dient ein Gemisch von Edelgasen (**Ar**, **Xe**, **He**)
und Quecksilberdampf bei einem Druck von etwa 10^{-2} Torr.

Die Gleichrichterwirkung dieser Anordnung beruht auf der verschiedenen Austrittsarbeit und Temperatur der beiden Elektroden. (So betragen z. B. die Austrittsarbeiten $W_K = 1{,}0$ eV und $W_A = 4{,}7$ eV und

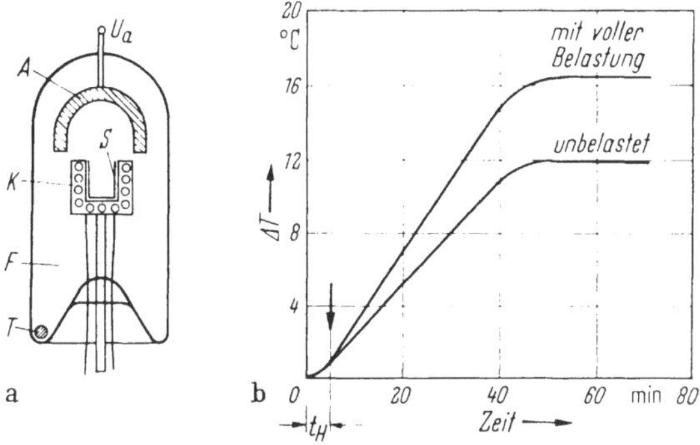

Abb. 53. a) Prinzipieller Aufbau einer Gasgleichrichterröhre.
A Graphitanode; *K* = indirekt geheizte Glühkathode; *S* = Bariumoxydschicht; *F* = Hg-Dampffüllung mit **Ar**- oder **Xe**-Zusatz zur leichteren Zündung; *T* = **Hg**-Tropfen.
b) Zeitlicher Temperaturanstieg ΔT des kondensierten Quecksilbers über die Umgebungstemperatur
bei belastetem und unbelastetem Gleichrichter.
t_H minimale Vorheizzeit der Glühkathode; ↓ frühestes erlaubtes Einschalten von U_a.

die Elektrodentemperaturen $T_k = 1100\,°\mathrm{K}$ und $T_a = 500\,°\mathrm{K}$, falls die
Röhre eine Oxydkathode und eine Graphitanode enthält). Bei negativer
Anodenspannung ist die Röhre gesperrt und zündet erst, wenn an der
Anode die (positive) Zündspannung U_z liegt. Nach der Zündung stellt
sich an der Röhre die Brennspannung U_b ein, die nur von Art und Druck
der Gasfüllung abhängt, und es fließt ein Anodenstrom, der durch den
äußeren Belastungswiderstand begrenzt wird. Die Entladung erlischt,
sobald die Anodenspannung unter den Wert der Brennspannung sinkt.

Röhren mit reiner **Hg**-Dampffüllung benötigen vor dem Anlegen der
Anodenspannung eine relativ lange Vorheizzeit, um den erforderlichen
Hg-Dampfdruck zu erzeugen und gleichzeitig das in Anodennähe even-
tuell niedergeschlagene Quecksilber zum Verdampfen zu bringen (Vermeidung von Rückzündungen, d. h. Stromdurchgang in der Sperrphase).
Bei Röhren mit Edelgas+**Hg**-Füllung ist die Vorheizzeit kürzer (vgl.
Abb. 53b), weil das Edelgas nach der Zündung die Stromleitung solange
übernimmt, bis der Quecksilberdampf wegen der steigenden Temperatur
seinen Betriebsdruck erreicht hat. Da die Edelgase während des Betriebs
allmählich aufgezehrt werden, ist die Lebensdauer dieser Röhren allerdings kleiner als die der Röhren mit reiner **Hg**-Füllung.

Nach der Größe der Sperrspannung unterscheidet man zwischen gasgefüllten Niederspannungs- und Hochspannungsröhren. Typische Betriebsdaten einer Niederspannungsröhre sind: Sperrspannung (zulässige negative Anodenspannung) $U_{as} = -360$ V, mittlerer Anodenstrom (in Durchlaßrichtung) $I_a = 12$ A, Brennspannung $U_b = 10$ V und Zündspannung $U_z = 22$ V. Die entsprechenden Daten für eine Hochspannungsröhre sind dagegen: Sperrspannung $U_{as} = -10$ kV, mittlerer Anodenstrom (in Durchlaßrichtung) $I_a = 1$ A, Brennspannung $U_b = 12$ V und Zündspannung $U_z = 20$ V.

β) *Quecksilberdampflampen mit Glühkathode.* Die Lichtemission von Hg-Dampflampen ist wie bei allen Gasentladungslampen auf die Anregung von Elektronenübergängen in den Schalen der Hg-Atome zurückzuführen. Nach dem Termschema des Quecksilberatoms (vgl. Bd. I, Abb. 10) führt die Anregung eines *im Grundzustand* befindlichen Hg-Atoms stets zur nachfolgenden Emission von (unsichtbarer) UV-Strahlung, da die zugehörigen Spektrallinien (z. B. die zum Übergang $1S \rightarrow 2P$ gehörige Linie) im UV-Bereich liegen. Derartige Anregungsprozesse, bei denen das betreffende Quecksilberatom nach der UV-Emission in den Grundzustand zurückkehrt, überwiegen bei den Hg-*Niederdruckentladungen* ($p = 10^{-3}$ bis 10^{-1} Torr).

Die sichtbare Lichtemission und damit die Lichtausbeute von Hg-Dampflampen läßt sich beträchtlich steigern, wenn man die Lampen so konstruiert, daß sie im Betrieb einen möglichst hohen Quecksilberdampfdruck erreichen. Die Zunahme der sichtbaren Lichtemission mit dem Druck rührt daher, daß die Anregungswahrscheinlichkeit für Elektronenübergänge, die zur Emission von sichtbarem Licht führen (z. B. der Übergang $2p_1 \rightarrow 2s$, vgl. Bd. I, Abb. 10), beim Quecksilber mit dessen Dampfdruck ansteigt. Derartige Anregungsprozesse, die zu Elektronenübergängen zwischen den „höheren" Niveaus bereits angeregter Hg-Atome und deshalb zur bevorzugten Emission sichtbaren Lichts führen, überwiegen bei den Hg-*Hoch- und -Höchstdruckentladungen* ($p \approx 760$ bis etwa 10^5 Torr).

Eine Verbesserung der Lichtemission von Hg-Dampflampen läßt sich außerdem durch folgende Maßnahmen erreichen: 1. Umwandlung des UV-Strahlungsanteils in sichtbares Licht mit Hilfe einer lumineszierenden Schicht (Leuchtstofflampen), 2. Mischung des Quecksilber-Lichts mit Glühlampenlicht (Mischlichtlampen) und 3. Änderung des Quecksilberdampfspektrums durch Zusatz von Metalljodiden (NaJ, TlJ und InJ$_3$) zur Quecksilberfüllung. Methode 1 wird in Nieder- und Hochdrucklampen, Methode 2 und 3 insbesondere in Hochdrucklampen angewandt.

Die wichtigsten Quecksilberdampflampen sind:

β_1) Die Tageslicht-Leuchtstofflampe mit Hg-Niederdruckentladung ($p \approx 10^{-2}$ Torr). Diese Lampe (vgl. Abb. 54) enthält neben

dem Quecksilber eine Edelgasbeimischung zur Herabsetzung der Zündspannung und wird mit Wechselstrom betrieben. Die beiden Elektroden
sind dünne, mit einer Oxydschicht bedeckte Wolframdrähte. Die Innenwand des Entladungsrohrs ist mit einer Leuchtstoffschicht bedeckt,
welche die kurzwellige UV-Strahlung der Quecksilberentladung in die
längerwellige Strahlung des sichtbaren Lichts verwandelt. Die wichtigsten verwendbaren Leuchtstoffe und ihre Farben bei UV-Bestrahlung

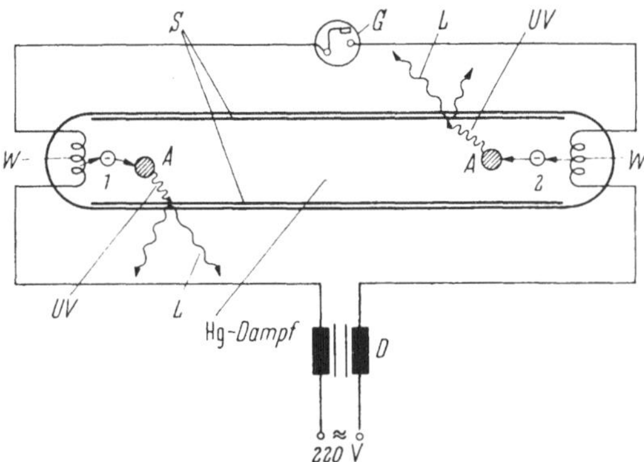

Abb. 54. Aufbau und Betriebsschaltung einer Tageslicht-Leuchtstoffröhre mit **Hg**-Niederdruckent-
ladung.
G = Glimmzünder; S = Zinksilikatschicht zur Umwandlung der UV-Strahlung (UV) in sichtbares
Licht (L); W = Drahtwendeln (**W–BaO**-Sinterkathoden); D = Drosselspule; A = angeregtes **Hg**-
Atom; 1 Elektronenemission während der positiven Halbwelle der angelegten Wechselspannung;
2 Elektronenemission während der negativen Halbwelle der angelegten Wechselspannung.

sind: **Ca**-Wolframat (blau), **Mg**-Wolframat (weißlichblau), **Zn**-Silikat
(hellgrün), **Zn–Be**-Silikat (gelb bis orange) und **Ca–Sr**-Silikat (rot). Die
Mischung dieser Komponenten ergibt das ,,weiße‟ Licht der Tageslicht-
Leuchtstoffröhre.

Die Zündung der Leuchtstoffröhre geschieht mit Hilfe eines ,,Glimm-
zünders‟ G (vgl. Abb. 54). Beim Anlegen der Netzspannung (220 V) an
die zunächst geöffneten Kontakte des Glimmzünders setzt in diesem
eine Glimmentladung ein. Als strombegrenzende Vorwiderstände wirken
dabei die Glühwendeln W und die Drosselspule D. Durch die Entladung
erwärmen sich die Bimetallelektroden des Glimmzünders, biegen sich
durch und schließen die Entladungsstrecke kurz, wobei die Glimm-
zünderentladung erlischt. Der nun fließende Strom heizt die Glühwendeln W der Leuchtstofflampe auf, bis sie Elektronen emittieren. Nach
Abkühlung der Bimetallelektroden öffnen diese den Heizstromkreis
Drossel-Glühwendeln-Glimmzünder. Dadurch entsteht wegen des Magnetfelds der Drossel ein genügend hoher Spannungsstoß für die Zündung der
Leuchtstoffröhre. Wegen der niedrigen Brennspannung der Leuchtstoffröhre bleibt jetzt der Glimmzünder und damit der Glühkathoden-Heiz-

kreis stromlos. Die Elektrodenaufheizung erfolgt dann ausschließlich durch Aufprall der in der Entladung gebildeten Ionen.

Leuchtstoffröhren dieser Art liefern je nach Größe einen Lichtstrom von 100 bis 5000 Lm bei einer Lichtausbeute (Lichtstrom pro Watt zugeführter Leistung) von 20 bis 70 Lm/W (normale Glühlampen: Lichtstrom 120 bis 40000 Lm, Lichtausbeute: 8 bis 20 Lm/W).

β_2) Tageslicht-Leuchtstofflampe mit Hg-Hochdruckentladung ($p \approx 760$ Torr). Diese Lampe (vgl. Abb. 55) besteht aus zwei ineinander angeordneten Glaskolben, von denen der äußere evakuiert und der innere mit Quecksilberdampf gefüllt ist. Der so entstandene Vakuummantel vermindert die Wärmeableitung durch Konvektion und erhöht dadurch bei gleicher zugeführter Leistung die Temperatur und damit den Quecksilberdampfdruck im Innenkolben. Wegen der hohen Gefäßtemperatur (etwa 600 °C) bestehen die Kolben aus Hartglas, dessen Erweichungstemperatur bei etwa 750 °C liegt. Der innere Glaskolben enthält zwei Glühdrahtwendeln mit je einem Zündstift. Der äußere Kolben ist auf der Innenseite mit einer Leuchtstoffschicht bedeckt.

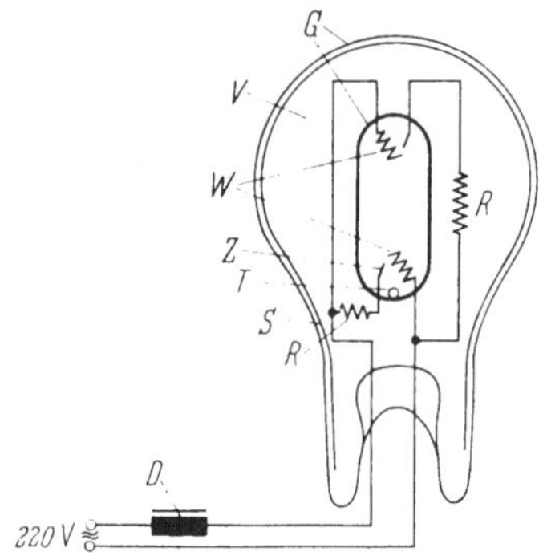

Abb. 55. Aufbau einer Tageslicht-Leuchtstofflampe mit Hg-Hochdruckentladung.
G = Hartglaskolben; V = Vakuum; W = Glühwendeln (Oxydkathoden); Z = Zündstift; T = Hg-Tropfen; S = Leuchtstoffschicht (z. B. Ca–Sr-Silikat, rot leuchtend); R = Vorwiderstand; D = Drossel zur Strombegrenzung.

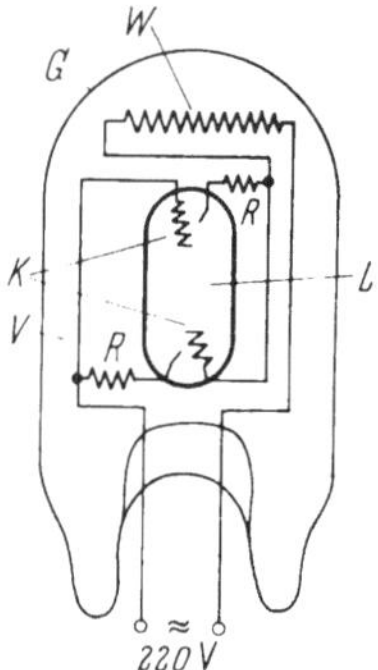

Abb. 56. Aufbau einer Mischlichtlampe mit Hg-Hochdruckentladung. W = Wolframglühwendel; G = Glaskolben (mattiert); L = Hg-Lampe; K = Kathoden; V = Vakuumraum zur Wärmeisolation der eigentlichen Entladungsröhre; R = Vorwiderstände.

Wird an die Lampe (über eine strombegrenzende Drossel) eine Wechselspannung von 220 V angelegt, so zündet zunächst eine Entladung zwischen Drahtwendel und Zündstift. Diese Hilfsentladung heizt die Drahtwendeln so stark auf, daß zwischen ihnen infolge starker Elektronenemission die Hauptentladung gezündet wird. Nach der Zündung liegt an der Röhre eine Brennspannung von etwa 60 V. Besteht die Leuchtstoffschicht der Röhre aus Ca–Sr-Silikat, so ergibt deren vorwiegend rotes Licht mit dem überwiegend blaugrünen Licht der Hg-Hochdruckentladung angenähert „weißes" Tageslicht.

Der Lichtstrom solcher Lampen beträgt 1500 bis 125000 Lm, die Lichtausbeute 30 bis 60 Lm/W.

β_3) Mischlichtlampe (Hg-Hochdrucklampe und Glühlampe in Serie). Den Aufbau dieser Lampe zeigt Abb. 56. Die Lampe besteht aus der Serienschaltung einer Hg-Hochdrucklampe (innerer Röhrenkolben mit zwei Glühwendeln und Hg-Dampffüllung) und einer Glühlampe (äußerer, evakuierter Glaskolben mit Wolframglühwendel W).

Beim Anschließen von 220 V Wechselspannung zünden in der Hg-Dampfröhre die Hilfsentladungen und heizen die inneren Glühwendeln und die äußere Drahtwendel W auf, die gleichzeitig als Vorwiderstand für die Hilfsentladungen dient. Solange nur diese brennen, erfolgt eine Lichtemission nur von der Glühwendel W. Erst wenn in der Hg-Röhre die Hauptentladung gezündet hat, setzt auch von dort die Lichtemission ein. Das vorwiegend blaugrüne Licht der Hg-Dampfröhre ergibt dann zusammen mit dem orangeroten Licht der Glühwendel W ein weißes „Mischlicht".

Der Lichtstrom solcher Lampen beträgt 3000 bis 12000 Lm und die Lichtausbeute 15 bis 25 Lm/W.

β_4) Hg-Hochdrucklampen mit Metalljodidzusätzen. Zusätze von Metalljodiden (insbesondere NaJ, TlJ und InJ$_3$) zur Hg-Dampffüllung von Hochdrucklampen liefern ein linienreiches Emissionsspektrum im sichtbaren Bereich und verbessern dadurch Lichtfarbe, -strom und -ausbeute solcher Lampen. Die Lichtausbeute erreicht dabei Werte von 90 bis 100 Lm/W.

β_5) Weitere Metalldampflampen sind die Natriumdampflampe (Druck etwa 10^{-3} Torr, Temperatur etwa 280 °C, Lichtausbeute 70 Lm/W), deren Emissionsspektrum vorwiegend aus der Na-Linie ($\lambda = 5896$ Å; gelbes Licht) besteht, sowie Lampen mit K-, Rb- oder Cs-Füllung.

C. Dimensionierung von Gasdioden auf Grund ihrer Entladungseigenschaften

1. Bestimmung der Entladungseigenschaften mit Hilfe der Sondenmethodik (vgl. [35])

Von den Gasdioden lassen sich nur diejenigen mit Vorstrom-Entladung und kalter Kathode (z. B. die Ionisationskammer oder die gasgefüllte Photozelle) mit genügender Genauigkeit vorausberechnen. Bei den Glimmentladungs- und Lichtbogendioden ist dies im allgemeinen nicht möglich. Der Grund dafür ist die große Zahl der elektrischen und thermischen Wirkungen, welche das Entladungsplasma, die Gefäßwände, die Elektroden und der Gas- bzw. Dampfdruck aufeinander ausüben. Um nun wenigstens einige Anhaltspunkte für die Dimensionierung solcher Gasdioden mit Entladungsplasma zu erhalten, müssen die Eigenschaften des Plasmas ermittelt werden. Dazu bedient man sich einer kleinen (z. B. scheibenförmigen) Sonde, die in das Entladungsgefäß oder ein größeres Modell desselben eingeführt wird. Aus der Strom-Spannungs-Kennlinie einer solchen Sonde läßt sich dann das Raumpotential (Plasmapotential) U_p, die Elektronentemperatur T_e, die Ionen- bzw. Gastemperatur T_i und die Trägerkonzentration $n_e = n_i = n$ im „quasineutralen" Säulenplasma der betreffenden Entladungsröhre ermitteln.

Abb. 57a zeigt die Meßanordnung und Abb. 57b das Meßergebnis. Die Sondenkennlinie $I = f(U_s)$ (U_s = Sondenpotential; vgl. Abb. 57b) weist drei Äste a, b und c auf, die sich folgendermaßen interpretieren lassen:

a) Im Bereich $U_s \ll U_p$ (U_p = Plasmapotential = Raumpotential im Plasma vor der Sonde) werden praktisch alle Plasma-Elektronen von der Sonde abgestoßen. Deshalb bildet sich vor dieser eine Schicht positiver Ionen, in die laufend weitere Ionen aus dem Plasma eindiffundieren. Unter der Voraussetzung, daß die Ladungsträger im Plasma eine Maxwellsche Geschwindigkeitsverteilung besitzen, beträgt die

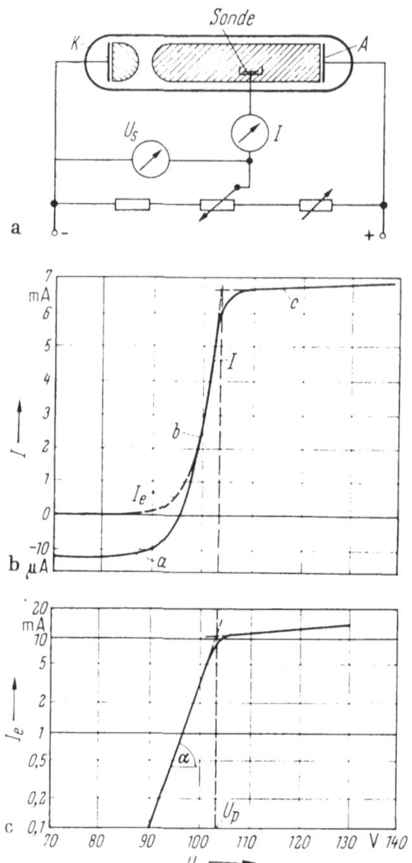

Abb. 57a—c. Aufnahme der Sondenkennlinie an einer Glimmentladungsröhre.
a) Meßanordnung; b) Sondenkennlinie $I = f(U_s)$ (I = Gesamtstrom); c) Sondenkennlinie $I_e = f(U_s)$ in halblogarithmischem Maßstab (I_e = Elektronenstrom).

Zahl z der Ionen, die pro Sekunde auf 1 cm² Sondenoberfläche auftreffen: $z = n\,v_i/4$ [n = Ionenkonzentration, $v_i = \sqrt{(8\,k\,T_i/\pi\,m_i)}$ = mittlere thermische Geschwindigkeit der Ionen; vgl. Bd. I, Gl. (162)]. Damit wird der Sondenstrom I (= I_i wegen $I_e = 0$):

$$I = I_i = j_i F = e z F = e F n \sqrt{\frac{k T_i}{2 \pi m_i}} \qquad (U_s \ll U_p) \qquad (49)$$

(j_i = Ionenstromdichte [in A/cm²], F = Sondenfläche [in cm²] e = Elementarladung, T_i = Ionentemperatur [in °K] und m_i = Ionenmasse [in Ws³/cm²]).

Nach Gl. (49) ist der Sondenstrom I im Bereich $U_s \ll U_p$ unabhängig vom Sondenpotential U_s. Wird dieses geändert, so ändert sich lediglich die Dicke d der Ionenschicht vor der Sonde („Sondendunkelraum") entsprechend der Raumladungsgleichung:

$$(U_p - U_s)^{3/4} = d \sqrt{\frac{9}{4\varepsilon_0} j_i} \sqrt{\frac{m_i}{2e}} \qquad (j_i = \text{const}). \qquad (50)$$

b) Für $U_s \leq U_p$ gelangen außer den Ionen auch Elektronen zur Sonde. Die Elektronen müssen dabei gegen die negative Sonde anlaufen und benötigen, um diese zu erreichen, eine Anfangsenergie:

$$\frac{m}{2} v_0^2 = e(U_p - U_s). \qquad (51)$$

Nach dem Anlaufstromgesetz [vgl. Bd. I, Gl. (26a)] wird deshalb der zur Sonde fließende Elektronenstrom:

$$I_e = I_{e_0} e^{-\frac{e(U_p - U_s)}{kT_e}} \qquad (U_s \leq U_p), \qquad (52)$$

wobei

$$I_{e_0} = eFn \sqrt{kT_e/2\pi m} \qquad (52\text{a})$$

der aus dem Plasma in den Sondendunkelraum eindiffundierende Elektronenstrom ist. Zur Sonde fließt jetzt ein vom Sondenpotential U_s abhängiger Elektronenstrom [nach Gl. (52)] und ein konstanter Ionenstrom [entsprechend Gl. (49)]. Da alle Ladungsträger die gleiche Flugrichtung haben, ist der gesamte Sondenstrom $I = I_e - I_i$ (s. Teil b der Sondenkennlinie in Abb. 57b).

c) Bei $U_s \geq U_p$ tritt an die Stelle des Elektronenbremsfeldes ein Elektronenbeschleunigungsfeld vor der Sonde, so daß jetzt alle in den Sondendunkelraum eindiffundierenden Elektronen die Sonde erreichen können. Der Sondenstrom wird in diesem Fall vom Sondenpotential U_s praktisch unabhängig (s. den Teil c der Sondenkennlinie).

Aus dem Verlauf der Sondenkennlinie (vgl. Abb. 57b) lassen sich zunächst das Plasmapotential U_p am Ort der Sonde und die Elektronentemperatur T_e ermitteln. Trägt man nämlich die Sondenkennlinie in der Form $\ln I_e = f(U_s)$ auf, so wird der Kennlinienast b zu einer Geraden, deren Gleichung man durch Logarithmieren von Gl. (52) erhält:

$$\ln I_e = \ln I_{e_0} + \frac{e}{kT_e} (U_s - U_p). \qquad (52\text{b})$$

Aus der Neigung dieser Geraden (vgl. Abb. 57c) ergibt sich die Elektronentemperatur T_e:

$$\tan \nu = \frac{e}{kT_e} = \frac{11600}{T_e} \quad (T_e \text{ in } {}^\circ\text{K}). \tag{53}$$

und aus dem Kennlinienknick das Plasmapotential U_p, da bei der Knickstelle nach Gl. (52b) $U_s = U_p$ und damit $I_e = I_{e_0} = \text{const}$ wird.

Zur Ermittlung der Ionentemperatur T_i muß man die Sonde isolieren, so daß kein Strom zu ihr fließen kann. Die Sonde lädt sich dabei auf ein Potential U_{s_0} auf, das gerade so groß ist, daß $I = I_e - I_i = 0$ oder $I_e = I_i$ wird. Aus den Gln. (49). (52) und (52a) erhält man für diesen Fall die Beziehung:

$$U_{s_0} - U_p = \frac{kT_e}{e} \ln \sqrt{\frac{mT_i}{m_iT_e}} = \frac{kT_e}{e} \ln \frac{v_i}{v_e}. \tag{54}$$

(U_{s_0} = Sondenpotential bei isolierter Sonde [in V], U_p = Plasmapotential [in V], T_e = Elektronentemperatur [in $^\circ$K], T_i = Ionentemperatur [in $^\circ$K], $v_e = \sqrt{(8kT_e/\pi m)}$ = mittlere thermische Elektronengeschwindigkeit, $v_i = \sqrt{(8kT_i/\pi m_i)}$ = mittlere thermische Ionengeschwindigkeit[1]). Da in dieser Gleichung T_e [aus Gl. (53)], m_i (aus der verwendeten Gasfüllung). U_p (aus Abb. 57c) und U_{s_0} (durch Messung an der isolierten Sonde) bereits bekannt sind, kann aus ihr die Ionentemperatur T_i berechnet werden. Ist auch diese bekannt, so ergibt sich schließlich die noch unbekannte Trägerkonzentration n aus Gl. (49).

Die Gln. (49) bis (54) gelten nur für eine ebene Sonde. Diese weist einige Fehlerquellen auf, die besonders bei höheren Drucken in Erscheinung treten. Anstelle der ebenen Sonde werden deshalb häufig zylindrische oder Glühsonden verwendet, die weniger störanfällig sind. Die Glühsonden, die aus einem elektrisch geheizten Drähtchen bestehen. werden insbesondere dort angewandt, wo es nur auf die Messung des Raumpotentials ankommt. Ist das Sondenpotential positiver als das Raumpotential (Plasmapotential). so nimmt eine solche Sonde Elektronen auf, ist es negativer, so emittiert sie Elektronen. Aus der Abweichung der Kennlinien mit und ohne Heizung kann die Größe des Plasmapotentials ermittelt werden. Die Glühsonde eignet sich auch zur Messung außerhalb des Plasmas, z. B. im Kathodenfallgebiet von Glimmentladungen, oder auch in trägerfreien Räumen.

---

[1] Da $v_e \gg v_i$ ist. wird bei isolierter Sonde $U_{s_0} - U_p$ stets negativ; d. h. eine isolierte Sonde lädt sich immer negativ gegen das umgebende Plasma auf.

Als Beispiel eines mit der Sondenmethodik gewonnenen Meßergebnisses zeigt Abb. 58 die Druckabhängigkeit der Elektronentemperatur T_e und der Ionen- bzw. Gastemperatur $T_i = T_g$ im Plasma einer Bogenentladung. Bei niedrigen Drucken ($p < 10^{-1}$ Torr) ist $T_e \gg T_g$, d. h. es herrscht kein Temperaturgleichgewicht zwischen Elektronen und Gasmolekülen. Dies ist das typische Merkmal der Niederdruckentladung (wie sie z. B. in der Edelgas-Leuchstoffröhre oder im Quecksilberdampf - Gleichrichter auftritt). Bei hohen Drucken ($p > 10^2$ Torr) ist dagegen $T_e \approx T_g$. In diesem Fall herrscht zwischen den Elektronen und Gasmolekülen Temperaturgleichgewicht. Dies ist das typische Kennzeichen der Hochdruckentladung (wie sie z.B. beim Luftlichtbogen oder in der Hg-Hochdrucklampe auftritt). Bei niedrigen Drucken kann kein Temperaturgleichgewicht eintreten, weil in diesem Fall die mittlere freie Weglänge der Ladungsträger so groß (d. h. die Stoßzahl so klein) ist, daß nur ein geringer Wärmeaustausch zwischen den Elektronen und Gasmolekülen (bei Zusammenstößen) möglich ist. Bei großen Drucken ist dagegen die mittlere freie Weglänge der Ladungsträger genügend klein (die Stoßzahl genügend groß), so daß ein großer Wärmeaustausch stattfinden kann. Die Temperaturen der Ladungsträger werden in diesem Fall einander gleich.

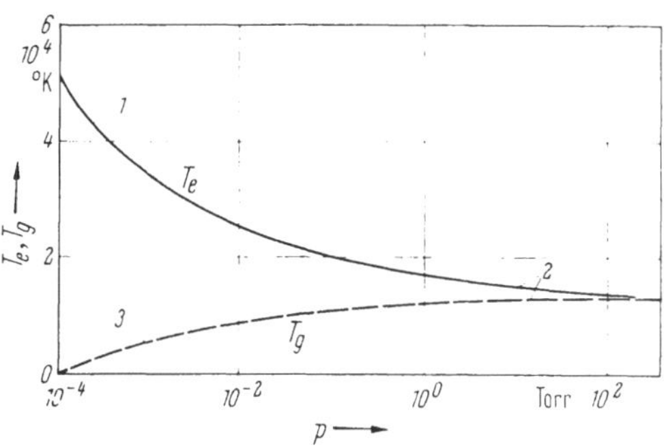

Abb. 58. Druckabhängigkeit der Elektronentemperatur T_e und der Gastemperatur T_g im Plasma einer Gasentladung [31].
1 $T_e \gg T_g$ (große mittlere freie Weglänge; kleiner Wärmeaustausch zwischen den Elektronen und Gasmolekülen bei niedrigen Drucken); 2 $T_e \approx T_g$ (kleine mittlere freie Weglänge; großer Wärmeaustausch bei höheren Drucken); 3 T_g steigt infolge der Energieabgabe der Elektronen an das Gas mit zunehmendem Druck an. Wegen der geringen Elektronenmasse ist der Anstieg gering.

2. Ähnlichkeitsgesetze für Gasdioden (vgl. [35])

Die Dimensionierung von Glimmentladungs- und Lichtbogendioden mit einer gewünschten Kennlinie ist — wie schon erwähnt — im allgemeinen nicht durch Vorausberechnung möglich, sondern nur durch schrittweisen Bau von Entwicklungsmodellen auf Grund von Erfahrungswerten, die aus Sondenmessungen und aus der Strom-Spannungs-Charakteristik solcher Modelle gewonnen werden. Der schrittweise Bau von Entwicklungsmodellen wird durch die Anwendung der sogenannten

Ähnlichkeitsgesetze für Gasentladungen wesentlich erleichtert. Diese Gesetze lauten:

a) Ist in einem Elektrodensystem eine *stationäre Entladung* möglich, dann auch in allen geometrisch ähnlichen Systemen, wenn dabei die Anodenspannung U_a, der Anodenstrom I_a und die Temperatur T konstant gehalten und die übrigen Röhrendaten um einen Transformationsfaktor a (> 1) bzw. dessen ganzzahlige Potenzen geändert werden.

b) Die Ähnlichkeitsbeziehung gilt auch für *nichtstationäre Entladungsvorgänge*, wenn alle entsprechenden Zeitabläufe im Verhältnis a zueinander stehen.

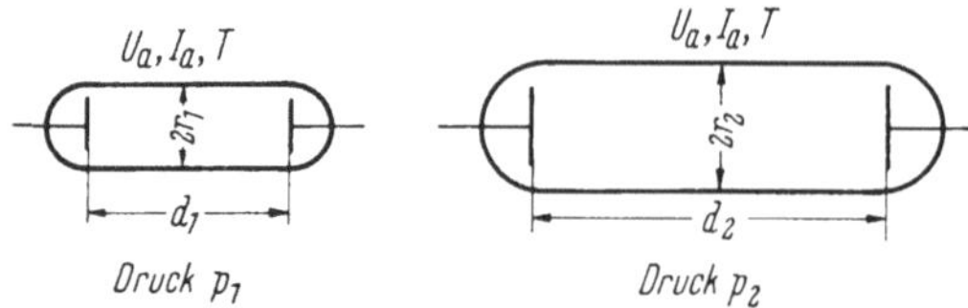

Abb. 59. Geometrisch ähnliche Gasdioden. Unter der Voraussetzung $d_2 = a d_1$, $r_2 = a r_1$, $U_a =$ const, $I_a =$ const und $T =$ const unterscheiden sich alle übrigen Entladungsparameter der beiden Dioden nur um ganzzahlige Potenzen von a.

Tabelle 9

Transformationsfaktoren für die Kenngrößen einer Entladung beim Übergang auf um den Faktor a veränderte Röhrendimensionen. Die Anodenspannung, der Anodenstrom und die Trägertemperatur werden dabei konstant gehalten (vgl. [35]).

Kenngröße	Transformationsfaktor	Bemerkungen
Anodenspannung U_a	1	
Anodenstrom I_a	1	
Trägertemperatur T	1	vorgegebene Bedingungen
Elektrodenabstand d	a	
Rohrradius r	a	
Elektrodenoberfläche F	a^2	folgt aus $r_2 = a r_1$;
Entladungsvolumen V	a^3	folgt aus $r_2 = a r_1$ und $d_2 = a d_1$;
mittlere freie Weglänge λ	a	folgt aus $d_2 = a d_1$;
Gaskonzentration n	a^{-1}	folgt aus $n \sim 1/\lambda$;
Gasdruck p	a^{-1}	folgt aus $p \sim n$;
Feldstärke E	a^{-1}	wegen $E = U_a/d$;
Träger-Driftgeschwindigkeit v_d	1	wegen $v_d = \mu E$ und $\mu \sim \lambda$;
Trägerlaufzeit τ	a	wegen $\tau = d/v_d$;
Stromdichte j	a^{-2}	wegen $j = I_a/F$;
Raumladungsdichte ϱ	a^{-2}	wegen $\varrho = j/v_d$;
Stoßionisierungskoeffizient $\varkappa$	a^{-1}	wegen $\varkappa \sim 1/\lambda$

Als Beispiel zeigt Abb. 59 zwei geometrisch ähnliche Gasdioden, für deren Dimensionen folgende Beziehungen gelten: $d_2 = a d_1$ und $r_2 = a r_1$. Die Transformationsfaktoren, die sich daraus für die übrigen Entladungsparameter ergeben, sind in Tab. 9 zusammengefaßt.

Nach Tab. 9 lassen sich verschiedene Entladungsgrößen derart kombinieren, daß sich die zugehörigen Transformationsfaktoren wegkürzen. Solche Kombinationen sind z. B. $E \cdot \lambda$, E/p, j/p^2, $r \cdot p$, $d \cdot p$ und v/p. In den Diagrammen und Formeln der Gasentladungsphysik verwendet man deshalb häufig solche Kombinationen als variable Größen, da dann die Kurven bzw. Formeln nicht nur für die gerade betrachtete Entladungsröhre, sondern für die ganze „Familie" geometrisch ähnlicher Dioden gelten. Beispiele hierfür sind die Beziehungen $E/p = f(T_e)$, $v/p = f(E/p)$ (vgl. Bd. I, Abb. 120) und $U_z = f(pd)$ (vgl. Bd. I, Abb. 126).

III. Hochvakuumtrioden

A. Kennliniengleichungen

Nach Bd. I, S. 142, lautet die statische Kennliniengleichung einer Hochvakuumtriode:

$$I_a = K U_{st}^{3/2}, \tag{55}$$

wobei

$$U_{st} = U_g + D U_a \quad (D \ll 0{,}1) \tag{55a}$$

die Steuerspannung und K die (von der Röhrengeometrie abhängige) Raumladungskonstante ist. Die Gl. (55a) ergibt sich aus dem Dreiecksersatzschaltbild der Triode (vgl. Abb. 60a, b sowie Bd. I, Abb. 102) und gilt nur für kleine Durchgriffe ($D \ll 0{,}1$) hinreichend genau. Für größere Durchgriffe erhält man den genauen Wert der Steuerspannung aus dem Sternersatzschaltbild der Triode (vgl. Abb. 60c), in welchem das Potential des Sternpunkts mit dem Steuerpotential U_{st} identisch ist. Für die Sternkapazitäten C_k, C_g und C_a mit den Potentialen U_k, U_g und U_a gilt allgemein, daß die Summe der Ladungen dieser drei Kapazitäten stets Null sein muß (angeschlossene Batterien verursachen nur eine Ladungsverschiebung von einer Elektrode zur andern). Dies ergibt:

$$(U_{st} - U_k)C_k + (U_{st} - U_g)C_g + (U_{st} - U_a)C_a = 0 \tag{56}$$

oder mit $U_k = 0$ (Kathode an Masse):

$$U_{st} = \frac{U_g C_g + U_a C_a}{C_k + C_g + C_a} = \frac{U_g + \dfrac{C_a}{C_g} U_a}{1 + \dfrac{C_k + C_a}{C_g}}. \tag{56a}$$

Nach den Umrechnungsformeln für die Stern- und Dreieckskapazitäten (vgl. Abb. 60) ist $C_a/C_g = C_{ak}/C_{gk}$; da außerdem nach Bd. I, Gl. (96), $C_{ak}/C_{gk} = D$ ist, läßt sich Gl. (56a) auch in der Form

$$U_{st} = \frac{U_g + D U_a}{1 + D + D \dfrac{C_k}{C_a}} \qquad (D \text{ beliebig}) \qquad (56\,\text{b})$$

schreiben. Dabei ist der Durchgriff

$$D = \frac{C_a}{C_g} = \frac{C_{ak}}{C_{gk}} . \qquad (57)$$

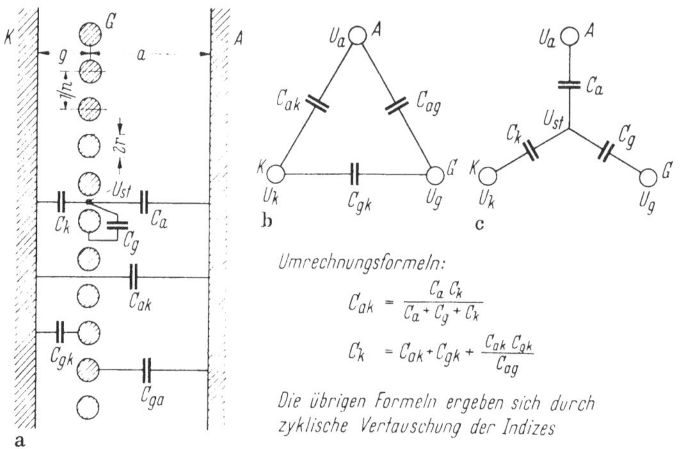

Abb. 60. Querschnitt durch ein ebenes Triodensystem mit Stabgitter (a) und zugehöriges Dreiecks- (b) bzw. Sternersatzschaltbild (c).

Für $D \ll 0{,}1$ geht die Gl. (56b) in die einfachere Gl. (55a) über. Nimmt man einen Fehler von maximal 10% (bei technischen Trioden meist kleiner 10%) in Kauf, so kann man stets mit Gl. (55a) rechnen.

Die Gln. (55) bis (57) gelten für beliebige raumladungsfreie Drei-elektrodensysteme unabhängig von der Elektrodengeometrie. Bei Berücksichtigung der Elektronenraumladung vor der Kathode tritt in Gl. (56b) anstelle von C_k der Wert $(4/3)C_k$ [4, 18].

Die Abhängigkeit der Trioden-Kennlinien von der Elektroden-anordnung kommt in der Raumladungskonstanten K zum Ausdruck. Für *ebene Trioden* erhält man den Wert von K aus Gl. (14a), wenn dort anstelle des Anoden-Kathoden-Abstandes d der Gitter-Kathoden-Abstand g der Triode eingesetzt wird:

$$K = 2{,}33 \cdot 10^{-3}\, \frac{F}{g^2} \; [\text{mA/V}^{3/2}] \; (\text{ebenes Triodensystem}) \qquad (58)$$

(F = Elektrodenfläche [in cm²], g = Gitter-Kathoden-Abstand [in cm]). Für *zylindrische Trioden* ergibt sich die Raumladungskonstante aus Gl. (24a), wenn dort anstelle von r_a der Gitterradius r_g und anstelle von β_a der Wert β_g eingesetzt wird:

$$K = 14{,}65 \cdot 10^{-3}\, \frac{l}{r_g \beta_g^2}\ [\text{mA/V}^{3/2}]\ \text{(zylindrisches Triodensystem)} \tag{59}$$

(l = wirksame Systemlänge [in cm], r_g = Gitterradius [in cm] und β_g^2 = der Wert von β^2 für $r = r_g$ [vgl. Abb. 13]).

Durch die Gln. (55), (56 b) sowie (58) und (59) werden die Kennlinienfelder $I_a = f(U_g)$ (U_a = const) und $I_a = f(U_a)$ (U_g = const) einer Triode vollständig beschrieben (vgl. Bd. I, Abb. 103). Aus diesen Kennlinienfeldern lassen sich für einen bestimmten Arbeitspunkt die Steilheit S, der Durchgriff D und der Innenwiderstand R_i der Triode entnehmen (vgl. Bd. I, S. 143).

B. Potentialverlauf und Elektronenbahnen

1. Triode mit ebenen Elektroden

Durch das Einfügen eines Gitters zwischen Kathode und Anode wird der Potentialverlauf gegenüber dem in einer Diode vorhandenen modifiziert (vgl. Bd. I, Abb. 100). Der Potentialverlauf in einer Triode läßt sich konstruieren, wenn die drei Sternkapazitäten C_a, C_g und C_k bekannt sind. Diese Kapazitäten erhält man durch *konforme Abbildung* eines gegebenen Triodensystems mit periodischem Gitter-Potentialfeld in ein einfacheres Elektrodensystem mit nichtperiodischem (leichter berechenbarem) Potentialfeld. Im Fall des ebenen Triodensystems der Abb. 60 ergibt die konforme Abbildung folgende Gleichungen für die Sternkapazitäten [4]:

$$C_a = \frac{\varepsilon_0 F}{a - d_{st}} \approx \frac{\varepsilon_0 F}{a}, \tag{60}$$

$$C_k = \frac{\varepsilon_0 F}{g - d_{st}} \approx \frac{\varepsilon_0 F}{g} \tag{60a}$$

und

$$C_g = \frac{2\pi \varepsilon_0 n F}{\ln (\coth 2\pi r n)} \tag{60b}$$

(ε_0 = Dielektrizitätskonstante des Vakuums, F = Fläche der ebenen Kathode bzw. Anode [in cm²], a = Abstand Gitter–Anode [in cm], g = Abstand Gitter–Kathode [in cm]. $d_{st} = \dfrac{\ln [\cosh 2\pi r n]}{2\pi n}$; $2 d_{st}$ =

„Steuerpotentialschichtdicke" [in cm], r = Radius des Gitterdrahts [in cm] und n = Stab- bzw. Wendelzahl pro cm Gitterbreite [in 1/cm]).

Nach Gl. (60) ist C_a die Kapazität eines Plattenkondensators mit der Plattenfläche F und dem Plattenabstand $a - d_{st}$ und C_k die Kapazität eines Plattenkondensators mit der Plattenfläche F und dem Plattenabstand $g - d_{st}$. Das Gitter des in Abb. 60 gezeigten Triodensystems läßt sich demnach durch eine leitende (zylindrische) Schicht mit der Dicke $2d_{st}$ und dem Potential U_{st} ersetzen, ohne daß dadurch der Potentialverlauf unmittelbar vor der Kathode oder Anode verändert wird. Dies ermöglicht bei bekanntem U_a, U_g, C_a, C_g und C_k eine relativ genaue Konstruktion des Potentialverlaufs in der Triode (vgl. Abb. 61).

Dem Potentialverlauf der Abb. 61 entspricht der in Abb. 62a gezeichnete Verlauf der Äquipotentialflächen und der Elektronenbahnen in der ebenen Triode mit negativem Gitter. Zum Vergleich zeigt Abb. 62b die Verhältnisse bei positivem Gitter. Aus dem Verlauf der jeweiligen Elektronenbahnen geht hervor, daß ein negatives Gitter wie eine Sammellinse und ein positives Gitter wie eine Zerstreuungslinse wirkt.

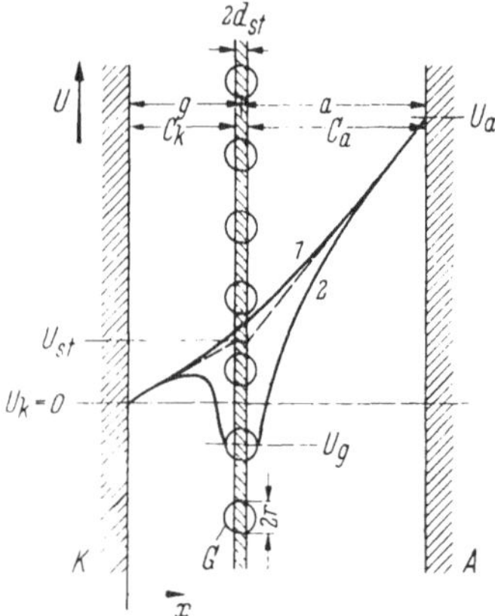

Abb. 61. Konstruierter Potentialverlauf in einer raumladungsfreien Triode mit ebenen Elektroden.
1 Potentialverlauf zwischen zwei Gitterstäben; 2 Potentialverlauf in der Ebene eines Gitterstabs.

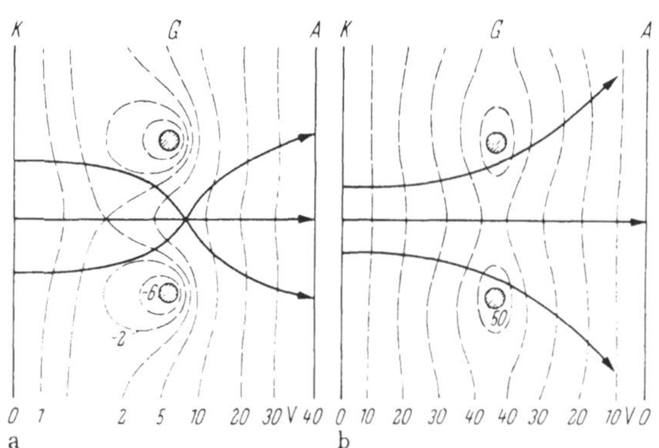

Abb. 62a u. b. Feldverlauf und Elektronenbahnen in einer Triode mit ebenen Elektroden.
a) Normale Triode (Gitter negativ): $U_g = -6\,\mathrm{V}$, $U_a = 40\,\mathrm{V}$; b) Bremsfeldtriode (Gitter positiv): $U_g = 50\,\mathrm{V}$, $U_a = 0\,\mathrm{V}$.

2. Triode mit Zylinderelektroden

Die Gl. (60b) gilt auch für Trioden mit Zylinderelektroden, wenn $F = 2r_g\pi l$ gesetzt wird (r_g = Radius des Gitters, l = Systemlänge; vgl. Abb. 63). Auch in diesem Fall läßt sich das Steuergitter durch eine leitende Schicht ersetzen, die mit der (zylindrischen) Anode einen Kondensator der Kapazität

$$C_a = \frac{2\pi\varepsilon_0 l}{\ln\dfrac{r_a}{r_g}} \qquad (61)$$

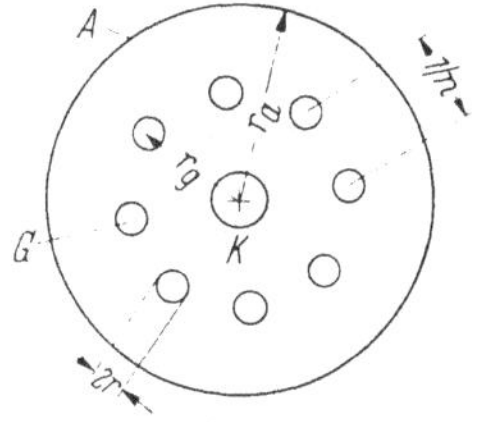

Abb. 63. Querschnitt durch eine Triode mit Zylinderelektroden und Stabgitter.

und mit der (zylindrischen) Kathode einen Kondensator der Kapazität

$$C_k = \frac{2\pi\varepsilon_0 l}{\ln\dfrac{r_g}{r_k}} \qquad (61\,\mathrm{a})$$

bildet (r_k = Kathodenradius, r_a = Anodenradius). Die Sternkapazität C_g wird in diesem Fall:

$$C_g = \frac{4\pi^2\varepsilon_0 n r_g l}{\ln\left[\coth 2\pi r n\right]} \qquad (61\,\mathrm{b})$$

(n = Zahl der Gitterstäbe pro cm Gitterumfang bzw. Zahl der Wendeln pro cm Gitterlänge).

Die Gln. (61) und (61a, b) ermöglichen die angenäherte Konstruktion des Potentialverlaufs in der zylindrischen Triode, wobei die Dicke der „Steuerpotentialschicht" (Potential U_{st}) gewöhnlich vernachlässigbar klein ist (d_{st} kommt deshalb in den Gln. (61) und (61a) nicht vor). In Kathoden- und Anodennähe ist der Potentialverlauf logarithmisch wie im Zylinderkondensator und wird nur in der Nähe des Steuergitters durch die einzelnen Gitterdrähte ähnlich wie beim ebenen Triodensystem modifiziert.

C. Berechnung des Durchgriffs

1. Triode mit ebenen Elektroden

Für Trioden mit ebenem Elektrodensystem ergibt sich der Durchgriff durch Einsetzen der Gln. (60) und (60b) in Gl. (57):

$$D = \frac{C_a}{C_g} = \frac{\ln\left[\coth 2\pi r n\right]}{2\pi n a} . \qquad (62)$$

Da bei den meisten Trioden $2\pi r n \ll 1$ (d. h. Drahtdurchmesser $2r \ll$ Drahtabstand $1/n$) ist, wird in Gl. (62) coth $[2\pi r n] \approx 1/2\pi r n$. Damit erhält man:

$$D \approx \frac{1}{2\pi n a}\,\ln\frac{1}{2\pi n r}\qquad (2\,\pi n r \ll 1). \tag{62a}$$

Beim *Stabgitter* (vgl. Abb. 60) bedeutet n [1/cm] die Stabzahl pro cm Gitterbreite, beim *Wendelgitter* die Windungszahl pro cm Gitterbreite. Beim *Maschengitter* ist in Gl. (62a) anstelle von n die Summe $n_1 + n_2$ der Quer- und Längsstabzahl pro cm Länge bzw. Breite des Gitters einzusetzen. $a =$ Anoden–Gitter-Abstand [in cm], $r =$ Radius des Gitterdrahts [in cm]. Der Durchgriff D ist also unabhängig vom Gitter-Kathoden-Abstand g. Der Reziprokwert des Durchgriffs ist gleich dem Leerlauf-Spannungsverstärkungsfaktor μ der Triode.

Die Gl. (62a) gilt sowohl für indirekt wie für direkt geheizte Kathoden. jedoch ist bei den letzteren wegen des Spannungsabfalls längs der Kathode die Steilheit (vgl. Bd. I, S. 143) um etwa 30 % geringer als bei indirekter Heizung (d. h. bei Äquipotentialkathoden). Die Gleichung gilt auch angenähert für zylindrische Elektrodensysteme mit großem Kathodenradius.

2. Triode mit zylindrischen Elektroden

Für zylindrische Triodensysteme erhält man den Durchgriff durch Einsetzen der Gln. (61) und (61 b) in Gl. (57):

$$D = \frac{C_a}{C_g} = \frac{\ln\,[\coth 2\,\pi r n]}{2\,\pi n r_g \ln\left(\dfrac{r_a}{r_g}\right)} \tag{63}$$

oder mit $2\pi r n \ll 1$:

$$D \approx \frac{1}{2\,\pi n r_g}\,\frac{\ln\left[\dfrac{1}{2\,\pi r n}\right]}{\ln\dfrac{r_a}{r_g}}\qquad (2\pi r n \ll 1). \tag{63a}$$

Beim *Stabgitter* (vgl. Abb. 63) bedeutet n die Zahl der Gitterstäbe pro cm Gitterumfang und beim *Wendelgitter* die Zahl der Wendeln pro cm Gitterlänge. $r_g =$ Gitterradius [in cm]. $r_a =$ Anodenradius [in cm] und $r =$ Radius des Gitterdrahts [in cm].

Die Gl. (63a) gilt für indirekt und direkt geheizte Kathoden; jedoch ist auch hier wegen des Spannungsabfalls längs der direkt geheizten Kathode die Steilheit der Röhre geringer als bei indirekter Heizung.

D. Abhängigkeit des Durchgriffs von den Betriebsdaten

Nach Gl. (62a) und (63a) hängt der Durchgriff von Trioden nur von der Elektrodengeometrie ab; in Wirklichkeit ändert er sich jedoch etwas mit den Betriebsdaten der Röhre.

1. Vergrößerung des Durchgriffs mit Abnahme von I_a durch Inselbildung

In Abb. 64a ist dargestellt, wie der reziproke Durchgriff (= Leerlauf-Spannungsverstärkungsfaktor) $\mu = 1/D$, die Steilheit S und der Innenwiderstand R_i einer Triode vom Arbeitspunkt (z. B. von U_g bei konstantem U_a) abhängen. Der Verstärkungsfaktor μ nimmt mit fallendem

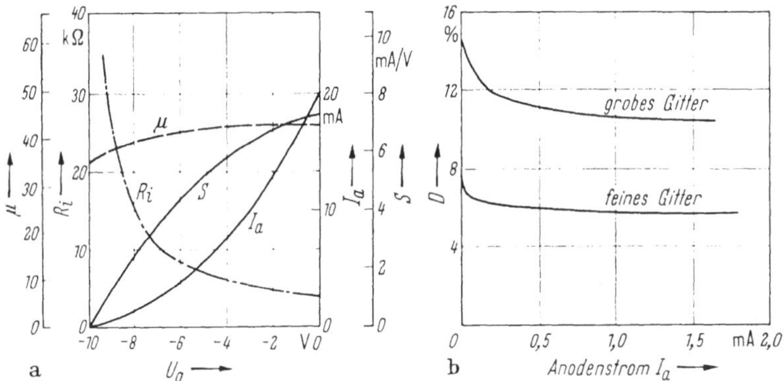

Abb. 64. a) Abhängigkeit von I_a, $\mu = 1/D$, S und R_i einer Triode von der Gitterspannung U_g [54]; b) Vergrößerung des Durchgriffs einer Triode mit abnehmendem Anodenstrom I_a infolge „Inselbildung" [44].

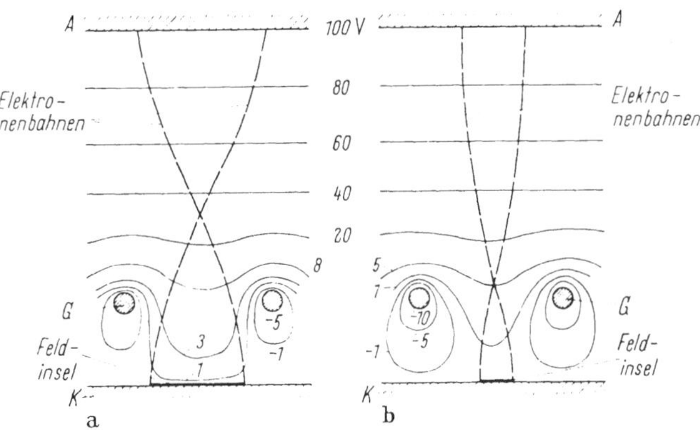

Abb. 65a u. b. Feldverlauf und Elektronenbahnen in einer Triode bei starker Inselbildung.
a) $U_g = -5\,\mathrm{V}$: ausgedehnte Feldinseln mit positivem Potentialgradienten vor der Kathode; b) $U_g = -10\,\mathrm{V}$: kleine Feldinseln mit positivem Potentialgradienten vor der Kathode.

Anodenstrom besonders bei kleinen Stromwerten etwas ab, der Durchgriff also entsprechend zu (vgl. Abb. 64b). Das liegt daran, daß bei stark negativem Gitter (d. h. bei kleinem Anodenstrom) Elektronen nur noch von den zwischen den Gitterdrähten liegenden Teilen der Kathodenoberfläche (mit positivem Potentialgradienten) zur Anode gelangen können, während die unmittelbar hinter den Gitterdrähten liegenden Teile der Kathode (besonders bei kleinem Gitter–Anoden-Abstand) wegen des negativen Potentialgradienten zum Anodenstrom nichts mehr beitragen. Man bezeichnet diese Erscheinung als „Inselbildung" (vgl. Abb. 65). Durch die Inselbildung wird die wirksame Gitter-Kathodenkapazität C_{gk} kleiner und daher nach Gl. (57) der Durchgriff größer. Der Durchgriff hängt auch in geringem Maße vom Heizstrom der Kathode ab, weil sich mit diesem die Raumladungsdichte ändert.

2. Verkleinerung des Durchgriffs durch Raumladung

Durch eine hohe Elektronenraumladung zwischen Kathode und Anode wird der Durchgriff einer Triode erheblich vermindert. Ein Beispiel hierfür ist die Bremsfeldtriode mit positiver Gitter- und negativer Anodenspannung. Die starke, den Durchgriff vermindernde Raumladung entsteht hier durch Elektronen, die längere Zeit um das Gitter pendeln, ehe sie auf diesem landen.

E. Ausführungsformen von Hochvakuumtrioden

1. Trioden für niedrige Leistungen und Frequenzen bis 1000 MHz

Trioden dieser Art haben ein zylindrisches Elektrodensystem mit ovalförmigem Querschnitt (vgl. Abb. 66a). Je nach der Gitterkonstruktion unterscheidet man Kerbgitter- und Spanngitterröhren. Erstere haben einen Gitter–Kathoden-Abstand von der Größenordnung 1 mm, eine Steilheit von einigen mA/V und einen Verstärkungsfaktor von 10 bis 60. Höhere Steilheiten bei gleichen oder höheren Verstärkungsfaktoren erreicht man mit der Spanngittertechnik, bei welcher der Gitterdraht nicht durch Einkerbungen am Gittersteg befestigt, sondern mit großer Zugspannung auf einen festen Rahmen aufgewickelt und mit diesem verschweißt wird (vgl. Abb. 66b). Das Spanngitter kann mit sehr kleinem Drahtabstand gewickelt werden und ermöglicht einen Gitter–Kathoden-Abstand von der Größenordnung 50 μ. Spanngitterröhren besitzen außer der hohen Steilheit und Verstärkung eine höhere Grenzfrequenz und Rauschfreiheit.

Beispiel: Die Spanngitterröhre PCC88 hat einen Gitter-Kathoden-Abstand $g = 50\ \mu$, einen Verstärkungsfaktor $\mu = 33$ und eine Steilheit $S = 12{,}5\ \text{mA/V}$. Ihr äquivalenter Rauschwiderstand beträgt 300 Ω gegenüber etwa 1 KΩ bei „normalen" Rundfunktrioden.

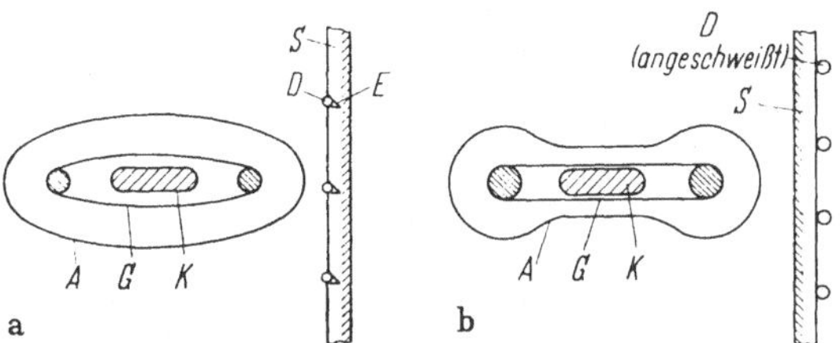

Abb. 66. Querschnitt durch das Elektrodensystem einer Triode mit Kerbgitter (a) bzw. Spanngitter (b). S = Gittersteg; D = Gitterdraht; E = Einkerbung.

Die zunehmende Miniaturisierung elektronischer Schaltungen führte zur Entwicklung von Trioden mit besonders kleinen, den Transistordimensionen vergleichbaren Abmessungen. Solche unter der Bezeichnung „Nuvistoren" bekannt gewordenen Miniaturröhren enthalten ein kreiszylindrisches Elektrodensystem, das mit Hilfe von Stützdrähten und trichterförmigen Halteflanschen als freitragendes System ohne Glas- oder Glimmer-Isolierteile über einer Keramikscheibe als Sockel aufgebaut ist (vgl. Abb. 67 [*61*]). Der Röhrenkolben besteht aus Metall und ist mit der Keramikscheibe vakuumdicht verbunden. Diese Metall-Keramik-Konstruktion ermöglicht einen mechanisch stabilen Elektrodenaufbau bei kleinen Elektrodenabständen sowie eine bei den üblichen Glasröhren nicht erreichbare Entgasungstemperatur von etwa 1000 °C. Nuvistoren mit Triodensystem haben eine Steilheit von der Größenordnung 10 mA/V und eine Grenzfrequenz von etwa 1000 MHz; der erreichbare Verstärkungsfaktor beträgt $\mu = 65$.

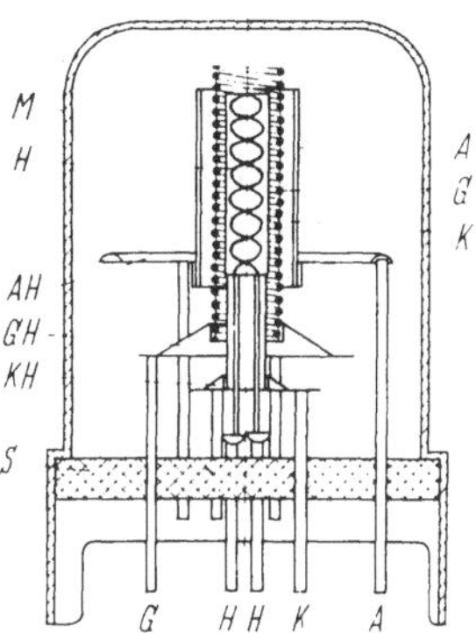

Abb. 67. Typischer Aufbau einer Nuvistortriode [*61*]. A = Anode; G = Gitter; K = BaO-Kathode; M = Metallgehäuse; H = Heizfaden; AH = Anodenhalter; GH = Gitterhalter; KH = Kathodenhalter; S = Keramikscheibe.

2. Trioden für niedrige Leistungen und Frequenzen über 1000 MHz (Scheibentrioden)

Rundfunktrioden haben einen um so schlechteren Wirkungsgrad, je höher die Frequenz ist. Dies macht sich schon bei Frequenzen über etwa 300 MHz bemerkbar und hat seine Ursache im Auftreten des Laufzeiteffekts und von Verlusten in der Zuleitungsinduktivität.

Der *Laufzeiteffekt* besteht darin, daß die Elektronen auf ihrem Weg von der Kathode zur Anode vor dem Passieren des Gitters durch das inzwischen geschwächte bzw. umgepolte Kathoden-Gitter-Feld wieder abgebremst werden. Dadurch wird der Wirkungsgrad der Röhre erniedrigt. Durch kleinen Gitter-Kathoden-Abstand und hohe Elektronenbeschleunigungsspannungen bzw. Kathodenemissionsströme[1] läßt sich die Laufzeit τ der Elektronen zwischen Kathode und Gitter herabsetzen, so daß der Laufzeiteffekt erst bei höherer Frequenz in Erscheinung tritt. In Trioden für Frequenzen über 1000 MHz werden deshalb vorwiegend L-Kathoden verwendet, die eine Emissionsstromdichte von maximal 5 A/cm² liefern (vgl. Bd. I, S. 56). Außerdem wird das Elektrodensystem planparallel ausgeführt, weil diese Anordnung einen besonders kleinen Gitter-Kathoden-Abstand erlaubt.

Die Zuleitungen von Rundfunktrioden verursachen bei hohen Frequenzen (d. h. 1000 MHz und höher) große Verluste durch den *Skineffekt*. Deshalb werden bei Röhren für diesen Frequenzbereich die Elektrodenzuleitungen als großflächige, versilberte Metallscheiben ausgeführt (vgl. Bd. I, Abb. 107). Diese Konstruktion, von der die Bezeichnung „Scheibentriode" herrührt, ermöglicht induktivitätsarme Verbindungen zwischen den Elektroden und äußeren Schaltelementen.

3. Trioden für hohe Leistungen (Sendetrioden)

Die Bauformen von Sendetrioden werden vorwiegend durch die abzuführende Anodenverlustleistung bestimmt. Abb. 68a zeigt den typischen Aufbau einer strahlungsgekühlten Triode mit Graphitanode und Ganzglaskolben für eine Verlustleistung bis 2 kW. Bei höheren Verlustleistungen (bis 80 kW) verwendet man Röhren mit Luft-, Wasser- oder Siedekühlung[2] und Kupfer-Außenanode. Als Beispiel ist in Abb. 68b der Aufbau einer wassergekühlten Sendetriode für 360 kW Nutzleistung und 80 kW

---

[1] Die Laufzeit zwischen Gitter und Kathode (Abstand g) ist im raumladungsfreien Fall $\tau = 2g/v_g$ und bei vorhandener Raumladung $\tau_r = 3g/v_g$; ($v_g = \sqrt{(2e/m)U_g}$; $U_g =$ mittleres Gitterpotential). Aus dieser Beziehung könnte man folgern, daß sich die Laufzeit τ_r durch Erhöhung der Spannung U_g beliebig verkürzen läßt. Dies ist aber nicht möglich, weil gleichzeitig mit wachsendem U_g die Stromdichte nach der Raumladungsgleichung $j = \dfrac{4}{9}\,\varepsilon_o\,\sqrt{\dfrac{2e}{m}}\,\dfrac{U_g}{g^2}$ bis zum Sättigungswert j_s ansteigt; ist dieser erreicht, so verliert das Gitter seine Steuerwirkung.

Eliminiert man aus den Gleichungen für τ_r und j das Gitterpotential U_g, so ergibt sich: $\tau_r = 6{,}7 \cdot 10^{-10}\,(g/j)^{1/3}$ [sec] (g in cm, j in A/cm²). Daraus wird ersichtlich, daß die Laufzeit nicht nur durch Verkleinerung von g, sondern auch durch Vergrößerung der Stromdichte j klein gehalten werden kann.

[2] Vgl. Kap. 1. Abschn. I, D, 5, a.

Anodenverlustleistung dargestellt. Das Gitter derartiger Röhren ist aus hochbelastbarem Material (z. B. Mo), weil die Senderöhren zur Erzielung eines hohen Wirkungsgrades gewöhnlich weit in das Gebiet positiver Gitterspannungen ausgesteuert werden, wobei Gitterströme von 1 A und mehr fließen.

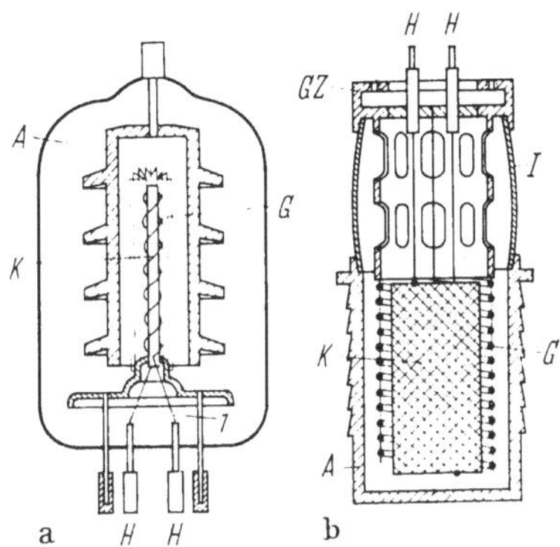

Abb. 68a u. b. Verschiedene Bauformen von Sendetrioden.

a) Strahlungsgekühlte Triode mit Graphitanode. K = thorierte Wolfram-Drahtkathode; G = Stabgitter; A = Graphitanode; H = Heizdrähte.

Typische Betriebsdaten: Nutzleistung 1,7 kW; Anodenverlustleistung 0,45 kW; Anodenspannung 4 kV; Gitterspannung −350 V; Anodenstrom 0,5 A und Grenzfrequenz 100 MHz.

b) Wassergekühlte Triode mit Kupfer-Außenanode. K = Wolfram-Maschenkathode; G = Maschengitter; A = Kupferanode; I = Glasisolator; GZ = Gitterzuführung; H = Heizdrähte.

Typische Betriebsdaten: Nutzleistung 360 kW; Anodenverlustleistung 80 kW; Anodenspannung 15 kV; Gitterspannung −500 V; Anodenstrom 30 A und Grenzfrequenz 10 MHz.

Die Kathode von Sendetrioden besteht aus thoriertem Wolframdraht und hat entweder Wendelform, oder die einzelnen Drähte sind parallel zur Röhrenachse kreisförmig um diese angeordnet. Solche *Fadenkathoden* benötigen eine spezifische Heizleistung von etwa 32 W/cm² und sind wegen ihrer relativ hohen Impedanz nur für Frequenzen bis etwa 100 MHz brauchbar. Für höhere Frequenzen (bis 800 MHz) benutzt man statt dessen die *Maschenkathode*, ein punktgeschweißtes, zu einem Zylinder geformtes W-Drahtgitter, das eine spezifische Heizleistung von nur 26 W/cm² benötigt, weil sich die einzelnen Drähte infolge ihrer Vermaschung durch Strahlung gegenseitig aufheizen.

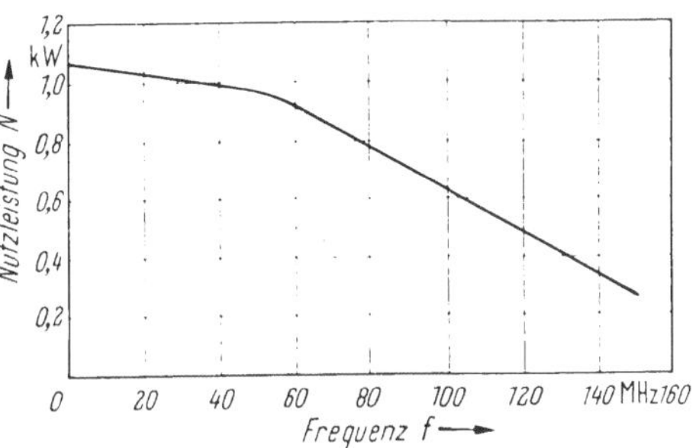

Abb. 69. Abhängigkeit der Nutzleistung einer Sendetriode von der Frequenz. Der Leistungsabfall bei hohen Frequenzen entsteht durch die Verluste in den Elektrodenzuleitungen und durch den Laufzeiteffekt.

Die obere Frequenzgrenze der Sendetrioden ist wie bei allen dichtegesteuerten Vakuumröhren durch den Leistungsabfall bestimmt (vgl. Abb. 69), der von den wachsenden Verlusten in den Elektroden und deren Zuleitungen sowie vom Laufzeiteffekt herrührt.

4. Nachteile der Trioden

a) Die Trioden haben einen verhältnismäßig geringen Spannungsverstärkungsfaktor. Die Grenze liegt etwa bei $\mu = 100$ ($D = 1/\mu = 1\%$).

b) Der Innenwiderstand der Triode ist für viele Zwecke, insbesondere wenn als Anodenwiderstand Resonanzkreise mit hoher Resonanzschärfe verwendet werden sollen, unerwünscht klein, weil er die Kreisselektivität verringert.

c) In der Triode liegen Gitter und Anode dicht beieinander. Die zwischen diesen Elektroden bestehende Kapazität von 1 bis 10 pF koppelt den Eingangs- und Ausgangskreis miteinander, was zur Selbsterregung führen kann.

d) Bei Endverstärkern muß, wenn ein guter Wirkungsgrad erzielt werden soll, die Röhre auch bei niedrigen Anodenspannungen hohe Anodenströme liefern können. Dies läßt sich bei Trioden nur mit einem großen Durchgriff erreichen. Ein großer Durchgriff hat aber eine hohe Anodenrückwirkung[1] und einen niedrigen Verstärkungsfaktor zur Folge.

Diese (wichtigsten) Nachteile der Triode werden durch die Hochvakuum-Mehrgitterröhren vermieden.

IV. Hochvakuum-Mehrpolröhren

A. Steuerspannung in Mehrgitterröhren

In einer Hochvakuumröhre mit mehreren Gittern wird der Elektronenstrom durch das Potential jedes einzelnen Gitters und das Anodenpotential beeinflußt. Die Wirkung jeder dieser Elektroden kann man ermitteln, wenn man sich das Elektrodensystem in einzelne hintereinander liegende Triodensysteme aufgeteilt denkt. Für jedes solche System gilt dann in erster Näherung (d. h. bei kleinen Durchgriffen) die Gl. (55a).

---

[1] Die Anodenrückwirkung besteht darin, daß die Anodenspannung bei Aussteuerung gegenphasig zur Steuerspannung schwankt, wodurch die Anodenstromschwankungen verringert werden, oder — anders ausgedrückt — daß über die Gitter-Anoden-Kapazität C_{ag} eine zusätzliche Gitterspannung erzeugt wird, die gegenphasig zur Steuerspannung ist und diese daher schwächt.

Wendet man dieses Verfahren auf das Elektrodensystem der Abb. 70 mit drei Gittern 1, 2, 3 und der Anode 4 an, so erhält man die Beziehungen:

$$\text{a) } U_{st_1} = U_1 + D_{21} U_{st_2}.$$

$$\text{b) } U_{st_2} = U_2 + D_{32} U_{st_3}, \qquad (64)$$

$$\text{c) } U_{st_3} = U_3 + D_{43} U_4$$

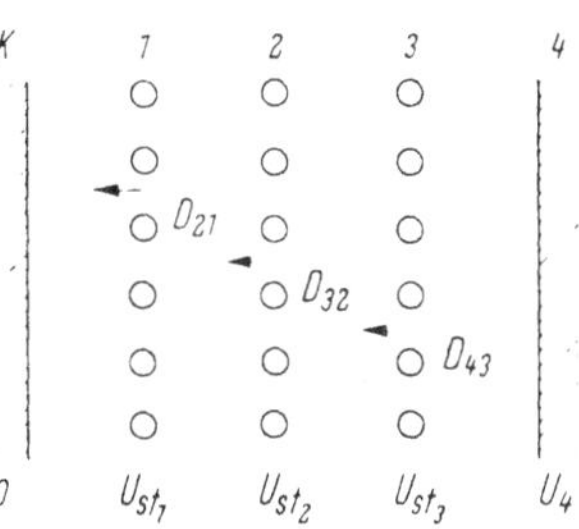

Abb. 70. Ebenes Elektrodensystem mit drei Gittern.

(U_1, U_2, U_3, U_4 = Spannung der Elektroden 1 bis 4 gegen Kathode; U_{st_1}, U_{st_2}, U_{st_3} = Steuerspannung in der Ebene des 1., 2. und 3. Gitters; D_{21}, D_{32}, D_{43} = Durchgriff der hinter den Gittern 1, 2 und 3 vorhandenen Potentiale U_{st^2}, U_{st_3} und U_4 in die Räume, die jeweils unmittelbar vor diesen Gittern liegen). Die Gln. (64b und c) in die Gl. (64a) eingesetzt, ergeben die effektive Steuerspannung für den Kathodenstrom:

$$U_{st_1} = U_1 + D_{21} U_2 + D_{21} D_{32} U_3 + D_{21} D_{32} D_{43} U_4 \qquad (65)$$

oder

$$U_{st_1} = U_1 + D_{21} U_2 + D_{31} U_3 + D_{41} U_4. \qquad (65a)$$

wenn man

$$D_{31} = D_{21} D_{32} \quad \text{und} \quad D_{41} = D_{21} D_{32} D_{43} \qquad (66)$$

setzt. Dabei bedeuten D_{21}, D_{31} und D_{41} die Durchgriffe der Potentiale U_2, U_3 und U_4 in den Gitter–Kathoden-Raum. Bei den meisten Mehrgitterröhren betragen die Durchgriffe für ein Gitter (D_{21}, D_{32} und D_{43}) etwa 10%. Nach Gl. (66) sind daher D_{31} ($\approx 10^{-2}$) und D_{41} ($\approx 10^{-3}$) um eine bzw. zwei Zehnerpotenzen kleiner als D_{21} ($\approx 10^{-1}$). Die Elektrodenspannungen U_3 und U_4 müssen deshalb relativ hoch sein, damit sie noch einen nennenswerten Beitrag zur Steuerspannung U_{st_1} liefern können.

Die Gl. (65a) berücksichtigt auch die Verhältnisse in einer Röhre mit zwei Gittern (Tetrode, $U_4 = 0$, U_3 = Anodenspannung) und mit einem Gitter (Triode, $U_3 = 0$, $U_4 = 0$, U_2 = Anodenspannung, siehe Gl. (55a)). Sind in einer Röhre mehr als drei Gitter vorhanden (Hexode, Heptode, Oktode), so treten auf der rechten Seite von Gl. (65a) noch weitere Summanden ($D_{51} U_5$ usw.) hinzu.

Die Raumladungskonstante K von Mehrgitterröhren läßt sich näherungsweise mit Gl. (58) bzw. (59) berechnen. Sind die Steuerspannung und die Raumladungskonstante einer Mehrgitterröhre bekannt, so ist nach Gl. (55) auch deren Kennlinienverlauf festgelegt. Für eine Röhre mit drei Gittern (Pentode) erhält man aus den Gln. (55) und (65a):

$$I_k = K\,(U_1 + D_{21} U_2 + D_{31} U_3 + D_{41} U_4)^{3/2}, \qquad (67)$$

wobei I_k der von der Kathode zum Gitter 1 fließende Elektronenstrom ist. Die Gl. (67) gilt auch für I_a, aber nur, wenn in der Röhre kein Sekundärelektronenaustausch zwischen einzelnen Elektroden stattfinden kann, d. h. wenn nur eine positive Elektrode (die Anode) vorhanden ist. Denn in diesem Fall ist $I_k = I_a$ (I_a = Anodenstrom). Macht man außer der Anode auch ein oder mehrere Gitter positiv, so können in der I_a–U_a-Charakteristik der betreffenden Röhre abweichend von Gl. (67) Verzerrungen auftreten (vgl. Bd. I, Abb. 105). In diesem Fall ist auch $I_k \neq I_a$, da ein Teil des Kathodenstroms zum positiven Gitter und der Rest zur Anode fließt [58].

B. Stromverteilung in Mehrgitterröhren mit einem positiven Gitter

Das Aufteilen des Kathodenstroms auf mehrere positive Elektroden bezeichnet man als *Stromverteilung*. Das Verhältnis der Teilströme wird durch den Verlauf der Elektronenbahnen bestimmt. Dieser hängt nur vom Verhältnis, nicht aber von der Größe der einzelnen Elektrodenpotentiale ab. Daher ist auch das Verhältnis der Teilströme nur vom Verhältnis der Elektrodenpotentiale abhängig.

Die einfachste Elektrodenanordnung mit Stromverteilung ist ein Triodensystem[1], das ein Gitter mit positiver Spannung U_g und eine Anode mit der positiven Spannung U_a enthält (vgl. Abb. 71a u. b). Je nach der Größe von U_a in bezug auf U_g sind zwei Fälle zu unterscheiden:

1. Bei $U_a > U_g$ (Tanksches Gebiet der Stromverteilung; vgl. Abb. 71a und c) gelangen alle Elektronen zur Anode, sobald sie das Gitter passiert haben. Der Elektronenstrom, der an einer beliebigen Stelle zwischen Kathode und Anode fließt, ist:

$$I = jF = \varrho v F = \varrho F \sqrt{\frac{2\,e}{m}}\,\sqrt{U} = c\sqrt{U} \tag{68}$$

(ϱ = Raumladungsdichte [in Cb/cm³], F = Kathodenfläche [in cm²], U = Raumpotential an der betrachteten Stelle [in V]). Nach dieser Gleichung ist der vom Gitter aufgenommene Stromanteil $I_g = c_g\sqrt{U_g}$ und der zur Anode fließende Anteil $I_a = c_a\sqrt{U_a}$. Damit wird:

$$\frac{I_a}{I_g} = C_T \sqrt{\frac{U_a}{U_g}} \quad (U_a > U_g). \tag{69}$$

---

[1] Mehrgittersysteme lassen sich hinsichtlich der Stromverteilung immer auf ein oder mehrere Triodensysteme zurückführen.

Dies ist das Tanksche Gesetz der Stromverteilung. Die Konstante C_T hängt von der Elektrodengeometrie ab und kann für einfache Fälle berechnet werden (vgl. [18, 25]).

2. Bei $U_a < U_g$ (Belowsches Gebiet der Stromverteilung; vgl. Abb. 71b u. c) kehrt ein Teil der Elektronen, die das Gitter passiert

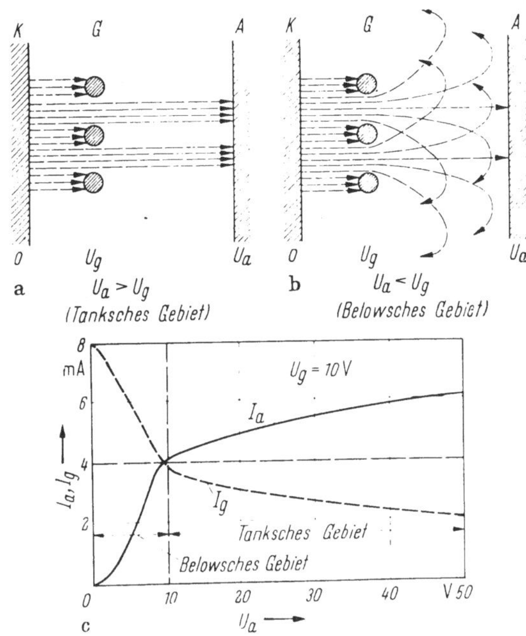

Abb. 71a—c. Elektronenbahnen und Ströme in einem ebenen Drei-Elektrodensystem im Belowschen und Tankschen Gebiet der Stromverteilung [58].
a, b) Elektronenbahnen; im Fall $U_a > U_g$ ist angenommen, daß die Gitterspannung mit dem Raumpotential an der Stelle des Gitters identisch ist; c) Verlauf des Anodenstroms I_a und des Gitterstroms I_g als Funktion der Anodenspannung U_a. $I_k = I_a + I_g = 8\ \mathrm{mA} = \mathrm{const};\ U_g = 10\ \mathrm{V}$.

haben, im Verzögerungsfeld zwischen Gitter und Anode um. Die zurücklaufenden Elektronen können die Kathode nur erreichen, wenn sie nahezu senkrecht auf diese auftreffen. Da dies selten der Fall ist, pendeln die meisten Elektronen mehrmals um die Gitterdrähte, ehe sie auf diesen landen. Für die Stromverteilung gilt in diesem Fall die empirisch gefundene Beziehung:

$$\frac{I_a}{I_k} = C_B \sqrt{\frac{U_a}{U_g}} \qquad (U_a < U_g) \tag{70}$$

($I_k = I_g + I_a = $ Kathodenstrom). Dies ist das Belowsche Gesetz der Stromverteilung. Der Proportionalitätsfaktor C_B hängt von der Röhrengeometrie ab und läßt sich nur unter vereinfachenden Annahmen vorausberechnen (vgl. [18, 25]).

Die Gln. (69) und (70) gelten nur unter der Voraussetzung, daß die Elektronenraumladung vernachlässigbar klein ist und daß keine Sekundäremission stattfindet. Der Mechanismus der Stromverteilung bleibt der gleiche, wenn man in das Dreielektrodensystem der Abb. 71a weitere Gitter einfügt. Die Gln. (69) und (70) gelten daher auch sinngemäß für Mehrgitterröhren mit mehr als einer positiven Elektrode. In diesen Röhren kommt also zur Dichtesteuerung des Elektronenstroms noch die Stromverteilungssteuerung hinzu. Die erste Art der Steuerung hängt von der *absoluten Größe*, die zweite nur vom *Verhältnis* der einzelnen Elektrodenpotentiale ab.

C. Potentialverlauf in Mehrgitterröhren

Um den Potentialverlauf in einer Mehrgitterröhre ermitteln zu können, muß für jedes Gitter das Steuerpotential $U_{st_{1,2,3}}$ und die zugehörige Steuerpotentialschichtdicke $d_{st_{1,2,3}}$ bekannt sein. Die Werte der einzelnen Steuerpotentiale kann man in ähnlicher Weise wie bei der Triode aus dem Sternersatzschaltbild der Mehrgitterröhre ableiten. Abb. 72 zeigt dieses Ersatzschaltbild für eine Röhre mit drei Gittern (Pentode). Für die Sternkapazitäten dieses Systems gilt in Analogie zur Triode [s. Gl. (60), (60a) u. (60b)]:

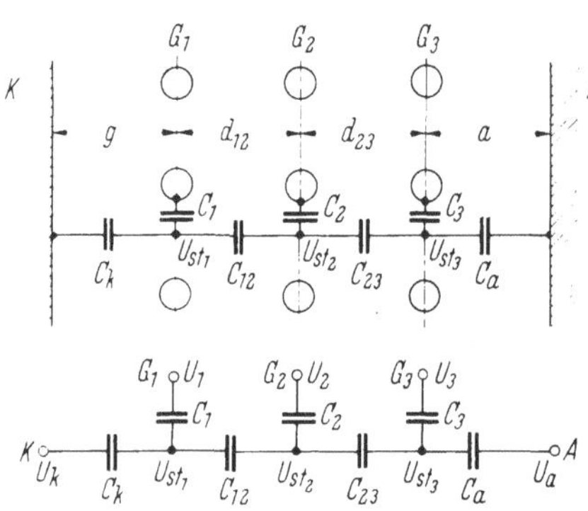

Abb. 72. Sternersatzschaltbild für ein ebenes Elektrodensystem mit drei Gittern (Pentode).

$$C_k \approx \frac{\varepsilon_0 F}{g} \, , \quad C_a \approx \frac{\varepsilon_0 F}{a} \, , \quad C_{12} \approx \frac{\varepsilon_0 F}{d_{12}} \, , \quad C_{23} \approx \frac{\varepsilon_0 F}{d_{23}} \tag{71}$$

und

$$C_{1,2,3} = \frac{2\pi\varepsilon_0 n_{1,2,3}}{\ln[\coth 2\pi n_{1,2,3} r_{1,2,3}]} \tag{71a}$$

(F = Kathodenfläche [in cm^2], g, a, d_{12}, d_{23} = Elektrodenabstände [in cm], $r_{1,2,3}$ = jeweiliger Radius der Gitterdrähte [in cm], $n_{1,2,3}$ = jeweilige Zahl der Gitterstäbe pro cm Gitterbreite [in 1/cm]). Sind diese Kapazitäten bekannt, so errechnen sich die Steuerpotentiale U_{st1}, U_{st2} und U_{st3} aus der Gleichung:

$$(U_{st_1} - U_k)C_k + (U_{st_1} - U_1)\,C_1 + (U_{st_1} - U_{st_2})C_{12} = 0 \tag{72}$$

und den entsprechenden Gleichungen für U_{st_2} und U_{st_3}. Der Wert von U_{st_1}, der sich aus diesen Gleichungen ergibt, stimmt für genügend kleine Durchgriffe (Verhältnisse der Kapazitäten) mit dem Wert aus Gl. (65a) überein.

Die Steuerpotentialschichtdicken $d_{st_{1,2,3}}$ der einzelnen Gitter sind bei den Mehrgitterröhren im allgemeinen vernachlässigbar klein. Abb. 73

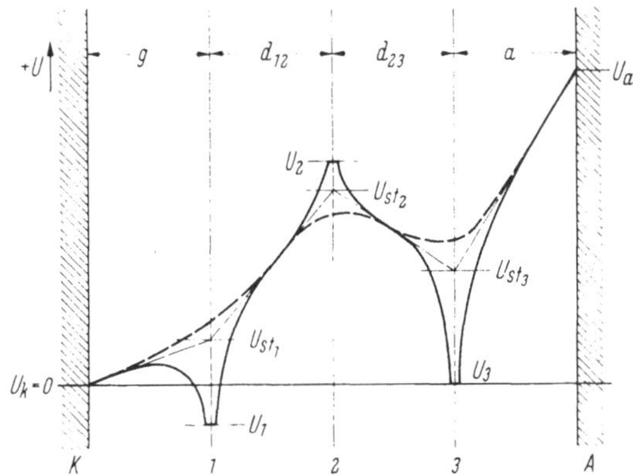

Abb. 73. Konstruierter Potentialverlauf in einem ebenen Elektrodensystem mit drei Gittern (Pentode).

zeigt, wie bei dieser Vernachlässigung der Potentialverlauf in einer raumladungsfreien Röhre mit drei Gittern (Pentode) konstruiert wird. Analog ist das Verfahren bei der Tetrode und bei den übrigen Mehrgitterröhren.

D. Typische Mehrgitterröhren

1. Tetroden

Die Tetroden sind Röhren mit zwei Gittern. Eines davon dient als (negativ vorgespanntes) Steuergitter; das zweite ist entweder als (positives) „Raumladungsgitter" zwischen Steuergitter und Kathode oder als (positives) „Schirmgitter" zwischen Steuergitter und Anode angeordnet.

a) Raumladegitter-Tetrode. Abb. 74a zeigt die prinzipielle Elektrodenanordnung und den Potentialverlauf in einer Tetrode mit Raumladegitter. Die I_a-U_a-Kennlinien verlaufen ähnlich wie bei der Triode (vgl. Abb. 74b); jedoch wird durch das Raumladegitter („Sauggitter") ein größerer Elektronenstrom gezogen. Schon bei relativ kleinen Anodenspannungen (6 bis 15 V) fließt deshalb ein hoher Anodenstrom. Durch das Raumladegitter wird außerdem die Kennliniensteilheit erhöht.

Der Kathodenstrom verteilt sich auf das Raumladegitter und die Anode. Das Verhältnis I_r/I_a der Teilströme hängt von der Spannung U_r des Raumladegitters und von der Steuerspannung U_{st} am Ort des Steuergitters ab. Da immer $U_{st} < U_r$ ist, gilt für die Stromverteilung

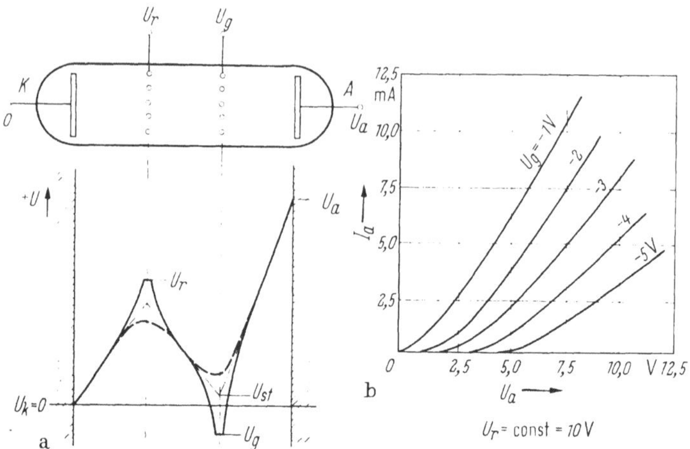

Abb. 74. a) Elektrodenanordnung und Potentialverlauf in einer Tetrode mit Raumladegitter; b) typische I_a--U_a-Kennlinien einer solchen Tetrode.

das Belowsche Gesetz entsprechend Gl. (70). Der Anodenstrom wird daher angenähert [44]:

$$I_a = I_k \, C_B \sqrt{\frac{U_{st}}{U_r}} = K\,(U_r + D_g U_g + D_a U_a)^{3/2} C_B \sqrt{\frac{U_{st}}{U_r}} \tag{73}$$

(K = Raumladungskonstante [in mA/V$^{3/2}$], U_r = Spannung des Raumladegitters [in V], U_g = Spannung des Steuergitters [in V], U_a = Anodenspannung [in V], U_{st} = Steuerspannung am Ort des Steuergitters[1] [in V], D_g = Durchgriff des Steuergitters in den Raum zwischen Raumladegitter und Kathode, D_a = Durchgriff der Anode in den Raum zwischen Raumladegitter und Kathode, C_B = von der Elektrodengeometrie abhängige Röhrenkonstante). Die Gl. (73) gilt nur unter der Voraussetzung $U_a > 0$.

b) Schirmgitter-Tetrode. Bei dieser Tetrode erhält das vor der Kathode liegende Steuergitter ein negatives und das Schirmgitter ein positives Potential (vgl. Abb. 75a). Der Kathodenstrom verteilt sich daher auf

---

[1] Die Größe von U_{st} erhält man aus dem Sternersatzschaltbild der Tetrode auf ähnliche Weise wie bei der Triode [s. Gl. (56)] und Pentode [s. Gl. (72)]. Angenähert gilt: $U_{st} \approx U_g + D_{rg} U_r + D_{ag} U_a$ (D_{rg} und D_{ag} = Durchgriffe des Raumladegitters bzw. der Anode durch das Steuergitter).

das Schirmgitter und die Anode. Das Schirmgitter übernimmt dabei die Aufgabe des „Stromziehens", ferner schirmt es das Steuergitter gegen kapazitive Rückwirkungen von der Anode her ab. Durch das Schirmgitter wird die Kapazität zwischen Steuergitter und Anode auf Bruchteile eines Picofarad verkleinert. Dies erniedrigt den Anodendurchgriff und erhöht damit den Verstärkungsfaktor; außerdem wird die Gefahr der Selbsterregung in Verstärkerschaltungen vermindert.

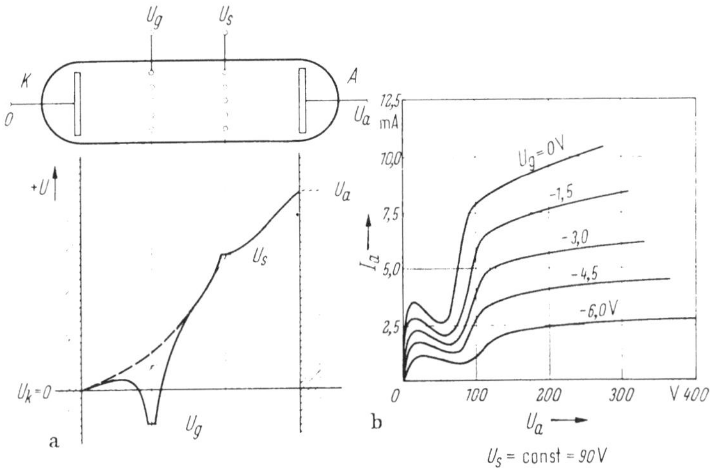

Abb. 75. a) Elektrodenanordnung und Potentialverlauf in einer Tetrode mit Schirmgitter; b) typische I_a–U_a-Kennlinien einer solchen Tetrode.

Die unmittelbare Nachbarschaft zweier positiver Elektroden (Schirmgitter und Anode) hat allerdings den Nachteil, daß zwischen diesen Elektroden Sekundärelektronen ausgetauscht werden[1]. Da im Bereich $U_a < U_s$ ($U_a = $ Anodenspannung, $U_s = $ Schirmgitterspannung) Sekundärelektronen von der Anode zum Schirmgitter gelangen, besitzt die I_a–U_a-Kennlinie in diesem Anodenspannungsbereich einen Knick, der bei der Aussteuerung zu Signalverzerrungen führt. Schirmgitter-Tetroden müssen daher so ausgesteuert werden, daß auch bei den größten Amplituden der Anodenwechselspannung stets $U_a > U_s$ bleibt. In diesem Bereich ($U_a > U_s$) hat das I_a–U_a-Kennlinienfeld wegen des geringen Anodendurchgriffs Sättigungscharakter. Der Anodenstrom ist hier außerdem größer als der primär von der Kathode ankommende Strom, weil jetzt zusätzlich Sekundärelektronen vom Schirmgitter zur Anode fliegen (vgl. Abb. 75b sowie Bd. I, Abb. 105).

---

[1] Bei der Raumladegitterröhre ist dies nicht möglich, weil hier das positive Raumladegitter durch das negative Steuergitter von der Anode getrennt wird.

7*

Die Größe des Anodenstroms läßt sich bei Schirmgitter-Tetroden nur unter der Bedingung vorausberechnen, daß der Sekundärelektronenaustausch und die Raumladung vernachlässigbar gering sind. Im Bereich $U_a > U_s$ gilt dann das Tanksche Gesetz der Stromverteilung [Gl. (69)]. Mit der Raumladungsgleichung für den Kathodenstrom:

$$I_k = I_s + I_a = K(U_g + D_s U_s + D_a U_a)^{3/2} \tag{74}$$

erhält man den Anodenstrom aus Gl. (69), wenn man dort anstelle von U_g die Schirmgitterspannung U_s einsetzt:

$$I_a = \frac{K(U_g + D_s U_s + D_a U_a)^{3/2}}{1 + \dfrac{1}{C_T}\sqrt{\dfrac{U_s}{U_a}}} \quad (U_a > U_s). \tag{75}$$

Im Bereich $U_a < U_s$ gilt das Belowsche Gesetz der Stromverteilung. Aus Gl. (70) und (74) erhält man für diesen Fall:

$$I_a = K(U_g + D_s U_s + D_a U_a)^{3/2} C_B \sqrt{\frac{U_a}{U_s}} \quad (U_a < U_s) \tag{75a}$$

(K = Raumladungskonstante = 0,3 bis 10 mA/V$^{3/2}$. U_g. U_s, U_a = Steuergitter-, Schirmgitter- und Anodenspannung [in V]. $D_s = \varDelta U_g/\varDelta U_s$

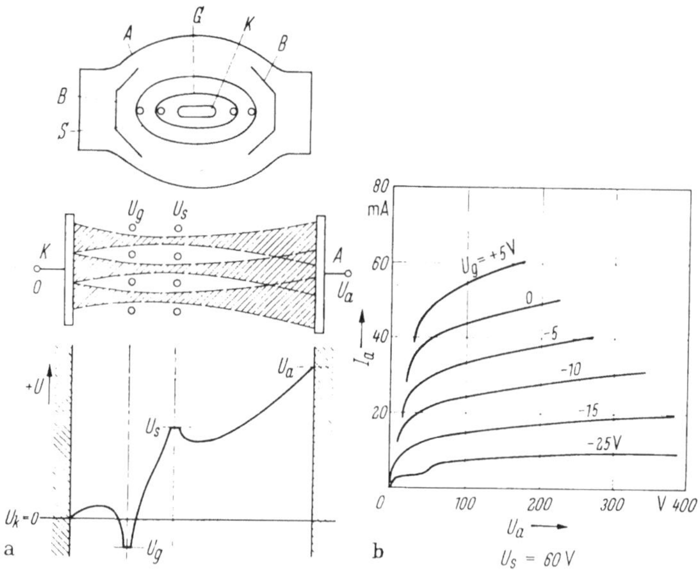

Abb. 76. a) Elektrodenanordnung und Potentialverlauf in einer Strahltetrode („Beam-Power-Tetrode"; vgl. [55]).
A = Anode; K = Kathode; G = Steuergitter; S = Schirmgitter; B = Strahlbegrenzerelektroden.
b) Typische I_a–U_a-Kennlinien einer solchen Röhre.

($I_k =$ const) $=$ Schirmgitterdurchgriff ≈ 1 bis 10%. $D_a = \varDelta U_g / \varDelta U_a$
($I_k =$ const) $=$ Anodendurchgriff $\approx 1^0/_{00}$, C_T, $C_B =$ dimensionslose
Röhrenkonstanten).

Der störende Sekundärelektronenaustausch in Tetroden kann durch
ein künstlich erzeugtes Potentialminimum zwischen Schirmgitter und
Anode unterbunden werden. Ein solches Potentialminimum erhält man,
wenn das Schirmgitter genau im „Elektronenschatten" des Steuergitters
liegt. Durch diese Anordnung und durch zwei zusätzliche, das Schirmgitter teilweise einhüllende Begrenzerelektroden wird der gesamte Elektronenstrom in einzelne Strombündel mit rechteckigem Querschnitt aufgeteilt. Die hohe Raumladungsdichte dieser Bündel erzeugt zwischen
Schirmgitter und Anode eine Potentialschwelle (vgl. Abb. 76a), die von
den Sekundärelektronen nicht überwunden werden kann. In den I_a–U_a-
Kennlinien derartiger „Strahltetroden" („Beam-Power-Tetroden") fehlt
daher der für Schirmgitter-Tetroden typische Kennlinienknick (vgl.
Abb. 76b).

c) Ausführungsformen und Anwendungen von Tetroden. *Raumlade-
gitter-Tetroden* werden wegen ihres geringen Anodenspannungsbedarfs
vorwiegend als Elektrometerröhren und als Verstärkerröhren für batterie-
betriebene Geräte verwendet. Die *Elektrometerröhren* dienen zur Verstärkung kleiner Gleichspannungen (bis einige mV) bzw. Gleichströme
(Größenordnung 10^{-11} bis 10^{-13} A bei einem Gitterableitwiderstand von
10^{13} bis 10^{11} Ohm). Ihr Kennzeichen ist der außerordentlich kleine
Gitterreststrom (etwa 10^{-14} A; bei „normalen" Röhren etwa 10^{-8} A) im
Gebiet negativer Gitterspannung. Dieser geringe Gitterstrom wird durch
eine niedrige Anodenspannung (< 10 V zur Vermeidung von Ionisation),
eine geringe Heizleistung (zur Unterdrückung thermischer Gitteremission), einen gut isolierenden Glaskolben und einen langen Kriechweg
zwischen der Gitterzuleitung und den übrigen Elektroden erreicht. Um
Photoemission zu vermeiden, werden derartige Röhren außerdem im
Dunkeln betrieben. Ein typisches Anwendungsbeispiel für eine Elektrometerröhre ist die Verstärkung des Sättigungsstroms von einer Ionisationskammer (vgl. Abb. 38) oder in einem Ionenzähler für atmosphärische
Ionen.

Schirmgitter-Tetroden werden ausschließlich als Senderöhren verwendet, da hier wegen der angeschlossenen Resonanzkreise die Kennlinienverzerrungen keine wesentliche Rolle spielen. Sendetetroden besitzen die gleichen Konstruktionsmerkmale wie die Sendetrioden, benötigen aber im Unterschied zu diesen eine geringere Steuerleistung.

Strahltetroden (Beam-Power-Röhren) werden als Senderöhren und —
wegen des Fehlens der Kennlinienverzerrungen — auch als Nieder-
frequenz-Endröhren verwendet.

2. Pentoden

a) Wirkungsweise und Kennlinien. Die Pentoden enthalten fünf Elektroden, die in der Reihenfolge Kathode, Steuergitter, Schirmgitter, Bremsgitter und Anode angeordnet sind. Das Schirmgitter und die Anode befinden sich gewöhnlich auf positivem Potential, das Bremsgitter meist auf Kathodenpotential. Die Abb. 73 zeigt den Potentialverlauf, der sich unter dieser Voraussetzung in einer Pentode mit ebenen Elektroden einstellt.

Das (weitmaschig gewickelte) Bremsgitter erzeugt vor der Anode ein Potentialminimum, das den Sekundärelektronenübergang zwischen Schirmgitter und Anode unterbindet. Es verkleinert auch die Kapazität zwischen Steuergitter und Anode auf etwa 10^{-2} pF, wodurch die Gefahr der Selbsterregung in Verstärkerschaltungen entsprechend gering wird. Gleichzeitig verringert es den Anodendurchgriff auf $0{,}1\%$ oder weniger und ermöglicht dadurch Verstärkungsfaktoren von der Größenordnung 10^3.

Für den Kathodenstrom der Pentode gilt die Raumladungsgleichung (67), die mit anderen Indizes geschrieben

$$I_k = I_a + I_s = K\,(U_g + D_s U_s + D_b U_b + D_a U_a)^{3/2} \tag{76}$$

lautet. In dieser Gleichung bedeuten $D_s = \varDelta U_g/\varDelta U_s$, $D_b = \varDelta U_g/\varDelta U_b$ und $D_a = \varDelta U_g/\varDelta U_a$ (I_k jeweils konstant) die Durchgriffe von Schirmgitter, Bremsgitter und Anode in den Steuergitter–Kathoden-Raum und U_s, U_b und U_a die Potentiale dieser Elektroden. U_g ist das Potential des Steuergitters und K die Raumladungskonstante, die angenähert aus Gl. (50) bzw. (59) berechnet werden kann. Die Summanden $D_b U_b$ und $D_a U_a$ in Gl. (76) sind gewöhnlich Null bzw. vernachlässigbar klein, weil das Bremsgitter mit der Kathode verbunden, also $U_b = 0$ ist, bzw. weil $D_a < 1^0/_{00}$ ist. Damit wird:

$$I_k \approx K\,(U_g + D_s U_s)^{3/2} \qquad (D_a < 1^0/_{00}). \tag{76a}$$

Der Kathodenstrom verteilt sich in der Pentode auf das Schirmgitter und die Anode. Meistens ist $U_a \gg U_s$, so daß alle Elektronen, die das Schirmgitter passiert haben, das Bremsgitter-Potentialminimum überwinden und zur Anode gelangen können. Daher gilt für die Stromverteilung das Tanksche Gesetz Gl. (69). Anstelle von U_g und I_g sind in dieser Gleichung U_s bzw. I_s, und anstelle von U_a die in der Bremsgitterebene wirksame Steuerspannung einzusetzen, die angenähert gleich $D_{sb} U_s + D_{ab} U_a$ ist (D_{sb} und D_{ab} sind die Durchgriffe des Schirmgitters bzw. der Anode durch das Bremsgitter). Aus den Gln. (69) und (76a) ergibt sich damit für den Anodenstrom angenähert:

$$I_a \approx \frac{K(U_g + D_s U_s)^{3/2}}{1 + \dfrac{1}{C_T} \sqrt{\dfrac{U_s}{D_{sb} U_s + D_{ab} U_a}}} \qquad (U_a \geq U_s). \qquad (77)$$

(In dieser Gleichung sind I_a in mA, die Spannungen in V und K in mA/V$^{3/2}$ einzusetzen; C_T ist dimensionslos.) Der Anodenstrom einer Pentode ist nach Gl. (77) von der Anodenspannung praktisch unabhängig, solange $U_a \geq U_s$ ist. Das I_a-U_a-Kennlinienfeld hat in diesem Spannungsbereich Sättigungscharakter (vgl. Abb. 77). Die Kennlinienverzerrungen, wie sie bei der Tetrode auftreten, fehlen hier, weil der Sekundärelektronenaustausch zwischen Anode und Schirmgitter durch das Bremsgitter unterdrückt wird.

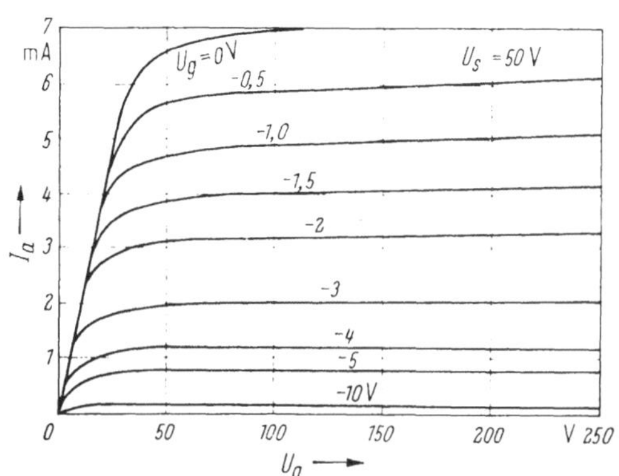

Abb. 77. I_a-U_a-Kennlinienfeld einer Pentode.

Die Pentode kann daher bis zu kleinen U_a-Werten ausgesteuert werden, ohne daß Signalverzerrungen auftreten. Bei sehr kleinen Werten von U_a, d. h. bei $U_a \ll U_s$, nimmt der Anodenstrom mit sinkender Anodenspannung ab, weil immer mehr Elektronen vor der Anode umkehren und auf dem Schirmgitter landen.

b) Typische Daten und Anwendungen. Die Pentoden sind die wichtigsten Verstärkerröhren für Frequenzen unter etwa 300 MHz. Hinsichtlich ihrer Kenndaten kann man sie in NF-Pentoden, NF-Endpentoden und HF-Pentoden einteilen (vgl. Tab. 10).

Tabelle 10
Kenndaten verschiedener Pentodentypen

	R_i [kΩ]	S [mA/V]
NF-Endpentoden	10 ··· 100	5 ··· 15
HF-Pentoden	100 ··· 1000	2 ··· 35
NF-Pentoden	1000 ··· 5000	1 ··· 3

Die *NF-Pentoden* haben einen sehr hohen Innenwiderstand und einen entsprechend hohen Verstärkungsfaktor ($> 10^3$). Sie eignen sich deshalb besonders für Vorverstärkerstufen (vgl. Abb. 78). Die *NF-Endpentoden* sind durch einen besonders steilen Anstieg der I_a–U_a-Kennlinien bei kleinen Werten von U_a gekennzeichnet. Mit solchen Röhren läßt sich deshalb ohne Aufwand von Steuerleistung (d. h. bei negativem Steuergitter) eine nahezu verzerrungsfreie Anodenwechselspannung erzielen, deren Amplitude fast so groß ist wie die Anodengleichspannung. Dadurch erhält man einen maximalen Wirkungsgrad von etwa 45%[1]. Aus diesem Grund werden NF-Endpentoden auch als Senderöhren kleiner Ausgangsleistung (bis 100 W) verwendet. Ein wesentliches Merkmal der *HF-Pentoden* sind kleine Röhrenkapazitäten, insbesondere eine geringe Kapazität zwischen Steuergitter und Anode.

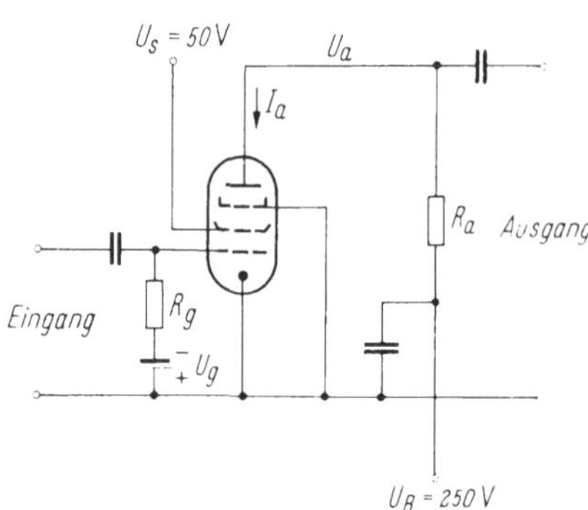

Abb. 78. Anwendungsbeispiel einer Pentode als Verstärkerelement in einer RC-Vorverstärkerstufe. (Analog sind die entsprechenden Schaltungen für Trioden und Tetroden aufgebaut.)

Für manche Zwecke, z. B. die automatische Verstärkungsregelung, benötigt man Pentoden, deren Steilheit in einem weiten Gitterspannungsbereich veränderlich ist. Derartige „Regelpentoden" haben ein Steuergitter, das längs einer Achse mit verschiedener Ganghöhe gewickelt ist. An den Stellen, wo das Gitter eng gewickelt ist, wird der Strom schon bei kleinen negativen Gitterspannungen am Durchtritt gehindert, während er die weitmaschigen Stellen des Gitters noch ungehindert passieren kann. Dadurch ändert sich der Anodenstrom mit der Gitterspannung nicht mehr nach dem $U^{3/2}$-Gesetz, sondern angenähert exponentiell.

3. Hexoden, Heptoden und Oktoden

a) Wirkungsweise und Kennlinien. Diese Röhren enthalten zwei auf negativem Potential befindliche Steuergitter, denen man zwei voneinander unabhängige Steuerspannungen zuführen kann. Derartige „Doppelsteuerröhren" lassen sich hinsichtlich ihrer Wirkungsweise als Hintereinanderschaltung von zwei Ein- oder Zweigitterröhren auffassen, die durch einen gemeinsamen Elektronenstrom miteinander gekoppelt sind.

In der *Hexode* sind die Elektroden in der Reihenfolge: Kathode K, erstes Steuergitter 1, erstes Schirmgitter 2, zweites Steuergitter („Strom-

---

[1] Mit Trioden läßt sich ein solcher Wirkungsgrad in Senderverstärkern nur auf Kosten von Signalverzerrungen und unter Aufwand von Steuerleistung erreichen.

verteilungsgitter") 3, zweites Schirmgitter 4 und Anode 5 angeordnet (vgl. Abb. 79). Bei der *Heptode* liegt vor der Anode 6 noch ein zusätzliches Bremsgitter 5, das den Sekundärelektronenaustausch zwischen den Nachbarelektroden unterbindet.

Der Kennlinienverlauf beider Röhrentypen wird durch zwei verschiedene, voneinander unabhängige Steuervorgänge bestimmt. In dem aus Kathode, Gitter 1 und Gitter 2 bestehenden Triodensystem bewirkt das Steuergitter 1 eine Raumladungssteuerung des Kathodenstroms. In dem nachfolgenden Elektrodensystem, das aus den Gittern 2, 3 und 4 besteht, bewirkt das Gitter 3 eine Stromverteilungssteuerung. Je nach dem Potential dieses zweiten Steuergitters wird der Elektronenstrom zum Schirmgitter 2 zurückgelenkt oder zum Schirmgitter 4 und damit

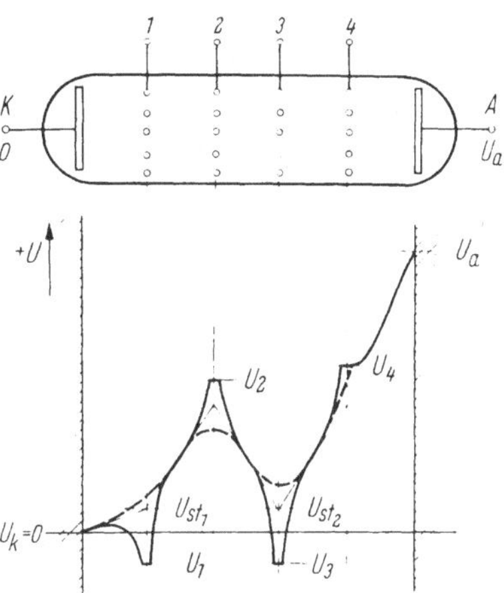

Abb. 79. Elektrodenanordnung und Potentialverlauf in einer Hexode.

zur Anode durchgelassen. Die Stromverteilung folgt deshalb wie bei der Raumladegitter-Tetrode dem Belowschen Gesetz [Gl. (70)], und für den Anodenstrom ergeben sich formal ähnliche Ausdrücke wie für den Anodenstrom der Raumladegitter-Tetrode [s. Gl. (73)]. Allgemein gilt demnach für die Doppelsteuerröhren:

$$I_a = K\,U_{st_1}^{3/2}\,K_B\,\sqrt{\frac{U_{st_2}}{U_s}}\,. \tag{78}$$

Darin bedeuten U_{st_1} die in der Ebene des ersten Steuergitters wirksame Steuerspannung und U_{st_2} die hinter dem ersten Schirmgitter für die Stromverteilung maßgebende Steuerspannung; U_s ist die Spannung des ersten Schirmgitters. K die Raumladungskonstante und K_B die Belowsche Konstante.

Die I_a–U_a-Kennlinien der Hexode (vgl. Abb. 80a) bzw. Heptode unterscheiden sich nicht von denen einer Tetrode bzw. Pentode. Dagegen zeigen die I_a–U_1-Kennlinien (vgl. Abb. 80b) wegen der Belowschen Stromverteilung zwischen Gitter 2 und 3 einen anderen Verlauf als bei den Tetroden bzw. Pentoden mit Tankscher Stromverteilung.

Die *Oktode* ist eine Sechsgitterröhre, die aus der Heptode durch Einfügen eines als Hilfsanode dienenden Gitters 2 zwischen erstem Steuergitter 1 und erstem Schirmgitter 3 entsteht. Die Gitter 1 und 2 bilden

zusammen mit der Kathode ein Triodensystem für die Schwingungs-
erzeugung. Das Steuersignal für das Gitter 1 wird also in der Oktode

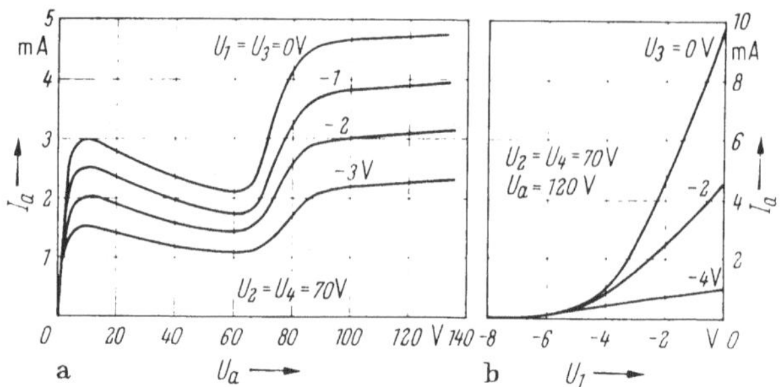

Abb. 80 a u. b. Kennlinienfelder einer Hexode.
a) $I_a - U_a$-Kennlinienfeld (bei den Heptoden fehlt der Kennlinienknick); b) $I_a - U_1$-Kennlinienfeld
(U_3 = Parameter).

selbst produziert, während das Signal für das zweite Steuergitter 4 von
außen zugeführt werden muß. (Bei der Hexode und Heptode müssen
dagegen beide Steuersignale von außen angelegt werden.)

b) Anwendungen. Die Hexoden und Heptoden dienen vorwiegend
zur multiplikativen Mischung und — wenn eines der Steuergitter mit
variabler Steigung gewik-
kelt ist — zur automati-
schen Verstärkungsrege-
lung in Empfängerschal-
tungen. Die Empfangsspan-
nung mit der Frequenz f_2
wird dabei dem ersten
Steuergitter und die Über-
lagererspannung mit der
Frequenz f_1 dem zweiten
Steuergitter zugeführt (vgl.
Abb. 81). An der Anode entsteht dann eine Wechsel-
spannung, die nach dem
Aussieben des Summenfre-

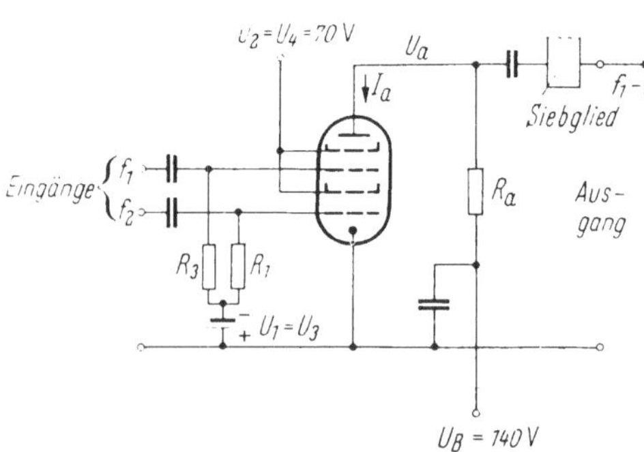

Abb. 81. Hexodenschaltung zur multiplikativen Mischung
zweier Spannungssignale der Frequenzen f_1 und f_2. (Bei
der additiven Mischung werden die beiden Spannungssignale an ein und dasselbe Gitter gelegt.)

quenzanteils die Differenzfrequenz (Zwischenfrequenz) $f_1 - f_2$ besitzt.
Die Bezeichnung „multiplikative Mischung" rührt davon her, daß der
Anodenstrom im wesentlichen durch das Produkt der beiden Steuerspannungen beeinflußt wird. Dies folgt aus Gl. (78), wo die Signalspannung des ersten Steuergitters in U_{st_1} und die Signalspannung des
zweiten Steuergitters in U_{st_2} enthalten ist. (Bei der „additiven Mischung"
sind dagegen beide Signalspannungen additiv in U_{st_1} enthalten.)

Im Gegensatz zu den Hexoden und Heptoden wird die Oktode — auch „Pentagridconverter" genannt — nur noch selten und dann ausschließlich als multiplikative Mischröhre verwendet.

E. Photovervielfacherröhren („Photomultiplier": [vgl. *29, 63*])

1. Vervielfachungsvorgänge

In den Photovervielfacherröhren wird ein Elektronenstrom durch den äußeren lichtelektrischen Effekt erzeugt und durch Sekundäremission verstärkt. Die Abb. 82 zeigt die prinzipielle Elektrodenanordnung solcher Röhren. Sie besteht aus einer Photokathode und mehreren (bis zu 14) hintereinander angeordneten Prallelektroden (Dynoden). Von der Kathode werden bei Lichteinfall Elektronen emittiert und zur ersten Dynode beschleunigt. Dort löst jedes Elektron beim Aufprall δ Sekundärelektronen aus. Diese werden zur zweiten Dynode beschleunigt, aus der jedes Elektron wieder δ Sekundärelektronen herausschlägt. Dieser Vorgang wiederholt sich an jeder der insgesamt n Dynoden. Ist der Sekundäremissionsfaktor δ für jede Dynode (Stufe) gleich und größer als eins, so ist der auf die Anode auftreffende Elektronenstrom I_a um den Faktor

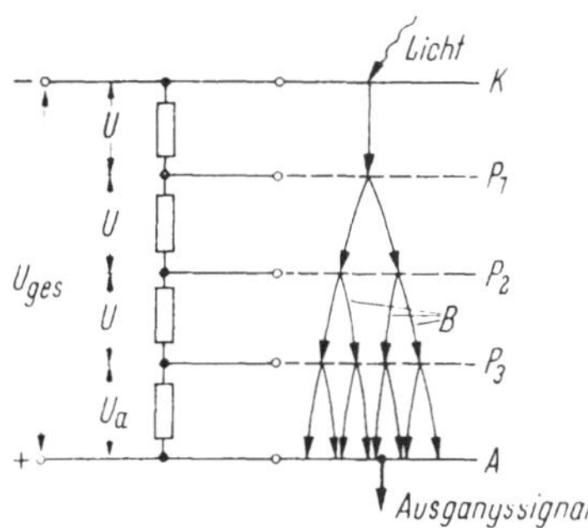

Abb. 82. Elektrodenanordnung und Betriebsschaltung eines dreistufigen Netz-Elektronenvervielfachers. K = Photokathode; $P_{1,2,3}$ = erste, zweite und dritte Prallelektrode; A = Anode; U = Stufenspannung; U_{ges} = Gesamtspannung; B = Elektronenbahnen.

$$V = \frac{I_a}{I_0} = \delta^n \tag{79}$$

größer als der von der Kathode emittierte Photostrom I_0.

Die gesamte für einen Vervielfacher erforderliche Betriebsspannung ist

$$U_{ges} = n\,U + U_a. \tag{80}$$

wobei n die Stufenzahl. U die Spannung je Stufe und U_a die Spannung zwischen der letzten Dynode und der Anode bedeutet.

Für die optimale Dimensionierung eines Vervielfachers ist zu fragen. wie viele Stufen er bei gegebener Gesamtbetriebsspannung U_{ges} haben muß. um eine maximale Verstärkung V zu erzielen. Bei zu hohem δ.

das hohes U erfordert, hat man nach Gl. (80) zu wenig Stufen und dadurch zu kleines V; bei zu niedrigem U ist zwar nach Gl. (80) die Stufenzahl groß, aber δ zu niedrig und daher wiederum V zu klein. Es gibt also für maximale Verstärkung ein Optimum der Stufenspannung $U\,(= U_{opt})$ und daher auch der Stufenzahl $n\,(= n_{opt})$. Dieses Optimum findet man, wenn man für die Gesamtvervielfachung statt V ein logarithmisches Maß p einführt [25]. Die Gln. (79) und (80) ergeben dann die Beziehung:

$$p = \log V = \log \delta'' = n \log \delta = \frac{U_{ges} - U_a}{U/\log \delta}. \tag{81}$$

Bei gegebener Gesamtspannung U_{ges} wird also die Gesamtvervielfachung p möglichst groß, wenn $(U/\log \delta)$ möglichst klein ist.

Der Wert von $(U/\log \delta)_{min}$ kann aus der gemessenen Sekundäremissions-Kennlinie $\delta = f(U)$ der verwendeten Dynoden bestimmt werden. In Abb. 83a sind zwei solche Kennlinien gezeichnet. Sie gelten für Dynoden, die mit einer **Ag–Mg-** bzw. **Ag–Cs₂O–Cs**-Schicht bedeckt sind.

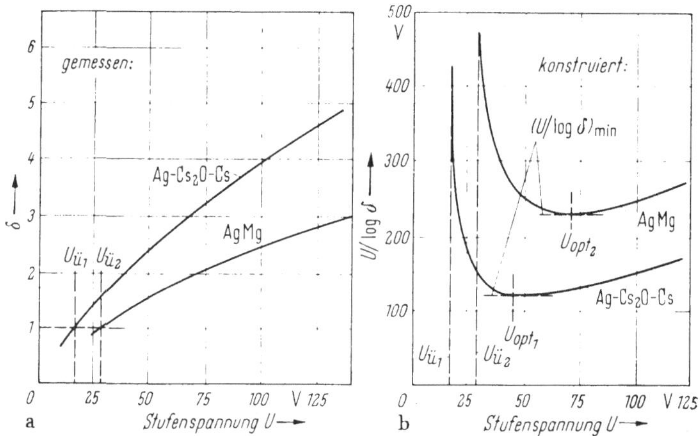

Abb. 83a u. b. Ermittlung der optimalen Stufenspannung U_{opt} für maximale Stromverstärkung in einem Photovervielfacher (vgl. [25]).
a) Gemessene Sekundäremissionskurven für zwei verschiedene Dynoden-Materialien;
b) aus den Sekundäremissionskurven berechneter Verlauf der Funktion $U/\log \delta = f(U)$. Bei der Stufenspannung $U_{opt_{1,2}}$ hat die Stromverstärkung im Vervielfacher ihren maximalen Wert.

Entnimmt man aus Abb. 83a für verschiedene Werte der Stufenspannung U die zugehörigen Werte von δ und trägt dann $(U/\log \delta)$ als Funktion von U auf, so erhält man die Abb. 83b. Diese zeigt, daß $(U/\log \delta)$ bei einem bestimmten Wert U_{opt} ein Minimum durchläuft. Wählt man diesen Wert als Stufenspannung, so wird die Gesamtvervielfachung ein Maximum: $p_{max} = (U_{ges} - U_a)/(U/\log \delta)_{min}$.

2. Typische Betriebsdaten

Bei den meisten Vervielfachern beträgt die Stufenspannung je nach Röhrentype 150 bis 280 V, die Gesamtspannung 1800 bis 3000 V und die Gesamtvervielfachung 10^4 bis 10^8. Der primäre Photostrom ist von der Größenordnung 0,1 μA und hängt vom einfallenden Lichtstrom ab (vgl. Kap. 1, Abschn. I, E). Er wird gewöhnlich auf 1 mA, in Sonderfällen auch auf 1 A und mehr verstärkt. Die Lumen-Empfindlichkeit der gesamten Anordnung beträgt einige A/Lm, während die Kathode allein eine Empfindlichkeit von 40 bis 60 μA/Lm besitzt.

Einen Fehler bei der Messung von kleinsten Lichtmengen verursacht der auch im unbelichteten Zustand auftretende *Dunkelstrom*, der an der Anode je nach der Stufenspannung bis 1 μA betragen kann. Er setzt sich im wesentlichen aus vier Teilströmen zusammen: a) dem Isolationsstrom zwischen den Dynoden (Größenordnung 0,01 μA an der Anode), b) dem thermischen (verstärkten) Emissionsstrom von der Photokathode (ca. 0,1 bis 1 μA), c) dem durch Ionenaufprall auf die Kathode und die Dynoden ausgelösten Sekundärelektronenstrom und d) einem schwachen Feldemissionsstrom.

3. Bauformen

Die Abb. 84 zeigt verschiedene Bauformen von Vervielfacherröhren. Je nach der Form und Anordnung der Dynoden unterscheidet man zwischen Vervielfachern mit Kästchen- oder Netzelektroden (vgl. Abb. 84a [66]) und Schaufelvervielfachern mit gerader (Abb. 84b [67]) bzw. kreisförmiger Elektrodenstrecke (Abb. 84c). Als Dynodenmaterial verwendet man eine CuBe-, AgMg-, AlMg- oder $SbCs_3$-Legierung und für die Kathode eine lichtdurchlässige $SbCs_3$- oder $Ag–Cs_2O–Cs$-Schicht.

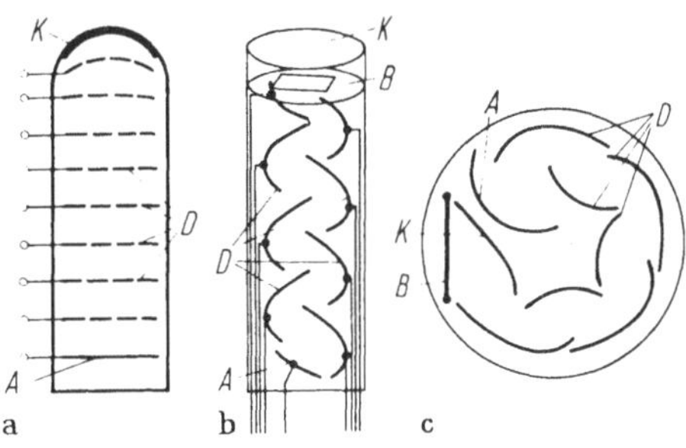

Abb. 84a—c. Verschiedene Bauformen von Photovervielfachern.
K = Photokathode; D = Dynoden; A = Anode. B = Lichtblende.
a) Vervielfacher mit Netzelektroden [66]; b) Schaufelvervielfacher mit gerader Elektrodenstrecke [67]; c) Schaufelvervielfacher mit kreisförmiger Elektrodenstrecke.

Neben diesen Vervielfachern, bei denen die Elektronen ausschließlich durch elektrostatische Felder geführt werden, haben die Geräte mit Magnetfeldführung nur geringe Bedeutung, weil der Aufwand für die Erzeugung des Magnetfelds relativ groß ist.

4. Anwendungen

Die Photovervielfacherröhren dienen zum Nachweis und zur Messung kleinster Lichtmengen. Eines ihrer wichtigsten Anwendungsgebiete sind die Szintillationszähler zum Nachweis radioaktiver Strahlung [36, 63]. Ein solcher Zähler besteht aus einem Szintillator, der beim Durchgang von α-, β-, γ- oder Neutronenstrahlen zur Lichtemission angeregt wird. Trifft dieses Licht über einen Lichtleiter auf die angrenzende Photokathode eines Vervielfachers, so löst es dort Elektronen aus, die am Ausgang des Vervielfachers einen meßbaren Strom ergeben. Der Durchgang von Einzelteilchen wird als Stromimpuls registriert. Als Szintillatoren verwendet man Einkristalle aus ZnS mit Silberzusatz (für α-Teilchen), Anthrazen (für β-Teilchen), NaJ mit Thalliumzusatz (für γ-Strahlen) und $CdWO_3$ oder $CaWO_3$ (für thermische Neutronen), ferner organische Flüssigkeiten, Kunststoffe und Gase.

F. Mehrpolige Hochvakuum-Schalt- und Zählröhren

1. Dekadische Elektronenstrahl-Schaltröhre
mit axialem Magnetfeld (vgl. [62])

a) Aufbau. Das Elektrodensystem dieser Schaltröhre besteht aus einer indirekt geheizten BaO-Kathode K und zehn weiteren Elektrodengruppen 1 bis 10 (vgl. Abb. 85). Jede dieser Gruppen enthält eine Anode A, eine „Begrenzerelektrode" D zur Formung und Anziehung des Elektronenstrahls und ein Schaltgitter G. Die insgesamt zehn Schaltgitter bilden zwei Gruppen (fünf geradzahlige und fünf ungeradzahlige Gitter), die jeweils eine gemeinsame Zuleitung besitzen. Alle übrigen Elektroden sind getrennt herausgeführt. Durch einen Permanentmagneten, der die Röhre umgibt, wird ein axiales Magnetfeld von etwa 300 Gauß erzeugt.

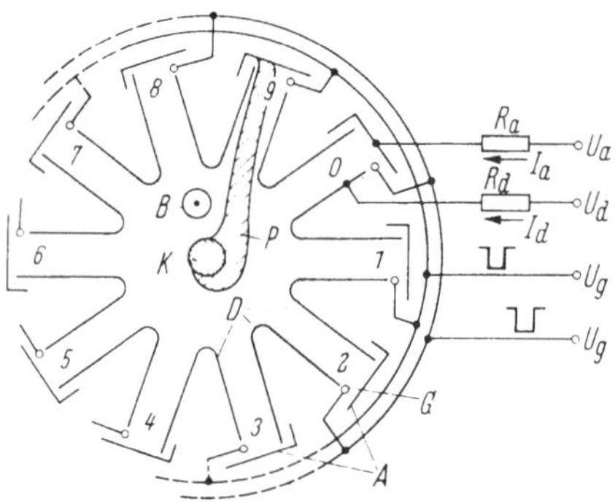

Abb. 85. Elektrodenanordnung und Betriebsschaltung der dekadischen Elektronenstrahl-Schaltröhre mit axialem Magnetfeld. K = Kathode; A = Anode; G = Schaltgitter; D = Elektronenstrahl-Begrenzerelektrode; B = magnetische Induktion (senkrecht zur Zeichenebene); P = Elektronenstrahl. Typische Betriebsdaten: $U_a = U_r = 100$ V, $U_g = 25$ V, $R_a = 3,3$ kΩ, $R_d = 100$ kΩ, $I_a = 5,5$ mA, $I_d = 1$ mA. Amplitude der Gitterschaltimpulse 60 V.

b) Schaltvorgang. Der Schaltvorgang vollzieht sich in folgenden Schritten:

α) An jede Anode und Begrenzerelektrode wird über je einen Vorwiderstand ein positives Potential von 100 V und an jedes Schaltgitter ein positives Potential von 25 V angelegt. Die von der Kathode emittierten Elektronen laufen dann im gekreuzten elektrischen und magnetischen Feld auf Zykloidenbahnen um die Kathode, ohne irgendeine andere Elektrode zu erreichen. Das starke Magnetfeld lenkt in diesem Fall alle Elektronen zur Kathode zurück.

β) Wird das Potential der Begrenzerelektrode von einem der zehn Elektrodensysteme durch einen negativen Spannungsimpuls vorübergehend erniedrigt, so wird das elektrische Feld in der Umgebung dieses Elektrodensystems gestört. Die Elektronen laufen dann zu diesem System und stellen elektrischen Kontakt zwischen dessen Anode und der Kathode her. Durch den Anodenwiderstand wird dabei das Potential der betreffenden Anode so weit erniedrigt, daß der Anodenstrom (von etwa 5 mA) dauernd fließt, der Kontakt also geschlossen bleibt.

γ) Erhält nun das Schaltgitter des gleichen Systems einen negativen Schaltimpuls (von mindestens 60 V), so springt der Elektronenstrahl auf das Nachbarsystem über und schließt Kontakt zwischen dessen Anode und der Kathode.

δ) Zur fortlaufenden Weiterschaltung des Elektronenstrahls werden die Schaltgitter von fünf Systemen an einen (Rechteck-)Impulsgenerator angeschlossen, die Gitter der dazwischenliegenden Systeme an einen zweiten. Die zweimal fünf Systeme werden nun wechselweise gepulst und so der Elektronenstrahl beliebig oft weitergeschaltet. Anstelle zweier Impulsgeneratoren kann auch ein bistabiler Multivibrator verwendet werden, der durch die Eingangsimpulse getriggert wird.

Die Magnetfeld-Schaltröhren werden hauptsächlich in Zähl- und Rechengeräten eingesetzt. Dabei müssen sie gegen magnetische Streufelder geschützt sein. Ihre maximale Schaltfrequenz beträgt 1 MHz.

2. Dekadische Zählröhre mit Leuchtschirm-Anzeige (vgl. [64])

Diese Zählröhre enthält eine „Elektronenkanone" (Kathode mit Fokussier- und Beschleunigungselektroden), die einen Elektronenstrahl mit rechteckigem Querschnitt liefert. Durch ein elektronenoptisches System kann der Elektronenstrahl so abgelenkt werden, daß er zehn verschiedene stabile Stellungen einnimmt. In jeder dieser Stellungen erzeugt er auf einem an der Röhrenwand angebrachten Leuchtschirm einen Strich, der die augenblickliche Lage des Strahls kennzeichnet. Das Weiterschalten des Strahls geschieht durch einzelne Spannungsimpulse. Mit solchen Röhren lassen sich ebenfalls Zählfrequenzen bis 1 MHz erreichen.

V. Gasgefüllte Mehrpolröhren

A. Glühkathoden-Gastriode (Thyratron)

1. Aufbau und Wirkungsweise

Die Glühkathoden-Gastrioden unterscheiden sich in Aufbau und Wirkungsweise grundsätzlich von den Hochvakuumtrioden. Ihr (ebenes) Elektrodensystem (vgl. Abb. 86) besteht aus einer direkt oder indirekt geheizten, hochemittierenden Oxydkathode, einem massiven, mit Bohrungen versehenen „Gitter" und einer ebenen Metall- oder Graphitanode. Bei Röhren kleiner Leistung ist das ganze System in einem Glaskolben, bei Röhren großer Leistung in einem Metallgefäß untergebracht. Der Röhrenkolben ist entweder mit Hg-Dampf, Hg-Dampf + Edelgaszusätzen, reinen Edelgasen oder Wasserstoff bei einem Betriebsdruck von jeweils etwa 10^{-3} Torr gefüllt.

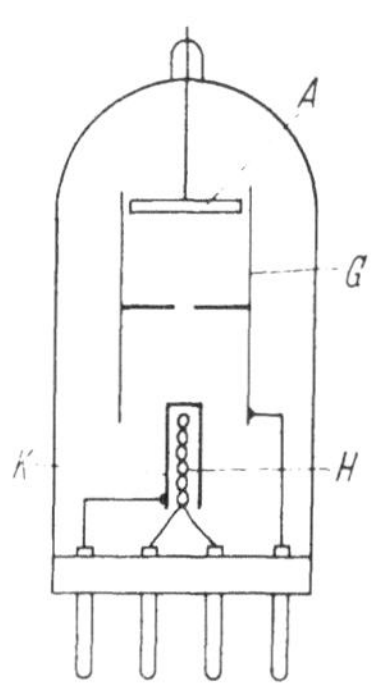

Abb. 86. Elektrodenanordnung in einer gasgefüllten Triode (Thyratron). A = Anode; G = Gitter; K = Kathode; H = Heizfaden.

Im Gegensatz zu den stromsteuernden Hochvakuum-Gitterröhren, deren Betriebsparameter kontinuierlich geregelt werden können, sind bei den gasgefüllten Gitterröhren (Thyratrons) nur zwei diskrete Betriebszustände, nämlich der Sperr- und der Zündzustand, möglich. Im *gesperrten Zustand* schirmt das Gitter den Raum vor der Kathode soweit gegen die positive Anode ab, daß die von der Kathode emittierten Elektronen nur geringfügig beschleunigt werden. Die Elektronenenergie reicht in diesem Fall nicht aus, um Gasmoleküle zu ionisieren und die Röhre zu zünden. Thyratrons mit weiten Gitteröffnungen, d. h. großem Anodendurchgriff, bleiben bei höherer Anodenspannung nur dann gesperrt, wenn die Gitterspannung negativ ist und einen bestimmten Mindestwert nicht überschreitet. Thyratrons mit kleinen Gitteröffnungen und daher niedrigem Anodendurchgriff bleiben auch dann gesperrt, wenn das Gitter positiv ist und einen gewissen Höchstwert nicht überschreitet. Die Werte von Gitter- und Anodenspannung, bei denen gerade noch keine Zündung eintritt, ergeben die für jedes Thyratron charakteristischen Zündkennlinien. Abb. 87 zeigt derartige U_a-U_g-Kennlinien für ein Thyratron mit negativem (a) und für eines mit positivem Gitter (b). Jedes Wertepaar von Gitter- und Anodenspannung liefert in diesem Diagramm einen Punkt. Solange diese Punkte links oder unterhalb der Zündkennlinien liegen, ist das Thyratron gesperrt; liegen die Punkte rechts oder oberhalb der Zündkennlinien, so ist das Thyratron gezündet. Die Zündung tritt ein, sobald die Zündkennlinie überschritten wird. Dies kann durch Erhöhen der Gitterspannung, der Anodenspannung oder beider Spannungen geschehen.

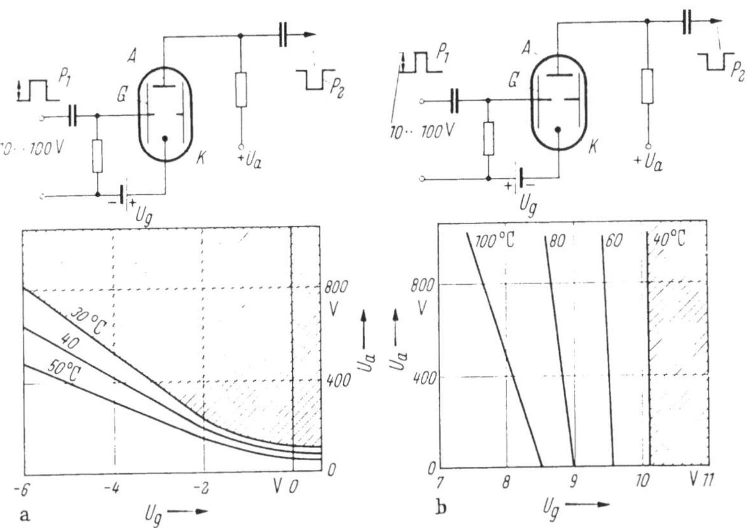

Abb. 87a u. b. Zündkennlinien eines Thyratrons mit Quecksilberdampffüllung bei verschiedener Temperatur.
a) Thyratron mit negativem Gitterspannungsbereich (d. h. großer Gitteröffnung); b) Thyratron mit positivem Gitterspannungsbereich (d. h. kleiner Gitteröffnung).
Schraffiertes Gebiet = Zündbereich; A = Anode; G = Gitter; K = Kathode; P_1 bzw. P_2 = Eingangs- bzw. Ausgangsimpuls.

Wie Abb. 87 zeigt, hängt der Verlauf der Zündkennlinien bei quecksilberdampfgefüllten Thyratrons stark von der Temperatur ab. Dies kommt daher, daß der Dampfdruck des Quecksilbers (wie der von allen Dämpfen) mit der Temperatur schnell ansteigt. (Der Druck in der Röhre wird z. B. ungefähr verdoppelt, wenn sich die Temperatur um 10 °C erhöht; vgl. Bd. I, Abb. 143.) Nach Bd. I, Abb. 126, nimmt aber die Zündspannung einer Entladungsröhre mit wachsendem Druck ab (und durchläuft dann ein Minimum). Daher verschieben sich die Zündkennlinien in Abb. 87 mit wachsender Temperatur nach links, d. h. die zum Zünden erforderliche Gitterspannung wird mit wachsender Temperatur niedriger. Bei gasgefüllten Thyratrons ist die Temperaturabhängigkeit der Zündkennlinien vernachlässigbar gering, weil sich der Gasdruck nur geringfügig mit der Temperatur ändert.

Bei Thyratrons mit großer Gitteröffnung hängt die Gitter-Zündspannung wegen des großen Anodendurchgriffs stark von der Anodenspannung ab (vgl. die flach verlaufenden Kurven der Abb. 87a).

Bei Thyratrons mit kleiner Gitteröffnung ist dagegen die Gitter-Zündspannung wegen des kleinen Anodendurchgriffs nahezu von der Anodenspannung unabhängig (vgl. die steilen Kurven der Abb. 87 b).

Das durch die Zündkennlinien festgelegte Verhältnis von Anoden- zu Gitterspannung bezeichnet man als *Gittersteuerverhältnis* μ. Nach Abb. 87a sind die Zündkennlinien von Thyratrons mit negativem Gitter angenähert Gerade, deren Verlängerung durch den Koordinatenursprung geht. Längs dieser Geraden ist infolgedessen das Gittersteuerverhältnis $\mu = -U_a/U_g$ (U_g negativ) konstant. Bei Thyratrons mit positivem Gitter ist $\mu = U_a/U_g$ (U_g positiv) nahezu unabhängig von U_g, ändert sich aber mit U_a.

Beim Überschreiten der Zündkennlinie geht das Thyratron in seinen zweiten möglichen, nämlich den Zündzustand, über. Im *gezündeten Zustand* findet in der Röhre eine stromstarke Bogenentladung statt. Bei der Zündung steigt der Anodenstrom sprungartig an und muß durch einen

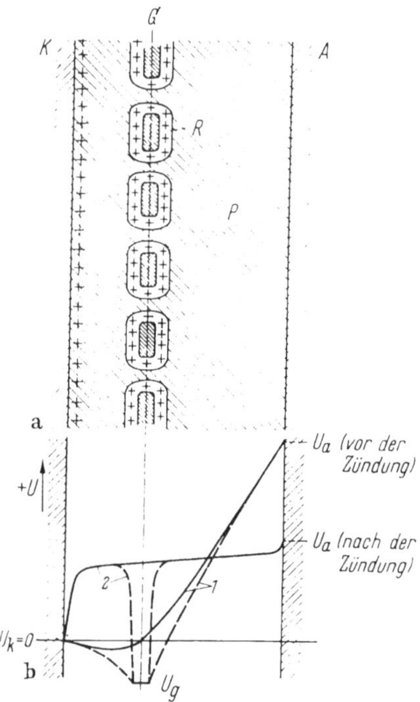

Abb. 88. a) Ionenraumladungsschicht am negativen Gitter und an der Kathode in einem Thyratron nach der Zündung. (An der Kathode wird die Ionenschicht durch die emittierten Elektronen neutralisiert.)
K = Kathode; G = Gitter; A = Anode; P = quasineutrales Plasma; R = Ionenraumladungsschicht.
b) Potentialverlauf im Thyratron mit negativem Gitter: *1* vor der Zündung (wie in einer Hochvakuumtriode ohne Raumladung); *2* nach der Zündung.
———— : Potentialverlauf zwischen zwei Gitterstegen;
········ : Potentialverlauf in der Ebene eines Gitterstegs.

Anodenwiderstand begrenzt werden. Gleichzeitig sinkt die Anodenspannung auf den Wert der Brennspannung (10 bis 20 V). Während der Entladung wird das ganze Volumen der Röhre vom quasineutralen Plasma der Lichtbogensäule erfüllt. Die Elektroden nehmen darin die Eigenschaften von Plasmasonden an (vgl. Kap. 1, Abschn. II, C, 1). Dies bedeutet, daß Kathode und Gitter sich mit einer Schicht positiver Ionen umgeben (vgl. Abb. 88a), weil ihr Potential jeweils kleiner als das Plasmapotential ist (vgl. Abb. 88b). An der Kathode wird allerdings die Ionenraumladungsschicht von den emittierten Elektronen neutralisiert. Die Dicke d der Ionenraumladungsschicht am Gitter erhält man aus Gl. (50), wenn dort anstelle von U_s das Gitterpotential U_g eingesetzt wird. Da außerdem $U_p \approx U_a$ ist (U_a = Anodenpotential, U_p = Plasmapotential), wird:

$$d = \sqrt{\frac{4}{9}\,\varepsilon_0}\,\sqrt{\frac{2e}{m_i}\,\frac{(U_a - U_g)^{3/2}}{j_i}} = \sqrt{\frac{2{,}33 \cdot 10^{-3}\,(U_a - U_g)^{3/2}}{\sqrt{1835\,\mu}\cdot j_i}}\ [\mathrm{cm}].\qquad (82)$$

worin U_a, U_g = Anoden- bzw. Gitterpotential [in V], μ = Atomgewicht des Füllgases, j_i = konstante thermische Diffusionsstromdichte der Ionen, die zum Gitter fliegen [in mA/cm²]; d ist von der Größenordnung 0,1 mm.

Nach Gl. (82) ändert sich bei Variieren der Gitterspannung U_g im Bereich $U_g < U_p$ (U_p = Plasmapotential) nur die Dicke der Ionenschicht am Gitter, während die übrigen Entladungsparameter wie Gitterstrom[1], Anodenstrom und Anodenspannung konstant bleiben. Das Gitter verliert also nach der Zündung seine Steuerfähigkeit, solange die Entladung andauert. Erst wenn die Anodenspannung von außen so weit erniedrigt wird, daß die Entladung erlischt, gewinnt es seine Steuerfähigkeit zurück. Thyratrons sind deshalb nur für Wechselstrombetrieb geeignet, weil dann die Anodenspannung während jeder Periode zweimal den Wert Null annimmt.

2. Betriebsdaten

Da ein Thyratron nur zwei Betriebszustände haben kann, entspricht seine Wirkungsweise der eines Hochleistungs-Schaltrelais, das einen Wechselstromkreis öffnen und schließen kann. Der Augenblick des Öffnens wird durch einen Spannungsimpuls am Gitter, der Augenblick des Schließens durch den Nulldurchgang der Anodenwechselspannung

---

[1] Erst wenn das Gitterpotential während der Entladung ungefähr gleich dem Plasmapotential gemacht wird, verschwindet die Ionenraumladungsschicht, und das Gitter übernimmt einen Teil des Anodenstroms. Durch einen Gittervorwiderstand läßt sich verhindern, daß der Gitterstrom dabei größer wird als der Anodenstrom.

festgelegt. Die *Schaltgeschwindigkeit* hängt von der Ionisierungs- und Entionisierungszeit des Thyratrons ab.

Die *Ionisierungszeit* t_i ist die Zeit zwischen dem Anlegen des Zündimpulses an das Gitter und dem Augenblick, wo der Anodenstrom seinen Maximalwert erreicht. Diese Zeit beträgt je nach Füllgas bzw. -dampf 0,5 bis 10 µsec. Die *Entionisierungszeit* t_e ist die Zeit, die das Gitter nach Unterbrechung des Anodenstroms (durch Wegnahme der Anodenspannung) zur Rückgewinnung seiner Steuerfähigkeit benötigt. Ihr Wert liegt zwischen 30 und 1000 µsec. In Tab. 11 sind die Werte von t_i und t_e für verschiedene Füllgase zusammengestellt.

Tabelle 11

Werte der Ionisierungs- und Entionisierungszeit (t_i bzw. t_e) für verschiedene Füllgase bzw. -dämpfe

Füllgas bzw. -dampf	He, Ne	H$_2$	Xe	Hg-Dampf
t_i [µsec]	0,5	0,5	10	10
t_e [µsec]	30–75	100	40 (bei $U_g = -250$ V) 400 (bei $U_g = -12$ V)	1000
Anwendung	für rasche Schaltvorgänge			für langsame Schaltvorgänge (z. B. 50 Hz)

Aus der Tabelle 11 geht hervor, daß für rasche Schaltvorgänge (d. h. Schaltfrequenzen bis einige kHz) nur Thyratrons mit Wasserstoff- oder Edelgasfüllung in Frage kommen. Diese Füllgase haben jedoch den Nachteil, daß sie während des Betriebs durch den Clean-up-Effekt allmählich aufgezehrt werden, so daß die Lebensdauer der betreffenden Röhren begrenzt ist. Zur Erhöhung der Lebensdauer werden Wasserstoff-Thyratrons mit einem Zirkonium- oder Titanhydrid-Vorrat ausgestattet, der langsam dissoziiert und so den aufgezehrten Wasserstoff fortlaufend ersetzt. Quecksilberdampf-Thyratrons können zwar wegen der hohen Entionisierungszeit nur für Frequenzen bis einige 100 Hz verwendet werden, besitzen aber wegen des tropfenförmigen Hg-Vorrats eine sehr hohe Lebensdauer. Zur Einstellung des Betriebsdrucks benötigen sie allerdings eine relativ lange Kathoden-Vorheizzeit (von 10 sec bis 10 min).

Die *Schaltleistung* eines Thyratrons hängt von dessen höchstzulässigen Strom- und Spannungswerten ab. Für ein Hochleistungs-Thyratron (Siemens Ste 15000) mit Hg-Dampffüllung beträgt z. B. die (im Sperrzustand) zulässige positive bzw. negative Anodenspannung 15 kV, der zulässige Anodenstrom (nach der Zündung) 15 A (Mittelwert) bzw. 600 A (Momentanwert während 0,1 sec); der Gitterstrom darf 0,25 A (Mittelwert) bzw. 1 A (Spitzenwert) nicht übersteigen. Die Schaltleistung einer solchen Röhre beträgt einige 100 kW. Für ein Thyratron niedriger Leistung mit zwei gleichwertigen Steuergittern und Edelgasfüllung (z. B. PL 21) beträgt die zulässige Anodenspannung in Durchlaßrichtung (Anode positiv) 650 V, in Sperrichtung (Anode negativ) 1300 V. Der Anodenstrom soll 0,1 A (Mittelwert) bzw. 0,5 A (Momentanwert) nicht überschreiten; im Impulsbetrieb ist ein Anodenstrom von 10 A zulässig.

3. Anwendungen

Hochleistungs-Thyratrons werden vorwiegend als gesteuerte Gleichrichter (Stromrichter) und als Wechselrichter in der Starkstromtechnik angewandt. Das Prinzip des gesteuerten Gleichrichters geht aus Abb. 89 hervor. Die gleichzurichtende Wechselspannung liegt an der Anode des

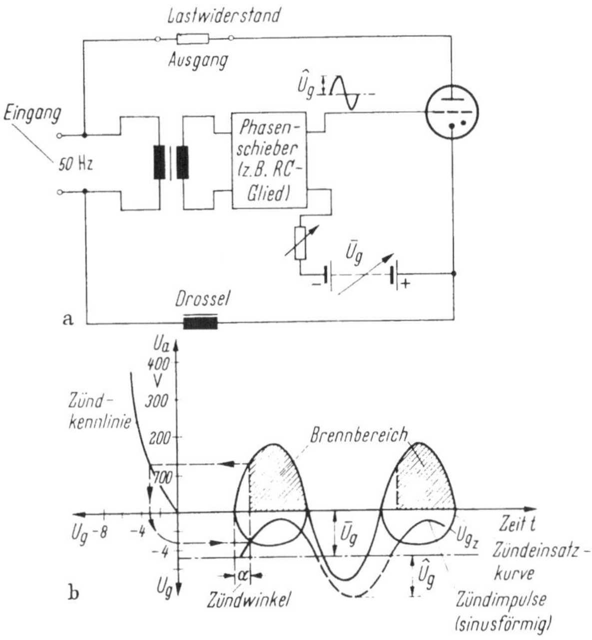

Abb. 89. a) Einphasiger gesteuerter Stromrichter [68]; b) Ermittlung des Zündaugenblicks im Stromrichter aus der Zündeinsatzkurve bei sinusförmiger Gitterspannung. (U_{gz} = jeweils zum Zünden erforderliche Gitterspannung; $U_{gz} = f(t)$ = Zündeinsatzkurve.)

Thyratrons (Abb. 89a). Dem Gitter wird außer einer negativen Vorspannung eine kleine Wechselspannung zugeführt, deren Phase gegenüber der Anodenwechselspannung mit Hilfe eines Phasenschiebers variiert werden kann. Dadurch wird bei positiver Anodenspannung der Zündzeitpunkt festgelegt. Die in jedem Augenblick zur Zündung erforderliche Gitterspannung ist durch die Zündeinsatzkurve gegeben, die sich — wie in Abb. 89b angegeben — aus der Zündkennlinie des Thyratrons konstruieren läßt. Sobald die sinusförmig schwankende Gitterspannung[1] während ihres Anstiegs die Zündeinsatzkurve schneidet, zündet das Thyratron, und es fließt ein hoher, durch Drossel und Lastwiderstand begrenzter Anodenstrom. Die Entladung erlischt, sobald die Anodenspannung unter die Brennspannung abgesunken ist. Während der negativen Halbwelle der Anodenspannung bleibt das Thyratron gesperrt. Der Brennbereich ist in Abb. 89 unten durch Schraffur gekennzeichnet.

Die Betriebsschaltung eines fremdgesteuerten Wechselrichters mit zwei (wechselweise gezündeten) Thyratrons zeigt Abb. 90. Mit dieser

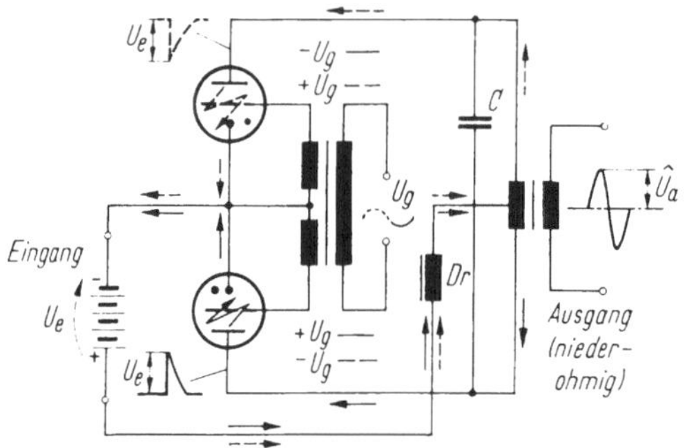

Abb. 90. Zweiphasiger fremdgesteuerter Wechselrichter mit zwei Thyratrons [68].
Dr = Schutzdrossel; U_g = Gitter-Steuerwechselspannung (Fremderregung mit kleiner Leistung); U_e = Gleichspannung am Eingang, U_a = Wechselspannung am Ausgang; C = Pufferkondensator (liefert Strom bei Zündung).

Anordnung kann eine hohe Gleichspannung U_e mit Hilfe einer kleinen Wechselspannungsquelle (Spannung U_g) in eine hohe Wechselspannung U_a umgeformt werden.

In der Elektronik und Nachrichtentechnik werden Thyratrons mit einem oder zwei Gittern als Relais (Stromtore) in Impulsschaltungen (z. B. von Strahlungsmeßgeräten) verwendet. Dabei gibt man häufig den Thyratrons mit zwei Gittern (Tetroden) den Vorzug, weil diese einen geringen Steuergitterstrom ziehen und eine niedrige Steuergitter-Anoden-Kapazität besitzen. Außerdem läßt sich bei ihnen die Zündkennlinie durch Variieren der Schirmgitterspannung innerhalb eines gewissen (erwünschten) Bereichs verschieben.

---

[1] Anstelle sinusförmiger Impulse können zur Zündung auch beliebige andere Impulsformen verwendet werden.

B. Gastrioden mit flüssiger Quecksilberkathode (Zündstift-Trioden)

1. Ignitron

(Hg-Dampf-Stromrichter mit Halbleiterzündstift)

Das Ignitron dient zum Schalten und Gleichrichten hoher Wechselströme (bis einige 1000 A). Es enthält einen Graphitblock als Anode, einen Quecksilberteich als Kathode und einen Zündstift (Ignitor) aus thermisch hochbelastbarem Halbleitermaterial (Silizium- oder Borkarbid), der in das Quecksilber eintaucht, aber von diesem nicht benetzt wird (vgl. Abb. 91).

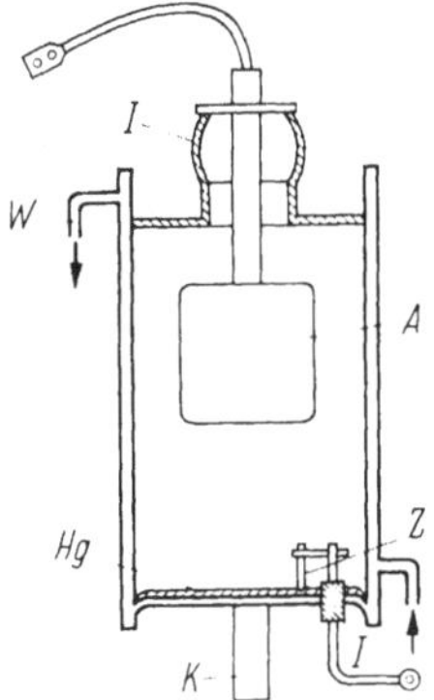

Abb. 91. Typische Elektrodenanordnung im Ignitron.
A = Graphitanode; Z = Zündstift; K = Kathodenanschluß; I = Isolator; Hg = Hg-Teich (Kathode); W = Wasserkühlung.

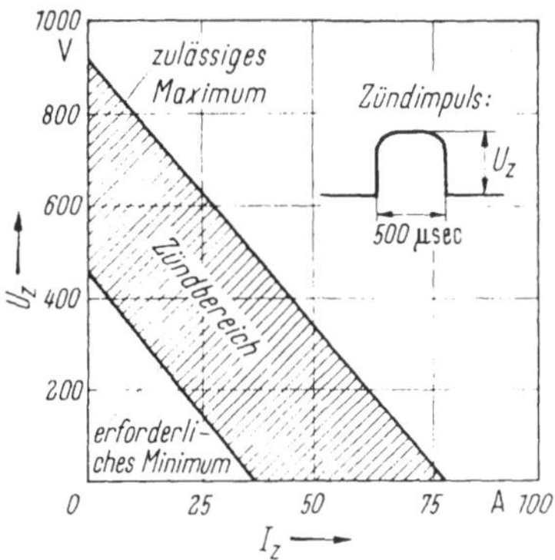

Abb. 92. Zum Zünden erforderliche Zündstiftspannung U_z als Funktion des Zündstiftstroms I_z in einem Ignitron ("Übernahmekennlinie").

Das Zünden geschieht beim Ignitron durch Anlegen eines positiven Spannungsimpulses (von etwa 1 msec Dauer und einigen 100 V Amplitude bei einer Stromstärke von 10 bis 60 A) an den Zündstift. Die Zündspannung kann dabei um so kleiner sein, je größer der Zündstrom ist (vgl. Abb. 92). Dieser darf aber nicht zu groß werden, weil sonst der Zündstift zerstört wird. Um dies zu vermeiden, wird in die Zuleitung zum Zündstift ein Vorwiderstand eingeschaltet. Durch passende Form des Zündstifts läßt sich erreichen, daß Zündstrom und Zündspannung einen minimalen Wert annehmen. Der Augenblick des Zündens ist von der Anodenspannung praktisch unabhängig. Die Zündkennlinien $U_a = f(U_z)$ des Ignitrons verlaufen deshalb ähnlich wie die des Glühkathoden-Thyratrons mit positivem Gitter (vgl. Abb. 87b).

Im Augenblick der Zündung bildet sich zwischen der Spitze des Zündstifts und dem Hg-Teich ein kleiner Lichtbogen mit einem Kathodenfleck aus. Er entsteht durch das hohe elektrische Feld, das der Zündimpuls zwischen dem Zündstift und der (unebenen) Quecksilberoberfläche an der Eintauchstelle erzeugt. Die hohe elektrische Feldstärke führt zur Feldelektronenemission aus dem Quecksilber und damit zur Ausbildung des Lichtbogens, der sofort in die Hauptentladung zwischen Kathode und Anode übergeht. Der Kathodenfleck löst sich dabei vom Zündstift ab und tanzt auf dem Quecksilberteich umher. Der Spannungsabfall längs der Hauptentladungsstrecke beträgt 15 bis 18 V.

Während der Entladung emittiert der Quecksilberteich infolge des Ionenaufpralls große Mengen Hg-Dampf. Damit dieser kondensiert und in den Hg-Teich zurückgelangt, werden die Ignitronwände mit Wasser gekühlt. Die Entladung erlischt, wenn die Anodenwechselspannung unter den Wert der Brennspannung sinkt. Sie muß wie beim Thyratron in jeder Periode der Anodenwechselspannung neu gezündet werden.

Die Schaltgeschwindigkeit des Ignitrons hängt u. a. von der Ionisierungszeit t_i ab, die im allgemeinen erheblich größer ist als beim Thyratron. Sie beträgt 20 bis 120 μsec und nimmt mit wachsender Zündspan

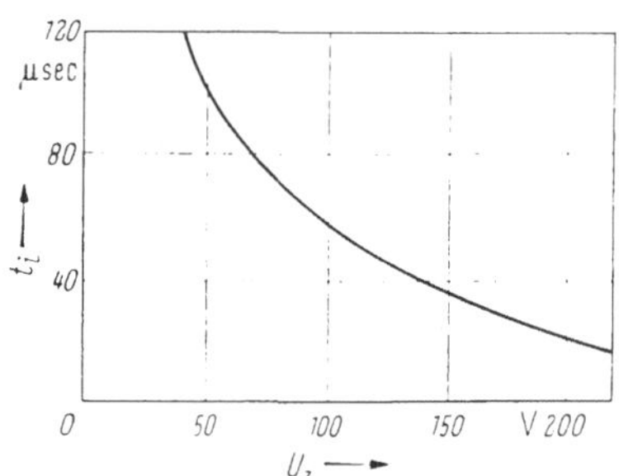

Abb. 93. Ionisierungszeit t_i in einem Ignitron als Funktion der Zündspannung U_z (prop. $1/d$; d = Zündstiftdurchmesser).

nung ab (vgl. Abb. 93). Die Zündspannung selbst ist dem Zündstiftdurchmesser angenähert umgekehrt proportional. Daher steigt die Ionisierungszeit t_i mit dem Zündstiftdurchmesser d an.

2. Excitron

(Hg-Dampf-Stromrichter mit Gitter in Anodennähe)

Die Excitronröhren gleichen in Aufbau und Wirkungsweise den Ignitrons, enthalten aber neben dem Zündstift eine Hilfsanode, die den Kathodenbrennfleck dauernd aufrechterhält. Der Zündstift dient nur zum Einschalten der Röhre bei Betriebsbeginn. Das periodische Zünden der Hauptentladung während des Betriebs geschieht durch ein Steuergitter, das die Anode vollständig umgibt. Dieses Gitter und eine zusätzliche Abschirmelektrode zwischen Gitter und Kathode — die häufig auch in Ignitrons verwendet wird — verleihen der Röhre eine hohe Spannungsfestigkeit (von mehreren 1000 V) während der Sperrphase.

3. Anwendungen

Das Ignitron dient vorwiegend als Relais in Widerstands-Schweißanlagen (vgl. Abb. 94) und in Gleichrichterschaltungen für hohe Ströme. Die Excitronröhren werden dagegen ausschließlich als Hochleistungs-Gleichrichter verwendet.

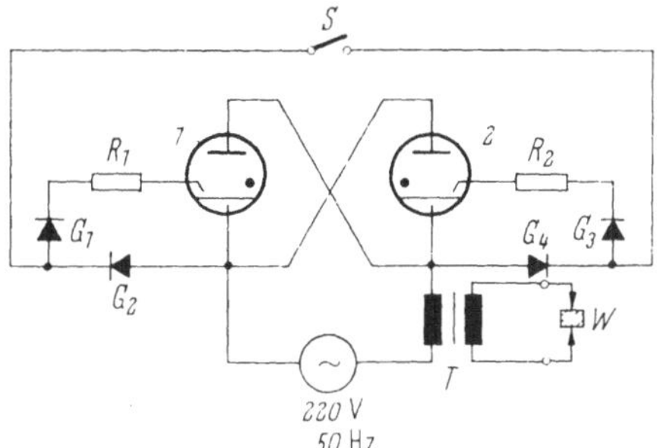

Abb. 94. Antiparallelschaltung zweier Ignitrons zur Steuerung des Schweißstroms in einer Widerstandsschweißanlage. Solange der Schalter S geschlossen ist, werden die Ignitrons 1 und 2 wechselweise gezündet und liefern über den Transformator T den Schweißstrom für das Werkstück W. Die Widerstände R_1 und R_2 sowie die Trockengleichrichter G_1 bis G_4 dienen zum Schutz der Zündstifte gegen elektrische Beschädigung [68].

C. Kaltkathoden-Mehrpolröhren

1. Schaltröhren (Relaisröhren)

Obwohl auch die gasgefüllten Mehrpolröhren mit Glühkathode im Prinzip Schaltröhren sind, hat sich die Bezeichnung „Schalt-" oder „Relaisröhren" doch vorwiegend für Gastrioden mit *kalter Kathode* eingebürgert. Diese Röhren enthalten außer der Kathode und Anode eine Zündelektrode in Form eines kurzen Drahtstücks vor der Kathode (vgl. Abb. 95a) und sind mit Edelgas gefüllt. Die Kathode ist zur Erhöhung ihrer Emissionsfähigkeit mit einer **Ba**- oder **Sr**-Schicht bedeckt. Hinter der Anode ist häufig eine kleine drahtförmige Hilfsanode angebracht, die zwischen sich und der Hauptanode eine Dauerglimmentladung aufrechterhält. Diese hat den Zweck, den Hauptentladungsraum vorzuionisieren (ohne jedoch die Hauptentladung auszulösen). Dadurch wird die Ionisierungszeit für die Hauptentladung beim Zünden auf 10^{-4} bis 10^{-5} Sekunden erniedrigt. Außerdem wird die Zündung von äußerer Beleuchtung und kosmischer Strahlung weitgehend unabhängig.

Das Zünden der Relaisröhre geschieht durch einen positiven Spannungsimpuls an der Zündelektrode. Die Zündspannung ist wie bei allen Kaltkathodenröhren relativ hoch und beträgt je nach Röhrentype 80 bis

150 V. Um mit einer geringeren Zündimpulsamplitude auszukommen, wird an die Zündelektrode meist eine positive Vorspannung angelegt. Im Augenblick des Zündens bildet sich im vorionisierten Entladungsraum zwischen Kathode und Anode eine Glimmentladung aus, wobei die Anodenspannung (150 bis 300 V) auf die Brennspannung (60 bis 120 V)

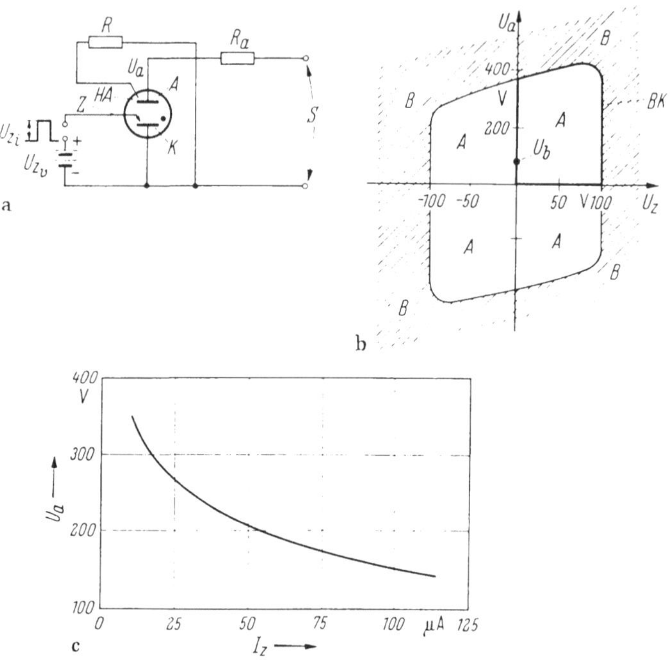

Abb. 95a—c. Betriebsschaltung und Kennlinien einer Relaisröhre.

a) Betriebsschaltung. A = Scheibenanode; K = Scheibenkathode; HA = Hilfsanode; Z = Zündelektrode; U_{zi} = Amplitude des Zündimpulses; U_{zv} = positive Vorspannung der Zündelektrode; die gesamte Zündspannung ist $U_z = U_{zi} + U_{zv}$; S = zu schaltender Stromkreis.
b) Zündkennlinie $U_a = f(U_z)$. A = Sperrbereich; B = Zündbereich; BK = Betriebskennlinie; U_b = Brennspannung = Anodenspannung nach der Zündung.
c) Zum Zünden erforderliche Anodenspannung U_a in Abhängigkeit vom Zündstrom I_z („Übernahmekennlinie").

absinkt. Der Entladungsstrom (einige mA) wird durch einen Anodenwiderstand begrenzt. Nach der Zündung verhält sich die Zündelektrode wie eine Sonde im Plasma und verliert ihre Steuerfähigkeit. Die Röhre kann deshalb nur dadurch gesperrt werden, daß die Anodenspannung unter den Wert der Brennspannung erniedrigt wird.

Wegen des geringen Abstandes zwischen Zündelektrode und Kathode ist die Zündspannung U_z im Bereich $U_a < 200 \ldots 400$ V von der Anodenspannung U_a nahezu unabhängig. Wenn die Anodenspannung diesen Bereich überschreitet, zündet die Relaisröhre unabhängig von U_z. Die

Zündkennlinie $U_a = f(U_z)$, die das jeweilige zum Zünden erforderliche Wertepaar $U_a - U_z$ angibt, hat daher die in Abb. 95b gezeichnete Form. Bei Röhren mit nichtpräparierter Kathode sind alle Elektroden bezüglich der Zündung gleichwertig; daher hat die Zündkennlinie das Aussehen eines Parallelogramms. Bei Röhren mit aktivierter Kathode — die heute ausschließlich verwendet werden — kann jedoch nur der erste Quadrant des $U_a - U_z$-Diagramms für den Betrieb verwendet werden. Damit die Entladung im Augenblick des Zündens von der Zündelektrode auf die Hauptentladungsstrecke zwischen Kathode und Anode übergeht, muß der Zündstrom I_z einen gewissen Mindestwert überschreiten, der mit wachsender Anodenspannung abnimmt (vgl. Abb. 95c).

Die Relaisröhren werden in Schalt- und Zählstufen, Impulsgeneratoren und Signalanlagen für Frequenzen bis 5 kHz eingesetzt. Ihr Vorteil ist, daß sie keine Heizleistung und nur eine geringe Steuerleistung benötigen. Sie haben außerdem eine hohe Lebensdauer und sind sofort betriebsbereit.

2. Zählröhren

Gasgefüllte Zählröhren enthalten in ihrem Kolben zehn Elektrodengruppen, die kreisförmig um eine gemeinsame Anode angeordnet sind

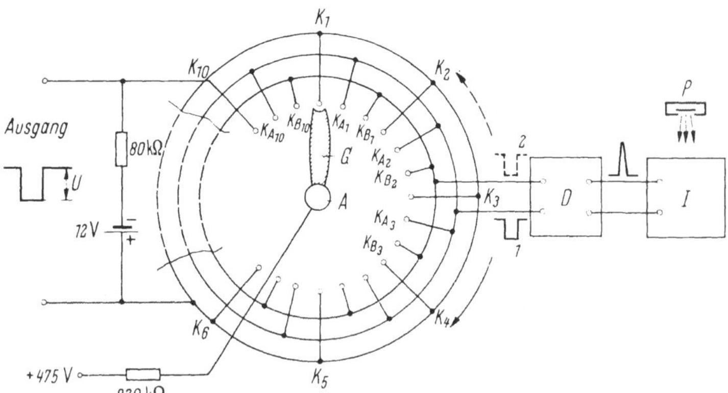

Abb. 96. Elektrodenanordnung und Betriebsschaltung einer dekadischen Zählröhre (VALVO Z 504 S). A = Anode; $K_{1..10}$ = Hauptkathoden; $K_{A1..10}$ und $K_{B1..10}$ = Hilfskathoden; G = Glimmentladung; D = Doppelimpulsgeber (Impulsformer); Impulsgenerator (z. B. Schaltung mit Geiger-Müller-Zählrohr, das von einem Präparat P bestrahlt wird).
Kommt der Impuls 1 vom Impulsgeber zuerst, so wird im Uhrzeigersinn gezählt, kommt der Impuls 2 zuerst, so wird im Gegensinn gezählt. Pro zehn Eingangs-(Doppel)-Impulse erscheint ein Ausgangsimpuls.

(vgl. Abb. 96). Jede Elektrodengruppe besteht aus einer Kathode $K_{1...10}$ und zwei Hilfskathoden $K_{A1...10}$ und $K_{B1...10}$. Die Kathoden $K_{1...9}$ sind miteinander verbunden und geerdet. Die Kathode K_{10} ist dagegen getrennt herausgeführt und liegt über einen Widerstand an negativer Vorspannung (z. B. -12 V). Die Hilfskathoden $K_{A_{1\ldots10}}$ und $K_{B_{1\ldots10}}$ erhalten eine positive Vorspannung (z. B. $+50$ V) und sind an einen Doppelimpulsgeber angeschlossen.

Wird an die Anode die Betriebsspannung angelegt, so bildet sich zwischen ihr und der Kathode K_{10} eine Glimmentladung aus, weil längs dieser Entladungsstrecke die Spannung vor dem Zünden um 12 V (Vorspannung der Kathode K_{10}) höher ist als bei den Kathoden $K_{1\ldots9}$ und um 62 V höher als bei den Hilfskathoden. Wird nun den Hilfskathoden K_A ein negativer Spannungsimpuls (von z. B. -100 V während 75 μsec) zugeführt, dann steigt die Spannung zwischen den Hilfskathoden K_A und der Anode um den Betrag der Impulsamplitude. Die Entladung springt infolgedessen auf die K_{10} benachbarte Hilfskathode $K_{A_{10}}$ über, während die Entladung zwischen K_{10} und A erlischt. Auf den ersten Impuls muß nun in einigem Abstand (z. B. 200 μsec) ein zweiter folgen, der den Hilfskathoden K_B zugeführt wird. Dadurch springt die Entladung von $K_{A_{10}}$ auf $K_{B_{10}}$ über. Am Ende des zweiten Impulses wird die Entladung von der am nächsten gelegenen Strecke $K_1 - A$ übernommen, während die Entladung zwischen $K_{B_{10}}$ und A erlischt. Dieser Vorgang wiederholt sich bei jedem Impulspaar vom Impulsgeber. Das Vorhandensein zweier Hilfskathoden pro Hauptkathode ermöglicht mit Hilfe der beiden Impulse zwei verschiedene Zählrichtungen, nämlich im bzw. gegen den Uhrzeigersinn. Zwei Zählrichtungen sind zum Beispiel erforderlich, wenn man nach dem Substraktionsverfahren zwei innerhalb einer bestimmten Zeit gemessene Impulszahlen miteinander vergleichen will. Andere Zählröhren haben nur eine Hilfskathode zwischen zwei Hauptkathoden und erlauben daher keine Rückwärtszählung. Die Anzeige des Zählergebnisses erfolgt bei allen Zählröhren durch die Glimmbedeckung der jeweiligen Hauptkathode. Die maximale Zählfrequenz beträgt je nach Röhrentype 5 bis 50 kHz. Bei hohen Impulszahlen werden zur Anzeige des Zählergebnisses auch zusätzliche mechanische Zähler verwendet.

3. Signalröhren

haben einen ähnlichen Aufbau wie Zählröhren, nur dient jede einzelne Glimmentladung nicht zum Schließen eines elektrischen Kontaktes, sondern zum Beleuchten eines Zeichens, also zum Signalisieren einer Nachricht. Die Röhren enthalten eine Anode, zehn Hauptkathoden und zehn Zündelektroden, die über zehn Leitungen mit einem Impulsgenerator verbunden werden. Erhält eine der Zündelektroden einen Impuls, so zündet diese eine Entladung zwischen der zugehörigen Kathode und der Anode. Das Kathodenglimmlicht beleuchtet dabei das zu signalisierende Zeichen. Bei anderen Signalröhren haben die Kathoden selbst die Form von Ziffern oder Buchstaben, die sich während der Entladung mit Kathodenglimmlicht bedecken (vgl. Abb. 97).

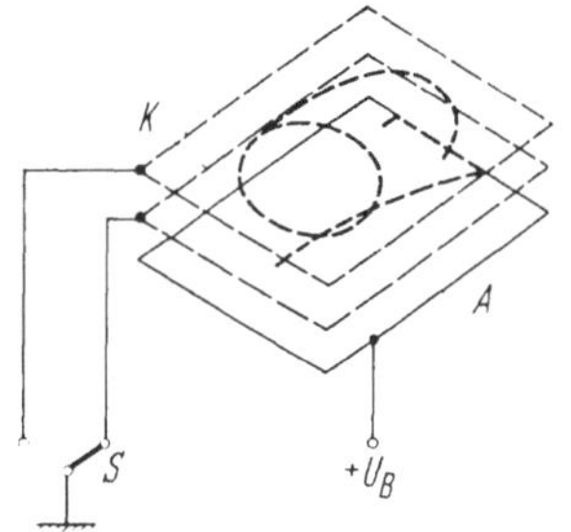

Abb. 97. Aufbau einer Signalröhre mit übereinanderliegenden Netzkathoden von Ziffernform.

A = Anode; K = Kathoden; S = elektronischer Schalter für die Wahl der Ziffer, die sich mit Glimmlicht bedecken soll.

VI. Zweipolige Festkörper-Entladungsgeräte

A. Charakteristische Daten anorganischer Halbleiter

Ausgangsstoffe für den Bau von Festkörper-Entladungsgeräten sind eine Reihe von Halbleitern, die nach der Reinigung meist mit definierten Mengen von Fremdstoffzusätzen dotiert werden[1]. Die gebräuchlichsten Halbleiter und ihre für Entladungsgeräte wesentlichen Eigenschaften sind in Tab. 12 (siehe S. 126/127) — geordnet nach der Breite $\varDelta E$ des verbotenen Bandes — angegeben.

Die Spalte 3 dieser Tabelle enthält die Abkürzungen für die Kristallstruktur und die Spalte 4 die Breite des verbotenen Bandes in eV, die in relativ weiten Grenzen (von 0,1 bis 6 eV) schwankt. Für Germanium und Silizium ist sie relativ klein (0,7 bzw. 1,1 eV), was einer der Gründe für die umfangreiche Anwendung dieser Stoffe ist. Die nächste Spalte (5) betrifft die Änderung β der Breite des verbotenen Bandes mit der Temperatur. Für die meisten Halbleiter liegt β zwischen $2 \cdot 10^{-4}$ und $6 \cdot 10^{-4}$ eV/°K. In Spalte 6 sind die spezifischen Widerstände ϱ_i in Ω cm für Eigenleitung angegeben. Die 7. und 8. Spalte zeigt die Beweglichkeiten μ_n und μ_p der negativen und positiven Ladungsträger in cm²/V sec. Dabei fällt auf, daß μ_n stets wesentlich größer ist als μ_p. Die Ursache dafür ist die geringere Wechselwirkung der Elektronen im Leitungsband mit Gitteratomen im Vergleich zu der relativ starken Wechselwirkung der kernnäheren Defektelektronen im Valenzband. In Spalte 9 ist die Rekombinationszeit oder „Lebensdauer" τ (d. h. die Zeit zwischen Anregung und Rekombination) für ein Ladungsträgerpaar in µsec

---

[1] Vgl. Bd. I. Kap. 1. Abschn. X sowie Kap. 2. Abschn. VII. B.

Tabelle 12
Eigenschaften anorganischer Halbleiter einschließlich intermetallischer Verbindungen (vgl. [74, 104])

1 Symbol	2 Name	3 Str	4 ΔE	5 β	6 ϱ_i	7 μ_n	8 μ_p	9 τ	10 γ	11 T_s	12 ε_r	13 n	14 Anwendung
Bi_2Te_3*	Wismuttellurid	Rh	0,15		0,03	800	400		7,7	573			Peltier-Effekt
InSb	Indiumantimonid	Z	0,17	3,3	0,0045	57000	780	3	5,77	523	16,1	4,0	Hall-Generator
PbTe	Bleitellurid	N	0,28	4,5	0,01	2100	840	310	8,16	911	6,45	2,5	Infrarot-Detektor
Te*	Tellur	H	0,34	1,8	0,6	1300	600		6,25	452	23,1	4,8	
InAs	Indiumarsenid	Z	0,37	4	0,1	22600	200			$940p$	10,6	3,2	Hall-Generator
PbS	Bleisulfid	N	0,4	4,7	3,1	650	250	2800	7,5	1117	15,3	3,9	Photowiderstand
$CuFeS_2$	Kupferferrosulfid	O	0,53						4,2	875			Spitzengleichrichter
GaSb	Galliumantimonid	Z	0,69	3,5	0,06	4000	750			702	13,7	3,7	Hall-Generator
Ge	Germanium	D	0,72	2,2	≈ 50	3900	1900	1000	5,32	936	15,6	3,9	} Gleichrichter, Transistoren, Photozellen
Si	Silizium	D	1,09	3,6	300000	1350	480	2500	2,33	1420	11,7	3,4	
InP	Indiumphosphid	Z	1,25	4,7	10	3500	650			1060	9,0	3,0	Hall-Generator
GaAs	Galliumarsenid	Z	1,35	5,2	$5 \cdot 10^7$	4000	450	20		1260	10,2	3,2	Sonnenbatterie, Röntgendosimeter
CdTe	Cadmiumtellurid	Z	1,45	3,6	$2 \cdot 10^4$	400	60		6,2	1050	10,9	3,3	
AlSb	Aluminiumantimonid	Z	1,55	3,8	0,5	70	150		4,25	1060	4,8	3,0	Punktdioden
Sb_2S_3	Antimonsulfid	O	1,55		$5 \cdot 10^8$				4,6	548	9,6	3,2	Photozellen
CdSe	Cadmiumselenid	Z	1,77	4,6	0,05	900		10000		$1350p$			Leuchtstoffe, Photoleiter
ZnTe**	Zinktellurid	Z	2,1		10^{11}		50		5,6	1239			Photoleiter
Cu_2O	Kupferoxydul		2,1		$5 \cdot 10^6$	250	57			1110	7,3	2,7	Gleichrichter, Photozellen
Se	Selen	H	2,2	4,5	10^6		1			220	6,5	2,5	Gleichrichter, Photozellen

Formel	Name	Sp. 3	Sp. 4	Sp. 5	Sp. 6	Sp. 7	Sp. 8	Sp. 9	Sp. 10	Sp. 11	Sp. 12	Sp. 13	Anwendung
GaP	Galliumphosphid	Z	2,29	5,5		1000	17			1350	8.4	2,9	Leuchtstoffe
CdS**	Cadmiumsulfid	Z-W	2,4	5,2	10^{13}	250	20	1000	4.82	1850	11.6	3,4	Leuchtstoff
ZnSe	Zinkselenid	Z	2,6	7,2		100			5.42	1000			Leuchtstoff
ZnO	Zinkoxyd	W	3,2		5	200	180		5.68	1975	12	3,5	Leuchtstoff
SiC	Siliziumkarbid (Carborundum)	Z	3,5			60	8		3.17	2700			Thermistoren
ZnS	Sphalerit	Z	3,7	3.6	$4,5 \cdot 10^9$				4,09	1850 p	16.6	4,1	Leuchtstoff
	Wurtzit	W							4,10	1020			
TiO$_2$**	Rutil	T	3,7						4.26	1640			Gleichrichter
C**	Diamant	D	5,3		10^{16}	1800	1400		3.51	3800	5.7	2.5	Spitzengleichrichter

Bedeutung der Symbole in den einzelnen Spalten:

Spalte 1: * bedeutet ein Element oder eine Verbindung, die in zwei Kristallformen auftreten.

    ** charakterisiert ein Element oder eine Verbindung, deren spezifischer Widerstand so hoch ist, daß es (sie) an das Gebiet der Isolatoren grenzt.

Spalte 3: Die Kristallstrukturabkürzungen bedeuten:

    D = Diamant (tetraedrisch), H = hexagonal, N = NaCl (kubisch), O = orthorhombisch, P = Pyrit, Rh = rhomboedrisch, T = tetragonal, W = Wurtzit, Z = Zinkblende.

Spalte 4: Breite ΔE des verbotenen Bandes in eV (T = 0°K).

Spalte 5: Änderung der Breite des verbotenen Bandes mit der Temperatur: $\beta = d(\Delta E)/dT$. Diese Größe muß mit 10^{-4} multipliziert werden, um eV pro °K zu erhalten.

Spalte 6: Spezifischer Widerstand ϱ_i in Ωcm bei Eigenleitung (T = 300°K).

Spalte 7 und 8: Beweglichkeit μ_n und μ_p der negativen und positiven Träger (aus Halleffekt-, Drift- und Leitfähigkeitsmessungen) in cm²/Vsec.

Spalte 9: Träger-Lebensdauer in μsec (angenähert).

Spalte 10: Spezifisches Gewicht in p/cm³.

Spalte 11: Schmelzpunkt in °C (p: unter Druck zur Vermeidung eines Zerfalls gemessen).

Spalte 12: Relative Dielektrizitätskonstante.

Spalte 13: Brechungsindex.

angegeben. Die Spalten 10 bis 14 betreffen einige weitere physikalische Konstanten sowie die wichtigsten technischen Anwendungen der genannten Halbleiter.

Ein Überblick über die Tab. 12 zeigt, daß Germanium und Silizium neben dem Diamant (dessen künstliche Herstellung zu teuer kommt) und Zinn (für dessen Reindarstellung es noch keine technische Lösung gibt) zu den wenigen Halbleitern gehören, die keine Verbindungen (reine Elemente) sind und außerdem hohen Widerstand und hohe Trägerbeweglichkeit zugleich besitzen. Neben diesen Halbleiter-Elementen gibt es nach Tab. 12 noch eine Reihe von Halbleiter-Verbindungen, von denen allerdings nur Galliumarsenid (**GaAs**) ähnliche Eigenschaften aufweist wie Germanium und Silizium. Viele derartige Verbindungen haben allerdings wegen ihrer schweren Darstellbarkeit in reiner Form im Vergleich zu Germanium und Silizium bis jetzt nur geringe technische Bedeutung erlangt.

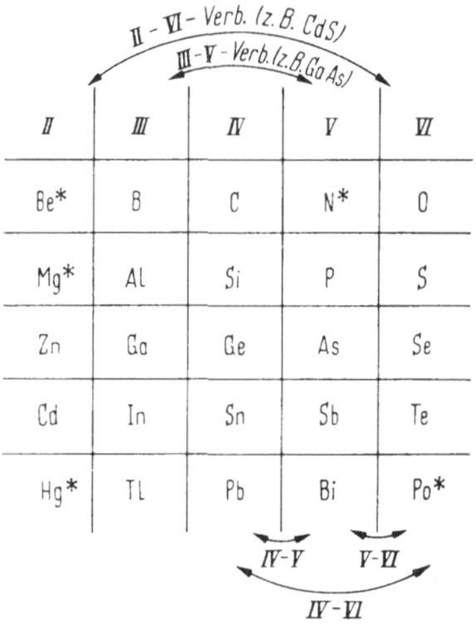

Die Halbleiter-Eigenschaft der in Tab. 12 angegebenen Elemente und Verbindungen ist auf die besondere atomistische Struktur der Halbleiterkristalle zurückzuführen. Diese ist dadurch gekennzeichnet, daß jedes Halbleiteratom im Kristallgitter mit seinen Nachbaratomen eine Bindung eingeht, bei der die Valenzschale des Atoms zu einer stabilen Achterschale (Edelgasschale mit acht Valenzelektronen) aufgefüllt wird. Ein störstellenfreier Kristall besitzt also dann die Eigenschaften eines Halbleiters[1], wenn seine Atome genügend dicht angeordnet sind (geringe Breite des verbotenen Bandes!) und wenn alle Elektronen (bei $T = 0\,^\circ$K) in den Valenzschalen der Kristallatome gerade Platz finden und dort an der Bindung mit Nachbaratomen beteiligt sind. Bei welchen Elementen und Verbindungen dies der Fall ist, geht aus dem Periodischen System der Elemente (Abb. 98) hervor.

Die Elemente der IV. Gruppe des Periodischen Systems besitzen vier Valenzelektronen und bilden — was den Diamant, das Germanium und

II	III	IV	V	VI
Be*	B	C	N*	O
Mg*	Al	Si	P	S
Zn	Ga	Ge	As	Se
Cd	In	Sn	Sb	Te
Hg*	Tl	Pb	Bi	Po*

Abb. 98. Stellung der Halbleiter im Periodischen System der Elemente. Von den mit einem * bezeichneten Elementen gibt es keine halbleitenden Verbindungen mit anderen Elementen der II. bis VI. Gruppe. In der III. und V. Gruppe befinden sich die Aktivatoren für Germanium und Silizium.

---

[1] Das heißt u. a., daß der Kristall bei Zimmertemperatur Widerstandswerte von der Größenordnung 1 bis 10^6 Ωcm hat.

Silizium betrifft — Kristalle vom Diamanttyp, bei dem jedes Atom von vier Nachbaratomen umgeben ist. Diese Atome sitzen an den Ecken eines Tetraeders und steuern je ein Elektron zur Valenzschale des zentralen Atoms bei, so daß diese zur Achterschale aufgefüllt wird. Die gleiche Bedingung wird auch erfüllt, wenn das Kristallgitter aus Elementen der III. und V. oder der II. und VI. Gruppe des Periodischen Systems aufgebaut ist. Auch in diesem Fall können sich bei passender Kristallstruktur die Valenzschalen der Atome zu stabilen Achterschalen ergänzen. Daher wird es verständlich, daß die anorganischen Halbleiter der Tab. 12 (von einigen Ausnahmen abgesehen) entweder aus Elementen der IV. Gruppe des Periodischen Systems bestehen oder Verbindungen zwischen Elementen der III. und V. oder der II. und VI. Gruppe darstellen. Man bezeichnet solche Verbindungen dementsprechend als III–V- bzw. II–VI-Verbindungen.

Diese Verbindungen lassen sich wie Germanium und Silizium durch Donatoren- oder Akzeptorenzusätze n- oder p-leitend machen. Die Aktivatoren für Germanium und Silizium befinden sich in der III. (Akzeptoren) und V. Gruppe (Donatoren), die Aktivatoren für die III–V-Verbindungen in der II. und VI. Gruppe des Periodischen Systems.

Beispiele für die Zusammensetzung eines technischen Halbleiters:

a) Sehr reines **Ge** oder **Si**: Jedes Atom hat 2 mal 4 Valenzelektronen in der äußeren Schale, die völlig gefüllt wird; das Ergebnis ist ein Kristall mit hohem Eigenwiderstand bei Zimmertemperatur.

b) Sehr reines **GaAs**: Jedes Atom hat $3 + 5 = 8$ Valenzelektronen in der äußeren Schale, die völlig gefüllt wird; das Ergebnis ist ein Kristall mit hohem Eigenwiderstand bei Zimmertemperatur.

c) **Ge** mit 0,001% **P** aktiviert: Jedes P-Atom hat $4 + 5 = 9$ Valenzelektronen; die äußere Schale wird mit 8 Elektronen gefüllt, so daß 1 Elektron übrigbleibt. Das Ergebnis ist ein n-leitender Kristall.

d) **Ge** mit 0,001% **In** aktiviert: Jedes In-Atom hat $4 + 3 = 7$ Valenzelektronen; die äußere Schale wird nicht gefüllt, da 1 Elektron zu wenig vorhanden ist. Das Ergebnis ist ein p-leitender Kristall.

Die zweipoligen Halbleiter-Bauelemente, die aus den in Tab. 12 angegebenen Stoffen hergestellt werden, lassen sich hinsichtlich ihrer Wirkungsweise in drei Gruppen einteilen, nämlich in Bauelemente, bei denen entweder die Strom-Spannungs-Charakteristik, die Lichtempfindlichkeit oder die Temperaturempfindlichkeit ausgenutzt wird. Zur ersten Gruppe gehören u. a. die Gleichrichter sowie die Tunnel-, Zener- und Kapazitätsdioden. Die zweite Gruppe umfaßt die Photoleiter und Photodioden bzw. Photoelemente und die dritte Gruppe bilden die Heißleiter oder Thermistoren und die Kaltleiter. Bei den spannungsgesteuerten Bauelementen wird durch geeignete Konstruktion dafür gesorgt, daß die (allen Halbleitern gemeinsame) Abhängigkeit der Kennlinien und Daten von Lichteinfall und Temperatur möglichst gering ist. Dementsprechend sollen die Daten von lichtempfindlichen Bauelementen möglichst wenig von Spannung und Temperatur, und die Daten von temperaturempfindlichen Bauelementen möglichst wenig von Spannung und Lichteinfall abhängig sein.

B. Festkörperdioden

1. Elektrische Eigenschaften und Bändermodelle

Die Festkörperdioden bestehen aus einem Halbleiterkristall mit Sperrschicht und zwei an den Kristall angebrachten Metallkontakten. Die Sperrschicht kann entweder als p-n-Übergang im Kristall selbst oder als Verarmungsrandschicht an der Grenzfläche zwischen dem Kristall und einem der Metallkontakte angeordnet sein. Die wichtigsten elektrischen Eigenschaften solcher Sperrschichten wurden in Bd. I, Kap. 1, Abschn. X, B, die Verfahren zu ihrer Herstellung in Bd. I, Kap. 2, Abschn. VII, B beschrieben.

Das elektrische Verhalten einer Sperrschicht läßt sich auch anschaulich an Hand von Bändermodellen darstellen. Die Abb. 99a—c zeigt zunächst zum Vergleich die Bändermodelle für einen sperrschichtfreien Halbleiter, und zwar für einen sehr reinen, undotierten (a), für einen „normal"-dotierten (b) und einen hochdotierten Kristall (c). Beim undotierten Halbleiter liegt das Fermi-Niveau in der Mitte des verbotenen Bandes. Mit wachsender Dotierung verschiebt es sich beim n-Halbleiter in Richtung zum Leitungsband, beim p-Halbleiter in Richtung zum Valenzband (vgl. Abb. 99b). Bei sehr hoher Dotierung nimmt der n-Halbleiter wegen des hohen Elektronenüberschusses Metallcharakter an. Sein Fermi-Niveau (das die maximale Elektronenenergie bei $0\,°\mathrm{K}$ angibt) liegt dann wie bei den Metallen im Leitungsband, dessen unter dem Fermi-Niveau gelegener Teil bei $0\,°\mathrm{K}$ vollständig mit Elektronen gefüllt ist. Dementsprechend liegt das Fermi-Niveau eines sehr hoch dotierten p-Leiters im Valenzband, dessen über dem Fermi-Niveau gelegener Teil wegen des starken Elektronenmangels bei $0\,°\mathrm{K}$ vollständig leer ist (vgl. Abb. 99c).

Werden ein p- und ein n-leitender Kristall zu einem p-n-Übergang zusammengefügt, so entstehen die Bändermodelle der Abb. 99d und e. Wie bei zwei Metallen gleicher Temperatur, die einen Kontakt bilden oder in geringem Abstand voneinander angeordnet sind (vgl. Abb. 3), die Fermi-Niveaus auf gleicher Höhe liegen, so müssen auch beim Kontakt zwischen einem p- und n-Leiter die Fermi-Niveaus zusammenfallen[1]. Dies hat zur Folge, daß sich die Ränder von Leitungs- und

---

[1] Ein Unterschied in der Lage der Fermi-Niveaus würde beim Kontaktieren zu einem Energieaustausch zwischen den Kontaktpartnern führen, der so lange anhält, bis die Fermi-Niveaus gleiche Höhe haben.

Valenzband am p-n-Übergang in der gezeichneten Weise gegeneinander verschieben. Das Gebiet, in welchem diese Verschiebung erfolgt, entspricht der Breite der Sperrschicht, die Höhe der Verschiebung entspricht der Diffusionsspannung U_D in der Sperrschicht. Mit wachsender Dotierung nimmt die Höhe des Potentialsprungs in der Sperrschicht wegen des steigenden Diffusionsstroms zu und die Breite der Sperrschicht ab

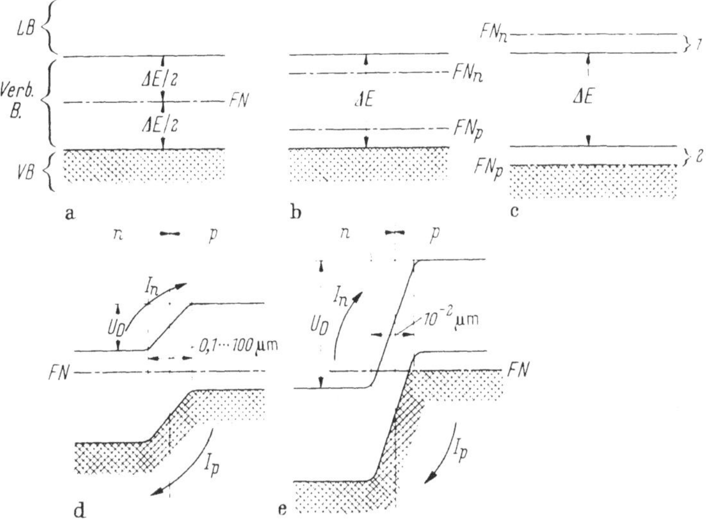

Abb. 99a—e. Bändermodelle für p- und n-Halbleiter sowie für p–n-Übergänge.

a) Sehr reiner (undotierter) Halbleiter. (Fermi-Niveau FN in der Mitte des verbotenen Bandes.)
b) „Normal" dotierter n- bzw. p-Halbleiter (der z. B. 10^{15} Sb- bzw. Ga-Atome pro cm³ enthält). FN_p und FN_n = Fermi-Niveau für den p- bzw. n-Halbleiter; ΔE = Breite des verbotenen Bandes.
c) Hochdotierter n- bzw. p-Halbleiter (der z. B. $5 \cdot 10^{19}$ Sb- bzw. Ga-Atome pro cm³ enthält). 1 Teil des Leitungsbandes, das beim n-Halbleiter durch Überdotierung gefüllt ist; 2 Teil des Valenzbandes, das beim p-Halbleiter durch Überdotierung geleert ist.
d) Spannungsloser p-n-Übergang zwischen zwei normal dotierten Halbleitern. I_n = Diffusionsstrom der Elektronen; I_p = Diffusionsstrom der Löcher; U_D = Diffusionsspannung.
e) Spannungsloser p–n-Übergang zwischen zwei hochdotierten Halbleitern („Tunneldiode").

(Abb. 99e). Bei angelegter Spannung werden die Fermi-Niveaus und damit die Ränder von Valenz- und Leitungsband auf der n- und p-Seite um den Betrag dieser Spannung gegeneinander verschoben. In Durchlaßrichtung (n-Seite negativ) wird die Diffusionsspannung um den Betrag der äußeren Spannung erniedrigt; der Potentialsprung wird daher kleiner, und der Strom steigt. In Sperrichtung (n-Seite positiv) wird die Diffusionsspannung um den Betrag der äußeren Spannung erhöht; der Potentialsprung wird daher größer, und der Strom sinkt nahezu auf den Wert Null (vgl. auch Bd. I, Abb. 132—134).

9*

In Abb. 100 sind die Energiediagramme dargestellt, die bei der Verbindung von einem Metall mit einem Halbleiter (z. B. n-Silizium) entstehen. Je nach dem Verhältnis der Austrittsarbeiten der beiden Kontaktpartner bildet sich eine Anreicherungsrandschicht, die sich wie ein Ohmscher Widerstand verhält, oder eine Verarmungsrandschicht, die

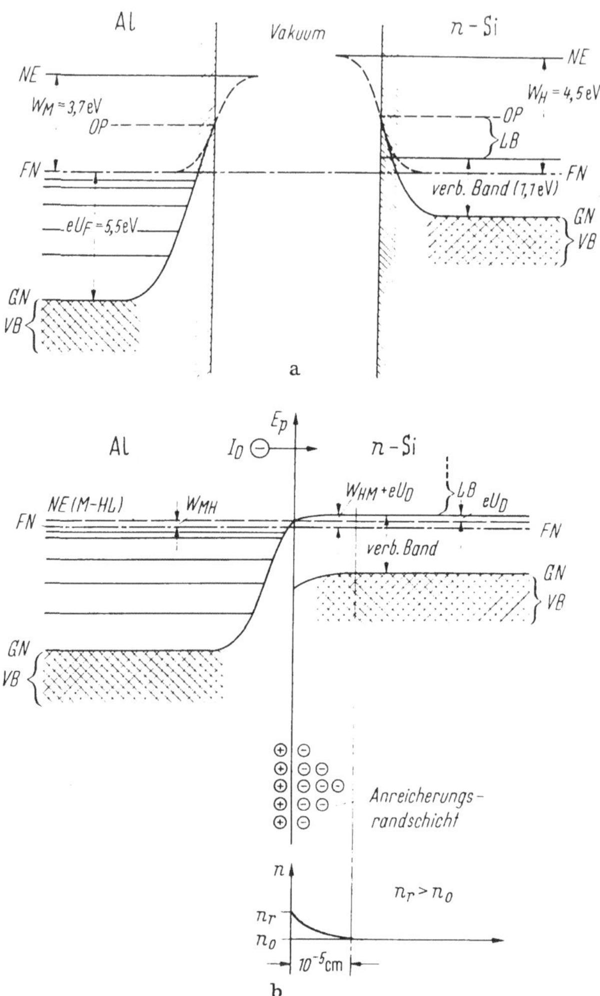

Abb. 100a—d. Sperr- und Anreicherungseigenschaften von Metall-Silizium-Kontakten bei verschiedener Austrittsarbeit der Metalle.

NE niedrigstes Emissionsniveau; $NE(M-HL)$ niedrigstes Emissionsniveau für den Halbleiter-Metall-Kontakt; FN Fermi-Niveau; GN Grundniveau; OP Oberflächenpotentialniveau; LB Leitungsband; verb. Band verbotenes Band; VB Valenzband; U_D Diffusionspotential; W_M Austrittsarbeit des Metalls; W_H Austrittsarbeit des Halbleiters; W_{HM}, W_{MH} Austrittsarbeit für den Kontakt zwischen Metall und Halbleiter; I_D Diffusions-Elektronenstrom ohne äußeres Feld.

Gleichrichter-Eigenschaften hat. Die Abb. 100a und c zeigen die Bändermodelle der Kontaktpartner vor Eintritt des Kontakts. Die Fermi-
Niveaus des Halbleiters und des Metalls sind wieder auf derselben Ener-
giestufe eingezeichnet, da bei der Bildung des Halbleiter–Metall-Kon-
taktes zwischen den Halbleiter- und den Metallelektronen ein Energie-

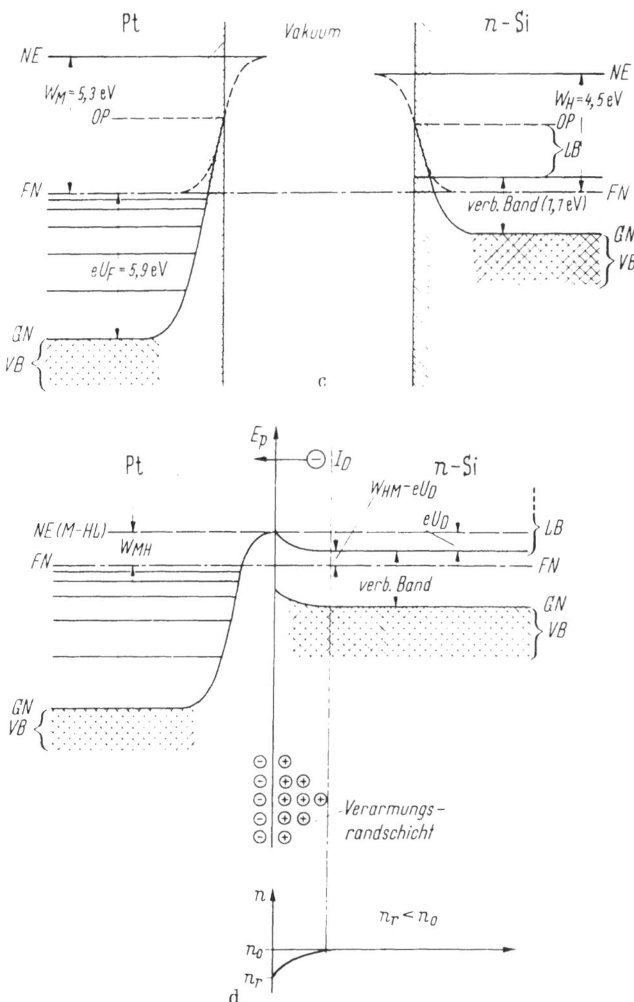

ausgleich stattfindet, bis die Fermi-Niveaus auf gleicher Höhe liegen.
Nach Eintritt des Kontakts (Abb. 100b u. d) bildet sich an der Kontaktstelle eine Potentialschwelle, die unter dem Oberflächenpotentialniveau
der Kontaktpartner liegt und deren Höhe der Austrittsarbeit vom

Metall in den Halbleiter entspricht. Ist die Austrittsarbeit W_H des n-Halbleiters gegen Vakuum größer als die Austrittsarbeit W_M des Metalls, so entsteht beim Kontaktieren eine *Anreicherungsrandschicht* (vgl. Abb. 100 b). Ist die Austrittsarbeit W_H des n-Halbleiters gegen Vakuum kleiner als die Austrittsarbeit des Metalls, so bildet sich eine *Verarmungsrandschicht* (vgl. Abb. 100 d).

Die Wirkungsweise der *Anreicherungsrandschicht* ist folgende (vgl. Abb. 100 b):

a) Ohne äußeres Feld (d. h. ohne außen angelegte Spannung) diffundieren wegen $W_M < W_H$ Elektronen aus dem Metall in den Halbleiter und erzeugen durch dessen negative Aufladung an der Grenzschicht ein elektrisches „Diffusionsfeld“ in Elektronenlaufrichtung →. Dieses Gegenfeld hindert gleichzeitig die Elektronen am Weiterhineindiffundieren in den Halbleiter.

b₁) Mit äußerem Feld der Richtung ⇋ wird das Diffusionsfeld ababgebaut und das Diffusionsgleichgewicht gestört. Dadurch entsteht ein kräftiger positiver Strom nach ← (Elektronenstrom nach →). weil aus dem Metall genügend Elektronen nachgeliefert werden.

b₂) Mit äußerem Feld der Richtung ⇋ wird das Diffusionsfeld verstärkt. Diese Gleichgewichtsstörung bewirkt nun einen kräftigen positiven Strom nach → (Elektronenstrom nach ←). weil sich auch im Leitungsband des Halbleiters genügend Elektronen befinden. Die Schicht zeigt also *keine Sperrwirkung*.

Für die *Verarmungsrandschicht* (Sperrschicht) gilt dagegen folgendes (vgl. Abb. 100 d):

a) Ohne äußeres Feld (d. h. ohne außen angelegte Spannung) diffundieren wegen $W_M > W_H$ Elektronen aus dem Halbleiter ins Metall der Halbleiter „verarmt“ dadurch in Grenzschichtnähe an beweglichen Ladungsträgern — und erzeugen dabei zusammen mit den vor der Grenzschicht zurückbleibenden Halbleiterionen (bzw. Defektelektronen) ein elektrisches Diffusionsfeld in Elektronenlaufrichtung ←. Die Halbleiterionen hindern dabei die Elektronen am Weiterhineindiffundieren ins Metall.

b₁) Mit äußerem Feld der Richtung ⇋ wird das Diffusionsfeld verstärkt und daher das Diffusionsgleichgewicht gestört. Es fließt dabei aber nur ein geringer positiver Strom nach ← (Elektronenstrom nach →). weil wegen $W_M > W_H$ zwischen Halbleiter und Metall eine Potentialschwelle entsteht. die nur von wenigen Leitungselektronen des Metalls überwunden werden kann (vgl. Abb. 100 d). Der Kontakt ist demnach in *Sperrichtung* gepolt.

b₂) Mit äußerem Feld der Richtung ±—→ wird die Anziehungskraft der Halbleiterionen (bzw. Defektelektronen) auf die diffundierenden Elektronen kompensiert. Daher fließt ein kräftiger Strom nach → (Elektronenstrom nach ←), weil die Potentialschwelle abgebaut wird und dadurch vom Halbleiter genügend Elektronen nachgeliefert werden können. Der Kontakt ist deshalb in *Durchlaßrichtung* gepolt.

Allgemein gelten für den Kontakt zwischen einem Metall und einem Halbleiter folgende Regeln (vgl. Bd. I, Abschn. X, B, 1):

a) Die Austrittsarbeiten von Halbleiter und Metall gegen Vakuum sind wesentlich höher als die Austrittsarbeit vom Metall in den Halbleiter. Daher sind an der Kontaktstelle Elektronenübergänge unterhalb des Oberflächenpotentialniveaus möglich.

b) Gute Ohmsche Kontakte (Anreicherungsrandschichten) entstehen im allgemeinen bei der Kombination von Metallen niedriger Austrittsarbeit mit n-Halbleitern oder bei der Verbindung von Metallen hoher Austrittsarbeit mit p-Halbleitern. Der Widerstand solcher Kontakte ist von der Polung der angelegten Spannung unabhängig.

c) Gute Sperrschichtkontakte (Verarmungsrandschichten) entstehen im allgemeinen bei der Kombination von Metallen hoher Austrittsarbeit mit n-Halbleitern oder von solchen niedriger Austrittsarbeit mit p-Halbleitern. Solche Kontakte sind für Gleichrichter geeignet, da ihr Widerstand von der Polung der angelegten Spannung abhängt.

Wie die Abb. 100b und d zeigen, werden die Energieniveaus des Halbleiters in der Randschicht nach unten oder oben gekrümmt. Dies bedeutet, daß dort die potentielle Elektronenenergie kleiner bzw. größer ist als im Innern des Halbleiterkristalls.

Die Verbiegung der Energieniveaus in der Randschicht ist auf das Diffusionsfeld zurückzuführen, das von der Metalloberfläche ein Stück weit in den Halbleiter hineinreicht. Im Fall der Anreicherungsrandschicht ($W_M < W_H$) besitzt ein Elektron im Diffusionsfeld eine um so niedrigere potentielle Energie, je näher es sich bei den *positiven* Ladungen der Metalloberfläche befindet. Daher nimmt die potentielle Elektronenenergie im Halbleiter zum Metall hin ab, und die Bandränder verbiegen sich nach unten (vgl. Abb. 100b). Im Fall der Verarmungsrandschicht ($W_M > W_H$) besitzt dagegen ein Elektron im Diffusionsfeld eine um so niedrigere potentielle Energie, je weiter es von den *negativen* Ladungen auf der Metalloberfläche entfernt ist. Daher steigt in diesem Fall die potentielle Elektronenenergie im Halbleiter zum Metall hin an, und die Bandränder werden nach oben gebogen (vgl. Abb. 100d). In beiden Fällen sind der Potential- und Elektronenkonzentrationsverlauf durch die Poissongleichung [vgl. Bd. I, Gl. (69c)] miteinander verknüpft. Der

Unterschied zwischen der potentiellen Elektronenenergie an der Halbleiteroberfläche und der Energie im Halbleiterinneren entspricht der Diffusionsspannung U_D.

2. Ausführungsformen von Festkörperdioden

a) Selendioden. Das Selen existiert in drei allotropen Formen: 1. als *amorphes* oder glasiges, 2. als kristallisiertes *rotes* und 3. als (hexagonal) kristallisiertes *graues* Selen. Die beiden ersten Formen sind Isolatoren (Widerstand bei Zimmertemperatur 10^{12} bzw. $10^{15}\,\Omega\mathrm{cm}$), die dritte Form hat Halbleitereigenschaften (Widerstand $10^5\,\Omega\mathrm{cm}$). Das amorphe Selen entsteht durch rasches Abkühlen von geschmolzenem Selen oder durch Verdampfung von Selen im Vakuum. Bei nachfolgender Erhitzung bildet sich aus dem amorphen das hexagonal kristallisierende halbleitende Selen, das für Gleichrichter, Photoelemente und Photoleiter verwendet wird. Zur Erzielung der richtigen Leitfähigkeit wird das vorher gereinigte Selen mit Halogenen (z. B. Cl_2) oder Halogenverbindungen dotiert [*89*].

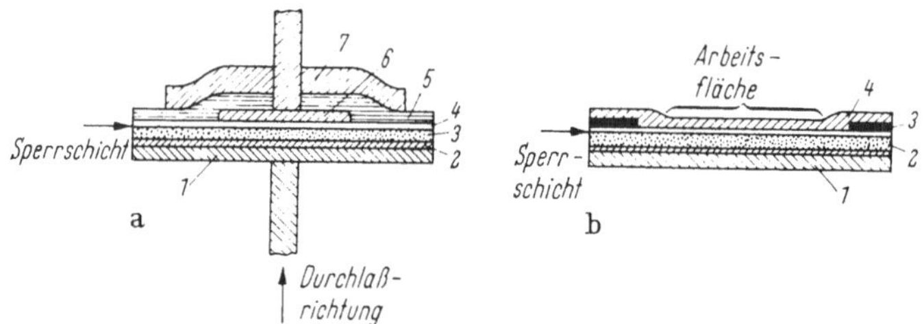

Abb. 101. a) Aufbau eines Selengleichrichters.
1 Grundplatte (**Fe** oder **Al**); *2* Bi- oder Ni-Schicht; *3* Selen (Dicke $10^{-2}...10^{-1}$ mm); *4* **CdSe** oder amorphes Selen; *5* Schutzlack (porös, leitend); *6* Gegenelektrode (**Sn–Bi–Cd** oder **Au, Ag**); *7* äußerer Kontakt.
b) Aufbau eines Paketierungselementes für eine Gleichrichtersäule. *1* Metallplatte; *2* Selenschicht; *3* Isolierpreßstoffscheibe; *4* Gegenelektrode.

Die Abb. 101 zeigt den Aufbau eines Selengleichrichters (a) und eines Paketierungselements (b) für eine Gleichrichtersäule, in der mehrere solcher Elemente in Serie geschaltet werden, um die Sperrspannung zu erhöhen[1]. Der gleichrichtende Halbleiter–Metall-Kontakt befindet sich jeweils an der Grenzfläche zwischen der Selenschicht und der Gegenelektrode. Die (temperaturabhängige) Strom-Spannungs-Kennlinie eines Selengleichrichters (vgl. Abb. 102) stellt im Durchlaßbereich bei höheren Strömen eine Gerade dar, deren Verlängerung die Spannungsachse bei etwa 0.5 V (= „Schleusen-“ oder „Schwellenspannung“ U_s) schneidet. Bei einer Durchlaßspannung von 1 V beträgt die Durchlaßstromdichte

---

[1] Das Herstellungsverfahren für solche Gleichrichter ist in Bd. I. S. 362, beschrieben.

gewöhnlich einige 100 mA/cm² und der Durchlaßwiderstand etwa 4 Ohm pro cm² Sperrschichtfläche. Der gesamte Durchlaßstrom ist der Sperr-schichtfläche proportional. Die Sperrfähigkeit eines Selengleichrichters ist durch die maximal zulässige Spannung in Sperrichtung („Sperrspannung") gege-ben, bei der die Sperrstrom-dichte höchstens 1 mA/cm² beträgt. Diese Spannung liegt zwischen 20 und 40 V. Der Temperaturbereich, in dem Selengleichrichter be-trieben werden können, er-streckt sich von −50 bis +70 °C [81].

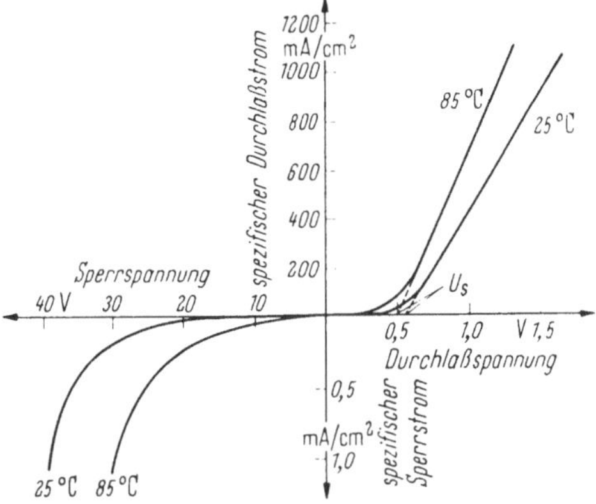

Abb. 102. Strom-Spannungskennlinie eines Selengleichrich-ters bei verschiedenen Temperaturen. (Man beachte die verschiedenen Maßstäbe an den Koordinatenachsen.)

b) Cu_2O-Dioden (Kupferoxydul-Gleichrichter) werden durch ther-mische Oxydation von reinem Kupfer (bei etwa 1000 °C) hergestellt. Nach dem Entfernen der oberflächlich gebildeten Kupferoxydschicht bleibt eine etwa 0,1 mm dicke Kupferoxydulschicht zurück, auf die als Gegenelektrode ein dünner Belag aus Graphit, Silber oder einer Sn–Cd–Bi-Legierung aufgebracht wird. Die Sperrschicht dieses Gleichrichters liegt nicht an der Gegenelektrode, sondern an der Grenzfläche zwischen dem Kupfer und der Cu_2O-Schicht. Die Strom–Spannungs-Kennlinie verläuft ähnlich wie die des Selengleichrichters. Sie ist zwar stärker temperatur-abhängig, weist dafür aber eine geringere Schwellenspannung (etwa 0,2 V) auf. Die Sperrspannung beträgt hier 5 bis 20 V, der zulässige Temperaturbereich erstreckt sich von −50 bis +50 °C [85].

c) Germanium- und Siliziumdioden. Im Vergleich zu den Selen- und Cu_2O-Gleichrichtern können die Germanium- und Siliziumdioden mit einer höheren Stromdichte, Sperrspannung und Temperatur betrieben werden. Als *HF-Dioden* haben sie außerdem eine höhere Grenzfrequenz und als *Leistungsgleichrichter* einen höheren Wirkungsgrad (vgl. Tab. 13).

α) *Hochfrequenzdioden.* Den Aufbau einiger HF-Dioden zeigt Abb. 103. Bei den *Spitzendioden* (Abb. 103a) ist auf einen z. B. *n*-leitenden Ger-maniumkristall eine Metallspitze aus einer Platinlegierung aufgedrückt. aus der beim „Formieren" (Stromstoß in Durchlaßrichtung) Akzeptoren in den Kristall diffundieren. Dadurch entsteht unter der Spitze im Kri-stall ein begrenzter *p*-*n*-Übergang (von etwa 50 μ Durchmesser), dessen geringe Kapazität (0,1 bis 1 pF) zusammen mit der hohen Träger-beweglichkeit eine hohe Grenzfrequenz ergibt. Bei den Silizium-Spitzen-

Tabelle 13
*Charakteristische Daten von Festkörperdioden. (Technisch günstige Daten sind mit einem * versehen.)*

	Cu_2O-Dioden	Se-Dioden	Ge-Dioden	Si-Dioden
Schwellenspannung U_s [V] (vgl. Abb. 102)	0,2*	0,5	0,2—0,5	0,4—0,8
Zulässige Sperrspannung U_{sp} [V]	5—20	20—40	bis 1000*	bis 1000*
Sperrstromdichte [mA/cm²] bei der zulässigen Sperrspannung	1	1	0,1	$< 10^{-3}$*
Zulässige Durchlaßstromdichte [A/cm²]	0,2	0,6	250*	600*
Zulässiger Temperaturbereich [°C]	—50···+50	—50···+70	—50···+95	—50···+150*
Wirkungsgrad η [%] von Leistungsgleichrichtern	80	92	98,5*	99,5*
Erreichbare Nutzleistung [kW]	100	100	1000*	1000*
Erreichbare Grenzfrequenz f_g [MHz] von HF-Dioden	0,1	0,1	10000*	10000*

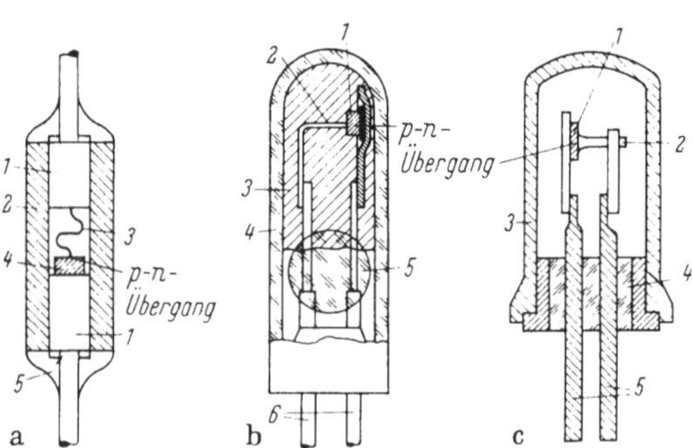

Abb. 103a—c. Beispiele für den Aufbau von Germanium- und Silizium-Hochfrequenzdioden (nach [75]).
a) Germanium-Spitzendiode mit Keramik-Gehäuse (SAF). *1* Metallstift; *2* Keramikgehäuse; *3* federnder Metalldraht; *4* Germaniumkristall; *5* Lot.
b) Germanium-Golddrahtdiode mit Glasgehäuse (VALVO). *1* Germaniumkristall; *2* Golddraht; *3* Kunststofffüllung; *4* Glasgehäuse; *5* Glasperle zur Halterung; *6* Zuleitungen.
c) Silizium-Flächendiode mit Metallgehäuse (Siemens). *1* Siliziumkristall; *2* Aluminiumdraht; *3* Metallgehäuse; *4* Glasisolator; *5* Zuleitungen.

dioden mit **W**- oder **Mo**-Drahtspitze ist eine Formierung wegen der guten Sperrschichteigenschaften des Metall—Halbleiter-Kontaktes im allgemeinen nicht erforderlich. Gegenüber den Spitzendioden haben die *Golddrahtdioden* (Abb. 103b) eine steilere Durchlaßkennlinie und einen geringeren Sperrstrom. Diese Dioden enthalten ein n-Germaniumplättchen, auf das ein mit Akzeptoren dotierter Golddraht auflegiert wird. Dabei bildet sich zwischen der p-leitenden Legierung und dem n-Germanium ein p–n-Übergang mit einer Kapazität von 2 bis 10 pF und einem Durchmesser von 100 bis 150 μ. Einen noch größeren Sperrschichtdurchmesser und eine entsprechend geringere Grenzfrequenz haben die *Flächendioden* mit legiertem, eindiffundiertem oder gezogenem p–n-Übergang (Abb. 103c). Die typischen Kennlinien der drei genannten Diodenarten zeigt Abb. 104 [75].

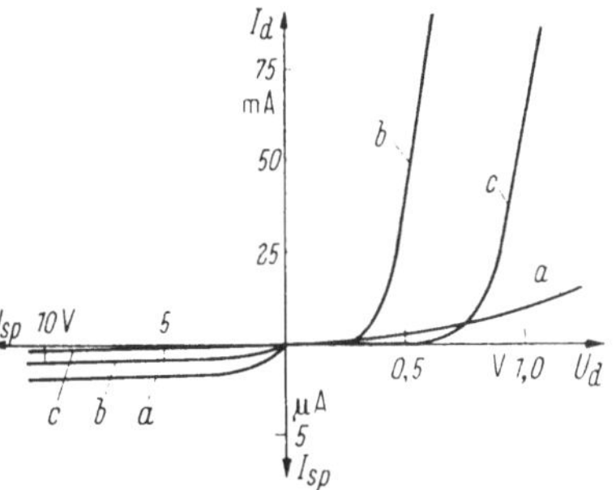

Abb. 104. Strom-Spannungskennlinien einer **Ge**-Spitzen- (*a*), **Ge**-Golddraht- (*b*) und **Si**-Flächendiode (*c*) [75].

Die Siliziumdioden weisen gegenüber den Germaniumdioden als wesentliche Vorteile einen niedrigeren Sperrstrom (1 statt 10^2 μA) bis zu hohen Sperrspannungen und eine höhere zulässige Betriebstemperatur auf (150 statt 95 °C; vgl. Tab. 13). Beides rührt davon her, daß beim Silizium das verbotene Band breiter ist als beim Germanium (1,1 statt 0,67 eV bei 300 °K). Infolgedessen können im Silizium bei Temperaturen unter 150 °C nur relativ wenige Elektronen durch *thermische* Anregung vom Valenz- ins Leitungsband gehoben werden. Da aber nur diese Elektronen zu dem in Sperrichtung

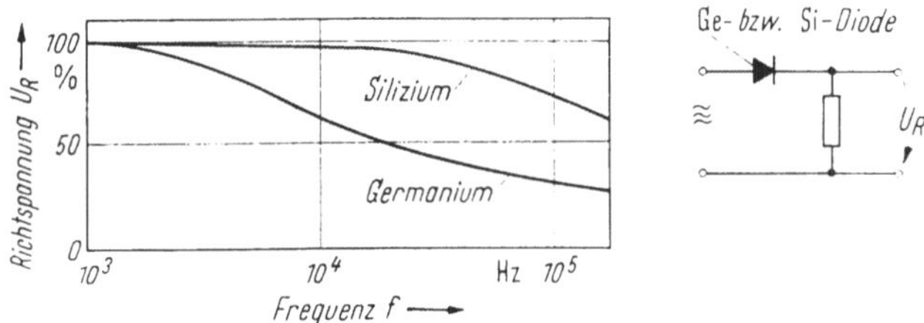

Abb. 105. Änderung der Richtspannung U_R mit wachsender Frequenz für Germanium- und Siliziumdioden [87].

fließenden Sättigungsstrom (Sperrstrom) beitragen, bleibt dieser Strom im Silizium trotz der relativ hohen Betriebstemperatur von 150 °C sehr niedrig (meist < 1 μA).

Ein weiterer Vorteil der Siliziumdioden ist ihre höhere Richtstromausbeute bei der Hochfrequenzgleichrichtung. Wie Abb. 105 zeigt, nimmt die „Richtspannung" mit wachsender Frequenz bei Germaniumdioden schneller ab als bei Siliziumdioden [87]. Das liegt einmal an der niedrigeren relativen Dielektrizitätskonstanten ε_r von Silizium (nach Tab. 12 11,7 statt 15,6 bei Germanium). Die Sperrschichtkapazität (die wie bei einem Plattenkondensator mit Dielektrikum der Dielektrizitätskonstanten ε_r proportional ist) hat deshalb im Silizium bei gleichen Sperrschichtdimensionen einen niedrigeren Wert als im Germanium. Sie kann daher bei Wechselstrombetrieb rascher umgeladen werden, wodurch sich der Richtwirkungsgrad erhöht. Der zweite Grund für die höhere Richtstromausbeute der Siliziumdioden ist deren geringere Raumladungsträgheit, die in den meisten Dioden beim Umschalten vom Durchlaß- in den Sperrbereich zu einem „Speichereffekt" (storage effect)

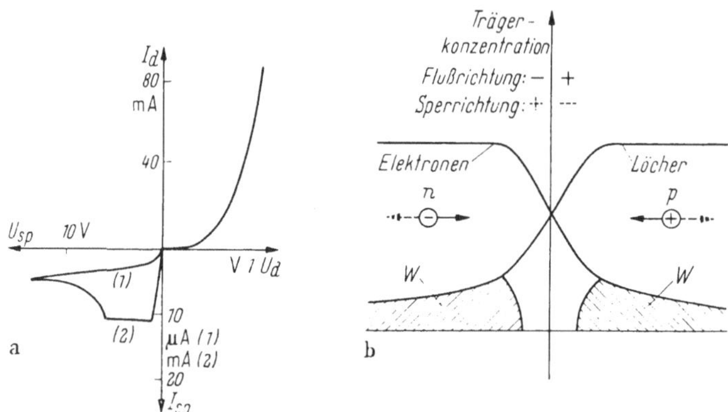

Abb. 106a u. b. Speichereffekt beim Umschalten einer Germaniumdiode von Durchlaß- in Sperrrichtung.

a) Statische (1) und dynamische (2) Sperrkennlinie. Der Sperrstromimpuls (2) entsteht beim plötzlichen Umschalten in die Sperrichtung. Die Impulsdauer beträgt etwa 10^{-4} Sekunden.
b) Örtliche Verteilung der Ladungsträger, die beim Umschalten relativ langsam zurückfließen und dabei den Sperrstromimpuls nach a) ergeben. W ⋅ beim raschen Umschalten zunächst zurückbleibende Trägerwolken.

führt. Dieser Effekt äußert sich besonders bei **Ge**-Dioden während der Aufnahme der dynamischen Diodenkennlinie als großer Stromimpuls im Sperrbereich (vgl. Abb. 106a) und beruht darauf, daß beim Umschalten in die Sperrichtung die in Flußrichtung aufgebauten (die Leitfähigkeit erhöhenden) Raumladungswolken nur relativ langsam abgebaut werden (vgl. Abb. 106b). Die für den Trägerabbau nötige Zeit bezeichnet man als Erholungszeit (recovery time). Sie beträgt gewöhnlich 10^{-6} bis 10^{-9} sec und soll insbesondere bei HF-Schaltdioden möglichst klein sein. Man erreicht dies, indem man entweder das p- und n-Gebiet der Dioden möglichst klein macht oder indem man die Lebensdauer der

Ladungsträger durch Einbau von Rekombinationszentren in den Halbleiter herabsetzt[1].

β) Leistungsgleichrichter. Die wichtigsten Forderungen an einen guten Leistungsgleichrichter sind eine hohe zulässige Durchlaßstromdichte und Sperrspannung sowie niedrige Verluste in Durchlaß- und Sperrrichtung (d. h. ein guter Wirkungsgrad). Wie Tab. 13 zeigt, werden diese Forderungen von den **Ge**- und **Si**-Dioden in hervorragender Weise erfüllt. Die hohe zulässige Durchlaßstromdichte dieser Dioden ermöglicht schon mit Sperrschichten von einigen cm^2 Fläche Durchlaßströme von einigen 1000 A. Die zulässige Sperrspannung ist durch die Weite des p-n-Übergangs und durch die kritische Feldstärke in der Sperrschicht gegeben, die bei Silizium etwa $5 \cdot 10^5$ V/cm beträgt. Wird diese Feldstärke mit wachsender Sperrspannung überschritten, so erfolgt in der Sperrschicht ein mit starkem Stromanstieg verbundener Ladungsträger-Durchbruch (Zener- bzw. Lawinendurchbruch), bei dem der p-n-Übergang seine Sperrfähigkeit verliert. Eine *hohe zulässige Sperrspannung* erhält man, wenn der p-n-Übergang von niedrig dotierten (hochohmigen) Halbleitern gebildet wird, weil dabei die Sperrschichtweite am größten wird. In diesem Fall führt aber der hohe Bahnwiderstand der Halbleiterstrecke zu hohen Verlusten in Durchlaßrichtung. Aus diesem Grund verwendet man in Leistungsgleichrichtern anstelle des einfachen p-n-Übergangs eine p-s-n-Struktur, die sowohl hohe Sperrspannung wie niedrige Durchlaßverluste ergibt. Der p-s-n-Übergang besteht aus einem stark dotierten p- und n-Gebiet mit einem dazwischenliegenden schwach (soft) dotierten, also hochohmigen (z. B. p-leitenden) s-Gebiet (vgl. Abb. 107a). Wird die Sperrschicht (d. h. die Grenze zwischen dem s- und n-Gebiet) in Durchlaßrichtung gepolt, so wird das s-Gebiet von beiden Seiten her mit Ladungsträgern überschwemmt und damit gut leitend. Bei Polung in Sperrichtung werden diese Ladungsträger wieder abgesaugt, so daß das s-Gebiet nun infolge der Trägerverarmung eine hohe Sperrspannung aufnehmen kann.

Die zulässigen *Gleichrichterverluste* hängen von der Größe der Gleichrichterfläche, der Abführung der Verlustwärme und der Größe des Sperrstroms ab. Große Gleichrichterflächen ergeben einen zu kleinen Sperrwiderstand und damit zu große Sperrverluste. Andererseits sind bei zu kleiner Gleichrichterfläche der Durchlaßwiderstand und damit die Durchlaßverluste zu groß. Das Optimum der Gleichrichterfläche liegt bei etwa 1 bis 3 cm^2. Von dieser relativ kleinen Kristallfläche muß die gesamte Verlustwärme abgeführt werden. Aus diesem Grund werden die Gleichrichterscheiben mit großflächigen metallischen Kühlblöcken

---

[1] Neben **Ge**- und **Si**-Dioden werden in der HF-Technik auch **GaAs**-Spitzendioden verwendet, die eine Grenzfrequenz von maximal 100 GHz haben und keinen Speichereffekt zeigen [*100*].

versehen (vgl. Abb. 107 b). Ist die Wärmeabfuhr ungenügend, so erhöht sich die Temperatur des Gleichrichters. Der Sperrstrom und die Sperrverluste steigen dabei exponentiell mit der Temperatur an, während die Wärmeabfuhr im wesentlichen nur linear mit der Temperatur wächst.

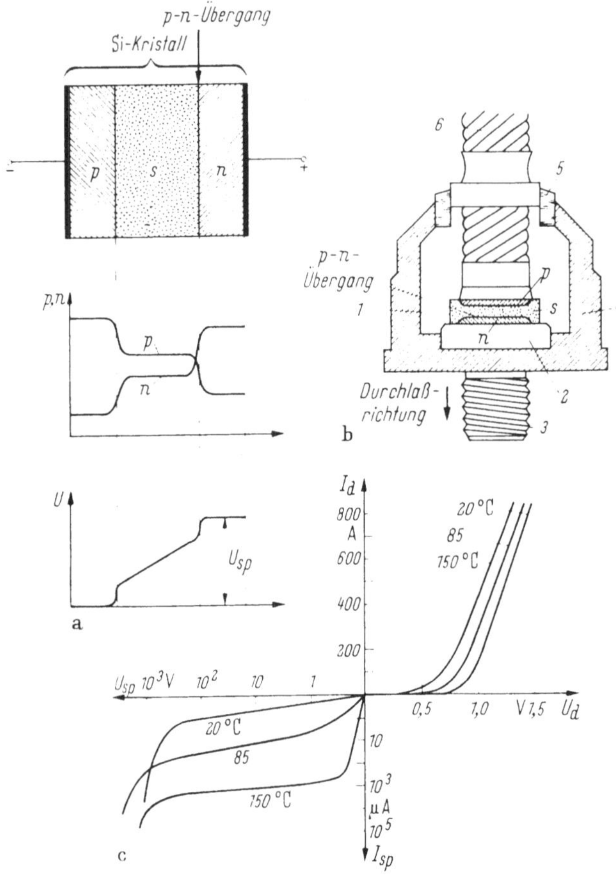

Abb. 107. Kristallstruktur (a), Aufbau (b) und Kennlinien (c) eines Silizium-Leistungsgleichrichters (vgl. [103]).
1 Siliziumplättchen; 2 Trägerplatte; 3 Gewinde zum Anschluß des Kühlers; 4 Metallgehäuse; 5 Glaseinschmelzung; 6 Kupferkabel; p. n Konzentration der Löcher bzw. Elektronen; U Potentialverlauf bei angelegter Sperrspannung U_sp.

Bei hohen Sperrverlusten — wie sie bei Germaniumdioden möglich sind — könnte sich deshalb die Gleichrichtertemperatur auf keinen stabilen Wert einstellen, sondern würde dauernd ansteigen, bis der Gleichrichter zerstört ist. Beim Silizium-Gleichrichter besteht diese Gefahr nicht. Bei ihm sind die Verluste wegen seines sehr geringen Sperrstroms auf die

Flußhalbwelle beschränkt. Diese Verluste nehmen aber wegen des negativen Temperaturkoeffizienten der Durchlaßspannung (etwa -2 mV/°C bei konstantem Durchlaßstrom) mit steigender Temperatur ab (vgl. Abb. 107c). Deshalb zeigen die Silizium-Gleichrichter auch bei ihren relativ hohen Betriebstemperaturen eine gute Stabilität. Dies und die anderen günstigen elektrischen Eigenschaften von Silizium (vgl. Tab. 13) sind die Gründe, warum für den Bau von Leistungsgleichrichtern als Ausgangsmaterial statt Germanium fast ausschließlich Silizium verwendet wird [*103*].

d) Kapazitätsdioden. Wird an einen p–n-Übergang eine Spannung in Durchlaßrichtung angelegt, so wird die Sperrschicht von Ladungsträgern überschwemmt und verhält sich dann im wesentlichen wie ein spannungsabhängiger, niederohmiger Widerstand. Beim Anlegen einer Sperrspannung verarmt dagegen die Sperrschicht an beweglichen Ladungsträgern und verhält sich dann im wesentlichen wie ein Plattenkondensator mit Dielektrikum. Der „Plattenabstand" dieses Kondensators ist gleich der Sperrschichtdicke d_s und die „Plattenfläche" gleich der Sperrschichtfläche F. Die Sperrschichtdicke d_s hängt von der örtlichen Verteilung der Donatoren und Akzeptoren in der Sperrschicht ab. Erfolgt dort der Übergang von der Donatorenkonzentration n_D des n-Gebiets zur Akzeptorenkonzentration n_A des p-Gebiets in einer Schicht, deren Dicke klein gegen die Sperrschichtdicke ist, so spricht man von einem *abrupten p–n-Übergang*. Für einen solchen Übergang wird die Sperrschichtdicke[1]:

$$d_s = \sqrt{\frac{2\varepsilon}{e}\,(U_D + U_{sp})\left(\frac{1}{n_A} + \frac{1}{n_D}\right)} \tag{83}$$

und damit die Sperrschichtkapazität:

$$C_s = \frac{\varepsilon F}{d_s} = F\sqrt{\frac{\varepsilon e}{2(U_D + U_{sp})\left(\frac{1}{n_A} + \frac{1}{n_D}\right)}}. \tag{84}$$

worin F = Sperrschichtfläche [in cm²], e = Elementarladung [in As], $\varepsilon = \varepsilon_0\varepsilon_r$ = Dielektrizitätskonstante des Halbleitermaterials [in F/cm] (für **Ge**: $\varepsilon_r = 15{,}6$; für **Si**: $\varepsilon_r = 11{,}7$), U_D = Diffusionsspannung [in V] (0,2 bis 0,6 V), U_{sp} = außen angelegte Sperrspannung [in V], n_A = Akzeptorenkonzentration der p-Seite [in 1/cm³] und n_D = Donatorenkonzentration der n-Seite [in 1/cm³]. Nach dieser Gleichung ist die Sperrschichtkapazität C_s von Dioden mit angenähert abruptem p–n-Übergang

---

[1] Über die Ableitung dieser Formel vgl. u. a. [*80, 81*].

umgekehrt proportional zur Wurzel aus der Sperrspannung U_{sp}. Der in Sperrichtung gepolte p-n-Übergang einer solchen Diode stellt demnach eine spannungsabhängige (steuerbare) Kapazität dar, die sich mit Hilfe der Sperrspannung in relativ weiten Grenzen variieren läßt (vgl. Abb. 108). Für diesen Zweck dimensionierte Dioden bezeichnet man als Kapazitätsdioden und benutzt sie vorwiegend für die automatische Abstimmung von Schwingkreisen und als nichtlineare Schaltelemente in parametrischen Verstärkern.

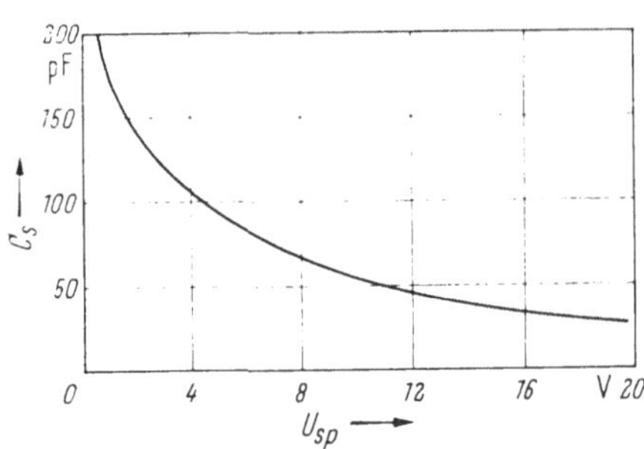

Abb. 108. Verlauf der Sperrschichtkapazität als Funktion der Sperrspannung bei einer Kapazitätsdiode.

e) Zenerdioden. Wird die Sperrspannung an einer Festkörperdiode bis zu einem bestimmten Grenzwert (der sogenannten Durchbruchspannung) erhöht, so steigt der Sperrstrom im p-n-Übergang sprungartig um mehrere Zehnerpotenzen an (vgl. Abb. 109). Die Ursache des steilen Sperrstromanstiegs ist die hohe Feldstärke in der Sperrschicht, die zwei verschiedene Entladungsmechanismen auslösen kann: Beim *„Zenerdurchbruch"* bewirkt sie eine innere Feldemission (Tunneleffekt), während beim *„Lawinendurchbruch"* die den Sperrstrom bildenden Ladungsträger im elektrischen Feld so stark beschleunigt werden, daß sie durch Stoßionisierung von Gitteratomen Trägerlawinen auslösen, die den Stromanstieg verursachen. Der Zenerdurchbruch kommt wegen der erforderlichen hohen Feldstärke nur in dünnen Sperrschichten vor, die nach Gl. (83) von hochdotierten Halbleitern bei nicht zu hoher Sperrspannung gebildet werden. Der Lawinendurchbruch tritt dagegen in dickeren Sperrschichten [d. h. bei geringerer Halbleiterdotierung und höherer Sperrspannung; s. Gl. (83)] auf, weil dort die Beschleunigungsstrecke der Ladungsträger zur Ionisierung von Gitteratomen ausreicht.

Der *Zenerdurchbruch* tritt — wie erwähnt — vornehmlich an dünnen p-n-Sperrschichten auf. Erhöht man nämlich die Dotierung der p- und n-Seite sehr stark (z. B. bei Silizium auf 10^{19} bis 10^{20} Fremdatome/cm³), so wird die Weite der Übergangszone nach Gl. (83) sehr gering, die Ränder des verbotenen Bandes verlaufen schon bei geringer Vorspannung in Sperrichtung (d. h. bei einigen Volt) sehr steil, und der Potentialwall, der das p-Gebiet vom n-Gebiet trennt, wird durch die zunehmende Steilheit der Bandränder immer dünner. Durch die Verschmälerung des Potentialwalls nimmt die Wahrscheinlichkeit zu, daß ein Elektron ohne Energieaufwand von seinem Platz im Valenzband (z. B. der p-Seite) zu einem energetisch gleichwertigen Platz im Leitungsband (z. B. der

n-Seite) gelangt. Man sagt: das Elektron „durchtunnelt" den Potentialwall („innere Feldemission"), anstatt ihn wie bei normaler Anregung zu
überspringen. Die Wahrscheinlichkeit dieses Vorgangs ist zwar für einen
einzelnen Ladungsträger gering; trotzdem ergeben sich dabei wegen der
hohen Trägerdichte Ströme bis zu 10^3 A pro cm² Sperrschichtfläche.

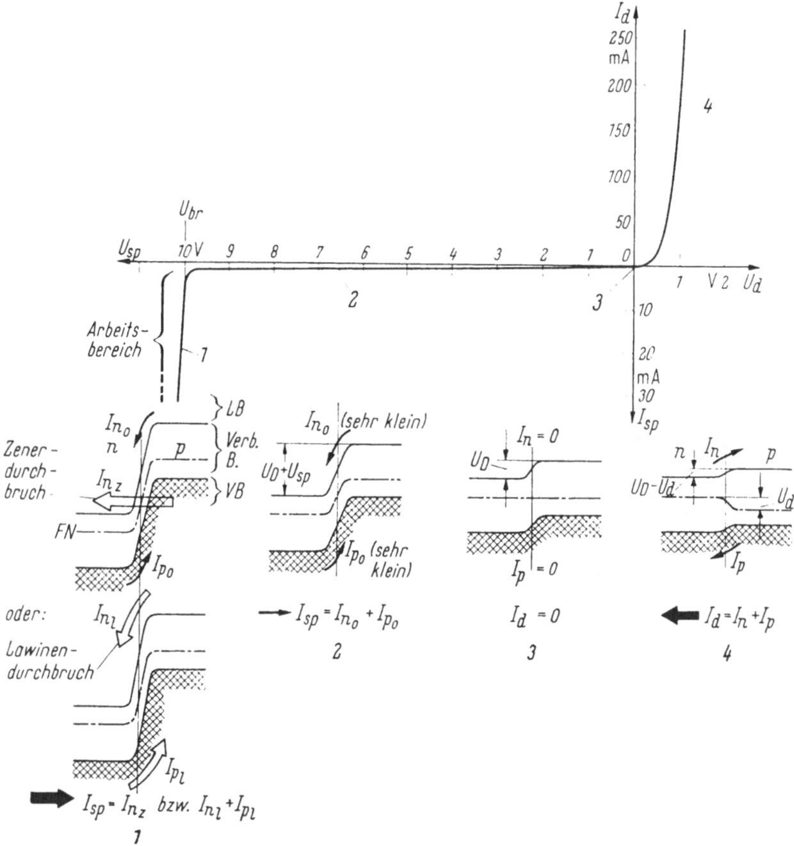

Abb. 109. Kennlinie einer Zenerdiode und zugehörige Bändermodelle.

Für die Auslösung des *Lawinendurchbruchs* ist wie bei Gasentladungen der Ionisierungskoeffizient α_s der Elektronen und Löcher im Halbleiter maßgebend. Er gibt die Zahl von Trägerpaaren an, die von einem
Elektron bzw. Loch in der Sperrschicht pro cm Weg erzeugt werden.
Seine Abhängigkeit von der Feldstärke lautet ähnlich wie bei Gasentladungen[1] [73]:

$$\alpha_s = a\, e^{-b/E}, \tag{85}$$

---

[1] Vgl. Bd. I, Gl. (129).

worin a und b vom Halbleitermaterial abhängige Konstanten und E die Feldstärke in der Sperrschicht bedeuten. Bei einer Feldstärke von etwa 400 kV/cm beträgt α_s in Ge- und Si-Sperrschichten etwa 10^4 bis 10^5 1/cm. Für den Stromverstärkungsfaktor M (der das Verhältnis zwischen der Zahl der aus der Sperrschicht austretenden zur Zahl der eintretenden Elektronen angibt) gilt die empirische Beziehung [93]:

$$M = \frac{1}{1 - \left(\dfrac{U_{sp}}{U_{br}}\right)^n} \tag{86}$$

(U_{sp} [V] = Sperrspannung, U_{br} [V] = Durchbruchspannung, $n = 3$ bis 7 je nach Art und Dotierung des Halbleitermaterials).

Während sich der Entladungsstrom beim Zenerdurchbruch in etwa homogen über die Sperrschichtfläche verteilt, konzentriert er sich beim Lawinendurchbruch auf einzelne Durchbruchkanäle („Mikroplasmen" mit Stromstärken von etwa 100 µA), deren Zahl mit steigender Stromstärke zunimmt. Der Temperaturkoeffizient der Durchbruchspannung ist beim Zenerdurchbruch schwach negativ (d. h. bei konstantem Strom wird die Durchbruchspannung mit wachsender Temperatur kleiner), weil die Breite des verbotenen Bandes und damit des Potentialwalls in der Sperrschicht mit der Temperatur abnimmt. Beim Lawinendurchbruch nimmt dagegen die Durchbruchspannung bei konstantem Strom mit wachsender Temperatur etwas zu (schwach positiver Temperaturkoeffizient), da die mittlere freie Weglänge der Elektronen und Löcher wie in Gasen mit wachsender Temperatur sinkt. Um ausreichende Ionisierung zu erzielen, muß daher die Sperrspannung (bzw. Weglängenspannung der Elektronen und Löcher) erhöht werden.

Die beschriebenen Entladungsvorgänge, die einen nahezu vertikalen Verlauf der „Sperr"-Kennlinie ergeben (vgl. Abb. 109), werden in den „Zenerdioden" zur Spannungsstabilisierung und Referenzspannungserzeugung ausgenutzt. Als Halbleitermaterial verwendet man in solchen Dioden ausschließlich Silizium, da ein Sperrschichtdurchbruch in diesem Material einen scharfen Kennlinienknick ergibt[1]. Bei Durchbruchspannungen unter etwa 4,5 V [d. h. nach Gl. (83) bei relativ dünner Sperrschicht] überwiegt in diesen Dioden der Zenerdurchbruch, bei Spannungen über etwa 6 V (d. h. bei dickerer Sperrschicht) der Lawinendurchbruch.

---

[1] Bei Ge-Dioden ist der Sperrkennlinienknick nicht scharf, weil hier der Sperrstrom unterhalb der Durchbruchspannung mit wachsender Sperrspannung viel rascher ansteigt als bei den Siliziumdioden. Das liegt daran, daß beim Germanium wegen der geringeren Breite des verbotenen Bandes bei gleicher Sperrspannung mehr Elektronen vom Valenz- ins Leitungsband gehoben werden können als beim Silizium.

f) Tunneldioden. Bei einer in Sperrichtung gepolten Diode hängt das Auftreten des Tunneleffekts von der Dotierung des Halbleitermaterials ab. Steigert man diese auf über $2 \cdot 10^{19}$ Donator- bzw. Akzeptoratome

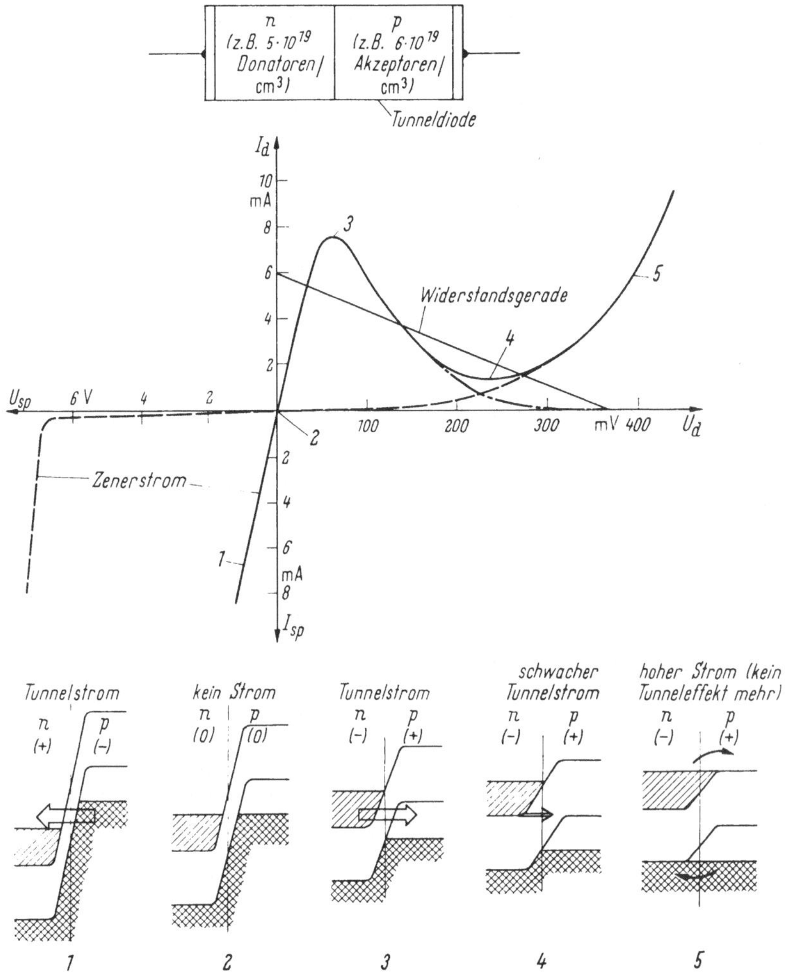

Abb. 110. Kennlinie einer Tunneldiode und zugehörige Bändermodelle.

– – – – – · –: Kennlinie bei normaler Dotierung;

– · – · – · –: Tunnelstrom-Kennlinie (bei hoher Dotierung);

————— · – ·: Gesamtstromverlauf.

pro cm³, so wird das verbotene Band am p–n-Übergang so schmal (Breite etwa 100 Å), daß schon bei kleinen Sperr- *und* Durchlaßspannungen Elektronen den Potentialwall durchtunneln können. Dioden mit dieser

Eigenschaft bezeichnet man als Tunneldioden (ESAKI [77]). Ihre Strom–Spannungs-Kennlinie ist in Abb. 110 dargestellt.

Der Verlauf der Tunneldioden-Kennlinie läßt sich an Hand des Bändermodells für hochdotierte Halbleiter (vgl. Abb. 99e) verfolgen. Ist der p–n-Übergang nur schwach in Sperrichtung gepolt (vgl. das Teilbild 1 in Abb. 110), so fließt — wie bei den Zenerdioden im Durchbruchgebiet — ein durch innere Feldemission hervorgerufener Elektronen-Tunnelstrom vom Valenzband der p-Seite ins Leitungsband der n-Seite. Dieser Tunnelstrom wird um so höher, je mehr das Valenzband der p-Seite (mit wachsender „Sperrspannung") gegenüber dem Leitungsband der n-Seite angehoben wird. Der Tunneldiodenstrom steigt daher in „Sperrichtung" praktisch linear mit der Sperrspannung an. Im spannungslosen Zustand (vgl. Teilbild 2) fließt kein Tunnelstrom[1], weil die Elektronen im Leitungsband der n-Seite den vollbesetzten Teil des Valenzbandes auf der p-Seite vorfinden und die Valenzelektronen der p-Seite den vollbesetzten Teil des Leitungsbandes auf der n-Seite. Dies ändert sich bei Anlegen einer kleinen Durchlaßspannung (vgl. die Teilbilder 3 und 4). Mit zunehmender Durchlaßspannung steigt der Tunnelstrom (der jetzt von der n- zur p-Seite fließt) zunächst an, bis der vollbesetzte Teil des Leitungsbandes der n-Seite genau dem leeren Teil des Valenzbandes der p-Seite gegenüberliegt. Bei weiterer Erhöhung der Durchlaßspannung nimmt der Tunnelstrom wieder ab, weil jetzt die Elektronen auf beiden Seiten des p–n-Übergangs immer weniger besetzbare Energieniveaus antreffen. Schließlich wird eine Durchlaßspannung erreicht, bei welcher der normale Durchlaßstrom des p–n-Übergangs einsetzt (vgl. Teilbild 5). Die Kennlinie der Tunneldiode stellt die Überlagerung der normalen Diodenstrom- und der Tunnelstromkennlinie dar [81].

Tunneldioden werden aus niederohmigen Ge-, Si- oder GaAs-Kristallen nach dem Legierungs- und Mesaverfahren hergestellt. Der spezifische Widerstand der Kristalle beträgt etwa $10^{-3}\,\Omega\mathrm{cm}$ entsprechend einer Dotierung von z. B. $2 \cdot 10^{19}$ As-Atomen pro cm^3 gegenüber 10^{14} bis 10^{18} As-Atomen pro cm^3 bei normal dotierten Kristallen. Nach dem Legieren wird die Sperrschichtfläche bis auf einen kleinen Rest weggeätzt, um die Sperrschichtkapazität möglichst klein zu machen. Eine auf diese Weise hergestellte Tunneldiode zeigt Abb. 111.

Wegen des abfallenden Kennlinienasts sind Tunneldioden als Oszillatoren, Schalter und Frequenzwandler einsetzbar. Länge und Steilheit des abfallenden Kennlinienasts hängen im wesentlichen von der Breite des verbotenen Bandes und von der Dotierung des verwendeten Halb-

---

[1] Strenggenommen gilt dies nur für 0°K. Bei höherer Temperatur fließen zwei entgegengerichtete, aber gleich große Tunnelströme, so daß der Gesamtstrom Null ist.

leitermaterials ab. Da der Elektronenübergang beim Tunneleffekt ohne Energieaufwand und — wegen der Teilchen- *und* Wellennatur der Elektronen — mit einer Geschwindigkeit erfolgt, die mit der Lichtgeschwindigkeit vergleichbar ist, reicht die Grenzfrequenz der Tunneldioden bis in den GHz-Bereich (maximal bis etwa 100 GHz). Die Schaltgeschwindigkeit wird nur durch die Sperrschichtkapazität (Größenordnung 20 pF) begrenzt. Weitere Vorteile der Tunneldioden sind die hohe erreichbare Stromdichte (etwa 10^3 A/cm²), die geringe Temperaturabhängigkeit des abfallenden Kennlinienasts, die geringe Abhängigkeit der elektrischen Eigenschaften vom Zustand der Kristalloberfläche, die relative Unempfindlichkeit gegenüber radioaktiver Strahlung und der weite Temperaturbereich, in dem diese Dioden betrieben werden können (z. B. bei Si-Dioden: — 265 bis + 400 °C). Von Nachteil ist die relativ kleine erzielbare HF-Ausgangsleistung; sie beträgt einige 100 mW [*83*].

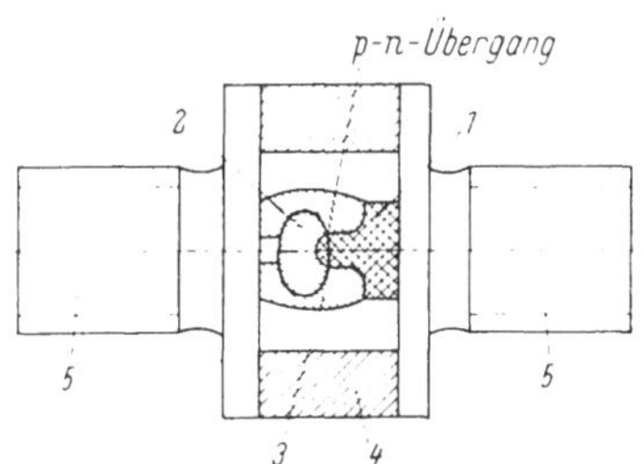

Abb. 111. Aufbau einer Tunneldiode (Siemens TU 3).
1 n-Germaniumkristall; *2* Indiumpille; *3* Gießharzmantel; *4* Glasring; *5* Zuleitungen.

g) Rückwärts-(Backward-)Dioden. Durch genaue Dosierung der Aktivatorzusätze zum Halbleiter lassen sich Dioden mit relativ kleinem Durchlaß-Tunnelstrommaximum herstellen. Solche Dioden leiten dann wie aus Abb. 110 hervorgeht — innerhalb eines gewissen Spannungsbereichs (z. B. ± 300 mV) in „Rückwärtsrichtung" besser als in der „Durchlaßrichtung". Der Vorteil dieser „Rückwärtsdioden" besteht darin, daß ihr Stromanstieg in der Rückwärtsrichtung wesentlich steiler verläuft als der Durchlaßstromanstieg normaler Dioden, der erst bei einer bestimmten Schwellenspannung beginnt. Die Backwarddioden verwendet man deshalb besonders zur Gleichrichtung sehr kleiner höchstfrequenter Wechselspannungen [*81*].

C. Photowiderstände, Photodioden und Photoelemente

1. Innerer lichtelektrischer Effekt

In störstellenfreien wie in dotierten Halbleitern ist bei Zimmertemperatur von etwa 10^9 (Ge) bzw. 10^{12} (Si) *Eigen*atomen nur eines thermisch ionisiert. Fällt daher genügend kurzwellige Strahlung auf einen solchen Halbleiterkristall, so werden in diesem durch Photoionisierung von Gitter-Eigenatomen Elektron-Loch-Paare erzeugt, die sich zu den thermisch gebildeten Trägerpaaren addieren (innerer lichtelektrischer Effekt). Dadurch erhöht sich die Leitfähigkeit des Halbleiters[1]. Im Bändermodell entspricht der Ionisierung eines Gitter-Eigenatoms das Heben eines Elektrons vom Valenz- ins Leitungsband. Da die hierzu notwendige (minimale) Photoenergie gleich der Breite ΔE des verbotenen Bandes ist, setzt der innere Photoeffekt bei allen Halbleitern erst unterhalb einer bestimmten Grenzwellenlänge λ_{max} ein:

$$\lambda_{max} = \frac{hc}{\Delta E} = \frac{hc}{e\,\Delta U} = \frac{12400}{\Delta U}\ [\text{Å}]\quad (\Delta U \text{ in V}) \tag{87}$$

($\Delta E = e\,\Delta U =$ Breite des verbotenen Bandes [in Ws]). λ_{max} bezeichnet man als „langwellige Grenze" des inneren Photoeffekts. Sie liegt für Germanium ($\Delta E = 0{,}67$ eV) bei $1{,}8\ \mu$, und für Silizium ($\Delta E = 1{,}1$ eV) bei $1{,}1\ \mu$. Je kurzwelliger das einfallende Licht ist, desto mehr Gitteratome können von einem einzelnen Photon ionisiert werden. Bei abnehmender Lichtwellenlänge λ nimmt aber gleichzeitig die Eindringtiefe der Photonen in den Halbleiter rasch ab (z. B. in Silizium von 1 cm bei $\lambda = 1\ \mu$ auf 10^{-6} cm bei $\lambda = 0{,}3\ \mu$). Da dann die Elektron-Loch-Paare in einer immer dünneren Schicht unterhalb der Kristalloberfläche entstehen, wächst ihre Rekombinationswahrscheinlichkeit. Daher durchläuft die von der Lichtstrahlung herrührende (Photo-)Leitfähigkeit eines Halbleiters mit abnehmender Lichtwellenlänge ein Maximum (vgl. Abb. 112).

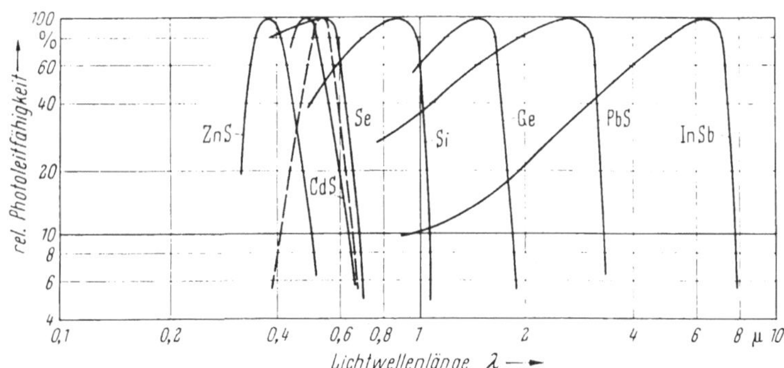

Abb. 112. Relative Leitfähigkeit einiger Photohalbleiter als Funktion der Wellenlänge des einfallenden Lichts (vgl. [81]).
— · — : Kurve der relativen Augenempfindlichkeit. Diese Kurve deckt sich fast mit den Leitfähigkeitskurven für Selen und Cadmiumsulfid.

---

[1] Bei den Metallen tritt dieser Effekt bei Lichteinstrahlung nicht auf, da hier bei Zimmertemperatur bereits alle Gitteratome thermisch ionisiert sind.

Je nachdem, ob der innere Photoeffekt in einem *sperrschichtfreien Halbleiterkristall*, an einem *in Sperrichtung gepolten p–n-Übergang* oder an einem *p–n-Übergang ohne äußere Spannung* ausgelöst wird, bezeichnet man das betreffende lichtempfindliche Bauelement als *Photowiderstand* (oder Photoleiter), *Photodiode* (oder Photozelle) bzw. *Photoelement* (Licht- oder Sonnenbatterie) [*16, 75, 79, 81, 90, 97, 105*].

Die Abb. 113a zeigt die Betriebsschaltung und Kennlinie eines *Photowiderstandes*. Die Zahl der erzeugten Elektron-Loch-Paare steigt hier zwar proportional mit der Zahl der einfallenden Photonen (d. h. mit der Beleuchtungsstärke) an. Da aber gleichzeitig mit der Trägerkonzentration die Rekombinationswahrscheinlichkeit für die Elektronen und Löcher zunimmt (d. h. die Trägerlebensdauer τ abnimmt), wird der

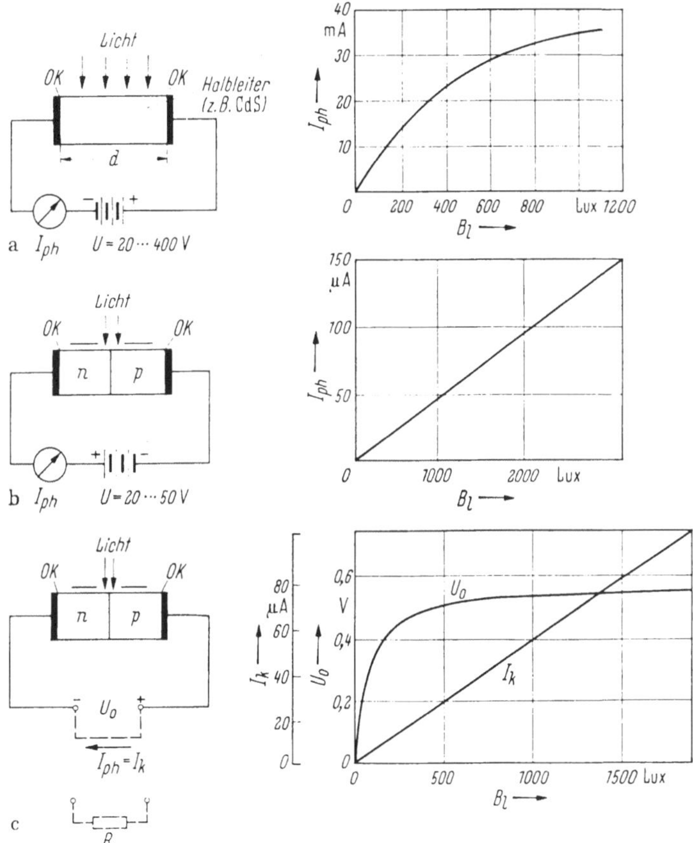

Abb. 113. Betriebsschaltung und Kennlinien eines Photowiderstandes (a), einer Photodiode (b) und eines Photoelements (c) (vgl. [75]).
B_l Beleuchtungsstärke; *OK* Ohmscher Kontakt; U_0 Leerlaufspannung; I_k Kurzschlußstrom. (1 Lux = 1 Lm/m².)

Anstieg des Photostroms mit wachsender Beleuchtungsstärke immer geringer (vgl. Abb. 113a). Der quantitative Zusammenhang zwischen dem Photostrom I_{ph} und der Zahl P der Elektron-Loch-Paare, die pro Sekunde im Photoleiter erzeugt werden, lautet[1] (bei Vernachlässigung der Rekombination):

$$I_{ph} = \frac{eN}{t_n} = eP\frac{\tau_n}{t_n} = eP\tau_n\mu_n\frac{U}{d^2}\ [\text{A}]. \tag{88}$$

In dieser Gleichung bedeuten: $N = nV = $ Gesamtzahl der Trägerpaare, die sich in jedem Augenblick im Photoleiter befinden ($n = $ Konzentration der Trägerpaare, $V = $ Volumen des Photoleiters), e [As] = Elementarladung, τ_n [sec] $= N/P = $ mittlere Lebensdauer der Leitungselektronen ($= $ Zeit zwischen dem Heben eines Elektrons ins Leitungsband und seinem Zurückfallen ins Valenzband), t_n [sec] $= d/v_n = d^2/\mu_n U = $ mittlere Laufzeit der Leitungselektronen zwischen den Elektroden, v_n [cm/sec] $= \mu_n E = \mu_n U/d = $ mittlere Driftgeschwindigkeit der Leitungselektronen), d [cm] $= $ Elektrodenabstand, μ_n [cm²/Vsec] $= $ mittlere Elektronenbeweglichkeit und U [V] $= $ Spannung zwischen den Elektroden.

Nach Gl. (88) sind zur Erzielung eines hohen Photostroms ein geringer Elektrodenabstand d und ein möglichst großes Produkt $\tau_n\mu_n$ erforderlich. Bei einem aktivatorfreien (im Dunkeln isolierenden) Photoleiter (z. B. reinem CdS) besteht der Photostrom nur aus den primär gebildeten Elektronen, die abgesaugt werden. Die Lebensdauer τ_n dieser Elektronen kann höchstens gleich ihrer Laufzeit t_n zwischen den Elektroden des Photoleiters sein. Enthält dagegen der Photoleiter viele Aktivatoren (z. B. CdS mit Cu-, Ag-. Mn- oder Cl-Atomen), die eine gewisse Dunkelleitfähigkeit erzeugen, so kann die positive Löcherraumladung (die nach dem Absaugen der Elektronen wegen der meist viel geringeren Löcherbeweglichkeit länger im Kristall bleibt) einen zusätzlichen Elektronenstrom aus der negativen Elektrode (Kathode) durch den leitenden Kristall „ziehen“. Dieser Elektronenstrom fließt so lange, bis die Löcherraumladung durch Rekombination bzw. Absaugen verschwunden ist. Im Endeffekt bedeutet dies eine *scheinbare* Vergrößerung der Elektronenlebensdauer τ_n. wodurch das Verhältnis $I_{ph}/eP \gg 1$ werden kann. Dieses Verhältnis bezeichnet man deshalb als „Stromverstärkungsfaktor“ des Photoleiters.

In Abb. 113b sind die Betriebsschaltung und Kennlinie einer *Photodiode* (Photozelle) dargestellt. Fällt Licht auf den (in Sperrichtung gepolten p-n-Übergang einer solchen Diode, so werden die aus ihren Gitter-

---

[1] Strenggenommen ist $I_{ph} = eP\left(\dfrac{\tau_n}{t_n} + \dfrac{\tau_p}{t_p}\right)$. Wegen $t_n \ll t_p$ ist aber der Beitrag der Löcher zum Photostrom meist vernachlässigbar.

bindungen befreiten Elektronen und die Löcher im elektrischen Feld des p-n-Übergangs getrennt (p-n-Photoeffekt). Die Elektronen wandern dabei zur n-Seite und die Löcher zur p-Seite, wo sie mit Ladungsträgern rekombinieren, die von der Batterie geliefert werden. Da die Ladungsträger im p-n-Übergang wegen der dort herrschenden hohen Feldstärke rasch getrennt werden, ist ihre Rekombinationswahrscheinlichkeit beim Durchlaufen der Sperrschicht gering. Der Sperrstrom durch den p-n-Übergang, der gleich dem Photostrom im äußeren Stromkreis ist, steigt daher praktisch linear mit der Beleuchtungsstärke an (vgl. Abb. 113b). Falls die Laufzeit t der Ladungsträger in der Sperrschicht gleich der Trägerlebensdauer τ ist, wird nach Gl. (88) bei Vernachlässigung des thermischen Dunkelstroms[1]:

$$I_{ph} = e P \;[\mathrm{A}], \tag{89}$$

d. h. der Photostrom ist von der äußeren Spannung unabhängig. In Gl. (89) bedeutet P die Zahl der Elektron-Loch-Paare, die pro Sekunde in der Sperrschicht entstehen, und e die Elementarladung.

Jede Photodiode kann auch als Photoelement betrieben werden. Die Abb. 113c zeigt die Betriebsschaltung und die Kennlinien eines *Photoelements*. Auch hier werden bei Belichtung in der Sperrschicht Ladungsträgerpaare gebildet und im Diffusionsfeld des p-n-Übergangs getrennt. Die Elektronen wandern dabei — wie im Fall der Photodiode — zur n-Seite und die Löcher zur p-Seite. Da jetzt aber keine von einer äußeren Batterie gelieferte Ladungsträger vorhanden sind, mit denen sie rekombinieren können, lädt sich (bei offenem Stromkreis) die p-Seite positiv gegen die n-Seite auf. Dabei werden die negative Diffusions-Raumladung auf der p-Seite und die positive Diffusions-Raumladung auf der n-Seite teilweise kompensiert, so daß sich die Diffusionsspannung in der Sperrschicht erniedrigt. Der Betrag, um den sie sich erniedrigt, erscheint als Leerlaufspannung U_o zwischen den äußeren Elektroden des Photoelements. Die Leerlaufspannung U_o kann daher bei starker Belichtung des p-n-Übergangs höchstens gleich der Diffusionsspannung U_D werden. Bei Kurzschluß fließt der durch Gl. (89) gegebene Photostrom (Kurzschlußstrom), der linear mit der Beleuchtungsstärke ansteigt. Da die Photo-EMK für den p-n-Übergang eine Durchlaßspannung darstellt, gilt für den Photostrom I_{ph} bei beliebiger Belastung (mit einem Lastwiderstand R) nach Bd. I. Gl. (158) die Beziehung[2]:

$$I_{ph} = -e P + I_0 \left(e^{e U/kT} - 1 \right). \tag{90}$$

---

[1] Berücksichtigt man den thermischen Dunkelstrom, so wird nach Bd. I. Gl. (159): $I_{ph} = e P + I_0 \left(1 - e^{-eU/kT} \right) \; [\approx e P + I_0$, für $e U \gg kT]$. Dabei ist I_0 der (thermische) Sperrstrom der Diode und U die Sperrspannung.

[2] Das Minuszeichen bei „$e P$" rührt davon her, daß dieser Stromanteil in Sperrrichtung fließt.

wobei

$$U = I_{ph} R \tag{91}$$

ist. Aus diesen beiden Gleichungen läßt sich bei gegebener Beleuchtungsstärke (d. h. bei gegebenem P) für jeden Lastwiderstand R die sich einstellende Photospannung U und der zugehörige Photostrom I_{ph} ermitteln. Für verschiedene Beleuchtungsstärken ergibt sich die Kennlinien-

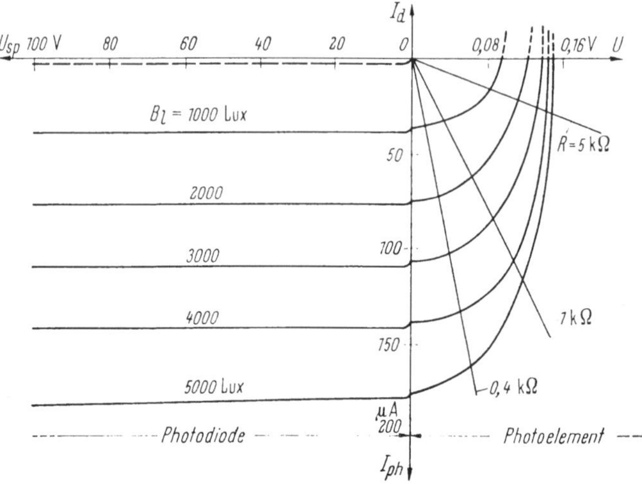

Abb. 114. Kennlinienfeld eines Photoelements (rechts von der I_{ph}-Achse) bzw. einer Photodiode (links von der I_{ph}-Achse) (Siemens TP 50).
— — — —: Thermischer Dunkelstrom, B_e = Beleuchtungsstärke.

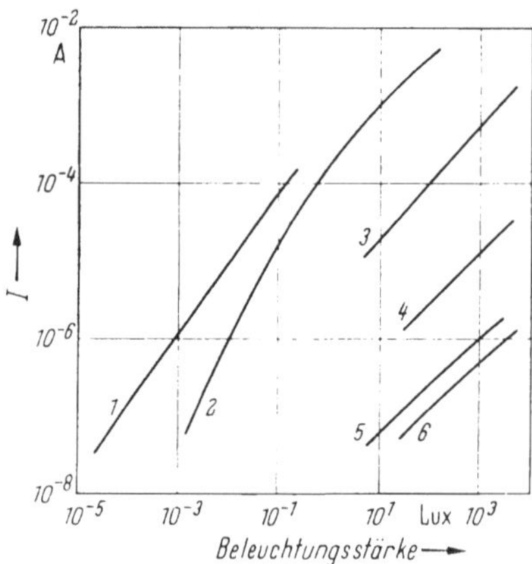

Abb. 115. Empfindlichkeit verschiedener photoelektrischer Bauelemente.
1 Photovervielfacher; 2 CdS-Photowiderstand; 3 Ge-Phototransistor; 4 Ge-Photodiode; 5 gasgefüllte Photozelle; 6 Hochvakuum-Photozelle.

schar der Abb. 114, die mit dem experimentellen Befund gut übereinstimmt. Da jedes Photoelement — wie erwähnt — (bei Anlegen einer äußeren Sperrspannung) grundsätzlich auch als Photodiode betrieben werden kann, sind in Abb. 114 auch die zugehörigen Photodioden - Kennlinien eingezeichnet.

Die wichtigsten elektrischen Daten der genannten lichtempfindlichen Halbleiter-Bauelemente sind in Tab. 14 zusammengefaßt. Zum Vergleich zeigt diese Tabelle auch die entsprechenden Daten von

Hochvakuum- und gasgefüllten Photozellen sowie von Photoelektronen-Vervielfachern und Phototransistoren (vgl. auch Abb. 115).

Tabelle 14

Elektrische Daten verschiedener lichtempfindlicher Bauelemente (vgl. [16]). Die Zahlenwerte geben nur die Größenordnung an. F = lichtempfindliche Fläche, e_p = Lumen-Empfindlichkeit. N_{max} = maximale Verlustleistung, f_{max} = obere Grenzfrequenz für Wechsellicht. I_0 = Dunkelstrom

	F [cm²]	e_p [μA/Lm]	N_{max} [mW]	f_{max} [kHz]	I_0 [μA]
Photowiderstand	1	10^7	1000	1	10
Ge-Photodiode	0,01	10^1	50	50	5
Si-Photoelement	1	10^1	5	50	0,5
Phototransistor	0,1	$5 \cdot 10^5$	100	50	100
Hochvakuum-Photozelle	1	40	0,15	10^5	0,1
Gasphotozelle	1	100	0,15	10	0,1
Photoelektronen-Vervielfacher	100	10^7	500	10^5	0,2

2. Ausführungsformen von lichtempfindlichen Halbleiter-Bauelementen

a) Photowiderstände. Die Photowiderstände bestehen aus einer Halbleiterschicht mit zwei aufgedampften oder auflegierten Ohmschen Kontakten. Als Halbleitermaterial verwendete man früher vor allem Selen (Se) und Thalliumsulfid (Tl$_2$S), heute dagegen vorwiegend Cadmiumsulfid (CdS), Bleisulfid (PbS) und verschiedene III–V-Verbindungen. z. B. Indiumantimonid (InSb) oder Galliumarsenid (GaAs).

Eine Anwendung von Selen als Photoleiter zeigt Abb. 116. Die Anordnung dient zur Elektrophotographie und besteht aus einer Metallplatte, die mit einer dünnen Selenschicht bedeckt ist. Durch eine Corona-Entladung wird die Oberfläche der Selenschicht gegen die Metallplatte

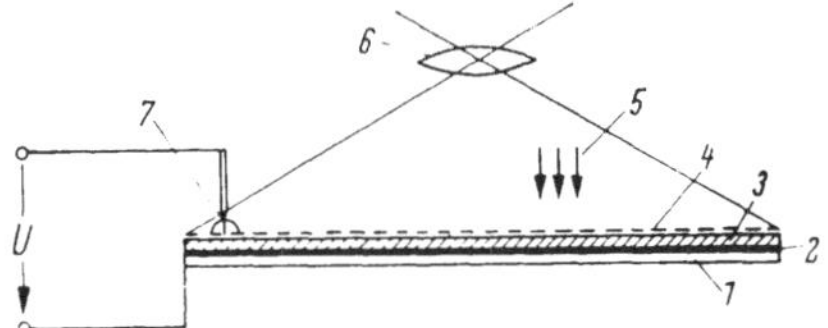

Abb. 116. Anwendung von Selen als Photoleiter für die Elektrophotographie.
1 Metallplatte (Gegenelektrode); *2* Papierschicht (Isolator); *3* Selenschicht (Widerstand etwa 10^5 Ωcm); *4* Ladungsbild auf der Selenschicht nach der Belichtung; *5* Staubniederschlag; *6* Objektiv; *7* Korona zum Aufladen der Selenschicht.

positiv aufgeladen. Wird nun die Schicht belichtet, so steigt die Photoleitfähigkeit des Selens an allen Stellen proportional zur jeweiligen Beleuchtungsstärke an. so daß die Oberflächenladung teilweise abfließt.

Dadurch entsteht auf der Selenoberfläche ein Ladungsbild, das dem optischen Bild entspricht. Dieses Ladungsbild kann durch Bestreuen mit Staub fixiert und sichtbar gemacht werden und ist dann unempfindlich gegen radioaktive Strahlung. Auch in Fernsehkameraröhren werden mit Hilfe von Halbleiterschichten (Halbleiter-Signalplatten) derartige Ladungsbilder aufgebaut. Im „Vidikon" (s. S. 307 ff.) besteht diese Schicht aus Antimontrisulfid (SbS_3), im „Plumbikon" aus Bleioxyd (PbO).

Die (häufig verwendeten) CdS-Photowiderstände bestehen aus einer Glas-, Porzellan- oder Kunststoff-Trägerplatte, auf die eine CdS-Sinterschicht aufgeklebt oder eine dünne CdS-Schicht im Vakuum aufgedampft

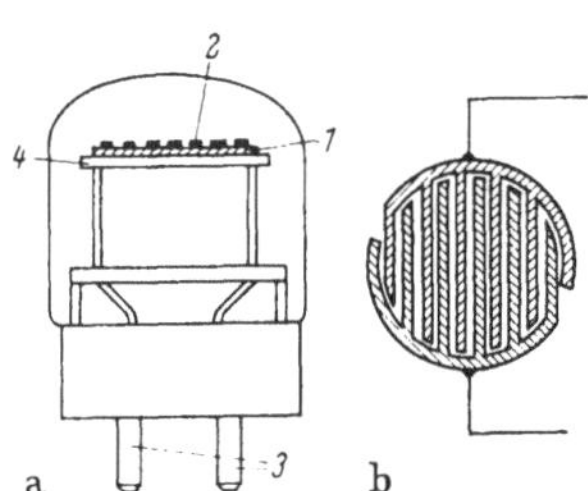

Abb. 117. a) Aufbau eines (rotempfindlichen) CdS-Photowiderstandes.
1 CdS-Schicht; 2 aufgedampfte Elektroden; 3 Zuleitungen; 4 Kunststoffplatte.
b) Elektroden dieses Photowiderstandes (von oben gesehen).

wird (vgl. Abb. 117). Zur Herstellung der Sinterschicht wird CdS-Pulver unter hohem Druck zu Pillen gepreßt und anschließend gesintert. Bei der Herstellung von Aufdampfschichten läßt man z. B. reines Cadmium bei etwa 1000 °C mit Schwefelwasserstoff (H_2S) reagieren, wobei sich das entstehende Cadmiumsulfid beim Abkühlen auf die Trägerplatte niederschlägt und hexagonal kristallisiert. Auf die CdS-Schicht werden dann Cu-, Au- oder Al-Elektroden aufgedampft. Die Elektroden haben meist die Form von zwei ineinandergreifenden Kämmen. Dadurch werden auch bei großer lichtempfindlicher Fläche die Elektrodenabstände genügend klein, so daß ein hoher Photostrom fließen kann [s. Gl. (88)]. Zum Schutz gegen äußere Einflüsse wird die ganze Anordnung in einem Glaskolben oder in einer kleinen Kapsel mit Fenster untergebracht.

Die übrigen Photoleiter sind ähnlich wie der CdS-Photowiderstand aufgebaut und unterscheiden sich von diesem durch die verschiedene Lage und Höhe ihrer Empfindlichkeitsmaxima (vgl. Abb. 112) sowie durch ihre verschiedene Trägheit und Temperaturempfindlichkeit. Um letztere zu verringern, werden die Photoleiter manchmal gekühlt.

b) Photodioden bestehen aus einem Germanium- oder Siliziumkristall mit eindiffundiertem oder im Ziehverfahren hergestellten p-n-Übergang. Der Kristall ist entweder in einem Metallgehäuse mit Fenster oder in einem Glasröhrchen untergebracht.

c) Photoelemente. Für Photoelemente benutzt man als Halbleitermaterial Selen (Se), Kupferoxydul (Cu_2O), Cadmiumsulfid (CdS), Bleisulfid (PbS), Galliumarsenid (GaAs) und insbesondere Silizium (Si). Diese Stoffe werden meist als dünne Schichten hergestellt und mit geeigneten Metallelektroden kontaktiert. Je nach Anordnung der beiden

Elektroden unterscheidet man zwischen Vorderwand- und Hinterwandzellen. Die Abb. 118a u. b zeigt diese beiden Bauformen am Beispiel des **Se**-Photoelements. Bei der Hinterwandzelle (a) besteht die eine Elektrode aus einer Eisenplatte („Hinterwand") und die zweite aus einem Kontaktring. Die Sperrschicht befindet sich hier an der Grenzfläche

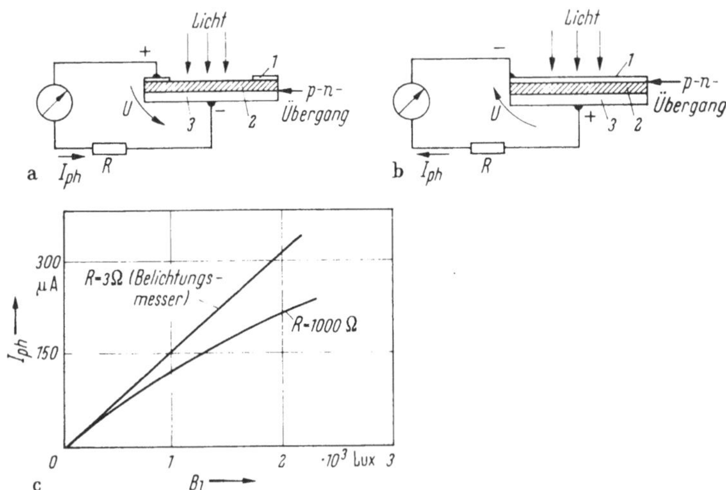

Abb. 118a u. b. Verschiedene Bauformen eines Selen-Photoelements.
a) Hinterwandzelle: *1* Kontaktring; *2* Selenschicht; *3* Metallelektrode (aus Eisen).
b) Vorderwandzelle: *1* lichtdurchlässige Goldschicht; *2* Selenschicht; *3* Metallelektrode (aus Eisen).
c) Belastungskennlinien eines Selen-Photoelements. Bei niederohmiger Belastung ist der erzeugte Photostrom I_{ph} der Beleuchtungsstärke B_l proportional (Belichtungsmesser).

zwischen der Eisenplatte und der Selenschicht. Bei der Vorderwandzelle (b) ist dagegen die zweite Elektrode als lichtdurchlässige Goldschicht („Vorderwand") auf die Selenschicht aufgedampft. Die Sperrschicht liegt hier an der Grenzfläche zwischen der Goldschicht und dem Selen. Die Eisenplatte ist mit einem **Ni**- oder **Bi**-Film bedeckt und bildet daher mit dem Selen einen Ohmschen Kontakt. **Se**-Photoelemente werden — da das Maximum ihrer Lichtempfindlichkeit im sichtbaren Bereich (bei etwa 0,5 µ) liegt — als Belichtungsmesser benutzt. Der Belastungswiderstand wird dabei so niedrig gewählt, daß der erzeugte Photostrom (wie aus Abb. 114 hervorgeht) proportional mit der Beleuchtungsstärke ansteigt (vgl. Abb. 118c).

Ähnlich wie die **Se**-Zellen sind auch die **Cu$_2$O**-, **CdS**- und **PbS**-Photoelemente aufgebaut. Das Maximum der Lichtempfindlichkeit dieser Zellen liegt bei 0,6, 0,5 bzw. 3,0 µ.

Bei den **Si**-Photoelementen (vgl. Abb. 119) befindet sich die (nach dem Diffusionsverfahren hergestellte) Sperrschicht als *p–n*-Übergang dicht unterhalb der Kristalloberfläche. Der Aufbau entspricht also dem einer Vorderwandzelle. Die **Si**-Photoelemente haben einen besonders

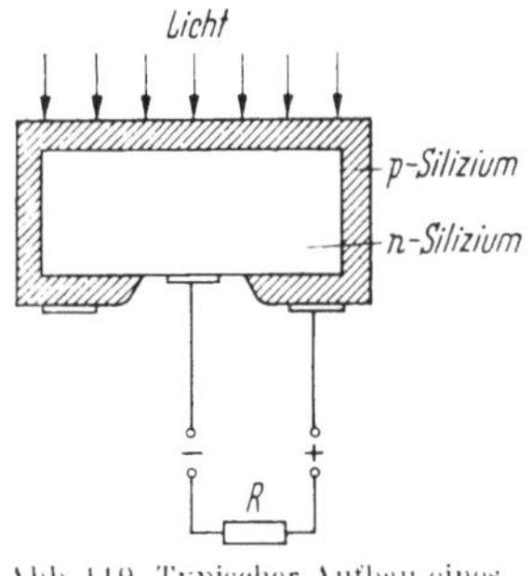

Abb. 119. Typischer Aufbau eines Silizium - Photoelements (,,Sonnenbatterie'').

hohen Wirkungsgrad bei der Umwandlung von Licht in elektrische Energie und werden daher als ,,Sonnenbatterien'' eingesetzt. Bei einer Sonnenstrahlung von 100 mW/cm^2 beträgt ihre Nutzleistung etwa 10 mW/cm^2. was einem Wirkungsgrad von 10% entspricht. Dies ist etwa das Zehnfache des Wirkungsgrades von **Se**-Zellen. Ein ähnlich hoher Wirkungsgrad läßt sich auch mit **GaAs**-, **InAs**-, **InP**- und **GaP**-Photoelementen erreichen.

D. Heißleiter (Thermistoren)

Nach Bd. I, Gl. (155), nimmt die Eigenleitfähigkeit σ_i eines Halbleiters praktisch exponentiell mit der Temperatur T zu (vgl. auch Bd. I, Abb. 131). Der spezifische Widerstand ϱ_T als der Reziprokwert der Leitfähigkeit nimmt daher nach der Gleichung

$$\varrho_T = \varrho_0 e^{C/T} \tag{92}$$

mit wachsender Temperatur ab[1]. (ϱ_T, ϱ_0 = spezifischer Widerstand bei der Temperatur T bzw. bei unendlich hoher Temperatur. C = Materialkonstante). Diese für alle Halbleiter charakteristische Eigenschaft, nämlich im heißen Zustand den elektrischen Strom besser zu leiten als im kalten. wird bei den ,,Heißleitern'' (Thermistoren) technisch ausgenutzt. Die typische Kennlinie und einige Bauformen eines solchen temperaturabhängigen Widerstandes zeigt Abb. 120.

Als Heißleitermaterial verwendet man vorwiegend Metalloxyde (z. B.

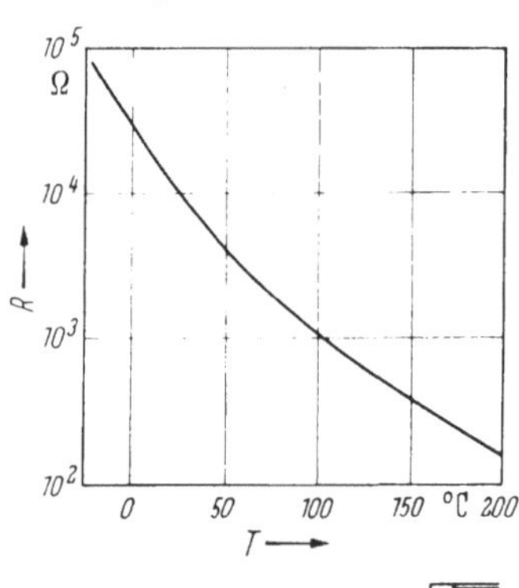

Abb. 120. Kennlinie und Bauformen eines Heißleiters (,,Thermistors'').

---

[1] Für die Metalle gilt dagegen: $\varrho_T = \varrho_0[1 + \beta(T - T_0)]$; ($\varrho_T$, ϱ_0 = spezifischer Widerstand bei der Temperatur T bzw. T_0). Der Widerstand steigt hier also linear mit der Temperatur an.

Kupferoxyd), die man ähnlich wie Germanium und Silizium mit Fremd-atomen dotieren kann (z. B. durch Mischung mit anderen Oxyden). Die Vielfalt geeigneter Oxyde erlaubt die Herstellung von Heißleitern mit Kaltwiderständen (Widerständen bei 20 °C) von etwa $0,1\,\Omega$ bis $10^7\,\Omega$ und Warmwiderständen, die $^1/_{15}$ bis $^1/_{2000}$ des Kaltwiderstandes betragen. Der Temperaturkoeffizient der Heißleiter (d. h. die prozentuale Abnahme des Kaltwiderstandes bei einer Temperaturerhöhung um 1 °C) liegt zwischen -2 und $-6\%/°C$.

Thermistoren, die elektrisch wenig belastbar sind, so daß ihr Wider-stand im wesentlichen von der Umgebungstemperatur abhängt, ver-wendet man als „Kompensations-" und „Meßheißleiter" zur Temperatur-messung und -regelung sowie zur Kompensation des Temperaturganges von Metallen. Zur Leistungsmessung und -regelung benutzt man die sogenannten Regelheißleiter, deren Widerstand im wesentlichen durch die Belastung bestimmt wird. Zum Unterdrücken von Einschaltstrom-stößen und zum Verzögern von Schaltvorgängen dienen „Anlaßheißleiter", deren Widerstand durch Eigenaufheizung entsprechend ihrer thermischen Trägheit nur langsam abnimmt [75, 96].

VII. Festkörper-Mehrpolgeräte

A. Niederfrequenz-, Hochfrequenz- und Leistungs-Transistoren (vgl. [75, 89, 119])

Die meisten der heute gebräuchlichen Transistoren gehören zur Gruppe der Flächentransistoren, die im Gegensatz zum „Spitzen-transistor" relativ große Sperrschichtflächen besitzen. Einige Eigen-schaften dieser dreipoligen Verstärkerelemente sind in Bd. I, Kap. 1, Abschn. X, B. 3, die wichtigsten Verfahren zur ihrer Herstellung in Bd. I. Kap. 2, Abschn. VII, B, 5, beschrieben.

1. Niederfrequenz-Transistoren

NF-Transistoren werden fast ausschließlich nach dem Legierungs-verfahren hergestellt (vgl. Bd. I, Abb. 255). Sie haben einen maximalen Kollektorstrom von 20 bis 300 mA bei Kollektorspannungen von 10 bis 100 V. Ihre Grenzfrequenz, d. h. die Frequenz, bei der die Strom- und Leistungsverstärkung merklich absinkt, wird durch die Laufzeit τ_b der

Ladungsträger bestimmt, die vom Emitter durch die (feldfreie) Basis zum Kollektor diffundieren[1]:

$$\tau_b = \frac{w^2}{2D}.\qquad(93)$$

In dieser Gleichung ist w die Basisschichtdicke [in cm] und D der Diffusionkoeffizient der vom Emitter kommenden Ladungsträger [in cm²/sec]. Für Germanium von $300°K$ ist $D_n = 100$ und $D_p = 49$ cm²/sec, für Silizium ist $D_n = 36$ und $D_p = 12$ cm²/sec. Da sich mit dem Legierungsverfahren Basisschichten von etwa 50 bis 100 μ Dicke herstellen lassen, ist die Grenzfrequenz $f_g = 1/\tau_b$ legierter Transistoren entsprechend niedrig; sie beträgt nur einige MHz.

Beispiel: Bei einem legierten Ge-*p*-*n*-*p*-Transistor mit einer Basisschichtdicke $w = 80\,\mu$ wird die Laufzeit der vom Emitter kommenden Löcher in der Basis $\tau_b = 64 \cdot 10^{-6}/2 \cdot 49 = 6{,}54 \cdot 10^{-7}$ sec; daraus erhält man als Grenzfrequenz $f_g = 1/\tau_b \approx 1{,}5$ MHz.

2. Hochfrequenz-Transistoren

Nach Gl. (93) wird die Trägerlaufzeit τ_b in der Basis verringert und damit die Grenzfrequenz des Transistors erhöht, wenn die Basis sehr dünn gemacht wird. Eine Möglichkeit, dünne Basisschichten herzustellen, bieten das Diffusions- und Epitaxialverfahren, die zur Verbesserung der elektrischen Eigenschaften der Transistoren vielfach mit einer Ätz- oder Maskierungstechnik kombiniert werden (Mesa-, Planar- und Epitaxial-Planar-Technik; vgl. Bd. I, Kap. 2, VII). Mit diesen Verfahren erreicht man Basisschichtdicken von 1 bis 10 μ, also nach Gl. (93) eine theoretische Grenzfrequenz von etwa 10 GHz. Die Grenzfrequenz technischer Mesa- oder Planar-Transistoren (vgl. Bd. I, Abb. 258 u. 260) beträgt jedoch zur Zeit nur etwa 1 bis 2 GHz. Der Grund liegt darin, daß vor Erreichen der theoretischen Laufzeitgrenze in der Basis ein weiterer, die Verstärkung herabsetzender Faktor in Erscheinung tritt, der bei niedrigen Frequenzen kaum eine Rolle spielt. Es handelt sich um die aus dem Basiswiderstand R_b (d. h. dem Widerstand zwischen dem äußeren Basiskontakt und der Emitter-Basis-Sperrschicht) und der Kollektor-Sperrschichtkapazität C_c bestehende RC-Kombination. Der Widerstand R_b beträgt je nach Transistorart 50 bis 400 Ω, die Kapazität C_c liegt zwischen

---

[1] Die Gl. (93) ergibt sich daraus, daß die Konzentration der diffundierenden Ladungsträger in der Basis $n = n_0(1 - x/w)$ ist ($n_0 =$ Trägerkonzentration am emitterseitigen Ende der Basis, d. h. bei $x = 0$). Die Gesamtladung in der Basis wird daher $Q = eF\int_0^w n\,dx = en_0Fw/2$. Da der Diffusionsstrom durch die Basis andererseits gleich $I = eFD\,dn/dx \approx eFDn_0/w$ ist, wird $\tau_b = Q/I = w^2/2D$.

10 und 50 pF. Daraus errechnet sich eine Zeitkonstante $T = R_b C_c =$ 0,5 $\cdot$ 10^{-9} bis 20 $\cdot$ 10^{-9} sec. Wird die Periodendauer der dem Transistor zugeführten HF-Schwingung mit diesen Werten der Zeitkonstanten vergleichbar, so sinkt die Verstärkung rapide ab, weil die Kapazität C_c über den Widerstand R_b nicht mehr schnell genug aufgeladen werden kann. Dies ist bei Frequenzen zwischen 1 und 2 GHz der Fall.

Als Maß für die Güte eines HF-Transistors dient die „maximale Oszillationsfrequenz" f_{max}, d. h. die Frequenz, bei der die Leistungsverstärkung des Transistors gerade gleich eins wird (vgl. [98, 119]):

$$f_{max} = \frac{1}{4\,\pi} \sqrt{\frac{1}{R_b C_c \tau_0}} \tag{94}$$

(R_b = Basiswiderstand [in Ω], C_c = Kollektor-Sperrschichtkapazität [in F], τ_0 [sec] = Gesamtlaufzeit der Ladungsträger von der Emitter- bis zur Kollektorelektrode). Bei Basisschichtdicken $w \geq 10$ μ ist $\tau_0 \approx \tau_b$. Bei Basisschichtdicken von etwa 1 μ wird dagegen $\tau_0 \gg \tau_b$; es überwiegt dann also die Laufzeit im Emitter und Kollektor diejenige in der Basis.

Nach Gl. (94) müssen bei einem guten HF-Transistor die Zeitkonstante $R_b C_c$ und die Trägerlaufzeit τ_0 möglichst niedrig sein. Kleine Werte von R_b erhält man mit dicken und homogen niedrig dotierten Basiszonen, kleine Werte von C_c dagegen mit hochdotierten Basis- (und Kollektor-) Zonen [s. Gl. (84)], und kleine Werte von τ_0 mit möglichst dünner Basis- und Kollektorzone, wobei die Basis inhomogen dotiert sein soll[1]. Zwischen diesen einander widersprechenden Forderungen muß bei der optimalen Dimensionierung eines HF-Transistors immer ein Kompromiß geschlossen werden, der am besten mit den obengenannten Herstellungsverfahren erreicht wird. HF-Transistoren der üblichen Bauart haben einen Kollektorstrom von etwa 10 bis 50 mA und eine Kollektorspannung von etwa 10 bis 40 V.

3. Leistungs-Transistoren

Leistungs-Transistoren müssen so dimensioniert sein, daß sie bei einer hohen Kollektorspannung einen möglichst großen Kollektorstrom führen können. Beiden Betriebsparametern sind aber physikalische und technologische Grenzen gesetzt. Die Kollektorspannung darf einen ge-

---

[1] Inhomogen dotiert heißt hier, daß die Dotierung in der Basis vom Emitter zum Kollektor hin angenähert exponentiell um mehrere Zehnerpotenzen abfällt. Dadurch entsteht in der Basis ein „Driftfeld", das die Ladungsträger schneller vom Emitter zum Kollektor zieht, als dies bei homogen dotierter Basis der Fall ist (Drifttransistor). Eine solche Dotierung erhält man praktisch bei allen nach dem Diffusionsverfahren hergestellten Transistoren.

wissen Wert nicht überschreiten, weil sonst in der (in Sperrichtung gepolten) Basis-Kollektor-Sperrschicht wie bei Zenerdioden ein Lawinen- oder Zenerdurchbruch einsetzt. Es fließt dann ein hoher Kollektorstrom, ohne daß eine Steuerspannung zwischen Basis und Emitter anliegt, d. h. der Transistor verliert seine Steuerfähigkeit. Ein weiterer Grund für die Begrenzung der Kollektorspannung ist die Spannungsabhängigkeit der Dicke der Basis-Kollektor-Sperrschicht, die nach Gl. (83) mit wachsender Kollektorspannung (Sperrspannung) breiter wird und sich dadurch immer weiter in die Basiszone hinein ausdehnt, bis sich die Emitter- und Kollektor-Sperrschichtränder berühren. In diesem Augenblick wird die Basis kurzgeschlossen, und es fließt ein hoher Strom vom Emitter in den Kollektor. Auch in diesem Fall verliert der Transistor seine Steuerfähigkeit. Die Reihenfolge, in der die beiden Effekte auftreten, hängt von der Dotierung der Basis ab. Ist diese hochohmig, so setzt nach Gl. (83) zuerst der Lawinendurchbruch ein, ist sie niederohmig, so wird als erstes die Emitter-Kollektor-Strecke kurzgeschlossen. Bei **Ge**-Transistoren beträgt die höchstzulässige Kollektorspannung etwa 30 bis 100 V, bei **Si**-Transistoren etwa 300 bis 600 V.

Auch für den Kollektorstrom eines Transistors existiert eine obere Grenze. Diese wird durch die höchstzulässige Emitterstromdichte und durch die wirksame Emitterfläche bestimmt. Die Emitterstromdichte läßt sich durch die Vorspannung U_{EB} an der Emitter-Basis-Sperrschicht regulieren, die in Durchlaßrichtung gepolt ist. Der Durchlaßstrom dieser Sperrschicht setzt sich aus zwei Anteilen zusammen, nämlich dem Teilchenstrom, der aus dem Emitter über die Basis zum Kollektor fließt, und dem (durch schwache Basisdotierung klein gehaltenen) Teilchenstrom, der in entgegengesetzter Richtung von der Basis in den Emitter fließt. Dieser zweite Emitterstromanteil erreicht also den Kollektor nicht und trägt deshalb nichts zur Stromverstärkung bei. Da er aber wie der erste Stromanteil mit der Durchlaßspannung am Emitter-Basis-Übergang (d. h. mit der Stromdichte) ansteigt, nimmt der Stromverstärkungsfaktor (I_C/I_E) und damit die Verstärkung eines Transistors mit wachsender Emitterstromdichte rasch ab[1] (von z. B. 80 bei 1 A/cm² auf 10 bei 10 A/cm²). Der zweite Grund für die Begrenzung des Kollektorstroms ist die Tatsache, daß die wirksame Emitterfläche eines Transistors nicht mit der geometrischen Emitterfläche identisch ist. Das liegt daran, daß sich der Emitterstrom bei größerer Emitterfläche nicht gleichmäßig über diese verteilt, sondern vom (basiselektrodennahen) Rand der Emitterfläche ins Innere stark abfällt. Diese „Stromverdrängung" ent-

---

[1] Bei sehr kleinen Emitterstromdichten nimmt allerdings die Stromverstärkung wegen der abnehmenden Rekombinationsverluste mit der Stromdichte zunächst zu. Dieser Effekt wird beim „Thyristor" technisch ausgenutzt (s. S. 167 ff).

steht dadurch, daß die Vorspannung der Basiselektrode nicht an allen Stellen der Emitterfläche in gleicher Höhe wirksam wird, sondern mit zunehmender Entfernung von der Basiselektrode wegen des wachsenden Spannungsabfalls am Basiswiderstand abnimmt. Auf der Strecke zwischen Basiselektrode und Emitterrand ist dieser Spannungsabfall noch gering, daher sind am Emitterrand Durchlaßspannung und Emitterstrom hoch. Bis zur Mitte der Emitterfläche wird dagegen der Spannungsabfall so groß, daß dort Durchlaßspannung und Emitterstrom erheblich niedriger sind als am Emitterrand.

Diesen verschiedenen Faktoren, welche die Ausgangsleistung eines Transistors begrenzen, wird bei der Konstruktion von Leistungs-Transistoren durch geeignete Herstellungsverfahren (z. B. Legierungs- und Diffusionsverfahren), durch passende Dotierung der einzelnen Halbleiterzonen, durch bevorzugte Wahl des sperrspannungsfesteren Siliziums anstelle von Germanium und durch kamm- oder ringförmige Emitterelektroden (mit geringerer Stromverdrängung) Rechnung getragen. Zur raschen Abführung der Verlustwärme wird der Kollektor solcher Transistoren mit einer relativ großen Metallplatte verbunden. Als Beispiel zeigt Abb. 121 den Aufbau eines legierten **Ge**-Leistungs-Transistors für einen Kollektorstrom von etwa 10 A und eine Kollektorspannung von 40 V. Erreichbar sind Ströme von 100 A und Spannungen von etwa 100 V bei Germanium und einigen 100 V bei Silizium. Die Grenzfrequenz der Leistungs-Transistoren liegt zwischen 5 kHz und 1 MHz [*108*].

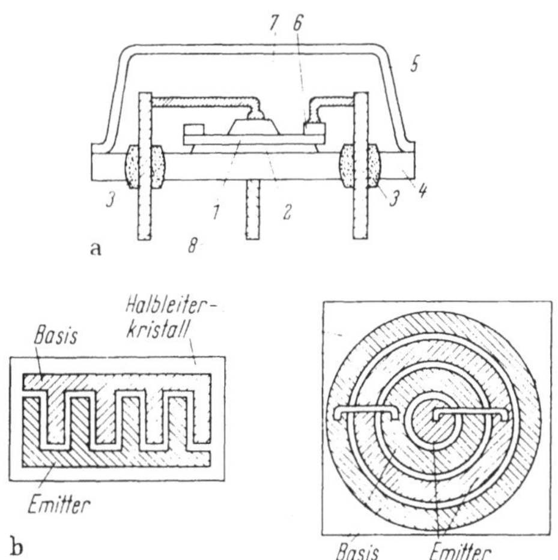

Abb. 121. a) Aufbau eines legierten **Ge**-Leistungs-Transistors.
1 Germanium-Einkristall; *2* anlegierte Kollektorelektrode; *3* Glasisolatoren; *4* Grundplatte; *5* Metallgehäuse; *6* Basisring (mit Ohmschem Kontakt); *7* Emitterelektrode; *8* Zuleitungen.
b) Mögliche Anordnung der Basis- und Emitterelektrode auf dem **Ge**-Kristall zur Verringerung der Stromverdrängung unter der Emitterelektrode.

11*

B. Sonderformen von Transistoren

1. Spitzentransistor

Der Spitzentransistor unterscheidet sich von den Flächentransistoren
in Aufbau und Wirkungsweise. Er besteht aus einem z. B. n-leitenden
Germaniumkristall mit anlegiertem Ohmschen Basiskontakt und zwei
Spitzenkontakten, die als Emitter bzw. Kollektor dienen (vgl. Abb. 122a).
Durch den mechanischen Druck bilden sich unter den beiden Spitzen
im Kristall schmale p-Zonen, von denen die kollektorseitige durch einen

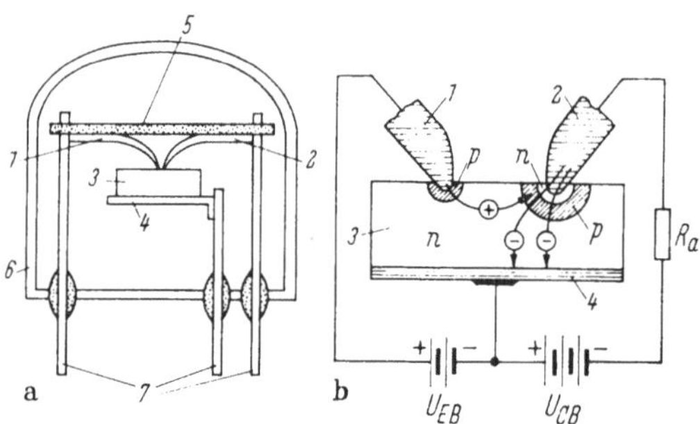

Abb. 122. Aufbau (a). Kristallstruktur und Betriebsschaltung (b) eines Spitzentransistors
(vgl. auch [111]).
1 Emitterelektrode (z. B. Kupferlegierung); 2 Kollektorelektrode (z. B. Phosphorbronze); 3 n-leitender
Germanium-Einkristall; 4 Ohmscher Basiskontakt; 5 Isolator; 6 Metallgehäuse; 7 Zuleitungen.

„formierenden" Stromstoß erheblich verbreitert wird. Gleichzeitig diffundieren dabei am Kollektor Atome vom Donatortyp (z. B. Phosphoratome,
wenn die Spitze aus Phosphorbronze besteht) ein Stückchen in den
Kristall, so daß unter der Kollektorspitze eine n-, p- und n-Zone aufeinanderfolgen (vgl. Abb. 122b).

Wird der p–n-Übergang am Emitter in Durchlaßrichtung gepolt, so
fließt von dessen p-Gebiet ein Löcherstrom über die n-leitende Basis in
die p-Zone am Kollektor. Das Potential dieser (elektrodenlosen) p-Zone
wird dabei so stark positiv, daß ein kräftiger Elektronenstrom von der
Kollektorelektrode durch den Kristall zur Basiselektrode fließen kann.
Dieser Elektronenstrom beträgt ein Mehrfaches des Emitterstroms. Der
Stromverstärkungsfaktor ist also größer als eins. Dafür ist aber die Spannungsverstärkung wegen des relativ geringen Ausgangswiderstandes um
etwa den Faktor hundert kleiner als bei den Flächentransistoren. Aus
diesem Grund werden die Spitzentransistoren heute nur noch selten
verwendet (vgl. [111]).

2. Unipolar-(Feldeffekt-)Transistor

Der Unipolar-Transistor gleicht in seinen elektrischen Eigenschaften der Hochvakuumtriode. Er besteht aus einem z. B. n-leitenden Germaniumkristall, der in der Mitte von einem p-leitenden Germaniumgürtel umgeben ist und an beiden Enden Ohmsche Legierungskontakte besitzt (vgl. Abb. 123). Der p-Ge-Gürtel bildet mit dem n-leitenden Kristall eine Sperrschicht, deren Dicke nach Gl. (83) durch eine außen anliegende Sperrspannung (Steuerspannung) variiert werden kann. Die Dickenschwankung der Sperrschicht hat eine mehr oder weniger starke Abschnürung des Strompfades im n-Ge-Kristall zur Folge. Dadurch ist es möglich, einen unipolaren Trägerstrom zwischen den Kontaktelektroden zu steuern. Dieser Steuervorgang entspricht also weitgehend demjenigen eines Gitterlochs in einer Hochvakuumtriode.

Da der p-n-Übergang an der Steuerelektrode in Sperrrichtung gepolt ist, besitzt der Unipolar-Transistor einen hohen Eingangswiderstand (Größenordnung 1 MΩ) und be-

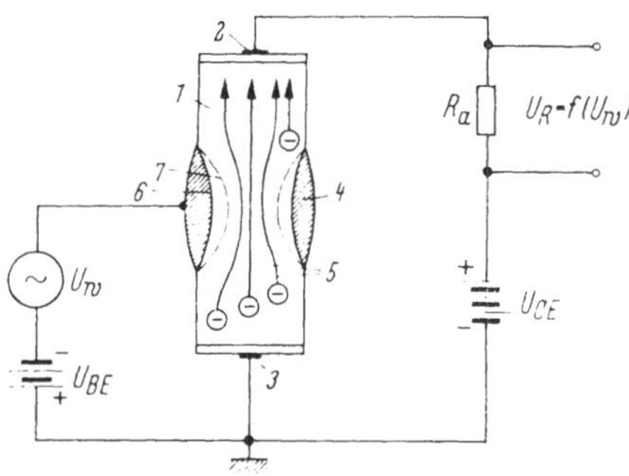

Abb. 123. Aufbau und Betriebsschaltung eines Unipolar-Transistors (Feldeffekt-Transistors).
1 n-Ge-Kristall; *2* Kollektor; *3* Emitter; *4* legierter p-Ge-Gürtel (Basis); *5* unipolarer Trägerstrom (Elektronen); *6* Sperrschicht bei niedriger Steuerspannung; *7* Sperrschicht bei hoher Steuerspannung; R_a Arbeitswiderstand; U_u Steuerwechselspannung; U_R Ausgangsspannung.

nötigt nur eine geringe Steuerleistung. Seine Steilheit beträgt wie bei Hochvakuumtrioden nur einige mA/V, die Grenzfrequenz etwa 50 MHz. Sein I_C–U_C-Kennlinienfeld gleicht dem I_a–U_a-Kennlinienfeld einer Pentode (vgl. [*86*]).

3. Schalt-Transistor

Den Aufbau dieses Transistors zeigt Abb. 124. An einem p-n-p-Ge-Kristall sind ein Ohmscher Emitter- und Basiskontakt sowie eine Kollektorspitze mit Sperrschicht angebracht. Liegt an der Basis eine positive Vorspannung (von z. B. $+10$ V) und an der Kollektorelektrode eine negative Vorspannung (von z. B. -30 V), so sind der emitter- und kollektorseitige p-n-Übergang in Sperrichtung gepolt. Die Emitter-Kollektor-Strecke stellt dann einen hohen Widerstand dar, d. h. der Transistor ist gesperrt (der Schalter geöffnet). Wird die Spannung an der Basiselektrode durch einen negativen Impuls (von z. B. -10 V) vorübergehend auf Null erniedrigt, so fließt ein Löcheremissionsstrom vom Emitter in die Basis. Dadurch wird das Potential der Basiszone in Kollektornähe so stark positiv, daß vom Kollektor ein hoher Elektronenstrom in die Basis fließen kann. Die Emitter-Kollektor-Strecke stellt in diesem Fall einen sehr niedrigen Widerstand dar, d. h. der Schalter ist während der Dauer des Basisspannungsimpulses geschlossen. Die Schaltleistung derartiger Transistoren beträgt bis zu 100 W (vgl. [86]).

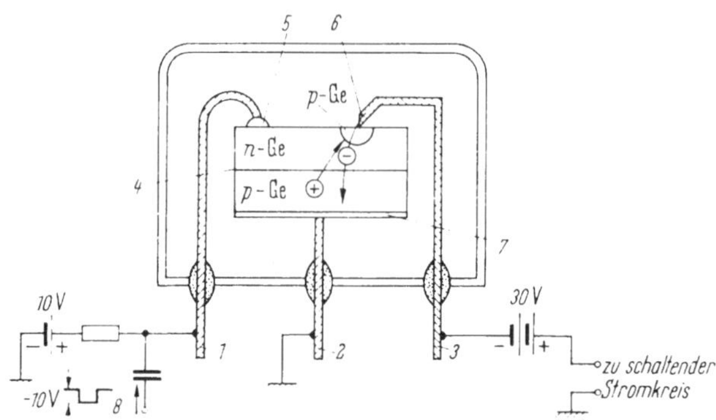

Abb. 124. Aufbau und Betriebsschaltung eines Schalt-Transistors.
1 Basis; 2 Emitter; 3 Kollektor; 4 Anreicherungsschicht (im Betrieb); 5 Ohmscher Basiskontakt (Zündelektrode); 6 Kollektorspitze mit Sperrschicht; 7 Ohmscher Emitterkontakt; 8 Schaltimpuls.

4. Transistor-Tetrode (Doppelbasis-Transistor)

Beim Doppelbasis-Transistor, dessen Aufbau und Betriebsschaltung Abb. 125 zeigt, wird in der Basiszone durch zwei einander gegenüber-

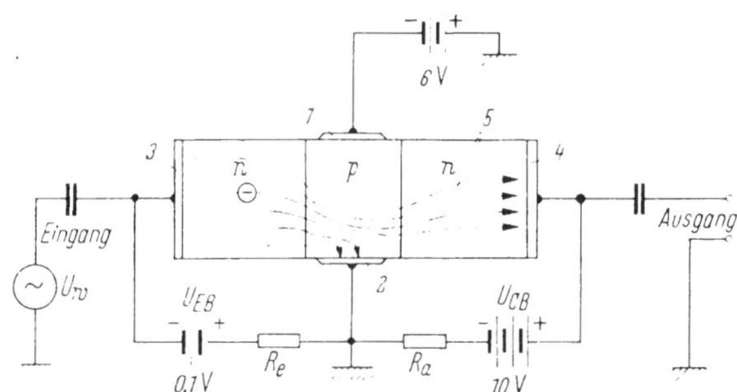

Abb. 125. Aufbau und Betriebsschaltung eines Doppelbasis-Transistors.
1 Erste Basiselektrode; 2 zweite Basiselektrode; 3 Emitter; 4 Kollektor; U_v Steuerwechselspannung.

liegende Elektroden ein konstantes elektrisches Querfeld erzeugt. Dieses Feld bewirkt, daß die Ladungsträger beim Eintritt in die Basis zu einer der Basiselektroden gedrängt werden. Dadurch verringern sich der wirksame Basiswiderstand und die wirksame Emitter- und Kollektor-Sperrschichtfläche. Nach Gl. (94) bedeutet dies eine Erhöhung der Grenzfrequenz (auf maximal etwa 100 MHz gegenüber etwa 10 MHz bei einem Transistor ohne Basis-Querfeld). Der Anstieg der Grenzfrequenz ist aber mit einer starken Abnahme der Stromverstärkung verbunden, da ein beträchtlicher Teil des Emitterstroms vor Erreichen des Kollektors zur geerdeten Basiselektrode abfließt (vgl. [86]).

5. Phototransistor

Der Phototransistor (vgl. Abb. 126) kann als n–p-Photodiode (links) mit nachgeschalteter n-Zone (rechts) aufgefaßt werden. Wird der in Sperrichtung gepolte (linke) p–n-Übergang des Transistors mit Licht bestrahlt, so entstehen Ladungsträgerpaare, die im elektrischen Feld dieses p–n-Übergangs getrennt werden. Die Elektronen wandern dabei zur (linken) n-Seite und die Löcher zur p-Seite. Dieser Photo-Löcherstrom erhöht das Potential des p-Gebiets und damit die Durchlaßspannung für

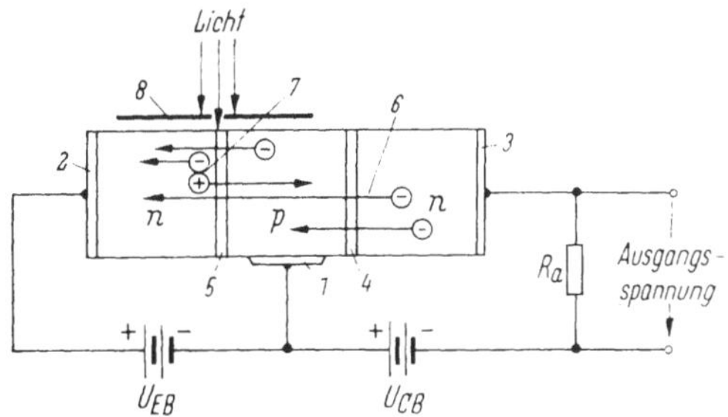

Abb. 126. Aufbau und Betriebsschaltung eines Phototransistors.
1 Basis; *2* Emitter; *3* Kollektor; *4* nicht bestrahlte Sperrschicht (in Durchlaßrichtung gepolt); *5* mit Licht bestrahlte Sperrschicht (in Sperrichtung gepolt); *6* Elektronenstrom; *7* durch Lichtstrahlung erzeugte Trägerpaare; *8* Blende.

den rechten p–n-Übergang. Dadurch kann ein starker Elektronenstrom vom (rechten) n-Gebiet in die p-Zone und von dort ins linke n-Gebiet fließen. Da dieser Elektronenstrom ein Vielfaches des Photo-Löcherstroms beträgt, ist die Lumen-Empfindlichkeit des Phototransistors wesentlich höher als die einer gleichartigen Photodiode (vgl. Tab. 14).

C. Thyristoren (gesteuerte Silizium-Gleichrichter)

1. Spannungsgesteuerter Thyristor

Der gesteuerte Silizium-Gleichrichter stellt das Festkörper-Analogon zum Kaltkathoden-Thyratron dar. Aufbau und Kennlinien eines solchen „Festkörper-Thyratrons" (oder „Thyristors") zeigt Abb. 127. Als Halbleiter dient ein Siliziumkristall mit vier Zonen, die in der Reihenfolge n_1-p_1-n_2-p_2 aneinandergrenzen und dabei drei Sperrschichten n_1-p_1 (*1*),

p_1-n_2 (2) und n_2-p_2 (3) bilden (vgl. Abb. 127a u. b). Die Zonen n_1, p_1 und p_2 tragen Ohmsche Kontakte, die mit K („Kathode"), A („Anode") und G („Gitter") bezeichnet sind [115, 123].

Bei negativer Spannung (U_{sp}) an der Anode und schwach positiver, aber kleiner Gitterspannung U_g sind die Übergänge (1) und (3) in Sperr-

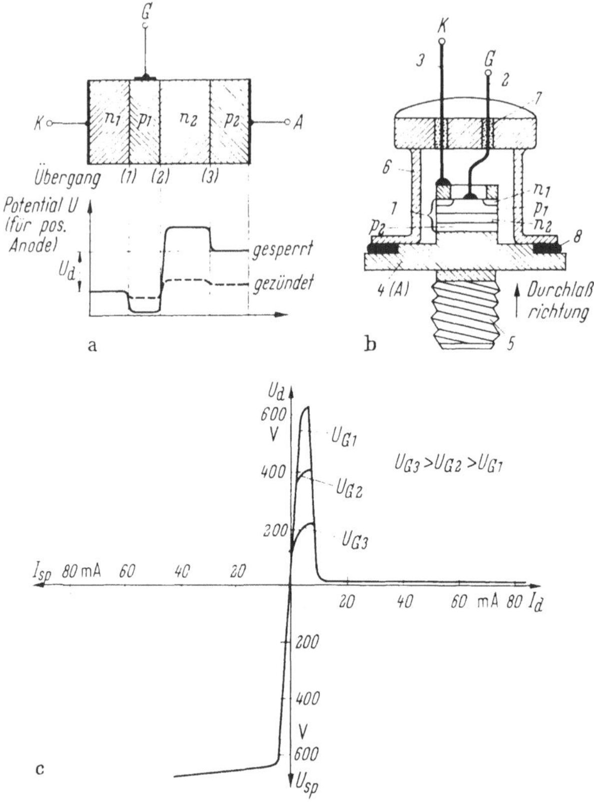

Abb. 127. Kristallstruktur (a), Aufbau (b), und Kennlinie (c) eines spannungsgesteuerten Si-Gleichrichters (Thyristors) [115, 123]. In Teilbild (a) ist außerdem der Potentialverlauf längs des Kristalls für den Durchlaß- und Sperrzustand gezeichnet.
1 n–p » p-Siliziumkristall; 2 „Gitter"-Zuleitung; 3 Kathodenzuleitung; 4 Grundplatte (Anode); 5 Anodenanschluß; 6 Gehäuse; 7 Glaseinschmelzungen; 8 Lötverbindung.

richtung und der Übergang (2) in Durchlaßrichtung gepolt. Zwischen Anode und Kathode fließt dann ein durch die Übergänge (1) und (3) bestimmter Sperrstrom. Erhöht man die negative Anodenspannung, bis an einem der gesperrten Übergänge die Durchbruchspannung anliegt, so steigt der Sperrstrom wie bei einer Zenerdiode sprungartig an (vgl. den linken Kennlinienast in Abb. 127c). Dadurch wird die zulässige Sperrspannung des Thyristors begrenzt. Diese beträgt maximal etwa

1000 V, ist also von derselben Größenordnung wie die zulässige Sperrspannung von Glüh- und Kaltkathoden-Thyratrons.

Liegt an der Anode eine positive Spannung (U_d) und ist die Gitterspannung zunächst Null, so sind die Übergänge (1) und (3) in Durchlaßrichtung gepolt, während der Übergang (2) sperrt. In diesem Fall fließt zwischen Anode und Kathode der Sperrstrom des Übergangs (2). Wird nun an das Gitter eine kleine positive Spannung angelegt, so emittiert es Löcher in die „Basiszone" p_1. Diese Löcher erhöhen das Potential des p_1-Gebiets und damit die Durchlaßspannung des Übergangs (1). Die Folge ist, daß ein starker Elektronenstrom von n_1 über p_1 nach n_2 fließt. Dadurch erniedrigt sich aber das Potential des n_2-Gebiets, so daß nun auch ein starker Löcherstrom von p_2 über n_1 nach p_1 fließt. Die so erhöhte Löcherzahl im p_1-Gebiet führt wiederum zu einer noch stärkeren Elektronenemission aus dem n_1-Gebiet. Durch diese wechselseitig bedingte Trägeremission aus den beiden Randzonen wird der mittlere p–n-Übergang (2) so mit Ladungsträgern überschwemmt, daß die (Sperr-)Spannung an ihm zusammenbricht und der Strom sprungartig ansteigt (vgl. den rechten Kennlinienast der Abb. 127c). In diesem Augenblick geht der Thyristor vom Sperr- in den Zündzustand über.

Der Augenblick, in dem die Zündung bei wachsender Anodenspannung einsetzt, hängt von der Gitterspannung ab. Ist diese gleich Null, so zündet der Thyristor erst, wenn die Durchbruchspannung des Übergangs (2) erreicht ist. Denn dann steigt der Sperrstrom und damit der Löcherstrom ins p_1-Gebiet wegen der Lawinenbildung im Übergang (2) so stark an, daß der oben beschriebene Zündmechanismus ausgelöst wird[1]. Liegt dagegen am Gitter eine kleine positive Spannung, so setzt die Zündung schon bei einer niedrigen Anodenspannung ein. Die Verringerung der Anodenspannung führt zwar zu einer Verkleinerung des Stroms im Übergang (2) und damit zu einem Verlust an Löchern im p_1-Gebiet. Dieser Verlust wird aber durch den Löcheremissionsstrom des Gitters vollständig kompensiert. Je höher also die Gitterspannung gemacht wird, um so niedriger ist die für die Zündung erforderliche Anodenspannung (vgl. Abb. 127c). Dabei ist es gleichgültig, ob die Zündung durch Erhöhen der Gitter- oder Anodenspannung erreicht wird. Ähn-

---

[1] Auch unterhalb der Durchbruchspannung des Übergangs (2) fließt zwar bei $U_g = 0$ ein geringer Löchersperrstrom ins p_1-Gebiet und bewirkt eine geringe Elektronenemission aus dem n_1-Emitter. Jedoch wird dadurch der Zündmechanismus noch nicht ausgelöst, weil bei sehr niedriger Emitterstromdichte die meisten Elektronen rekombinieren, bevor sie das n_2-Gebiet erreichen können. Mit wachsender Emitterstromdichte nehmen die Rekombinationsverluste ab bzw. der Stromverstärkungsfaktor der n_1-n_2-Strecke steigt an. Daher tritt die Zündung erst dann ein, wenn die Emitterstromdichte infolge des Ladungsträgerdurchbruchs im Übergang (2) einen gewissen Mindestwert überschreitet. (Vgl. auch die Fußnote auf S. 162).

lich wie beim gasgefüllten Thyratron verliert auch das Gitter des Thyristors nach dem Zünden seine Steuerfähigkeit und gewinnt diese erst zurück, wenn die Entladung durch Wegnahme der Anodenspannung unterbrochen wird.

Spannungsgesteuerte Thyristoren werden in der Starkstromtechnik als gesteuerte Gleichrichter für Ströme bis zu einigen 100 A eingesetzt. Sie dienen außerdem als Schaltrelais in der Nachrichtentechnik. Ihre Vorteile gegenüber den gasgefüllten Thyratrons sind unter anderem die kurze Schaltzeit (von einigen μsec), die hohe Stromdichte (einige 100 A/cm²), das geringe Volumen und die sofortige Betriebsbereitschaft.

2. Lichtgesteuerte Thyristoren

Wie bereits erwähnt, ist für die Zündung eines Thyristors eine hohe Löcherkonzentration in der Basis (p_1) erforderlich, die den Emitter (n_1) zu starker Elektronenemission veranlaßt. Jeder Vorgang, der die Löcherkonzentration in der Basis erhöht, kann daher die Zündung einleiten. Solche Vorgänge sind die Löcherinjektion in die Basis oder die Erhöhung des in der Basis fließenden Löchersperrstroms durch Trägerlawinenbildung im Übergang (2) (= Durchbruch). Eine dritte Möglichkeit besteht in der Erhöhung

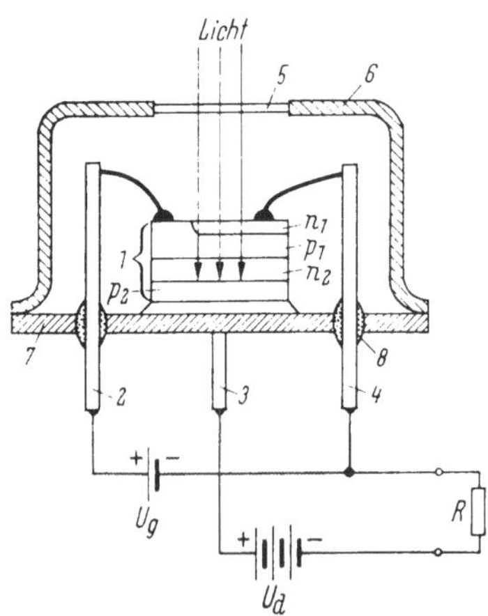

Abb. 128. Aufbau und Betriebsschaltung eines lichtgesteuerten Thyristors [113].
1 n p-n-p-Siliziumkristall; 2 Steuerelektrode („Gitter"); 3 Anode; 4 Kathode; 5 Fenster; 6 Gehäuse; 7 Metallplatte; 8 Glaseinschmelzung; R Belastungswiderstand.

des Löchersperrstroms durch den inneren lichtelektrischen Effekt bei Bestrahlung der Sperrschicht (2). Dieser Effekt wird beim lichtgesteuerten Thyristor ausgenutzt. Das Gitter erhält dabei eine geringe Vorspannung, die zur Zündung noch nicht ausreicht, oder es wird über einen Widerstand mit dem Emitter verbunden. Den Aufbau eines derartigen lichtempfindlichen Schalters zeigt Abb. 128 [113].

D. Doppelbasisdiode („Faden-Transistor")

Ähnliche Kennlinien wie der Thyristor besitzt auch die Doppelbasisdiode, die aus einem hochohmigen n-leitenden Germaniumkristall mit zwei Ohmschen Basiskontakten und einer p-leitenden Emitterzone be-

steht (vgl. Abb. 129). Zwischen den Basiskontakten liegt eine Gleichspannung U_b, die im Kristall ein lineares Potentialgefälle erzeugt.

Solange das Emitterpotential U_e kleiner als das Basispotential U_A an der Stelle A ist (vgl. Abb. 129a), bleibt der Emitter-Basis-Übergang gesperrt. Wird jedoch U_e etwas größer als U_A, so wird der p–n-Übergang in der Umgebung von A in Durchlaßrichtung gepolt. Vom Emitter fließt dann ein Löcherstrom zur Basiselektrode B_1 und erhöht die Leitfähigkeit der Strecke B_1–A. Dadurch sinkt das Basispotential in der Umgebung von A, und der Emitterstrom steigt weiter an, bis schließlich durch die gegenseitige Beeinflussung von Emitterstrom und Potentialabfall in der Basis der ganze p–n-Übergang längs der Strecke A–B in Durchlaßrichtung gepolt ist. Die Strecke B_1–B stellt dann einen niedrigen Widerstand dar, so daß vom Emitter E zur Basis B_1 ein hoher Strom fließen kann. Die Kennlinien, die aus dem geschilderten Einschaltvorgang resultieren, zeigt Abb. 129b. Wegen des fallenden Kennlinienasts eignen sich die Doppelbasisdioden für den Aufbau von Kippschaltungen (vgl. [86]).

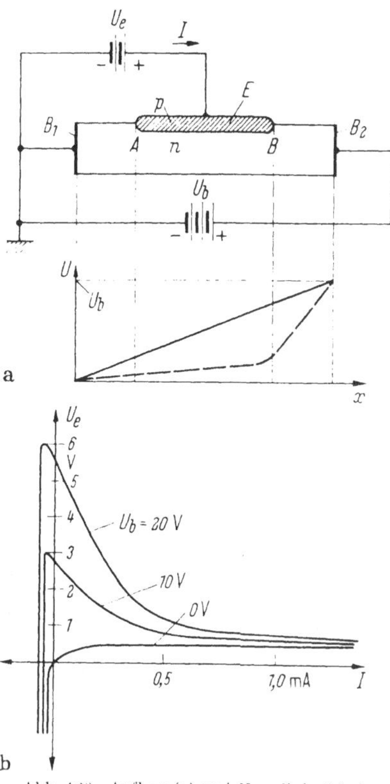

Abb. 129. Aufbau (a) und Kennlinie (b) einer Doppelbasisdiode (vgl. [111]).
E Emitter; B_1, B_2 Basiselektroden; U Potentialverlauf zwischen B_1 und B_2 (——— : Strecke B_1–E gesperrt; - - - - - : Strecke B_1–E in Durchlaßrichtung gepolt).

VIII. Weitere Festkörper-Entladungsgeräte

A. Elektrolumineszenz-Lampen und -Bildverstärker

1. Mechanismus der Elektrolumineszenz

Verschiedene Festkörper besitzen die Eigenschaft, bei Energiezufuhr im kalten Zustand Licht zu emittieren. Je nachdem, ob die Energie durch Bestrahlung mit Photonen, Röntgenquanten oder Elektronen, oder durch Anlegen eines elektrischen Feldes aufgebracht wird, bezeichnet man die dabei auftretende Leuchterscheinung als Photo-, Röntgeno-, Kathodo- und Elektrolumineszenz[1].

Unter „Elektrolumineszenz" versteht man demnach die Lichtemission von Festkörpern unter der Einwirkung eines elektrischen Gleich- oder Wechselfeldes hoher Feldstärke, also die direkte (nichtthermische) Umwandlung von elektrischer Energie in Lichtenergie. Im Gegensatz zur thermischen Strahlungsemission, die bei allen Festkörpern mit höherer Temperatur auftritt, ist die Fähigkeit der „kalten" Lichtemission und insbesondere die der Elektrolumineszenz auf besonders aktivierte Stoffe — nämlich Leuchtstoffe (Luminophore) sowie Halbleiter mit p-n-Sperrschichten — beschränkt. Solche Stoffe sind z. B. Zinksulfid (ZnS) mit Cu-, Al-, Mn- oder Ag-Zusätzen, Cadmiumsulfid (CdS) mit Kalium (K) als Aktivator oder kupferhaltiges Zinkoxyd (ZnO), ferner mit Sperrschichten versehene Einkristalle aus SiC, Ge, GaAs oder GaP (vgl. [*128, 133*]).

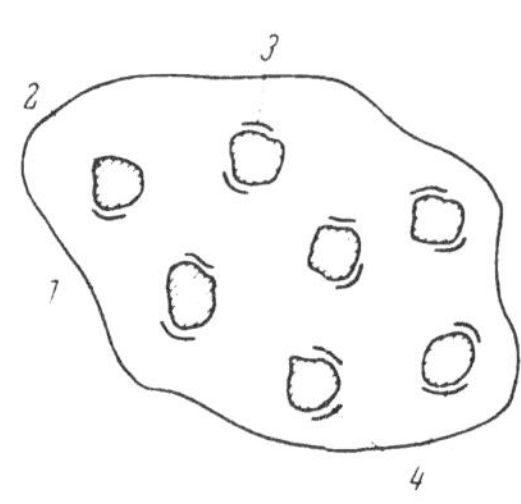

Abb. 130. Aufbau eines mit Kupfer aktivierten ZnS-Leuchtstoffes. Die Cu₂S-Tupfen befinden sich vorwiegend an der Oberfläche der Leuchtstoffschicht. *1* Organisches Bindemittel; *2* ZnS-Körner; *3* Cu₂S-Tupfen; *4* Sperrschichten.

Die Elektrolumineszenz unterscheidet sich von der strahlungserregten Lumineszenz nur durch den Anregungsvorgang, der auf der eigentümlichen Struktur der Leuchtstoffe beruht. Als Beispiel zeigt Abb. 130 die Zusammensetzung eines mit Kupfer aktivierten ZnS-Leuchtstoffs. Er besteht aus ZnS-Kristallkörnern, die in ein organisches Bindemittel isoliert eingebettet sind und an ihrer Oberfläche „Tupfen" aus Kupfersulfid (Cu₂S) tragen. Die metallisch leitenden Cu₂S-Tupfen bilden mit den halbleitenden ZnS-Körnern wegen der unterschiedlichen Austrittsarbeiten Sperrschichtkontakte, die beim Anlegen eines äußeren elektrischen Feldes zum Teil in Sperrichtung gepolt werden und dabei bis zu 90% des gesamten Spannungsabfalls der Leuchtstoffschicht aufnehmen. Durch die hohe lokale Feldstärke werden in den Sperrschichten durch innere Feldemission Elektronen aus ihrer Bindung befreit und in Richtung Metall-Halbleiter so stark (nämlich auf 2 bis 3 eV) beschleunigt, daß sie Gitter- und Aktivatoratome ionisieren können. Die befreiten Elektronen bilden durch weitere Stöße Elektronenlawinen, die jedoch nicht zum Durchbruch der Sperrschichten führen. Durch die Lawinenbildung werden die meisten in den Sperrschichten gelegenen Aktivatoratome ionisiert. (Sie nehmen dabei ein Elektron aus dem Valenzband auf oder geben ein Elektron an das Leitungsband ab.) Bei Feldumkehr werden die Elektronen von der Halbleiter- zur Metallseite zurückgetrieben und

---

[1] Über die Kathodolumineszenz von Leuchtschirmen vgl. Bd. I, S. 92—94.

können dabei mit den ionisierten Aktivatoratomen rekombinieren. Im Bändermodell entspricht dies dem „Zurückfallen" der Elektronen vom Leitungsband auf die im verbotenen Band gelegenen Aktivatorterme. Der Energiebetrag, den die Elektronen dabei verlieren, wird als Lumineszenzstrahlung emittiert. Da die Elektronen „ihre" Sperrschicht zweimal durchlaufen müssen — einmal in Sperrichtung zur Lawinenbildung und dann in Flußrichtung zur Rekombination — ist die Elektrolumineszenz-Anregung bei Leuchtstoffen der ZnS-Struktur nur durch ein elektrisches Wechselfeld möglich. Dabei treten in jeder Periode zwei Lichtblitze („Leuchtwellen") auf, da nach jeder Umkehr der Feldrichtung immer der gerade in Sperrichtung gepolte Teil aller Metall-Halbleiter-Kontakte Lawinen erzeugt, während der andere Teil Strahlung emittiert. Da die Lawinenbildung eine gewisse Zeit benötigt, existiert für die meisten Leuchtstoffe eine gewisse „Anklingzeit" der Elektrolumineszenz.

Nach Abb. 131 nimmt die Intensität der Lumineszenzstrahlung mit steigender Wechselspannung und Frequenz zu. Bei hohen Frequenzen (> 50 kHz) erreicht die Intensität einen Sättigungswert, weil die Anregungs- und Rekombinations-

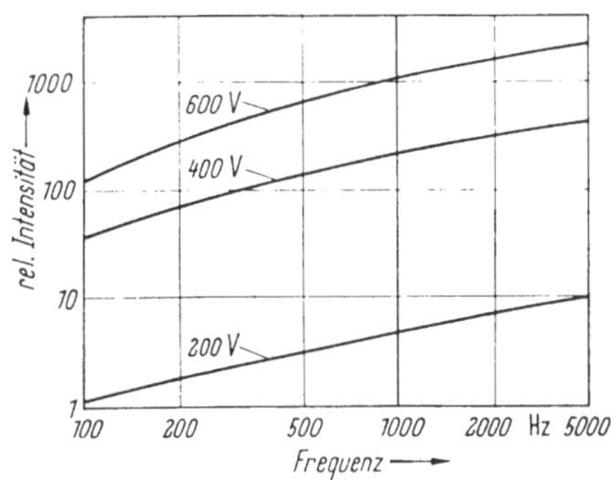

Abb. 131. Die relative Intensität der Elektrolumineszenz-Strahlung eines ZnS-Leuchtstoffs in Abhängigkeit von der Frequenz der anregenden Spannung.

prozesse wegen der endlichen Trägerlaufzeit nicht beliebig rasch aufeinanderfolgen können.

Neben der eben beschriebenen *Lumineszenzanregung durch Stoßionisierung* ist auch eine *Anregung durch Ladungsträgerinjektion* möglich. Diese tritt in Halbleitern an p-n-Sperrschichten auf, die in Durchlaßrichtung gepolt sind und eine hohe Trägerrekombination aufweisen. Bei vielen Halbleitern geben die Elektronen, die im Sperrschichtfeld rekombinieren, ihre Energie in Form von Wärme an den Kristall ab. Bei einigen Halbleitern (z. B. GaAs) wird dagegen bei jedem Rekombinationsvorgang ein Lichtquant emittiert, dessen Energie der Breite des verbotenen Bandes entspricht [125]. Da hier die erforderlichen Ladungsträger von einer äußeren Quelle geliefert werden müssen, die den p-n-Übergang in Durchlaßrichtung polt, ist diese Art der Lumineszenzanregung nur mit Gleichspannung möglich. Die Lichtemission steigt dabei mit dem Durchlaßstrom des p-n-Übergangs an. Auch Einkristalle ohne künstliche Sperrschicht können mit Gleichspannung zur Lumineszenz angeregt werden, da sie meist Strukturfehler enthalten, die wie Sperrschichten wirken.

2. Ausführungsformen von Elektrolumineszenz-Lampen

a) Lampe mit ZnS-Leuchtstoffschicht. Diese Lampe (vgl. Abb. 132a) besteht aus einer Glasplatte mit drei übereinanderliegenden Schichten: einer etwa 1 μ dicken, durchsichtigen und gut leitenden Zinnchloridschicht (erste Elektrode), einer 10 bis 100 μ dicken, mit Kupfer aktivierten hochohmigen Leuchtstoffschicht und einer undurchsichtigen Gegenelektrode aus Al, Au oder Ag. Wird an die beiden Elektroden eine

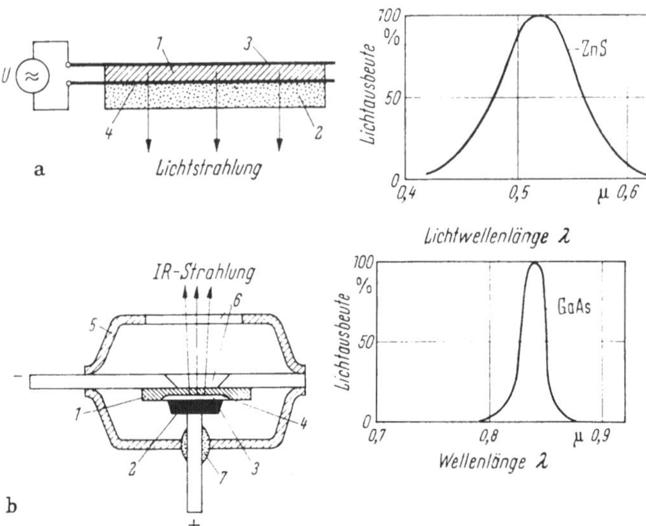

Abb. 132. a) Aufbau und Emissionsspektrum einer Elektrolumineszenz-Lampe mit kupferaktiviertem ZnS-Leuchtstoff [133].
1 Leuchtstoffschicht (10 bis 100 μ dick); 2 Glasplatte; 3 undurchsichtige Metallkontaktschicht (z. B. Ag); 4 durchsichtige leitende Schicht (z. B. Zinnchlorid, 1 μ dick); U = Wechselspannung (z. B. 200 bis 1000 V, 500 Hz).
b) Aufbau und Emissionsspektrum einer Elektrolumineszenz-Lampe mit p–n-Sperrschicht (GaAs-Infrarot-Strahler) [125].
1 n-leitender GaAs-Einkristall; 2 In-Kontakt; 3 eindiffundierte p-Zone; 4 p-n-Übergang; 5 Gehäuse; 6 Fenster; 7 Glaseinschmelzung.

Wechselspannung von mehreren 100 V und etwa 500 Hz angelegt, so emittiert die Leuchtstofffläche bei einer Stromaufnahme von etwa 1 A/m² einen Lichtstrom von der Größenordnung 500 Lm/m². Die Lichtanregung erfolgt hier durch Elektronenstoßionisierung im Leuchtstoff. Der erreichbare Wirkungsgrad beträgt etwa 10 Lm/W gegenüber 20 Lm/W bei der Glühlampe, 50 Lm/W bei der Tageslicht-Leuchtstofflampe und 100 Lm/W bei der Hg-Hochdrucklampe mit Metalljodidzusatz (s. S. 72 ff.).

b) Infrarot-Strahler mit GaAs-Sperrschicht. Der Infrarot-Strahler enthält einen GaAs-Einkristall mit eindiffundierter p-n-Sperrschicht (vgl.

Abb. 132b), die beim Betrieb in Durchlaßrichtung gepolt wird. Die Lichtanregung erfolgt hier durch Ladungsträgerinjektion in den p–n-Übergang. Da die Breite ΔE des verbotenen Bandes von **GaAs** etwa 1,35 eV beträgt, wird bei der Rekombination der Ladungsträger im p–n-Übergang nach Gl. (87) eine Strahlung der Wellenlänge $\lambda \approx 0,84\ \mu$ emittiert. Die Intensität dieser Infrarotstrahlung ist bei höheren Strömen der Stromstärke proportional und kann daher durch Steuerung des Durchlaßstroms moduliert werden. Ströme von der Größenordnung 1 A ergeben eine Strahlungsleistung von etwa 10 mW [*125*].

3. Festkörper-Bildverstärker

Die Elektrolumineszenz bietet die Möglichkeit, die Leuchtdichte optischer Bilder zu verstärken. Geräte, die diesem Zweck dienen, bezeichnet man als Festkörper-Bildverstärker (mit „innerer" oder „äußerer" Steuerung der Elektrolumineszenz) [*126*].

Beim Bildverstärker mit innerer Steuerung (vgl. Abb. 133a) wird die Tatsache ausgenutzt, daß die felderregte Lichtemission von bestimmten Leuchtsubstanzen durch schwache Lichteinstrahlung beträchtlich erhöht werden kann („Elektrophotolumineszenz"). Die Zunahme der Emission beruht auf der vermehrten Ionisierung von Aktivatoratomen im Leuchtstoff und hängt von der Intensität der einfallenden Strahlung ab. Der Verstärkungsfaktor, d. h. das Verhältnis der Leuchtdichten von Eingangs- und Ausgangsbild. beträgt etwa 5

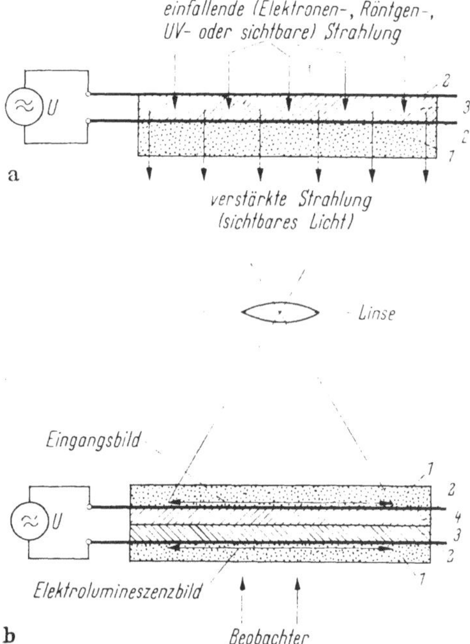

Abb. 133. Festkörper-Bildverstärker mit innerer (a) bzw. äußerer Steuerung der Elektrolumineszenz (b). *1* Glasplatte; *2* transparente Metallschicht; *3* Elektrolumineszenzschicht (z. B. aus aktiviertem **ZnS**); *4* Photoleiter (z. B. **CdS**); *U* Wechselspannung (z. B. 200 V. 400 Hz).

bis 10. Da ein optisches Ausgangsbild auch dann entsteht, wenn das Eingangsbild von Röntgen-, UV- oder Elektronenstrahlen erzeugt wird. arbeitet die Anordnung auch als „Bildwandler".

Abb. 133b zeigt einen Bildverstärker mit äußerer Steuerung der Elektrolumineszenz. Eine photoleitende, etwa 150 μ dicke CdS-Schicht ist hier mit einer etwa 50 μ dicken, elektrolumineszierenden ZnS-Leuchtstoffschicht in Reihe geschaltet. Beide Schichten liegen zusammen zwischen zwei lichtdurchlässigen Metallelektroden. Die Steuerung der Lichtemission erfolgt hier durch die Änderung der Leitfähigkeit der CdS-Schicht mit Hilfe der einfallenden Strahlung. Ohne Belichtung ist der Widerstand der CdS-Schicht gegenüber dem der ZnS-Schicht so groß, daß der größte Teil der zwischen den Elektroden liegenden Wechselspannung an der CdS-Schicht abfällt. Die ZnS-Schicht leuchtet in diesem Fall nicht, weil der Spannungsabfall in ihr zur Anregung der Lichtemission nicht ausreicht. Bei Lichteinfall entstehen in der (photoleitenden) CdS-Schicht Stellen mit erhöhter Leitfähigkeit bzw. geringerem Spannungsabfall. Unter diesen Stellen steigt daher der Spannungsabfall innerhalb der ZnS-Schicht an und löst die Lumineszenzstrahlung aus. Der Bildverstärkungsfaktor liegt bei dieser Anordnung zwischen 30 und 500.

B. Atombatterien

1. Prinzip

Läßt man auf den p–n-Übergang eines Ge- oder Si-Photoelements radioaktive Strahlung auftreffen, so werden in der Umgebung des p–n-Übergangs wie bei der Bestrahlung mit Licht durch Ionisierung von Gitteratomen Elektron-Loch-Paare erzeugt und im Sperrschicht-Diffusionsfeld getrennt. Auf diese Weise entsteht zwischen den äußeren Elektroden eine Klemmenspannung, die mit der Strahlungsintensität wächst, dabei aber höchstens gleich der Diffusionsspannung des p–n-Übergangs werden kann (s. auch S. 153). Als Strahlungsquellen dienen radioaktive Isotope, die energiereiche β-Teilchen emittieren (z. B. Sr-90, Pm-147, Tl-204 oder Kr-85; vgl. [6]).

2. Ausführungen

a) Atombatterie mit direkter Erregung („Quantentransformator"). Den Aufbau dieser Batterie zeigt Abb. 134a. Sie besteht aus einem n-Si-Kristall mit einlegierter p-Zone. Als Strahlungsquelle dient ein Sr-90-Präparat (von z. B. 10 mC), das einen „primären" Elektronenstrom von etwa 10^{-11} A bei einer Teilchenenergie von 0.6 bis 2.2 MeV liefert. Die Primärelektronen erzeugen im Halbleiter „innere" Sekundärelektronen, die in der Sperrschicht von den Löchern getrennt werden und an den äußeren Klemmen einen Kurzschlußstrom von etwa 10^{-8} A ergeben. Die Leerlaufspannung beträgt einige 100 mV. Die theoretische Lebensdauer der Batterie ist ungefähr gleich der Halbwertszeit des radioaktiven Präparats, die für Sr-90 28 Jahre beträgt. Die tatsächliche Lebensdauer ist jedoch wegen der zunehmenden Bildung von Gitterfehlstellen durch die Strahlung („Ermüdung des Materials") wesentlich geringer und beträgt oft nur wenige Tage [134].

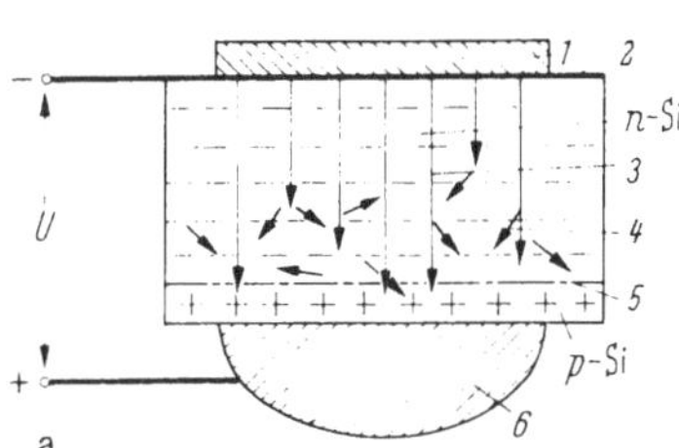
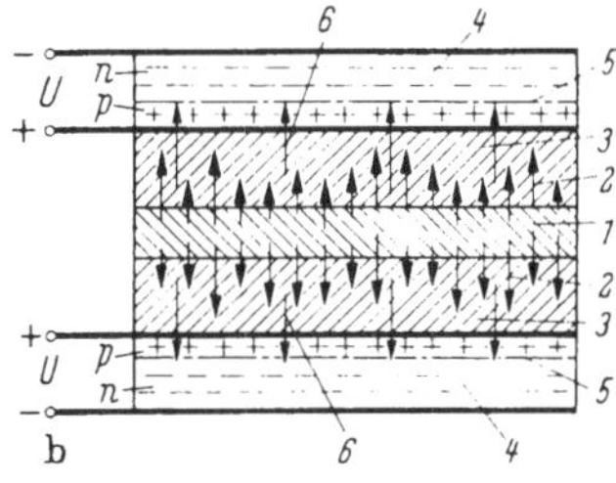

Abb. 134. a) Aufbau einer Atombatterie mit direkter Erregung („Quantentransformator").
1 Radioaktives Präparat [z. B. 10 mC Sr-90 (β)]; 2 dünne Kontaktschicht (Ohmscher Widerstand); 3 primärer Elektronenstrom (10^{-12} A. Teilchenenergie 0,6 ... 2 MeV); 4 sekundärer Elektronenstrom (10^{-5} A. Teilchenenergie $\approx$ 0,1 eV); 5 p-n-Übergang; 6 In-Kontakt; $U \approx$ 0,5 V.
b) Aufbau einer Atombatterie mit indirekter Erregung.
1 Radioaktives Präparat [z. B. 0,5 C Pm-147 (β)]; 2 primärer Elektronenstrom; 3 Leuchtstoffschicht; 4 Si-Photoelement; 5 p-n-Übergang; 6 Lumineszenzstrahlung; $U \approx$ 0,5 V.

b) Atombatterie mit indirekter Erregung. Diese Batterie (vgl. Abb. 134b) enthält als Strahlenquelle ein Promethium (Pm-147)-Präparat (von z. B. 500 mC), das von einer Leuchtstoffschicht umgeben ist. Auf dieser befinden sich großflächige Si-Photoelemente. Durch die β-Strahlung des Pm-147 wird die Leuchtstoffschicht zur Lichtemission angeregt. Das Licht dringt in die darüberliegenden Photoelemente und erzeugt dort durch den inneren Photoeffekt eine Photo-EMK. Der Kurzschlußstrom derartiger Batterien beträgt ungefähr 10^{-5} A, die Leerlaufspannung etwa 0,5 V und die Lebensdauer ca. 3 Jahre.

C. Kristallzähler

1. Einkristallzähler

Ersetzt man das Füllgas zwischen den Elektroden einer Ionisationskammer unter Verkleinerung des Volumens durch einen Kristall (z. B. aus CdS), so entsteht ein „Kristallzähler" (vgl. Abb. 135), dessen Wirkungsweise sich nicht wesentlich von der einer Ionisationskammer unterscheidet. Bei Bestrahlung mit schnellen Teilchen oder energiereichen Quanten entstehen in einem solchen Kristall durch Stoßionisierung von

Gitteratomen längs der Teilchenbahn wie bei Bestrahlung mit Licht Elektron-Loch-Paare, die durch ein elektrisches Feld abgesaugt werden können. Die Ladungsträger erzeugen dabei im äußeren Stromkreis einen meßbaren Spannungsimpuls, dessen Amplitude von der Teilchenenergie,

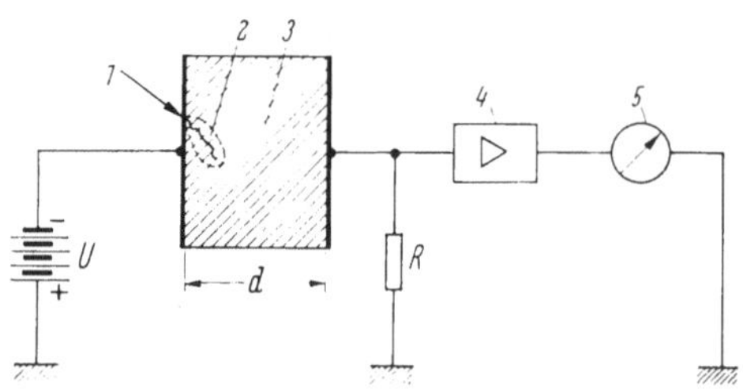

Abb. 135. Aufbau und Betriebsschaltung eines Einkristallzählers (vgl. [36]).
1 Einfallendes Teilchen oder Quant; 2 Gebiet der Primärionisierung; 3 Kristall; 4 Verstärker; 5 Zähler, Kopfhörer oder Oszillograph.

der Kristallgeometrie und der Trägerlebensdauer abhängt (vgl. [36, 129]).

Zum Strom, der während der Bestrahlung in einem CdS-Kristall fließt, tragen wegen der relativ hohen Elektronenbeweglichkeit ($\mu_n = 250$ gegenüber $\mu_p = 20$ cm²/Vsec; vgl. Tab. 12) praktisch nur die Elektronen bei. Von diesen erreicht aber nur ein Teil die Anode. Die übrigen „verschwinden" vorher in „Elektronenfallen" des Kristalls. (Solche Fallen sind z. B. thermisch ionisierte Fremdatome, Atome auf Zwischengitterplätzen, Gitterlücken, Gitterverzerrungen und Korngrenzen). Während ihrer mittleren Lebensdauer τ legen die Elektronen im Kristall einen mittleren „Schubweg"

$$s = \tau \mu_n E \tag{95}$$

zurück, wodurch (bei $s \leq d$; $d =$ Elektrodenabstand) an der Anode pro Elektron eine Ladung

$$q = e \cdot \frac{s}{d} \tag{96}$$

influenziert wird. Ein ionisierendes Teilchen, das im Kristall vollständig absorbiert wird und dabei N_0 Elektronen auslöst, erzeugt an der Anode einen Spannungsimpuls mit der Amplitude [129]:

$$U = \frac{Q}{C} f = \frac{N_0 q}{C} f = \frac{N_0 e s}{C d} f. \tag{97}$$

In diesen Gleichungen bedeuten: s [in cm] den mittleren Schubweg der Elektronen, τ [in sec] die mittlere Lebensdauer der Elektronen, μ_n [in cm²/Vsec] die Elektronenbeweglichkeit, E [in V/cm] die Feldstärke im Kristall, e [in As] die Elementarladung, d [in cm] den Elektrodenabstand, N_0 die Gesamtzahl der ausgelösten Elektronen und C [in F] die gesamte Kapazität der Anordnung (einschließlich der Schalt- und Röhrenkapazität). Der Faktor f, der bei einem guten Zähler bis zu 80% betragen kann, hängt nur vom Verhältnis s/d ab und berücksichtigt den Verlust an Elektronen, die in Elektronenfallen verschwinden, Nach Gl. (97) wächst die Impulsamplitude mit dem Schubweg s und mit der Zahl N_0 der erzeugten Elektronen bzw. mit der Teilchenenergie E_k.

Sind alle Elektronen abgesaugt, so bleibt im **CdS**-Kristall wegen der geringen Löcherbeweglichkeit eine positive Raumladung zurück. Diese kann zweierlei, von der Kristallsorte abhängige Wirkungen haben. Bei einem *hochohmigen* (schlecht leitenden) Kristall erzeugt die positive Raumladung ein inneres Feld, das dem äußeren entgegenwirkt und dieses daher schwächt (Polarisationseffekt). Diese Feldschwächung führt mit wachsender Impulszahl wegen der steigenden Raumladung zu einer Abnahme der Impulshöhe, wodurch die Lebensdauer des Zählers auf etwa 10^6 Impulse begrenzt wird[1]. In einem *niederohmigen* (mit vielen Aktivatoratomen versehenen und daher gut leitenden) Kristall zieht die positive Raumladung einen Elektronenstrom aus der Kathode. Dadurch wird der Ausgangsimpuls erheblich verstärkt und verbreitert. Der Vorgang ist im Prinzip der gleiche wie bei der Bestrahlung eines aktivierten Photoleiters mit Licht, wo Verstärkungsfaktoren von 10^3 bis 10^5 auftreten können. Der Elektronenstrom aus der Kathode hält so lange an. bis die positive Raumladung durch Rekombination abgebaut ist. Der Verstärkereffekt tritt vornehmlich in aktivierten **CdS**-Kristallen auf. Nahezu störstellenfreie (hochohmige) **CdS**-Kristalle sowie (isolierende) Kristalle aus Silber-, Thallium- und Alkalihalogeniden zeigen dagegen diesen Effekt nicht.

Der Vorteil eines Kristallzählers gegenüber einer Ionisationskammer besteht unter anderem im geringen Energieaufwand zur Erzeugung eines Elektron-Loch-Paares. Diese Energie beträgt 3 bis 10 eV (ist also wesentlich größer als die Breite des verbotenen Bandes; das liegt daran. daß ein Teil der eingestrahlten Energie nicht zur Ionisierung, sondern zur Erzeugung von Gitterschwingungen, d. h. zur Erwärmung des Kristalls. verbraucht wird). In Gasen ist dagegen zur Erzeugung eines Trägerpaares eine Energie von etwa 30 eV (z. B. in Luft: 34 eV) erforderlich. Weitere Vorteile des Kristallzählers sind die kleinen Abmessungen (die ein punktförmiges Abtasten eines Strahlungsfeldes ermöglichen), ferner das hohe Absorptionsvermögen und die geringe Auflösungszeit (von etwa 10^{-6} bis 10^{-8} sec). Von Nachteil ist der Polarisationseffekt, der die Zähleigenschaften eines Kristalls im Laufe einer Messung verändern kann.

2. Sperrschichtzähler

Während beim Einkristallzähler die erzeugten Ladungsträger durch zwei *äußere* Elektroden abgesaugt werden, geschieht dies beim Sperrschichtzähler durch einen p-n-Übergang im *Innern* des Kristalls. Die

---

[1] Die Lebensdauer eines Geiger-Müller-Zählrohrs beträgt 10^8 bis 10^{10} Impulse.

12*

Ladungsträger werden hier durch das elektrische Feld des in Sperrichtung gepolten p–n-Übergangs getrennt. Während beim Einkristallzähler das wirksame Zählvolumen mit dem Kristallvolumen identisch ist, beschränkt sich der wirksame Teil des Sperrschichtzählers auf das Volumen der Sperrschicht, das gleich dem Produkt aus Sperrschichtdicke d_s und Sperrschichtfläche F ist.

a) Germanium- und Silizium-p-n-Sperrschichtzähler. Damit möglichst wenig Strahlung bis zum Erreichen der Sperrschicht absorbiert wird, verwendet man für einen Sperrschichtzähler **Ge**- oder **Si**-Kristalle mit p–n-Übergängen, die dicht (d. h. einige μ) unter der Kristalloberfläche liegen (vgl. Abb. 136a). Solche Sperrschichten erhält man entweder mit den üblichen Diffusionsverfahren oder dadurch, daß man die Kristalloberfläche mit **Fe**-, **Cu**- und **Mn**-Atomen künstlich „verunreinigt"

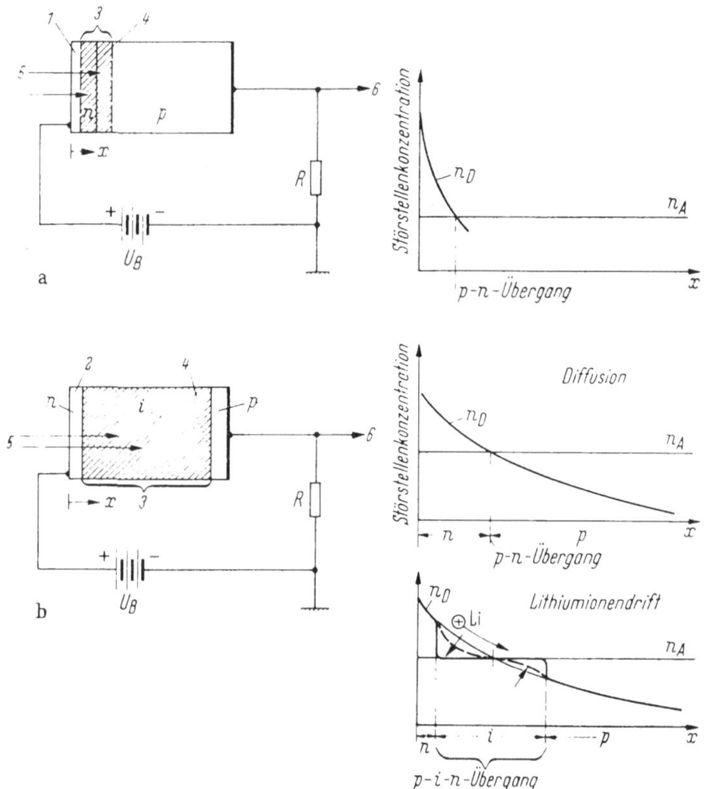

Abb. 136. Aufbau, Betriebsschaltung und Störstellenkonzentration eines p-n- (a) bzw. p-i-n-Sperrschichtzählers (b). *1* Fenster ($1\,\mu$ dick); *2* Fenster (5–$50\,\mu$ dick); *3* p-n- bzw. p-i-n-Übergang; *4* wirksames Zählvolumen; *5* einfallende Strahlung; *6* zum Verstärker; n_A, n_D Akzeptor- bzw. Donatorkonzentration.

(„Surface-barrier-Verfahren"). Das Ausgangsmaterial soll dabei möglichst hochohmig sein (z. B. Si: 10^3 bis $10^4\,\Omega\text{cm}$. Ge: $20\,\Omega\text{cm}$), da nach Gl. (83) die Sperrschichtdicke d_s mit sinkender Aktivatorkonzentration zunimmt. Man erreicht damit aber nur Sperrschichtdicken bis etwa 0.5 mm [137].

Zur Erzeugung eines Elektron-Loch-Paares sind in Silizium 3,5 eV und in Germanium 2,8 eV erforderlich. Ein Teilchen der Energie E_k erzeugt deshalb bei vollständiger Absorption in Silizium $N_0 = E_k/3,5$ und in Germanium $N_0 = E_k/2.9$ Trägerpaare. Die Zahl der Trägerpaare ist in diesem Falle ein Maß für die Teilchenenergie. Für schnelle Teilchen bzw. große Quanten reicht die Dicke normaler Sperrschichten zur vollständigen Absorption meist nicht aus, so daß die Energie solcher Teilchen oder Quanten nicht gemessen werden kann. Diesen Nachteil vermeidet der

b) Germanium- bzw. Silizium-p-i-n-Sperrschichtzähler, bei dem durch Einschieben einer eigen(*intrinsic*)-leitenden Zone zwischen das p- und n-Gebiet des Kristalls das wirksame Zählvolumen um etwa den Faktor zehn vergrößert wird (vgl. Abb. 136b). p-i-n-Strukturen (die bei Anlegen einer Sperrspannung ein homogenes elektrisches Feld in der i-Zone aufweisen) lassen sich mit der sogenannten Lithiumionen-Drifttechnik herstellen. Dabei werden in niederohmiges (z. B. p-leitendes) Ausgangsmaterial Lithiumatome als Donatoren eindiffundiert. Legt man nun an den so erzeugten p-n-Übergang im Falle des Siliziums eine Sperrspannung von etwa 100 V und erhitzt man den Kristall gleichzeitig auf etwa 120 C. so werden im Gegensatz zu anderen Aktivatoren die positiven Lithiumionen durch das Sperrschichtfeld von der n- zur p-Seite des Kristalls gezogen, bis die Donatorkonzentration beiderseits des p-n-Übergangs gleich der Akzeptorkonzentration des Ausgangsmaterials geworden ist. Mit diesem Verfahren erhält man (eigenleitende) Zählschichtdicken von 5 bis 10 mm und ein entsprechend großes Zählvolumen. In einem derartigen Kristallvolumen werden auch energiereiche Teilchen absorbiert. so daß mit p-i-n-Zählern auch β- und γ-Spektroskopie möglich ist. Der Ausbeutefaktor f [s. Gl. (97)] beträgt hier etwa 30%. allerdings nur bei Material mit besonders hoher Trägerlebensdauer. Ein Nachteil des p-i-n-Zählers ist das relativ dicke Eintrittsfenster (Dicke 5 bis 50 μ), das energieärmere Teilchen vor Eintritt in das Zählvolumen absorbiert [130].

3. Kristall-Auslösezähler

Der Kristall-Auslösezähler stellt das Festkörperanalogon zum Geiger-Müller-Zählrohr dar. Er besteht aus einem Halbleiterkristall mit p-n-Übergang. der im Bereich des Lawinendurchbruchs betrieben wird. Wie bereits erwähnt, wird der Lawinendurchbruch in einzelnen Ionisierungskanälen der Sperrschicht eingeleitet. Nach seiner „Zündung" ist jeder dieser Kanäle von einem Mikroplasma erfüllt, das einen Teil des Sperrstroms (z. B. 20 µA) führt. Kurz bevor der erste Durchbruchkanal zündet, treten in ihm einzelne meßbare Durchbruchstromimpulse auf,

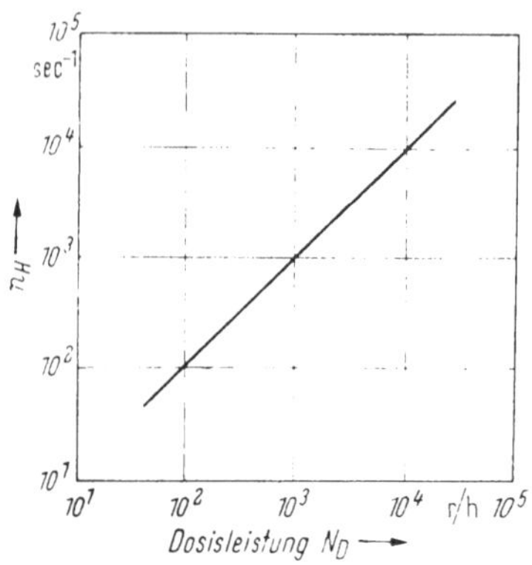

deren statistische Folgefrequenz sich beim Einfall ionisierender (Licht-, β- oder γ-)Strahlung erhöht. Dies ermöglicht die Messung der Intensität radioaktiver Strahlung in einem Bereich von etwa 10 bis 10^5 r/h (vgl. Abb. 137) [130].

Abb. 137. Zahl n_H der Durchbruchimpulse pro Sekunde eines Si-p-n-Auslösezählers in Abhängigkeit von der eingestrahlten Dosisleistung N_D aus einer Co-60-Quelle [130]. Die Anzahl der thermisch erregten Durchbruchimpulse beträgt ca. 30 pro Sekunde, ist also bei höherer Dosisleistung vernachlässigbar.

D. Hallgeneratoren

Bringt man einen stromdurchflossenen Festkörper in ein magnetisches Feld, so werden die Ladungsträger, die durch ihre Bewegung den

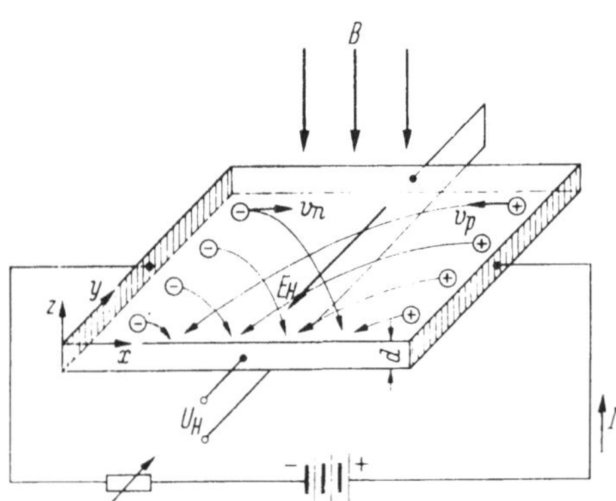

elektrischen Strom ergeben, senkrecht zur Strom- und Magnetfeldrichtung abgelenkt. Durch diese Ladungsverschiebung, die quer zur Stromrichtung erfolgt, entsteht im Festkörper ein elektrisches Querfeld E_H, das der Ladungsverschiebung entgegenwirkt („Halleffekt"; vgl. Abb. 138). Die außen meßbare Querspannung (Hallspannung) U_H hängt von der magnetischen Induktion B, dem „Steuerstrom" I und den Festkörpereigenschaften ab (vgl. [131]).

Abb. 138. Entstehung eines elektrischen Querfeldes E_H bzw. einer Hallspannung U_H durch Ablenkung beweglicher Festkörper-Ladungsträger in einem Magnetfeld („Hallgenerator").

Handelt es sich bei dem Festkörper um ein Halbleiterplättchen mit der Elektronenkonzentration n, der Löcherkonzentration p und der Gesamtleitfähigkeit $\sigma = \sigma_n + \sigma_p$, so gilt für die Hallfeldstärke[1]:

$$E_H = \frac{Bj}{e}\left(\frac{\sigma_n^2}{n\sigma^2} - \frac{\sigma_p^2}{p\sigma^2}\right) = -BjR_H \qquad (98)$$

und für die Hallspannung bei konstanter Kristalldicke d (vgl. Abb. 138)[2]:

$$U_H = -\int_0^b E_H\,dy = \frac{BI}{ed}\left(\frac{\sigma_p^2}{p\sigma^2} - \frac{\sigma_n^2}{n\sigma^2}\right) = \frac{BI}{d}R_H. \qquad (99)$$

B [in Vsec/cm²] = magnetische Induktion, I [in A] = Steuerstrom, j [in A/cm²] = Steuerstromdichte, e [in As] = Elementarladung, d [in cm] = Kristalldicke, n, p [in 1/cm³] = Elektronen- bzw. Löcherkonzentration, $\sigma = \sigma_n + \sigma_p$ [in 1/Ωcm] = Leitfähigkeit des Halbleiters, R_H [in cm³/As] = Hallkonstante des Halbleiters.

Die Hallspannung U_H kann nach Gl. (99) je nach der Dotierung des Halbleiters positiv, negativ oder Null werden. Sie hängt nicht von der Fläche, sondern nur von der Dicke d des Kristallplättchens ab. Da die Hallspannung außerdem dem Produkt aus magnetischer Induktion B und Steuerstrom I proportional ist, eignet sich der Hallgenerator a) zur Messung der magnetischen Induktion (bei konstant gehaltenem Steuerstrom; „Magnetfeldsonde"), b) als elektronischer Multiplikator (wenn die magnetische Induktion B durch eine Luftspule mit dem Spulenstrom I_2 erzeugt wird; bei einem Steuerstrom I_1 ist dann U_H proportional $I_1 I_2$) und c) als Modulator (dabei ist B die Induktion eines Elektromagneten, der mit dem Modulationsstrom gespeist wird, I der Wechselstrom und U_H die modulierte Wechselspannung).

Bei den Metallen ist die Hallspannung sehr niedrig (von der Größenordnung μV bei $I = 1$ A und $B = 10^4$ Gauß), weil die Geschwindigkeit $v = \mu E$ der Metallelektronen nur einige mm/sec beträgt. Daher ist auch die Kraft $K = evB$, die das Magnetfeld auf ein Metallelektron ausübt, sehr gering. Bei den Halbleitern ist diese Kraft wesentlich größer, weil hier die Geschwindigkeit bzw. Beweglichkeit der Ladungsträger um mehrere Zehnerpotenzen größer ist als bei den Metallen. Allerdings haben

---

[1] Im stationären Zustand folgt aus der Gleichheit von elektrischer Kraft neE_n und magnetischer Kraft env_nB für die von den Elektronen erzeugte Hallfeldstärke $E_n = v_nB = j_nB/ne$; entsprechend gilt für die von den Löchern erzeugte Feldstärke $E_p = -j_pB/pe$. Mit $j_n = \sigma_nE_n$, $j_p = \sigma_pE_p$ und $j = j_n + j_p = \sigma E_H$ wird
$$E_H = (\sigma_n/\sigma)E_n + (\sigma_p/\sigma)E_p = \frac{B}{e}\left(\frac{\sigma_n}{n\sigma}j_n - \frac{\sigma_p}{p\sigma}j_p\right).$$ Mit $j_n = (\sigma_n/\sigma)j$ und $j_p = (\sigma_p/\sigma)j$ ergibt sich Gl. (98).

[2] $U_H = -\int_0^b E_H\,dy = BR_H\int_0^b j\,dy = \frac{BR_H}{d}\int_0^{F=b\cdot d} j(dy\cdot d) = \frac{BR_H}{d}I.$

die Halbleiter den Nachteil, daß sich die Beiträge der Elektronen und Löcher zur Hallspannung entsprechend Gl. (99) teilweise kompensieren. Um trotzdem hohe Hallspannungen (bis zu 1 V) zu erhalten, verwendet man deshalb Stoffe, die einen großen Unterschied zwischen der Elektronen- und Löcherbeweglichkeit aufweisen, weil dann der Klammerausdruck in Gl. (99) einen hohen Wert annimmt. Solche Stoffe sind z. B. die III-V-Verbindungen Indiumantimonid (InSb) und Indiumarsenid (InAs; vgl. Tab. 12). Handelsübliche Hallgeneratoren, die aus solchen Verbindungen bestehen, erzeugen in einem Magnetfeld von 10^4 Gauß bei einem Steuerstrom von etwa 100 mA eine Leerlauf-Hallspannung von einigen 100 mV.

E. Halbleiter-Kühlelemente

Verbindet man zwei Festkörper unterschiedlicher Elektronenkonzentration, z. B. zwei Metalle oder ein Metall und einen Halbleiter zu einem geschlossenen Stromkreis, so diffundieren an den beiden Kontaktstellen Elektronen entsprechend dem Konzentrationsgefälle vom elektronenreicheren in den elektronenärmeren Kontaktpartner. Dadurch entsteht an jedem Kontakt eine (schwach temperaturabhängige) Potentialdifferenz, die sogenannte Kontaktspannung. Bei gleicher Kontakttemperatur heben sich die beiden Kontaktspannungen gerade auf, so daß der Kreis stromlos bleibt. Ist dagegen die eine Kontaktstelle wärmer als die andere, so weichen die Kontaktspannungen etwas voneinander ab, und es bleibt zwischen den Kontakten eine kleine Potentialdifferenz übrig, die man „Thermospannung" nennt. Diese Spannung erzeugt einen Elektronenstrom, der von der warmen Kontaktstelle über eine Stromkreishälfte zur kalten Kontaktstelle fließt (Seebeck-Effekt). Der Elektronenstrom bewirkt am kalten Kontakt eine Kompression des Elektronengases, bis die von der einen Seite zufließende Elektronenmenge gleich der nach der anderen Seite abfließenden Elektronenmenge ist. Durch die Kompression des Elektronengases wird die kalte Kontaktstelle erwärmt. Andererseits kühlt sich der warme Kontakt infolge einer Ausdehnung des Elektronengases ab. Der Elektronenstrom sucht also die Temperaturdifferenz, die ihn erzeugt, auszugleichen. Dieselbe Wirkung erzielt man auch mit dem Strom aus einer äußeren Stromquelle. Auch wenn sich die beiden Kontakte auf gleicher Temperatur befinden, wird die eine Kontaktstelle bei Stromdurchgang abgekühlt und die andere erwärmt (Peltier-Effekt). Auf diesem Effekt, der die Umkehrung des Seebeck-Effekts darstellt, beruht die Wirkungsweise der Halbleiter-Kühlelemente.

Ein solches Kühlelement („Peltier-Element") besteht aus einem p- und einem n-leitenden Halbleiterkristall. Beide Kristalle sind durch

Kupferbrücken miteinander bzw. mit den Zuleitungen verbunden (vgl. Abb. 139). Bei Stromdurchgang fließen im p-leitenden Schenkel Löcher und im n-leitenden Elektronen von der oberen zu den unteren Kupferbrücken. Die unteren Kupferbrücken werden dadurch wärmer, die obere(n) kälter. Die kalte Seite des Peltier-Elements nimmt Wärme aus ihrer Umgebung auf, die warme Seite gibt ihre Energie an die Umgebung ab. Der Wärmetransport von der kalten zur warmen Seite geschieht durch den von einer äußeren Quelle gelieferten Strom. Das Peltier-Element arbeitet demnach als „Wärmepumpe".

Für den Aufbau von Kühlelementen verwendet man Stoffe, die eine hohe „thermoelektrische Effektivität" $z = \lambda^2/\varrho\varkappa$ [in 1/°K] besitzen. (λ [in V/°K] = Thermokraft = Thermospannung pro °K Temperaturdifferenz, ϱ [in Ωcm] = spezifischer Widerstand und $\varkappa$ [in Ws/cm sec °K] = spezifische Wärmeleitfähigkeit). Die Metalle sind wegen ihrer geringen Thermokraft ($\lambda = 0,01$ bis $0,1$ mV/°K) un-

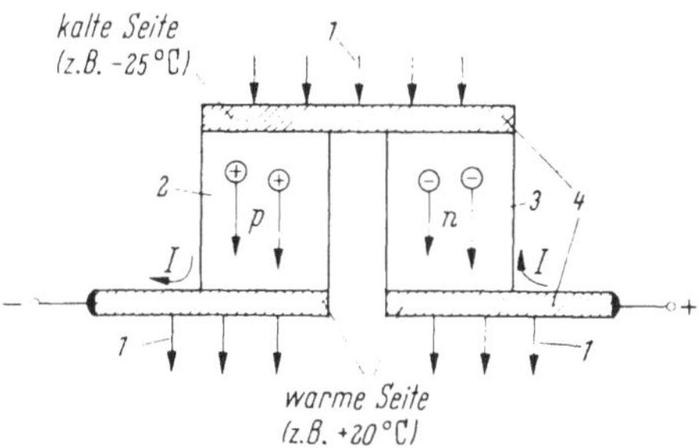

Abb. 139.   Aufbau eines Halbleiter-Kühlelements
(Peltier-Elements) [127].
1 Wärmestrom;   2 p-Halbleiter;   3 n-Halbleiter;
4 Kupferbrücken.

geeignet, ebenso die Isolatoren, die zwar eine hohe Thermokraft, aber auch einen hohen spezifischen Widerstand ϱ besitzen. Als Werkstoffe für Kühlelemente kommen daher nur Halbleiter in Frage. Das beste Material ist Wismuttellurid, da es die höchste thermoelektrische Effektivität ($z = 3 \cdot 10^{-3}$ 1/°K) aufweist. Kühlelemente aus diesem Material erzeugen bei einem Strom von 20 A zwischen ihrer warmen und kalten Seite eine Temperaturdifferenz von 40 bis 60°C (vgl. [127]).

IX. Mikro-Transistorsysteme

Ein wesentliches Merkmal der Festkörper-Bauelemente ist ihr geringes Volumen. Dieser Vorteil fällt bei elektronischen Schaltungen kaum ins Gewicht, solange die einzelnen Bauelemente in der für Elektronenröhren üblichen Einzelverdrahtungs- und Löttechnik miteinander verbunden werden. Um den geringen Raumbedarf der Halbleiter-Bauelemente besser auszunutzen, wurden verschiedene neue Methoden zum Aufbau elektronischer Schaltungen auf kleinstem Raum entwickelt.

Die als *Mikroelektronik* oder „Mikrominiaturisierung" bezeichnete Schaltungstechnik umfaßt vier Entwicklungsstufen (vgl. Bd. I, S. 373 sowie Bd. II, Abb. 140): 1. die Technik der geätzten oder gedruckten Schaltungen (Abb. 140a; Packungsdichte: 1 Bauelement/cm³); 2. die Mikromodultechnik (Abb. 140b; Packungsdichte: 10 Bauelemente/cm³);

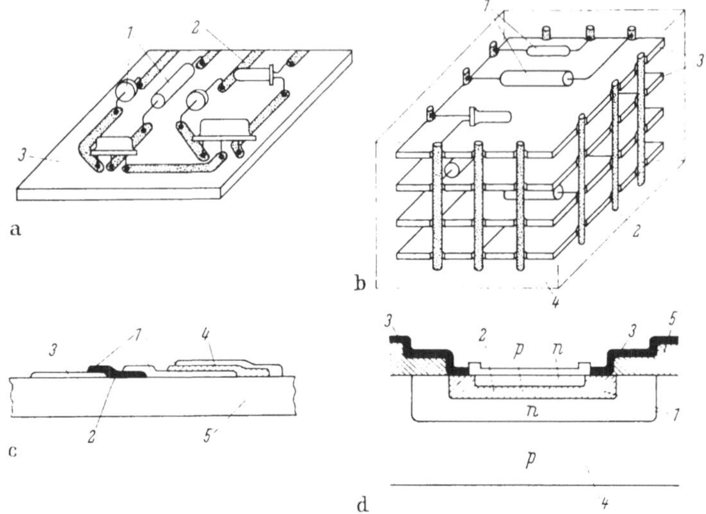

Abb. 140a—d. Möglichkeiten zur Mikrominiaturisierung elektronischer Schaltungen.

a) Geätzte oder gedruckte Schaltung. *1* Bauelemente; *2* Zuleitungen; *3* Trägerplatte.
b) Mikromodul. *1* Bauelemente; *2* Zuleitungen; *3* Trägerplatten; *4* Kunstharzblock.
c) Dünnfilm- (oder integrierte) Schaltung. *1* Aufgedampfte Schichten; *2* Zuleitung; *3* Metallschicht (Widerstand); *4* zwei Metallschichten mit dazwischenliegendem Dielektrikum (Kondensator); *5* Grundplatte aus Glas oder Keramik.
d) Festkörperschaltung. *1* Eindiffundierte Zonen; *2* Ohmscher Widerstand; *3* Metallkontakt; *4* Si-Block; *5* SiO₂-Schicht.

3. die Technik der integrierten Dünnfilmschaltungen (Abb. 140c; mögliche Packungsdichte: 100 Bauelemente/cm³) und 4. die Technik der integrierten Halbleiterschaltungen (Abb. 140d; mögliche Packungsdichte: 1000 Bauelemente/cm³).

Die Verkleinerung des Volumens, wie sie besonders bei der (im folgenden beschriebenen) Dünnfilm- und Halbleiter-Schalttechnik in Erscheinung tritt, ist nicht der einzige Vorteil der Mikrominiaturisierung. Als weitere Vorteile kommen u. a. die höhere Zuverlässigkeit, die gute mechanische Stabilität und der geringere Leistungsbedarf der Mikroschaltungen hinzu [*138, 140, 142—145*].

A. Integrierte Dünnfilmschaltungen

Dünnfilmschaltungen werden im Vakuum durch Aufdampfen oder Aufstäuben dünner Schichten auf eine Isolierstoffplatte hergestellt. Für *Widerstände* verwendet man außer Chrom-Nickel-Legierungen vor allem Tantal, das durch Aufsintern einer entsprechenden Paste oder durch Kathodenzerstäubung auf die Trägerplatte (aus Glas oder Keramik) aufgebracht wird (vgl. Abb. 141 a). Der Widerstandswert wird durch Fläche und Dicke der Schicht bestimmt. Bei Schichtdicken von etwa 1 µ erhält man Widerstände von einigen 100 bis 1000 Ω mit geringem Temperaturkoeffizienten und Toleranzen von etwa 5%. Tantalfilmwiderstände können bis zu einer Temperatur von 150 °C belastet werden. Eine oberflächliche Oxydhaut schützt sie vor Beschädigung. Um zu verhindern, daß sich ihr Widerstandswert durch Korngrenzenoxydation allmählich verändert, werden die Tantalschichten z. B. mit Gold dotiert oder in Form von Nitriden niedergeschlagen. Das Einstellen der Widerstandswerte geschieht entweder durch genaues Dosieren der Kathodenzerstäubung oder

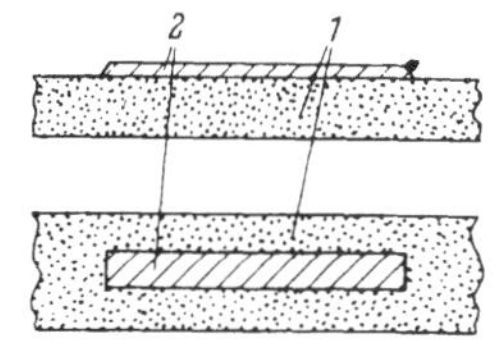

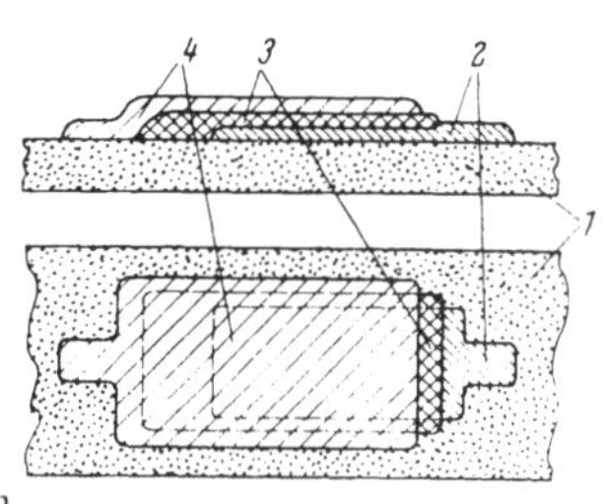

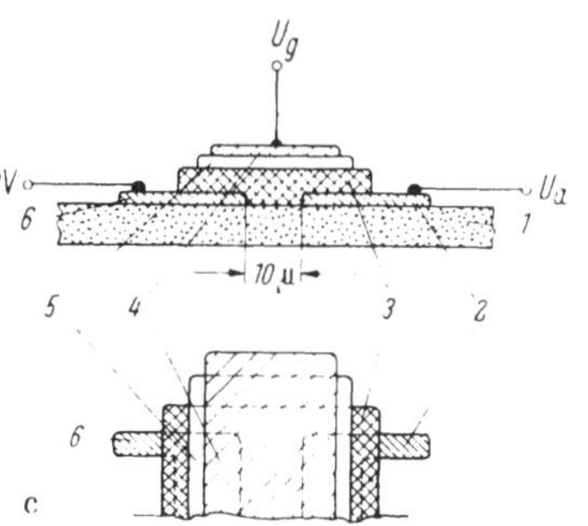

Abb. 141a—c. Aufbau verschiedener Bauelemente in Dünnfilmtechnik [*139*, *146*].

a) Widerstand. *1* Trägerplatte aus Glas oder Keramik; *2* Tantalschicht.

b) Kondensator. *1* Trägerplatte aus Glas oder Keramik; *2* Tantalschicht; *3* Tantaloxydschicht; *4* Au- oder Al-Schicht (aufgedampft).

c) Transistor. Der Transistor läßt sich auch als Diode verwenden, wenn man Steuerelektrode und Kathode miteinander verbindet. *1* Trägerplatte aus Glas oder Keramik; *2* Anode aus Gold; *3* CdS-Schicht (≈ 1 µ dick); *4* Steuerelektrode aus Gold; *5* Isolator aus SiO_2; *6* Kathode aus Gold.

nachträglich durch anodische Oxydation. Hierbei wird die Eigenschaft von Tantal ausgenutzt, im elektrolytischen Bad als Anode den dort frei werdenden Sauerstoff zur Bildung einer Ta_2O_5-Schicht aufzunehmen. Diese Oberflächenoxydschicht wächst allmählich in die Tantalschicht hinein. Die Elektrolyse wird beendet, wenn die Tantalschicht die gewünschte Dicke erreicht hat [*139*]. Anstelle der Dicke kann (durch automatisches Sandstrahlen) auch die Fläche der Widerstandsschicht geändert werden.

Dünnfilmkondensatoren werden aus Cu- oder Al-Schichten mit SiO (Siliziummonoxyd, $\varepsilon_r = 6$), MgF$_2$ (ε_r 6.5) oder ZnS ($\varepsilon_r = 8.2$) als Dielektrikum hergestellt. Bei Si-, Ti-, Nb- und Ta-Schichten wird das Dielektrikum meist durch thermische oder anodische Oxydation der Schichtoberfläche gebildet. Auf diese Oxydschicht wird anschließend die zweite Kondensatorelektrode aufgedampft (vgl. Abb. 141 b). Bei einer Isolatorschichtdicke von 0,5 μ beträgt die Kapazität derartiger Kondensatoren etwa 0.05 μF/cm^2 bei einer Durchbruchspannung von 100 V.

Die leitenden Verbindungen zwischen den Widerstands- und Kondensatorschichten werden in Form von Kupferbahnen aufgedampft. Dadurch lassen sich beliebige *RC*-Netzwerke aufbauen. Um die gewünschten geometrischen Formen der Widerstände, Kondensatoren und Zuleitungen zu erhalten, benutzt man Maskierungs- bzw. Ätzverfahren. *Spulen, Dioden* und *Transistoren* werden als konventionelle Bauelemente ohne Gehäuse nachträglich in die Schaltung eingelötet. Man bezeichnet solche (mit Harz vergossenen) Systeme als hybride Schaltungen.

Mit der Einführung eines Dünnfilm-Transistors [*146*] ist es neuerdings möglich, spulenfreie Schaltungen vollständig aus dünnen Schichten aufzubauen. Das Prinzip des Dünnfilm-Transistors veranschaulicht Abb. 141 c. Zwischen einer Filmkathode und einer Filmanode befindet sich eine etwa 1 μ dicke dotierte Halbleiterschicht (z. B. aus CdS, CdSe, Ge oder Si) und darüber eine vom Halbleiter isolierte Steuerelektrode. Diese Anordnung stellt einen Feldeffekt-Transistor dar, in welchem Ladungsträger von der Kathode in den Halbleiter emittiert werden, dessen Leitfähigkeit zwischen den Elektroden durch das Potential der Steuerelektrode bestimmt wird. Besteht der Halbleiter z. B. aus *n*-leitendem Cadmiumsulfid (CdS), so wird der zwischen Kathode und Anode gelegene Halbleiterkanal bei negativer Steuerspannung mit Elektronen überschwemmt und daher gut leitend. In diesem Fall fließt ein hoher Anodenstrom. Bei positiver Steuerspannung verarmt dagegen der Halbleiterkanal an Elektronen und wird schlecht leitend, so daß der Elektronenstrom zur Anode versiegt. Wegen der Isolation der Steuerelektrode kann deren Potential positiv oder negativ werden, ohne daß ein merklicher Steuerstrom fließt. Steuerspannungsänderungen von etwa 1 V ergeben Anodenstromänderungen um etwa eine Zehnerpotenz. Dünnfilm-Transistoren haben einen hohen Eingangswiderstand (> 10 MΩ), eine hohe Steilheit (5 bis 30 mA/V) und eine Grenzfrequenz von etwa 100 MHz. Ihr I_a-U_a-Kennlinienfeld gleicht dem der Pentode. Sie können auch als Dioden benutzt werden, wenn man Steuerelektrode und Kathode miteinander verbindet.

B. Integrierte Halbleiterschaltungen

Zur Herstellung von Halbleiterschaltungen bedient man sich der Planartechnik (vgl. Bd. I. S. 368 ff.). Diese Technik ermöglicht es, alle Bauelemente einer Schaltung durch mehrere aufeinanderfolgende Diffusionsprozesse in einem Halbleiterplättchen zu erzeugen. Dabei geht man von einer 0,2 bis 0,3 mm dicken. z. B. n-leitenden Siliziumscheibe aus, deren Oberfläche durch thermische Oxydation in Sauerstoff- oder Wasserdampfatmosphäre bei etwa 1000 °C mit einer 1 μ dicken. für Dotierungsstoffe undurchlässigen SiO_2-Schicht bedeckt wird. In diese Oxydschicht werden mit Hilfe eines photolithographischen Verfahrens Löcher definierter Form und Größe geätzt. Dazu bedeckt man die Oberfläche der oxydierten Siliziumscheibe mit einer dünnen photoempfindlichen Lackschicht (vgl. Abb. 142). Auf diese bildet man verkleinert eine Photoplatte ab. die überall dort geschwärzt ist, wo Löcher im Oxyd entstehen sollen. Bei Belichtung und anschließender Entwicklung löst sich der Photolack nur an den unbelichteten Stellen ab. Mit einem Mittel. das den Lack nicht angreift, kann man nun an den lackfreien Stellen die Oxydschicht entfernen. Auf diese Weise erhält man nach dem Beseitigen der übrigen Lackschicht eine Oxydmaske für die nachfolgende Diffusion.

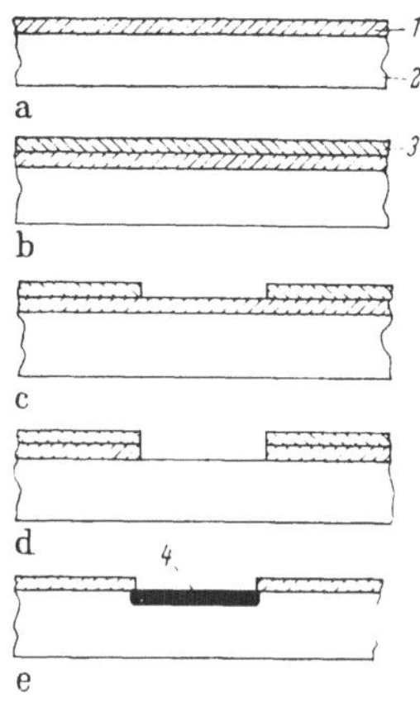

Abb. 142a e. Einzelne Schritte des photolithographischen Verfahrens zur Herstellung einer Oxydmaske für Halbleiter-Schaltkreise [143].
a) Oxydation: b) Bedecken mit Photolack: c) Belichten und Entwickeln: d) Ätzen: e) Dotieren durch Diffusion und Entfernen des Photolacks.
1 SiO_2-Schicht; 2 p-Si-Plättchen: 3 Photolack: 4 n-dotiertes Silizium.

Durch das Eindiffundieren von Aktivatoren in den Siliziumkristall bei etwa 1200 °C kann man an den oxydfreien Stellen der Kristalloberfläche Widerstände. Kondensatoren, Dioden und Transistoren einbauen. Für *Ohmsche Widerstände* verwendet man ein schlitzförmiges Oxydfenster. durch das man -- bei n-leitendem Ausgangsmaterial -- Bor eindiffundieren läßt, bis eine mehrere μ dicke p-leitende Zone entstanden ist (vgl. Abb. 143a). Darauf wird das Fenster wieder mit einer Oxydschicht verschlossen. In die neue Oxydschicht werden nun zwei kleinere Fenster geätzt und mit Aluminium bedampft. Diese Al-Kontakte stellen die Anschlüsse zur p-leitenden Halbleiterzone dar. Bei Anlegen einer Spannung an die Kontakte fließt durch die p-Zone ein Löcherstrom. Die Diffusionsspannung am Übergang zwischen der p-Zone und dem n-leitenden Grundmaterial wirkt dabei als Barriere. welche die Löcher am Übertritt in das n-Gebiet hindert. Der Betrag des Löcherstroms hängt von der Dotierung, Form und Größe des p-Gebiets ab. Dieses Gebiet stellt demnach einen definierten Ohmschen Widerstand dar. Durch Wahl einer unterschiedlichen Diffusionstemperatur, Diffusionsdauer und Oxydfenstergröße lassen sich mit der Planartechnik Widerstände von einigen Ohm bis 50 kΩ mit Toleranzen von etwa 5% herstellen.

Abb. 143 b zeigt den Aufbau eines mit der Planartechnik hergestellten *Kondensators*, dessen „Platten" aus einer in den Halbleiter diffundierten p-Schicht und einem aufgedampften **Al**-Belag bestehen. Als Dielektrikum dient ein Teil der Oberflächenoxydschicht. Derartige Kondensatoren besitzen bei einer Durchbruchspannung von 50 V Kapazitätswerte von etwa 0,05 μF/cm². Zu ihrer Herstellung genügt wie bei den Widerständen ein einziger Diffusionsvorgang. Im Gegensatz dazu sind für *Planardioden* und *Planartransistoren* (vgl. Abb. 143 c u. d) zwei bzw. drei Maskierungs-, Ätz- und Diffusionsprozesse erforderlich. *Induktivitäten* lassen sich auf diese Weise bisher nicht realisieren.

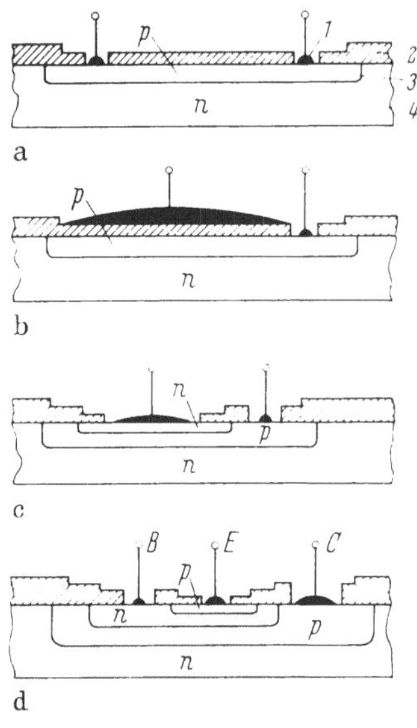

Abb. 143 a—d. Aufbau von Schaltelementen in einem Halbleiter-Schaltkreis (vgl. [140]).
a) Widerstand; b) Kondensator; c) Diode; d) Transistor.
Die Diode kann bei Polung in Sperrichtung auch als Kondensator verwendet werden. *1* Aufgedampfter Kontakt; *2* SiO₂-Schicht; *3* streifenförmige p-leitende Zone (Ohmscher Widerstand); *4* n-leitendes Si-Plättchen.

Wie Abb. 143 zeigt, ist der erste Schritt zum Aufbau von Schaltelementen in einem Halbleiter immer die Bildung einer Oxydmaske und die Diffusion einer p-leitenden Zone in das n-leitende Ausgangsmaterial. Dieser Schritt kann daher für alle Bauelemente einer Schaltung gleichzeitig erfolgen. Ein weiterer Vorteil der Planartechnik besteht darin, daß auf einer Siliziumscheibe von 2 cm Durchmesser bis zu 100 Schaltkreise gleichzeitig eindiffundiert werden können. Jede Schaltung bedeckt dabei nur eine Fläche von etwa 4 mm². Von Vorteil ist auch, daß die Oberflächen aller Bauelemente im Halbleiterkristall liegen bzw. durch eine Oxydhaut geschützt sind. Dies verleiht den Halbleiterschaltungen eine hohe mechanische und elektrische Stabilität.

In einer Halbleiterschaltung ist jedes Bauelement von seinem Nachbarelement durch zwei isolierende p-n-Übergänge getrennt. Die Verdrahtung der Schaltung erfolgt nach dem letzten Diffusionsschritt durch

Aufdampfen von Kontakten und Leitungsbahnen auf die Festkörperoberfläche. Die fertige Schaltung wird am Boden eines Transistorgehäuses befestigt, durch feine Golddrähte mit den Sockelstiften verbunden und mit einer Metallkappe luftdicht verschlossen. Die Handhabung derartiger Schaltbausteine unterscheidet sich nicht von derjenigen konventioneller Halbleiter-Bauelemente.

Der Einsatz von Festkörper-Schaltkreisen (einschließlich der Dünnfilmschaltungen) lohnt sich vor allem in Datenverarbeitungsanlagen, für die oft eine große Anzahl gleichartiger Schaltkreise benötigt wird, sowie in der Raumfahrttechnik, wo es auf besonders kleines Volumen und geringes Gewicht aller Bauteile ankommt. Aber auch auf vielen anderen Gebieten der Elektronik dürften in Zukunft die bisher üblichen Schaltungen durch Mikro-Transistorsysteme verdrängt werden.

X. Laser

A. Spontane und induzierte Strahlungsemission

Nach dem Bohrschen Atommodell sind die Elektronen eines Atoms in Schalen angeordnet, die ein oder mehrere diskrete Energieniveaus enthalten. Die Gesamtheit der von Elektronen normalerweise nicht besetzten, aber potentiell vorhandenen Energieniveaus nennt man *Termschema* des betreffenden Atoms (vgl. Bd. I, Abb. 10). Als Nullniveau dient in diesem Diagramm die Energie des am leichtesten gebundenen Elektrons der äußersten (teilweise oder vollständig) mit Elektronen besetzten Schale. Durch Energiezufuhr kann dieses Elektron vom Grundniveau auf ein höheres Niveau „angehoben" werden. Dem Energiebetrag, der dazu erforderlich ist, entspricht im Termschema die Höhendifferenz zwischen den jeweiligen Niveaus [vgl. Bd. I, Gl. (12)]. Kehrt das angehobene Elektron auf ein niedrigeres oder auf das Grundniveau zurück, so gibt es seine vorher aufgenommene Energie in Form von Lichtstrahlung (Photonen) oder Wärme (Phononen) wieder ab. Sind alle Niveaus im Termschema bis auf das Grundniveau unbesetzt, so befindet sich das Atom im Grundzustand; ist dagegen eines dieser Niveaus mit einem Elektron besetzt, so befindet sich das Atom im angeregten Zustand.

Die Rückkehr eines Elektrons von einem Anregungsniveau auf ein tiefer gelegenes Niveau erfolgt meist *spontan* innerhalb von 10^{-8} Sekunden nach der Anregung (*spontane Strahlungsemission*). Sie kann aber auch durch Einfall eines Photons von außen *erzwungen* werden (*induzierte*

Strahlungsemission). Bei diesem Vorgang wird das angeregte Atom zur Emission eines Photons veranlaßt, das sich dem induzierenden Photon phasengleich anschließt. Voraussetzung ist dabei, daß das induzierende Photon die gleiche Energie besitzt wie das induzierte. Die beiden Photonen können nun ihrerseits weitere angeregte Atome zur Emission eines Lichtquants veranlassen. Auf diese Weise bildet sich eine *Photonenlawine*, die aus lauter Wellenzügen gleicher Phase, Frequenz und Richtung besteht. Man bezeichnet solche Wellen als kohärent und monochromatisch.

Bei natürlichen und künstlichen Lichtquellen (wie Sonne, Glühlampen oder Gasentladungslampen) beruht die Lichtemission stets auf spontanen, entsprechend dem Termschema statistisch verteilten Quantensprüngen angeregter Atome. Das Licht solcher Quellen besteht daher aus (inkohärenten) Wellenzügen, d. h. Wellen verschiedener Frequenz, Phasenlage, Länge und Richtung („weißes Licht"; vgl. Abb. 144a). Bei Lichtquellen, die monochromatisches Licht aussenden, beruht die Lichtemission auf der ständigen spontanen Wiederholung ein und desselben Quantensprungs im Termschema. Das erzeugte (monochromatische) Licht besteht daher aus (inkohärenten) Wellenzügen gleicher

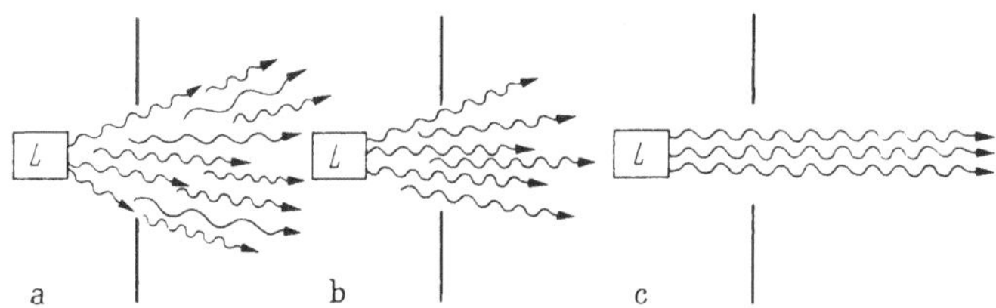

Abb. 144 a—c. Licht verschiedener Zusammensetzung.
a) Inkohärentes „weißes" Licht; Lichtquelle: Sonne, Glühlampen, Gasentladungslampen; b) inkohärentes, nahezu monochromatisches Licht; Lichtquelle: z. B. Natriumdampflampe; c) kohärentes, weitgehend monochromatisches Licht; Lichtquelle: Laser.
L   Lichtquelle;   →   Lichtwellenzug (entsprechend seiner Frequenz, Phase, Richtung und Länge).

Frequenz, aber verschiedener Phasenlage und Richtung (Abb. 144b). Lichtquellen, die infolge induzierter Strahlungsemission kohärentes Licht aussenden (vgl. Abb. 144c), bezeichnet man als *Laser*. Diese Bezeichnung ist eine Abkürzung von „*l*ight *a*mplification by *s*timulated *e*mission of *r*adiation" (Lichtverstärkung durch induzierte Strahlungsemission).

Für die induzierte Strahlungsemission ist ein Medium erforderlich, das lichtdurchlässig ist und eine möglichst große Zahl angeregter, d. h. emissionsfähiger Atome enthält. Diese Bedingungen lassen sich bei vielen Stoffen (Festkörpern und Gasen) erfüllen. Ohne äußere Energiezufuhr befinden sich alle Atome eines solchen Mediums im Grundzustand. Bei Zimmertemperatur ist bei einigen Atomen eines der höheren Energieniveaus im Termschema mit einem Elektron besetzt. Die Besetzungsdichte, d. h. die relative Zahl der Atome, bei denen ein bestimmtes Niveau besetzt ist, folgt dem Boltzmannschen Verteilungsgesetz für thermisches Gleichgewicht:

$$\frac{N_2}{N_1} = e^{-(E_2-E_1)/kT} \tag{100}$$

($N_{1,2}$ = Besetzungsdichte der Energieniveaus 1,2, die der auf das Grundniveau bezogenen Energie E_1 bzw. E_2 entsprechen; k = Boltzmannsche Konstante, T = absolute Temperatur).

Der durch Gl. (100) beschriebene Gleichgewichtszustand (vgl. Abb. 145a) läßt sich durch Energiezufuhr von außen ändern. Bestrahlt man z. B. das Medium mit (inkohärentem) Licht der Frequenz f_{12}, so wird in vielen seiner Atome ein Elektron von einem Niveau 1 auf ein Niveau 2 gehoben, während bei anderen (früher angeregten) Atomen das gehobene Elektron vom Niveau 2 zum Niveau 1 zurückkehrt. Die

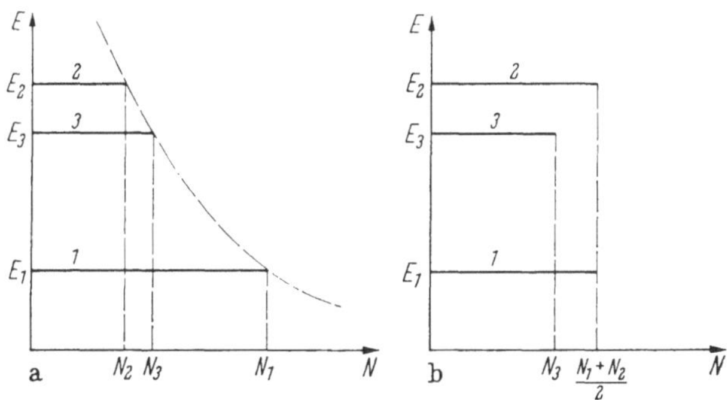

Abb. 145. a) Besetzungsdichte verschiedener Energieniveaus der Atome in einem Stoff, der sich im thermischen Gleichgewicht befindet; b) Besetzungsdichte der Niveaus des gleichen Stoffes nach Erreichen des Sättigungszustandes des Niveaus 2 infolge Energiezufuhr. Zwischen den Niveaus 2 und 3 besteht eine Inversion der Besetzungsdichte.

Wahrscheinlichkeit für die Übergänge von 1 nach 2 und von 2 nach 1 ist gleich. Jedoch ist die Zahl der Übergänge der jeweiligen Besetzungsdichte des Ausgangsniveaus proportional. Daher verliert das Niveau mit der größeren Besetzungdichte 1 bei Lichteinstrahlung mehr Elektronen als das weniger besetzte Niveau 2, bis schließlich beide Niveaus die gleiche Besetzungsdichte aufweisen (vgl. Abb. 145b). Diesen Vorgang des Anhebens von Elektronen auf ein bestimmtes höheres Niveau durch Lichteinstrahlung bezeichnet man als „optisches Pumpen", das Endergebnis des Pumpens als „Sättigung".

Enthält das Termschema der angeregten Atome noch ein drittes Niveau mit der Besetzungsdichte N_3 (Abb. 145), so kann als Folge des

Pumpens $N_2 > N_3$ werden. Bestrahlt man in diesem Fall die angeregten Atome zusätzlich mit Lichtquanten der Frequenz f_{23}, so werden von diesen Quanten mehr lichtemittierende Übergänge von 2 nach 3 als absorbierende Übergänge von 3 nach 2 angeregt. Im Endeffekt überwiegt also die Lichtemission die Absorption, d. h. das eingestrahlte Licht der Frequenz f_{23} wird verstärkt. Für Licht der Frequenz f_{13} findet dagegen keine Verstärkung statt, weil zwischen den Niveaus 1 und 3 keine Inversion der Besetzungsdichten besteht. Auch zwischen den Niveaus 1 und 3 kann jedoch eine Inversion eintreten, nämlich dann, wenn die spontanen Übergänge von 3 nach 1 wesentlich seltener erfolgen als die spontanen Übergänge von 2 nach 3.

Systeme, bei denen drei atomare Energieniveaus zur induzierten Strahlungsemission verwendet werden, bezeichnet man als Drei-Niveau-Laser. Da bei solchen Lasern die Invertierung der Besetzungsdichten nur mit relativ großem Energieaufwand möglich ist, benutzt man häufiger sogenannte Vier-Niveau-Laser.

Die Lichtverstärkung beruht beim Laser auf Vorgängen im atomaren bzw. molekularen Bereich; daher rechnet man ihn zur Gruppe der „Molekularverstärker"[1] [147—154].

B. Laserarten

1. Festkörper-Laser

a) Rubin-Laser. In reinen Festkörpern ist wegen der Verbreiterung der atomaren Energieniveaus zu Energiebändern eine induzierte Strahlungsemission normalerweise nicht möglich. Scharfe Energieniveaus, wie sie zur Erzeugung von Laserstrahlen erforderlich sind, erhält man durch Dotieren des Festkörpers mit geringen Mengen eines Fremdstoffs. Beim Rubin, einem Al_2O_3-Kristall, verwendet man als Fremdstoff 0,05 Gewichtsprozent Chrom. Die (dreifach ionisierten) Chromatome (Cr^{3+}) sind beim Rubin die eigentlichen Quellen der Laserstrahlung.

Abb. 146 zeigt den prinzipiellen Aufbau und das vereinfachte Energieniveaudiagramm eines mit Chromionen dotierten Rubinkristall-Lasers. Die Anregung der Chromionen geschieht impulsartig durch Bestrahlung des Rubins mit dem Licht (Pumplicht) einer Blitzlampe (Abb. 146a). Durch diese Energiezufuhr wird in vielen Chromionen ein Elektron vom

---

[1] Zur gleichen Gruppe gehört auch der Maser, der das Mikrowellen-Analogon zum Laser darstellt. Das Wort Maser ist eine Abkürzung von *m*icrowave *a*mplification by *s*timulated *e*mission of *r*adiation (Mikrowellen-Verstärkung durch angeregte Strahlungsemission).

$4A_2$- ins $4F_2$-Niveau gehoben (Abb. 146 b). Von dort gehen die meisten Elektronen nach etwa 10^{-7} Sekunden spontan auf die metastabilen Niveaus $2E$ über und geben dabei einen Teil ihrer Energie als Phononen an den Kristall ab. (Der Kristall erwärmt sich dabei und muß bei hohen Leistungen gekühlt werden.) Von den $2E$-Niveaus kehren die Elektronen nach 10^{-3} Sekunden zum $4A_2$-Niveau zurück. Die relativ lange Verweilzeit der Elektronen in den $2E$-Niveaus hat eine Inversion der Besetzungsdichte zwischen dem $4A_2$- und den $2E$-Niveaus zur Folge. Bei der Rückkehr zum $4A_2$-Niveau senden die Elektronen Licht der Wellenlängen

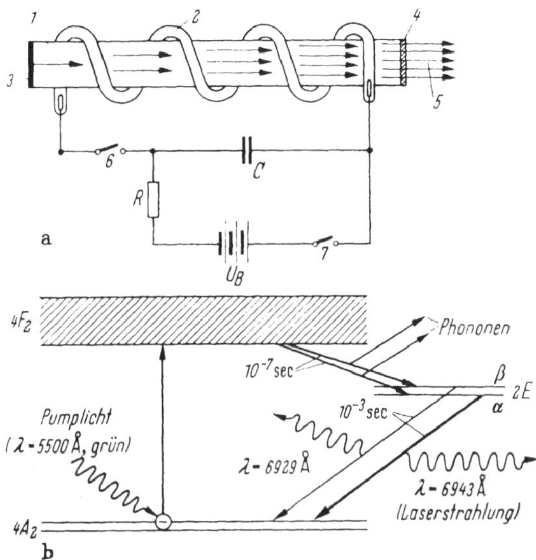

Abb. 146. a) Prinzipieller Aufbau eines Rubinkristall-Lasers.
1 Rubinkristall; 2 Blitzlichtröhre zur Erzeugung des Pumplichts; 3 reflektierender Silberspiegel; 4 halbdurchlässiger Spiegel (Transparenz 50%); 5 emittiertes kohärentes Licht; 6 Schalter zum Zünden der Blitzlichtröhre; 7 Schalter zum Laden des Speicherkondensators.
b) Vereinfachtes Energieniveaudiagramm der in den Rubinkristall eingebetteten Chromionen. Das Energieniveau $4F_2$ ist wegen der Wechselwirkung der Chromionen mit Nachbaratomen zu einem Energieband verbreitert.

$\lambda = 6929$ Å bzw. 6943 Å aus. Ein Teil dieser Strahlung ist inkohärent und bildet das rötliche Leuchten des Rubinkristalls. Der übrige Teil der Strahlung ist dagegen kohärent, da durch Photonenanregung zunächst einzelne und dann immer mehr $2E$-Elektronen zu gleichphasigen Übergängen ins $4A_2$-Niveau veranlaßt werden, während umgekehrt Übergänge vom $4A_2$- zu den $2E$-Niveaus wegen der Inversion der Besetzungsdichten nur selten vorkommen. Da das untere (α) der beiden $2E$-Niveaus häufiger mit Elektronen besetzt ist als das obere (β), überwiegt die kohärente Strahlung mit der Wellenlänge $\lambda = 6943$Å. Damit die anregenden und die neugebildeten Photonen möglichst oft derartige gleichphasige

Elektronenübergänge in den Chromionen induzieren können, wird das eine Ende des Rubinkristalls mit einem reflektierenden Silberspiegel und das andere Ende mit einer zum Silberspiegel genau parallelen halbdurchlässigen Schicht bedeckt. Der Rubinkristall wird dadurch zu einem optischen Resonator (Perot-Fabry-Resonator), in welchem das kohärente Licht viele Male hin- und herreflektiert wird, ehe es bei genügender Intensität durch die halbtransparente Schicht den Kristall verläßt. Photonen, die nicht gleichphasig induziert sind, die also in Phase und Flugrichtung nicht mit der kohärenten Lichtstrahlung übereinstimmen, verlassen schon nach wenigen Reflexionen den Resonator und tragen deshalb zur Laserstrahlung nichts bei.

Impulsbetriebene Rubin-Laser mit einer Kristallänge von 10 bis 20 cm und einem Durchmesser von 1 bis 2 cm erzeugen bei einer Pumplicht-Impulsleistung von 100 kW (Impulsdauer etwa 1 msec) einen 1 msec-Laserimpuls von 500 W. Der Wirkungsgrad beträgt also 0,1 bis 1%. Rubin-Laser können bei geeigneter Kühlung (z. B. mit flüssigem Stickstoff) auch kontinuierlich betrieben werden. Allerdings ist dazu eine hohe Pumplicht-Dauerleistung erforderlich.

Außer dem mit Chrom dotierten Rubin gibt es noch eine Reihe anderer Festkörperkristalle, die für Laser geeignet sind. Hierzu gehören: Kalzium-, Strontium- und Bariumfluorid (CaF_2, SrF_2, und BaF_2), dotiert mit Uran (U^{3+}) oder Seltenen Erden, z. B. Neodymium (Nd^{3+}) oder Samarium (Sm^{2+}); ferner verschiedene Wolframate und Gläser.

b) Dioden-Laser. Nach Kap. 1, Abschn. VIII, A, 2, b kann man eine in Durchlaßrichtung gepolte GaAs-Diode als Infrarot-Strahler betreiben. Die Strahlung, deren Wellenlänge ($\lambda = 8400\,\text{Å}$) der Breite des verbotenen Bandes von GaAs entspricht ($\Delta E \approx 1{,}35\,\text{eV}$), entsteht durch die Rekombination injizierter Elektronen und Löcher beim Durcheilen der Sperrschicht (Rekombinationsleuchten). Bei Stromdichten unter etwa 10^4 A/cm² ist die Strahlung inkohärent. Läßt man die Stromdichte über diesen Wert (z. B. auf $2 \cdot 10^4$ A/cm²) ansteigen, so wird die Strahlung in zunehmendem Maße kohärent.

Abb. 147 zeigt den Aufbau und das Emissionsspektrum eines GaAs-Dioden-Lasers. Der Halbleiterkristall besitzt eine Sperrschichtfläche von z. B. 0,25 mm² und ist auf zwei einander gegenüberliegenden Flächen poliert. Beide Flächen (F) sind einander genau parallel und senkrecht zur Sperrschichtfläche angeordnet. Sie bilden einen optischen Resonator, in welchem die in der Sperrschicht erzeugte Laserstrahlung mehrmals hin- und herreflektiert wird, ehe sie austritt. Die kohärente Strahlung kommt dadurch zustande, daß die Rekombinationen zwischen Elektronen und Löchern bei hohen Stromdichten nicht spontan erfolgen, sondern durch Photonen angeregt werden. Bei jeder induzierten Rekombination wird ein neues Photon frei, das sich den bereits vorhandenen mit gleicher Phase und Flugrichtung anschließt (Bildung von Photonenlawinen) [*147*].

Der Dioden-Laser arbeitet kontinuierlich. Im Gegensatz zu anderen Lasern wird bei ihm elektrische Energie direkt in Lichtenergie umgewandelt. Da theoretisch *jedes* mit dem Steuerstrom injizierte Elektron-Loch-Paar zur Rekombination angeregt werden kann, liegt der erreichbare Wirkungsgrad zwischen 20 und 80%. Die Intensität der Laserstrahlung steigt mit dem Steuerstrom an. Durch Änderung des Steuerstroms kann daher das (infrarote) Laserlicht mit Nachrichtensignalen moduliert werden. Neben **GaAs** sind auch andere Halbleiter wie **InAs**, **InP** und **SiC** für Dioden-Laser geeignet.

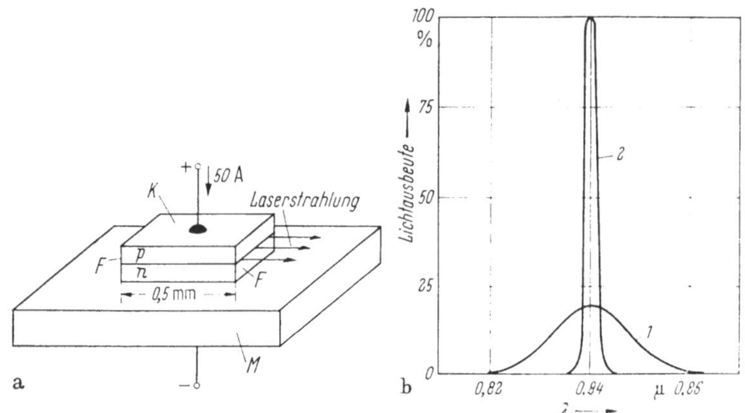

Abb. 147. Aufbau (a) und Emissionsspektrum (b) eines **GaAs**-Dioden-Lasers.
K = **GaAs**-Kristall (Sperrschichtfläche $2,5 \cdot 10^{-3}$ cm²); M = Metallplatte; F = polierte, genau parallele Stirnflächen, die einen optischen Resonator bilden.
1 Spektrum der inkohärenten Strahlung (Stromdichte $< 10^4$ A/cm²); *2* Spektrum der kohärenten Laserstrahlung (Stromdichte $> 10^4$ A/cm²).

2. Gas-Laser

Anstelle von Festkörpern lassen sich auch Gase für die Erzeugung von Laserstrahlen verwenden. Abb. 148 zeigt den Aufbau und das vereinfachte Termschema eines **He-Ne**-Lasers. Der Laser besteht aus einer etwa 1 m langen, gasgefüllten Hartglas- oder Quarzröhre, deren Stirnflächen zur Vermeidung von Reflexionsverlusten so geneigt sind, daß die Bedingung $\tan \alpha = n$ (α = Brewsterwinkel, n = Brechungsindex der Stirnwände) erfüllt ist. Den optischen Resonator bilden zwei sphärisch gekrümmte Reflektoren, deren Krümmungsradius mit ihrem gegenseitigen Abstand übereinstimmt (Abb. 148a). In der Röhre wird mit Hilfe zweier Elektroden durch Zufuhr von Gleichstrom- oder Hochfrequenzenergie eine Gasentladung gezündet. Durch Stöße von Elektronen, Photonen und Ionen werden dabei die Gasatome teils angeregt, teils ionisiert. Bei der Anregung der **He**-Atome werden hauptsächlich die 2^1S- und 2^3S-Niveaus mit Elektronen besetzt (Abb. 148b). Die Wahrscheinlichkeit für die Rückkehr dieser Elektronen zum Grundniveau ist sehr

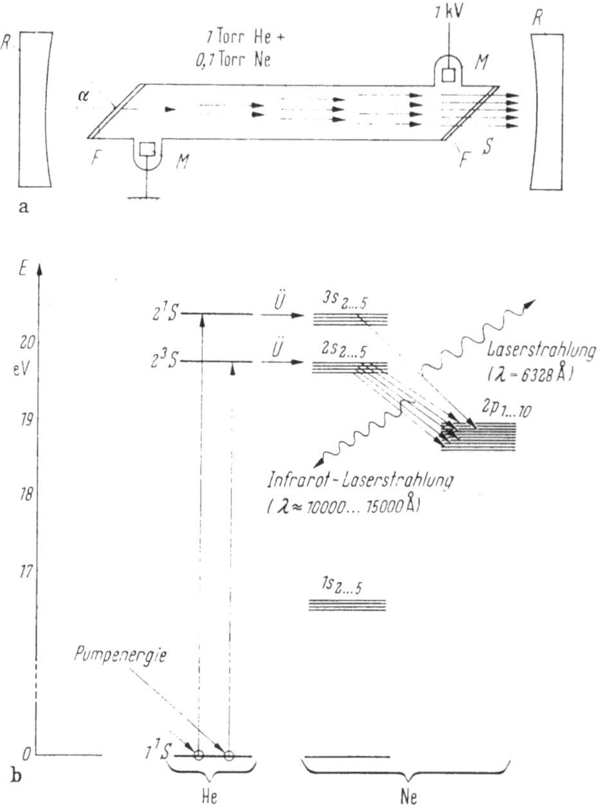

Abb. 148. Aufbau (a) und vereinfachtes Termschema (b) eines **He–Ne**-Lasers.
M = Elektroden zum Zünden einer Gasentladung; R = Reflektoren, die einen optischen Resonator bilden; α = Brewsterwinkel (tan $x = n$ zur Vermeidung von Strahlungsverlusten, n = Brechungsindex der Röhrenfenster F); S = Laserstrahlung; $\ddot{U}$ = Übertragung der Anregungsenergie von angeregten **He**-Atomen auf unangeregte **Ne**-Atome bei Kollisionen.

gering. Statt dessen geben die meisten **He**-Atome ihre Anregungsenergie bei Zusammenstößen mit **Ne**-Atomen an diese ab. Eine solche Energieübertragung ist möglich, weil die $2S$-Niveaus der **He**-Atome auf gleicher Höhe liegen wie die $2S$- bzw. $3S$-Niveaus der **Ne**-Atome. Dadurch kommt es zu einer Inversion der Besetzungsdichten zwischen den $2S$- bzw. $3S$-Niveaus und den $2p$-Niveaus der **Ne**-Atome. Zwischen diesen Niveaus können daher Elektronenübergänge induziert werden, die zur Emission kohärenter Strahlung im Infrarot- bzw. im sichtbaren Gebiet führen. Durch Einjustieren des optischen Resonators läßt sich dabei jede der fünfzehn möglichen Wellenlängen des **He-Ne**-Lasers erzeugen.

Außer dem **He-Ne**-Gemisch eignet sich auch jedes einzelne Edelgas in reiner Form für die Erzeugung von Laserstrahlen. Gas-Laser arbeiten kontinuierlich, ihr Wirkungsgrad beträgt etwa 0.1%, ihre Strahlungsleistung ist von der Größenordnung 50 mW bei einer Pumpleistung von 50 W.

C. Eigenschaften und Anwendungen der Laserstrahlung

1. Eigenschaften

Neben der weitgehenden Monochromasie und Kohärenz besitzt das Laserlicht eine sehr geringe Strahlapertur, d. h. die einzelnen Wellenzüge eines Laserstrahls verlaufen fast genau parallel zueinander. Beim Rubin z. B. beträgt die Abweichung der unfokussierten Lichtbündel von der Parallelität etwa 10^{-2} rad (Bogengrad) und bei einem **He-Ne**-Laser etwa 10^{-5} rad. Eine weitere technisch wichtige Eigenschaft der Laserstrahlung ist ihre hohe Leistungsdichte. Mit impulsbetriebenen Rubin-Lasern erreicht man Leistungsdichten bis etwa 10^{12} W pro cm^2 Fokusfläche, mit fokussiertem Sonnenlicht dagegen nur etwa 10^3 W/cm^2.

2. Technische Anwendungen

Wegen ihrer hohen Frequenz (10^{11} bis 10^{11} Hz) lassen sich Laserstrahlen als außerordentlich breitbandige Nachrichtenträger verwenden, wenn geeignete Modulations-, Demodulations-, Sende- und Empfangseinrichtungen entwickelt sind. Der zur Verfügung stehende Frequenzbereich ist hier so groß, daß mit einem einzigen Laser-Nachrichtenkanal mehr als 10^9 Ferngespräche gleichzeitig geführt werden könnten. Auf Grund ihrer guten Bündelungsfähigkeit sind die Laserstrahlen auch als Richtstrahlen für die Radartechnik und für Entfernungsmessungen geeignet. Ihre hohe Leistungsdichte ermöglicht das Schneiden, Bohren und Schweißen besonders harter, schwer schmelzbarer Werkstoffe wie Wolfram, Molybdän oder Diamant (vgl. Bd. I. S. 338 u. 341). Weitere Anwendungsmöglichkeiten der Laserstrahlen sind u. a. in der Medizin: das Ausschneiden von Tumoren und Krebsgeschwüren sowie das „Festschweißen" der Augenretina; in der Chemie: spektroskopische Untersuchungen mit Hilfe des Raman-Effekts; und in der Weltraumfahrt: der Antrieb von Raumschiffen durch Laser-Lichtdruckmotoren [*149. 150*].

XI. Literaturverzeichnis zum Kapitel 1

I. Hochvakuumdioden und ihre Entladungsformen

[1]   Bouwers, A.: Über den Temperaturverlauf an der Anode einer Röntgenröhre. Z. techn. Phys. 8 (1927) 271.

[2]   Child, C.: Discharge from hot CaO. Phys. Rev. 32 (1911) 492.

[3]   Compton, A. H., u. S. K. Allison: X-rays in theory and experiment. New York: D. van Nostrand 1954.

[4]* Dow, W. G.: Fundamentals of engineering electronics. New York: Wiley 1952.

[5]   Epstein, P. S.: Zur Theorie der Raumladungserscheinungen. Verh. dtsch. phys. Ges. 21 (1919) 85.

[6]   Euler, J.: Neue Wege zur Stromerzeugung, Frankfurt: Akad. Verlagsges. 1963.

[7]   Gerthsen, Chr.: Physik. 4. Aufl., Berlin/Göttingen/Heidelberg: Springer 1956, S. 449—464.

[8]   Glocker, R.: Röntgenstrahlenschutz. Z. angew. Phys. 2 (1950) 266.

[9]   te Gude, H.: Neue Glühkathodentechnik. Valvo-Berichte 9 (1963) 29.

[10] Hernqvist, K. G.: Analysis of the arc mode operation of the cesium vapor thermionic energy converter. Proc. IEEE 51 (1963) 748.

[11] Houston, J. M.: Theoretical efficiency of the thermionic energy converter. J. appl. Phys. 30 (1959) 481.

[12] Keitz, H. A. E.: Lichtberechnungen und Lichtmessungen. Eindhoven: Philips 1951.

[13] Kulenkampff, H.: Das kontinuierliche Röntgenspektrum, Handbuch der Physik, hrsg. v. H. Geiger u. K. Scheel. Bd. XXIII, Berlin: Springer 1926, S. 433—476.

[14] Langmuir, I.: The effect of initial velocities on the potential distribution and thermionic current between parallel plane electrodes. Phys. Rev. 21 (1923) 419.

[15] Langmuir, I.: The effect of space-charge and residual gases on the currents in high vacuum. Phys. Rev. 2 (1913) 450.

[16] Neumann, M. P.: Photoelektronik, Stuttgart: Franckhsche Verlagshandlung 1963.

[17] Rasor, N. S.: Emission physics of the thermionic energy converter. Proc. IEEE 51 (1963) 733.

[18]* Rothe, H., u. W. Kleen: Hochvakuum-Elektronenröhren. Bd. I: Physikalische Grundlagen, Frankfurt: Akad. Verlagsges. 1955.

[19] Schaaffs, W.: Erzeugung von Röntgenstrahlen, Handbuch der Physik, Bd. 30 (Röntgenstahlen), hrsg. v. S. Flügge, Berlin/Göttingen/Heidelberg: Springer 1957, S. 1—77.

[20] Schottky, W.: Über Grenzpotentiale bei zylindrischen Elektroden. Ber. dtsch. phys. Ges. 16 (1914) 490.

[21] Schrader, E. R.: A survey of methods used to determine contact potentials in receiving tubes. RCA Rev. 18 (1957) 243.

[22]* Simon, H., u. R. Suhrmann: Der lichtelektrische Effekt und seine Anwendungen, 2. Aufl., Berlin/Göttingen/Heidelberg: Springer 1958.

[23]* Spangenberg, K. R.: Vacuum tubes, New York: McGraw-Hill 1948.

[24] Stephenson, S. T.: The continuous X-ray spectrum, Handbuch der Physik, Bd. 30 (Röntgenstrahlen), hrsg. v. S. Flügge, Berlin/Göttingen/Heidelberg: Springer 1957, S. 337—370.

------

* Zusammenfassende Darstellung über größere Teilgebiete der Elektronik.

[25]* Strutt, M. J. O.: Elektronenröhren, Lehrbuch der drahtlosen Nachrichten-technik, Bd. III, hrsg. v. N. v. Korshenewsky u. W. T. Runge. Berlin/Göttingen/Heidelberg: Springer 1957.

[26] van der Tuuk, J. H.: Die „Rotalix"-Diagnostikröhre. Philips. techn. Rdsch. 3 (1938) 296.

[27] Webster, H. F.: Calculation of the performance of a high-vacuum thermionic energy converter. J. appl. Phys. 30 (1959) 488.

[28] Wilson, V. C.: Conversion of heat to electricity by thermionic emission. J. appl. Phys. 30 (1959) 475.

[29] Zworykin, V. K., u. E. G. Ramberg: Photoelectricity. New York: Wiley 1955.

II. Gasgefüllte Dioden und ihre Entladungsformen

[30] Curran, S. C., and J. D. Craggs: Counting tubes and their applications. London: Butterworth 1949.

[31]* Dosse, J., u. G. Mierdel: Der elektrische Strom im Hochvakuum und in Gasen. 2. Aufl., Leipzig: Hirzel 1945.

[32] v. Engel, A.: Ionization in gases by electrons in electric fields, Handbuch der Physik, Bd. 21 (Gasentladungen I), hrsg. v. S. Flügge, Berlin/Göttingen/Heidelberg: Springer 1956.

[33]* v. Engel, A., u. M. Steenbeck: Elektrische Gasentladungen, Bd. I u. II. Berlin: Springer 1934.

[34] Finkelnburg, W., u. H. Maecker: Elektrische Bögen und thermisches Plasma, Handbuch der Physik, Bd. 22 (Gasentladungen II), hrsg. v. S. Flügge. Berlin/Göttingen/Heidelberg: Springer 1956. S. 254–444.

[35] Francis, G.: The glow discharge at low pressure, Handbuch der Physik, Bd. 22 (Gasentladungen II), hrsg. v. S. Flügge, Berlin/Göttingen/Heidelberg: Springer 1956. S. 53–208.

[36]* Fünfer, E., u. H. Neuert: Zählrohre und Szintillationszähler, Karlsruhe: Braun 1954.

[37] Fulbright, H. W.: Ionization chambers in nuclear physics, Handbuch der Physik, Bd. 45 (Instrumentelle Hilfsmittel der Kernphysik II), hrsg. v. S. Flügge, Berlin/Göttingen/Heidelberg: Springer 1958. S. 1–51.

[38]* Gänger, B.: Der elektrische Durchschlag, Berlin/Göttingen/Heidelberg: Springer 1953.

[39]* Granowski, W. L.: Der elektrische Strom im Gas, Berlin: Akademie-Verlag 1955.

[40] Güntherschulze, A., u. H. Fricke: Eine neue Art von Glimmentladung ohne Hittorfschen Dunkelraum und ohne Kathodenfall. Z. Phys. 86 (1933) 451.

[41] Güntherschulze, A., u. H. Fricke: Die allgemeinen Bedingungen für die Glimmentladung ohne Kathodenfall und Dunkelraum. Z. Phys. 86 (1933) 821.

[42] Hine, G. J., and C. Brownell: Radiation dosimetry, New York: Academic Press 1956.

[43]* Iwanow, A. P.: Elektrische Lichtquellen, Gasentladungslampen. Berlin: Akademie-Verlag 1955.

[44]* Knoll, M., F. Ollendorff, u. R. Rompe: Gasentladungstabellen, Berlin: Springer 1935.

[45] Korff, S. A.: Geiger counters, Handbuch der Physik, Bd. 45 (Instrumentelle Hilfsmittel der Kernphysik II), hrsg. v. S. Flügge, Berlin/Göttingen/Heidelberg: Springer 1958. S. 52–85.

[46] Korff, S. A.: Electron and nuclear counters. New York: D. van Nostrand 1957.

[47] LITTLE, P. F.: Secondary effects, Handbuch der Physik. Bd. 21 (Gasentladungen I). hrsg. v. S. FLÜGGE. Berlin/Göttingen/Heidelberg: Springer 1956. S. 574—663.

[48]* LOEB, L. B.: Basic processes of gaseous electronics. Berkeley and Los Angeles: Univ. of Calif. Press 1955.

[49] ORANJE. P. J.: Grundlagen, Anwendungen und Eigenschaften von Gasentladungslampen. Eindhoven: Philips 1943.

[50] ROSSI. B.. u. H. STAUB: Ionization chambers and counters, New York: McGraw-Hill 1949.

[51] SEELIGER. R.: Einführung in die Physik der Gasentladungen. Leipzig: J. A. Barth 1934.

[52] SINGER. G.: Röntgen rays: Measurement of quantity by large air ionization chamber. In Medical Physics, hrsg. v. O. GLASSER, Bd. I, Chicago: The Year Book Publishers 1955. S. 1368.

[52a] TOWNSEND. M. A.: Cold cathode gas tubes for telephone switching systems. Bell Syst. tech. J. 36 (1957) 755.

[53] WILKINSON. D. H.: Ionization chambers and counters. Cambridge: University Press 1950.

III. Hochvakuumtrioden

Siehe [4, 18, 23, 25, 31]; ferner:

[54]* BARKHAUSEN, H.: Lehrbuch der Elektronenröhren und ihrer technischen Anwendungen. Bd. 1—4, Leipzig: Hirzel 1952—55.

[55]* BRÜCK. L.. u. W. KLEEN: Elektronenröhren. Aufbau und Kennlinien. Taschenbuch der Hochfrequenztechnik. 2. Aufl. hrsg. v. H. MEINKE u. F. W. GUNDLACH, Berlin/Göttingen/Heidelberg: Springer 1962. S. 738—809.

[56] CUBASCH. F.: Spezialröhren. Eigenschaften und Anwendungen. Berlin: Verlag für Radio-Foto-Kinotechnik 1960.

[57] FISCHER. A.: Der Vorteil der Maschenkathode bei Endstufenröhren für Sender hohen Wirkungsgrades. Siemens-Z. 34 (1960) 764.

[58]* KAMMERLOHER. J.: Hochfrequenztechnik, Bd. 2. Füssen: Wintersche Verlagshandlung 1958.

[59]* KULP. M.: Elektronenröhren und ihre Schaltungen. Göttingen: Vandenhoeck & Ruprecht 1958.

[60]* OLLENDORFF. F.: Technische Elektrodynamik. Bd. II.2: Elektronik freier Raumladungen. Berlin/Göttingen/Heidelberg: Springer 1957.

[61] SCHNEIDER. W.. u. F. WEINZIERL: Der Nuvistor, eine Elektronenröhre neuer Technik. Elektronik 10 (1961) 321.

IV. Hochvakuum-Mehrpolröhren

Siehe [4, 16, 18, 22, 23, 25, 29, 54, 55, 58, 59, 60]; ferner:

[62] ALFVEN. H.. u. H. ROMANNS: Trochotrons — a new family of switching tubes. Tele-tech. 13 (1954) 94.

[63] HARTMANN. W.. u. F. BERNHARD: Fotovervielfacher und ihre Anwendung in der Kernphysik. Berlin: Akademie-Verlag 1957.

[64] v. OVERBEEK. A. J. W. M.. J. L. H. JONKER u. K. RODENHUIS: Eine Dezimalzählröhre für hohe Zählgeschwindigkeiten. Philips tech. Rdsch. 14 (1953) 365.

[65]* REICH. H. J.: Theory and applications of electron tubes. New York: McGraw-Hill 1944.

[66] WEISS. G.: On secondary electron multipliers. Z. techn. Phys. 17 (1936) 623.

[67] ZWORYKIN. V. K.. and J. A. RAJCHMAN: The electrostatic electron multiplier. Proc. IRE 27 (1939) 558.

V. Gasgefüllte Mehrpolröhren

Siehe [25, 56]; ferner:

[68]* DAVIS, W. L., u. H. R. WEED: Grundlagen der industriellen Elektronik, Stuttgart: Deutsche Verlags-Anstalt 1955.

[69] GEPPERT, D.: Basic electron tubes, New York: McGraw-Hill 1951.

[70]* GRAY, T. S., MIT: Applied electronics. New York: Wiley 1956, S. 229–276.

[71] KRETZMANN, R.: Industrielle Elektronik, Berlin: Verlag für Radio-Kino-Fototechnik 1952.

[72] KRETZMANN, R.: Industrielle Elektronik, Handbuch für Hochfrequenz- und Elektrotechniker, Bd. II, hrsg. v. C. RINT. Berlin: Verlag für Radio-Foto-Kinotechnik 1963, S. 605–650.

VI. Zweipolige Festkörper-Entladungsgeräte

Siehe [16, 22, 25, 29, 68]; ferner:

[73] CHYNOWETH, A. G.: Ionisation rates for electrons and holes in silicon. Phys. Rev. 109 (1958) 1537.

[74] COBLENZ, A.: Semiconductor compounds open new horizons. Courtesy Electronics (Nov. 1957), S. 146–158.

[75]* DOSSE, J., H. HENKER, E. HOFMEISTER, u. G. RUTHEMANN: Halbleiterbauelemente. Taschenbuch der Hochfrequenztechnik, 2. Aufl., hrsg. v. H. MEINKE u. F. W. GUNDLACH, Berlin/Göttingen/Heidelberg: Springer 1962, S. 667–737.

[76] DUNLAP, W. C.: An introduction to semiconductors. London: Chapman & Hall 1957.

[77] ESAKI, L.: New phenomenon in narrow germanium p-n junctions. Phys. Rev. 109 (1958) 603.

[78] GÖRLICH, P.: Photoeffekte, Bd. 2: Experimentelle Photoleitung. Leipzig: Akad. Verlagsgesellsch. 1963.

[79] GÖRLICH, P.: Die lichtelektrischen Zellen, ihre Herstellung und Eigenschaften. Leipzig: Geest & Portig 1951.

[80]* GREINER, R. H.: Semiconductor devices and applications. New York: McGraw-Hill 1961.

[81]* GUGGENBÜHL, W., M. J. O. STRUTT, u. W. WUNDERLIN: Halbleiterbauelemente, Bd. I, Basel und Stuttgart: Birkhäuser 1962.

[82] Halbleiterprobleme, Bd. I—III, hrsg. v. W. SCHOTTKY, Braunschweig: Vieweg 1954.

[83] HALL, R. N.: Tunnel diodes. IRE Trans. on Electron Devices. ED-7 (1960) 1.

[84] HANNAY, N. B.: Semiconductors. New York: Reinhold 1959.

[85] HENISCH, H. K.: Rectifying semiconductor contacts. Oxford: Clarendon Press 1957.

[86]* HUNTER, L. P.: Handbook of semiconductor electronics. New York: McGraw-Hill 1956.

[87] ILSCHNER, M., u. W. STEINHÄUSER: SAF-Silizium-Kleinflächen-Gleichrichter der Typenreihe OY 200. SEG-Nachrichten 5 (1957) 36.

[88]* JOFFÉ, A. F.: Physik der Halbleiter. Berlin: Akademie-Verlag 1958.

[89]* KNOLL, M.: Materials and processes of electron devices. Berlin/Göttingen/Heidelberg: Springer 1959.

[90] LANGE, B.: Die Photoelemente und ihre Anwendung. Leipzig: J. A. Barth 1936.

[91]* MADELUNG, O.: Halbleiter, Handbuch der Physik, Bd. 20 (Elektrische Leitungsphänomene II), hrsg. v. S. FLÜGGE. Berlin/Göttingen/Heidelberg: Springer 1957.

[92]   MAIER, K.: Trockengleichrichter, München: Oldenbourg 1954.

[93]   MILLER, S. L.: Avalanche breakdown in germanium. Phys. Rev. 109 (1958) 603.

[94]* MÜSER, K.: Einführung in die Halbleiterphysik, Darmstadt: Steinkopff 1960.

[95]   PFAFFENBERGER, J.: Die Technik des Silizium-Gleichrichters. Siemens Z. 32 (1958) 115.

[96]   RUTHEMANN, G.: Heißleiter, Wesen und Wirkungsweise. ETZ B 7 (1955) 217.

[97]   SCHULZ-METHKE, H. D.: Photoelemente und Kristallphotozellen, Berlin: J. Schneider 1955.

[98]* SEILER, K.: Physik und Technik der Halbleiter, Stuttgart: Wissenschaftl. Verlagsgesellschaft 1964.

[99]   SEITZ, F., and D. TURNBULL: Solid state physics, Vol. 1–8, New York: Academic Press 1955—59.

[100] SHARPLESS, W. M.: High-frequency gallium arsenide point-contact rectifiers. Bell Syst. techn. J. 38 (1959) 259.

[101]* SHOCKLEY, W.: Electrons and holes in semiconductors, New York: D. van Nostrand 1950.

[102]* SPENKE, E.: Elektronische Halbleiter, bericht. Neudruck, Berlin/Göttingen/ Heidelberg: Springer 1956.

[103] SPENKE, E.: Silizium als Baustoff für Leistungsgleichrichter. Siemens-Z. 32 (1958) 110.

[104]* TEICHMANN, H.: Halbleiter, Mannheim: Bibliograph. Inst. 1961.

[105] THIRRING, H., u. O. P. FUCHS: Photowiderstände, Leipzig: J. A. Barth 1939.

[106] WIESNER, R., u. F. NISSL: Silizium-Photoelemente. Siemens-Z. 32 (1958) 128.

VII. Festkörper-Mehrpolgeräte

Siehe [25, 75, 76, 80, 82, 86, 88, 91, 94, 98, 101, 102, 104]; ferner:

[107] CARROL, J.: Transistor circuits and application, New York: McGraw-Hill 1956.

[108] CLARK, M. A.: Power transistors. Proc. IRE 46 (1958) 1185.

[109] COBLENZ, A., u. H. L. OWENS: Transistors: Theory and application, New York: McGraw-Hill 1956.

[110] DEWITT, D., u. A. L. ROSSOFF: Transistor electronics. New York: McGraw-Hill 1957.

[111]* DOSSE, J.: Der Transistor. Ein neues Verstärkerelement, 2. Aufl., München: Oldenbourg 1957.

[112]* GÄRTNER, W.: Einführung in die Physik des Transistors, Berlin/Göttingen/ Heidelberg: Springer 1963.

[113] HOWELL, E. K.: Light-activated switch expands use of silicon-controlled rectifiers. Electronics 37 (1964) Nr. 15, S. 53.

[114]* KAMMERLOHER, J.: Transistoren, Grundlagen und NF-Verstärker, Füssen: Wintersche Verlagshandlung 1959.

[115] MACKINTOSH, I. M.: The electrical characteristics of silicon p-n-p-n triodes. Proc. IRE 46 (1958) 1229.

[116] MIDDLEBROOK, R. D.: An introduction to junction transistor theory. New York: Wiley 1957.

[117] MOERDER, C.: Transistortechnik, Stuttgart: Teubner 1960.

[118]* RUSCHE, G., K. WAGNER, u. F. WEITZSCH: Flächentransistoren, Berlin/ Göttingen/Heidelberg: Springer 1961.

[119]* SALOW, H., H. BENEKING, H. KRÖMER, u. W. v. MÜNCH: Der Transistor (Techn. Physik in Einzeldarstellungen, hrsg. v. W. MEISSNER u. M. NÄBAUER, Bd. 15). Berlin/Göttingen/Heidelberg: Springer 1963.

[120] SHEA, R. F.: Transistortechnik, Stuttgart: Berliner Union 1962.

[*121*]* Strutt, M. J. O.: Transistoren. Wirkungsweise, Eigenschaften und Anwendungen. Zürich: Hirzel 1954.

[*122*] Transistor technology, hrsg. v. F. J. Biondi, New York: D. van Nostrand 1958.

[*123*] Weisshaar, E.: Das Brown-Boveri-Siliziumthyratron CS 100. Brown Boveri Mitt. 48 (1961) 262.

VIII. Weitere Festkörper-Entladungsgeräte

Siehe [*6, 36*]; ferner:

[*124*] Angrist, S. W.: Galvanomagnetic and thermomagnetic effects. Scientific American 205 (1961) 125.

[*125*] Bonin, E. L.: Drivers for optical diodes. Electronics 37 (1964) Nr. 22, S. 77.

[*126*]* Eckart, F.: Elektronenoptische Bildwandler und Röntgenbildverstärker. Leipzig: Barth 1956.

[*127*] Hänlein, W.: Neuartige Halbleiter-Kühlelemente. Siemens-Z. 35 (1961) 264.

[*128*] Henisch, H. K.: Electroluminescence, New York: Pergamon Press 1962.

[*129*] Hofstadter, R.: Crystal counters. Proc. IRE 38 (1950) 726.

[*130*] Knoll, M., I. Ruge, u. G. Stetter: Teilchenzählung und Dosimetrie mit Silizium-p-n-Sperrschichten. Forschungsberichte des Landes Nordrhein-Westfalen, hrsg. v. L. Brandt, Köln und Opladen: Westdeutscher Verlag 1964.

[*131*] Kuhrt, F.: Eigenschaften der Hallgeneratoren. Siemens-Z. 28 (1954) 370.

[*132*] Leverenz, H. W.: An introduction to luminescence of solids, New York: Wiley 1950.

[*133*] Matossi, F.: Elektrolumineszenz und Elektrophotolumineszenz. Braunschweig: Vieweg 1957.

[*134*] Rappaport, P., and E. G. Linder: Radioactive charging effects with a dielectric medium. J. appl. Phys. 24 (1953) 1110.

[*135*] Ruge, I., u. G. Keil: Microplasmas in silicon p-n junctions as detectors for gamma radiation. Rev. sci. Instr. 34 (1963) 390.

[*136*] Vidal, C. R., u. I. Ruge: Berechnung der strahlungserregten Leitfähigkeitsimpulse eines Kristallzählers und Berücksichtigung der durch Raumladungen gestörten Feldverteilung. Z. angew. Physik 14 (1962) 389.

[*137*] Williams, R. L., and P. P. Webb: Silicon junction nuclear particle detectors. RCA Rev. 23 (1962) 29.

IX. Mikro-Transistorsysteme

[*138*] Assmann, E.: Mikro-Elektronik und Mikromodul-Technik. Siemens-Z. 34 (1960) 766.

[*139*] Berry, R. W.: New developments in tantalum thin-film circuits and components. Internat. Electronics 5 (1963) Nr. 6, S. 29.

[*140*] Dorendorf, H., u. H. Ullrich: Festkörper-Schaltkreise aus Silizium. Siemens-Z. 37 (1963) 566.

[*141*] Hofstein, S. R., and F. P. Heiman: The silicon insulated-gate field effect transistor. Proc. IEEE 51 (1963) 1190.

[*142*]* Keonjian, E.: Microelectronics, New York: McGraw-Hill 1963.

[*143*] Lathrop, J. W., R. E. Lee and C. H. Phipps: Semiconductor networks. Electronics 33 (1960) Nr. 20, S. 69.

[*144*] Rottgardt, K. H. J.: Die Technik der integrierten Bauelemente und Schaltungen. ETZ A 83 (1962) 900.

[*145*] Stanley, T. O.: Integrated electronics. Amer. Scientist 49 (1961) 169.

[*146*] Weimer, P. K.: The TFT- a new thin-film transistor. Proc. IRE 50 (1962) 1462.

X. Laser

[147] BLACK. J.. H. LOCKWOOD and S. MAYBURG: Recombination radiation in GaAs. J. appl. Phys. 34 (1963) 178.

[148] HEAVENS. O. S.: Optical masers. London: Methuen 1964.

[149]* KLINGER. H. H.: Laser. Stuttgart: Franckhsche Verlagshandlung 1964.

[150] LAWRENCE. L. G.: Grundlagen der Lasertechnik. Prien: C. F. Wintersche Verlagshandlung 1964.

[151]* LENGYEL. B. A.: Lasers, generation of light by stimulated emission. New York: Wiley 1962.

[152] MAIMAN. T. H.: Stimulated optical radiation in ruby. Nature 187 (1960) 493.

[153] SCHAWLOW. A. L., and C. H. TOWNES: Infrared and optical masers. Phys. Rev. 112 (1958) 1940.

[154]* TROUP. G.: Masers and lasers. London: Methuen 1963.

Kapitel 2

Elektronenoptische Geräte[1]

I. Elektronenlinsen

A. Bedingungen für die „optische" Ausbreitung eines Elektronenstrahls

Die Wirkungsweise elektronenoptischer Entladungsgeräte beruht darauf, daß sich Elektronenstrahlen im Vakuum „optisch" (d. h. geradlinig im feldfreien Raum) ausbreiten und durch elektrische oder magnetische Felder aus ihrer Richtung abgelenkt werden können. Die Analogien, die sich hierbei zwischen der Elektronenoptik und der Lichtoptik ergeben, sind in Bd. I, Kap. 1, VII dargestellt.

Für die optische Ausbreitung eines Elektronenstrahls sind zwei Bedingungen zu erfüllen, die somit den Gültigkeitsbereich der elektronenoptischen Abbildungsgesetze festlegen:

1. Weglängen-Bedingung

Die mittlere freie Weglänge λ_e der Elektronen soll sehr viel größer als die Elektronenstrahllänge l sein. Nach dem Clausiusschen Gesetz der Weglängenverteilung [s. Bd. I, Gl. (127)] gehen z. B. bei $\lambda_e = 10\,l$ nur noch 10% der Strahlelektronen durch Zusammenstöße mit Restgasmolekülen verloren. Die Bedingung $\lambda_e \geq 10\,l$ ist bei den üblichen Gerätedimensionen bzw. Elektronenstrahllängen von der Größenordnung $l = 50$ cm nur bei Drucken unter 10^{-5} Torr erfüllbar (vgl. Bd. I, Abb. 156). Für elektronenoptische Entladungsgeräte ist also ein gutes Vakuum erforderlich.

In gasgefüllten Röhren ist infolge einer *Raumladungsfokussierung* auch unter der Bedingung $\lambda_e \approx l$ noch eine optische Ausbreitung von Elektronenstrahlen möglich. Die Strahlelektronen bilden dabei im Gas durch Stoßionisierung Sekundärelektronen, die vom Primärelektronenstrahl wesentlich rascher nach außen diffundieren als die schwereren

---

[1] Die Abschnitte I bis III dieses Kapitels sind im Zusammenhang mit einer wegen Kriegseinwirkungen nicht veröffentlichten Arbeit von M. KNOLL und G. WENDT [*15a*] entstanden. Für wertvolle Hinweise zu diesem Kapitel danken wir Herrn Dr. W. HARTH.

Ionen. Die so entstehende Raumladungsverteilung (mit „Elektronenmantel" und „Ionenkern"; vgl. Abb. 149) erzeugt wie im Zylinderkondensator ein radiales elektrisches Feld, das den Primärelektronenstrahl bündelt. Derartige raumladungsfokussierte Elektronenstrahlen bezeichnet man als „Fadenstrahlen". Sie entstehen z. B. in einer Röhre mit Heliumfüllung bei einem Druck von etwa 10^{-2} Torr ($\lambda_e \approx 10$ cm) und einer Elektronenenergie von 100 eV.

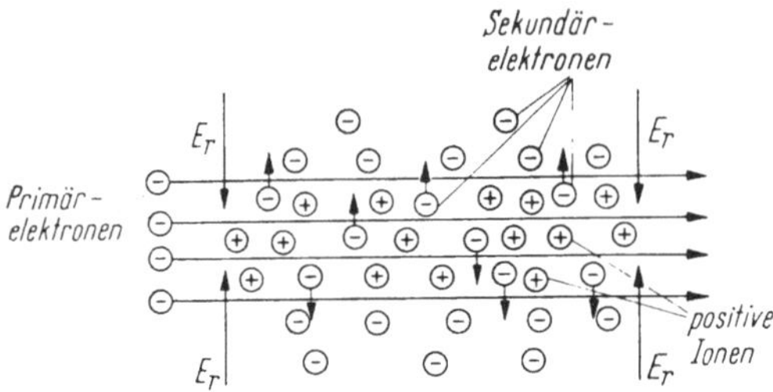

Abb. 149. Bündelung eines Elektronenstrahls durch Raumladungsfokussierung („Fadenstrahl").
E_r = radiale, strahlsammelnde elektrische Feldstärke.

2. Bedingung hinsichtlich der Ladungsabstoßung

Die zweite Bedingung für die optische Ausbreitung eines Elektronenstrahls lautet, daß die Ladungsabstoßung zwischen den Elektronen vernachlässigbar sein soll. Dies ist strenggenommen erst bei Lichtgeschwindigkeit des Elektronenstrahls der Fall. Die Kräfte zwischen den einzelnen Elektronen eines Parallelstrahls setzen sich nämlich — wegen der gleichnamigen Ladung — aus einer elektrostatischen abstoßenden Kraft K_e und — wegen der gleichen Flug- bzw. Stromrichtung — aus einer elektrodynamischen Anziehungskraft K_i zusammen[1] (vgl. Abb. 150). Die resultierende Abstoßungskraft wird[2]:

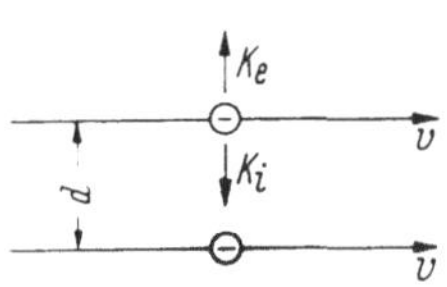

Abb. 150. Kräfte zwischen zwei Elektronen, die sich mit der Geschwindigkeit v parallel zueinander in gleicher Richtung bewegen. K_e = elektrostatische Abstoßungskraft; K_i = elektrodynamische Anziehungskraft.

$$K = K_e - K_i = \frac{e^2 n^2}{2\pi d\,\varepsilon_0}\left(1 - \frac{v^2}{c^2}\right) \qquad (101)$$

[1] Zwei in gleicher Richtung fliegende Elektronen stellen zwei Ströme gleicher Richtung dar. Nach einem physikalischen Gesetz ziehen gleichgerichtete Ströme einander an und stoßen entgegengesetzt gerichtete Ströme einander ab.

[2] Die Feldstärke um eine Linienladung $q_1 = e n$ ergibt sich aus $\int D_n\,dF = q_1$: $\varepsilon_0 E\, 2\pi r = q_1$; $E = q_1/2\,\pi\varepsilon_0\,r = e n/2\pi\varepsilon_0 r$. Auf eine andere Linienladung $q_2 = e n$ im Abstand $r = d$ wirkt daher die abstoßende Kraft $K_e = q_2 E = e^2 n^2/2\pi\varepsilon_0 d$. Bewegen sich die Ladungen q_1 und q_2 mit der Geschwindigkeit v parallel zueinander in gleicher Richtung, so wird $K_i = I B = e n v B = e n v \mu_0 H$; mit $H = I/2\pi r = e n v/2\pi r$, $\mu_0 = 1/\varepsilon_0 c^2$ und $r = d$ wird $K_i = (e n v)^2/2\pi\varepsilon_0 d c^2$.

(n = Zahl der Elektronen pro cm Strahllänge [in 1/cm], en = Linienladung [in As/cm], d = Abstand zweier Elektronen [in cm], v = Elektronengeschwindigkeit [in cm/sec], $c = 1/\sqrt{\mu_0\varepsilon_0}$ = Lichtgeschwindigkeit [in cm/sec] und $\varepsilon_0 = 1/(4\pi \cdot 9 \cdot 10^{11})$ F/cm = Dielektrizitätskonstante des Vakuums). Nach dieser Gleichung tritt für $v = c$ wegen $K_i = K_e$ keine Strahlverbreiterung auf, während sich für $v < c$ wegen $K_i < K_e$ der Strahldurchmesser vergrößert. Die Gl. (101) zeigt außerdem, daß die resultierende Abstoßungskraft K und damit die Strahlverbreiterung vom Strahlstrom I ($\sim en$) und der Beschleunigungsspannung U ($\sim v^2$) der Elektronen abhängt.

Bei einem *kegelförmigen* Elektronenstrahlbündel (wie es etwa im Strahlerzeugungssystem einer Röntgenröhre oder eines Kathodenstrahloszillographen vorkommt) hat die Ladungsabstoßung zur Folge, daß sich das Strahlbündel von seinem Anfangsradius r_max nicht auf den nach den elektronenoptischen Abbildungsgesetzen berechenbaren, sondern auf einen größeren Strahlradius r_min zusammenzieht (vgl. Abb. 151). Nach DIELS und WENDT [*9*] (vgl. auch [*2*]) gilt in diesem Fall[1]:

$$\tan\varepsilon = \frac{r_\mathrm{max}}{h} = 174 \cdot \frac{I^{1/2}}{U^{3/4}} \cdot \frac{\sqrt{\ln\left(\dfrac{r_\mathrm{max}}{r_\mathrm{min}}\right)}}{(1 + 10^{-6}\,U)^{3/4}} \tag{102}$$

(r_max [in cm] = maximaler Strahlradius in der Hauptebene des Strahlerzeugungssystems, r_min [in cm] = trotz der Ladungsabstoßung erreichbarer minimaler Strahlradius, h [in cm] = Höhe des ursprünglichen Strahlkegels, $\tan\varepsilon$ = ursprüngliche Strahlapertur, I [in A] = Strahlstromstärke und U [in V] = Beschleunigungsspannung des Elektronenstrahls). Der Faktor $(1 + 10^{-6}\,U)^{3/4}$ berücksichtigt die relativistische Korrektur bei hohen Elektronengeschwindigkeiten.

Der durch Gl. (102) wiedergegebene Zusammenhang zwischen den elektrischen Strahlparametern I und U und den geometrischen Größen $\tan\varepsilon$ und $r_\mathrm{max}/r_\mathrm{min}$ ist in Abb. 151 graphisch dargestellt. Die Kurven sind so gezeichnet, daß man — ausgehend von einem bekannten Wert für $\tan\varepsilon$ — im linken Teilbild die Gerade mit der gegebenen Strahlbeschleunigungsspannung schneidet, dann nach rechts auf die Kurve mit dem zugehörigen Strahlstrom übergeht und schließlich auf der rechten Abszisse das gesuchte Verhältnis $r_\mathrm{max}/r_\mathrm{min}$ findet.

Beispiele: Für eine Oszillographenröhre mit $\tan\varepsilon = 0{,}01$, $U = 5$ kV und $I = 1$ mA wird $r_\mathrm{max}/r_\mathrm{min} \approx 3$ (vgl. die gestrichelten Linien in Abb. 151). Der minimale Radius des Elektronenstrahls wird hier also ein Drittel so groß wie der Radius in der Hauptebene des Strahlerzeugungssystems. Bei 50 kV (Röntgenröhre)

---

[1] Über die Ableitung dieser Gleichung siehe z. B. [*19*], S. 237 ff. sowie [*9*].

erhält man das gleiche Ergebnis erst bei einer Stromstärke von 50 mA. Erniedrigt man andererseits bei $U = 5$ kV den Strahlstrom auf 0,2 mA, so wird r_{min} weniger als ein Hundertstel von r_{max}.

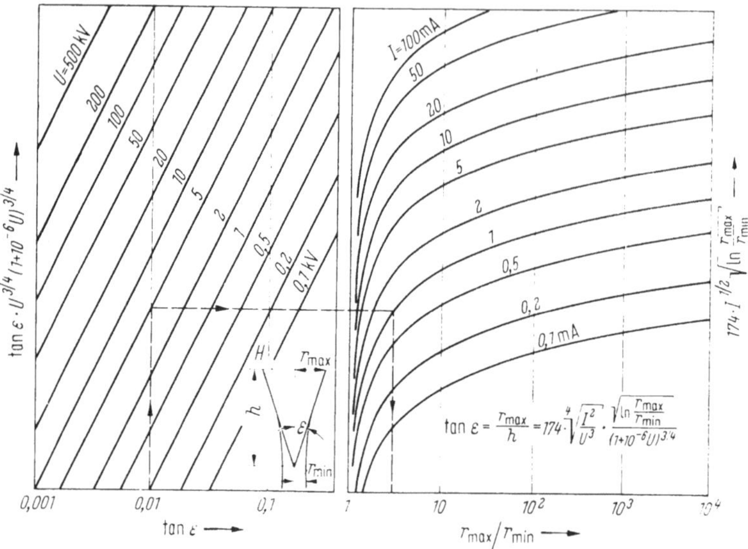

Abb. 151. Vergrößerung des kleinsten Radius r_{min} eines Strahlkegels von Elektronen durch Abstoßung (U [V] = Beschleunigungsspannung der Elektronen, I [A] = Strahlstromstärke. H = Hauptebene des Strahlerzeugungssystems) [9]).

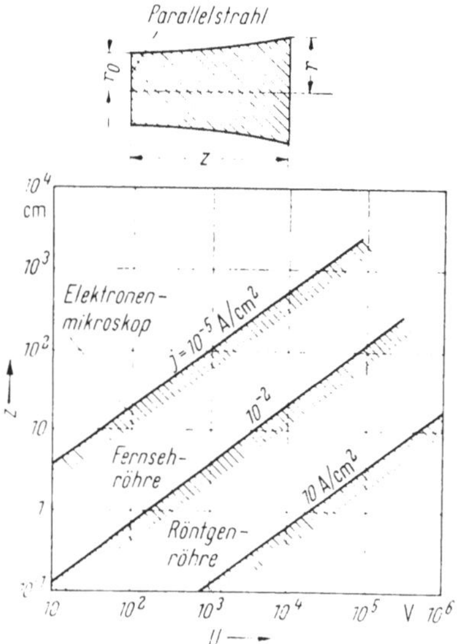

Für den Sonderfall eines Parallel-Elektronenstrahls ($\tan \varepsilon = 0$), der von Watson [25] durchgerechnet wurde, gilt nicht Gl. (102), sondern die Näherungsformel (vgl. [24], S. 230):

$$\frac{r}{r_0} - 1 = 2,4 \cdot 10^4 \cdot \frac{j}{U^{3/2}} z^2 \qquad (103)$$

(r_0 [in cm] = Strahlradius bei $z = 0$, r [in cm] = Strahlradius an der Stelle z [in cm], j [in A/cm²] = Strahl-

Abb. 152. Abhängigkeit der Strecke z, auf der sich ein Parallel-Elektronenstrahl um 10% verbreitert, von der Elektronenbeschleunigungsspannung U für verschiedene Werte der Strahlstromdichte j. Im schraffierten Gebiet gilt jeweils: $r/r_0 - 1 \leqq 0,1$ (vgl. [24]).

stromdichte und U [in V] = Elektronenbeschleunigungsspannung). Bei einer (elektronenoptisch zulässigen) Strahlverbreiterung von 10% wird $r/r_0 - 1 = 0{,}1$ und damit [24]:

$$z \approx 2 \cdot 10^{-3} \cdot \frac{U^{3/4}}{j^{1/2}} \quad [\text{cm}] \tag{103a}$$

(U in V, j in A/cm², $r/r_0 = 1{,}1$).

Diese Beziehung ist in Abb. 152 graphisch dargestellt. Das Diagramm zeigt, daß die Strahlverbreiterung um so geringer ist, je größer die Spannung U und je kleiner die Stromdichte j gewählt werden. Nach diesem und dem Diagramm der Abb. 151 richtet sich im wesentlichen die Dimensionierung der elektronenoptischen Entladungsgeräte bezüglich der Strahlstromdichte bei gegebener Beschleunigungsspannung.

B. Elektrische Elektronenlinsen

1. Allgemeines

a) Einteilungsarten. Die elektrischen Elektronenlinsen kann man nach folgenden Gesichtspunkten in Gruppen einteilen:

α) Nach der *Zahl der Elektroden* in zwei-, drei und mehrpolige Linsen;

β) nach der *Form der Elektroden* in Lochscheibenlinsen, Rohrlinsen und (die selten verwendeten) Feldschichtlinsen aus Netzen oder Folien;

γ) nach der *Art der Symmetrie* in rotationssymmetrische und plansymmetrische Linsen. Zur ersten Gruppe gehören z. B. die Lochscheibenlinsen und zur zweiten Gruppe die Schlitzscheibenlinsen. Letztere entsprechen den Zylinderlinsen der Lichtoptik.

δ) nach der *Linsenwirkung auf die Elektronengeschwindigkeit* in „Einzellinsen" und „Immersionslinsen". Bei den Einzellinsen ist die Elektronengeschwindigkeit vor und hinter der Linse dieselbe. Bei den Immersionslinsen ist die Elektronengeschwindigkeit hinter der Linse entweder größer (Beschleunigungslinse) oder kleiner als die Elektronengeschwindigkeit vor der Linse (Verzögerungslinse).

Von den verschiedenen möglichen Linsensystemen werden in der Elektronenoptik meist nur rotationssymmetrische Anordnungen verwendet. Die Linseneigenschaften solcher Systeme beruhen auf der durch die Elektrodengeometrie bewirkten Krümmung der Niveauflächen des elektrischen Feldes. Derartige Feldkonfigurationen sind durch geeignete Kombinationen von Lochscheiben, Netzen und kurzen Rohrstücken realisierbar (vgl. Bd. I, Kap. 1, VII, C).

14*

b) Elektrische Eigenschaften. Die Abbildungseigenschaften elektrischer Linsen sind gekennzeichnet durch:

α) Die *Feldkurve*, d. h. den Verlauf des elektrostatischen Potentials $U_0(z)$ längs der optischen Achse (z-Achse). Ansteigen bzw. Absinken des Achsenpotentials $U_0(z)$ mit wachsendem z bedeutet eine Beschleunigungs- bzw. Verzögerungswirkung der betreffenden Linse.

β) Die *Brechkraftkurve* $U_0''(z)/\sqrt{U_0(z)}$, die durch Differentiation aus der Feldkurve ermittelt werden kann[1]. Sie veranschaulicht den Beitrag der verschiedenen Linsenschichten zur Brechkraft der gesamten Linse. Positiver bzw. negativer Verlauf der Brechkraftkurve bedeutet Sammel- bzw. Zerstreuungswirkung der betreffenden Linse.

γ) Die *Brennweitenformel*, die man durch Integration der Brechkraftkurve erhält (s. S. 215 ff.).

Allgemein gelten folgende Regeln: Elektrische Linsen, deren Elektroden die Strahlachse *nicht schneiden*, sind stets Sammellinsen, da eine etwa vorhandene Zerstreuungswirkung eines Linsenteils durch die Sammelwirkung anderer Linsenteile überkompensiert wird (Beispiel: Zweipol-Zweiloch-Scheibenlinse). Elektrische Linsen, deren Elektroden die Strahlachse *schneiden*, können jedoch je nach Polung Sammel- *oder* Zerstreuungslinsen sein (Beispiel: Zweipol-Einloch-Scheibenlinse).

2. Scheibenlinsen

Die Wirkungsweise der Scheibenlinsen beruht auf der Brechung eines Elektronenstrahls im rotationssymmetrischen elektrischen Öffnungsfeld paralleler, senkrecht und koaxial zum Strahlengang liegender Lochscheiben. Derartige Linsen kann man sich für die Berechnung der Brennweiten aus lauter Einlochscheiben mit einem oder zwei Netzen zusammengesetzt denken (vgl. Abb. 153).

a) Allgemeine Berechnung der Brennweiten. Die Berechnung der Brennweiten einfacher Lochscheibenlinsen ist unter folgenden Voraussetzungen möglich (vgl. Abb. 153): 1. Die optische Abbildung geschieht nur durch achsennahe (paraxiale) Elektronenstrahlen. 2. Die (abbildende) Inhomogenität des elektrischen Linsenfeldes tritt nur in unmittelbarer Umgebung der Lochblenden auf (d. h. es ist $R \ll d$: „kurze" elektrische Linse). 3. Das Potential $U_0(z)$ auf der optischen Achse (z-Achse) ist bekannt (Achsenpotential).

Die Bewegungsgleichung eines Elektrons im (rotationssymmetrischen) Lochscheibenfeld lautet in Komponentenform:

$$\text{a)} \quad m\ddot{r} = -eE_r.$$
$$\text{b)} \quad m\ddot{z} = -eE_z \qquad\qquad (104)$$

---

[1] $U_0''(z) = d^2 U_0(z)/dz^2$.

(E_r und E_z = radiale bzw. axiale Komponente der elektrischen Feldstärke). Durch einmalige Integration von Gl. (104a) erhält man:

$$m \, \dot{r}_r \Big|_{t_1}^{t_2} = - e \int_{t_1}^{t_2} E_r \, dt . \qquad (105)$$

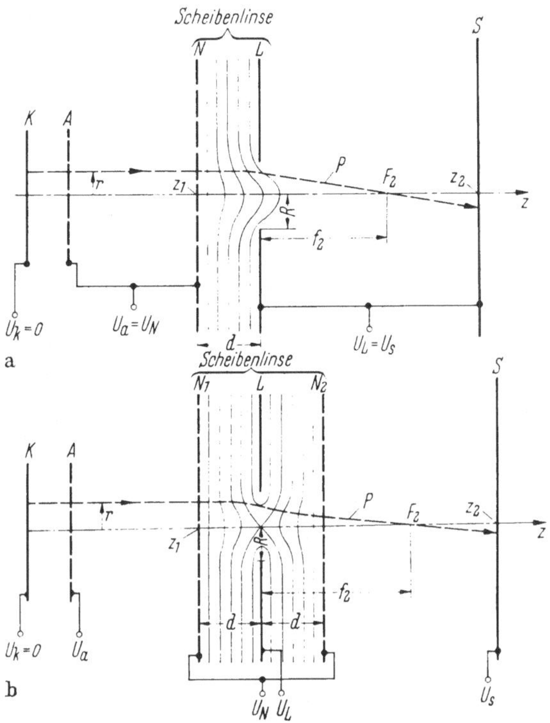

Abb. 153a u. b. Einfachste Formen von Scheibenlinsen (vgl. [4—8, 11, 20, 22]).
a) Einlochscheibe mit einem Netz; b) Einlochscheibe mit zwei Netzen.
N, N_1, N_2 = Netzelektroden; L = Lochscheibe; S = Leuchtschirm; K = Kathode; A = Anode;
F_2 = bildseitiger Brennpunkt; f_2 = bildseitige Brennweite; P = Elektronenstrahl; z_1 und z_2 = Integrationsgrenzen in den Gln. (105a) bis (110).

Diese Gleichung gibt die radiale Impulsänderung eines Elektrons in Abhängigkeit von der Zeit an. Durch die Substitution $dt = (dt/dz)dz = dz/\dot{r}_z$ erhält man daraus die Abhängigkeit des Impulses von der Ortskoordinate z:

$$\dot{r}_r \Big|_{z_1}^{z_2} = - \frac{e}{m} \int_{z_1}^{z_2} E_r(r.z) \, \frac{dz}{\dot{r}_z(z)} . \qquad (105a)$$

Da man für das Potential in der Umgebung der z-Achse die Reihenentwicklung

$$U(r, z) = U_0(z) - \frac{r^2}{4} U_0''(z) + \cdots \tag{106}$$

ansetzen kann, gilt für die Feldstärke angenähert: $E_r(r, z) = -\partial U(r, z)/\partial r = (r/2) U_0''(z)$. Wegen der Beschränkung auf achsennahe Strahlen ist außerdem $v_z \approx \sqrt{2 e U_0(z)/m}$. Damit ergibt sich aus Gl. (105a):

$$v_r(z_2) - v_r(z_1) = \sqrt{\frac{e}{2m}} \int\limits_{z_1}^{z_2} \frac{r}{2} \cdot \frac{U_0''(z)}{\sqrt{U_0(z)}} \, dz. \tag{107}$$

Die Integrationsgrenze z_1 wird so gewählt, daß für einen von links einfallenden Parallelstrahl $v_r(z_1) = 0$ wird. Links von dieser Stelle muß also $U_0''(z)$ verschwinden. Die Grenze z_2 wird zweckmäßigerweise an die Stelle gerückt, an der das Verhältnis $(v_r/v_z)_{z_2} = r/f_2 = $ const ist ($f_2 = $ bildseitige Brennweite; vgl. Abb. 153). Diese Stelle befindet sich im feldfreien Raum hinter der Linse. Da dort die Elektronenbahnen geradlinig verlaufen, kann der Punkt z_2 beliebig innerhalb des feldfreien Gebiets angenommen werden, z. B. auch am Leuchtschirm S.

Bei der Bewegung eines Elektrons „innerhalb" der Linse [d. h. solange $U_0''(z)$ merklich von Null verschieden ist], ist die Änderung von r gering (also $r \approx$ const, vgl. Abb. 153a). Unter dieser Voraussetzung kann in Gl. (107) der Faktor r vor das Integral gesetzt werden. Damit bekommt man:

$$v_r(z_2) = v_z(z_2) \frac{r}{f_2} = \sqrt{\frac{e}{2m}} \frac{r}{2} \int\limits_{z_1}^{z_2} \frac{U_0''(z)}{\sqrt{U_0(z)}} \, dz. \tag{107a}$$

Daraus folgt für die reziproke bildseitige Brennweite:

$$\frac{1}{f_2} = \frac{1}{2 v_z(z_2)} \sqrt{\frac{e}{2m}} \int\limits_{z_1}^{z_2} \frac{U_0''(z)}{\sqrt{U_0(z)}} \, dz = \frac{1}{4 \sqrt{U_0(z_2)}} \int\limits_{z_1}^{z_2} \frac{U_0''(z)}{\sqrt{U_0(z)}} \, dz. \tag{108}$$

In ähnlicher Weise findet man für die gegenstandseitige Brennweite f_1:

$$\frac{1}{f_1} = \frac{1}{4 \sqrt{U_0(z_1)}} \int\limits_{z_1}^{z_2} \frac{U_0''(z)}{\sqrt{U_0(z)}} \, dz. \tag{109}$$

Das in den Gln. (108) und (109) auftretende, meist nur graphisch lösbare Integral ist ein Maß für die Brechkraft $\sqrt{U_0(z_1)}/f_1$ bzw. $\sqrt{U_0(z_2)}/f_2$ der gesamten Linse. Ist also das Achsenpotential $U_0(z)$ bekannt, so braucht man nur die Fläche unter der Brechkraftkurve $U_0''(z)/4\sqrt{U_0(z)}$ zu bestimmen und erhält daraus die Brechkraft, ohne daß man den Verlauf der Elektronenbahnen kennt.

b) Brennweitenformeln für typische Scheibenlinsen

x) *Zweipol-Einloch-Scheibenlinse.* Unter der Voraussetzung $R \ll d$ ändert sich die Brechkraftkurve $U_0''(z)/\sqrt{U_0(z)}$ dieser Linse praktisch nur in der unmittelbaren Umgebung der Lochscheibe (vgl. Abb. 153a und Abb. 154). Infolgedessen kann man in den Gln. (108) und (109) $U_0(z)$ gleich dem Achsenpotential an der Lochscheibe setzen und dieses Potential wegen $R \ll d$ durch das Lochscheibenpotential U_L ersetzen. Mit $U_0(z_2) = U_L$ ergibt sich dann aus

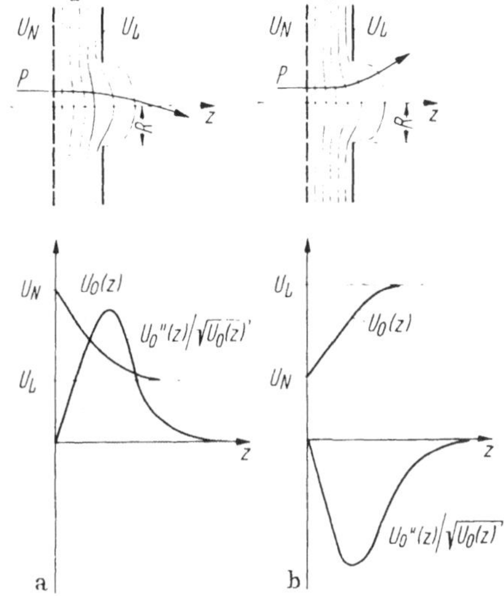

Abb. 154a u. b. Elektrodenanordnung, Potentialverlauf $U_0(z)$ und Brechkraftverlauf $U_0''(z)/\sqrt{U_0(z)}$ längs der optischen Achse (z-Achse) einer Zweipol-Einloch-Scheibenlinse [15a]. a) $U_N > U_L$ (Sammellinse); b) $U_N < U_L$ (Zerstreuungslinse). U_N = Netzspannung; U_L = Lochscheibenspannung; P = Elektronenstrahl.

Gl. (108) für die bild- bzw. lochseitige Brennweite $f_2 = f_L$:

$$\frac{1}{f_2} = \frac{1}{f_L} = \frac{1}{4\sqrt{U_L}\sqrt{U_L}}\int_{z_1}^{z_2}\frac{d}{dz}\left[\frac{dU_0(z)}{dz}\right]dz = \frac{1}{4U_L}[U_0'(z_2) - U_0'(z_1)]. \qquad (110)$$

Wegen $U_0'(z_2) = 0$ und $U_0'(z_1) = (U_L - U_N)/d$ wird:

$$\frac{1}{f_2} = \frac{1}{f_L} = -\frac{1}{4d}\frac{U_L - U_N}{U_L}. \qquad (110\,\text{a})$$

In analoger Weise erhält man mit $U_0(z_1) = U_N$ aus Gl. (109) für die gegenstand- bzw. netzseitige Brennweite $f_1 = f_N$:

$$\frac{1}{f_1} = \frac{1}{f_N} = \frac{1}{4\sqrt{U_L}\sqrt{U_N}}[U_0'(z_2) - U_0'(z_1)] = -\frac{1}{4d}\frac{U_L - U_N}{\sqrt{U_L U_N}}. \qquad (110\,\text{b})$$

Die Gln. (110a) und (110b) kann man zusammenfassen zu:

$$\frac{\sqrt{U_N}}{f_N} = \frac{\sqrt{U_L}}{f_L} = -\frac{1}{4d}\frac{U_L - U_N}{\sqrt{U_L}} \qquad (110\,\mathrm{c})$$

(U_N [in V] = Netzelektrodenspannung, U_L [in V] = Lochscheibenspannung, d [in cm] = Abstand zwischen Netz und Lochscheibe, f_N [in cm] = netzseitige Brennweite, f_L [in cm] = lochseitige Brennweite, $\sqrt{U_N}/f_N = \sqrt{U_L}/f_L$ [in V$^{1/2}$ cm^{-1}] = Brechkraft der gesamten Linse).

Aus den Gln. (110a) und (110b) geht hervor, daß die Brennweite einer Zweipol-Einloch-Scheibenlinse für $R \ll d$ vom Radius R des Kreislochs unabhängig ist. Für $U_N > U_L$ wirkt diese Linse sammelnd ($f_2 > 0$), für $U_N < U_L$ zerstreuend ($f_2 < 0$). Für eine gleichartige Schlitzscheibenlinse ist die Brennweite doppelt so groß wie die Brennweite der Lochscheibenlinse.

Für $R \geq d$ können die Brennweiten f_N und f_L einer Zweipol-Einloch-Scheibenlinse nur durch graphische Integration aus Gl. (108) bzw. (109) ermittelt werden. Für das Achsenpotential $U_0(z)$ gilt dabei die angenäherte Beziehung:

$$U_0(z) = U_L + (U_N - U_L)\left(1 - \frac{z}{\sqrt{R^2 + z^2}}\right) \qquad (111)$$

(Achsenpotential einer Doppelschicht mit kreisförmigem Loch).

β) *Dreipol-Einloch-Scheibenlinse.* Für diese Einloch-Scheibenlinse mit zwei symmetrischen Netzen (vgl. Abb. 153b und Abb. 155) ergibt sich

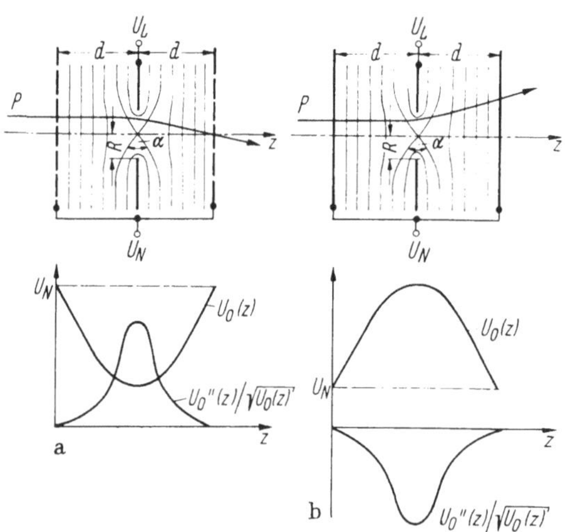

Abb. 155a u. b. Elektrodenanordnung, Potentialverlauf $U_0(z)$ und Brechkraftverlauf $U_0''/\sqrt{U_0(z)}$ längs der optischen Achse (z-Achse) einer Dreipol-Einloch-Scheibenlinse [15a].
a) $U_N > U_L$ (Sammellinse); b) $U_N < U_L$ (Zerstreuungslinse). U_N = Netzspannung; U_L = Lochscheibenspannung; P = Elektronenstrahl; $\alpha = 70°32'$.

aus den Gln. (108) und (109) unter der Bedingung $R \ll d$ bei gleichen Netzspannungen die Brennweitengleichung:

$$\frac{\sqrt{U_N}}{f_2} = \frac{\sqrt{U_N}}{f_1} = -\frac{1}{2d}\frac{U_L - U_N}{\sqrt{U_L}} \tag{112}$$

(U_N [in V] = Spannung an den beiden parallel geschalteten Netzen, U_L [in V] = Lochscheibenspannung, d [in cm] = Abstand zwischen Lochscheibe und jedem Netz, $f_1 = f_2$ [in cm] = objekt- bzw. bildseitige Brennweite). Die Brechkraft dieser Linse ist also doppelt so groß wie die einer zweipoligen Einloch-Scheibenlinse [s. Gl. (110c)]. Die Brechkraft ist außerdem vom Lochradius R unabhängig. Für $U_L < U_N$ wirkt die Linse (wegen $f_2 > 0$) sammelnd, für $U_L > U_N$ (wegen $f_2 < 0$) zerstreuend.

γ) Zweipol-Zweiloch-Scheibenlinse (mit gleichem Lochradius). Diese Linse besteht aus zwei parallelen Lochscheiben mit dem Lochradius R und dem Abstand d (vgl. Abb. 156). Ihre Potentialverteilung ergibt sich für $R \ll d$ durch Addition der Felder von zwei Einloch-Scheibenlinsen (deren Netze zusammenfallen), ihre Brennweite durch Addition der Brechkräfte dieser Linsen. Mit Gl. (108) wird nämlich:

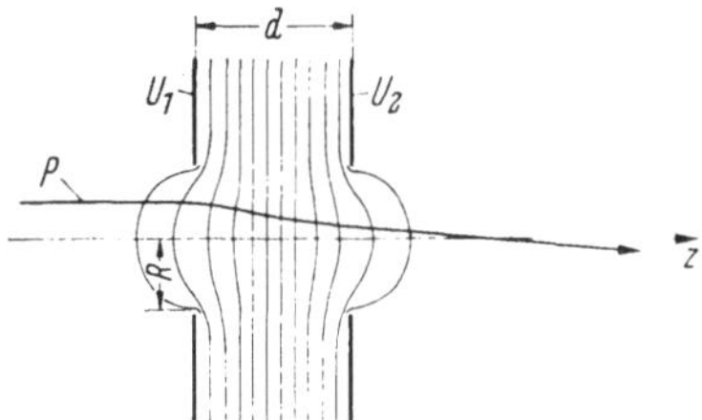

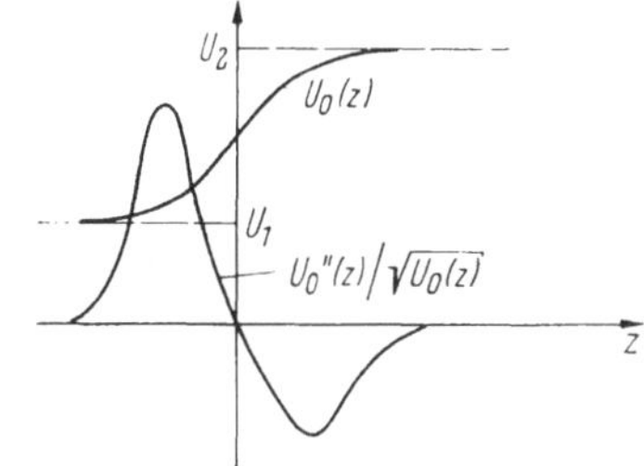

$$\frac{1}{f_2} = \frac{1}{4\sqrt{U_2}}\left[\frac{1}{\sqrt{U_1}}\int_{z_1}^{z_n} U_0''(z)\,dz + \frac{1}{\sqrt{U_2}}\int_{z_n}^{z_2} U_0''(z)\,dz\right]. \tag{113}$$

(Der gesamte Integrationsbereich ist dabei durch ein gedachtes Netz mit dem Potential $U_N = (U_1 + U_2)/2$ in zwei Hälften aufgetrennt). Durch einmalige Integration von Gl. (113) erhält man:

Abb. 156. Elektrodenanordnung, Potentialverlauf $U_0(z)$ und Brechkraftverlauf $U_0''(z)/\sqrt{U_0(z)}$ längs der optischen Achse einer Zweipol-Zweiloch-Scheibenlinse ($U_2 > U_1$). Die Linse wirkt unabhängig von der Polung der Elektroden stets sammelnd [15a]. U_1, U_2 = Lochscheibenspannungen; P Elektronenstrahl.

$$\frac{1}{f_2} = \frac{1}{4\sqrt{U_2}}\left[\frac{U_0'(z_n) - U_0'(z_1)}{\sqrt{U_1}} + \frac{U_0'(z_2) - U_0'(z_n)}{\sqrt{U_2}}\right]. \tag{113a}$$

Mit $U_0'(z_1) = U_0'(z_2) = 0$ und $U_0'(z_n) = (U_N - U_1)/(d/2) = (U_2 - U_N)/(d/2) = (U_2 - U_1)/d$ wird:

$$\frac{1}{f_2} = \frac{1}{4d} \frac{U_2 - U_1}{\sqrt{U_2}} \left[\frac{1}{\sqrt{U_1}} - \frac{1}{\sqrt{U_2}} \right]. \tag{113b}$$

Daraus ergibt sich die Brechkraft:

$$\frac{\sqrt{U_2}}{f_2} = \frac{\sqrt{U_1}}{f_1} = \frac{1}{4d} \frac{(U_2 - U_1)(\sqrt{U_2} - \sqrt{U_1})}{\sqrt{U_1 U_2}} \tag{114}$$

(d [in cm] = Lochscheibenabstand, U_1, U_2 [in V] = Spannung an der objekt- bzw. bildseitigen Lochscheibe, f_1, f_2 [in cm] = objekt- bzw. bildseitige Brennweite).

Durch Umformen von Gl. (113a) findet man:

$$\frac{1}{f_2} = -\frac{U_1 - U_N}{4\frac{d}{2}U_1} \sqrt{\frac{U_1}{U_2}} - \frac{U_2 - U_N}{4\frac{d}{2}U_2} = \frac{1}{f_{L_1}} \sqrt{\frac{U_1}{U_2}} + \frac{1}{f_{L_2}} \tag{115}$$

oder

$$\frac{\sqrt{U_2}}{f_2} = \frac{\sqrt{U_2}}{f_{L_2}} + \frac{\sqrt{U_1}}{f_{L_1}}. \tag{115a}$$

Die Brechkraft der Zweipol-Zweiloch-Scheibenlinse ist demnach gleich der Summe der lochseitigen Brechkräfte der Einloch-Scheibenlinsen mit Netz [s. Gl. (110a)], aus denen die gesamte Linse aufgebaut werden kann.

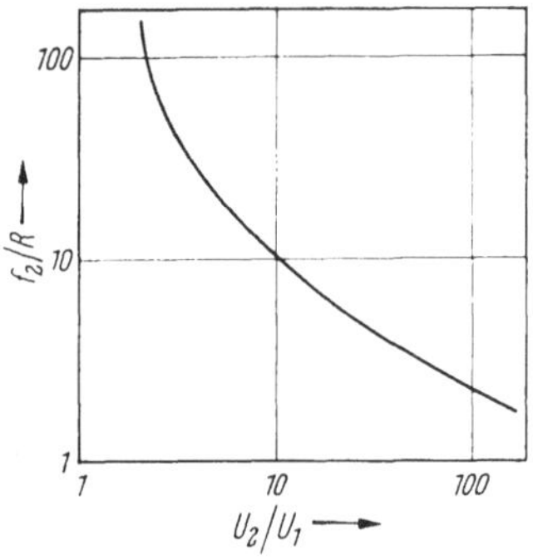

Im Gegensatz zu den Einloch-Scheibenlinsen mit Netz ist die Wirkung der zweipoligen Zweiloch-Scheibenlinse von der Polung der Lochscheibenspannungen unabhängig. Für $U_2 > U_1$ (Beschleunigungslinse) wirkt das Feld des ersten Kreislochs sammelnd, das des zweiten zerstreuend; für $U_2 < U_1$ (Verzögerungslinse) ist es umgekehrt. Da aber die sammelnde Wirkung in beiden Fällen dort auftritt, wo die Elektronen langsam sind (der Elektronenstrahl also weniger steif ist), überwiegt die Sammelwirkung in jedem Fall für das gesamte Linsensystem[1].

Abb. 157. Abhängigkeit der bildseitigen Brennweite f_2 (bezogen auf den Lochradius R) vom Verhältnis der Lochscheibenspannungen einer Zweipol-Zweiloch-Scheibenlinse für beliebige Lochradien $R < d$ [15a].

---

[1] Dies kommt auch dadurch zum Ausdruck, daß die rechte Seite der Gl. (114) ihr positives Vorzeichen beibehält, unabhängig davon, ob $U_2 < U_1$ oder $U_2 > U_1$ ist. In Abb. 156 äußert sich die Sammelwirkung der Linse darin, daß die Fläche, die vom positiven Teil der Brechkraftkurve eingeschlossen wird, größer ist als die Fläche, die vom negativen Kurvenast begrenzt wird.

Zweiloch-Scheibenlinsen sind also stets *Sammellinsen*. Wegen der entgegengesetzten Wirkung des Zerstreuungsfeldes ist die Brennweite dieser Linsen bei gleichen Elektrodenspannungen erheblich größer als die der Einloch-Scheibenlinse mit Netz. Das typische Brennweitendiagramm einer Zweiloch-Scheibenlinse zeigt Abb. 157.

δ) *Dreipol-Dreiloch-Scheibenlinse (mit gleichem Lochradius).* Diese Linse (vgl. Abb. 158) kann man sich durch Hintereinanderschalten

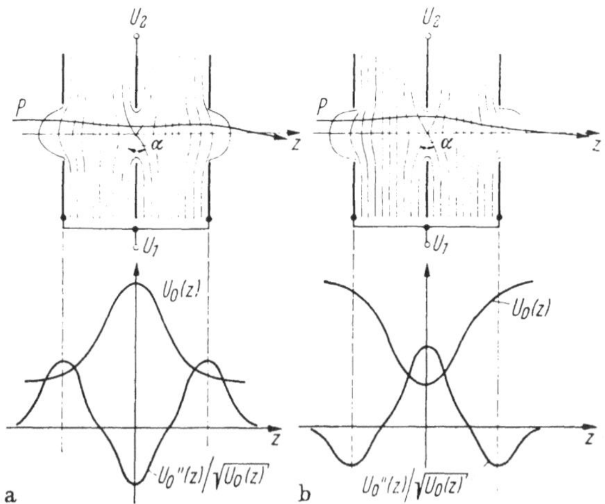

Abb. 158. Elektrodenanordnung, Potentialverlauf $U_0(z)$ und Brechkraftverlauf $U_0''(z)/\sqrt{U_0(z)}$ längs der optischen Achse einer Dreipol-Dreiloch-Scheibenlinse. Die Linse wirkt sowohl für $U_1 < U_2$ als auch für $U_1 > U_2$ sammelnd [15a].

a) $U_1 < U_2$; b) $U_1 > U_2$.
U_1 Spannung an den äußeren Lochscheiben;
U_2 — Spannung an der mittleren Lochscheibe;
P — Elektronenstrahl; $\alpha = 7^\circ\,32'$.

zweier Zweipol-Einloch- sowie einer Dreipol-Einloch-Scheibenlinse entstanden denken. Unter den Voraussetzungen $U_1 = U_3$ („Einzellinse"), $U_1 \neq U_2$ und $R \ll d$ erhält man für die Brechkraft dieser Linse die Beziehung:

$$\frac{\sqrt{U_1}}{f_2} = \frac{\sqrt{U_1}}{f_1} = \frac{1}{2d}\frac{(U_2 - U_1)\,(\sqrt{U_2} - \sqrt{U_1})}{\sqrt{U_1 U_2}} \tag{116}$$

(d [in cm] = Lochscheibenabstand, U_1 [in V] = Spannung an den beiden äußeren Lochscheiben, U_2 [in V] = Spannung an der mittleren Lochscheibe). Als Beispiel zeigt Abb. 159 das typische Brennweitendiagramm einer Dreipol-Dreiloch-Scheibenlinse mit trichterförmigen Ansätzen an den äußeren Lochscheiben. Wie alle Linsen, die keine die optische Achse schneidenden Elektroden aufweisen, ist auch die Dreipol-Dreiloch-Scheibenlinse unabhängig von der Polung stets eine *Sammellinse*.

Wie die Abb. 155 und 158 zeigen, tritt bei Dreipol-Scheibenlinsen an der mittleren Lochscheibe eine Überkreuzung der Äquipotentialflächen auf. Eine solche Stelle bezeichnet man als *Sattelpunkt.* Der Winkel. den die Niveauflächen im Sattelpunkt miteinander einschließen. beträgt bei runden Öffnungen (d. h. rotationssymmetrischen Systemen) $\chi = 70°32'$ und bei rechteckigen Öffnungen (d. h. planparallelen Systemen) $\chi = 90°$.

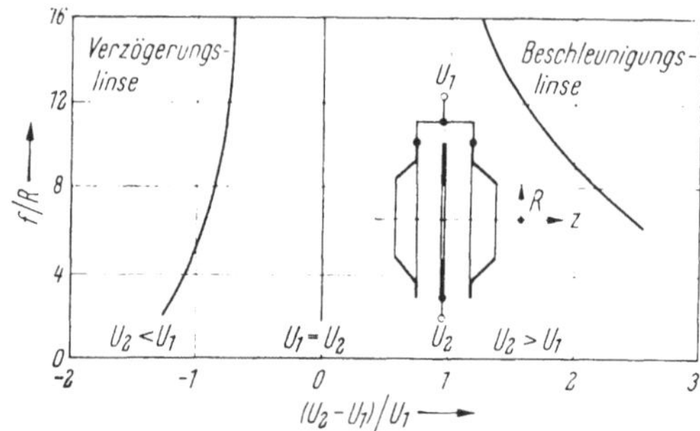

Abb. 159. Brennweitendiagramm einer Dreipol-Dreiloch-Scheibenlinse mit gleichem Lochradius und trichterförmigen Ansätzen an den äußeren Lochscheiben (vgl. [22]).

c) Anwendungen der Scheibenlinsen. Die Scheibenlinsen, insbesondere die Zweipol-Zweiloch- und die Dreipol-Dreiloch-Linsen, werden u. a. in Oszillographen- und Fernsehröhren. Elektronenmikroskopen und Massenspektrographen verwendet.

3. Rohrlinsen

Die Wirkungsweise der Rohrlinsen beruht auf der Brechung eines Elektronenstrahls im elektrischen Öffnungsfeld eines oder mehrerer koaxial zum Strahlengang liegender kreiszylindrischer Rohre. Derartige Linsen eignen sich besonders für größere Elektronenstrahlquerschnitte. da die Öffnung von Rohrlinsen nahezu gleich dem Linsendurchmesser ist. Die Brennweiten der Rohrlinsen erhält man wie die der Scheibenlinsen durch rechnerische oder graphische Integration der Brechkraftkurven $U_0''(z)/\sqrt{U_0(z)}$ entsprechend den Gln. (108) und (109).

a) Einrohrlinse mit Netz. Für diese einfachste Rohrlinse (vgl. Abb. 160) ergibt sich bei kleinem Abstand zwischen Netz und Rohr ($R \gg d$) die Brechkraftformel (vgl. GRAY [12]):

$$\frac{\sqrt{U_R}}{f_R} = \frac{\sqrt{U_N}}{f_N} = -\frac{1.32}{R(U_R - U_N)}\left[\frac{1}{3}(U_R^{3/2} - U_N^{3/2}) - U_N(U_R^{1/2} - U_N^{1/2})\right] =$$

$$= -\frac{0.44}{R(\sqrt{U_R} + \sqrt{U_N})}\left(U_R + \sqrt{U_R U_N} - 2U_N\right) \tag{117}$$

$(U_R. U_N$ [in V] $=$ Rohr- bzw. Netzspannung, R [in cm] $=$ Rohrradius, f_R, f_N [in cm] $=$ rohr- bzw. netzseitige Brennweite). Der durch Gl. (117)

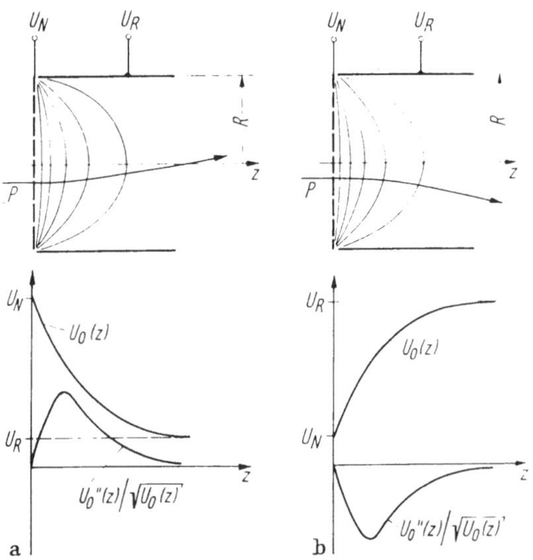

Abb. 160. Elektrodenanordnung, Potentialverlauf $U_0(z)$ und Brechkraftverlauf $U_0''(z)/\sqrt{U_0(z)}$ längs der optischen Achse einer Einrohrlinse mit Netz (vgl. [12, 15a]).
a) $U_R < U_N$ (Sammellinse); b) $U_R > U_N$ (Zerstreuungslinse).
$U_R =$ Rohrspannung; $U_N =$ Netzspannung; $P =$ Elektronenstrahl.

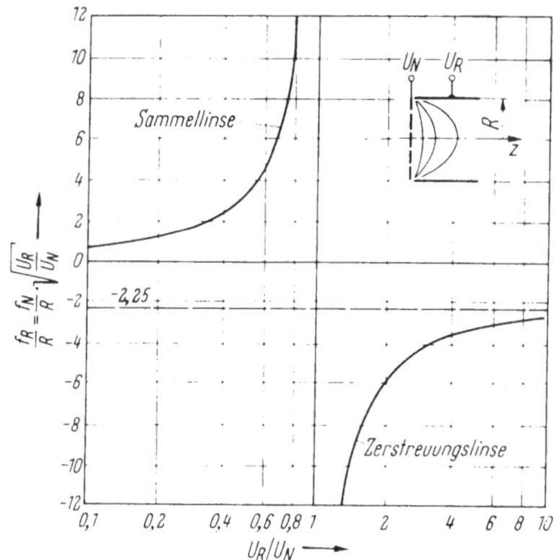

Abb. 161. Brennweitendiagramm einer Einrohrlinse mit Netz [15a].
$U_R =$ Rohrspannung; $U_N =$ Netzspannung.

beschriebene Zusammenhang zwischen den Brennweiten und den Elektrodenspannungen ist in Abb. 161 dargestellt. Daraus (und aus den Brechkraftkurven der Abb. 160) geht hervor, daß die Linse für $U_R < U_N$ sammelnd und für $U_R > U_N$ zerstreuend wirkt. Für $U_R = U_N$ wird die Brennweite f_R ($= f_N$) unendlich groß; für $U_R/U_N \to \infty$ wird $f_R = -2.27\,R$ und $f_N = 0$; bei $U_R/U_N = 0$ ist $f_R = 0$ und $f_N = 1{,}14\,R$.

b) Zweirohrlinse (mit gleichem Rohrdurchmesser). Die Zweirohrlinse (vgl. Abb. 162) kann man sich aus zwei Einrohrlinsen mit Netz entstanden denken. Für die Brennweiten gilt bei kleinem Rohrabstand (GRAY [12]):

$$\frac{\sqrt{U_2}}{f_2} = \frac{\sqrt{U_1}}{f_1} =$$

$$= -\frac{1.32}{R(U_2 - U_1)}\left[\frac{2}{3}(U_2^{3/2} - U_1^{3/2}) - (U_1 + U_2)(U_2^{1/2} - U_1^{1/2})\right] \quad (118)$$

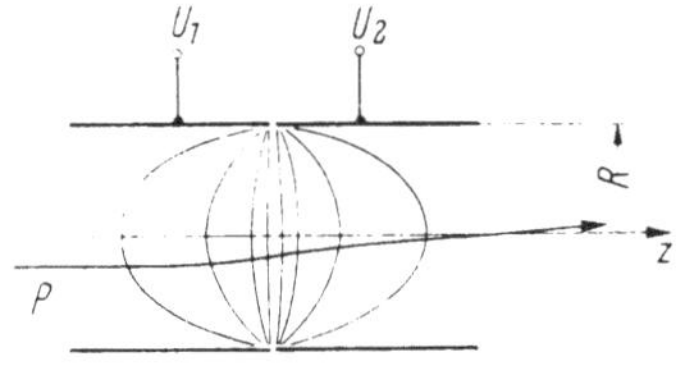

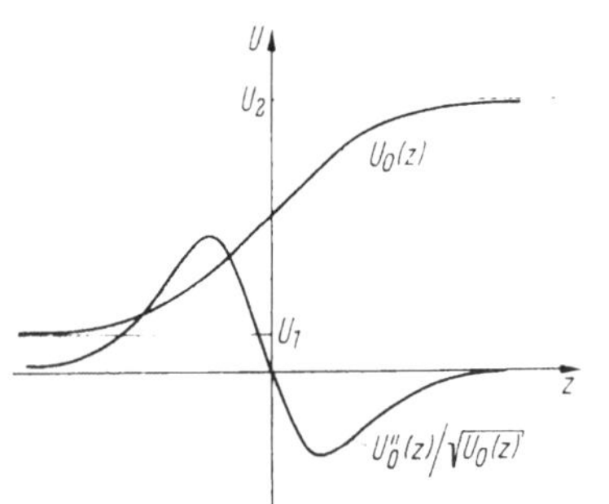

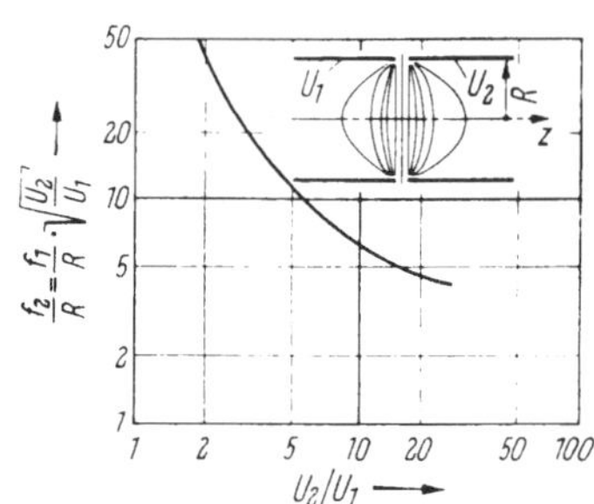

Abb. 163. Brennweitendiagramm einer Zweirohrlinse mit gleichem Rohrdurchmesser [15a].

Abb. 162. Elektrodenanordnung, Potentialverlauf $U_0(z)$ und Brechkraftverlauf $U_0''(z)/\sqrt{U_0(z)}$ längs der optischen Achse einer Zweirohrlinse mit gleichem Rohrdurchmesser. Die Linse wirkt unabhängig von der Polung der Rohrelektroden stets sammelnd (vgl. [12]). U_1, U_2 Rohrspannungen; P Elektronenstrahl.

(U_1, U_2 [in V] Rohrspannungen, R [in cm] Rohrradius, f_1, f_2 [in cm] objekt- bzw. bildseitige Brennweite). Dieser Zusammenhang ist in Abb. 163 graphisch dargestellt. Wie die Abbildung zeigt, wirkt die Zweirohrlinse wie die zweipolige Lochscheibenlinse stets sammelnd. Infolge der Zerstreuungswirkung der Rohröffnung mit dem höheren Potential ist die Brechkraft der Zweirohrlinse wesentlich kleiner (die Brennweite also größer) als die der Einrohrlinse mit Netz.

c) Einrohrlinse mit zwei Netzen. Für diese (dreipolige) Linse, deren Netze gewöhnlich miteinander verbunden werden (vgl. Abb. 164), erhält man durch graphische Integration der Brechkraftkurven das Brennweitendiagramm der Abb. 165. Für $U_R > U_N$ ist die Brennweite negativ

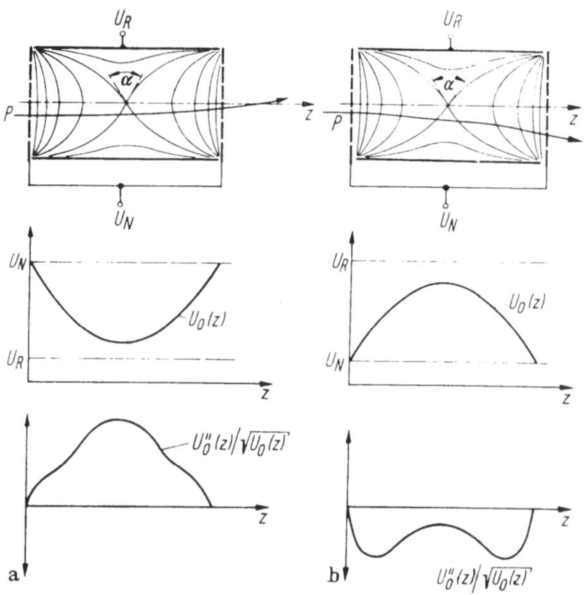

Abb. 164a u. b. Elektrodenanordnung. Potentialverlauf $U_0(z)$ und Brechkraftverlauf $U_0''(z)/\sqrt{U_0(z)}$ längs der optischen Achse einer Einrohrlinse mit zwei (symmetrischen) Netzen [15a].
a) $U_R < U_N$ (Sammellinse); b) $U_R > U_N$ (Zerstreuungslinse).
U_R Rohrspannung; U_N Netzspannung; P Elektronenstrahl; α 70°32'.

(Zerstreuungslinse), für $U_R < U_N$ positiv (Sammellinse). Durch Hintereinanderschalten mehrerer Einrohrlinsen mit zwei Netzen (bzw. mit einem Netz) kann man auch Drei- und Mehrrohrlinsen mit gleichem Rohrdurchmesser aufbauen.

d) Anwendungen der Rohrlinsen. Zwei- und Mehrrohrlinsen mit gleichem oder verschiedenem Rohrdurchmesser werden u. a. in Oszillographen- und Fernsehröhren, Bildwandlern, Photovervielfachern, Wanderfeldröhren und Linearbeschleunigern verwendet. Einrohrlinsen dienen

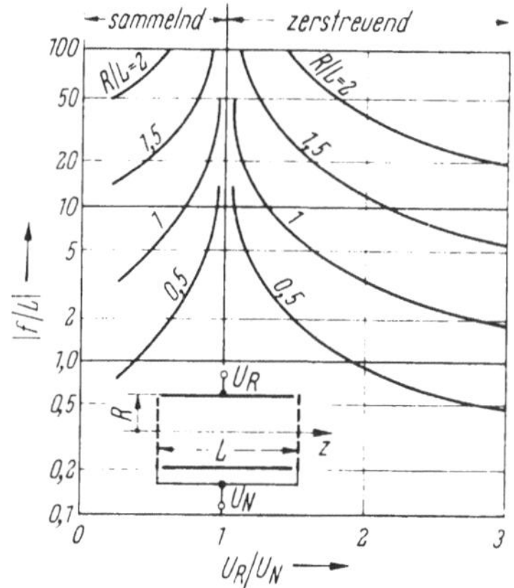

Abb. 165. Brennweitendiagramm einer Einrohrlinse mit zwei symmetrischen Netzen [15a].

häufig als Zerstreuungslinsen in Ionenbeschleunigern; die Netzelektrode wird dabei meist durch eine Scheibe mit einem engen Ionenkanal ersetzt [*3*].

C. Magnetische Elektronenlinsen

1. Allgemeines

a) Einteilungsarten. Die magnetischen Linsen kann man nach drei verschiedenen Gesichtspunkten in Gruppen einteilen:

$\varkappa$) Nach der *Art der verwendeten Feldspulen* in eisenfreie Linsen und in Eisenlinsen;

β) Nach der *Art der Symmetrie* in rotations- und plansymmetrische Linsen. Letztere entsprechen in ihrer Wirkung den Zylinderlinsen der Lichtoptik.

γ) Nach dem *Feldverlauf* in Linsen *ohne*, mit *einfacher* oder mit *doppelter* Richtungsänderung (Umkehr) des Feldes längs der optischen Achse.

b) Elektrische Eigenschaften. Die Abbildungseigenschaften der magnetischen Elektronenlinsen sind wie die der elektrischen Linsen gekennzeichnet durch:

$\varkappa$) Die *Feldkurve*, d. h. den örtlichen Verlauf der Axialkomponente $H_{z_0}(z)$ der magnetischen Feldstärke längs der optischen Achse (z-Achse).

β) Die *Brechkraftkurve* $H_{z_0}^2(z)$, die man durch Quadrieren aus der Feldkurve erhält. Sie veranschaulicht den Beitrag der verschiedenen Linsenschichten zur Brechkraft der gesamten Linse und ist (wegen $H_{z_0}^2$) unabhängig von der Feldrichtung stets positiv. Die magnetischen Linsen sind daher immer *Sammellinsen*.

γ) Die *Brennweitenformel*, die man durch Integration aus der Brechkraftkurve erhält (s. S. 225 ff.). Da die Geschwindigkeit der Elektronen beim Durchlaufen des Linsenfeldes unverändert bleibt, ist bei den magnetischen Linsen die gegenstandseitige Brennweite immer gleich der bildseitigen. Die Brennweite hängt jedoch (im Gegensatz zu derjenigen der elektrischen Linsen) auch von der Ladung und Masse der Strahlteilchen ab. Außerdem tritt bei den magnetischen Elektronenlinsen eine zusätzliche Verdrehung des Bildes auf.

2. Allgemeine Berechnung der Brennweite und der Bilddrehung

Die Sammelwirkung der (meist rotationssymmetrischen) magnetischen Linsen beruht auf der Krümmung der Feldlinien bzw. Niveauflächen des magnetischen Linsenfeldes. Für jede derartige Linse gibt es eine äquivalente *Stromringanordnung* (Anordnung kreisförmiger Stromleiter), deren Feldverlauf und Brennweite angenähert mit denen der gegebenen Linse übereinstimmt. Die Brennweite eines solchen Stromrings (vgl. Abb. 166) kann unter folgenden Voraussetzungen berechnet werden:

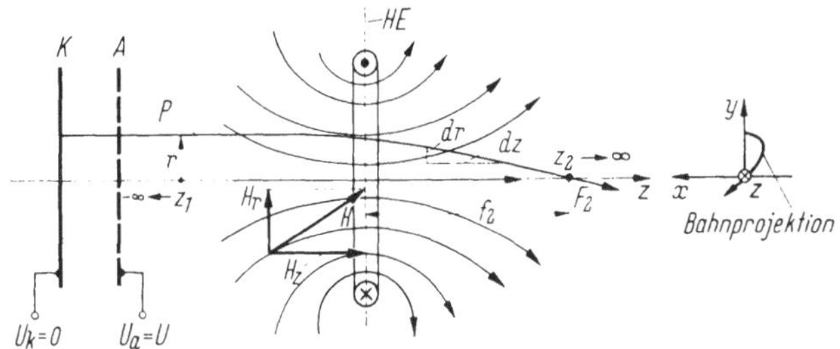

Abb. 166. Einfachste Form einer magnetischen Elektronenlinse (kreisförmiger Stromring). K = Kathode; A = Anode; HE = Spulenmittelebene = Hauptebene der Linse; P = Elektronenstrahl; F_2 = bildseitiger Brennpunkt; f_2 = bildseitige Brennweite; z_1 und z_2 = Integrationsgrenzen in den Gln. (120), (121) und (125).

1. Die optische Abbildung geschieht durch achsennahe (paraxiale) Elektronenstrahlen.   2. Die abbildende Inhomogenität des magnetischen Linsenfeldes tritt nur in unmittelbarer Umgebung des Stromrings auf (d. h. es handelt sich um eine „kurze" magnetische Linse).   3. Die Axialkomponente der magnetischen Feldstärke $H_{z_0}(z)$ längs der optischen Achse (z-Achse) ist bekannt.

Die *Brennweite* einer magnetischen Linse wird durch die *Axial*komponente H_z der magnetischen Feldstärke bestimmt. Auf ein Elektron im Abstand r von der optischen Achse wirkt die axiale Komponente H_{z_0} der magnetischen Feldstärke[1] (Abb. 166) mit einer radial gerichteten

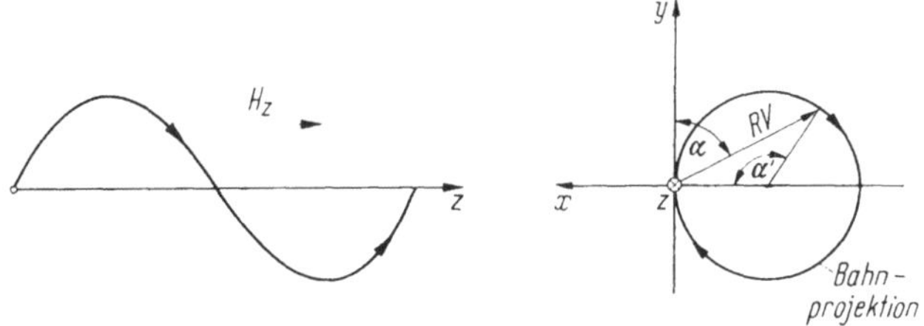

Abb. 167. Bewegung eines Elektrons in einem homogenen Magnetfeld. Es ist stets $\alpha = \alpha'/2$ (RV = Radiusvektor).

Kraft $m(d^2r/dt^2)$, die entgegengesetzt gleich der Zentrifugalkraft $m\omega^2 r$ ist:

$$m\,\frac{d^2 r}{dt^2} = -m\,\omega^2 r.\qquad(119)$$

---

[1] Für genügend kleines r ist $H_z(r,z) \approx H_{z_0}(z)$ = Feldstärke auf der optischen Achse.

Dabei ist ω die Winkelgeschwindigkeit, mit der sich der Radiusvektor um die z-Achse dreht. Die Winkelgeschwindigkeit, mit der das Elektron um die Kraftlinien rotiert, ist $\omega' = d\alpha'/dt = eB_{z_0}/m$ $(B_{z_0} = \mu_0 H_{z_0})$. Wegen $\omega = d\alpha/dt$ und $\alpha = \alpha'/2$ (vgl. Abb. 167) wird $\omega = (1/2)d\alpha'/dt = \omega'/2 = eB_{z_0}/2m$ und daher:

$$\frac{d^2 r}{dt^2} = -\frac{1}{4}\left(\frac{e}{m}\right)^2 B_{z_0}^2 r. \qquad (119\,\mathrm{a})$$

Mit den Umformungen $\dfrac{dr}{dt} = \dfrac{dr}{dz}\dfrac{dz}{dt} = v_z\dfrac{dr}{dz}$ und $\dfrac{d^2 r}{dt^2} = v_z\dfrac{d}{dt}\left(\dfrac{dr}{dz}\right)^* =$
$= v_z\dfrac{d}{dz}\left(\dfrac{dr}{dz}\right)\dfrac{dz}{dt} = v_z^2\dfrac{d^2 r}{dz^2}$ wird aus Gl. (119a):

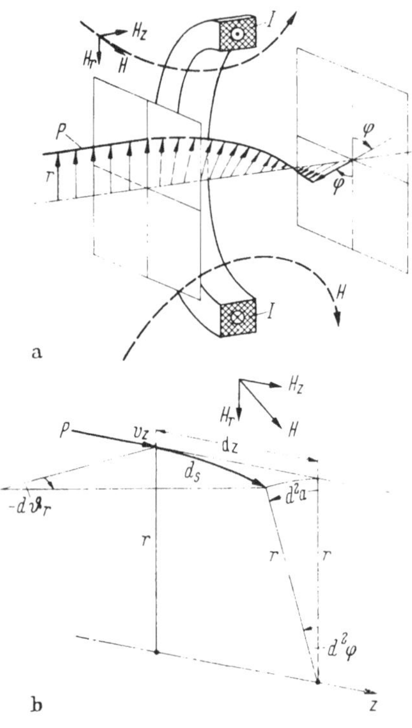

a

b

Abb. 168. a) Bilddrehung durch eine magnetische Elektronenlinse um den Drehwinkel φ (vgl. [65]); b) Ablenkung eines Elektronenstrahls P aus der Meridianebene beim Fortschreiten um ein kleines Stück dz parallel zur optischen Achse (z-Achse).

$$\frac{d^2 r}{dz^2} = -\left(\frac{e}{m}\right)^2 \frac{r}{4v_z^2} B_{z_0}^2. \qquad (119\,\mathrm{b})$$

Gl. (119b) ergibt einmal integriert[1]:

$$\left(\frac{dr}{dz}\right)_{z_2} - \left(\frac{dr}{dz}\right)_{z_1} \qquad (120)$$
$$= -\left(\frac{e}{m}\right)^2 \frac{r}{4v_z^2} \int_{z_1}^{z_2} B_{z_0}^2(z)\,dz.$$

Die Integrationsgrenzen z_1 und z_2 werden vor bzw. hinter der magnetischen Linse in den feldfreien Raum gelegt (d. h. gewöhnlich nach $+\infty$ bzw. $-\infty$). Da das Elektron nach Voraussetzung vor der Linse nur eine Geschwindigkeitskomponente v_z besitzt, wird $(dr/dz)_{z_1} = 0$. Mit $(dr/dz)_{z_2} = -r/f_2$ (vgl. Abb. 166) und $v_z = \sqrt{(2e/m)U_a}$ erhält man für die reziproken Brennweiten der magnetischen Linse:

$$\frac{1}{f_2} = \frac{1}{f_1} = \frac{e}{8m\,U_a}\int_{z_1}^{z_2} B_{z_0}^2(z)\,dz \qquad (121)$$

---

* $dv_z/dt = 0$ im Magnetfeld.

[1] r kann hier aus ähnlichen Gründen wie in Gl. (107a) vor das Integral gesetzt werden.

(f_1, f_2 [in cm] = Brennweiten, U_a [in V] = Beschleunigungsspannung des Elektronenstrahls, $B_{z_0}(z)$ [in Vs/cm^2] = axiale Komponente der magnetischen Induktion längs der z-Achse, $e/m = 1{,}77 \cdot 10^{15}$ cm^2/Vs^2).

Für die *Bilddrehung* (Drehwinkel φ; vgl. Abb. 168a) ist die *radiale* Komponente H_r der magnetischen Feldstärke maßgebend. Nach Abb. 168b beträgt die durch H_r verursachte Abweichung der (zunächst paraxialen) Elektronenbahn von der Eintrittsebene $d^2a = r\,d^2\varphi$. Außerdem ist $d^2a = -dz\,d\vartheta_r$. Mit $dz = v_z dt$ und $d\vartheta_r = \omega_r\,dt$ wird daher $d^2a = -dz\,d\vartheta_r = -dz\,\omega_r\,dt = -dz(\omega_r/v_z)dz = r\,d^2\varphi$ oder (wegen $\omega_r = eB_r/m$; $B_r = \mu_0 H_r$):

$$\frac{d^2\varphi}{dz^2} = -\frac{\omega_r}{r}\frac{1}{v_z} = -\frac{e}{m\,r\,v_z}B_r. \tag{122}$$

Da nach Voraussetzung 3 nur $H_{z_0}(z)$ bzw. $B_{z_0}(z)$ bekannt ist, muß ein Zusammenhang zwischen B_{z_0} und B_r gefunden werden. Unter Voraussetzung 1 läßt sich ein solcher Zusammenhang angeben. Da es keine magnetischen Ladungen gibt, gilt nach Abb. 169 für einen aus dem Magnetfeld herausgeschnittenen Zylinder mit der Höhe dz und dem (genügend kleinen) Radius r: $\oint B\,dF = 0$: oder

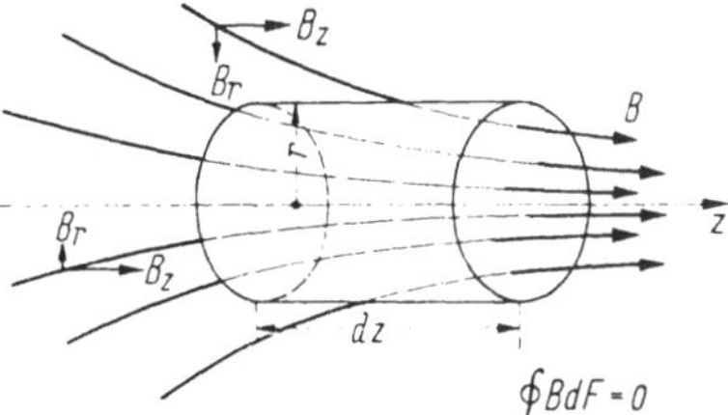

Abb. 169. Skizze zur Ermittlung des Zusammenhangs zwischen B_r und B_z in der Nähe der optischen Achse einer magnetischen Elektronenlinse.

$$[B_{z_0}(z + dz) - B_{z_0}(z)]\,r^2\pi + B_r(r, z)\,2\,r\pi\,dz = 0. \tag{123}$$

Damit wird:

$$B_r(r, z) = -\frac{r}{2}\frac{dB_{z_0}}{dz}. \tag{123a}$$

Gl. (123a) in Gl. (122) eingesetzt, ergibt:

$$\frac{d^2\varphi}{dz^2} = -\frac{e}{2m v_z}\frac{dB_{z_0}}{dz}. \tag{124}$$

Mit $v_z = \sqrt{(2e/m)\,U_a}$ erhält man nach zweimaliger Integration von Gl. (124) für den Drehwinkel φ:

$$\varphi = \sqrt{\frac{e}{8m\,U_a}}\int_{z_1}^{z_2} B_{z_0}(z)\,dz \tag{125}$$

(φ [in rad] = Drehwinkel, U_a [in V] = Beschleunigungsspannung der Elektronen, $B_{z_0}(z)$ [in Vs/cm^2] = z-Komponente der magnetischen Induktion auf der optischen Achse). Die Integrationsgrenzen z_1 und z_2 werden auch hier wieder in den feldfreien Raum gelegt.

15*

3. Magnetische Linsen ohne Feldumkehr

a) Kurze Luftspulen

$\varkappa)$ *mit kleinem Wicklungsquerschnitt.* Für eine solche Spule (vgl. Abb. 170) ist die Feldkurve, d. h. der Verlauf der Axialkomponente H_{z_0} der magnetischen Feldstärke längs der optischen Achse nahezu identisch mit der eines kreisförmigen Stromrings vom gleichen Radius R[1]:

$$H_{z_0} = \frac{I\,n}{2\,R}\left[1 + \left(\frac{z}{R}\right)^2\right]^{-3/2} \tag{126}$$

(I [in A] = Spulenstrom, n = Windungszahl, $I\,n$ [in A] = Durchflutung oder Amperewindungszahl der Spule, R [in cm] = Spulenradius,

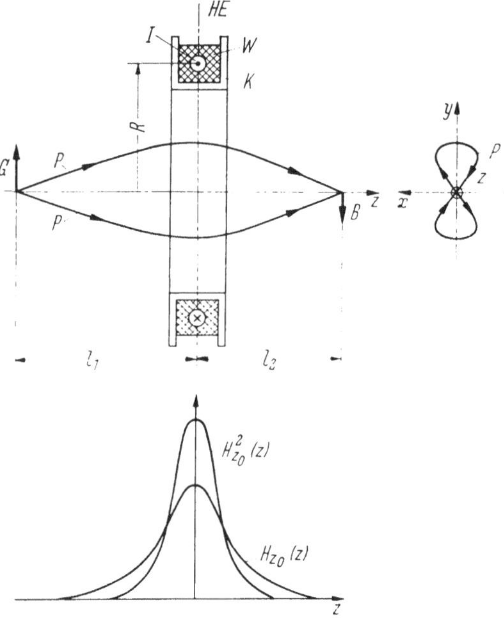

Abb. 170. Aufbau, Feldstärkeverlauf $H_{z_0}(z)$ und Brechkraftverlauf $H_{z_0}^2(z)$ einer kurzen eisenfreien magnetischen Linse (Luftspule) mit kleinem Wicklungsquerschnitt [15a]. G = Gegenstand; B = Bild; HE = Linsenhauptebene; W = Wicklung; K = Aluminium- oder Messingkörper; I = Spulenstrom; R = mittlerer Spulenradius; P = Elektronenstrahl.

z [in cm] = Entfernung von der Spulenmitte aus in Richtung der optischen Achse). Der durch Gl. (126) beschriebene Feldverlauf $H_{z_0}(z)$ und der Brechkraftverlauf $H_{z_0}^2(z)$ sind in Abb. 170 dargestellt.

---

[1] Über die Ableitung von Gl. (126) siehe z. B. [26] S. 388.

Die *Brennweite* der Luftspule erhält man durch Einsetzen von Gl. (126) in Gl. (121). Mit $B_{z_0} = \mu_0 H_{z_0}$ und den Integrationsgrenzen $z_1 = -\infty$ und $z_2 = +\infty$ wird [1]:

$$\frac{1}{f_2} = \frac{1}{f_1} = \frac{\mu_0^2 I^2 n^2 e}{32\, m\, U_a R^2} \int\limits_{-\infty}^{+\infty} \frac{dz}{\left[1 + \left(\frac{z}{R}\right)^2\right]^3} = \frac{\mu_0^2 I^2 n^2 e}{m\, U_a R} \frac{3\pi}{256}. \tag{127}$$

Mit den Zahlenwerten $\mu_0 = 4\pi \cdot 10^{-9}$ Ωs/cm und $e/m = 1{,}77 \cdot 10^{15}$ cm²/Vs² erhält man [2]:

$$\frac{1}{f_2} = \frac{1}{f_1} = 1{,}03 \cdot 10^{-2} \frac{I^2 n^2}{U_a R} \quad [1/\text{cm}] \tag{127a}$$

(I [in A] = Spulenstrom, n = Windungszahl [für einen Stromring ist $n = 1$], U_a [in V] = Beschleunigungsspannung der Elektronen und R [in cm] = Spulenradius). Die durch Gl. (127a) beschriebene Abhängigkeit

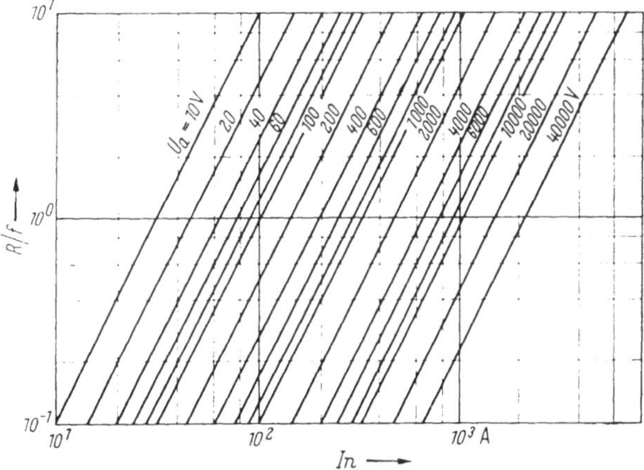

Abb. 171. Relative reziproke Brennweite $\dfrac{R}{f}$ eines Stromringes bzw. einer kurzen Luftspule mit kleinem Wicklungsquerschnitt in Abhängigkeit von der Amperewindungszahl $I\,n$ für verschiedene Elektronenbeschleunigungsspannungen U_a [15a].

der Brennweite von den Spulendaten und der Elektronenbeschleunigungsspannung ist in Abb. 171 dargestellt.

---

[1] Durch die Substitution $z/R = u$ und $dz/R = du$ ergibt sich:

$$\int\limits_{-\infty}^{+\infty} \frac{dz}{\left[1 + \left(\frac{z}{R}\right)^2\right]^3} = \int\limits_{-\infty}^{+\infty} \frac{R\, du}{(1 + u^2)^3} = \frac{3\pi}{8} R.$$

[2] Vgl. Bd. I. Gl. (91).

Die *Bilddrehung* erhält man durch Einsetzen von Gl. (126) in Gl. (125)[1]:

$$\varphi = \sqrt{\frac{e}{8\,m\,U_a}}\,\frac{\mu_0 I\,n}{2R}\int\limits_{-\infty}^{+\infty}\frac{dz}{\left[1+\left(\dfrac{z}{R}\right)^2\right]^{3/2}} = \mu_0 I\,n\,\sqrt{\frac{e}{8\,m\,U_a}} \tag{128}$$

oder:

$$\varphi = 0{,}186\,\frac{I\,n}{\sqrt{U_a}}\ [\mathrm{rad}]\ (I\ \text{in A},\ U_a\ \text{in V}). \tag{128a}$$

Der Drehwinkel ist also dem Spulenstrom und der Windungszahl direkt proportional. Die Drehung erfolgt im Uhrzeigersinn, wenn das Magnetfeld in die positive z-Richtung weist. Bei Umkehr der Strom- (bzw. Feld-)richtung ändert sich auch die Drehrichtung.

β) Luftspulen mit ausgedehntem Wicklungsquerschnitt. Bei solchen Spulen ist der mittlere Spulenradius ungefähr gleich der Länge oder Breite des (meist rechteckigen) Wicklungsquerschnitts. Die Brennweite f_w ist gleich derjenigen eines Stromrings [s. Gl. (127a)], multipliziert mit einem Formfaktor C_{sp}. der von den Wicklungsdimensionen abhängt:

$$f_w = C_{sp}f. \tag{129}$$

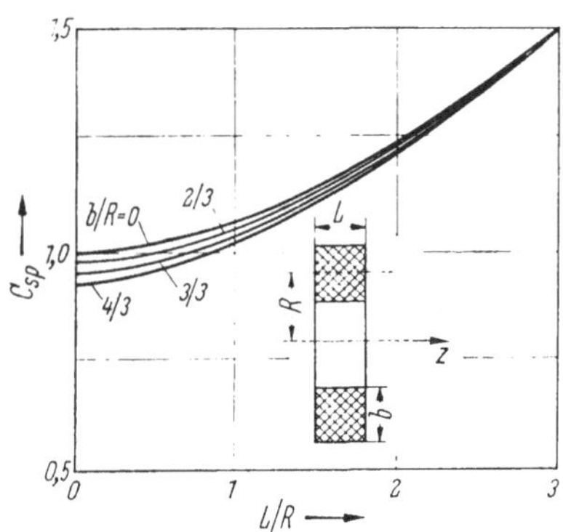

Abb. 172. Formfaktor C_{sp} für Spulen von relativ großem Wicklungsquerschnitt in Abhängigkeit von den Spulendimensionen [s. Gl. (129)].

f ist die Brennweite eines Stromrings nach Gl. (127a) und $C_{sp} = 0{,}9$ bis 1,5 (vgl. Abb. 172).

b) Kurze Eisenspulen (ohne Feldumkehr). Bei den Eisenspulen ist die Wicklung ganz oder teilweise mit einem konzentrischen Eisenmantel umgeben, der an seiner Innenseite längs des ganzen Umfangs mit einem Schlitz versehen ist; häufig sind an dem Schlitz noch Polschuhe angebracht. Einige typische Formen derartiger Eisenmantelspulen und die zugehörigen Feldkurven $H_{z_0}(z)$ zeigt Abb. 173. Den Verlauf dieser Feld-

---

[1] Die Substitution $z/R = u$ und $dz/R = du$ ergibt:

$$\int\limits_{-\infty}^{+\infty}\frac{dz}{\left[1+\left(\dfrac{z}{R}\right)^2\right]^{3/2}} = \int\limits_{-\infty}^{+\infty}\frac{R\,du}{(1+u^2)^{3/2}} = 2R.$$

kurven erhält man am einfachsten durch Messung (vgl. Bd. I, S. 135) und die Brennweite durch graphische Integration entsprechend Gl. (121). Wie aus Abb. 173 hervorgeht, ist das Feld einer Eisenspule wesentlich kürzer und die Feldstärke in der Spulenmitte wesentlich größer als bei einer eisenfreien Spule mit gleichem Wicklungsquerschnitt.

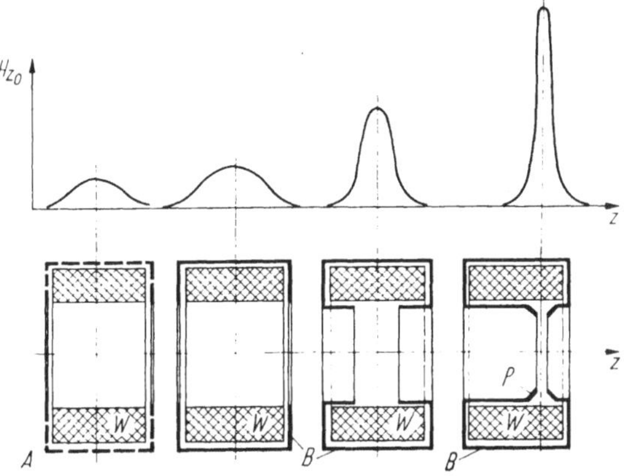

Abb. 173. Formen kurzer Eisenspulen und zugehörige Feldkurven $H_{z_0}(z)$ (vgl. [22]).
W = Wicklungen; A = Aluminium- oder Messingmantel; B = Eisenmantel; P = Polschuhe.

Die Eisenspulen haben gegenüber Luftspulen folgende Vorteile: Durch das starke und kurze Magnetfeld lassen sich auch bei großem Wicklungsquerschnitt kleine Brennweiten ($f < 1$ cm) und damit starke Vergrößerungen erzielen. Das kurze Feld ermöglicht außerdem eine Verkleinerung der Baulänge elektronenoptischer Geräte. Für gleiche Brennweite benötigen die Eisenspulen eine kleinere Amperewindungszahl bzw. Leistung als die Luftspulen. Ferner braucht bei Eisenlinsen mit relativ kleinem Spalt die Spulenwicklung nicht genau drehsymmetrisch zu sein, da das Eisen die Führung des magnetischen Flusses übernimmt. Das Eisen muß aber völlig homogen sein, da sonst Bildfehler auftreten (s. S. 237 ff.).

c) **Anwendungen der kurzen Luft- bzw. Eisenspulen ohne Feldumkehr.** Luftspulen mit kleinem und ausgedehntem Wicklungsquerschnitt werden u. a. in Oszillographenröhren, Bildwandlern und Niederspannungs-Elektronenmikroskopen verwendet. Die Eisenspulen finden u. a. in Oszillographen-, Kamera- und Sichtröhren sowie in Elektronenmikroskopen und Elektronenbeugungsgeräten Anwendung.

4. Magnetische Linsen mit einfacher Feldumkehr [23]

a) **Eisenfreie Linsen.** Derartige Linsen bestehen aus zwei koaxial dicht nebeneinander angeordneten und gegensinnig vom Strom durchflossenen

Luftspulen (vgl. Abb. 174). Die Spulenströme erzeugen zwei entgegengesetzt gerichtete magnetische Linsenfelder, wobei die Feldstärke in der Linsenmitte *einmal* durch Null geht (einfache Feldumkehr). Trotz ihrer

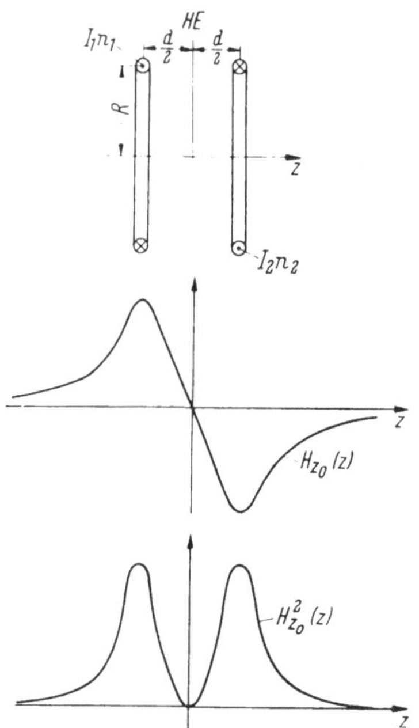

Abb. 174. Aufbau, Feldstärkeverlauf $H_{z_0}(z)$ und Brechkraftverlauf $H_{z_0}^2(z)$ einer kurzen eisenfreien magnetischen Linse mit einfacher Feldumkehr. *HE* = Hauptebene [23].

verschiedenen Richtungen wirken beide Magnetfeldanteile auf einen Elektronenstrahl sammelnd, da nach Gl. (121) die Brechkraft dem Quadrat der Feldstärke proportional ist. Dagegen haben die Verdrehungswinkel, die von beiden Feldanteilen herrühren, entgegengesetztes Vorzeichen, da sie nach Gl. (125) der Feldstärke direkt proportional sind. Bei Gleichheit der Spulenströme heben sich die beiden Verdrehungswinkel gerade auf[1]. Das Bild erscheint dann — da die Elektronenstrahlen immer zur optischen Achse hingelenkt werden — hinter dem bildseitigen Brennpunkt wie bei den Glas- und den elektrischen Linsen gegenüber dem Objekt genau umgekehrt.

Die *Brennweite* der Linse ergibt sich nach Gl. (121) aus dem Feldstärkeverlauf des äquivalenten Stromrings (vgl. Abb. 174):

$$H_{z_0} = \frac{1}{2R}\left\{\frac{I_1 n_1}{\left[1 + \frac{(z - d/2)^2}{R^2}\right]^{3/2}} + \frac{I_2 n_2}{\left[1 + \frac{(z + d/2)^2}{R^2}\right]^{3/2}}\right\} \tag{130}$$

(R [in cm] = Spulenradius, d [in cm] = Spulenabstand. $I_1 n_1$ und $I_2 n_2$ = Amperewindungszahlen der beiden Spulen, z [in cm] = Abstand von der Mitte zwischen den beiden Spulen).

Für die *Bilddrehung* gilt entsprechend Gl. (128a):

$$\varphi = 0.186 \frac{I_1 n_1 + I_2 n_2}{\sqrt{U_a}} \quad [\text{rad}] \tag{131}$$

(I_1, I_2 in A, U_a in V; für $I_1 n_1 = -I_2 n_2$ wird $\varphi = 0$).

---

[1] In Abb. 174 ist dann die von der Feldkurve eingeschlossene Fläche oberhalb der z-Achse gleich der entsprechenden Fläche unterhalb der z-Achse.

b) Eisenlinsen. Die Abb. 175 zeigt die Ausführungsformen zweier magnetischer Eisenlinsen mit einfacher Feldumkehr. Statt Spulen (Abb. 175a) kann man auch einen Permanentmagneten (Abb. 175b) zur Felderzeugung verwenden. Die Brennweite solcher Linsen erhält man aus der gemessenen Feldkurve durch graphische Integration nach Gl. (121). Hinsichtlich der Verdrehungsfreiheit gilt das gleiche wie für die entsprechenden eisenfreien Linsen.

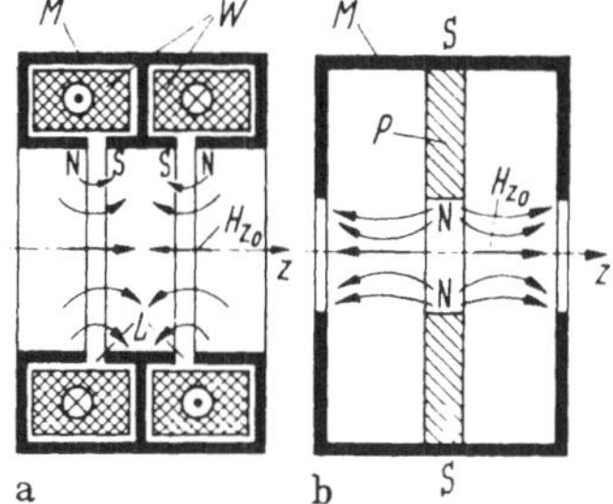

Abb. 175a u. b. Ausführungsformen zweier magnetischer Eisenlinsen mit einfacher Feldumkehr [23].
a) Linse mit zwei in entgegengesetzter Richtung vom Strom durchflossenen Spulen. M = Weicheisenmantel; W = Spulenwicklungen; L = Luftspalt.
b) Linse mit Permanentmagnet. M = Weicheisenmantel; P = Permanentmagnet.

c) Anwendungen. Die Anwendungen sind die gleichen wie bei den Linsen ohne Feldumkehr.

5. Magnetische Linsen mit doppelter Feldumkehr [9, 10]

a) Eisenfreie Linsen. Die Linsen mit doppelter Feldumkehr bestehen aus zwei konzentrischen (ineinander angeordneten) gegensinnig vom Strom durchflossenen Spulen (vgl. Abb. 176). Die Spulenströme erzeugen zwei entgegengesetzt gerichtete, einander überlagerte Magnetfelder. Wegen der unterschiedlichen Größe und Verteilung der beiden Felder geht die Feldstärke im Linsenbereich *zweimal* durch Null (doppelte Feldumkehr). Dementsprechend wechselt der Strahldrehwinkel innerhalb der Linse zweimal seine Richtung. Die Abbildung wird verdrehungsfrei, wenn die von der Feldkurve eingeschlossenen Flächen oberhalb und unterhalb

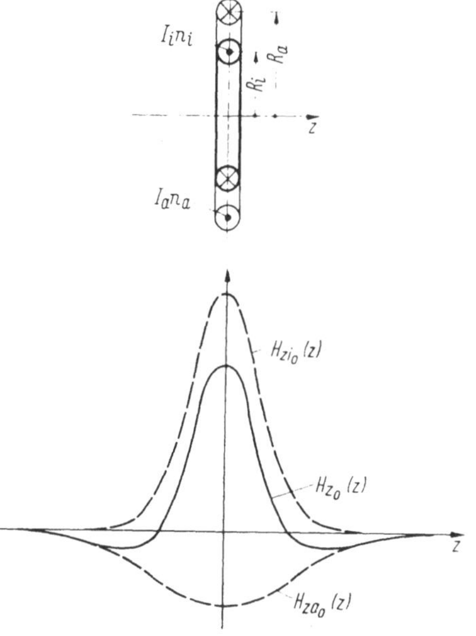

Abb. 176. Aufbau und Feldstärkeverlauf $H_{z_0}(z)$ einer kurzen eisenfreien magnetischen Linse mit doppelter Feldumkehr [14, 21].
$H_{z i_0}(z)$, $H_{z a_0}(z)$ = von der inneren bzw. äußeren Spule erzeugter Feldstärkeverlauf: $H_{z_0}(z) = H_{z i_0}(z) - H_{z a_0}(z)$.

der optischen Achse einander gleich sind. Das Bild erscheint dann gegenüber dem Objekt genau umgekehrt.

Die *Brennweite* erhält man nach Gl. (121) aus dem Feldstärkeverlauf des äquivalenten Stromrings (vgl. Abb. 176):

$$H_{z_0} = \frac{1}{2} \left\{ \frac{I_i n_i / R_i}{\left[1 + \left(\dfrac{z}{R_i} \right)^2 \right]^{3/2}} - \frac{I_a n_a / R_a}{\left[1 + \left(\dfrac{z}{R_a} \right)^2 \right]^{3/2}} \right\} \tag{132}$$

(R_i, R_a [in cm] = Radius der inneren bzw. äußeren Spule, $I_i n_i$ bzw. $I_a n_a$ [in A] = Durchflutung der inneren bzw. äußeren Spule, z [in cm] = Abstand von der Spulenmitte).

Für die *Bilddrehung* erhält man:

$$\varphi = 0{,}186 \, \frac{I_i n_i + I_a n_a}{\sqrt{U_a}} \quad [\text{rad}] \tag{133}$$

(I_i, I_a in A, U_a in V; für $I_a n_a = -I_i n_i$ wird $\varphi = 0$).

b) Eisenlinsen. Die Abb. 177 zeigt die Ausführungsformen dreier magnetischer Eisenlinsen mit doppelter Feldumkehr. Anstelle der Spulen

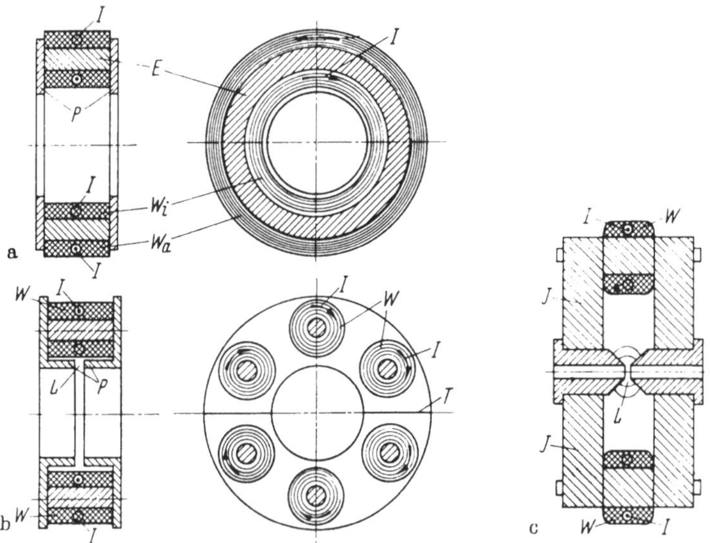

Abb. 177a u. b. Ausführungsformen dreier magnetischer Eisenlinsen mit doppelter Feldumkehr [14, 21].

a) Linse mit zwei ineinanderliegenden Wicklungen W_i und W_a.
E = Eisenring; P = Weicheisenpolschuhe; I = Stromrichtung.

b) Linse mit sechs am Linsenumfang angeordneten Eisenspulen W, die zwei gemeinsame Polschuhe P haben. Diese Linse ist zerlegbar.
P = Weicheisenpolschuhe; L = Luftspalt; T = Trennfuge; I = Stromrichtung.

c) Linse mit zwei auf einem Doppeljoch J angeordneten Spulen W (Doppeljochlinse für Elektronenmikroskop). L = Luftspalt; I = Stromrichtung.

können auch Permanentmagnete zur Felderzeugung verwendet werden. Brennweite und Bilddrehung erhält man durch graphische Integration aus der gemessenen Feldkurve.

c) Anwendungen. Die Anwendungen sind die gleichen wie die der Linsen ohne Feldumkehr.

D. Elektronenoptische Abbildungsgesetze

1. Bildkonstruktion

Um für eine gegebene Elektronenlinse aus Lage und Größe des Gegenstands das Bild konstruieren zu können, muß die Lage der gegenstand- und bildseitigen *Hauptebene* dieser Linse bekannt sein. Bei den hier behandelten „kurzen" elektrischen und magnetischen Linsen fallen diese beiden Hauptebenen mit der Mittelebene der Linsenanordnung zusammen.

Zur Bildkonstruktion verwendet man wie in der Lichtoptik zweckmäßigerweise einen achsenparallelen und einen Brennpunktstrahl. Wie Abbildung 178 zeigt, trifft der achsenparallele Strahl im Gegenstandsraum die Hauptebene im Punkt A_1 und geht im Bildraum durch den bildseitigen Brennpunkt F_2. Der

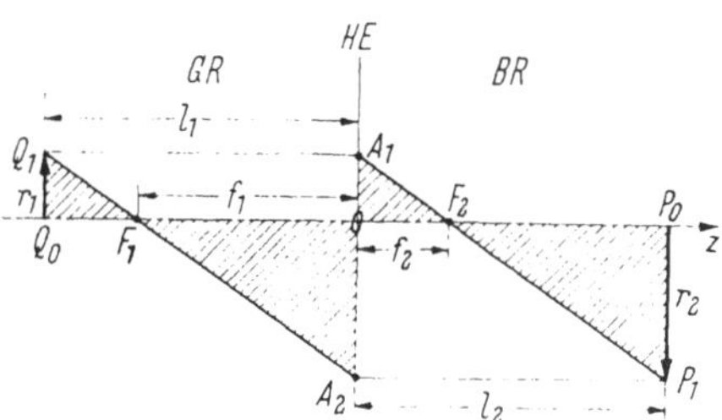

Abb. 178. Konstruktion des Bildes mit Hilfe eines achsenparallelen und eines Brennpunktstrahls für eine „kurze" Elektronenlinse.
GR = Gegenstandsraum; BR = Bildraum; HE = Linsenhauptebene.

Brennpunktstrahl trifft die Hauptebene im Punkt A_2 und verläuft im Bildraum parallel zur optischen Achse. Der Schnittpunkt der beiden Strahlen im Bildraum ergibt den zum Objektpunkt Q_1 gehörigen Bildpunkt P_1.

2. Linsengleichung und Abbildungsmaßstab

a) Linsengleichung. Aus Abb. 178 ergeben sich wegen der Ähnlichkeit der schraffierten Dreiecke folgende Beziehungen:

$$\text{(a)}\quad \frac{l_1 - f_1}{r_1} = \frac{f_1}{r_2} \quad \text{und} \quad \text{(b)}\quad \frac{l_2 - f_2}{r_2} = \frac{f_2}{r_1}. \tag{134}$$

Durch Multiplikation dieser beiden Gleichungen erhält man die Linsenformel:

$$(l_1 - f_1)(l_2 - f_2) = f_1 f_2 \tag{135}$$

oder [vgl. Bd. I, Gl. (85)]:

$$\frac{f_1}{l_1} + \frac{f_2}{l_2} = 1.　\tag{135a}$$

b) Abbildungsmaßstab. Aus der Ähnlichkeit der Dreiecke $A_1 O F_2$ und $A_1 A_2 P_1$ sowie der Dreiecke $A_1 A_2 Q_1$ und $O A_2 F_1$ in Abb. 178 erhält man die Beziehungen:

$$\text{(a)} \quad \frac{r_1}{f_2} = \frac{r_1 + r_2}{l_2} \quad \text{und} \quad \text{(b)} \quad \frac{r_2}{f_1} = \frac{r_1 + r_2}{l_1}.　\tag{136}$$

Dividiert man die Gl. (b) durch die Gl. (a), so bekommt man für den Abbildungsmaßstab (die Vergrößerung):

$$V = \frac{r_2}{r_1} = \frac{l_2}{l_1}\frac{f_1}{f_2}.　\tag{137}$$

3. Linsengleichung und Abbildungsmaßstab für elektrische und magnetische Linsen

a) Elektrische Linsen. Nach Gl. (108) und (109) gilt für elektrische Linsen allgemein [vgl. Bd. I, Gl. (84)]:

$$\frac{f_1}{f_2} = \sqrt{\frac{U_1}{U_2}}.　\tag{138}$$

Dies ergibt — in Gl. (135a) eingesetzt — die *Linsengleichung* [s. B. I. Gl. (86)]:

$$\frac{\sqrt{U_1}}{l_1} + \frac{\sqrt{U_2}}{l_2} = \frac{\sqrt{U_1}}{f_1} = \frac{\sqrt{U_2}}{f_2}.　\tag{139}$$

Für den *Abbildungsmaßstab* erhält man aus Gl. (137) (s. auch Bd. I. Gl. (89)]:

$$V = \frac{l_2}{l_1}\sqrt{\frac{U_1}{U_2}}.　\tag{140}$$

Der Abbildungsmaßstab der elektrischen Linsen hängt also vom Verhältnis der Linsenspannungen ab.

b) Magnetische Linsen. Nach Gl. (121) ist für magnetische Linsen $f_1 = f_2$. Die *Linsengleichung* lautet daher:

$$\frac{1}{l_1} + \frac{1}{l_2} = \frac{1}{f_1} = \frac{1}{f_2}.　\tag{141}$$

Setzt man diesen Ausdruck in die Gleichung für die Brennweite eines einfachen Stromrings [Gl. (127a)] ein und löst nach In auf, so wird:

$$In = 9{,}85 \sqrt{\frac{U_a R}{f_2}} = 9{,}85 \sqrt{U_a R \left(\frac{1}{l_1} + \frac{1}{l_2}\right)}. \tag{142}$$

Daraus wird ersichtlich, daß für einen Stromring die Amperewindungszahl In bei konstanter Elektronenstrahllänge ($l_1 + l_2 = $ const) einen minimalen Wert annimmt, wenn $l_1 = l_2$ gewählt wird.

Für den *Abbildungsmaßstab* der magnetischen Linsen erhält man aus Gl. (137):

$$V = \frac{l_2}{l_1}. \tag{143}$$

Der Abbildungsmaßstab bezieht sich nur auf das Verhältnis von Bildgröße zu Gegenstandsgröße; die Bilddrehung wird nicht berücksichtigt. Nach Gl. (143) ist der Abbildungsmaßstab der magnetischen Linsen vom Spulenstrom unabhängig.

E. Abbildungsfehler

Bei der Abbildung mit Elektronenlinsen erhält man nur dann ein scharfes und unverzerrtes Bild, wenn achsennahe, wenig geneigte (d. h. paraxiale) und monochromatische Elektronenstrahlen verwendet werden. Ist dies nicht der Fall, so entsteht ein verzerrtes Bild. Dessen Abweichungen vom „idealen" (Gaußschen) Bild bezeichnet man als Abbildungs- oder Bildfehler. Sie können durch dicke und in die Linse schief einfallende Strahlenbündel, durch mangelhafte Rotationssymmetrie des Linsenfeldes (Verformung der Linse), durch starke Streuung der Elektronenanfangsgeschwindigkeiten (Achromasie, „Farbfehler") und durch Schwankungen der Elektronenbeschleunigungsspannung hervorgerufen werden.

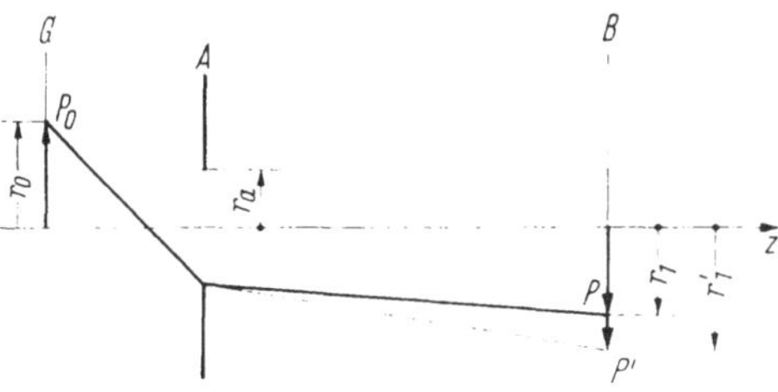

Abb. 179. Allgemeine Definition des Bildfehlers $\Delta r = r_1' - r_1$ einer Elektronenlinse. $G = $ Gegenstandsebene; $r_0 = $ Gegenstandsradius; $A = $ Aperturblende (meist keine materielle Blende, sondern z. B. Radius des Strahlquerschnitts innerhalb der Linse); $r_a = $ Blendenradius; $B = $ Bildebene; $r_1 = $ Bildradius ohne Fehler; $r_1' = $ Bildradius mit Fehler.

Verwendet man für die Bestimmung der Elektronenbahnen innerhalb einer Linse nur die ersten beiden Glieder (nullter und zweiter Ordnung) der Reihenentwicklung für den elektronenoptischen Brechungsindex, so ergibt sich eine Gaußsche Abbildung. Berücksichtigt man noch die Glieder vierten Grades, so erhält man die sogenannten *Bildfehler dritter Ordnung*. Sie sind definiert durch die Abweichung (vgl. Abb. 179):

$$\Delta r = r_1' - r_1 \tag{144}$$

(r_1 = Bildradius ohne Fehler, r_1' = Bildradius mit Fehler). Es lassen sich folgende Bildfehler unterscheiden: Schärfefehler, Maßstabfehler und anisotrope Fehler (vgl. [*10, 11*]).

1. Schärfefehler des Bildpunktes

a) Öffnungsfehler (sphärische Aberration). Dieser Fehler entsteht dadurch, daß achsenferne Strahlen in Elektronenlinsen immer stärker gebrochen werden als achsennahe — im Gegensatz zur Lichtoptik, wo auch der umgekehrte Fall vorkommen kann. Als *Fehlerfigur* (Bild) erscheint anstelle eines Punktes ein Zerstreuungsscheibchen vom Radius Δr (vgl. Abbildung 180a):

$$\Delta r = B\,r_a^3 \tag{145}$$

(B = Fehlerkonstante, r_a = Blendenradius bzw. Radius des Strahlquerschnitts innerhalb der Linse). Die Gaußsche Bildebene liegt je nach Wahl der Linsenspannung bzw. des Linsenstroms entweder vor oder hinter dem Leuchtschirm, wodurch auf diesem verschiedene Fehlerfiguren (z. B. „Ring" bzw. „Punkt mit Hof") entstehen. Die hyperboloidähnliche Fläche, die das abbildende Elektronenstrahlbündel einhüllt, nennt man Kaustik.

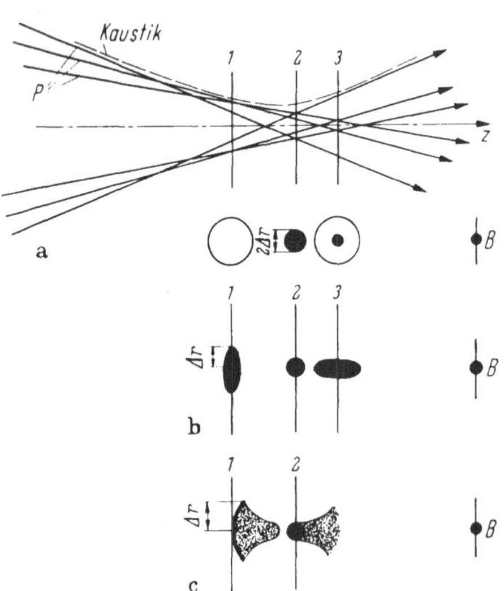

Abb. 180a—c. In der Bildebene entstehende Fehlerfiguren für die drei verschiedenen Arten des Schärfefehlers.
a) Öffnungsfehler (sphärische Aberration). Einstellebene *1*: Hof; Einstellebene *2*: Zerstreuungsscheibchen; Einstellebene *3*: Punkt mit Hof. B = fehlerfreier Bildpunkt, P = Elektronenstrahlen.
b) Astigmatismus. Einstellebene *1*: senkrechte Ellipse; Einstellebene *2*: Zerstreuungsscheibchen; Einstellebene *3*: waagrechte Ellipse. B = fehlerfreier Bildpunkt.
c) Komafehler für zwei verschiedene Einstellebenen *1* und *2*. B = fehlerfreier Bildpunkt.

b) Astigmatismus. Der Astigmatismus entsteht bei schräg in die Linse einfallendem Elektronenstrahlbündel oder bei mangelhafter Rotationssymmetrie des Linsenfeldes (z. B. bei elliptisch deformierten Rohrlinsen). Als *Fehlerfigur* erhält man anstelle eines Bildpunktes zwei senkrecht aufeinanderstehende Brennstriche (Ellipsen) der Länge $2\,\varDelta r$, die bei Änderung der Linsenspannung nacheinander auf dem Leuchtschirm erscheinen (vgl. Abb. 180b). Der Fehler beträgt:

$$\varDelta r = C r_a r_1^2 \tag{146}$$

(C = Fehlerkonstante, r_a = Blendenradius, r_1 = Achsenabstand des Bildpunktes ohne Fehler). Die eine Ellipse wird von Elektronenstrahlen erzeugt, die der (durch die optische Achse gelegten) Meridionalebene angehören. Die zweite Ellipse entsteht durch Strahlen, die innerhalb der dazu senkrechten Sagittalebene verlaufen. Beide Ellipsen liegen auf gewölbten Flächen, der meridionalen und der sagittalen Bildschale (Bildwölbung).

c) Komafehler. Beim Komafehler handelt es sich um einen Öffnungsfehler, der bei *schief* einfallendem Strahlenbündel mit relativ großem Strahlquerschnitt oder bei Mitbenutzung der *Rand*gebiete einer schiefgestellten Linse entsteht. Mögliche *Fehlerfiguren* zeigt Abb. 180c. Für den Fehler gilt:

$$\varDelta r = F\, r_a^2\, r_1 \tag{147}$$

(F = Fehlerkonstante, r_a = Blendenradius, r_1 = Achsenabstand des Bildpunktes ohne Fehler).

2. Maßstabsfehler (Verzeichnung)

Dieser Fehler besteht in einer Abweichung von der geometrischen Ähnlichkeit bei der Abbildung größerer Flächen. Der Fehler beträgt:

$$\varDelta r = E r_1^3 \tag{148}$$

(E = Fehlerkonstante, r_1 = Achsenabstand des Bildpunktes). Der Maßstabsfehler ist also vom Blendenradius r_a bzw. von der Strahldicke unabhängig. Je nach dem Wert der Fehlerkonstanten E unterscheidet man:

a) Die kissenförmige Verzeichnung. Sie tritt bei $E > 0$ auf und besteht darin, daß ein rechteckiges Koordinaten-

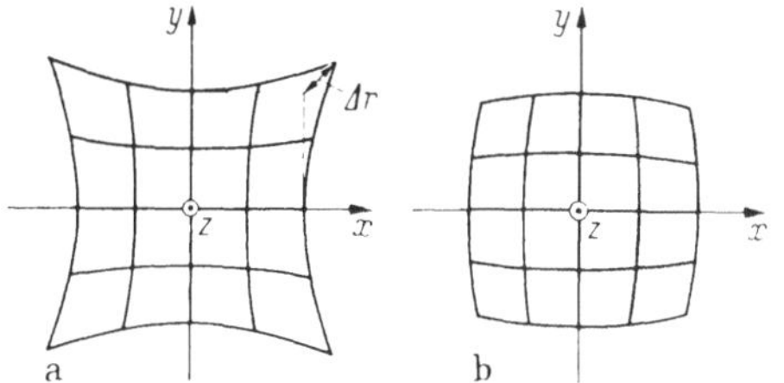

Abb. 181a u. b. Typische Arten des Maßstabsfehlers.
a) Kissenförmige Verzeichnung. $\varDelta r$ = Bildfehler.
b) Tonnenförmige Verzeichnung.

netz ein Bild ergibt, dessen Abbildungsmaßstab von der Mitte nach außen zunimmt (vgl. Abb. 181 a).

b) Die tonnenförmige Verzeichnung. Sie tritt bei $E < 0$ auf. Bei ihr nimmt der Abbildungsmaßstab des Koordinatennetzbildes von der Mitte nach außen ab (vgl. Abb. 181 b).

3. Anisotrope Bildfehler

Alle unter 1 und 2 genannten Fehler sind „isotrope" Fehler und entsprechen den Linsenfehlern der Lichtoptik. Bei *magnetischen Linsen* kommen noch mindestens zwei weitere Fehler hinzu, die auf der Verdrehung des Strahlengangs in solchen Linsen beruhen:

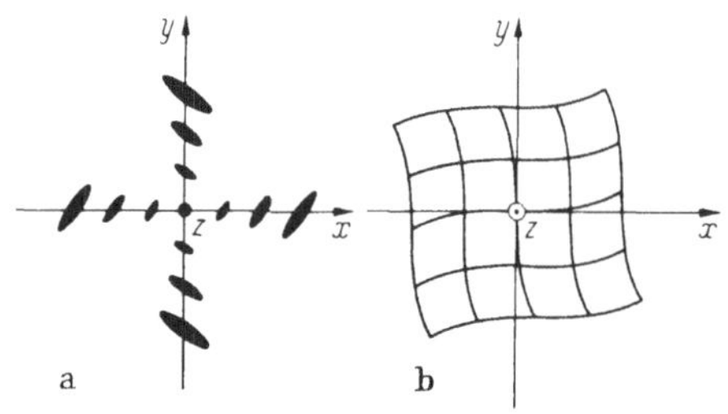

Abb. 182a u. b. Anisotrope Fehler magnetischer Elektronenlinsen.
a) Anisotroper Astigmatismus; b) anisotrope Verzeichnung.

a) Anisotroper Astigmatismus. Bei diesem Bildfehler verlaufen die Achsen der Ellipsen nicht mehr radial bzw. tangential. Auch hier nimmt die Größe der Fehlerfigur mit dem Achsenabstand zu (vgl. Abbildung 182 a).

b) Anisotrope Verzeichnung („**Zerdrehung**"). Der „Zerdrehungsfehler" besteht darin, daß ein rechteckiges Koordinatennetz ein Bild ergibt, in welchem die einzelnen Netzlinien *s*-förmig verlaufen (vgl. Abb. 182 b).

4. Vergleich der Bildfehler bei elektrischen und magnetischen Linsen

Einer der wesentlichsten Fehler der elektrischen und magnetischen Linsen ist der *Öffnungsfehler*. Um ihn möglichst klein zu halten, muß der Radius der Linsenöffnungen im Vergleich zum Strahlenquerschnitt möglichst groß gewählt werden. Dies zeigt Abb. 183. Nach Abb. 183 a wird der Öffnungsfehler Δr einer *Zweirohrlinse* am kleinsten, wenn bei vorgegebenem maximalem Rohrradius beide Rohrradien einander gleich gemacht werden [*13*]. Nach Abb. 183 b nimmt der Öffnungsfehler einer *kurzen Luftspule* wie bei den Glaslinsen der Lichtoptik ab, wenn der Spulenradius R und die Strahllänge L zunehmen bzw. die Gegenstandsweite l_1 kleiner wird [*16*].

Damit die Bildfehler bei magnetischen Linsen möglichst klein bleiben, sind genaue Spulenabmessungen und eine genau rotationssymmetrische

Wicklung erforderlich. Bei sorgfältiger Herstellung haben die eisenfreien
Linsen meist geringere Bildfehler als die Linsen mit Eisenmantel bzw.

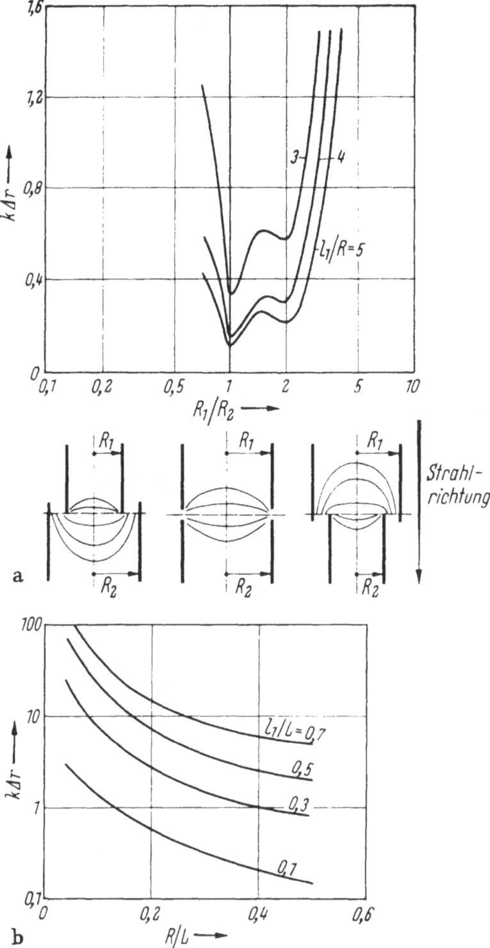

Abb. 183a u. b. Änderung des Öffnungsfehlers Δr einer Zweirohrlinse und einer kurzen eisenfreien
magnetischen Linse in Abhängigkeit von den Rohr- bzw. Spulendimensionen.

a) Zweirohrlinse.

R = Durchmesser des größeren Rohres; l_1 = Gegenstandsweite; k = Konstante [13].

b) Kurze eisenfreie magnetische Linse.

R = mittlerer Spulenradius; L = Länge des Elektronenstrahls im Linsenfeld; l_1 = Gegenstandsweite;
k = Konstante [16].

Polschuhen. Wegen des kürzeren Feldes ist bei den Eisenlinsen insbesondere der Öffnungsfehler größer als bei Luftspulen gleicher Öffnung. Ist
der Eisenmantel nicht genau rotationssymmetrisch und homogen, so

kommen astigmatische oder andere (unsymmetrische) Bildfehler hinzu. Die Linsen mit einfacher und doppelter Feldumkehr haben zwar fast keine Zerdrehungsfehler, doch ist bei ihnen der Öffnungsfehler wegen der starken Feldstärkeänderung in der Linsenmitte bzw. am Linsenrand meist größer als bei den magnetischen Linsen ohne Feldumkehr.

II. Immersionssysteme

Unter einem Immersionssystem versteht man eine elektronenoptische Anordnung, bei der entweder der Gegenstand oder das Bild oder beide ganz im abbildenden Potential- bzw. Magnetfeld liegen. (Im Gegensatz dazu befinden sich bei den elektrischen und magnetischen Linsen Gegenstand und Bild praktisch im feldfreien Raum.) Typische Immersionssysteme sind:

A. Vorsammelsysteme in Kathodenstrahl- und Laufzeitröhren

Vorsammelsysteme sind (meist rotationssymmetrische) Elektrodenanordnungen, in denen mit Hilfe geeigneter elektrischer oder magnetischer Felder die von einer Glühkathode emittierten Elektronen auf eine bestimmte Geschwindigkeit beschleunigt und zu einem scharf begrenzten Elektronenstrahl gebündelt werden. Derartige Systeme bezeichnet man auch als Strahlerzeugungssysteme oder „Elektronenkanonen". Neben einer Kathode enthalten sie eine Vorsammel- oder Fokussierungselektrode sowie eine Beschleunigungselektrode (Anode), die auch Teil einer Linse sein kann. Anstelle von drei Elektroden (Triodensystem) können auch vier Elektroden (Tetrodensystem) verwendet werden.

Die Abb. 184 zeigt zwei typische Vorsammel-Triodensysteme für Elektronenstrahlröhren. Wie aus den beiden Teilbildern hervorgeht, werden die Elektronen durch das Vorsammelsystem in einem Brennfleck (auch Überkreuzungspunkt oder „crossover" genannt) fokussiert. Bei Fernseh-Sichtröhren

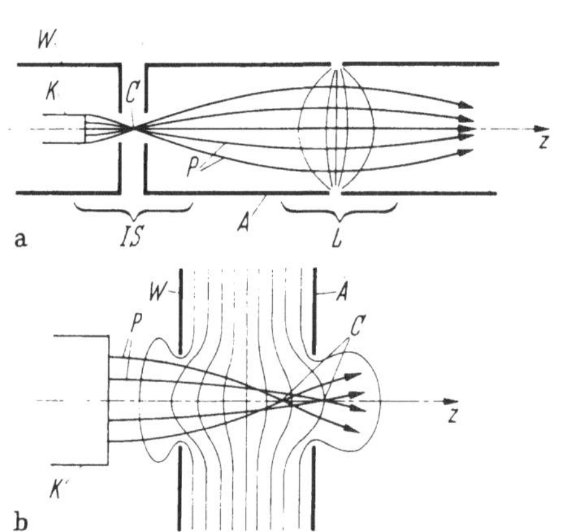

Abb. 184a u. b. Typische Vorsammel-Triodensysteme für Elektronenstrahlröhren.
a) System mit Rohrelektroden; b) System mit Lochscheibenelektroden.
K = Kathode; W = Wehneltelektrode; C = Überkreuzungspunkt (crossover); IS = Immersionssystem; L = Linse; P = Elektronenstrahlen.

wird die Fokussierungselektrode als Stromsteuerelektrode („Wehnelt-elektrode") ausgebildet, wodurch man mit einer niedrigen Steuerspannung auskommt und trotzdem einen scharfen Überkreuzungspunkt und eine gute Konstanz des Überkreuzungsradius während der Steuerung erhält. Nach Abb. 185 nimmt der Abstand des Brennflecks von der Steuer-elektrode mit wachsender Steuerspannung zu. Gleichzeitig steigt der Strahlstrom stark an. Abb. 186 zeigt die entsprechende Steuercharak-teristik für eine Oszillographenröhre (a) und für eine Lichtpunktabtast-röhre (b). Erwünscht ist eine möglichst hohe Steilheit dieser Kennlinien.

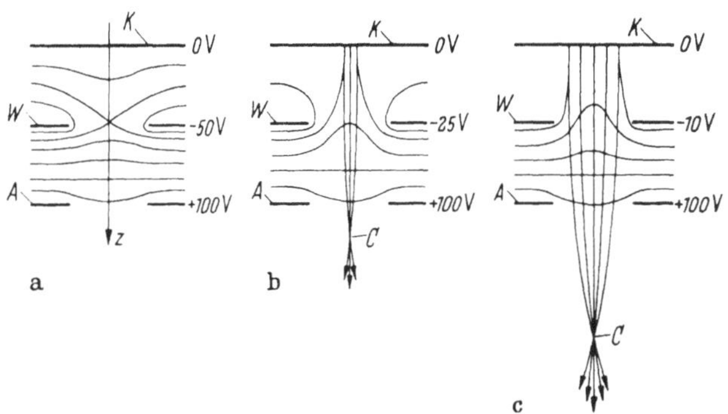

Abb. 185 a—c. Feldverlauf und Elektronenbahnen in einem stromsteuernden Vorsammelsystem für Elektronenstrahlröhren bei verschiedenen Werten der Steuerspannung.
a) Strom gesperrt; b) schwacher Strahlstrom; c) starker Strahlstrom.
K = Kathode; W = Wehneltelektrode (= Steuer- und Fokussierungselektrode); A = Anode; C = Überkreuzungspunkt (crossover).

Wegen der geringen Strahlstromstärke (Größenordnung: $I = 100\,\mu\mathrm{A}$) ist in Elektronenstrahlröhren die Strahlverbreiterung durch Raum-

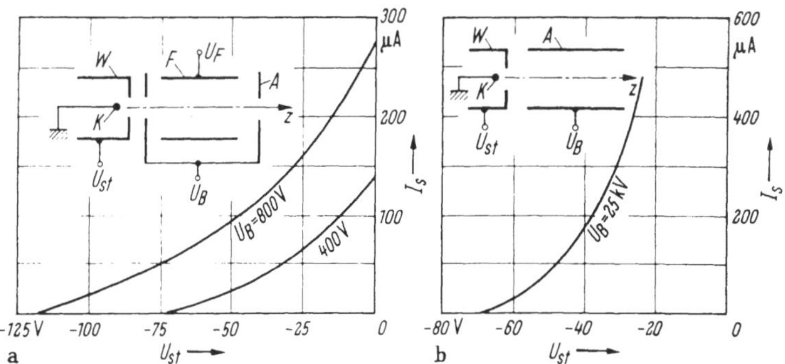

Abb. 186 a u. b. Stromsteuerkennlinien der Vorsammelsysteme zweier Elektronenstrahlröhren.
a) Oszillographenröhre (Valvo DG 7-31); b) Lichtpunktabtaströhre (Valvo MC 13—16) mit magneti-scher Fokussierung.
K = Kathode; W = Wehneltelektrode; A = Anode; F = Fokussierungselektrode; U_{st} = Steuer-spannung; U_B = Beschleunigungsspannung; U_F = Spannung an der Fokussierungselektrode; I_s = Strahlstromstärke am Leuchtschirm.

ladungsabstoßung vernachlässigbar und braucht deshalb bei der Dimensionierung des Vorsammelsystems nicht berücksichtigt zu werden. Bei hohen Strahlströmen ($I > 10$ mA), wie sie in Klystrons und Wanderfeldröhren fließen, macht sich der Einfluß der Elektronenraumladung in einer beträchtlichen Strahlaufspreizung bemerkbar. Um trotzdem einen gebündelten Elektronenstrahl mit kleinem Überkreuzungsradius zu erhalten, verwendet man in solchen Röhren Vorsammelsysteme mit gewölbter Kathode entsprechend Abbildung 187 [33, 36].

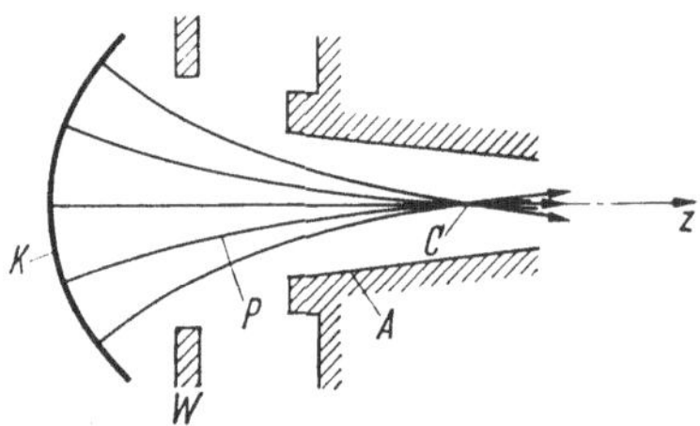

Abb. 187. Typisches Vorsammelsystem für Klystrons (vgl. [33, 36]).
K = Kathode; W = Wehneltelektrode; A = Anode; C = Überkreuzungspunkt; P = Elektronenstrahlen.

Nach Gl. (102) ist die Verbreiterung ln (r_{max}/r_{min}) eines Elektronenstrahls proportional $I/U^{3/2}$, wenn I die Strahlstromstärke und U die Elektronenbeschleunigungsspannung bedeutet. Die Größe $I/U^{3/2}$ bezeichnet man als *Perveanz* des Elektronenstrahls. Sie beträgt für Elektronenstrahlröhren gewöhnlich 10^{-8} bis 10^{-10} A/V$^{3/2}$, für Laufzeitröhren 10^{-5} bis 10^{-7} A/V$^{3/2}$. Nach ihr richtet sich im wesentlichen die Dimensionierung des Vorsammelsystems dieser Röhren (vgl. [19]).

B. Sammelsysteme in Röntgenröhren

Bei den Röntgenröhren besteht das Strahlerzeugungssystem häufig aus einer geraden Glühspirale, die am Umfang eines Fokussierungszylinders angeordnet ist (vgl. Abb. 188). Auf der abgeschrägten Antikathode entsteht dann ein Brennstrich, dessen Projektion in Richtung maximaler Röntgenenergie verkürzt erscheint (Götze-Strichfokus).

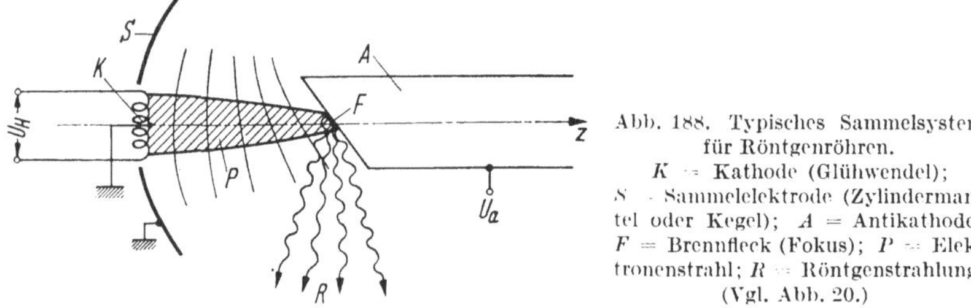

Abb. 188. Typisches Sammelsystem für Röntgenröhren.
K = Kathode (Glühwendel); S = Sammelelektrode (Zylindermantel oder Kegel); A = Antikathode; F = Brennfleck (Fokus); P = Elektronenstrahl; R = Röntgenstrahlung. (Vgl. Abb. 20.)

C. Abbildungssysteme mit langer Magnetspule

Um die Aufspreizung von Elektronenstrahlen möglichst klein zu halten, verwendet man häufig Abbildungssysteme mit langer Magnet-

spule (vgl. Abb. 189). Die Spule erzeugt ein Magnetfeld in Richtung der
Elektronenstrahlachse, welches bewirkt, daß alle von einem Gegenstandspunkt ausgehenden Elektronen nach Durchlaufen der Spule in

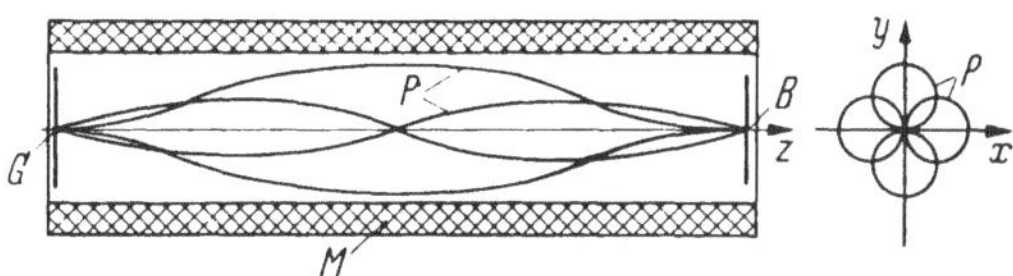

Abb. 189. Abbildungsimmersionssystem mit langer Magnetspule.
G = Gegenstandspunkt; B = Bildpunkt; M = Magnetspule; P = Elektronenbahnen.

einem Bildpunkt fokussiert werden. Die Abbildung erfolgt im Verhältnis
1 : 1. Solche magnetische Führungsfelder werden u. a. in Fernsehkameraröhren verwendet.

Durch geeignete Dimensionierung der Magnetspule läßt es sich erreichen, daß der Durchmesser eines Elektronenstrahls längs seiner ganzen
Bahn im homogenen Magnetfeld *konstant* bleibt[1]. Einen Elektronenstrahl
mit dieser Eigenschaft bezeichnet man als Brillouin-Strahl.

D. Bündelungssysteme in Verstärker- und Senderöhren

In Verstärker- und Senderöhren wirkt jede Öffnung des Steuergitters,
falls dieses aus parallelen Drähten besteht, wie eine Zylinderlinse, die
je nach der Größe des Gitterpotentials
entweder sammelt oder zerstreut (vgl. z.B.
[*35*]). Die optische Bündelung des Elektronenstroms im inhomogenen Steuer-
gitterfeld kann man in Tetroden dazu
verwenden, um die Stromaufnahme des
hinter dem Steuergitter liegenden positiven Schirmgitters zu verringern. Dazu
genügt es, die Drähte des Schirmgitters
im „Elektronenschatten" der Steuer-
gitterdrähte anzuordnen (vgl. Abb. 190).
Mit der Abnahme des Schirmgitterstroms
sinkt auch die (unerwünschte) Sekundäremission des Schirmgitters.

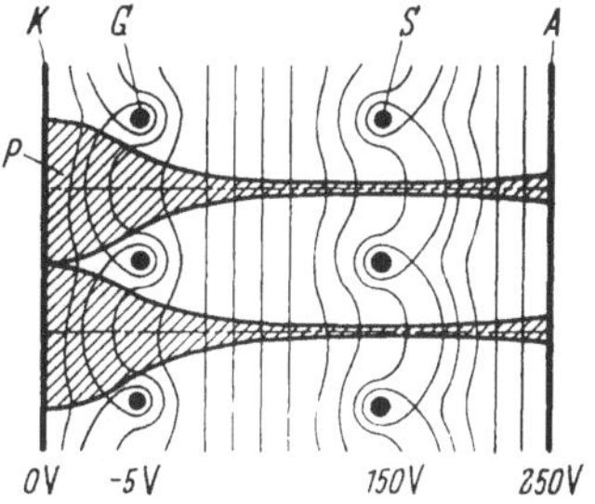

Abb. 190.   Bündelungs - Immersions-
system in Verstärker- und Senderöhren
(vgl. [*35*]).
K = Kathode; G = Steuergitter;
S = Schirmgitter; A = Anode;
P = Elektronenstrahlbündel.

---

[1] Die Bedingung hierfür ist, daß die vom Magnetfeld erzeugte, zur Strahlachse
gerichtete Lorentzkraft der nach außen gerichteten Raumladungskraft und der
Zentrifugalkraft der Elektronen das Gleichgewicht hält. (Vgl. [*19*] S. 248ff.)

E. Kugel- und Plattenkondensator-Immersionssystem

Bei geringem Abstand zwischen Objekt- und Bildfläche ist eine (relativ scharfe) elektronenoptische Abbildung auch ohne besonderes Strahlführungs- oder Linsensystem möglich. Abb. 191 veranschaulicht dies an zwei Beispielen. Beim Kugelkondensator-Immersionssystem (Abb. 191 a) wird die Oberfläche einer Kathodenkugel (oder -spitze) durch die emittierten Elektronen auf eine Anodenkugel abgebildet. Berücksichtigt

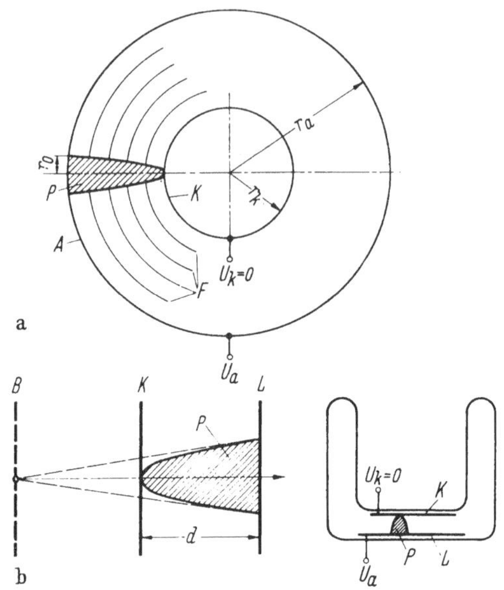

Abb. 191. Kugel- und Plattenkondensator-Immersionssysteme.
a) Kugelkondensatorabbildung (Anwendung: Feldelektronenmikroskop).
K = Kathodenkugel; A = Anodenkugel; P = Elektrodenstrahlbündel (Paraboloid); F = Äquipotentialflächen; r_0 = Radius des Zerstreuungsscheibchens.
b) Plattenkondensatorabbildung (Anwendung: Bildwandler).
K = Photokathode; L = Leuchtschirm (Anode); B = virtuelle Bildebene; P = Elektronenstrahlbündel (Paraboloid).

man, daß die Elektronen jeden Punkt der Kathodenoberfläche unter beliebigen Winkeln zwischen Null und 90° verlassen, so ergibt jeder dieser Punkte auf der Anode ein „Zerstreuungsscheibchen" mit dem Radius:

$$r_0 = 2\,(r_a - r_k)\,\sqrt{\frac{U_0}{U_a}} \qquad (149)$$

(r_a, r_k [in cm] = Radius der Anoden- bzw. Kathodenkugel, U_a [in V] = Anodenspannung, U_0 [in V] = Voltäquivalent der Elektronengeschwindigkeit beim Austritt aus der Kathode).

Diese Art der Abbildung, die ohne Bildumkehr erfolgt, wird z. B. beim *Feldelektronenmikroskop* zur vergrößerten Darstellung von Kathodenspitzen angewandt.

Beispiel: Ein Feldmikroskop mit einer Kathodenspitze (Radius r_k) und einer Glaskugel mit Leuchtschirm als Anode (Radius r_a) hat folgende Daten: $r_k = 10^{-3}$ cm, $r_a = 5$ cm, $U_0 = 0{,}1$ V und $U_a = 10^4$ V. Für diesen Fall beträgt der Radius des Zerstreuungsscheibchens $r_0 = 0{,}032$ cm, ist also noch so klein, daß ein genügend scharfes Bild entsteht.

Ähnliche Verhältnisse ergeben sich bei der elektronenoptischen Abbildung in einem Plattenkondensator-Immersionssystem (vgl. Abb. 191 b), wie es z. B. in Bildwandlern verwendet wird (vgl. Kap. 2, Abschn. V, A).

F. Statisch-periodische Elektronenstrahl-Fokussiersysteme

Zur Kompensation der Aufspreizung von langen Elektronenstrahlen hoher Stromdichte können anstelle von Vorsammelsystemen oder langen Magnetspulen auch periodische Fokussiersysteme verwendet werden [*19. 30—32, 36, 37*].

1. Elektrische Systeme

a) Rohrlinsensystem für kreiszylindrische Elektronenstrahlen. Dieses System (vgl. Abb. 192 a) eignet sich für die Fokussierung eines Elektronenstrahls mit kreisförmigem Querschnitt [*37*]. Es besteht wie die Mehrrohrlinse aus einer Reihe von koaxialen hintereinander angeordneten Rohrstücken. Die Linsenfelder zwischen je zwei benachbarten Rohrstücken wirken wie bei der Zweirohrlinse unabhängig von der Polung der Elektroden auf den Elektronenstrahl stets sammelnd. Bei passender Wahl der Rohrpotentiale kann daher jedes einzelne Linsenfeld gerade die Strahlaufspreizung kompensieren, die der Elektronenstrahl beim Durchlaufen des vorhergehenden Rohrstücks erfahren hat. Da die Sammelwirkung von der Polung der einzelnen Elektroden unabhängig ist, kann das System auch dynamisch, d. h. mit Wechselspannung betrieben werden. Anwendung findet dieses Rohrlinsensystem z. B. beim Linearbeschleuniger (vgl. Kap. 2, Abschn. VII, A).

b) Rohrlinsensystem für hohlzylindrische Elektronenstrahlen. Dieses Fokussiersystem (vgl. Abb. 192 b) enthält eine Ringkathode und eine Reihe hintereinander angeordneter Elektrodensysteme von denen jedes aus zwei konzentrischen Rohrstücken besteht. Der von der Kathode ausgehende hohlzylindrische Elektronenstrahl wird in den kreisringförmigen Linsenfeldern zwischen je zwei benachbarten Kondensatoren fokussiert. Derartige Systeme mit symmetrischer oder unsymmetrischer Potentialverteilung eignen sich besonders für starke Strahlströme bzw.

große Raumladungsdichte des Elektronenstrahls. Ähnliche Systeme, bei denen die konzentrischen Rohre durch zwei Spiralen genau gleicher Ganghöhe ersetzt sind, benutzt man zur Strahlführung in Wanderfeldröhren [*30*].

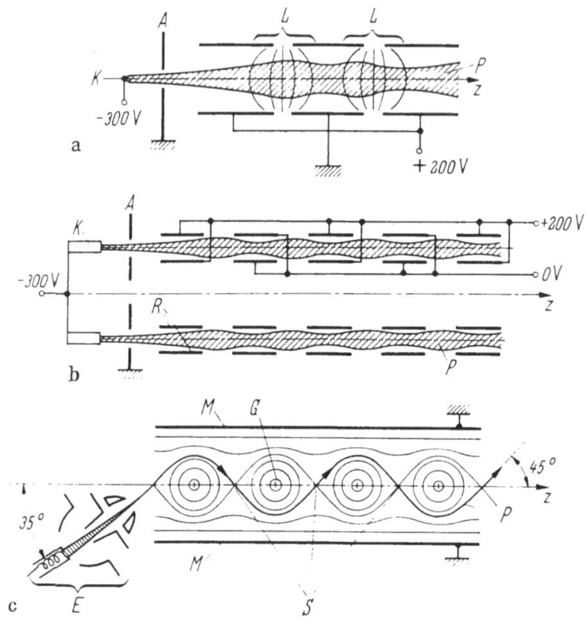

Abb. 192. Periodische elektrische Elektronenstrahl-Fokussiersysteme:
a) Rohrlinsensystem für kreiszylindrischen Elektronenstrahl [*37*].
K = Kathode; A = Anode; L = Rohrlinse; P = zylindrischer Elektronenstrahl.
b) Rohrlinsensystem für hohlzylindrischen Elektronenstrahl [*30*].
K = Ringkathode; A = Ringanode; R = koaxiale Rohre; P = hohlzylindrischer Elektronenstrahl.
c) Slalom-Fokussiersystem [*32*].
E = Elektronenkanone; M = geerdete Metallplatte; G = positive Gitterstäbe; P = bandförmiger Elektronenstrahl; S = Sattelpunkte des elektrischen Potentialfelds.

c) Slalom-Fokussiersystem. Das Slalom-Fokussiersystem [*32*] besteht aus mehreren parallelen Gitterstäben, die zwischen zwei Metallplatten angeordnet sind (vgl. Abb. 192c). Liegt an den Stäben eine positive Spannung gegenüber den beiden Platten, so erhält man in der Umgebung der Gitterstäbe eine Potentialverteilung, nach der das Potential von den Platten aus in Richtung zu den Gitterstäben ansteigt. Zwischen je zwei benachbarten Gitterstäben entsteht ein Sattelpunkt, von dem aus das Potential in Richtung zu den Gitterstäben ansteigt, in der dazu senkrechten Richtung dagegen abfällt. Die beiden Äquipotentialflächen, die durch die Sattelpunkte gehen, bezeichnet man als Sattelflächen. Ein bandförmiger Elektronenstrahl, der angenähert tangential zu einer Sattelfläche in das Potentialfeld eintritt, wird an den oberen und unteren Scheitelpunkten dieser Sattelflächen von Flächen niedrigeren Potentials reflektiert. Der Elektronenstrahl folgt daher angenähert dem Verlauf der Sattelfläche, die sich wie eine Slalomkurve zwischen den Gitterstäben hindurchschlängelt. Die Gleichgewichts-Elektronenbahn liegt genau in der Sattelfläche, wenn die Eintrittsgeschwindigkeit v_0 des Elektronenstrahls dem Potential U_s der Sattelfläche entspricht, wenn also $v_0 = \sqrt{(2e/m)\,U_s}$ ist.

Die Slalomfokussierung findet in Wanderfeldröhren Anwendung[1]. Die positiven Gitterstäbe sind dort Teil einer Spirale. Der Elektronenstrahl wird unter einem Winkel von 35° gegen die Röhrenachse in das Fokussiersystem eingeschossen (obwohl die Sattelflächen die Systemachse unter einem Winkel von 45° schneiden). Das Strahlerzeugungssystem sitzt entweder inner- oder außerhalb des Slalomsystems. Im letzteren Fall kann der Bandstrahl durch eine Ablenkeinrichtung in die gewünschte Einschußrichtung gebracht werden.

2. Magnetische Systeme

Magnetische Fokussiersysteme nach Abb. 193 a bestehen aus einer Anzahl hintereinander angeordneter Kreislochscheiben, die so magnetisiert sind, daß an ihrem inneren Umfang abwechselnd ein Südpol und ein Nordpol entsteht. Sämtliche Scheiben sind in einem Weicheisenzylinder untergebracht. Das ganze System wirkt wie eine Serie von magnetischen Linsen, deren sammelnde Brechkraft so gewählt wird, daß die Aufspreizung des axialen Elektronenstrahls gerade kompensiert wird.

Abb. 193 b zeigt als zweite Ausführungsform ein magnetisches Fokussiersystem mit Polschuhen [31]. Die Weicheisenpolschuhe zwischen den Permanentmagneten verhindern das Auftreten stärkerer asymmetrischer Transversalfelder, wodurch die Strahlfokussierung verbessert wird.

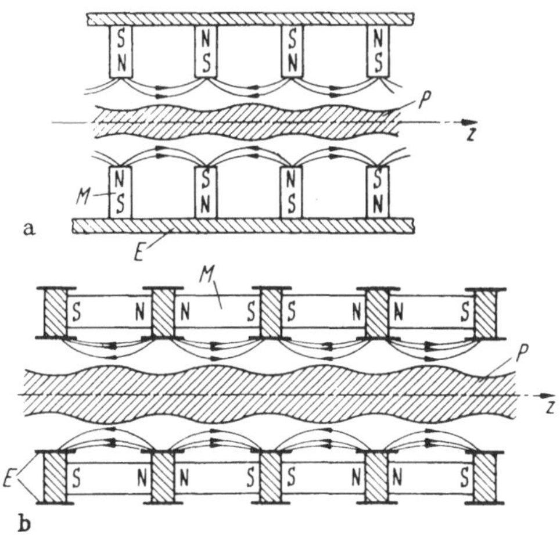

Abb. 193. Periodische magnetische Elektronenstrahl-Fokussiersysteme [31].
a) System mit Lochscheibenmagneten. M = Permanentmagnete; E = Weicheisenmantel; P = Elektronenstrahl.
b) System mit Zylindermagneten und Weicheisenpolschuhen. M = Permanentmagnete; E = Weicheisenpolschuhe; P = Elektronenstrahl.

---

[1] Über Wanderfeldröhren vgl. Bd. I. S. 159 ff.

III. Elektronenoptische Ablenkorgane

A. Allgemeine Eigenschaften der Ablenkorgane

Ablenkorgane sind felderzeugende elektrische oder magnetische Systeme, in denen die Feldlinien senkrecht zur Richtung des abzulenkenden Elektronenstrahls verlaufen, so daß auch die Ablenkung senkrecht zur Elektronenstrahlachse erfolgt. Die für elektronenoptische Geräte wesentlichen Eigenschaften der Ablenkorgane sind durch die Lage der *Hauptebene*, das *Ablenkvermögen*, die *Fehlerfreiheit*, die *Ablenkung*, den *maximalen Ablenkwinkel* und die *Ablenkempfindlichkeit* charakterisiert. Die drei erstgenannten Merkmale beschreiben Eigenschaften der Ablenkorgane *allein*, während durch die übrigen drei Größen Eigenschaften der Ablenkorgane *und* des zugehörigen Entladungsgeräts zum Ausdruck kommen.

Man unterscheidet elektrische und magnetische Ablenksysteme in Form von *Ablenkspulen* bzw. *Ablenkplatten*. Bei Fernsehröhren werden im allgemeinen Ablenkspulen wegen ihrer geringeren Fehler und ihrer größeren Öffnung den Ablenkplatten vorgezogen. Ablenkplatten findet man dagegen vorwiegend bei Oszillographenröhren, weil Platten leichter herzustellen sind und weil sich mit ihnen eine zeitlineare Ablenkung (mit Hilfe einer linearen Sägezahnspannung) besser realisieren läßt.

Ihrer Geometrie nach zerfällt die große Familie der Ablenkorgane in zwei Gruppen, nämlich die der *doppel*symmetrischen und die der *einfach*symmetrischen Ablenkorgane. Die Felder der ersteren sind zu zwei zueinander senkrechten, durch die optische Achse gehenden Ebenen symmetrisch (vgl. Abb. 194a). Eine derartige Feldkonfiguration erreicht man gewöhnlich durch eine doppelte räumliche Symmetrie der Ablenkplatten bzw. Ablenkspulen. Bei Ablenkplatten ist es außerdem erforderlich, daß die Ablenkspannungen spiegelbildlich zum Anodenpotential zugeführt werden, d. h. die eine Platte muß gegenüber ihrer Umgebung um den gleichen Betrag positiv vorgespannt sein wie die andere negativ. Ist dies nicht der Fall, so bewirken die Ablenkplatten eine zusätzliche Beschleunigung oder Verzögerung des Elektronenstrahls und besitzen daher trotz räumlicher Doppelsymmetrie einfachsymmetrische Eigenschaften. Einfachsymmetrische Ablenkorgane haben im Gegensatz zu doppelsymmetrischen nur *eine* durch die optische Achse gehende Feldsymmetrieebene (vgl. Abb. 194b).

Als *Kardinalelemente* der Ablenkorgane werden zwei (von den obenerwähnten sechs) Größen definiert, die nur durch die geometrischen Abmessungen dieser Systeme gegeben sind und nicht von ihrer Lage in der Röhre oder von Spannungen und Strömen abhängen. Diese beiden Größen sind das Ablenkvermögen und der Ort der Ablenkhauptebene:

Das *Ablenkvermögen A* eines elektrischen bzw. magnetischen Ablenkorgans wird durch den auf gleiches Verhältnis U_a/U_p bzw. $\sqrt{U_a}/In$ bezogenen Ablenkwinkel γ ausgedrückt:

$$\text{(a)} \quad A_e = \frac{U_a}{U_p} \tan \gamma \quad \text{bzw.} \quad \text{(b)} \quad A_m = \frac{\sqrt{U_a}}{0{,}37 In} \tan \gamma \tag{150}$$

(A_e bzw. A_m = Ablenkvermögen des elektrischen bzw. magnetischen

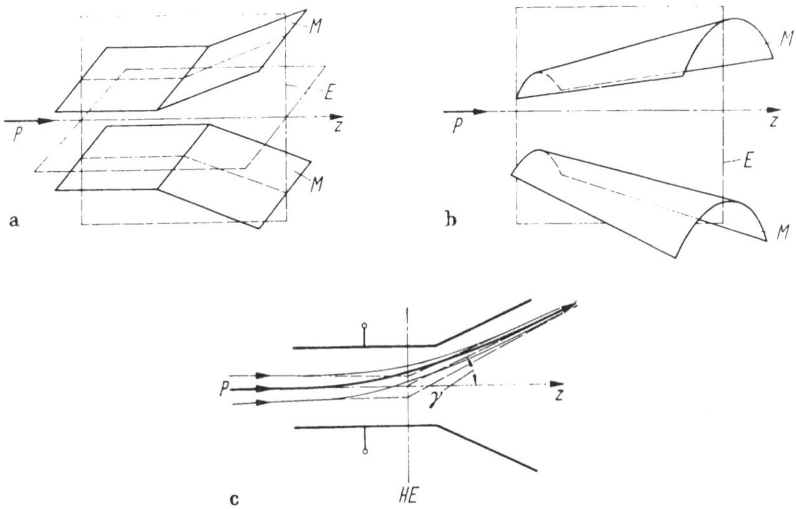

Abb. 194. a) Beispiel für ein doppelsymmetrisches Ablenksystem (zwei Symmetrieebenen).
M = Ablenkplatten; *E* = Symmetrieebenen; *P* = Elektronenstrahl.
b) Beispiel für ein einfachsymmetrisches Ablenksystem (eine Symmetrieebene).
M = Ablenkplatten; *E* = Symmetrieebene; *P* = Elektronenstrahl.
c) Definition der Hauptebene *HE* eines Ablenksystems.
P = Elektronenstrahl.

Ablenkorgans, U_a [in V] = Beschleunigungsspannung des Elektronenstrahls, U_p [in V] = Spannung zwischen den Ablenkplatten, In [in A] Amperewindungszahl der Ablenkspule, $0{,}37 = \mu_o \sqrt{e/2m}$, γ = Ablenkwinkel). Bei elektrischen Ablenksystemen ist $\tan \gamma \sim U_p/U_a$ und unabhängig von e und m [vgl. z. B. Bd. I, Gl. (54)]. Bei magnetischen Systemen ist — sofern es sich um Luftspulen handelt — $\tan \gamma \sim \sqrt{e/m}\, B \sim \sqrt{e/m}\, In$ [vgl. z. B. Bd. I. Gl. (62)]. Nach Gl. (150) hängt daher das Ablenkvermögen elektrischer und magnetischer Ablenkorgane weder von der Art und Geschwindigkeit der abgelenkten Teilchen noch von der Ablenkspannung bzw. dem Ablenkstrom ab. Es ist vielmehr nur eine Funktion der geometrischen Abmessungen des Ablenkorgans.

Die *Ablenkhauptebene HE* ist der geometrische Ort des Schnittpunkts der schirm- und kathodenseitigen Asymptoten des Elektronenstrahls (vgl. Abb. 194c). Sie steht auf der optischen Achse senkrecht.

Werden in einer Elektronenstrahlröhre neben *Ablenk*systemen gleichzeitig auch *Abbildungs*systeme verwendet, so dürfen deren Felder im allgemeinen nicht in die Ablenkfelder eingreifen. Jedes Ablenksystem hat aber auch abbildende Eigenschaften; diese sind die wesentliche Ursache der *Ablenkfehler*. Nur für Massenspektrographen sind spezielle *abbildende Ablenksysteme* entwickelt worden.

B. Doppelsymmetrische elektrische Ablenkorgane

Diese Ablenkorgane bestehen aus einem Paar metallischer Platten. Sie werden vorwiegend in Oszillographen- und Fernsehröhren benutzt. Ihr Ablenkvermögen A_e ergibt sich aus Gl. (150a), ihre Ablenkempfindlichkeit e_e [in cm/V] ist das Verhältnis aus Ablenkung y_e [in cm] am Leuchtschirm und Plattenspannung U_p [in V]:

$$e_e = \frac{y_e}{U_p}. \tag{151}$$

Eine einfache Berechnung von A_e und e_e ist nur möglich, wenn das Streufeld an den Plattenrändern vernachlässigt wird (vgl. Abb. 195). Unter dieser Voraussetzung ergeben sich für A_e und e_e relativ einfache

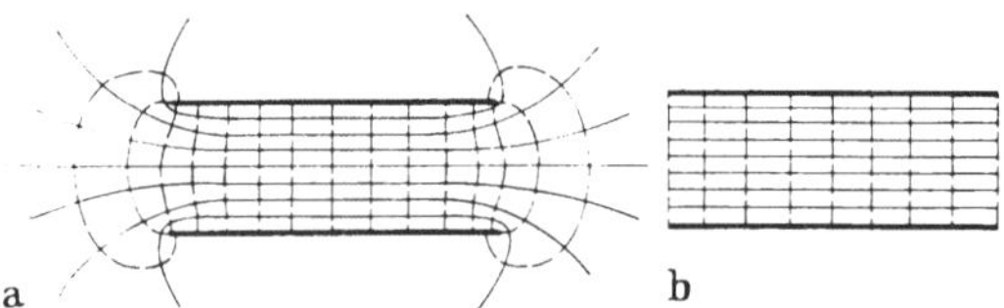

Abb. 195. Ablenkplattenpaar mit (a) bzw. ohne (b) Streufeld.

Formeln. Für Oszillographen- und Fernsehröhren ist A_e von der Größenordnung 1 bis 10 und e_e von der Größenordnung 0,1 bis 0,01 cm/V.

Neben der Ablenkempfindlichkeit und dem Ablenkvermögen ist auch der größte Ablenkwinkel $\gamma_{\max}$ für die Dimensionierung von Elektronenstrahlröhren wesentlich. Man versteht darunter denjenigen (maximal möglichen) Ablenkwinkel, bei dem die Achse des Elektronenstrahls eine Ablenkplattenkante oder den Röhrenhals gerade streift. Bei technischen Röhren ist der praktisch ausgenutzte Ablenkwinkel mit Rücksicht auf die Ablenkfehler und die Intensitätsabnahme des Leuchtflecks stets merklich kleiner als dieser Grenzwert.

1. Lange parallele Ablenkplatten

Dieses Ablenksystem ist dadurch gekennzeichnet, daß der (bildseitige) Elektronenbrennfleck auf dem Leuchtschirm noch im (abgehackten) Ablenkfeld liegt (vgl. Abb. 196). Für diesen Fall beträgt

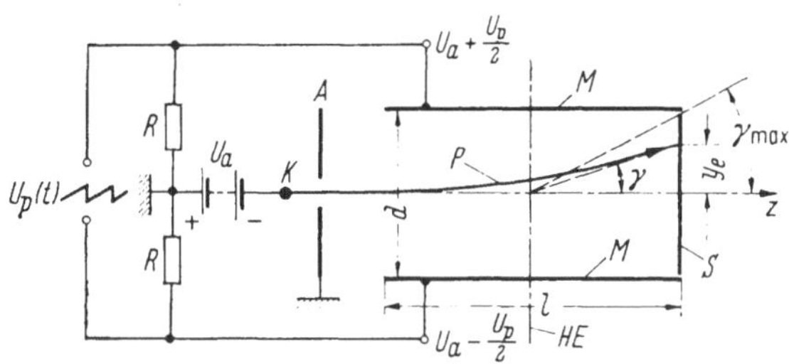

Abb. 196. Doppelsymmetrisches Ablenksystem mit „langen" parallelen Ablenkplatten. Zur Erreichung der Doppelsymmetrie muß das Anodenpotential das arithmetische Mittel der Ablenkplattenpotentiale sein.
K = Kathode; A = Anode; M = Ablenkplatten; S = Leuchtschirm; P = Elektronenstrahl; HE = Hauptebene; R = Symmetrierwiderstand.

die *Ablenkung*[1]

$$y_e = \frac{l^2}{4d}\,\frac{U_p}{U_a}, \tag{152}$$

die *Ablenkempfindlichkeit*

$$e_e = \frac{y_e}{U_p} = \frac{l^2}{4d}\,\frac{1}{U_a}. \tag{152a}$$

das *Ablenkvermögen*

$$A_e = \frac{U_a}{U_p}\tan\gamma = \frac{l}{2d} \tag{152b}$$

und der geometrisch größtmögliche *Ablenkwinkel*

$$\tan\gamma_{max} = \frac{d/2}{l/2} = \frac{d}{l}. \tag{152c}$$

Die *Hauptebene* liegt in der Mitte des Ablenkfeldes.
(U_a [in V] = Anodenspannung, U_p [in V] = Ablenkspannung. l, d [in cm] = Länge bzw. Abstand der Ablenkplatten: y_e ergibt sich in cm, e_e in cm/V).

2. Kurze parallele Ablenkplatten

Bei diesem Ablenksystem liegt der Leuchtschirm außerhalb des (abgehackten) Ablenkfelds (vgl. Abb. 197). In diesem Fall wird:

---

[1] Vgl. Bd. I, Gl. (53).

die *Ablenkung*[1]

$$y_e = \frac{lL}{2d}\frac{U_p}{U_a},\qquad (153)$$

die *Ablenkempfindlichkeit*[2]

$$c_e = \frac{lL}{2d}\frac{1}{U_a},\qquad (153\,\text{a})$$

das *Ablenkvermögen*

$$A_e = \frac{l}{2d}\qquad (153\,\text{b})$$

und der geometrisch größtmögliche *Ablenkwinkel*

$$\tan\gamma_{\max} = \frac{d}{l}.\qquad (153\,\text{c})$$

Die *Hauptebene* liegt in der Mitte des Ablenkfeldes. (L = Zeigerlänge = Abstand zwischen Hauptebene und Leuchtschirm.)

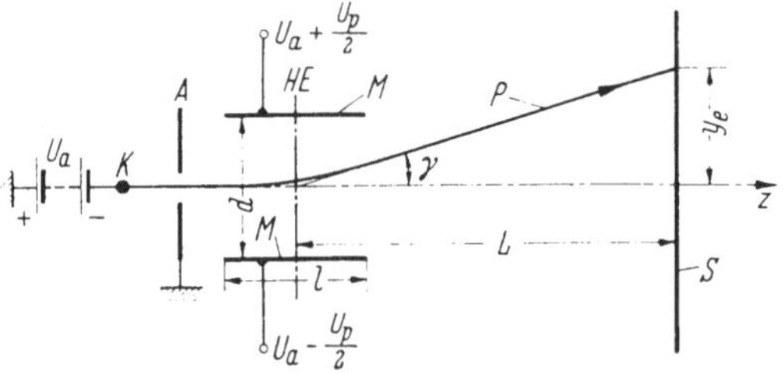

Abb. 197. Doppelsymmetrisches Ablenksystem mit „kurzen" parallelen Ablenkplatten. K = Kathode; A = Anode; M = Ablenkplatten; S = Schirm; P = Elektronenstrahl; HE = Hauptebene.

3. Geneigte kurze Ablenkplatten

In diesem System sind die (ebenen) Ablenkplatten um den Winkel ν gegen die optische Achse geneigt (vgl. Abb. 198a). Es wird angenommen, daß das Ablenkfeld an den Plattenrändern längs Zylindermänteln abgehackt ist. Unter dieser Voraussetzung wird [*43, 52*]:

die *Ablenkung*

$$y_e = \frac{U_p}{4\nu U_a}\,L\ln(r_2/r_1),\qquad (154)$$

die *Ablenkempfindlichkeit*

$$c_e = \frac{L}{4\nu U_a}\ln(r_2/r_1).\qquad (154\,\text{a})$$

---

[1] Siehe Bd. I, Gl. (54).　　　[2] Siehe Bd. I, Gl. (54a).

das *Ablenkvermögen*

$$A_e = \frac{1}{4\varkappa} \ln (d_2/d_1) \qquad (154\,\mathrm{b})$$

und der größte *Ablenkwinkel*

$$\tan \gamma_{\max} = \frac{\varkappa \ln (d_2/d_1)}{\ln (d_2/d_1) - 1 + d_1/d_2}. \qquad (154\,\mathrm{c})$$

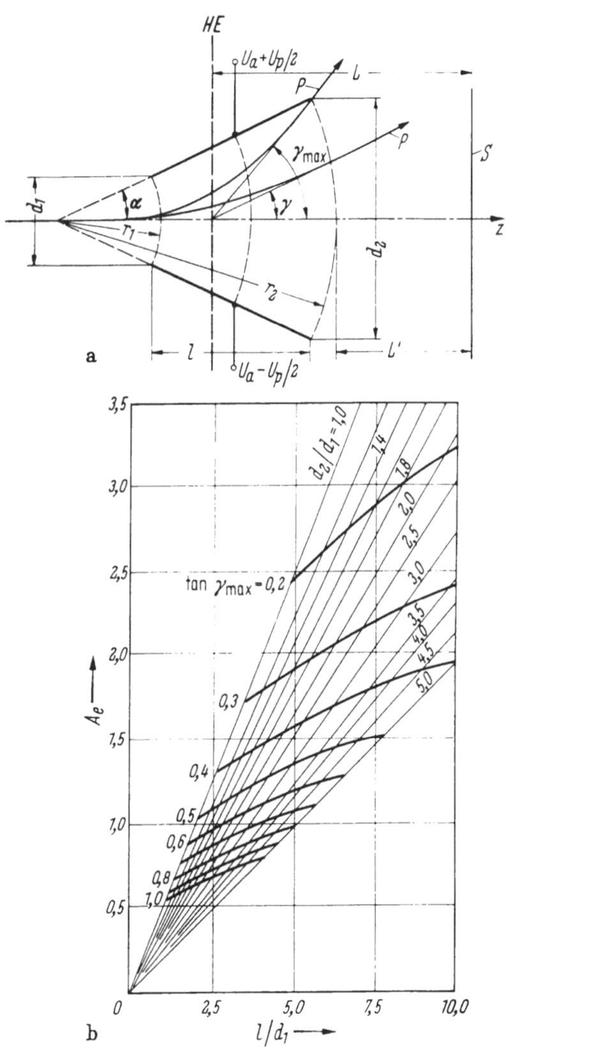

Abb. 198. a) Doppelsymmetrisches Ablenksystem mit geneigten „kurzen" Ablenkplatten [43, 52];
b) Ablenkvermögen A_e geneigter „kurzer" Ablenkplatten in Abhängigkeit von den Plattendimensionen.

Die *Hauptebene* hat von der Schnittgeraden der beiden Plattenebenen den Abstand

$$z_H = \frac{r_2 - r_1}{\ln \dfrac{r_2}{r_1}} \approx \frac{\alpha (d_2 - d_1)}{\ln \dfrac{d_2}{d_1}}; \tag{155}$$

ihr Abstand vom Leuchtschirm (= Zeigerlänge L) beträgt

$$L = L' + \frac{r_2 \ln (r_2/r_1) + r_1 - r_2}{\ln \dfrac{r_2}{r_1}}. \tag{156}$$

Für $L' \gg d_1$ bzw. d_2 erhält man anstelle von Gl. (154) die Beziehung:

$$y_e \approx \frac{U_p}{4 \varkappa U_a} L' \ln \frac{d_2}{d_1}. \tag{157}$$

In den Gln. (154) bis (157) sind alle Längen in cm, alle Spannungen in V und der Winkel α im Bogenmaß einzusetzen. Die Bedeutung von r_1, r_2, d_1, d_2, L, L', z_H und α ist aus Abb. 198a ersichtlich. In Abb. 198b ist das Ablenkvermögen geneigter Ablenkplatten in Abhängigkeit von den Dimensionen graphisch dargestellt. Dieses Diagramm gestattet bei gegebenem Ablenkwinkel die rasche Ermittlung der erforderlichen Plattendimensionen und der Ablenkspannung. Einen Vergleich zwischen den Dimensionen und Ablenkspannungen von kurzen parallelen bzw. geneigten Ablenkplatten für gleichen maximalen Ablenkwinkel und hinreichend kleine Strahldicke zeigt folgendes

Beispiel: Für *parallele* Ablenkplatten ($d_2 = d_1 = d$) und einen maximalen Ablenkwinkel $\gamma_{\max} = 14°$ (tan $\gamma_{\max} \approx 0{,}25$) erhält man aus Gl. (153c) $l/d = 4{,}0$ und aus Gl. (153b) $A_e = 2{,}0$. Für eine Anodenspannung $U_a = 4000$ V ergibt sich damit nach Gl. (150a) eine maximale Ablenkspannung $U_{p\max} = (U_a/A_e) \tan \gamma_{\max} = 500$ V. Für *geneigte* Ablenkplatten (z. B. $d_2/d_1 = 2$) erhält man bei gleichem maximalem Ablenkwinkel ($\gamma_{\max} = 14°$) aus Abb. 198b $l/d_1 = 7{,}5$ und $A_e \approx 2{,}5$. Dies ergibt für $U_a = 4000$ V eine maximale Ablenkspannung $U_{p\max} = 400$ V. A_e ist hier also größer und $U_{p\max}$ kleiner als bei parallelen Ablenkplatten. Meist kann A_e bei geneigten Platten noch wesentlich höher werden, da hier der Abstand d_1 nahezu bis zum Strahldurchmesser verkleinert werden kann.

4. Gekrümmte und geknickte Ablenkplatten

Um das Ablenkvermögen weiter zu erhöhen, verwendet man manchmal gekrümmte oder geknickte Ablenkplatten (vgl. Abb. 199). Bei *gekrümmten* Platten soll die Krümmung so gewählt werden, daß der Rand des abgelenkten Elektronenstrahls immer den gleichen Abstand von der oberen bzw. unteren Platte beibehält (vgl. Abb. 199a). Für solche optimal gekrümmten Platten beträgt das Ablenkvermögen [51. 52]:

$$A_e = \frac{\ln (d_2/d_1)}{\tan \gamma_{\max}} \tag{158}$$

(d_1, d_2 = Abstände der Plattenränder von der optischen Achse, γ_{max} = maximaler Ablenkwinkel).

Für *einmal geknickte* Ablenkplatten, deren Flächen auf der Strahl-

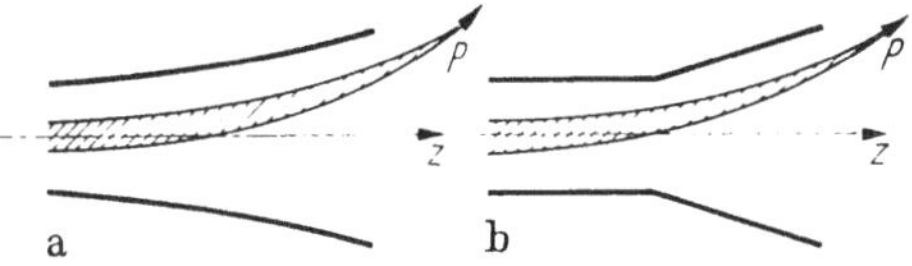

Abb. 199. Doppelsymmetrische gekrümmte (a) bzw. geknickte (b) Ablenkplatten. *P* Elektronenstrahl [51, 52].

eintrittsseite parallel zur optischen Achse verlaufen (vgl. Abb. 199 b), beträgt das Ablenkvermögen entsprechend Gl. (153 b) und (154 b):

$$A_c = \frac{l_1}{2\,d_1} + \frac{1}{4\,\varkappa}\,\ln\left(\frac{d_2}{d_1}\right) \tag{159}$$

(d_1, d_2 = Abstände der Plattenränder voneinander, l_1 = Länge des parallelen Plattenanteils, $\varkappa$ = Winkel zwischen den geneigten Plattenteilen).

Das Ablenkvermögen gekrümmter oder geknickter Platten ist bei gleichem maximalem Ablenkwinkel bis zu viermal größer als das Ablenkvermögen paralleler Platten.

5. Elektrisches Ablenksystem mit sinusförmiger Randpotentialverteilung[1]

Dieses Ablenksystem besteht aus Metallstreifen, die am Umfang des zylindrischen oder konischen Röhrenhalses einer Elektronenröhre angebracht sind [58][2]. Die Ränder der einzelnen Streifen folgen mit wachsendem Umlaufwinkel x einer Sinus- bzw. Cosinus-Funktion. Dieser Randverlauf, der eine entsprechende sinusförmige Randpotentialverteilung zur Folge hat, ergibt sich aus der Forderung, daß im ganzen Röhren-Querschnitt möglichst homogene x- und y-Ablenkfelder entstehen sollen. Abb. 200 zeigt die Verteilung der Streifen am Umfang des Röhrenhalses. Die in der Röhre wirksame Ablenkspannung hängt von den Streifenspannungen U_x und U_y zugleich ab (Simultanablenkung). Da die Hauptebenen der x- und y-Ablenkung zusammenfallen, ist ein relativ kurzer Systemaufbau möglich. Wegen seiner großen Öffnung (die ungefähr gleich dem Röhrenhalsdurchmesser ist) besitzt das System kleine Ab-

---

[1] Dieses Ablenksystem ist strenggenommen nicht doppelsymmetrisch; sein Ablenkfeld hat jedoch doppelsymmetrische Eigenschaften.

[2] Dem elektrischen Ablenksystem mit sinusförmiger Randpotentialverteilung entsprechen magnetische Ablenkorgane mit sinusförmiger Wicklungsverteilung auf einem Eisenjoch.

lenkfehler und ermöglicht große Ablenkwinkel (bis $\pm\,25°$). Wegen der geringen Wirksamkeit der Ablenkspannungen U_x und U_y ist jedoch das Ablenkvermögen des Systems relativ klein.

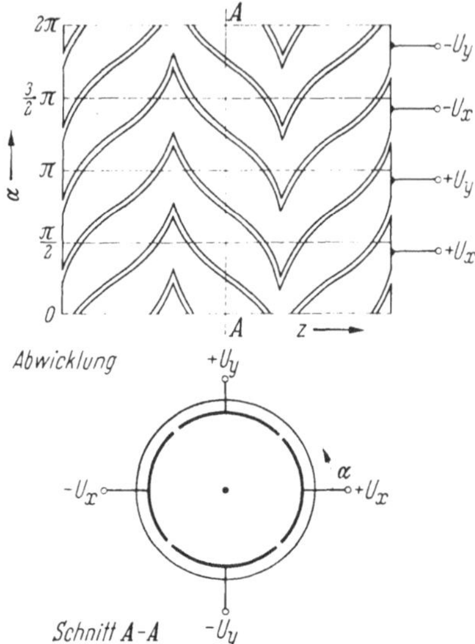

Abb. 200. Elektrisches Ablenksystem mit sinusförmiger Randpotentialverteilung [58].

C. Doppelsymmetrische magnetische Ablenkorgane

Magnetische Ablenkorgane bestehen aus *Luftspulen* oder *Eisenspulen*. Die Luftspulen werden nach ihren verschiedenen *Formen* z. B. als Kreisring-, Parallelleiter-, konische oder elliptische Spulen bezeichnet, während man die Eisenspulen meist nach der *Lage der Wicklung* auf dem Eisenjoch benennt (z. B. Eisenspulen mit Schenkel-, Pol- oder Trommel-wicklung). Das Ablenkvermögen A_m der magnetischen Ablenkorgane ergibt sich aus Gl. (150b), ihre Ablenkempfindlichkeit e_m [in cm/A] ist das Verhältnis aus Ablenkung y_m [in cm] am Leuchtschirm und Ampere-windungszahl In [in A] der Ablenkspule:

$$e_m = \frac{y_m}{In}. \qquad (160)$$

Für Luftspulen können A_m und e_m im allgemeinen aus der Spulengeo-metrie berechnet werden. Bei Eisenspulen sind dagegen beide Größen nur experimentell aus der Feldstärkeverteilung längs der optischen Achse bestimmbar. Bei gleichen Abmessungen und Amperewindungs-zahlen haben die Eisenspulen wegen der stärkeren Feldkonzentration in Elektronenstrahlnähe meist ein höheres Ablenkvermögen als Luftspulen. Bei diesen tragen außerdem die senkrecht zur optischen Achse verlaufenden Spulenteile nichts zur Ablenkung bei. Für die Strahlablenkung in zwei zueinander senkrechten Richtungen werden bei eisenfreien Ablenksystemen die Spulen häufig ineinander angeordnet, um das Ablenksystem kurz zu halten. Aus dem gleichen Grund werden bei Eisenspulen alle Wicklungen oft auf ein gemeinsames Joch gesetzt. Die Auswahl der verschiedenen Ablenkspulen richtet sich nicht nur nach dem Ablenkvermögen und dem maximal möglichen Ablenkwinkel, sondern auch nach der Kleinheit der Ablenkfehler. Die wegen ihrer relativen Fehlerfreiheit am meisten gebrauchten Ablenkorgane sind: Luftspulen mit langem bzw. kurzem Homogenfeld, eisenfreie Parallelleiterspulen und elliptische Spulen sowie Eisenspulen mit Pol- oder Schenkelwicklung.

1. Eisenfreie Ablenkspule mit „langem" homogenem Magnetfeld

Dieses Ablenksystem erzeugt ein homogenes Magnetfeld, dessen Ausdehnung in Richtung der optischen Achse größer ist als die Elektronenstrahllänge zwischen Strahlerzeugungssystem und Leuchtschirm (vgl. Abb. 201). Das System stellt demnach ein „Ablenk-Immersionssystem" dar (vgl. hierzu das „Abbildungs-Immersionssystem" der Abbildung 189).

Ist die magnetische Feldstärke H senkrecht zur Zeichenebene gerichtet, so wird ein Elektronenstrahl, der längs der optischen Achse mit der Geschwindigkeit $v_0 = \sqrt{(2e/m)U_a}$ in das Magnetfeld eintritt, innerhalb der Zeichenebene auf

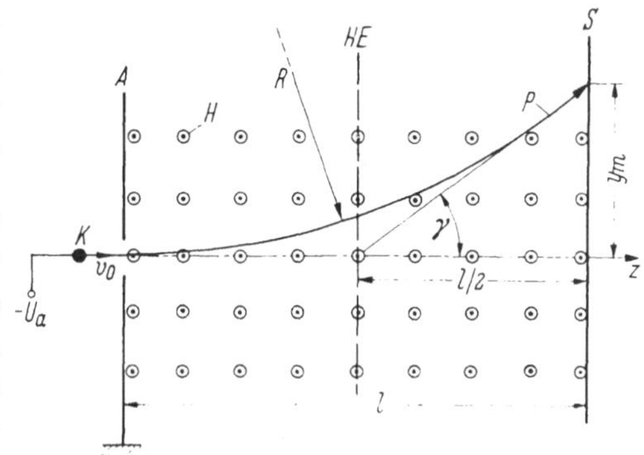

Abb. 201. Ablenksystem mit „langem" homogenem Magnetfeld.

einer Kreisbahn mit dem Radius $R = m v_0/e \mu_0 H$ abgelenkt [vgl. Bd. I, Gl. (7) und (61) sowie Abb. 72]. Unter der Voraussetzung $R \gg l$ (d. h. für relativ kleine Ablenkwinkel) ergibt sich daraus für

die *Ablenkung*[1]

$$y_m = \frac{\mu_0 H l^2}{2\sqrt{\dfrac{2m}{e}U_a}} = 0.187 \frac{H l^2}{\sqrt{U_a}}. \tag{161}$$

---

[1] Die Ablenkung erhält man aus der Gleichung der Kreisbahn: $(y - R)^2 + z^2 = R^2$. Der Schnittpunkt dieses Kreises mit der Ebene $z = l$ liegt bei $y_m = R \cdot [1 - \sqrt{1 - (l/R)^2}]$. Für $R \gg l$ wird $y_m \approx R[1 - (1 - l^2/2R^2)] = l^2/2R = \dfrac{\mu_0 H l^2}{2\sqrt{(2m/e)U_a}}$.

17*

die *Ablenkempfindlichkeit*

$$e_m = \frac{y_m}{In} = 0{,}187 \frac{Hl^2}{In \sqrt{U_a}} \qquad (161\,\mathrm{a})$$

und das *Ablenkvermögen*

$$A_m = \frac{\sqrt{U_a}}{\mu_0 \sqrt{\frac{e}{2m} In}} \cdot \frac{y_m}{l/2} = \frac{Hl}{In} . \qquad (161\,\mathrm{b})$$

Der größtmögliche *Ablenkwinkel* $\gamma_{\max}$ wird nur durch den Röhrenkolben- bzw. Leuchtschirmdurchmesser D begrenzt:

$$\tan \gamma_{\max} = \frac{D/2}{l/2} = \frac{D}{l} . \qquad (161\,\mathrm{c})$$

Die *Hauptebene* des Ablenksystems liegt für genügend kleine Ablenkwinkel in der Mitte des ablenkenden Feldanteils.

(H [in A/cm] = magnetische Feldstärke, U_a [in V] = Beschleunigungsspannung des Elektronenstrahls, In [in A] = Amperewindungszahl der felderzeugenden Ablenkspule, l [in cm] = Länge des Ablenkfelds zwischen Strahlerzeugungssystem und Leuchtschirm, $e/m = 1{,}77 \cdot 10^{15}$ cm²/Vsec². $\mu_0 = 4\pi \cdot 10^{-9}$ Ωsec/cm, y_m in cm, e_m in cm/A).

Ablenkspulen mit langem Magnetfeld finden u. a. in Fernsehkameraröhren (z. B. in Dissectorröhren) Anwendung.

2. Eisenfreie Ablenkspule mit „kurzem" homogenem Magnetfeld

Beim kurzen („abgehackten") Magnetfeld ist die Ausdehnung des Feldes in Richtung der optischen Achse wesentlich kleiner als die Elek-

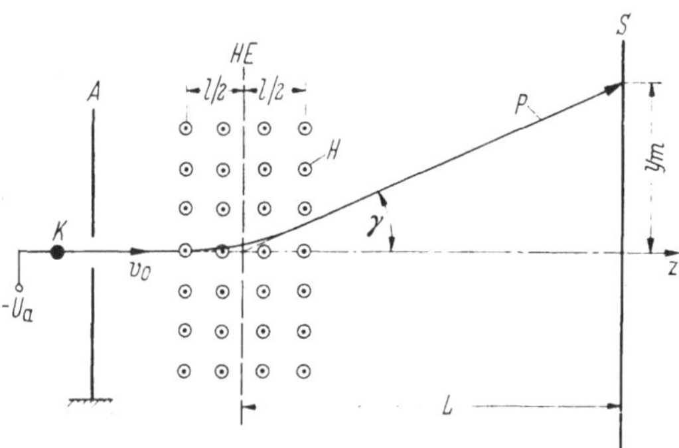

Abb. 202. Ablenksystem mit „kurzem" homogenem Magnetfeld.

tronenstrahllänge (vgl. Abb. 202). Der Leuchtschirm liegt also außerhalb des Magnetfelds. Für kleine Ablenkwinkel wird die *Ablenkung*[1]

$$y_m = \sqrt{\frac{e}{2m}} \; \frac{L l \mu_0 H}{\sqrt{U_a}} = 0.37 \; \frac{H L l}{\sqrt{U_a}} \,. \tag{162}$$

die *Ablenkempfindlichkeit*

$$e_m = 0.37 \; \frac{H L l}{I n \sqrt{U_a}} \,. \tag{162a}$$

das *Ablenkvermögen*

$$A_m = \frac{\sqrt{U_a}}{\mu_0 \sqrt{\dfrac{e}{2m}} \, I n} \; \frac{y_m}{L} = \frac{H l}{I n} \tag{162b}$$

und der maximale *Ablenkwinkel*

$$\tan \gamma_{\max} = \frac{D}{L} \,. \tag{162c}$$

Die *Hauptebene* liegt für genügend kleine Ablenkwinkel in der Mitte des Ablenkfelds.

(L [in cm] = Abstand der Hauptebene vom Leuchtschirm. l [in cm] = Ausdehnung des Ablenkfelds in Richtung der optischen Achse, D [in cm] = Röhrenkolben- bzw. Leuchtschirmdurchmesser; werden H in A/cm, U_a in V und $I n$ in A eingesetzt, so ergeben sich y_m in cm und e_m in cm/A).

3. Eisenfreie Parallelleiter-Kreiszylinderspule

Dieses Ablenksystem besteht aus zwei Spulenhälften mit dem in Abb. 203a gezeigten Wicklungsverlauf. Jede Spulenhälfte enthält zwei

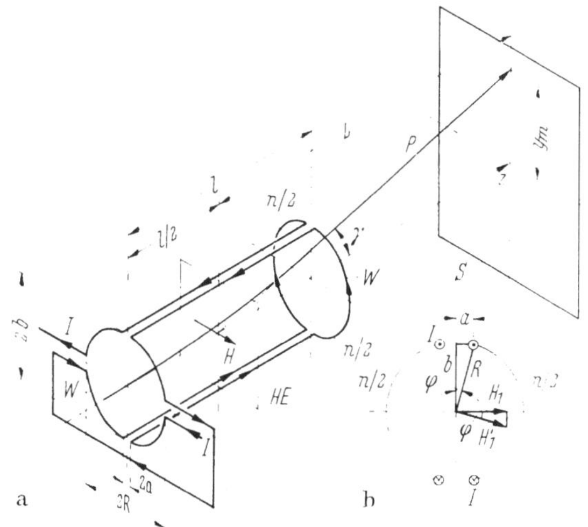

Abb. 203a u. b. Ablenkung eines Elektronenstrahls durch eine eisenfreie Parallelleiter-Kreiszylinderspule.
$n/2$ = Windungszahl einer Wicklungshälfte; I = Spulenstrom; H = magnetische Feldstärke; W = Wicklungsköpfe; P = Elektronenstrahl; S = Leuchtschirm; HE = Hauptebene.

[1] Vgl. Bd. 1. Gl. (62).

Wicklungsabschnitte, die parallel, und zwei Abschnitte ("Wicklungsköpfe"), die senkrecht zur optischen Achse verlaufen. Beträgt die Windungszahl einer Spulenhälfte $n/2$, so erzeugt jeder der achsenparallelen Wicklungsabschnitte auf der optischen Achse eine Feldstärke $H_1' = (I\,n/2)/2\pi R$. H_1' steht auf der optischen Achse und auf dem Radiusvektor R senkrecht. Nach Abb. 203 b ist die Horizontalkomponente dieser Feldstärke gleich $H_1 = H_1' \cos\varphi$ oder (wegen $\cos\varphi = b/R$): $H_1 = I\,n\,b/4\pi R^2$. Dabei ist $R^2 = a^2 + b^2$. Da alle vier geradlinigen Wicklungsabschnitte den gleichen Beitrag zum Feld liefern, wird die Gesamtfeldstärke in der Umgebung der optischen Achse $H = 4H_1 = I\,n\,b/\pi(a^2 + b^2)$. Die Wicklungsköpfe erzeugen vorwiegend achsenparallele Feldkomponenten und tragen daher zum Ablenkfeld praktisch nichts bei[1]. Damit ergibt sich für

die *Ablenkung*

$$y_m = \sqrt{\frac{e}{2m}} \frac{Ll\mu_0 H}{\sqrt{U_a}} = \sqrt{\frac{e}{2m}} \frac{Ll\mu_0}{\sqrt{U_a}} \frac{I\,n\,b}{\pi(a^2 + b^2)} = 0{,}118 \frac{I\,n}{\sqrt{U_a}} \frac{Llb}{a^2 + b^2}. \qquad (163)$$

die *Ablenkempfindlichkeit*

$$e_m = \frac{0{,}118}{\sqrt{U_a}} \frac{Llb}{a^2 + b^2} \qquad (163\,\text{a})$$

und das *Ablenkvermögen*

$$A_m = \frac{bl}{\pi(a^2 + b^2)}. \qquad (163\,\text{b})$$

Der maximale *Ablenkwinkel* $\gamma_{\max}$ hängt wieder vom ausnutzbaren Durchmesser D des verwendeten Röhrenkolbens ab:

$$\tan \gamma_{\max} = \frac{D}{L}. \qquad (163\,\text{c})$$

Die *Hauptebene* liegt in der Mitte der Spulenhälften.

Parallelleiterspulen werden manchmal zur Kompensation des Erdfelds in Elektronenstrahlröhren mit großer Strahllänge verwendet. Dabei muß die Spulenlänge größer als die Strahllänge sein.

4. Eisenfreie gekreuzte elliptische Ablenkspule

Für diese Ablenkspule, deren Aufbau Abb. 204 zeigt, beträgt nach [62]

die *Ablenkung*

$$y_m = \sqrt{\frac{e}{2m}} \frac{Ll\mu_0}{\sqrt{U_a}} \frac{I\,n}{4R} = 0{,}093 \frac{I\,n}{\sqrt{U_a}} \frac{Ll}{R}. \qquad (164)$$

---

[1] Das von den Wicklungsköpfen erzeugte Feld ist nur für die Ablenkfehler von Bedeutung.

die *Ablenkempfindlichkeit*

$$e_m = \frac{0{,}093}{\sqrt{U_a}} \cdot \frac{Ll}{R}$$
(164a)

und das *Ablenkvermögen*

$$A_m = \frac{l}{4R}.$$
(164b)

Der *Ablenkwinkel* wird durch den Röhrendurchmesser begrenzt.

Die *Hauptebene* liegt in der Spulenmitte.

(L [in cm] = Abstand der Hauptebene vom Leuchtschirm = Zeigerlänge, l [in cm] = Wicklungslänge in Richtung der optischen Achse, R [in cm] = Abstand der Wicklungsdrähte von der optischen Achse).

Ablenkung und Ablenkvermögen werden am größten, wenn R möglichst klein wird, d. h.

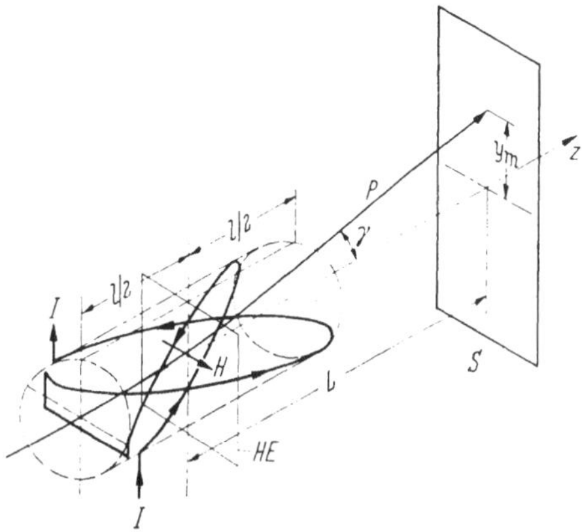

Abb. 204. Ablenkung eines Elektronenstrahls durch eine eisenfreie gekreuzte elliptische Ablenkspule [62].

wenn sich die beiden elliptischen Teilspulen eng an den Röhrenhals anschmiegen. Die elliptische Ablenkspule ist von Ablenkfehlern weitgehend frei.

5. Eisenspule mit Polwicklung

Eine solche Ablenkspule besteht aus einem viereckigen Eisenjoch, an dessen Innenseiten zwei oder vier bewickelte Pole angeordnet sind (vgl. Abb. 205). Dieses System wird über den kreisförmigen Röhrenhals geschoben. Wegen der Verringerung des Streuflusses sind Bau- und Feldlänge des Systems bei gleicher Öffnung und Ablenkempfindlichkeit wesentlich kürzer als bei eisenfreien Spulen. Dadurch erreicht man einen größeren maximalen Ablenkwinkel und einen kleineren Abstand zwischen Ablenkhauptebene und Hauptsammellinse des Strahlerzeugungssystems. Röhren mit Eisenablenkspulen können daher kürzer gebaut werden als Röhren mit Luftspulen.

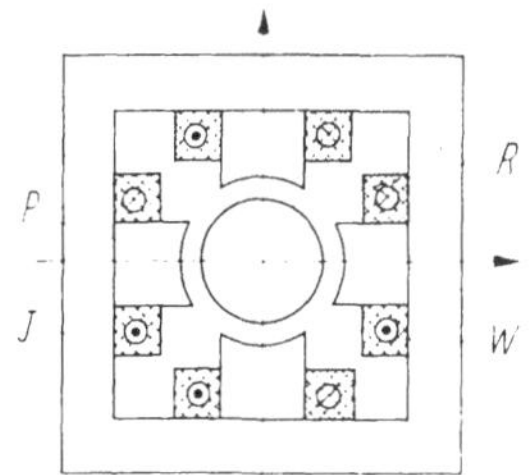

Abb. 205. Eisenspule mit Polwicklung.
P Polschuhe; *J* = Eisenjoch; *R* Röhrenhals; *W* = Spulenwicklung.

6. Eisenspule mit Schenkelwicklung

Diese Spule besteht aus einem viereckigen Eisenjoch mit zwei oder vier bewickelten Schenkeln (vgl. Abb. 206a). Auch bei solchen Spulen ist die Baulänge gering. Die Feldlänge entspricht dagegen derjenigen von äquivalenten eisenfreien Spulen. In Fällen, wo das Ablenksystem seitlich

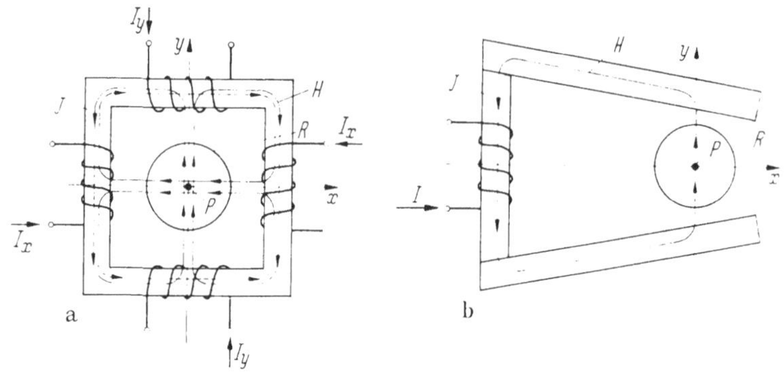

Abb. 206a u. b. Eisenspulen mit Schenkelwicklung [15a, 27].
a) Spule mit vier Wicklungen; b) Spule mit einer Wicklung.
J = Eisenjoch; R = Röhrenhals; P = Elektronenstrahl; H = magnetisches Feld.

über den Röhrenhals geschoben werden muß, kann man offene Eisenjoche mit nur einer Schenkelwicklung verwenden (vgl. Abb. 206b). Ein solches System erzeugt ein genügend doppelsymmetrisches Ablenkfeld, wenn die wicklungsfreien Schenkel gegeneinander geneigt werden.

7. Vergleich des Ablenkvermögens verschiedener Luftspulen

Unter der Annahme, daß der Halsdurchmesser einer Elektronenstrahlröhre $2R = D = 4$ cm und die Spulenlänge in Richtung der Röhrenachse $l = 4$ cm beträgt, ergeben sich folgende Werte des Ablenkvermögens A_m:

a) Für *Spulen mit kurzem* („abgehacktem") bzw. *langem Homogenfeld* ist nach Gl. (161b) bzw. (162b) $A_m = H \, l/I \, n$. Wird dieses Feld z. B. von zwei Magnetpolen mit dem gegenseitigen Abstand D erzeugt, so ist $H \approx I n/D$ und damit $A_m = l/D = 1$. (Im Fall der kurzen Ablenkspule gilt dieser Wert nur bei Vernachlässigung des Streufeldes und ist daher technisch nicht realisierbar).

b) Für *Parallelleiter-Kreiszylinderspulen* ist nach Gl. (163b) $A_m = bl/\pi R^2$ (mit $R^2 = a^2 + b^2$). Für $b \approx R$ wird daher $A_m = l/\pi R = 0.64$. (Das Streufeld der Spule ist in diesem Wert mit berücksichtigt).

c) Für *gekreuzte elliptische Ablenkspulen* ist nach Gl. (164b) $A_m = l/4R = 0{,}5$ (mit Streufeld). Der Wert von A ist hier also kleiner als bei den Parallelleiterspulen. Dafür sind die elliptischen Spulen aber weitgehend fehlerfrei.

d) *Konische Ablenkspulen* haben ein größeres Ablenkvermögen als Parallelleiterspulen — analog zum größeren Ablenkvermögen schräger Ablenkplatten im Vergleich zu parallelen. Sie werden jedoch wegen der Schwierigkeit der Herstellung enger Röhrenhälse selten verwendet, es sei denn im Innern des Röhrenhalses von zerlegbaren Oszillographen.

Gewöhnlich liegen die optimalen Zahlenwerte von A_e unter denen von A_m[1]. (Für magnetische Homogenfelder, die mit zwei Magnetpolen erzeugt werden, ist z. B. $A_m = l/D$; für elektrische Homogenfelder, die mit zwei parallelen Ablenkplatten erzeugt werden, ist $A_e = l/2d$). Dies kommt daher, daß die Ablenkspulen im Gegensatz zu den Ablenkplatten meist außerhalb der Vakuumröhre liegen, so daß also $2d < D$ und damit $A_m < A_e$ wird.

8. Rotierende Ablenkspule

Bei Panoramageräten mit Hell-Dunkel-Tastung verwendet man Radarbildröhren, in denen ein Elektronenstrahl durch eine um die Röhrenachse rotierende Spule abgelenkt wird (vgl. Abb. 207). Bei konstantem

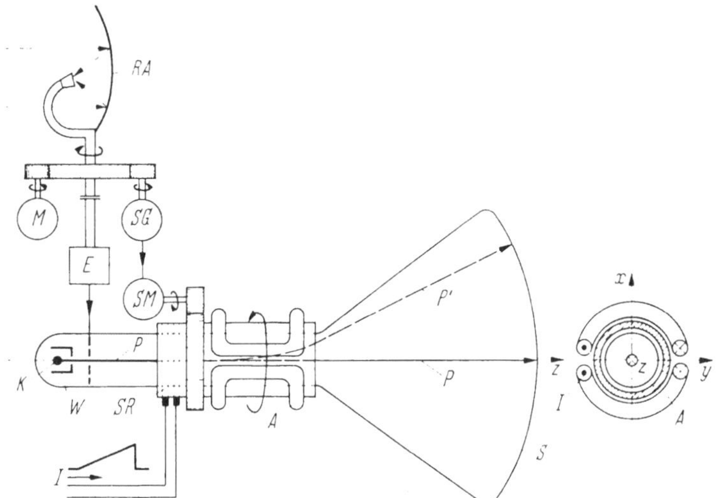

Abb. 207. Aufbau eines rotierenden magnetischen Ablenksystems für eine Radarbildröhre.
M = Antriebsmotor; SG = Synchrongenerator; SM = Synchronmotor; RA = Richtantenne; E = Empfänger; K = Kathode; W = Wehneltelektrode; S = Leuchtschirm; A = Ablenkspulenhälften; I = Ablenkstrom; P = Elektronenstrahl; P' = Elektronenstrahl nach Drehung der Spule um 90°.

[1] A_e und A_m sind ihrer Definition nach physikalisch allerdings nicht miteinander vergleichbar.

Spulenstrom beschreibt der Elektronenstrahl auf dem Leuchtschirm Kreise. Wird der Spulenstrom mit hoher Frequenz ein- und ausgeschaltet, so entsteht auf dem Leuchtschirm ein radialer Strich, der gleichphasig mit der Ablenkspule rotiert und dabei das gesamte Bildfeld überstreicht. Zur Aufnahme eines Radarbildes wird die Umlauffrequenz der Ablenkspule gleich derjenigen einer zugehörigen (den Horizont abtastenden) Mikrowellen-Sende-Empfangsantenne gemacht.

D. Fehler der doppelsymmetrischen Ablenkorgane und ihre Kompensation

Bei allen doppelsymmetrischen Ablenksystemen — wie sie in Elektronenstrahlröhren verwendet werden — treten im Falle größerer Ablenkungen Fehler auf. Die wichtigsten Ablenkfehler sind die Verzeichnung, die Bildwölbung und der Astigmatismus sowie der Komafehler. Bei elektrischer Unsymmetrie der Ablenkspannung kommt noch der Trapezfehler hinzu. Alle diese Fehler beschreiben die Abweichungen der Ablenkung vom idealen (Gaußschen) Sollwert.

Um die Ablenkfehler klein zu halten, gibt es verschiedene Mittel. Das einfachste wäre eine Verkleinerung des Ablenkwinkels bzw. Elektronenstrahlquerschnitts (zur Vermeidung von Astigmatismus und Komafehler) durch Vorschalten einer Lochblende. Beide Maßnahmen sind aber unerwünscht: die erste wegen der notwendigen Verlängerung der Röhrenachse und die zweite wegen der Abnahme der Strahlstromstärke bzw. der Brennfleckhelligkeit. Ein geeigneteres Mittel ist die Formgebung der Ablenkorgane. Durch sie kann jeder Ablenkfehler einzeln kompensiert werden, allerdings immer nur auf Kosten der Zunahme eines anderen Fehlers. Insbesondere Astigmatismus (mit Bildwölbung) und Komafehler können durch eine solche Formgebung verringert werden und bestimmen deshalb vorwiegend die Form der Ablenkorgane. Gegen die Bildwölbung und Verzeichnung gibt es noch zusätzliche elektronenoptische sowie Schaltungsmittel. So kann z. B. die Bildwölbung durch automatische Nachfokussierung, die Koordinatenkrümmung durch besondere elektronenoptische Entzerrer und der Maßstabsfehler durch Verformung der Ablenkspannungs- bzw. Stromkurve aufgehoben werden. Die Bildwölbung kann auch durch gekrümmte Leuchtschirme kompensiert werden, wie dies in gewissem Maße bei vielen Fernseh- und Oszillographenröhren geschieht. Bei der folgenden Behandlung der wichtigsten Ablenkfehler (dritter Ordnung) wird jedoch stets ein ebener Leuchtschirm vorausgesetzt.

1. Verzeichnung

Bei der Verzeichnung unterscheidet man zwischen dem *Maßstabsfehler* und der *Koordinatenkrümmung*. Ein verzeichnungsfreies Ablenksystem ist dadurch charakterisiert, daß bei ihm eine lineare Zunahme der elektrischen Ablenkgrößen auch eine lineare Zunahme der Ablenkung bewirkt.

a) Maßstabsfehler

α) *Definition*. Der Maßstabsfehler eines Ablenksystems äußert sich in einer ungleichmäßigen Dehnung oder Stauchung der x- und (oder) y-Koordinate eines gedachten Koordinatennetzes in der Leuchtschirmebene. Das Koordinatennetz bleibt dabei rechtwinklig und zu beiden Achsen symmetrisch (vgl. Abb. 208).

β) *Ursachen und Korrektur des Maßstabsfehlers von Ablenkplatten.* Der Maßstabsfehler von Ablenkplatten entsteht:

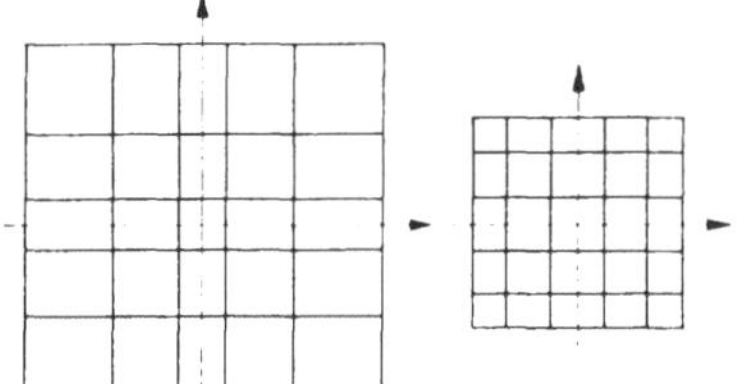

Abb. 208. Maßstabsfehler eines Ablenksystems (ungleichmäßige Dehnung bzw. Stauchung eines rechtwinkligen Koordinatennetzes nach beiden Achsenrichtungen).

1. Durch die Geschwindigkeitserhöhung des abgelenkten Elektronenstrahls an der jeweils positiven Ablenkplatte.

Korrektur: zum Beispiel durch Verwendung einer langen Anode (vgl. Abb. 209a); dadurch wird die Strahlgeschwindigkeit nach der Ablenkung proportional $\sqrt{U_a}$ (und nicht proportional $\sqrt{U_a + U_p/2}$).

2. Durch die höhere Feldstärke (größere Äquipotentialflächendichte) in der Nähe des schirmseitigen Plattenrandes. Die höhere Randfeldstärke bewirkt in den Randzonen des Leuchtschirms eine stärkere Ablenkung als in der Leuchtschirmmitte und damit eine Dehnung der äußeren Leuchtschirm-Bildzone (vgl. Abb. 209b).

Korrektur: durch Abrunden und Abbiegen der schirmseitigen Plattenkanten, was zu einer entsprechenden Verringerung der Feldstärke am Plattenrand führt. Auch durch passende Krümmung der ganzen Ablenkplatten oder durch Verformung der Ablenkspannungskurve läßt sich der Maßstabsfehler beeinflussen.

3. Durch die zusätzliche Brechung des abgelenkten Strahls im zylindrischen Randfeld der Ablenkplatten, das wie das Feld einer Zylinderlinse wirkt. Da die Brechung stets von der optischen Achse weg erfolgt, werden auch hier die äußeren Leuchtschirm-Bildzonen gedehnt (vgl. Abb. 209c).

Korrektur: wie unter 1 und 2. Teilweise korrigieren die unter 2 und 3 genannten Maßnahmen auch den Fehler 1 und umgekehrt.

γ) Ursachen und Korrektur des Maßstabsfehlers von Ablenkspulen.
Der Maßstabsfehler von Ablenkspulen entsteht:

1. durch Feldinhomogenitäten analog zu β) 2 und 3;

2. durch überproportionales Ansteigen des Ablenkwinkels mit dem Ablenkstrom infolge der innerhalb der Spule auftretenden Kreisbahn des Elektronenstrahls. (Bei genügend hohem Ablenkstrom wird nämlich der Ablenkwinkel gleich 90°, die Ablenkung also unendlich groß).

Korrektur: durch geeignete Wahl der Wicklungsform (Beispiele: elliptische Spulen oder Trommelspulen) oder durch Verformung der Ablenkstromkurve.

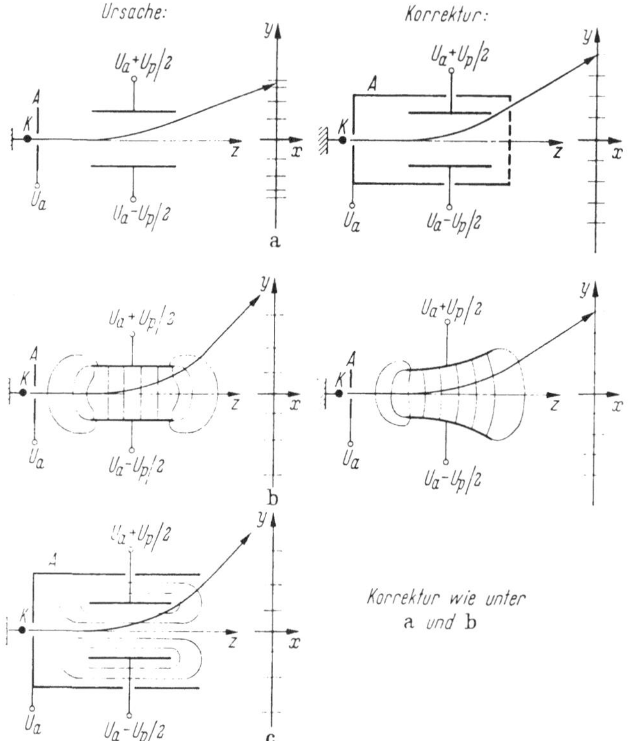

Abb. 209a—c. Ursachen und Korrekturen des Maßstabsfehlers von elektrischen Ablenkorganen. a) Fehlerursache: Geschwindigkeitserhöhung des abgelenkten Elektronenstrahls an der jeweils positiven Platte; b) Fehlerursache: Inhomogenität des Feldes am schirmseitigen Plattenrand; c) Fehlerursache: zusätzliche Brechung des Elektronenstrahls im zylindrischen Plattenstreufeld (Zylinderlinsenwirkung).

b) Koordinatenkrümmung

α) Definition. Unter der Koordinatenkrümmung versteht man den Übergang eines rechtwinkligen Koordinatennetzes in ein anderes, dessen Netzlinien spiegelbildlich zu den Netzsymmetrieachsen gekrümmt sind. Die Krümmung kann dabei entweder kissen- oder tonnenförmig sein (vgl. Abb. 210).

β) Ursachen und Korrektur der Koordinatenkrümmung bei Ablenkplatten und -spulen. Die Koordinatenkrümmung tritt bei zwei hintereinander angeordneten Ablenksystemen (für Horizontal- und Vertikalablenkung) auf. Sie hat folgende Ursachen:

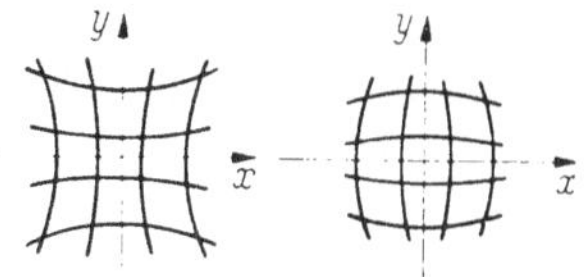

Abb. 210. Durch ein Ablenksystem hervorgerufene Koordinatenkrümmung.

1. Für einen kathodenseitig abgelenkten Elektronenstrahl sind die wirksame Feldlänge l und die Zeigerlänge L des schirmseitigen Ablenkorgans größer als für einen kathodenseitig nichtabgelenkten Strahl. Dadurch entsteht eine einseitige Kissenfigur.

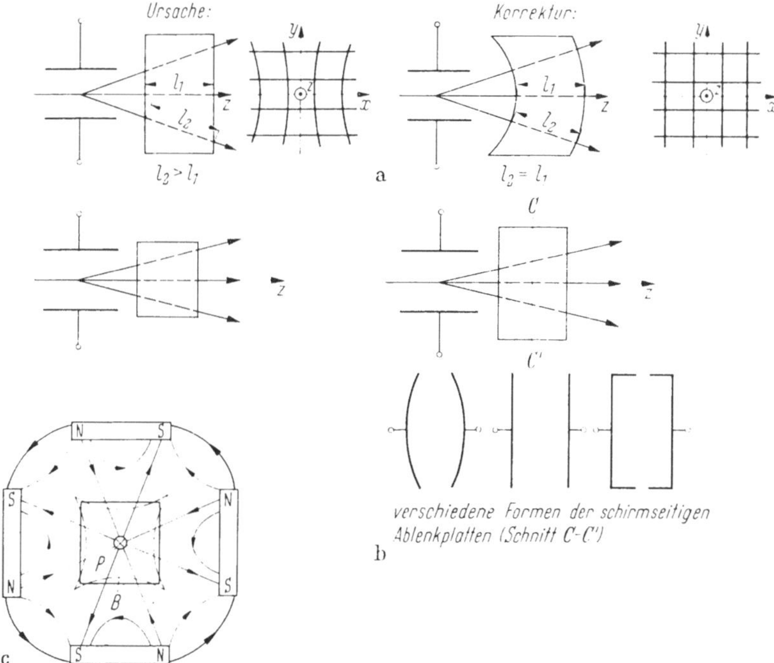

Abb. 211a–c. Ursachen und Korrekturen der Koordinatenkrümmung bei elektrischen Ablenkorganen.

a) Fehlerursache: unterschiedliche Feld- und Zeigerlänge des schirmseitigen Ablenkorgans je nach der kathodenseitigen Ablenkung; b) Fehlerursache: Inhomogenität des schirmseitigen Ablenkfeldes für einen kathodenseitig abgelenkten Elektronenstrahl; c) Bildfeldentzerrer (zwischen Ablenkorgan und Leuchtschirm) zur Kompensation der kissen- und tonnenförmigen Koordinatenkrümmung [27]. *B* Bildfeld vor (– – –) bzw. nach (——) der Kompensation.

Korrektur: durch kreisförmige Begrenzung der schirmseitigen Ablenkplatten bzw. des schirmseitigen Spulenfeldes (vgl. Abb. 211a). Die wirksame schirmseitige Plattenlänge l wird dadurch für alle kathoden-seitigen Ablenkwinkel gleich. Die Vergrößerung der Zeigerlänge L ist durch eine entsprechende Krümmung des Leuchtschirms kompensierbar.

2. Ein kathodenseitig abgelenkter Elektronenstrahl findet im schirm-seitigen Ablenkorgan kein Homogenfeld mehr vor. Dadurch entsteht eine Koordinatenkrümmung in beiden Richtungen, d. h. eine Tonnen- oder Kissenfigur.

Korrektur: entweder durch Verbreiterung oder durch leichte Krüm-mung der Platten bzw. Polschuhe des schirmseitigen Ablenkorgans (vgl. Abb. 211 b). Ist das zuletztgenannte Mittel bereits zur Korrektur astigmatischer Fehler in Anspruch genommen (beide Korrekturen am gleichen Ablenkorgan sind nicht möglich!), so verwendet man besondere Kissen- und Tonnen-Kompensatoren in Leuchtschirmnähe (vgl. Abb. 211 c).

2. Astigmatismus und Bildwölbung

a) Definition. Der Astigmatismus entsteht dadurch, daß die in der (horizontalen) x-z-Ebene liegenden Strahlen eines Elektronenstrahl-bündels bei der Ablenkung dieses Bündels einen anderen Schnittpunkt haben als die ursprünglich in der y-z-Ebene liegenden Strahlen (vgl. Abb. 212). Dadurch wird der vor der Ablenkung punktförmige Elek-tronenbrennfleck bei Ablenkung zu einer Ellipse auseinandergezogen,

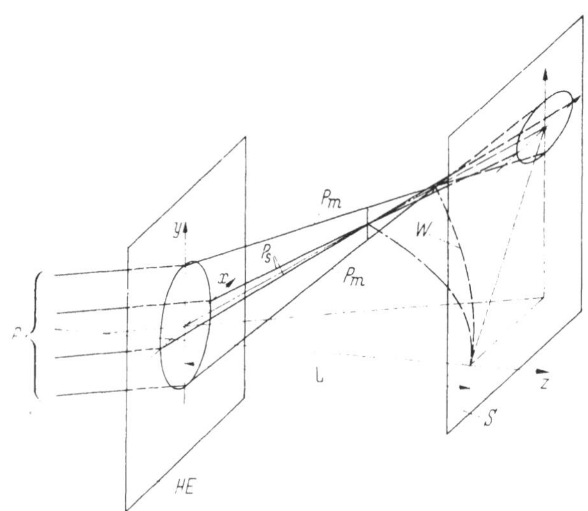

Abb. 212. Entstehung des (isotropen) Astigmatismus bei elektrischen und magnetischen Ablenk-organen [15a].
HE = Hauptebene; S = Leuchtschirm; P = Elektronenstrahl; P_s, P_m = sagittaler bzw. meridio-naler Randstrahl; W = x- bzw. y-Wölbung, in der das Bild scharf erscheint.

deren Achsen parallel zu den Koordinatenachsen verlaufen (isotroper Astigmatismus). Die beiden Schnittpunkte der ursprünglich in der x-z- bzw. y-z-Ebene liegenden Strahlen bewegen sich bei der Ablenkung auf zwei gekrümmten Flächen, die man als Bildwölbungen bezeichnet.

Der Astigmatismus führt zu einer Randunschärfe des Leuchtschirmbildes.

b) Ursachen. Der Astigmatismus von Ablenkorganen hat folgende Ursachen:

$\varkappa$) Bei elektrischen Ablenkorganen erfahren die den beiden Ablenkplatten zugekehrten (meridionalen) Außenstrahlen des Elektronenstrahlbündels durch die Ablenkspannung eine zusätzliche Beschleunigung bzw. Verzögerung. Beide Außenstrahlen kreuzen daher den Mittelstrahl schon vor dem Leuchtschirm. Die sagittalen Außenstrahlen kreuzen dagegen den Mittelstrahl erst in der Leuchtschirmebene. Es tritt deshalb nur eine meridionale, (von der Kathode her gesehen) konkave Bildwölbung auf.

β) Bei elektrischen Ablenkorganen erfahren die plattennahen und die plattenfernen Einzelstrahlen des Strahlbündels infolge der Inhomogenität des Feldes am Plattenrand eine verschieden starke Ablenkung. Die meridionalen Außenstrahlen kreuzen dabei den Mittelstrahl erst hinter dem Leuchtschirm, die sagittalen Strahlen dagegen schon vor dem Leuchtschirm. Dadurch entsteht eine meridionale, (von der Kathode her gesehen) konvexe und eine sagittale konkave Bildwölbung. Die unter $\varkappa$) und β) genannten Bildwölbungen treten meistens gemeinsam auf und überlagern sich.

Der durch Feldinhomogenitäten hervorgerufene Astigmatismus mit sagittaler und meridionaler Bildwölbung entsteht in analoger Weise auch bei magnetischen Ablenkorganen.

γ) Bei magnetischen Ablenkorganen kommt infolge der Kreisbahnablenkung ein weiterer astigmatischer Fehler hinzu. Durch die Kreisbahnablenkung kreuzen die sagittalen und meridionalen Außenstrahlen den Mittelstrahl schon vor dem Leuchtschirm. Die entstehenden Bildwölbungen sind daher beide konkav.

c) Korrekturen. Diese beziehen sich auf eine Verkleinerung des Leuchtfleckdurchmessers und auf eine Beseitigung der Bildwölbung.

$\varkappa$) Die Korrektur auf einen möglichst kleinen Leuchtfleckdurchmesser geschieht durch Veränderung der Form der Ablenkorgane. Bei elektrischen Ablenksystemen besteht die Korrektur z. B. in einer passenden Verformung der Plattenkanten, im Anbringen von Hilfselektroden oder in der Wahl von trapezförmigen Ablenkplatten. Bei magnetischen Systemen ist der Fehler durch eine elliptische Form der Ablenkspulen, durch geeignete Polschuhformen (bei Eisenspulen mit Polwicklung) oder durch einen veränderlichen Strombelag der Wicklung (bei Eisenspulen mit Schenkelwicklung) teilweise kompensierbar.

β) Die Beseitigung der Bildwölbung kann auf elektrischem Weg durch automatische ablenksynchrone Nachfokussierung des Elektronenstrahls geschehen. Die Brennweite der Hauptsammellinse des Strahlerzeugungssystems wird dabei mit zunehmender Ablenkung des Elektronenstrahls vergrößert. Bei Magnetlinsen verwendet man hierzu häufig eine konzentrische Hilfswicklung (vgl. Abbildung 213).

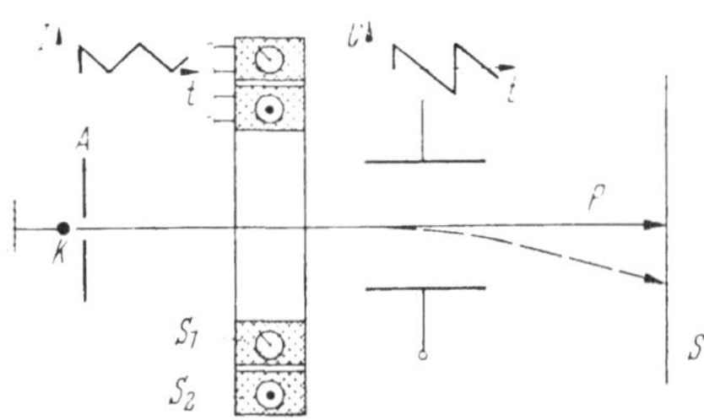

Abb. 213. Beseitigung der Bildwölbung durch ablenksynchrone Nachfokussierung des Elektronenstrahls mit Hilfe einer zusätzlichen Fokussierspule S_2. S_1 — Hauptsammellinse; S — Leuchtschirm; P — Elektronenstrahl.

3. Komafehler

Bei relativ großem Strahlquerschnitt kommt zum Astigmatismus der elektrischen und magnetischen Ablenksysteme noch der Komafehler hinzu. Er ist dadurch gekennzeichnet, daß sich die Außenstrahlen des Elektronenstrahlbündels infolge ihres schiefen Einfalls ins Ablenkfeld (größere Feldlänge!) und infolge ihrer stärkeren Ablenkung im Randfeld (größere Feldstärke!) nicht mehr im Mittelstrahl, sondern seitlich davon kreuzen. Falls dieser Fehler nicht schon durch einen genügend kleinen Strahlquerschnitt vermieden werden kann, wird er durch ähnliche Maßnahmen wie beim Astigmatismus kompensiert.

4. Trapezfehler

Unter dem Trapezfehler versteht man die trapezförmige Verzerrung eines bei fehlerfreier Ablenkung rechtwinkligen Leuchtschirmrasters. Bei räumlich doppelsymmetrischen Ablenksystemen kann dieser Fehler dadurch entstehen, daß entweder die Ablenkspannung unsymmetrisch angelegt wird oder der Leuchtschirm nicht senkrecht zur optischen Achse steht.

Für Oszillographenröhren mit achsensenkrechtem Leuchtschirm ist es gelungen, durch besondere Formgebung der Ablenkplatten und durch Zusatzelektroden räumlich doppelsymmetrische Ablenksysteme zu bauen, die sowohl für symmetrische als auch für unsymmetrische Spannungszuführung korrigiert sind [53]. Ein solches trapezfehlerfreies Ablenkplattensystem zeigt Abb. 214. Die wesentliche Verbesserung besteht bei diesem System in der sektoriellen rotationssymmetrischen Ausbildung des schirmseitigen Ablenkfeldes[1]. Die Achse S des rotationssymmetrischen Feldsektors steht auf der Röhrenachse senkrecht und geht durch den Ablenkmittelpunkt (Hauptpunkt) des kathodenseitigen Ablenkorgans. Dadurch wird erreicht, daß der Elektronenstrahl stets senkrecht in das schirmseitige Ablenkfeld eintritt. Zur Trapezfehlerkompensation ist es außerdem erforderlich, daß auch der feldbestimmende Rand der Anodenplatten auf der Strahleintrittsseite rotationssymmetrisch zur Achse S ist. Denn dann wirken im schirmseitigen Ablenksystem alle Ablenkkräfte in Ebenen, die durch die Achse S gehen, und der Elektronenstrahl bleibt stets in derjenigen Ebene, in die er durch das kathodenseitige Ablenkorgan gelenkt wurde. Das Leuchtschirmbild ist dann trapezfehlerfrei.

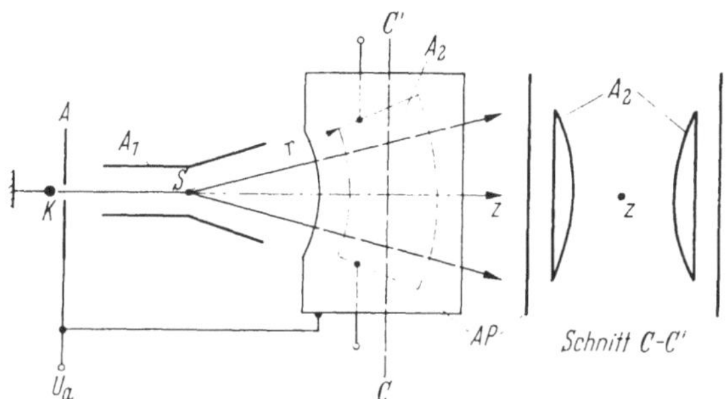

Abb. 214. Räumlich doppelsymmetrisches Ablenksystem, das sowohl für symmetrische als auch für unsymmetrische Spannungszuführung korrigiert ist [53].
AP Anodenplatten; A_1 und A_2 = Ablenkplatten.

E. Einfachsymmetrische Ablenkorgane

Die einfachsymmetrischen Ablenkorgane besitzen im Gegensatz zu den doppelsymmetrischen nur eine durch die optische Achse gehende Symmetrieebene (vgl. Abb. 194b). Man unterscheidet drei Gruppen: 1. Ablenkorgane zur Trapezentzerrung; sie werden insbesondere in Kathodenstrahlröhren mit geneigtem Bildschirm bzw. unsymmetrischer Ablenkspannung verwendet. 2. Ablenkorgane für Polarkoordinaten (z. B. in Radarbildröhren). 3. Abbildende (fokussierende) Ablenkorgane; sie dienen zur spektrographischen Trennung von geladenen Teilchen verschiedener Geschwindigkeit oder Masse.

1. Ablenkorgane zur Trapezentzerrung

a) In Elektronenstrahlröhren mit geneigtem Bildschirm. Enthält eine Elektronenstrahlröhre zwei doppelsymmetrische Ablenkorgane (für

---

[1] Eine zweite Möglichkeit ist die Kompensation des Trapezfehlers durch einfachsymmetrische Ablenkorgane (siehe S. 274 ff.).

die x- und y-Ablenkung), so wird das Bildfeld auf dem geneigten Leuchtschirm trapezförmig verzerrt (vgl. Abb. 215a). Ist dagegen das schirmseitige Ablenkorgan einfachsymmetrisch ausgeführt und richtig dimensioniert, so wird das Bildfeld auf dem geneigten Leuchtschirm rechteckig (vgl. Abb. 215b). Die Dimensionierung des einfachsymmetrischen Ablenkorgans ergibt sich aus folgender Überlegung: Dem rechteckigen

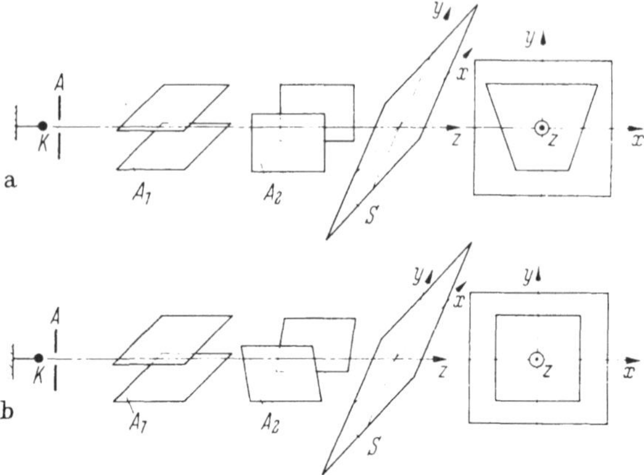

Abb. 215. Trapezentzerrung bei Elektronenstrahlröhren mit zur Röhrenachse geneigtem Leuchtschirm.
a) Ablenksystem ohne Trapezkompensation; b) Ablenksystem mit Trapezkompensation.
A_1, A_2 = Ablenkorgane; S = Leuchtschirm.

Bildfeld auf dem geneigten Schirm entspricht auf einer achsensenkrechten Ebene ein Trapez. Das gesuchte einfachsymmetrische Ablenkorgan muß daher einen Trapezfehler haben, der mit diesem Trapez übereinstimmt. Hierbei sind zwei Fälle zu unterscheiden:

α) Verläuft die achsensenkrechte Schirmkoordinate (d. h. in Abb. 215 die x-Koordinate) zur *kathoden*seitigen Ablenkung parallel, so muß die schirmseitige Ablenkung *parallel* zur Symmetrieebene des (einfachsymmetrischen) schirmseitigen Ablenkorgans erfolgen (vgl. Abb. 216a).

β) Verläuft dagegen die achsensenkrechte Schirmkoordinate zur *schirm*seitigen Ablenkung parallel, so muß die schirmseitige Ablenkung *senkrecht* zur Symmetrieebene des (einfachsymmetrischen) schirmseitigen Ablenkorgans erfolgen (vgl. Abb. 216b).

Das kathodenseitige Ablenkorgan bleibt in beiden Fällen doppelsymmetrisch.

Für die Trapezentzerrung können sowohl elektrische wie magnetische einfachsymmetrische Ablenkorgane verwendet werden. Geeignete elektrische Ablenkorgane, bei denen die Ablenkung (entsprechend dem Fall α) parallel zur Symmetrieebene erfolgt, sind z. B. planparallele

Ablenkplatten mit unsymmetrischer Spannungszuführung sowie gleichsinnig gekrümmte Ablenkplatten (vgl. Abb. 194b). Zu den elektrischen
Ablenkorganen, bei denen die Ablenkung (entsprechend dem Fall β)
senkrecht zur Symmetrieebene erfolgt, gehören die gegeneinander geneigten und zur optischen Achse parallelen sowie die trapezförmigen parallelen Ablenkplatten. Bei den einfachsymmetrischen magnetischen Ablenkorganen unterscheidet man eisenfreie Parallelleiterspulen, Eisenspulen mit Polwicklung und Eisenspulen mit Schenkelwicklung. In jeder
dieser Spulen kann die Ablenkung je nach der Spulengeometrie entweder
parallel oder senkrecht zur Symmetrieebene erfolgen.

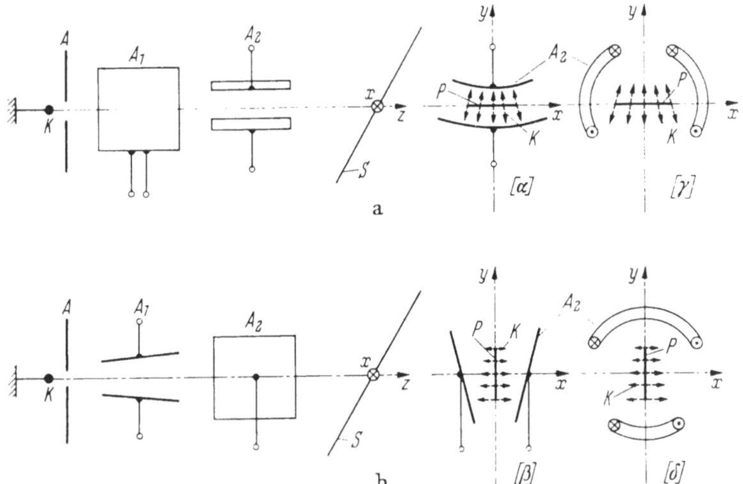

Abb. 216a u. b. Anordnung und mögliche Formen von schirmseitigen einfachsymmetrischen Ablenkorganen zur Trapezentzerrung [15a].
a) Die achsensenkrechte Schirmkoordinate (x-Koordinate) verläuft parallel zur kathodenseitigen Ablenkung.
b) Die achsensenkrechte Schirmkoordinate verläuft parallel zur schirmseitigen Ablenkung.
P = Strecke, die vom kathodenseitig abgelenkten Elektronenstrahl in der Hauptebene des schirmseitigen Ablenkorgans geschrieben wird; K = Größe und Richtung der Ablenkkräfte im gezeichneten
(schirmseitigen) Ablenkorgan; A_1 = kathodenseitiges doppelsymmetrisches Ablenkorgan;
A_2 = schirmseitiges einfachsymmetrisches Ablenkorgan (z. B. gleichsinnig gekrümmte [\] bzw.
geneigte [β] Ablenkplatten oder eisenfreie Parallelleiterspulen [γ und δ]).

Beispiele für Elektronenröhren mit geneigtem Schirm und entsprechender Trapezkompensation der Ablenkorgane sind: das *Ikonoskop*
(photoelektrischer Schirm geneigt gegen Lesestrahlachse und senkrecht
zur Achse des lichtoptischen Abbildungssystems), das *Superikonoskop*
(Sekundäremissionsschirm geneigt gegen Lesestrahlachse und senkrecht
zur Achse des lichtoptischen Abbildungssystems), die *Fernseh-Projektionsröhre* (Leuchtschirm geneigt gegen Lesestrahlachse und senkrecht zur
Achse des lichtoptischen Projektionssystems) und die *Sichtspeicherröhre*

(Speicherschirm geneigt gegen Schreibstrahlachse und senkrecht zur Achse des Lesestrahls).

b) In Elektronenstrahlröhren mit elektrischer Unsymmetrie der Ablenkspannung. Auch bei achsensenkrechtem Bildschirm und doppelsymmetrischen (elektrischen) Ablenkorganen wird das Schirmraster trapezförmig verzerrt, wenn z. B. in Oszillographenröhren wegen der zu untersuchenden Schaltvorgänge die schirmseitige Ablenkspannung unsymmetrisch angelegt werden muß. Man benutzt dann zur Trapezkompensation räumlich einfachsymmetrische Ablenkplatten, deren Form so gewählt wird, daß bei symmetrischer Spannungszuführung ein dem ersten entgegengesetztes Trapez entsteht: z. B. „U"-Platten oder gleichsinnig gekrümmte Ablenkplatten, beide mit Ablenkung parallel zur Symmetrieebene (vgl. Abb. 217).

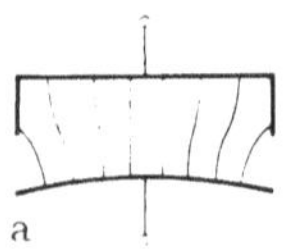
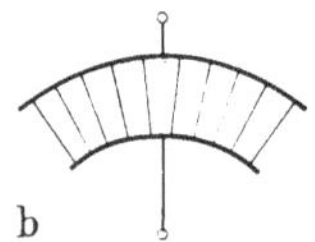

Abb. 217. Einfachsymmetrische „U"-Platten (a) bzw. gleichsinnig gekrümmte Ablenkplatten (b) zur Trapezkompensation bei elektrischer Unsymmetrie der schirmseitigen Ablenkspannung.

Den Beitrag der Strahl*brechung* zum Trapezfehler vermeidet man durch kreisförmige Begrenzung der Ablenkplatten, insbesondere auf der Strahleintrittsseite des schirmseitigen Ablenkplattenpaars.

2. Ablenkorgane für Polarkoordinaten

Für manche Meßaufgaben, z. B. für die Peilung von Sendern, ist es zweckmäßig, Elektronenstrahlröhren mit Polarkoordinatenablenkung zu verwenden. Die Ablenksysteme einer derartigen Peil-Oszillographenröhre zeigt Abb. 218. Der Elektronenstrahl durchläuft zunächst zwei elektrische oder magnetische Ablenkorgane, deren Spannungen bzw.

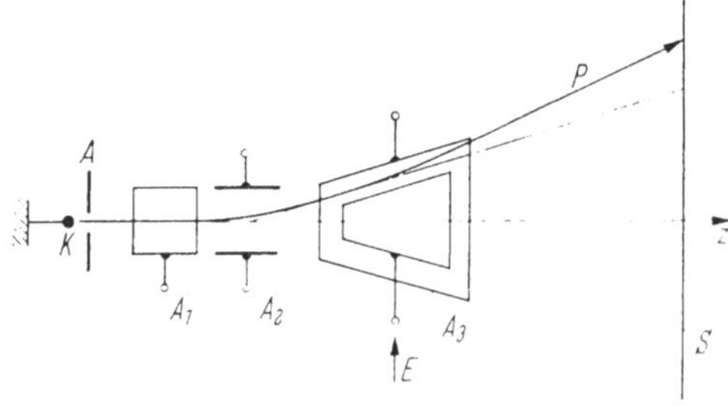

Abb. 218. Ablenksystem eines Peil-Oszillographen für Ablenkung in Polarkoordinaten. A_1 und A_2 = Ablenkorgane für die Kreisablenkung; A_3 = kegelförmiges Ablenkorgan für die „Vorgangs-Ablenkung"; E = Empfangssignal des zu peilenden Senders.

Ströme periodisch so variiert werden, daß der Strahl auf dem Leuchtschirm einen Kreis beschreibt. Dieser Kreis stellt die Zeitkoordinate dar.

Für die Ablenkung in radialer Richtung dient ein schirmseitiges, kegelmantelförmiges Ablenkorgan. Bei parallelen Mantelflächen sind die Ablenkung, die Hauptebene und das Ablenkvermögen dieses Systems dieselben wie bei gleichsinnig gekrümmten Ablenkplatten.

Zur Anpeilung eines Senders wird die Kreisablenkung mit der Drehung einer Richtantenne synchronisiert (vgl. Abb. 207), während das Empfangssignal des zu peilenden Senders dem kegelmantelförmigen Ablenkorgan zugeführt wird. Das Empfangssignal ergibt dann einen radialen Ausschlag auf dem Leuchtschirm. Bei entsprechender Eichung können auf dem Leuchtschirm unmittelbar die Richtung und Entfernung (aus der Empfangssignalamplitude) des Senders abgelesen werden.

3. Fokussierende (abbildende) Ablenkorgane

a) Eigenschaften und Einteilung. Fokussierende Ablenkorgane werden für die Energie- und Massenspektroskopie elektrisch geladener Teilchen verwendet. Derartige (ionenoptische) Ablenkeinrichtungen bezeichnet man deshalb als Energie- bzw. Massenspektrographen. In ihnen werden die Teilchen nach ihrer Geschwindigkeit bzw. Masse sortiert.

Nach der Art des Ablenkfeldes unterscheidet man Spektrographen mit rein elektrischer, rein magnetischer oder elektrischer und magnetischer Ablenkung. Bei *rein elektrischen* Ablenksystemen hängt die Ablenkung y_e nach Gl. (152), (153) und (154) nur von der Energie bzw. Geschwindigkeit, nicht aber von der Masse der Teilchen ab. Schnelle Teilchen werden dabei weniger abgelenkt als langsame. Ionen gleicher Masse, aber verschiedener Geschwindigkeit, werden daher in einem homogenen elektrischen Ablenkfeld zu einem Energiespektrum auseinandergezogen. Bei *rein magnetischen* Ablenksystemen hängt die Ablenkung y_m nach Gl. (161), (162), (163) und (164) von der Masse *und* von der Geschwindigkeit der Teilchen ab. Schnelle und schwere Teilchen werden dabei weniger abgelenkt als langsame und leichte. In einem homogenen magnetischen Ablenkfeld werden daher Ionen gleicher Energie zu einem Massenspektrum und Ionen gleicher Masse zu einem Energiespektrum auseinandergezogen. Durch ein *kombiniertes elektrisches und magnetisches* Ablenksystem können Teilchen verschiedener Masse *und* Energie voneinander getrennt werden. Im elektrischen Ablenkfeld erfolgt zunächst die Trennung der Teilchen nach ihrer Energie („Energiefilter") und im dahinter angeordneten magnetischen Feld die Trennung der (durch einen Spalt ausgeblendeten) Teilchen gleicher Energie nach ihrer Masse („Massenfilter").

Das Auflösungsvermögen nichtfokussierender doppelsymmetrischer Ablenkorgane ist relativ gering. Es kann jedoch wie bei lichtoptischen

Spektrographen wesentlich gesteigert werden, wenn zwischen Ablenkorgan und Auffänger eine zusätzliche Sammellinse angeordnet wird.
In der Elektronenoptik kann diese Linse wegfallen, wenn anstelle von
doppelsymmetrischen Ablenksystemen einfachsymmetrische *fokussierende* Ablenkorgane verwendet werden. Einfachsymmetrische elektrische Systeme bestehen aus zwei konzentrischen kreiszylindrischen
Ablenkplatten, die ein inhomogenes sektorförmiges Feld erzeugen (vgl.
Abb. 219a). Entsprechende magnetische Systeme bestehen aus Ablenkspulen bzw. Polschuhen, die ein homogenes magnetisches Sektorfeld
liefern (vgl. Abb. 219b). Die Sammelwirkung solcher Systeme entspricht
der einer lichtoptischen Zylinderlinse.

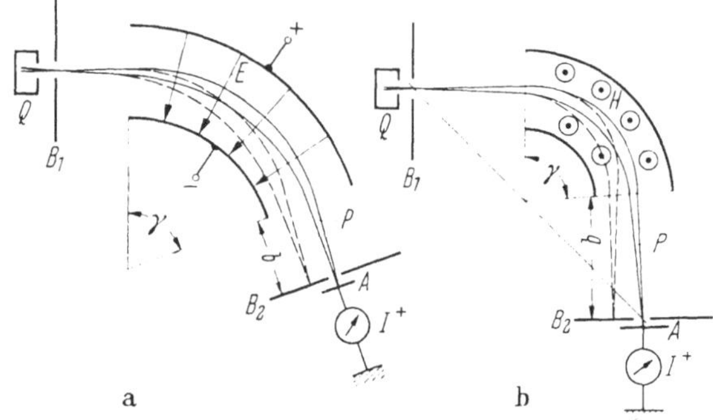

Abb. 219a u. b. Fokussierende (unsymmetrische) Ablenksysteme zur Trennung von geladenen Teilchen verschiedener Energie bzw. Masse (vgl. [*39, 41, 48, 57*]).
a) Elektrisches Sektorfeld. *P* = Ionen gleicher Energie, aber verschiedener Masse.
b) Magnetisches Sektorfeld. *P* = Ionen gleicher Energie und gleicher Masse.
Q = Ionenquelle; B_1 und B_2 = Spaltblenden; *A* = Auffänger; γ = Umlenkwinkel.

Aus einfachsymmetrischen Ablenkorganen lassen sich hochauflösende
Massenspektrographen mit Richtungs-, Geschwindigkeits- oder Doppelfokussierung aufbauen. Unter *Richtungsfokussierung* versteht man den
Effekt, daß ein vor der Ablenkung divergierendes Bündel von Ionen
gleicher Energie bzw. Masse hinter dem Ablenksystem zu einem Strich
fokussiert wird. Bei der *Geschwindigkeitsfokussierung* werden Ionen gleicher Masse und Flugrichtung, aber verschiedener Geschwindigkeit, ge-
sammelt. Beide Fokussierungsarten ergeben — gleichzeitig angewandt —
das Prinzip der *Doppelfokussierung*, bei der ein ursprünglich divergierendes Bündel von Ionen verschiedener Masse und Geschwindigkeit
nach den Massen getrennt auf einem Auffänger fokussiert wird. Während
die Richtungsfokussierung bereits mit rein elektrischen bzw. magnetischen
(einfachsymmetrischen) Ablenkfeldern möglich ist, benötigt man für die
Geschwindigkeits- und Doppelfokussierung ein kombiniertes elektrisches
und magnetisches Ablenksystem.

Das *Auflösungsvermögen* eines Energie- bzw. Massenspektrographen ist

$$A_E = \frac{E_0}{\varDelta E} \quad \text{bzw.} \quad A_M = \frac{M_0}{\varDelta M}. \tag{165}$$

Dabei bedeuten E_0 und M_0 die mittlere Energie bzw. Masse eines kleinen Energie- bzw. Massenintervalls ($\varDelta E$ bzw. $\varDelta M$), dessen Spektrum durch die Ablenkung gerade zur Breite des Spaltbildes auseinandergezogen wird. Das Auflösungsvermögen A_E bzw. A_M hängt daher von der Breite S des Eintrittsspalts ab. Es nimmt bei elektrischen Systemen mit steigendem Ablenkwinkel stark zu. Daher sind dort große Ablenkwinkel erwünscht. Bei rein elektrischer bzw. magnetischer Ablenkfokussierung ist das Auflösungsvermögen von der Größenordnung 10^2 bis 10^3. Bei Massenspektrographen mit kombinierter elektrischer und magnetischer Ablenkfokussierung erreicht man dagegen ein Auflösungsvermögen (A_M) von 10^3 bis $5 \cdot 10^4$. (Nichtfokussierende Spektrographen haben ein Auflösungsvermögen von der Größenordnung 100.)

Die Abbildungseigenschaften fokussierender Ablenksysteme (mit sektorförmigem Ablenkfeld) werden wie bei elektronenoptischen Zylinderlinsen durch die gegenstands- und bildseitige Brennweite und durch die Lage der Hauptebenen bestimmt [54] (vgl. Abb. 219). Je nachdem, ob „Gegenstand" (Spalt) und Bild (Auffänger) im felderfüllten oder feldfreien Raum liegen, unterscheidet man Ablenksysteme mit Immersions- und Sektorfeld. Systeme mit *Immersionsfeld* entsprechen den elektronenoptischen Immersionssystemen, Systeme mit *Sektorfeld* den Elektronenlinsen (Zylinderlinsen).

b) Fokussierende elektrische Ablenkorgane. Schon die in Elektronenstrahlröhren üblichen Ablenkplatten lassen sich wegen des zylinderförmigen Streufelds am Plattenrand zur Abbildung eines Spalts und zur Geschwindigkeits- bzw. Energiespektroskopie (z. B. von β-Strahlen) verwenden. Zur Massenspektroskopie sind sie wie alle elektrischen Ablenksysteme ungeeignet, da im elektrischen Ablenkfeld die Ablenkung für Teilchen verschiedener Masse (aber gleicher Energie, d. h. gleicher Beschleunigungsspannung) stets dieselbe ist. Dies veranschaulicht folgendes

Beispiel: In Fernsehröhren mit elektrischer Ablenkung werden die von der Kathode emittierten negativen Ionen (z. B. H_2^--, Cl^-- oder CO_2^--Ionen) genau so stark abgelenkt wie die Elektronen. Auf dem Bildschirm ist daher dem durch die Ablenkung erzeugten Elektronenraster ein gleich großes Ionenraster überlagert (vgl. Abb. 220a). Es kann sich darum am Leuchtschirmmittelpunkt kein „Ionenfleck" bilden (d. h. eine Stelle, an der die Leuchtstoffschicht durch Ionenaufprall zerstört wird).

Wegen des geringen Auflösungsvermögens verwendet man zur Energiespektroskopie nicht das Feld paralleler oder geneigter Ablenkplatten, sondern ein elektrisches Feld, das einer kreisförmigen Teilchenbahn angepaßt ist und darum einen großen Ablenkwinkel ermöglicht. Ein solches (inhomogenes) Feld wird von gleichsinnig gekrümmten kreissektorförmigen Ablenkplatten erzeugt.

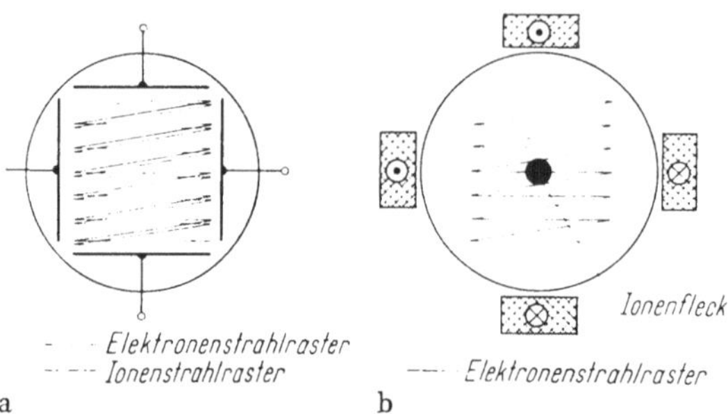

Abb. 220a u. b. Elektrische und magnetische Ablenkung bei Bildröhren.
a) Elektrische Ablenkung: Elektronen und einfach negativ geladene Ionen werden in der gleichen Weise abgelenkt;
b) magnetische Ablenkung: Nur die Elektronen werden abgelenkt, während die Ionen im Zentrum des Bildschirms auftreffen und dort einen Brennfleck erzeugen können.

λ) *Elektrische Sektor-Immersionssysteme.* Bei diesen befinden sich Gegenstand und Bild im Sektorfeld (vgl. Abb. 221a). Ein vom Eintrittsspalt B_1 ausgehendes divergierendes Teilchenstrahlbündel wird in diesem

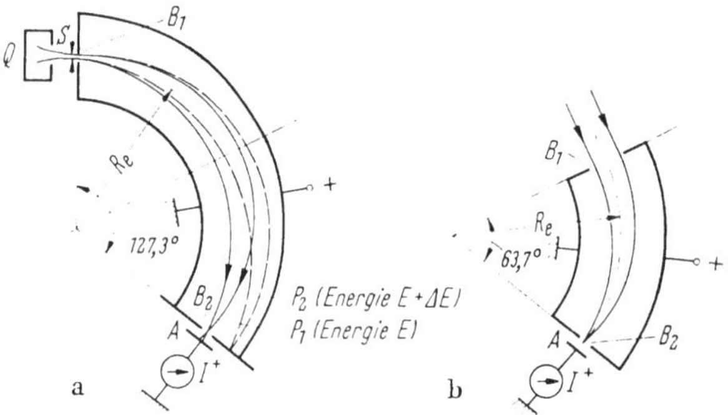

Abb. 221a u. b. Fokussierende elektrische Immersions-Ablenksysteme zur Trennung von geladenen Teilchen verschiedener Energie [55].
a) Elektrisches 127,3°-Immersionssystem (zur Fokussierung eines divergierenden Ionenbündels); b) elektrisches 63,7°-Immersionssystem (zur Fokussierung eines parallelen Ionenbündels).
Q = Ionenquelle; B_1 und B_2 = Spaltblenden; A = Auffänger; P_1, P_2 = positive Ionen jeweils gleicher Energie.

Sektorfeld so abgelenkt, daß der Mittelstrahl eine nur von der Teilchenenergie abhängige Kreisbahn beschreibt. Das Feld besitzt ferner die Eigenschaft, daß Teilchen gleicher Energie unabhängig von ihrer Masse nach einer Ablenkung um den Winkel $\gamma = \pi/\sqrt{2} = 127{,}3°$ in einem Strich

(Spaltbild) fokussiert werden (Richtungsfokussierung [55]). Eine zweite Fokussierung tritt beim Winkel $2\gamma = 254{,}6°$ ein. Das Auflösungsvermögen des 127,3°-Sektorfelds beträgt nach [55]:

$$A_E = \frac{E_0}{\varDelta E} = \frac{2 R_e}{S} \tag{166}$$

(R_e [in cm] = mittlerer Teilchenbahnradius, S [in cm] = Breite des abzubildenden Spalts B_1).

Beispiel: Bei einer Spaltbreite $S = 0{,}02$ cm und einem Teilchenbahnradius $R_e = 10$ cm beträgt das Auflösungsvermögen $A_E = 10^3$.

Durch Halbieren eines 127,3°-Sektorfelds erhält man ein 63,7°-Sektorfeld (vgl. Abb. 221 b). Ein solches Feld kann ein Bündel parallel einfallender Teilchenstrahlen gleicher Energie unabhängig von der Teilchenmasse auf der bildseitigen Begrenzungsebene des Feldsektors fokussieren.

β) *Systeme mit beliebigem Sektorfeld.* Bei Systemen mit beliebigem Sektorfeld (d. h. einem Ablenkwinkel $\gamma < 127{,}3°$) liegen Gegenstand oder Bild oder beide im feldfreien Raum (vgl. Abb. 219a). Für ein solches Feld beträgt das Auflösungsvermögen [*15a*]:

$$A_E = \frac{E_0}{\varDelta E} = \frac{R_e}{S} \; \frac{\sqrt{2}\, b + R_e \tan (\gamma/\sqrt{2}\,)}{\sqrt{2}\, b - R_e \cot (\gamma/\sqrt{2}\,)} \tag{167}$$

(R_e [in cm] = mittlerer Teilchenbahnradius, S [in cm] = Breite des abzubildenden Spalts, b [in cm] = Abstand der Bildebene von der bildseitigen Feldbegrenzungsebene [vgl. Abb. 219a] und γ = Umlenkwinkel).

c) Fokussierende magnetische Ablenkorgane. Wie die meisten doppel- und einfachsymmetrischen Ablenkplatten lassen sich auch die entsprechenden Ablenkspulen zur Abbildung eines Spalts und zur Energiespektroskopie (z. B. von β-Strahlen) verwenden. Darüber hinaus kann man mit Ablenkspulen auch Teilchen gleicher Energie nach ihrer Masse trennen. Diese zeigt folgendes

Beispiel: Mit den Ablenkspulen einer normalen Fernsehröhre kann man bei genügend hohem Ablenkstrom die von der Kathode emittierten negativen Ionen (z. B. Cl^--, O_2^--, CO_2^-- oder H_2^--Ionen) trennen und auf dem Leuchtschirm in Form einzelner Bildpunkte sichtbar machen. Da die Ionenmassen mindestens 1835mal größer sind als die Elektronenmasse, braucht man dazu nach Gl. (161) ein mindestens $\sqrt{1835} \approx 43$mal stärkeres Magnetfeld. Mit den für Elektronen genügenden Ablenkfeldern rührt sich der Ionenstrahl kaum von der Stelle. Durch den ständigen Ionenaufprall entsteht daher in der Leuchtschirmmitte ein Ionenfleck[1] (vgl. Abb. 220b).

---

[1] Dies kann z. B. durch Metallisieren des Leuchtschirms vermieden werden (vgl. Bd. I. S. 353).

Das größte Auflösungsvermögen erhält man in Analogie zu den elektrischen Ablenkorganen nicht mit normalen Ablenkspulen, sondern mit einem homogenen Magnetfeld, das einer kreisförmigen Teilchenbahn angepaßt ist. Ein solches sektorförmiges Magnetfeld kann z. B. mit zwei kreisringförmigen Polschuhsektoren erzeugt werden.

α) *Magnetische Sektor-Immersionssysteme.* In einem solchen Feld (vgl. Abb. 222a u. b) beschreibt der Mittelstrahl eines Bündels von Teilchen gleicher Energie eine Kreisbahn, deren Radius von der Teilchenmasse abhängt. Das Feld besitzt außerdem die Eigenschaft, daß in ihm Teilchen gleicher Energie und Masse nach einer Ablenkung um den Winkel

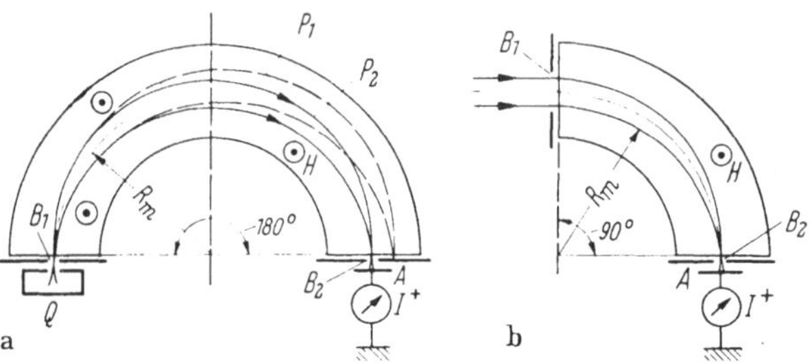

Abb. 222a u. b. Fokussierende magnetische Immersions-Ablenksysteme zur Trennung von geladenen Teilchen verschiedener Energie oder Masse [46].
a) Magnetisches 180°-Immersionssystem (zur Fokussierung eines divergierenden Ionenbündels);
b) magnetisches 90°-Immersionssystem (zur Fokussierung eines parallelen Ionenbündels).
Q   Ionenquelle; B_1 und B_2 Spaltblenden; A Auffänger; P_1, P_2 positive Ionen jeweils gleicher Energie oder Masse.

$\gamma = \pi = 180°$ in einem Strich (Spaltbild) fokussiert werden (Richtungsfokussierung [46]). Eine zweite Fokussierung erfolgt beim Ablenkwinkel $2\gamma = 360°$. Das Auflösungsvermögen des 180°-Sektorfelds beträgt nach [55]:

$$A_M = \frac{M_0}{\Delta M} = \frac{2R_m}{S} \qquad (168)$$

(R_m [in cm] = mittlerer Teilchenbahnradius, S [in cm] = Breite des abzubildenden Spalts).

Durch Halbieren des 180°-Sektorfelds entsteht das 90°-Sektorfeld der Abb. 222b. Mit ihm kann man ein Bündel parallel einfallender Teilchenstrahlen gleicher Energie je nach der Teilchenmasse auf verschiedene Punkte der bildseitigen Feldbegrenzungsebene fokussieren.

β) *Systeme mit beliebigem Sektorfeld.* Bei einem solchen System (mit dem Umlenkwinkel $\gamma < 180°$) liegen im Gegensatz zu Immersionssystemen Gegenstand oder Bild oder beide im feldfreien Raum (vgl. Abb. 219b). Das Auflösungsvermögen beträgt hier [15a]:

$$A_M = \frac{M_0}{\Delta M} = \frac{R_m}{S} \frac{b + R_m \tan(\gamma/2)}{b - R_m \cot \gamma} \qquad (169)$$

(R_m [in cm] = mittlerer Teilchenbahnradius, S [in cm] = Breite des abzubildenden Spalts, b [in cm] = Abstand der Bildebene von der bildseitigen Feldbegrenzungsebene [vgl. Abb. 219 b] und γ = Umlenkwinkel).

d) Aufbau typischer Massenspektrographen

$\varkappa$) *Nichtfokussierender Parabelspektrograph nach Thomson* [60]. Die Ablenkung der Teilchenstrahlen erfolgt bei diesem Spektrographen durch ein kurzes „abgehacktes" Magnetfeld, dem ein elektrisches Feld überlagert ist. Beide Felder sind homogen und haben entgegengesetzte Richtung (vgl. Abb. 223). In der gezeichneten Anordnung bewirkt das elektrische Feld eine Ablenkung y_e innerhalb der Zeichenebene und das magnetische Feld eine Ablenkung x_m in die Zeichenebene hinein. y_e läßt

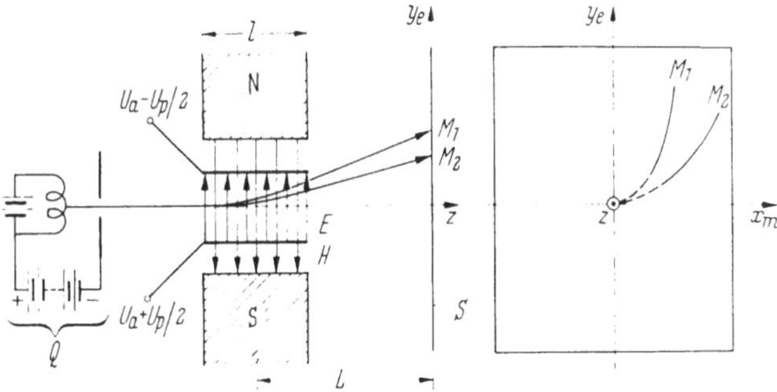

Abb. 223. Nichtfokussierender Parabelspektrograph nach Thomson [60] zur Trennung von elektrisch geladenen Teilchen verschiedener Masse.
Q Quelle für positive Ionen; M_1 und M_2 Auftreffort von Ionen verschiedener Energie, aber jeweils gleicher Masse M_1 bzw. M_2.

sich nach Gl. (153) und x_m nach Gl. (162) berechnen, wenn dort e und m durch die Ionenladung q bzw. Ionenmasse M ersetzt werden. Eliminiert man aus diesen beiden Gleichungen die Beschleunigungsspannung U_a, so ergibt sich:

$$y_e = \frac{M}{q}\frac{U_p}{d\,L\,l\,\mu_0^2\,H^2}\,x_m^2.\tag{170}$$

Dies ist die Gleichung einer Parabel, deren Scheitel im Ursprung des x_m-y_e-Koordinatensystems liegt. Für Ionen verschiedener Masse M_1, M_2 usw. und gleicher Ladung q erhält man demnach als Auftreffort auf dem Leuchtschirm eine Schar solcher Parabeln. Die einzelnen Punkte einer jeden Parabel entsprechen dabei verschiedenen Ionengeschwindigkeiten.

Da die beiden Ablenkfelder keine fokussierenden Eigenschaften besitzen, ist das Auflösungsvermögen der Anordnung gering (Größenordnung: $A = 10^2$). Ein höheres Auflösungsvermögen (d. h. eine bessere Schärfe der Parabeläste) kann nur durch Blenden oder durch zusätzliche Ionenlinsen erreicht werden.

β) Richtungsfokussierender Massenspektrograph nach Dempster [46]. Beim Dempsterschen Massenspektrographen werden Ionen gleicher Energie (und verschiedener Masse) durch einen Spalt B_1 in ein homogenes magnetisches 180°-Immersionsfeld eingeschleust (vgl. Abb. 224a). In diesem bewegen sich die Ionen auf Kreisbahnen mit dem Radius:

$$R_m = \frac{M v}{q B} = \sqrt{\frac{2 M}{q}} \; \frac{\sqrt{U_a}}{\mu_0 H} \tag{171}$$

(M [in Ws³/cm²] = Ionenmasse, q [in As] = Ionenladung, U_a [in V] = Ionenbeschleunigungsspannung, $B = \mu_0 H$ [in Vs/cm²] = magnetische Induktion. $v = \sqrt{(2\,q/M)\,U_a}$. Das bei B_1 eintretende Ionenbündel wird

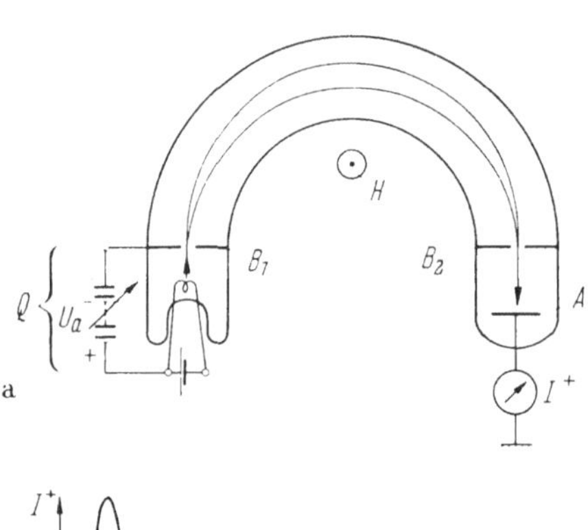

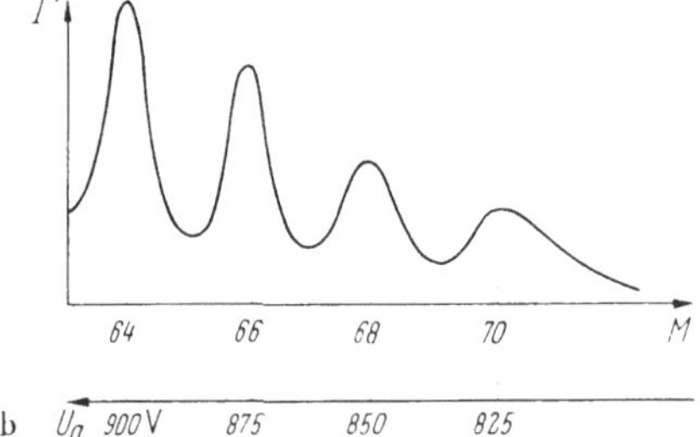

Abb. 224. a) Richtungsfokussierender Massenspektrograph nach DEMPSTER [46] zur Trennung von elektrisch geladenen Teilchen verschiedener Masse oder Energie.
Q Ionenquelle; B_1 und B_2 Spaltblenden; A Auffänger.
b) Mit einem solchen Spektrographen aufgenommenes Massenspektrogramm von Zinkisotopen.
M Massenzahl.

also entsprechend den verschiedenen Ionenmassen M_1, M_2 usw. in mehrere Teilbündel mit unterschiedlichen Bahnradien R_{m1}, R_{m2} usw. aufgespalten. Jedes dieser Teilbündel wird außerdem nach einer Ablenkung um den Winkel $\gamma = 180°$ richtungsfokussiert, so daß es das Magnetfeld durch einen zweiten Spalt B_2 wieder verlassen kann. Hinter dem Spalt B_2 trifft der Ionenstrom auf einen Auffänger und wird dort mit einem empfindlichen Instrument gemessen. Ionen verschiedener Masse können nach Gl. (171) durch Verändern der Beschleunigungsspannung U_a (bei $H =$ const) oder durch Variieren der Feldstärke H (bei $U_a =$ const) nacheinander über den Auffängerschlitz geführt und so nachgewiesen werden. Abb. 224b zeigt ein durch Verändern von U_a gewonnenes Massenspektrogramm von Zinkisotopen. Die jeweilige Höhe der Maxima entspricht der relativen Häufigkeit der einzelnen Isotope. Die Dempstersche Apparatur hat ein Auflösungsvermögen von der Größenordnung 10^2, verbesserte Ausführungen erreichen Werte bis etwa 10^3.

Neben den Spektrographen mit 180°-Immersionsfeld sind auch Geräte mit 90°- und 60°-Sektorfeld gebaut worden. Sie enthalten häufig starke Ionenquellen und werden als Isotopentrennanlagen benutzt (vgl. [39, 41, 48, 49, 57]).

γ) *Geschwindigkeitsfokussierender Massenspektrograph nach Aston* [38]. Dieses Gerät besteht aus der Serienschaltung eines Energiefilters (mit elektrischem Sektorfeld) und eines Massenfilters (mit magnetischem Sektorfeld). Es gestattet, Ionen mit anfangs gleicher Flugrichtung, aber verschiedener Energie und Masse nach ihrer Masse zu trennen. Den Aufbau zeigt Abb. 225. Von der Blende B werden nur solche Ionen durchgelassen, deren Energie und Flugrichtungen ein sehr schmales Spektrum aufweisen. Im Magnetfeld werden diese Ionen nach ihrer Masse sortiert

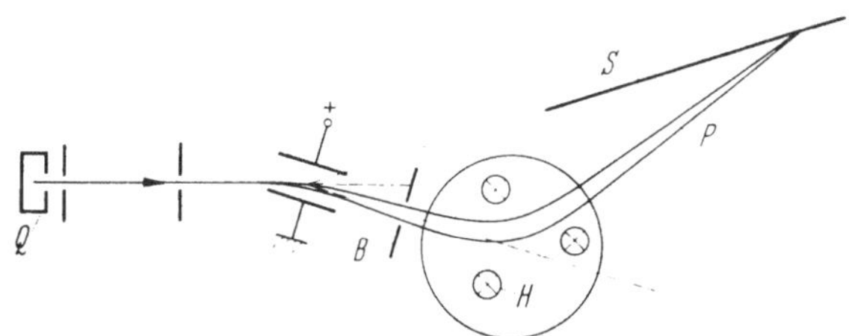

Abb. 225. Geschwindigkeitsfokussierender Massenspektrograph nach Aston [38] zur Trennung von elektrisch geladenen Teilchen verschiedener Masse und Energie.
Q = Ionenquelle; B = Blende; P = Ionen gleicher Masse und Energie; S = Leuchtschirm oder Photoplatte.

und jede Sorte unabhängig von den (geringfügig variierenden) Ionengeschwindigkeiten in einem Strich fokussiert (Geschwindigkeitsfokussierung). Massenspektrographen dieser Art besitzen ein Auflösungsvermögen von einigen 100 bis einigen 1000.

δ) *Doppelfokussierende Massenspektrographen.* Das höchste Auflösungsvermögen ($A \approx 10^3 \ldots 5 \cdot 10^4$) erreicht man mit doppelfokussierenden Spektrographen. Dabei sind die verschiedensten Feldkonfigurationen möglich, z. B.: die Hintereinanderschaltung eines elektrischen 90°- und eines magnetischen 180°-Sektorfeldes (DEMPSTER [47], Auflösungsvermögen $A = 10^3$); die Serienschaltung eines elektrischen 127°- und eines magnetischen 60°-Sektorfeldes (BAINBRIDGE u. JORDAN [40], $A = 10^4$); die Serienschaltung eines elektrischen 31.8°- und eines magnetischen 90°-Sektorfelds (MATTAUCH u. HERZOG [56], $A = 6.5 \cdot 10^3$; EWALD [50], $A = 5 \cdot 10^4$) oder die Überlagerung eines elektrischen 127°-Sektorfeldes mit einem dazu senkrechten homogenen Magnetfeld (BARTKY u. DEMPSTER [42], BONDY u. POPPER [45]).

ε) *Andere Massenspektrographen.* Neben den bisher erwähnten gibt es auch (nichtfokussierende) Massenspektrographen, bei denen die Massentrennung durch Phasenfokussierung mittels Hochfrequenz („Laufzeit-Spektrograph" [44]) oder nach dem Zyklotronprinzip („Omegatron" [59]) erfolgt. Sie haben analoge Systeme wie die entsprechenden Ionisationsmanometer (vgl. Bd. I. S. 287 ff.).

F. Fehler der einfachsymmetrischen Ablenkorgane von Elektronenstrahlröhren und ihre Kompensation

1. Fehlerarten und -ursachen

Bei einfachsymmetrischen (nichtfokussierenden) Ablenkorganen treten im Gegensatz zu den doppelsymmetrischen neben den Fehlern dritter Ordnung auch Fehler zweiter Ordnung auf: Die *Verzeichnung* zweiter Ordnung (Maßstabsfehler, Koordinatenkrümmung und Trapezfehler) und der *Astigmatismus* zweiter Ordnung. Beide Fehler sind im allgemeinen wesentlich größer als die der äquivalenten doppelsymmetrischen Ablenksysteme. Die Abweichung beträgt etwa eine Größenordnung. Dies erschwert in entsprechendem Maße die Fehlerkorrektur. Einfachsymmetrische Ablenkorgane werden daher hauptsächlich in Kathodenstrahlröhren mit kleiner Strahlapertur bzw. geringer Bildpunktschärfe verwendet.

Die genannten Ablenkfehler treten einzeln auf, wenn die Ablenkung entweder parallel zur Symmetrieebene (Maßstabsfehler), senkrecht zur Symmetrieebene (Koordinatenkrümmung) oder nach beiden Richtungen erfolgt (Trapezfehler und Astigmatismus). Sie entstehen (bei elektrischen und magnetischen Systemen) durch Feldinhomogenitäten und (bei elektrischen Systemen mit unsymmetrisch zugeführter Ablenkspannung) durch die Geschwindigkeitsänderung bzw. zusätzliche Brechung des Elektronenstrahls im Ablenkfeld.

2. Fehlerkorrektur

Ähnlich wie bei den doppelsymmetrischen Ablenksystemen können auch die Fehler der einfachsymmetrischen Ablenkorgane (von Kathodenstrahlröhren) einzeln oder teilweise gleichzeitig durch geeignete Formgebung der Ablenkfelder, durch Hilfselektroden bzw. magnetische Entzerrungsorgane und durch Verformung der Ablenkspannungs- bzw. -stromkurve korrigiert werden.

IV. Elektronenoptische Ähnlichkeitsgesetze

Ein wichtiges Hilfsmittel für die Dimensionierung von Elektronengeräten, die Elektronenlinsen. Immersionssysteme oder Ablenksysteme enthalten. sind die Ähnlichkeitsgesetze der Elektronenoptik. Sie geben an, wie sich die Felder bzw. Teilchenbahnen ändern, wenn in einer gegebenen elektronenoptischen Anordnung entweder die linearen Dimensionen, die Spannungen bzw. Ströme oder die Teilchenladung bzw. -masse vergrößert oder verkleinert werden.

A. Geometrisch ähnliche Vergrößerung oder Verkleinerung der Dimensionen

Für *geometrisch ähnliche* elektronenoptische Systeme mit *konstanten* Spannungen bzw. Strömen gilt der Satz:

Eine n-fache geometrische Vergrößerung bzw. Verkleinerung des Systems ergibt auch eine n-fache geometrische Vergrößerung bzw. Verkleinerung der Felder und Teilchenbahnen ($n =$ beliebige Zahl). Die Felder und Bahnen verhalten sich also wie ein Teil des Elektroden- bzw. Spulensystems.

Beispiele:

1. Elektrische Linsen

Nach den Brennweitenformeln der elektrischen Lochscheibenlinsen [Gln. (110c), (112), (114) und (116)] sind die Brennweiten solcher Linsen bei konstanten Elektrodenpotentialen dem Elektrodenabstand d proportional. Eine n-fache Vergrößerung von d ergibt also eine n-fache Vergrößerung der Brennweiten, weil auch die Teilchenbahnen n-fach vergrößert werden (vgl. Abb. 226a). Entsprechendes gilt für eine n-fache Vergrößerung (bzw. Verkleinerung) des Durchmessers von Rohrlinsen [s. Gl. (117) und (118)].

2. Magnetische Kreisringlinse ohne Feldumkehr

Nach Gl. (127a) ist die Brennweite einer kurzen magnetischen Linse ohne Feldumkehr bei konstanter Amperewindungszahl und Elektronenbeschleunigungsspannung dem Spulenradius R proportional. Bei konstantem Spulenstrom und konstanter Beschleunigungsspannung ergibt daher eine n-fache Vergrößerung (bzw. Verkleinerung) des Spulenradius R infolge der Änderung der Teilchenbahnen eine n-fache Vergrößerung (bzw. Verkleinerung) der Brennweite[1] (vgl. Abb. 226b).

3. Elektrische und magnetische Ablenkorgane

Bei *elektrischen* Ablenkorganen mit parallelen Ablenkplatten führt nach Gl. (152) und (153) eine n-fache Vergrößerung bzw. Verkleinerung

---

[1] Der Drehwinkel bleibt dagegen konstant [s. Gl. (128). (131) und (133)].

der linearen Abmessungen (L, l, d) wegen der Änderung der Teilchenbahnen zu einer n-fachen Vergrößerung bzw. Verkleinerung der Ablenkung y_e, vorausgesetzt, daß die Elektrodenspannungen konstant
gehalten werden. In Analogie dazu erhält man bei *magnetischen* Ablenksystemen nach Gl. (163) und (164) eine n-fach vergrößerte bzw. ver-
kleinerte Ablenkung y_m, wenn bei konstantem Spulenstrom und konstanter Beschleunigungsspannung die linearen Abmessungen (L, l, a, b,
bzw. R) n-fach vergrößert bzw. verkleinert werden[1].

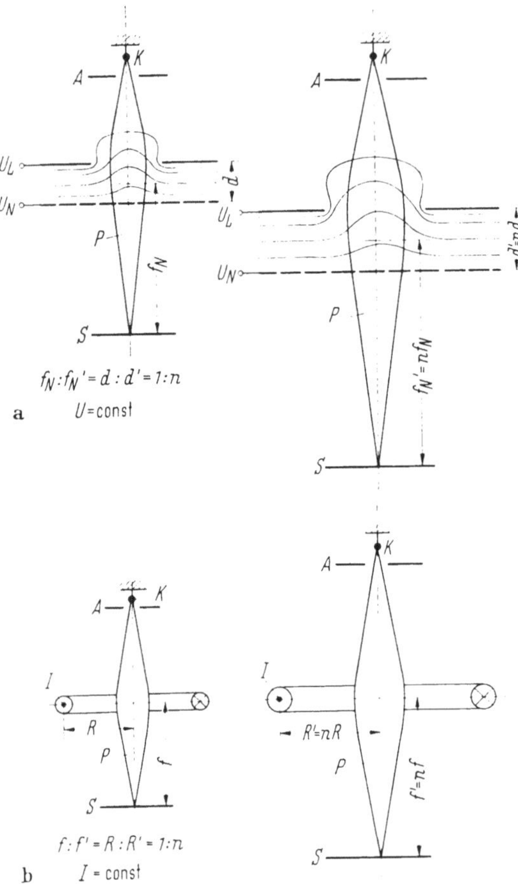

Abb. 226. Anwendung der elektronenoptischen Ähnlichkeitsgesetze auf zwei verschieden große Lochscheibenlinsen (a) bzw. zwei verschieden große magnetische Kreisringlinsen (b). Die Brennweiten verhalten sich im Fall (a) wie die Elektrodenabstände, im Fall (b) wie die Kreisringradien.
K Kathode; *A* Anode; *P* Elektronenstrahl; *S* Leuchtschirm.

[1] In den Gln. (161) und (162) kommt dies nicht zum Ausdruck, da die magnetische Feldstärke H bei konstantem Spulenstrom noch von den Spulenabmessungen
abhängt [s. zum Beispiel Gl. (126)].

B. Änderung der Spannungen bzw. Ströme

Für elektronenoptische Systeme mit gleichen Dimensionen, aber verschiedenen Systemspannungen bzw. -strömen gilt der Satz:

Bei n-facher Erhöhung oder Erniedrigung *aller* Spannungen und bei $\sqrt{n}$-facher Erhöhung oder Erniedrigung *aller* Ströme bleiben die Felder und Teilchenbahnen *unverändert* (n = beliebige Zahl).

Beispiele:

1. Elektrische Elektronenlinsen

Nach Kap. 2, Abschn. I, B hängen die Brennweiten elektrischer Linsen nur vom *Verhältnis* der Elektrodenspannungen ab. Bei konstanten Dimensionen bleibt daher bei n-facher Vergrößerung oder Verkleinerung der Elektrodenspannungen die Brennweite solcher Linsen konstant (vgl. Abb. 227a).

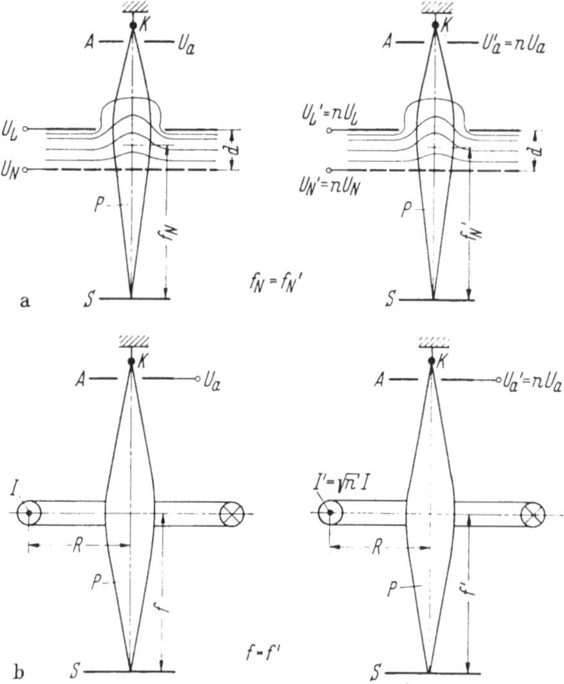

Abb. 227. Anwendung der elektronenoptischen Ähnlichkeitsgesetze auf zwei gleich große Lochscheibenlinsen mit verschiedenen Elektrodenspannungen (a) bzw. auf zwei gleich große Kreisringlinsen mit verschiedenen Spulenströmen und Beschleunigungsspannungen (b). In beiden Fällen bleiben die Brennweiten konstant.
K = Kathode; A = Anode; P = Elektronenstrahl; S = Leuchtschirm.

2. Magnetische Elektronenlinsen

Nach Gl. (127a) ist die Brennweite einer kurzen Luftspule bei konstanten Spulendimensionen proportional U_a/I^2. Bei $\sqrt{n}$-facher Vergrößerung bzw. Verkleinerung des Spulenstroms I und gleichzeitiger n-facher Vergrößerung bzw. Verkleinerung der Beschleunigungsspannung U_a bleibt daher die Brennweite konstant (vgl. Abb. 227b).

3. Immersionssysteme

Aus dem zweiten Ähnlichkeitsgesetz folgt, daß die Elektronenbahnen auch in allen zweipoligen Immersionssystemen (z. B. in einer Röntgenröhre oder einem Bildwandler) von der angelegten Spannung unabhängig sind. Das gleiche gilt auch für mehrpolige Immersionssysteme, bei denen die einzelnen Elektrodenspannungen über einen Spannungsteiler zugeführt werden (also z. B. für Photovervielfacher oder Elektronenmikroskope).

4. Elektrische und magnetische Ablenkorgane

Nach Kap. 2, Abschn. III, B hängt die Ablenkung y_e von doppelsymmetrischen *elektrischen* Ablenkorganen nur vom *Verhältnis* der Ablenk- und Beschleunigungsspannung ab. Die Ablenkung bleibt daher konstant, wenn die beiden Spannungen um einen Faktor n erhöht oder erniedrigt werden. Die Ablenkung y_m von doppelsymmetrischen *magnetischen* Ablenksystemen ist nach Kap. 2, Abschn. III, C proportional $I/\sqrt{U_a}$. Die Ablenkung bleibt daher konstant, wenn die Beschleunigungsspannung U_a um den Faktor n und der Spulenstrom I um den Faktor $\sqrt{n}$ erhöht oder erniedrigt werden. Entsprechendes gilt auch für einfachsymmetrische Ablenkorgane.

C. Änderung der Teilchenladung bzw. Teilchenmasse

Für elektronenoptische Systeme mit gleichen Dimensionen, aber Teilchenstrahlen verschiedener Ladung bzw. Masse gilt der Satz:

In geometrisch gleichen *elektrischen* Systemen, bei denen auch das Verhältnis der Elektrodenspannungen gleich ist, beschreiben alle Teilchen unabhängig von ihrer Ladung q und Masse m dieselbe Bahn.

In geometrisch gleichen *magnetischen* Systemen ergeben sich dieselben Teilchenbahnen, wenn in dem System mit n-mal kleinerer spezifischer Teilchenladung q/m die Systemströme um das $\sqrt{n}$-fache höher oder die Beschleunigungsspannungen um das n-fache niedriger sind.

Beispiele :

1. Elektrische und magnetische Linsen

Nach Gl. (108) und (109) sind die Brennweiten *elektrischer* Linsen von der Teilchenladung und -masse unabhängig. Nach Gl. (127) ist dagegen z. B. die Brennweite einer kurzen *Luftspule* proportional $m\,U_a/q\,I^2$. Wird daher das Verhältnis q/m um den Faktor n erhöht, so bleibt die Teilchenbahn und damit die Brennweite einer solchen magnetischen Linse nur dann gleich, wenn entweder die Beschleunigungsspannung U_a um den Faktor n erhöht oder der Spulenstrom I um den Faktor $\sqrt{n}$ erniedrigt wird.

2. Elektrische und magnetische Ablenkorgane

Nach Kap. 2, Abschn. III, B ist die Ablenkung y_e doppelsymmetrischer *elektrischer* Ablenkorgane von der Teilchenladung und -masse unabhängig. Bei *magnetischen* Systemen ist dagegen die Ablenkung y_m nach III, C proportional $I\sqrt{q/m}/\sqrt{U_a}$. Wird daher das Verhältnis q/m um den Faktor n erhöht, so bleibt die Ablenkung y_m nur dann konstant, wenn gleichzeitig entweder die Beschleunigungsspannung U_a um den Faktor n erhöht oder der Spulenstrom I um den Faktor $\sqrt{n}$ erniedrigt wird.

V. Elektronenstrahl-Wandlerröhren

Unter der Bezeichnung ,,Elektronenstrahl-Wandlerröhren" faßt man alle diejenigen elektronenoptischen Entladungsgeräte zusammen, in denen mit Hilfe eines oder mehrerer Elektronenstrahlen Bilder in andere Bilder bzw. in elektrische Signale oder Signale in andere Signale bzw. in Bilder umgewandelt werden. Demzufolge unterscheidet man vier Gruppen von Elektronenstrahl-Wandlerröhren, nämlich Bild-Bild-, Bild-Signal-, Signal-Signal- und Signal-Bild-Wandlerröhren.

A. Elektronenoptische Bild-Bild-Wandlerröhren (,,Bildwandler")

Die Bildwandler bzw. Bildverstärker dienen der Umwandlung eines Licht-, Infrarot-, Ultraviolett- oder Röntgenbilds in ein optisches Bild von gleicher bzw. größerer Intensität.

19*

1. Prinzipieller Aufbau und Wirkungsweise

Den prinzipiellen Aufbau von Bildwandlern bzw. Bildverstärkern zeigt Abb. 228. Die Bildwandlung geschieht in zwei Stufen: Die *erste* Umwandlung erfolgt durch die *Photokathode*, aus der die auffallenden Licht-, IR-, UV- oder Röntgenstrahlen entsprechend der örtlichen Helligkeitsverteilung mehr oder weniger Photoelektronen auslösen. Die *zweite*

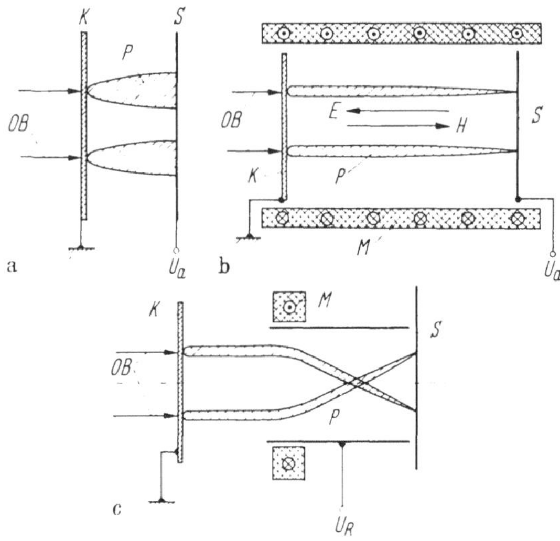

Abb. 228. Prinzipieller Aufbau von Bildwandlerröhren (vgl. [65]).
a) Ohne Strahlfokussierung; b) mit Strahlfokussierung durch ein paralleles (homogenes) elektrisches und magnetisches Feld; c) mit Strahlfokussierung durch Elektronenlinsen.
OB optisches Bild; *K* Photokathode; *P* Elektronenstrahlbündel; *S* Leuchtschirm; *M* Luftspule.

Umwandlung vollzieht sich am *Leuchtschirm*, der beim Auftreffen der beschleunigten Photoelektronen sichtbares Licht emittiert. Das Leuchtschirmbild kann dabei gegenüber dem Photokathodenbild je nach der optischen Verkleinerung bzw. der Beschleunigungsspannung der Photoelektronen verstärkt sein.

Hinsichtlich ihrer Abbildungseigenschaften gehören die Bildwandler zu den *Immersionssystemen*, d. h. Gegenstand und Bild befinden sich bei ihnen stets innerhalb des felderfüllten Raums. Es sind dabei zwei Wandlergruppen zu unterscheiden:

a) Bildwandler ohne Elektronenstrahlfokussierung [67]. Diese Bildwandler enthalten zwei planparallele Elektroden, von denen die eine gleichzeitig als Photokathode und die andere als Träger der Leuchtstoffschicht dient (vgl. Abb. 191 und 228a). Zwischen den Elektroden wird ein homogenes elektrisches Beschleunigungsfeld erzeugt. In einem solchen Feld sind die Elektronenbahnen Parabeln. Es findet daher keine Abbildung im optischen Sinn statt, da die von einem Punkt der Photokathode ausgehenden Elektronen durch das Beschleunigungsfeld zwar „gerichtet", aber nicht fokussiert werden. Unter der Voraussetzung, daß die Elektronen jeden Punkt der Kathodenoberfläche unter beliebigen Winkeln zwischen Null und 90° verlassen, ergibt jeder dieser Punkte auf dem Leuchtschirm bzw. der Anode ein „Zerstreuungsscheibchen" mit dem Radius[1]:

$$r_0 = 2\,d\,\sqrt{\frac{U_0}{U_a}} \tag{172}$$

(d [in cm] = Abstand zwischen Kathode und Leuchtschirm. U_a [in V] = Anodenspannung, U_0 [in V] = Voltäquivalent der Elektronengeschwindigkeit beim Austritt aus der Kathode). Dieser Radius bestimmt das *Auflösungsvermögen* des Bildwandlers.

Beispiel: Für $d = 1$ cm, $U_0 = 1$ V und $U_a = 10$ kV wird $r_0 = 2 \cdot 10^{-2}$ cm $= 200\,\mu$. Zur „Abbildung" von 500 getrennten parallelen Linien auf der Kathode ist also ein Leuchtschirmdurchmesser von etwa 10 cm erforderlich.

b) Bildwandler mit Elektronenstrahlfokussierung

α) *Fokussierung durch ein paralleles elektrisches und magnetisches Feld* [67]. Die von einem Punkt der Kathode ausgehenden Photoelektronen werden hier durch das Zusammenwirken eines parallelen elektrischen und magnetischen Feldes wieder auf einen Punkt (oder genauer: auf ein Zerstreuungsscheibchen) des Leuchtschirms fokussiert (vgl. Abb. 228b). Dadurch entsteht auf dem Leuchtschirm ein aufrechtes und unvergrößertes „echtes" Bild. Der Radius des Zerstreuungsscheibchens auf dem Leuchtschirm beträgt (vgl. [65]):

$$r_0 = d\,\frac{U_0}{U_a}\sin 2\alpha_0 \tag{173}$$

(α_0 = Winkel zwischen der Kathodenoberfläche und der Austrittsrichtung der Elektronen; d, U_0 und U_a wie in Gl. (172)). Nach dieser Gleichung nimmt der Radius r_0 für $\alpha_0 = 45°$ einen maximalen Wert an: $r_{0\,max} = d\,U_0/U_a$.

Beispiel: Für $d = 1$ cm, $U_0 = 1$ V und $U_a = 10$ kV wird $r_{0\,max} = 10^{-4}$ cm $= 1\,\mu$. Die Strahlfokussierung erhöht also das Auflösungsvermögen dieses Bildwandlers um den Faktor 200.

β) *Fokussierung durch ein verkleinerndes elektrisches oder magnetisches Immersionssystem* [69, 78, 80]. Bei diesem am häufigsten verwendeten

---

[1] Gl. (172) erhält man aus Bd. I, Gl. (52), wenn man dort $\alpha = 90°$ und $E = U_a/d$ setzt.

Bildwandlertyp ist zwischen Photokathode und Leuchtschirm ein besonderes elektrisches oder magnetisches Linsensystem angeordnet, das die Abbildung bewirkt. Mit der Abbildung ist meist eine Verkleinerung des Photokathodenbildes verbunden (vgl. Abb. 228c).

2. Bildfehler bei Wandlern mit elektrostatischem System

Die wichtigsten Bildfehler sind:

a) Der Maßstabsfehler. Nach Gl. (148) wächst der Maßstabsfehler mit der dritten Potenz des Abstandes r_1 zwischen Gegenstandspunkt und Systemachse. Da die Bildwandler eine ausgedehnte Photokathode haben, ist bei diesen der Abstand r_1 für Punkte am Kathodenrand erheblich größer als bei Elektronenlinsen, bei denen nur achsennahe Strahlen zur Abbildung verwendet werden. Der größte Abbildungsfehler von Bildwandlern ist daher der Maßstabsfehler, d. h. die kissen- oder tonnenförmige Verzeichnung. Dieser Fehler kann teilweise korrigiert werden, wenn anstelle von ebenen gekrümmte Leuchtschirme oder Photokathoden verwendet werden.

b) Chromatische und sphärische Aberration. Wie aus Gl. (173) hervorgeht, werden in Bildwandlern mit Strahlfokussierung die Bildpunkte aus zwei Gründen verzerrt: einmal infolge der verschiedenen Austrittsenergien eU_0 der Photoelektronen (chromatische Aberration) und außerdem infolge der verschiedenen Austrittswinkel x_0 (sphärische Aberration). Diese Bildfehler können durch Wahl einer hohen Beschleunigungsspannung verkleinert werden.

c) Koma und Astigmatismus. Diese beiden Fehler spielen bei Bildwandlern mit elektrischem System nur eine untergeordnete Rolle.

3. Ausführungsformen von Bildwandlern

a) Dioden

χ) *Diode mit planparallelen Elektroden* [67]. Diese (einfachste) Ausführungsform zeigt Abb. 229a (vgl. auch Abb. 191 und 228a). Typische Daten einer solchen Bildwandlerdiode sind: Photokathoden- und Leuchtschirmdurchmesser 50 mm, Elektrodenabstand 5 mm, Betriebsspannung 3 bis 7 kV, Auflösungsvermögen $A = 140$ Zeilen/cm. Ein Nachteil solcher Röhren ist die „offene" Elektrodenstruktur, die eine (unerwünschte) optische Rückkopplung zwischen Leuchtschirm und Photokathode ermöglicht.

β) *Diode mit gekrümmter Photokathode* [80]. Dieses System (vgl. Abb. 229b) wurde wegen seiner kleinen Abmessungen (Länge z. B.

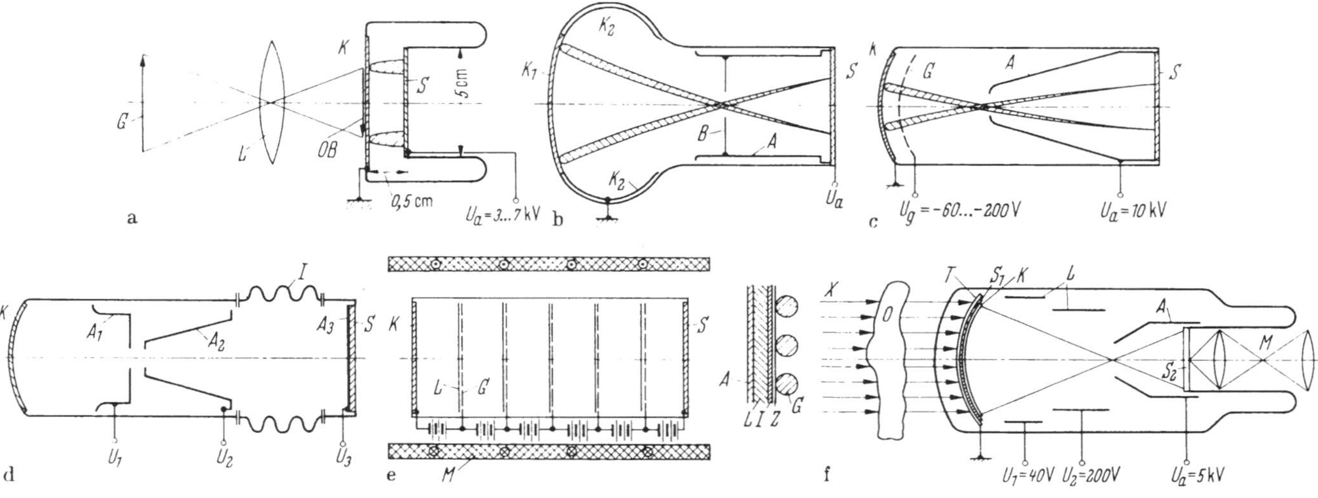

Abb. 229a—f. Verschiedene Ausführungsformen von Bildwandlerröhren.

a) Diode mit ebenen parallelen Elektroden [67]. G = Gegenstand; L = optische Linse; OB = optisches Bild; K = Photokathode; S = Leuchtschirm.

b) Diode mit gekrümmter Photokathode [80]. K_1 = Photokathode; K_2 = lichtunempfindliche Kathode; A = Anode; B = Anodenblende; S = Leuchtschirm.

c) Triode mit Photoemissionssteuerung [70, 75]. K = Photokathode; G = Steuerelektrode; A = kegelförmige Anode; S = Leuchtschirm.

d) Tetrode (mit Nachbeschleunigung) [65, 66]. K = Photokathode; A_1, A_2 = erste und zweite Anode; A_3 = Nachbeschleunigungsanode (Al-Folie); I = Isolator; S = Leuchtschirm.

e) Bildwandler mit mehreren Sekundäremissionsstufen [83]. K = Photokathode; S = Leuchtschirm; A = **Au**-Schicht (15 . . . 25 Å); L = **KCl**-Schicht (300 . . . 600 Å); I = **SiO**-Schicht (100 Å); Z = Zaponlackfilm (der beim Ausheizen verdampft); G = Kupferdrahtgitter (40 Maschen/cm); M = Spule zur Strahlfokussierung. Spannungsdifferenz pro Stufe 2 . . . 4 kV.

f) Röntgenbildverstärker (vgl. [84]). X = Röntgenstrahlung; O = durchstrahltes Objekt; T = Träger aus Al-Folie; S_1 = erster Leuchtschirm; K = Photokathode; A = Anode; S_2 = zweiter Leuchtschirm; M = Mikroskop zur Betrachtung.

7 cm, Durchmesser 3 cm) für Nachtfeldstecher verwendet. Die ausgeprägte Wölbung der Kathode (und der davorliegenden Äquipotentialflächen) verhindert das Auftreten von Verzeichnungsfehlern. Durch eine enge Anodenblende wird außerdem die optische Rückkopplung zwischen Kathode und Leuchtschirm vermindert.

b) Trioden

λ) *Triode mit Photoemissionssteuerung* [70, 75]. Hier ist vor der Kathode eine entsprechend gekrümmte Netzelektrode [75] oder eine Zylinderelektrode [70] angeordnet, die je nach der anliegenden Steuerspannung den Photoelektronenstrom erniedrigt oder vollkommen sperrt (vgl. Abb. 229c). Dadurch kann das Leuchtschirmbild kurzzeitig ein- oder ausgeblendet werden.

β) *Triode mit Nachbeschleunigung.* Die Steuerelektrode kann bei geeigneter Dimensionierung auch als zusätzliche Beschleunigungselektrode verwendet werden. Die Wirkung ist ähnlich wie bei der

c) Tetrode (mit Nachbeschleunigung) [65, 66].

Bei diesem System werden die Photoelektronen in zwei Stufen beschleunigt, nämlich zuerst zwischen Photokathode und erster Anode und anschließend zwischen zweiter Anode und Leuchtschirm (dritte Anode; vgl. Abb. 229d). Bei hoher Nachbeschleunigungsspannung wird der Bildwandlerkolben zwischen zweiter Anode und Leuchtschirm als Hochspannungsisolator ausgebildet. Da die Leuchtdichte des Schirms nach Bd. I, Gl. (45) angenähert mit dem Quadrat der Gesamtspannung ansteigt, erhält man durch die Nachbeschleunigung eine starke Leuchtdichteerhöhung. Durch Aufdampfen eines lichtreflektierenden Al-Belags auf die Leuchtstoffschicht kann deren Leuchtdichte noch weiter gesteigert werden.

d) Bildwandler mit mehreren Sekundäremissionsstufen [83].

Dieser Bildwandler stellt die Kombination einer Bildwandlerdiode mit planparallelen Elektroden und eines Sekundärelektronen-Vervielfachers dar. Abb. 229e zeigt seinen Aufbau. Zwischen Photokathode und Leuchtschirm sind eine Anzahl (z. B. fünf) dünner Isolatorschichten in Abständen von ca. 5 mm hintereinander angeordnet. Jede Isolatorfolie haftet an einem Gitter. Zwischen je zwei benachbarten Gittern bzw. Elektroden liegt eine Beschleunigungsspannung von 2 bis 4 kV. Die von der Kathode emittierten Photoelektronen prallen demnach mit einer Energie von 2 bis 4 keV auf die erste Isolatorfolie und lösen aus deren Rückseite einen Sekundärelektronenstrom aus, der z. B. bei KCl-Folien (Sekundäremissionsfaktor $\delta = 6$) das Sechsfache des Primärelektronenstroms beträgt. Dieser Vervielfachungsvorgang wiederholt sich an jeder Stufe, so daß der Photoelektronenstrom entsprechend verstärkt wird.

Die Isolatorfolien werden auf folgende Weise hergestellt: Auf ein feinmaschiges Kupfergitter wird zunächst über einen Zaponlackfilm eine

100 Å dicke SiO-Schicht aufgedampft, um eine homogene Oberfläche zu erhalten. Darauf wird die sekundärelektronenemittierende KCl-Schicht niedergeschlagen und auf diese schließlich eine (15—25 Å dicke) Goldschicht. In dieser werden die einfallenden Primärelektronen wegen des relativ hohen Atomgewichts von Gold so stark elastisch gestreut, daß sie unter großen Streuwinkeln in die KCl-Schicht eintreten. Dadurch wird die effektive Dicke der KCl-Schicht vergrößert und die Sekundär-elektronenausbeute entsprechend erhöht.

Die Anordnung hat den Nachteil, daß mit dem Elektronenstrom auch die von den einzelnen Kathodenpunkten herrührenden Zerstreuungs-scheibchen [s. Gl. (172)] von Stufe zu Stufe größer werden. Das Auf-lösungsvermögen wird daher mit zunehmender Stufenzahl schlechter. Um es zu verbessern, überlagert man dem elektrischen Feld ein paralleles magnetisches.

e) Röntgenbildverstärker [*84*]. Röntgenbildverstärker sind spezielle Bildwandler, die ein wegen der Gefahr der Strahlenschädigung schwach gehaltenes Röntgenbild in ein helles sichtbares Bild verwandeln. Den Aufbau eines solchen Verstärkers zeigt Abb. 229f. Die Anordnung ent-hält eine Photokathode und zwei Leuchtschirme. Der vom Röntgenlicht angeregte erste Leuchtschirm wirft sein Licht auf die (zur Erhöhung des Auflösungsvermögens) unmittelbar benachbarte Photokathode. Diese emittiert einen Elektronenstrom, durch den das Röntgenbild auf einen zweiten Leuchtschirm abgebildet wird. Das Röntgenbild wird dabei elektronenoptisch stark verkleinert (z. B. im Verhältnis 10:1), wodurch die Leuchtdichte entsprechend ansteigt. Das Endbild kann wie üblich mit einem Mikroskop betrachtet werden. Das Mikroskop bewirkt dabei eine Vergrößerung des Bildes bei gleicher Leuchtdichte auf Kosten des Betrachtungswinkels.

4. Anwendungen

Die wichtigsten Anwendungsgebiete der Bildwandler sind (vgl. [*65, 82*]):

a) Die Medizin. Bei der Aufnahme von Röntgenbildern verwendet man häufig Bildverstärker. Der entscheidende Vorteil ist dabei die wesentliche Herabsetzung der zur Diagnostik erforderlichen Dosis-leistung (auf ca. ein Fünftel des ohne Verstärker notwendigen Werts). Man erreicht damit allerdings noch nicht die gleiche Bildqualität wie bei der normalen Röntgenfilmaufnahme. Bei Augenuntersuchungen werden UR-empfindliche Bildwandler als Ophthalmoskope verwendet, da die Hornhaut (Chitin) UR-durchlässig ist. Auch bei der Frühdia-gnostik von Krebs-, Schleimhaut- und Gewebeschäden sind Bildwandler eine wertvolle Hilfe.

b) Die Photographie. Bei der Untersuchung sehr schnell ablaufender Vorgänge, z. B. des Verhaltens von Geschossen, hochtourigen Motoren, Explosionen oder Plasmaentladungen werden Bildwandler und Bildverstärker mit Steuergitter als Kurzzeit-Kameraverschluß verwendet. Dem Steuergitter vor der Photokathode werden dabei entsprechend der gewünschten Öffnungszeit kurze Rechteckspannungsimpulse zugeführt.

c) Die Mikroskopie

$\alpha)$ *UR-Spektroskopie.* Verschiedene biologische Objekte zeigen charakteristische Unterschiede der Reflexion und Durchlässigkeit im nahen UR- gegenüber dem sichtbaren Spektralbereich. Ein Beispiel ist die UR-Durchlässigkeit des Chitin-Panzers von Insekten, dessen UR-Bild mit einem Bildwandler sichtbar gemacht werden kann.

$\beta)$ *UV-Spektroskopie.* Der Bildwandler dient hier als Ersatz der in der UV-Mikroskopie üblichen Sucher (nämlich Uranyl- bzw. Uviolglas). Ein Vorteil des Bildwandlers ist auch hier der zusätzliche Leuchtdichtegewinn (um etwa den Faktor 50). Daher kann die UV-Dosis zur Schonung des bestrahlten Objekts gering gehalten werden.

d) Untersuchung von undurchsichtigen Medien

$\alpha)$ *Untersuchung von Werkstücken.* Zum Auffinden von Fehlern an Werkstücken (z. B. Gußteilen oder Schweißnähten) verwendet man häufig Röntgenbildverstärker mit einem Leuchtdichte-Verstärkungsfaktor von der Größenordnung 10^3. Dieser hohe Wert beruht teils auf der mit der Bildwandlung verbundenen Bildverkleinerung und teils auf der hohen Elektronenbeschleunigungsspannung (von z. B. 25 kV).

$\beta)$ *Nacht-Sichtgeräte.* In Kraftfahrzeugen lassen sich „blendungsfreie" UR-Autoscheinwerfer (z. B. 2 kW-Quecksilberdampflampen mit UR-Filter) verwenden, wenn man gleichzeitig als Sichtgerät zur Beobachtung der Straße einen UR-Bildwandler benutzt (vgl. auch Bd. I, Abb. 81).

B. Signal-Bild-Wandlerröhren

Die Signal-Bild-Wandlerröhren bewirken definitionsgemäß die Umwandlung von elektrischen Signalen in ein sichtbares Bild. Zu ihnen gehören die Oszillographen-, Fernsehbild-, Bildradar- und Bildspeicherröhren (vgl. [*63. 64. 71. 77. 79. 81. 82. 85—88*]).

1. Oszillographenröhren

Die Oszillographenröhren dienen zur Registrierung von Spannungs- und Stromschwankungen auf Leuchtschirmen oder Photoschichten mit Hilfe eines oder mehrerer abgelenkter Elektronenstrahlen. Den prinzipiellen Aufbau einer solchen Röhre mit den einzelnen Systemteilen zeigt Abb. 230[1]. Die Eigenschaften von Oszillographenröhren sind durch folgende Angaben gekennzeichnet:

a) Die Art der Ablenkung. Die Ablenkung erfolgt meist elektrisch mit parallelen gekrümmten oder geknickten Ablenkplatten. Dabei dient je ein Plattenpaar für die x- und y-Ablenkung.

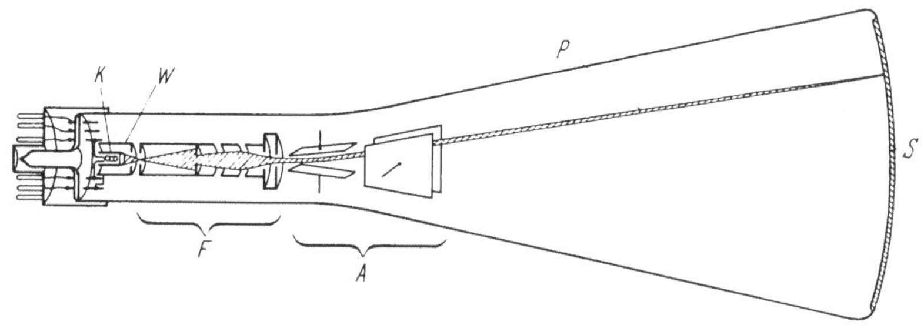

Abb. 230. Aufbau einer Oszillographenröhre.
K Kathode; W Wehneltzylinder; F Fokussiersystem; A Ablenksystem; P Elektronenstrahl; S Leuchtschirm.

b) Die Ablenkempfindlichkeit. Die Ablenkempfindlichkeit ($e_e = y/U_p$ bzw. $x/U_p =$ Ablenkung pro Volt Ablenkspannung) beträgt gewöhnlich 0,1 bis 1 mm/V und ist nach Kap. 2, Abschn. III um so größer, je *niedriger* die Elektronenbeschleunigungsspannung ist.

c) Die Beschleunigungsspannung. Sie beträgt je nach Röhrentype 500 bis 5000 V (bei Hochspannungsoszillographen bis 50 kV) und bestimmt nach Bd. I, Gl. (45) die Helligkeit des Leuchtschirm-Brennflecks. Die Helligkeit nimmt dabei mit *wachsender* Beschleunigungsspannung zu.

Um die (bezüglich der Beschleunigungsspannung konträren) Forderungen nach einer hohen Ablenkempfindlichkeit *und* einer hohen Brennfleckhelligkeit zu erfüllen, benutzt man häufig das Prinzip der *Nachbeschleunigung*. Dieses Prinzip ermöglicht es, mit kleinen Ablenkspannungen auszukommen und trotzdem einen hellen Brennfleck zu erhalten. Es besteht darin, daß die Elektronengeschwindigkeit *vor* den Ablenkplatten relativ niedrig gehalten und erst *hinter* den Ablenkplatten auf den vollen Wert (d.h. auf das Zwei- bis Zehnfache des Wertes vor den Platten) gebracht wird. Als Nachbeschleunigungselektrode dient ein leitender Wandbelag oder eine Drahtwendel.

d) Die obere Grenzfrequenz. Darunter versteht man die höchste Meßfrequenz f_g, bei der die Elektronenlaufzeit τ zwischen den Ablenkplatten noch keinen Einfluß auf die Ablenkempfindlichkeit hat. Dies ist

---

[1] Vgl. auch die Abb. 196—198, 201—204, 213, 215, 216 und 218.

der Fall, solange τ sehr viel kleiner ist als die Periodendauer T der Ablenk-Wechselspannung. f_g ist bei den meisten Oszillographenröhren von der Größenordnung 10^8 bis 10^9 Hz.

e) Die maximale Schreibgeschwindigkeit. Darunter versteht man diejenige Schreibgeschwindigkeit, bei welcher der Elektronenbrennfleck auf einer Photoplatte (nach der Entwicklung) eine eben noch sichtbare Spur hinterläßt bzw. von einem Beobachter gerade noch wahrgenommen wird. Im ersten Fall spricht man von objektiver, im zweiten Fall von subjektiver maximaler Schreibgeschwindigkeit.

Die maximale *objektive* Schreibgeschwindigkeit (bei photographischer Registrierung des Schirmbilds) wächst linear mit der Strahlstromstärke und der Beschleunigungsspannung [72]. Sie hängt außerdem vom Brennfleckdurchmesser und von der Empfindlichkeit des verwendeten Films ab. Ihr Wert schwankt zwischen 50 und einigen 1000 km/sec (Grenzwert etwa 10000 km/sec). Die maximale *subjektive* Schreibgeschwindigkeit beträgt bei Röhren ohne Nachbeschleunigung je nach der Augenempfindlichkeit des Beobachters 2 bis 30 km/sec, bei Röhren mit Nachbeschleunigung bis 250 km/sec. Einem Vorgang, der in 10^{-7} Sekunden stattfindet, entspricht im letzteren Fall eine Schreibstrecke von 25 mm.

f) Die Lichtausbeute, Farbe und Nachleuchtdauer des Leuchtschirms. Diese Größen hängen von der Art des verwendeten Schirm-Leuchtstoffs ab (vgl. Bd. I, S. 92 ff.). Die Lichtausbeute der meisten Oszillographen-Leuchtstoffe liegt zwischen 3 und 40 cd/W, die Farbe ist grün, blau oder gelb, und die Nachleuchtdauer kann wenige Mikrosekunden bis einige Minuten betragen.

2. Fernseh-Bildröhren

Diese Röhren dienen zur Umwandlung eines Fernsehsignals in ein sichtbares schwarz-weißes oder farbiges Bild.

a) Schwarz-Weiß-Fernsehbildröhren. Die Schwarz-Weiß-Bildröhren unterscheiden sich von den Oszillographenröhren durch ihren relativ großen rechteckigen Bildschirm und durch das *magnetische* Ablenksystem, das außerhalb des Röhrenkolbens angeordnet ist (vgl. Abb. 231a). Dies ermöglicht Ablenkwinkel bis $\pm$ 55° in Richtung der Schirmdiagonale. Die Ablenkfehler sind dabei wesentlich kleiner als bei elektrischen Ablenkorganen. Durch geeignete Kurvenform des Ablenkstroms wird der Elektronenstrahl zeilenweise über den Bildschirm geführt. Während er eine Zeile schreibt, schwankt seine Intensität und damit die Helligkeit der geschriebenen Bildpunkte im Takte des empfangenen Fernsehsignals. Bei jedem Rücklauf wird der Strahlstrom unterbrochen, so daß nur die beim Hinlauf geschriebenen Zeilen sichtbar sind.

Die Steuerung der *Bildhelligkeit* erfolgt durch ein vor der Kathode liegendes Steuergitter mit einem oder mehreren Löchern. Da die Bildhelligkeit mit der Elektronengeschwindigkeit zunimmt, wird die Beschleunigungsspannung in Fernseh-Bildröhren möglichst groß gemacht (bis 20 kV, bei Projektions-Fernsehröhren bis 80 kV; Röntgenstrahlenschutz!). Aus dem gleichen Grund bedampft man die Innenseite der Leuchtstoffschicht mit einer für Elektronen transparenten Aluminiumschicht, die das vom Leuchtstoff ins Röhreninnere emittierte Licht nach vorn (d. h. zum Beobachter hin) reflektiert. Die Al-Schicht verhindert auch das Entstehen eines Ionenflecks durch den Aufprall negativer Restgasionen auf die Mitte des Leuchtschirms (vgl. Abb. 220 b) und vermeidet ferner die elektrische Aufladung der Leuchtstoffschicht. In Röhren

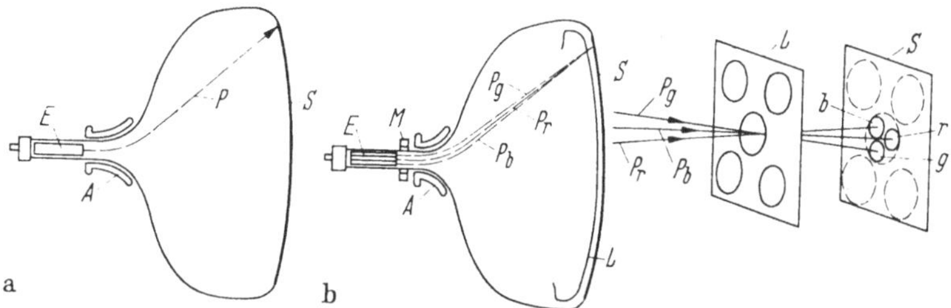

Abb. 231. Aufbau von Fernseh-Bildröhren (vgl. [71, 77, 79, 81, 85, 87]).
a) Schwarz-Weiß-Fernsehbildröhre.
E = Strahlerzeugungssystem; A = Ablenkorgane; P = Elektronenstrahl; S = Bildschirm.
b) Lochmasken-Bildröhre für Farbfernsehen.
E = Strahlerzeugungssysteme für 3 Elektronenstrahlen; M = Spule zur Fokussierung der Elektronenstrahlen in einem Bildpunkt; P_g, P_r, P_b = Elektronenstrahl für das grüne bzw. rote bzw. blaue Teilbild; L = Lochmaske; S = gerasterter Dreifarben-Leuchtschirm; g, r, b = grüner bzw. roter bzw. blauer Bildpunkt; A = Ablenkorgane.

ohne metallisierte Leuchtstoffschicht werden die Restgasionen durch ein geknicktes Strahlerzeugungssystem („Ionenfalle") zur Seitenwand des Röhrenkolbens abgelenkt.

Um ein *weißes Bild* zu erhalten, verwendet man als Leuchtsubstanz ein Gemisch von Zinksulfid (ZnS, blau) und Cadmiumsulfid (CdS, gelb). Die Lichtausbeute beträgt je nach Betriebsspannung 5 bis 7 cd/W. Um ein möglichst *kontrastreiches Bild* zu erhalten, wird die Kolbeninnenwand mit einem schwarzen leitenden Graphitbelag versehen, der alles vom Leuchtschirm kommende Streulicht absorbiert.

b) Lochblenden-Bildröhre für Farbfernsehen. Das Prinzip einer solchen Röhre veranschaulicht Abb. 231 b. Drei Strahlerzeugungssysteme werfen je einen Elektronenstrahl durch eine „Lochmaske" auf einen dahinterliegenden Leuchtschirm. Die Leuchtstoffschicht dieses Schirms ist aus vielen einzelnen Leuchtstoffpunkten zusammengesetzt.

die entweder blaues, grünes oder rotes Licht emittieren. Je drei solcher
Leuchtpunkte mit verschiedener Farbe ergeben einen Bildpunkt. Die
drei Elektronenstrahlen werden von einem gemeinsamen Spulensystem
abgelenkt. Sie werden außerdem — sowohl jeder für sich als auch alle
drei gemeinsam — so fokussiert, daß sie zusammen auf dem Schirm
gerade einen Bildpunkt vollständig überdecken. Dabei regt jeder Einzel-
strahl innerhalb des Bildpunkts immer nur den roten, den grünen oder
den blauen Leuchtstofftupfen zur Lichtemission an. Die Tupfen sind so
klein, daß sie vom Auge nicht mehr getrennt wahrgenommen werden
können. Dadurch entsteht der Eindruck eines farbigen Bildpunkts,
dessen Farbton durch die Intensitäten der drei Elektronenstrahlen bestimmt wird.

3. Bildradar- und Bildspeicherröhren

Diese Röhren ermöglichen ein längeres Aufspeichern des geschriebenen
Bildes (vgl. [*68*, *73*, *74*]).

a) Bildradarröhren. Die Bildradarröhren sind ähnlich wie die Fernseh-
Bildröhren aufgebaut. Sie besitzen jedoch im Gegensatz zu diesen einen
Leuchtschirm mit relativ langer Nachleuchtdauer (von mehreren
Sekunden). Während der Zeit der Bildspeicherung nimmt die Bildhellig-
keit allmählich ab (z. B. in 10 Sekunden auf 1% des Anfangswerts). Die
Strahlablenkung ist mit der Richtantennendrehung synchronisiert und
erfolgt radial durch feststehende und azimutal durch rotierende Ablenk-
spulen (vgl. Abb. 207).

b) Bildspeicherröhren. Die Bildspeicherröhren bewirken das minuten-
lange Speichern eines geschriebenen Bildes. Ihren grundsätzlichen Aufbau
zeigt Abb. 232. Die Röhre enthält im wesentlichen drei Elektronenkanonen sowie ein Speichergitter, das zwischen einem Kollektorgitter
und dem Leuchtschirm liegt. Als Speichergitter dient ein feinmaschiges
Drahtnetz (mit 40 bis 200 Maschen pro cm), dessen kathodenseitige
Oberfläche mit einer hochisolierenden Schicht (z. B. aus MgF_2) bedeckt
ist. Ein Elektronenstrahl („Schreibstrahl"), der von einer der drei Kathoden (der sog. „Schreibkathode") geliefert und durch das Schreibsignal intensitätsmoduliert wird, erzeugt auf dieser Isolatorfläche durch
Sekundäremission bei gleichzeitiger Strahlablenkung ein Potentialrelief
(oder Ladungsgebirge). Die entstehenden Sekundärelektronen werden
dabei vom Kollektorgitter abgesaugt. Das geschriebene Potentialrelief
bewirkt eine örtliche Variation der Durchlässigkeit des Speichergitters
für einen nichtabgelenkten zweiten Elektronenstrahl (den sog. Sichtstrahl), der die Speichergitterfläche mit überall gleicher Elektronenkonzentration (bzw. Stromdichte) trifft. Dieser Sichtstrahl wird beim

Durchgang durch das Speichergitter entsprechend dem Potentialgebirge örtlich intensitätsmoduliert. Hinter dem Speichergitter werden die Sichtelektronen so stark beschleunigt, daß sie beim Aufprall auf dem Leuchtschirm ein helles Bild des gespeicherten Potentialreliefs erzeugen. Das Triodensystem (Kollektor, Speichergitter und Leuchtschirm) wirkt dabei als „Bildverstärker" mit einem Energieverstärkungsfaktor von der Größenordnung 10^6 [74]. Durch einen dritten (abgelenkten) Elektronenstrahl (den sog. Löschstrahl) kann das Potentialrelief und damit auch das gespeicherte Bild wieder gelöscht werden.

Bildspeicherröhren verwendet man zur Wiedergabe sehr lichtschwacher Radar- und Fernsehbilder während einer Speicherzeit von etwa 1 min, ferner in der Datenverarbeitung zur Darstellung der Resultate von Rechenmaschinen.

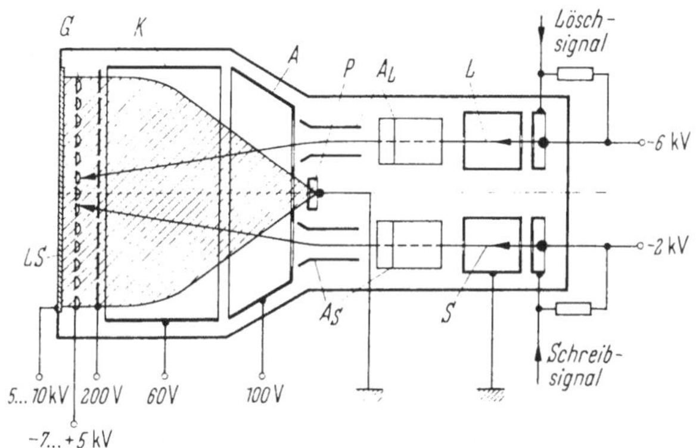

Abb. 232. Prinzipieller Aufbau einer Bildspeicherröhre [68, 74].
L = Löschstrahlsystem; S = Schreibstrahlsystem; A_L = Ablenksystem für den Löschstrahl; A_S = Ablenksystem für den Schreibstrahl; P = Sichtstrahlsystem; A = Anode für den Sichtstrahl; K = Kollimator (erzeugt senkrechten Aufprall des Sichtstrahls auf das Speichergitter); G = Speichergitter; LS = Leuchtschirm.

C. Bild-Signal-Wandlerröhren

Die Bild-Signal-Wandlerröhren bewirken die Umsetzung eines optischen Bilds in ein elektrisches Ausgangssignal. Zu dieser Röhrengruppe gehören die *Fernseh-Kameraröhren* (vgl. [71, 81, 82, 87, 88]).

1. Superikonoskop

Die Wirkungsweise des Superikonoskops beruht auf der Ausnutzung des äußeren lichtelektrischen Effekts und der Sekundäremission. Das auf einer halbdurchlässigen Photokathode (vgl. Abb. 233a) abgebildete

Objekt erzeugt vor der Kathode eine dem Bildinhalt entsprechende Elektronenemissionsverteilung, die durch eine magnetische Linse vergrößert auf einer Speicherplatte abgebildet wird. Die Speicherplatte besteht aus einer 10 bis 20 μ dicken Glimmerscheibe, die auf ihrer kathodenseitigen Oberfläche mit einer Schicht hoher Sekundärelektronenausbeute (z. B. einer MgO-Schicht; $\delta_{max} = 8$) bedeckt ist. Diese Isolatorschicht kann man sich aus lauter einzelnen Speicherelementen zusammengesetzt denken. Die andere Seite der Glimmerplatte haftet an einer Metallelektrode. die als Signalplatte bezeichnet wird. Jedes Speicherelement der Isolatorschicht bildet zusammen mit der Signalplatte einen kleinen Kondensator, der während des Betriebs der Röhre durch Sekundäremissionsvorgänge dauernd umgeladen wird und dabei das Bildsignal liefert. Die zeitliche Auflösung des Speicherbilds in eine Serie von elektrischen

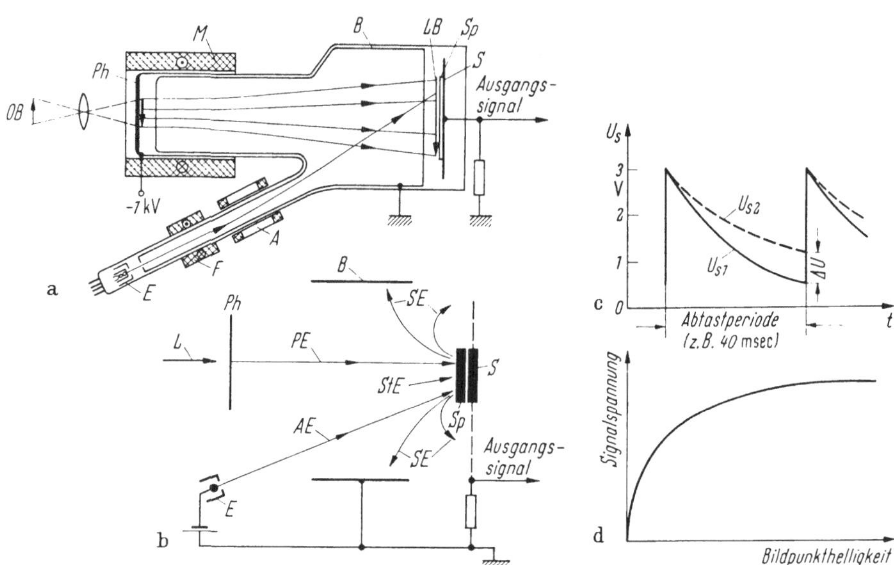

Abb. 233a – d. Aufbau und Wirkungsweise eines Superikonoskops (vgl. [81, 82]).
a) Aufbau.
OB = optisches Bild; Ph = Photokathode; M = Abbildungsspule; B = leitender Wandbelag (Beschleunigungselektrode und zugleich Kollektor für die Sekundärelektronen der Speicherplatte); LB = Ladungsbild; Sp = Speicherplatte; S = Signalplatte; E = Strahlerzeugungssystem für den Abtaststrahl; F = Fokussierspule; A = Ablenkspulen.
b) Abtastvorgang für ein Speicherelement.
L = Lichtstrahl; Ph = Photokathode; PE = Photoelektronen; S = Speicherelement; E = Strahlerzeugungssystem für den Abtaststrahl; AE = Abtastelektronen; SE = Sekundärelektronen; StE = Streuelektronen von anderen Speicherelementen; B = Kollektor.
c) Zeitlicher Verlauf des Potentials eines Speicherelements während einer Abtastperiode.
U_{S_1} = Potentialabnahme eines unbelichteten Speicherelements, hervorgerufen durch das Landen langsamer ($\delta < 1$) Sekundärelektronen; U_{S_2} = Potentialabnahme eines belichteten Speicherelements bei zusätzlicher Auslösung von Sekundärelektronen durch schnelle ($\delta > 1$) Photoelektronen; ΔU = von der Bildpunkthelligkeit abhängige Signalspannung.
d) Bildsignalspannung in Abhängigkeit von der Bildpunkthelligkeit (Übertragungskennlinie).

Signalen geschieht durch einen Abtaststrahl, der in einem Seitenkolben erzeugt, magnetisch abgelenkt und dabei zeilenweise über die Speicherschicht geführt wird.

Den Abtastvorgang veranschaulicht Abb. 233b u. c. Im Augenblick der Abtastung wird jedes Speicherelement durch Abgabe von Sekundärelektronen ($\delta > 1$) auf etwa $+ 3$ V gegenüber dem Kollektor aufgeladen. Nach einer Abtastung sinkt dieses Potential allmählich auf $+ 0,5$ V ab, weil langsame Sekundärelektronen, die in der Nachbarschaft durch den Abtaststrahl ausgelöst werden, auf das betrachtete Speicherelement herabrieseln, dort aber wegen ihrer geringen Geschwindigkeit ($\delta < 1$) keine weiteren Sekundärelektronen erzeugen. Treffen auf dasselbe Speicherelement neben den langsamen Sekundärelektronen gleichzeitig schnelle (vom aufgenommenen Bild ausgelöste) Photoelektronen, so sinkt das Potential des Speicherelements wegen der Auslösung neuer Sekundärelektronen ($\delta > 1$) langsamer ab, bis zwischen der positiven Aufladung durch Photoelektronen und der Entladung durch langsame sekundäre Streuelektronen Gleichgewicht herrscht. Das Gleichgewichtspotential, das sich am Ende einer Abtastpause einstellt, ist dabei für ein bestrahltes Speicherelement (also für einen hellen Bildpunkt) positiver als für ein nichtbestrahltes (d. h. für einen dunklen Bildpunkt). Im Augenblick des Abtastens springt das Potential des Speicherelements wieder auf $+ 3$ V. Dieser Potentialsprung, der durch kapazitive Kopplung auch jeweils an der Signalplatte auftritt, ist also für ein bestrahltes Speicherelement kleiner als für ein unbestrahltes und führt zu einem Ausgangssignal (vgl. Abb. 233d), das von der Signalplatte abgenommen, verstärkt, einem Träger aufmoduliert und übertragen wird.

Da die bereits abgetasteten Speicherelemente ein positiveres Potential haben, als die noch nicht abgetasteten, zeigen die bei der Abtastung entstehenden sekundären Streuelektronen die Tendenz, entgegen der Abtastrichtung über die Speicherplatte zu wandern. Dies ergibt ein Störsignal, das entweder durch Berieselung der Speicherplatte mit langsamen Elektronen beseitigt wird (Rieselikonoskop) oder dadurch, daß man der Speicherplatte eine Querleitfähigkeit gibt, die einen Ausgleich der unregelmäßigen Sekundärelektronenverteilung bewirkt.

2. Superorthikon

Die Wirkungsweise des Superorthikons beruht wie die des Superikonoskops auf dem äußeren lichtelektrischen Effekt und der Sekundäremission. Abb. 234a zeigt den Aufbau. Das auf einer halbdurchlässigen Photokathode abgebildete Objekt erzeugt hinter der Kathode eine dem Bildinhalt entsprechende Elektronenemissionsverteilung, die durch das homogene Magnetfeld einer Fokussierspule im Verhältnis 1:1 auf einer Speicherplatte abgebildet wird. Die abbildenden Photoelektronen, die auf etwa 500 eV beschleunigt werden, lösen aus der Speicherplatte (wegen $\delta > 1$) Sekundärelektronen aus und erzeugen dadurch auf deren Oberfläche ein den Bildinhalt widerspiegelndes (positives) Ladungs-

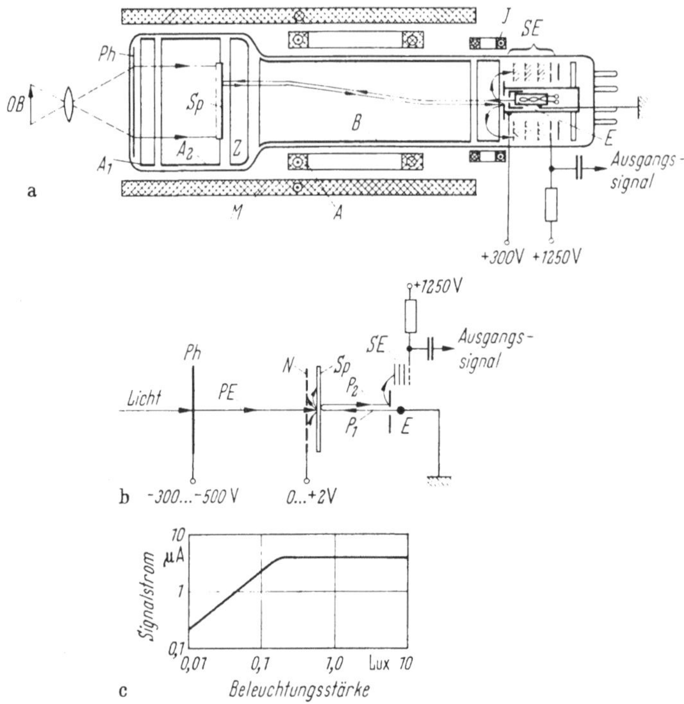

Abb. 234. Aufbau und Wirkungsweise eines Superorthikons (vgl. [81, 82]).
a) Aufbau.
OB = optisches Bild; Ph = Photokathode; A_1 und A_2 = Beschleunigungselektroden für Photoelektronen; Sp = Speicherplatte mit Netz; E = Strahlerzeugungssystem; J = Justierspulen; A = Ablenkspulenpaare; M = Fokussierspule für Abtaststrahl und Photoelektronen; B = Beschleunigungselektrode für den Abtaststrahl (Wandbelag); SE = Sekundärelektronen-Vervielfacher.
b) Abtastvorgang für ein Speicherelement.
Ph = Photokathode; PE = Photoelektronen; N = Netz; Sp = Speicherplatte; P_1 = Abtastelektronenstrahl; P_2 = zurückkehrender, durch das Ladungsbild modulierter Elektronenstrahl; SE = Sekundärelektronen-Vervielfacher; E = Strahlerzeugungssystem.
c) Bildsignalstrom in Abhängigkeit von der Bildpunkthelligkeit (Übertragungskennlinie).

gebirge. Die Sekundärelektronen werden dabei durch ein feines Metallnetz abgesaugt, das in 20 bis 50 μ Abstand vor der Speicherschicht angeordnet ist und für die schnellen Photoelektronen eine hohe Durchlässigkeit (von z. B. 75%) aufweist. Die Speicherschicht selbst besteht aus einer 3 bis 5 μ dicken Glashaut, deren Leitfähigkeit bei der Betriebstemperatur der Röhre gerade so groß ist, daß die positive Ladung eines

Bildelements innerhalb eines Bruchteils der Abtastperiode auch auf der anderen (der Photokathode abgewandten) Seite der Glashaut erscheint, ohne daß sich die Ladung dabei wesentlich über die Glashautebene ausbreitet.

Die Abtastung des auf der Speicherplatte geschriebenen Ladungsbildes geschieht durch einen feinen Abtastelektronenstrahl, der von magnetischen Ablenkspulen zeilenweise über die Speicherfläche geführt wird (vgl. Abb. 234b). Kurz vor Erreichen der Speicheroberfläche werden die Abtastelektronen durch eine Bremselektrode so stark verzögert, daß sie beim Landen auf der Speicheroberfläche (wegen $\delta < 1$) keine überschüssigen Sekundärelektronen auslösen können. Die Zahl der Strahlelektronen, die während der Abtastung eines Speicherelements auf diesem landen, hängt von der jeweiligen Ladung des betreffenden Speicherelements ab. Ein Speicherelement mit hoher positiver Ladung, das einem hellen Bildpunkt entspricht, nimmt mehr Abtastelektronen auf als ein Element mit geringerer positiver Ladung und entsprechend geringerer zugehöriger Bildpunkthelligkeit. Sobald die positive Ladung eines Speicherelements im Laufe einer Abtastung neutralisiert ist, kehren die überschüssigen Abtastelektronen vor der Speicherschicht um, durchlaufen den Strahlweg in umgekehrter Richtung und landen auf der Anode des Strahlerzeugungssystems. Der dort ausgelöste Sekundärelektronenstrom wird in einem Sekundärelektronen-Vervielfacher verstärkt und liefert das Bildsignal. Ein heller Punkt des aufgenommenen Bildes ergibt demnach einen kleinen und ein dunkler Bildpunkt einen großen Bildsignalstrom. Steuert man mit diesem Signalstrom das Gitter einer Verstärkerröhre, so steigt deren Anodenstrom linear mit der Beleuchtungsstärke bis zu einem Sättigungswert an (vgl. Abb. 234c). Die Sättigung tritt ein, wenn das Potential der Speicherplatte während des Ladungsaufbaus gleich dem Potential des Saugnetzes für die Sekundärelektronen wird.

Das Superorthikon ist die meistbenutzte Fernseh-Kameraröhre. Seine Empfindlichkeit ist etwa hundertmal so groß wie die eines Superikonoskops.

3. Vidikon

Das Vidikon ist eine Kameraröhre, bei der der innere lichtelektrische Effekt ausgenutzt wird. Das aufzunehmende Objekt wird hier auf einer dünnen Photoleiterschicht abgebildet (vgl. Abb. 235a). Das einfallende Licht erzeugt in der Photoschicht eine von der jeweiligen Bildpunkthelligkeit abhängige Leitfähigkeitsverteilung. Die Photoschicht haftet an einer dünnen lichtdurchlässigen Signalplatte, an der eine positive Vorspannung liegt. Diese bewirkt, daß je nach der örtlichen Leitfähigkeit eine mehr oder weniger große positive Ladung von der Signalplatte zur kathodenseitigen Oberfläche der Photoschicht gelangt. Dieses Ladungsgebirge wird mit einem magnetisch abgelenkten (kurz vor der Photoschicht auf wenige eV verzögerten) Elektronenstrahl abgetastet

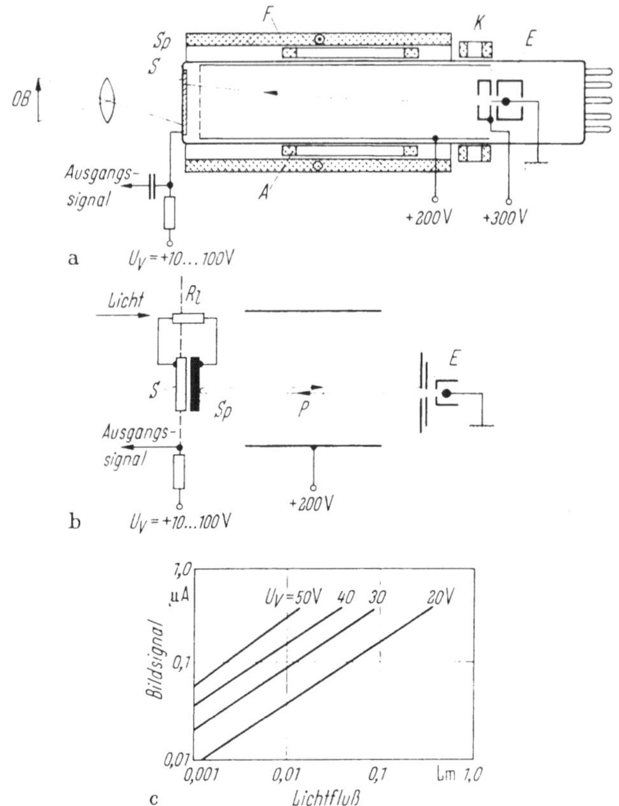

Abb. 235a—c. Aufbau und Wirkungsweise eines Vidikons (vgl. [81, 82]).
a) Aufbau.
OB = optisches Bild; S = Signalplatte; Sp = Speicherplatte; F = Fokussierspule; A = Ablenk-spulenpaare; K = Korrekturspulen; E = Strahlerzeugungssystem.
b) Abtastvorgang für ein Speicherelement.
E = Strahlerzeugungssystem; P = Abtastelektronenstrahl; Sp = Speicherplattenelement; S = Signalplatte; R_l = Bildpunktwiderstand (lichtabhängig).
c) Bildsignalstrom in Abhängigkeit von der Bildpunkthelligkeit (Übertragungskennlinie).
U_V = Vorspannung der Speicherplatte.

(vgl. Abb. 235b). Jedes Photoschichtelement nimmt dabei vom Abtaststrahl gerade so viele Elektronen auf, bis sein Potential auf das Kathodenpotential des Strahlerzeugungssystems abgesunken ist[1]. Die übrigen

---

[1] Weiter kann das Potential nicht absinken, da sonst die Abtastelektronen gegen ein Bremsfeld anlaufen müßten.

Strahlelektronen werden von der Anode abgesaugt. Der bei der Abtastung eines jeden Schichtelements auftretende Potentialsprung wird durch kapazitive Kopplung auf die Signalplatte übertragen und stellt das Ausgangssignal des Vidikons dar (vgl. Abb. 235c).

Vidikon-Röhren lassen sich in besonders kleiner Ausführung bauen (z. B. Länge 12 cm, Durchmesser 3 cm) und sind trotzdem so empfindlich wie ein Superikonoskop. Bei schnell bewegten Bildern entsteht allerdings wegen der Trägheit des inneren Photoeffekts ein Nachsignal (das Bild „zieht nach"). Aus diesem Grund werden Vidikons praktisch nur in der Industrie verwendet, wo der Nachzieheffekt häufig weniger stört als beim kommerziellen Fernsehen.

D. Signal-Signal-Wandlerröhren

Diese Röhren können ein elektrisches Signal aufnehmen, über längere Zeit speichern und in einem gewünschten Augenblick wieder abgeben (vgl. [*68. 73, 74*]). Zu den wichtigsten Röhren dieser Art gehören die *Signalspeicherröhren*, die in Aufbau und Wirkungsweise den Bildspeicherröhren ähneln. Als Beispiel zeigt Abb. 236 eine Einstrahl-Signalspeicherröhre mit homogenem Speicherschirm und aufliegendem Sekundäremissions-Sperrgitter („Radechon"). Die Röhre enthält eine Elektronenkanone, einen zylinderförmigen Sekundärelektronen-Kollektor und eine

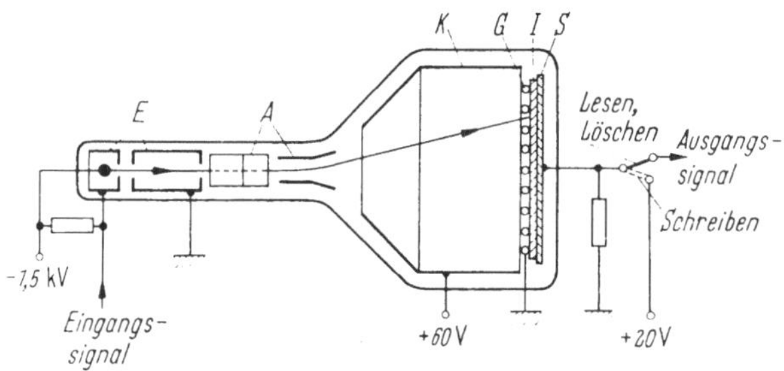

Abb. 236. Aufbau einer Einstrahl-Signalspeicherröhre mit homogenem Speicherschirm und aufliegendem Sekundäremissions-Sperrgitter („Radechon"; vgl. [74a]).
E = Strahlerzeugungssystem; *A* = Ablenksystem; *G* = Sperrgitter; *I* = Speicherisolator; *S* = Signalplatte; *K* = Sekundärelektronen-Kollektor.

hochisolierende Speicherschicht mit anliegender Signalplatte. An der Oberfläche der Speicherschicht haftet ein geerdetes feinmaschiges Gitter (mit 50 bis 100 Maschen pro cm). Dieses sog. Sperrgitter zwingt die bei der Speicherflächenabtastung ausgelösten langsamen Sekundärelektronen dazu, innerhalb ein und derselben Maschenöffnung wieder auf das darunterliegende Speicherelement zurückzukehren, von dem sie emittiert wurden. Dadurch wird das Auflösungsvermögen der Speicherfläche verbessert.

Die Funktion einer Signalspeicherröhre besteht im „Schreiben", „Lesen" und „Löschen" der zugeführten Information. Beim *Schreiben* wird ein mit dem Schreibsignal intensitätsmodulierter Elektronenstrahl zeilenweise über die (durch einen Spannungsimpuls auf $+ 20$ V aufgeladene) Speicheroberfläche geführt. Dabei nimmt jedes Speicherelement eine der jeweiligen Schreibstromstärke entsprechende negative Ladung auf. Zum *Lesen* bzw. *Löschen* wird das gesamte Potentialniveau der Speicheroberfläche um 20 V erniedrigt. Dadurch erhalten beschriebene Speicherelemente ein Potential von $- 20$ V oder weniger und unbeschriebene ein Potential von etwa 0 V. Die so vorbereitete Speicheroberfläche wird nun mit dem — jetzt unmodulierten — Elektronenstrahl erneut abgetastet, wobei das mehr oder weniger negative Potential der einzelnen Speicherelemente durch Sekundäremission zum Sperrgitterpotential (0 V) hin verschoben wird. Diese Potentialsprünge erscheinen an der Signalplatte als Ausgangssignal. Durch wiederholtes Abtasten der Speicherschicht können der Signalspeicherröhre bei geringer Lesestromstärke so lange Signalkopien entnommen werden, bis das Potentialrelief abgebaut ist. Der Leseprozeß ist also zugleich ein Löschprozeß, wobei je nach der Lesestromstärke entweder sofortiges Löschen bei einmaligem Lesen oder allmähliches Löschen bei fortgesetztem Lesen möglich ist.

Signalspeicherröhren werden in der Signal- und Datenverarbeitung, z. B. zur Speicherung und Wiedergabe von Binärziffern und Bildern, eingesetzt.

VI. Elektronenmikroskope

A. Prinzip und Kenngrößen

Die Elektronenmikroskope sind das elektronenoptische Analogon des Lichtmikroskops. Wie dieses enthalten sie mindestens zwei Linsen (vgl. Abb. 237): 1. Ein *Objektiv*, das vom Gegenstand ein umgekehrtes reelles *Zwischenbild* erzeugt, und 2. ein *Projektiv*, welches das Zwischenbild auf einen Leuchtschirm oder eine photographische Platte abbildet. Die Abbildung geschieht durch einen Elektronenstrahl, dessen Apertur hinter dem Objektiv zur Verringerung der Abbildungsfehler durch eine Blende auf $\alpha_0 < 10^{-2}$ rad (Bogenmaß) begrenzt wird. Als abbildende Medien dienen die rotationssymmetrischen Felder von Lochscheiben oder Kreisringspulen mit Polschuhen.

Die Leistungsfähigkeit eines Elektronenmikroskops ist durch die Vergrößerung V_E und durch das Auflösungsvermögen δ_E bestimmt. Die *Vergrößerung V_E* ist nach Gl. (137) das Verhältnis von Bild- zu Gegenstandsradius und gleich dem Produkt aus Objektivvergrößerung V_o und Projektivvergrößerung V_p. Da das Objekt gewöhnlich angenähert in der Brennebene des Objektivs und das Zwischenbild angenähert in der Brennebene des Projektivs liegt, erhält man für die Vergrößerung V_E eines Elektronenmikroskops (vgl. (96]):

$$V_E = V_o V_p = \frac{b_o}{f_o} \frac{b_p}{f_p} \qquad (174)$$

(b_o, b_p = Bildweite von Objektiv bzw. Projektiv, f_o, f_p = gegenstandseitige Brennweite von Objektiv bzw. Projektiv). Hohe Werte von V_E erzielt man also durch kleine Linsenbrennweiten (erreichbar: f_o, f_b $\approx$ 2 mm) und dadurch, daß man $b_o \approx b_p$ macht.

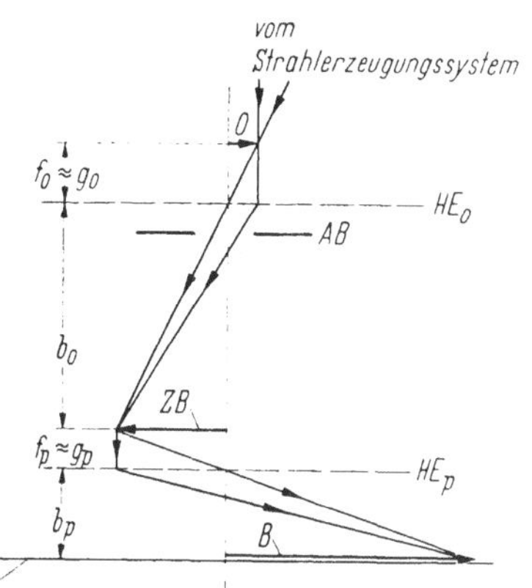

Abb. 237. Bildkonstruktion bei der Abbildung in einem Elektronenmikroskop (vgl. [96]). O = Objekt; AB = Aperturblende; ZB = Zwischenbild; B = Bild; S = Leuchtschirm oder Photoplatte; HE_o, HE_p = Hauptebene des Objektivs bzw. Projektivs; f, g, b = Brennweite, Gegenstandsweite und Bildweite des Objektivs (Index o) bzw. Projektivs (Index p).

Beispiel: Für $f_o = f_b$ = 2 mm und $b_o \approx b_p$ = 30 cm wird V_E = 22 500.

Um die Vergrößerung noch weiter (auf $V_E > 30000$) zu erhöhen, wird zwischen Objektiv und Projektiv eine *Zwischenlinse* eingefügt. Die damit erreichbaren Werte der Vergrößerung liegen bei etwa $3 \cdot 10^5$.

Unter dem *Auflösungsvermögen δ_E* eines Elektronenmikroskops versteht man den kleinsten Abstand zwischen zwei punkt- oder linienförmigen Strukturelementen im Objekt, die im vergrößerten Bild gerade noch als getrennt wahrgenommen werden können. Zwischen δ_E und V_E besteht die Beziehung:

$$\delta_E \approx \frac{\delta_A}{V_E}. \qquad (175)$$

Dabei bedeutet δ_A ($\approx$ 0,2 mm) das Auflösungsvermögen des menschlichen Auges in deutlicher Sehweite (= 25 cm).

Beispiel: Ein Elektronenmikroskop mit einer Vergrößerung V_E = 50 000 besitzt ein Auflösungsvermögen $\delta_E \approx$ 0,2/50 000 mm = 40 Å. (Das erreichbare Auflösungsvermögen eines Lichtmikroskops beträgt δ_L = 0,2 μ = 2000 Å.)

Das Auflösungsvermögen des Elektronenmikroskops wird wie bei allen licht- und elektronenoptischen Geräten durch Beugungserschei-

nungen begrenzt. Zwei im Abstand d nebeneinanderliegende Strukturelemente eines Objekts (z. B. zwei Spalte in einer Blende; vgl. Abb. 238)
ergeben bei der Bestrahlung Beugungs-
maxima, deren Lage durch die Interferenz-
beziehung

$$n\,\lambda = d\,\sin\varphi \qquad (176)$$

bestimmt ist ($n = 0, 1, 2\ldots$, $\lambda =$ Licht- bzw.
Elektronenwellenlänge, $\varphi =$ Beugungswinkel). Damit in einem Mikroskop überhaupt eine Abbildung zustande kommt,
müssen vom Objekt mindestens die Beu-
gungsmaxima nullter ($n = 0$) und erster
Ordnung ($n = 1$) in das Mikroskop gelangen. Da der Beugungswinkel φ nicht größer werden kann als die Apertur α_0 des
größten vom Objekt durchgelassenen
Strahlenkegels, erhält man für den gerade

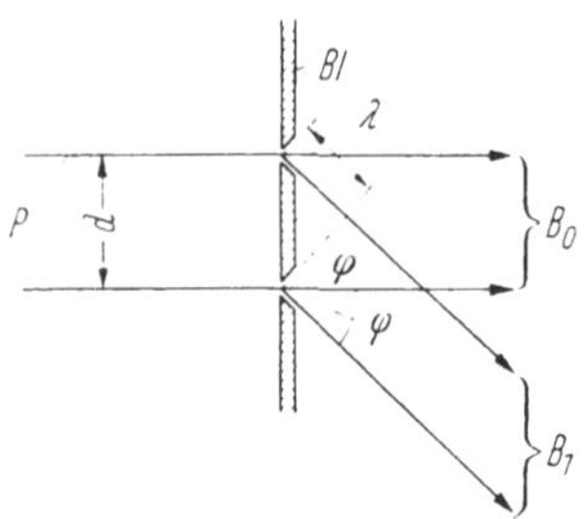

Abb. 238. Beugung eines Licht- bzw.
Elektronenstrahls an den Spalten
einer Blende.
P Licht- bzw. Elektronenstrahl;
Bl Blende; $\lambda =$ Licht- bzw. Elektronenwellenlänge; $\varphi =$ Beugungswinkel; $B_0 =$ Beugungsmaximum
nullter Ordnung; $B_1 =$ Beugungsmaximum erster Ordnung.

noch auflösbaren Abstand zweier Strukturelemente, d. h. für das Auflösungsvermögen δ_L bzw. δ_E des Licht- bzw. Elektronenmikroskops, aus
Gl. (176) die Beziehung:

$$\delta_L = \delta_E = \frac{\lambda}{\sin\alpha_0}. \qquad (177)$$

Dabei bedeutet λ im Fall des Lichtmikroskops die Wellenlänge des
abbildenden Lichts und im Fall des Elektronenmikroskops die de Broglie-
Wellenlänge der Elektronen, die nach Bd. I, Gl. (10a) von der Elektronenbeschleunigungsspannung U_a abhängt:

$$\lambda = \sqrt{\frac{150}{U_a}}\ [\text{Å}]\ (U_a \text{ in V}). \qquad (178)$$

Da beim Elektronenmikroskop der Betrag von $\sin\alpha_0$ in Gl. (177) wegen
$\alpha_0 < 10^{-2}$ rad stets sehr viel kleiner als eins ist, erreicht man mit einem
solchen Mikroskop bestenfalls ein Auflösungsvermögen $\delta_E \geq 10^2\,\lambda$.
(Beim Lichtmikroskop kann dagegen $\delta_L \approx \lambda$ werden, wenn man zwischen
Objekt und Objektiv ein optisch dichteres Medium mit dem Brechungsindex n einfügt. In ihm ist dann die Wellenlänge λ/n, und das Auflösungsvermögen wird $\delta_L = \lambda/(n\,\sin\alpha_0)$. $n\,\sin\alpha_0$ heißt numerische Apertur.)

Beispiel: Bei einem *Elektronen*mikroskop mit der Beschleunigungsspannung
$U_a = 75$ kV beträgt die Elektronenwellenlänge nach Gl. (178) $\lambda = 4.5 \cdot 10^{-2}$ Å.
Beträgt die Strahlapertur $\sin\alpha_0 \approx \alpha_0 = 10^{-3}$, so wird nach Gl. (177) das Auflösungsvermögen $\delta_E = 4.5 \cdot 10^{-2}/10^{-3} = 45$ Å.

Ein *Licht*mikroskop mit der numerischen Apertur $n \sin \varkappa_0 = 1{,}3$ und der Lichtwellenlänge $\lambda = 0{,}55\,\mu$ hat dagegen nur ein Auflösungsvermögen $\delta_L = 0{,}42\,\mu = 4200\,\text{Å}$.

Das Auflösungsvermögen (und damit die Vergrößerung) des Elektronenmikroskops ist also etwa um den Faktor 100 besser als beim Lichtmikroskop. Der derzeitige Grenzwert liegt bei 6 bis 8 Å.

B. Aufbau und Eigenschaften verschiedener Elektronenmikroskope

1. Durchstrahlungs-Elektronenmikroskope [94, 97]

a) Aufbau. Den Aufbau eines Durchstrahlungs-Mikroskops mit elektrischen Linsen zeigt Abb. 239 a, ein entsprechendes Gerät mit magnetischen Linsen Abb. 239 b. Beide Gerätetypen enthalten eine Elektronenkanone mit haarnadelförmiger Wolframkathode, die einen

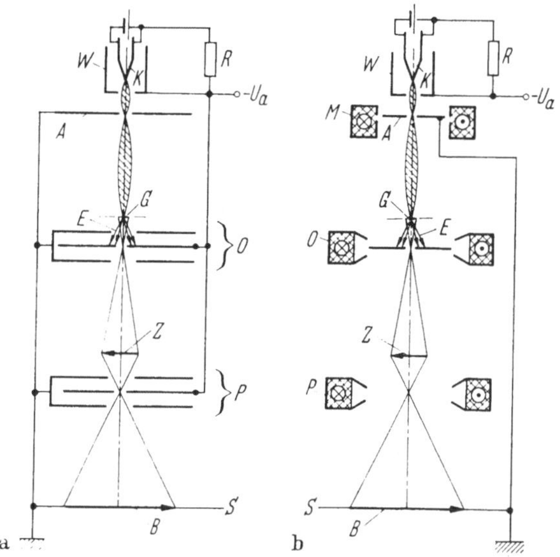

Abb. 239. Elektrodenanordnung und Strahlengang im Durchstrahlungs-Elektronenmikroskop (a) mit elektrischen Linsen [97], (b) mit magnetischen Linsen [94].
K = Kathode; W = Wehnelt-Zylinder; A = Beschleunigungselektrode; M = Kondensor; G = Objekt; E = gestreute Elektronen; O = Objektiv mit Blende ($\varnothing$ = 0,05 mm); Z = Zwischenbild; P = Projektiv; B = Endbild; S = Leuchtschirm.

Elektronenstrahl geringer Apertur liefert. Die Strahlelektronen werden auf 40 bis 100 keV beschleunigt und durchdringen das Objekt, das als 100 bis 1000 Å dicke Schicht unmittelbar vor dem Objektiv auf einem Objektträger (z. B. einem feinmaschigen Netz) angeordnet ist. Die gewünschte Bestrahlungsfläche (von z. B. 1 bis 30 μ Durchmesser) kann durch eine zusätzliche Kondensorlinse einjustiert werden(vgl. Abb. 239b). Mit den von der Objektivblende durchgelassenen Elektronen entwirft das Objektiv ein vergrößertes Zwischenbild, das vom nachfolgenden Projektiv weiter vergrößert wird.

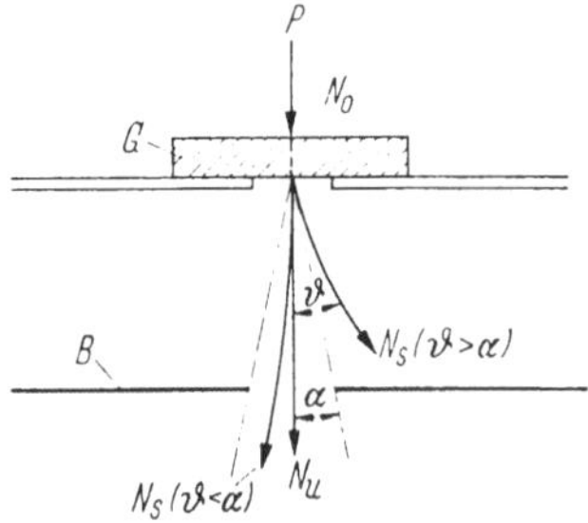

Abb. 240. Streuung der Strahlelektronen im Objektiv bei der Abbildung im Durchstrahlungs-Elektronenmikroskop.
P = Elektronenstrahl; G = Objekt; B = Blende; N_0 = Zahl der pro Sekunde auf die Objektschicht auftreffenden Strahlelektronen; N_u = Zahl der pro Sekunde austretenden ungestreuten Elektronen; N_s = Zahl der pro Sekunde austretenden gestreuten Elektronen; ϑ = Streuwinkel; α = Blendenapertur.

b) Streuvorgänge bei der Bildentstehung. Bei der elektronenmikroskopischen Abbildung entsteht der *Bildkontrast* dadurch, daß ein mehr oder weniger großer Teil der in das Objekt eindringenden Elektronen nach allen Richtungen *gestreut* und dadurch hinter dem Objekt von der Objektivblende abgefangen wird (vgl. Abb. 240). Für eine (wegen der Bildfehler klein gehaltene) Strahlapertur von 10^{-2} bis 10^{-3} überwiegt hier die *elastische* Kernstreuung der Strahlelektronen gegenüber der unelastischen Streuung an den Atomhüllen bzw. Leitungselektronen[1].

Die Zahl N_s der von der Objektivblende abgefangenen, weil elastisch gestreuten Elektronen, bezogen auf die Zahl N_0 der auf die Objektschicht auftreffenden Strahlelektronen, beträgt nach [1]:

$$\frac{N_s}{N_0} = 5{,}38 \cdot 10^9 \cdot \frac{Z^{4/3}}{\mu\,U_a}\,\varrho\,x \tag{179}$$

(Z = Ordnungszahl der Objektsubstanz, μ = Atomgewicht der Objektsubstanz, U_a = Beschleunigungsspannung der Strahlelektronen [in V], ϱ = Dichte der Objektsubstanz [in g/cm³], x = Dicke der Objektschicht [in cm], ϱx = ,,Massendicke" des Objekts [in g/cm²]). Für $N_s = N_0$ erhält man aus dieser Gleichung die ,,Aufhellungsdicke" ϱx_a [g/cm²]. Das daraus berechnete x_a ist die maximale Objektschichtdicke, die dem dunkelsten Halbton auf dem Bildschirm entspricht.

Beispiel: Für ein Objekt aus Kohlenstoff wird $Z = 6$, $\varrho = 3{,}52$ g/cm³ und $\mu = 12$. Mit $U_a = 100$ kV ergibt sich daraus eine Aufhellungsdicke $\varrho x_a = 2{,}05 \cdot 10^{-5}$ g/cm², also eine maximal zulässige Kohlenstoff-Schichtdicke $x_a = 5{,}8 \cdot 10^{-6}$ cm $= 580$ Å.

Da das Streuvermögen einer durchstrahlten Objektschicht nach Gl. (179) vom Produkt aus Objektdichte und Objektdicke abhängt, ist das elektronenmikroskopische Bild ein Abbild der Massenverteilung im

---

[1] Über weitere Einzelheiten der Streuvorgänge vgl. Bd. I, S. 238—245.

Objekt. Eine homogene Substanzschicht erscheint dabei im Schirmbild um so heller, je dünner die Schicht ist, weil dann entsprechend weniger Strahlelektronen gestreut werden. Andererseits erscheint von zwei abgebildeten gleich dicken Objektschichten diejenige dunkler, die die größere Dichte aufweist. Da die zu untersuchenden Objektstrukturen meist erhebliche Dicken- oder Dichteunterschiede aufweisen, sind die Voraussetzungen für einen guten Bildkontrast erfüllt. Wo dies nicht der Fall ist, kann der Bildkontrast durch Schrägbedampfung oder Imprägnierung des Objekts mit Schwermetallsalzen beträchtlich gesteigert werden.

2. Spezielle Ausführungsformen

a) Emissions-Elektronenmikroskop [*91, 95*]. Mit dem Emissions-Elektronenmikroskop (vgl. Abb. 241 a)[1] kann das Verhalten elektronenemittierender Oberflächen untersucht werden. Dies ist möglich, weil die Elektronenemissionsverteilung einer kalten oder erhitzten Kathode stets eine bestimmte Kristall-, Temperatur- oder chemische Struktur der Kathodenoberfläche wiedergibt. Die elektronenmikroskopische Abbildung der Emissionsverteilung auf einen Leuchtschirm liefert daher ein vergrößertes Bild der Kathoden- bzw. Objektoberfläche. Die Erhitzung des Objekts erfolgt nach Art der indirekt geheizten Kathoden oder durch Elektronenbeschuß. Für das Auflösungsvermögen dieses Elektronenmikroskops gilt nicht Gl. (177), sondern die Beziehung (vgl. [*96*]):

$$\delta_E = \frac{2\,U_T}{E} \tag{180}$$

(U_T = mittlere Voltgeschwindigkeit der Elektronen beim Verlassen der Kathode [in V], E = Feldstärke vor der Kathode [in V/cm]).

Beispiel: Für eine Wolframkathode mit der Temperatur $T = 2500\,°K$ wird $U_T = T/11\,600 = 0{,}215$ V. Beträgt die Feldstärke vor der Kathode $E = 50$ kV/cm, so wird das Auflösungsvermögen $\delta_E = 860$ Å.

Wie dieses Beispiel zeigt, ist das Auflösungsvermögen des Emissions-Elektronenmikroskops schlechter als das des Durchstrahlungsmikroskops. Der zur Zeit erreichbare Wert beträgt etwa 400 Å. Ein Vorteil des Emission-Elektronenmikroskops sind die relativ geringen erforderlichen Systemspannungen (von 2 bis 5 kV).

b) Spiegel-Elektronenmikroskop. Bei diesem Gerät (vgl. Abb. 241 b) handelt es sich um ein Emissionsmikroskop, bei dem die Kathodenober-

---

[1] Über ein Elektronenmikroskop mit elektrischen Linsen vgl. [*91*].

fläche mit Hilfe eines Elektronenspiegels vergrößert auf einen Leuchtschirm abgebildet wird.

c) Schatten-Elektronenmikroskop. Beim Schattenmikroskop (vgl.
Abb. 241c) wird mit Elektronenlinsen ein stark verkleinertes Bild der
Kathode erzeugt. Dieses wirkt wie eine punktförmige Elektronenquelle,
mit der das zu untersuchende Objekt vergrößert als Schattenbild auf
einen relativ weit entfernten Leuchtschirm projiziert wird (vgl. [96]).

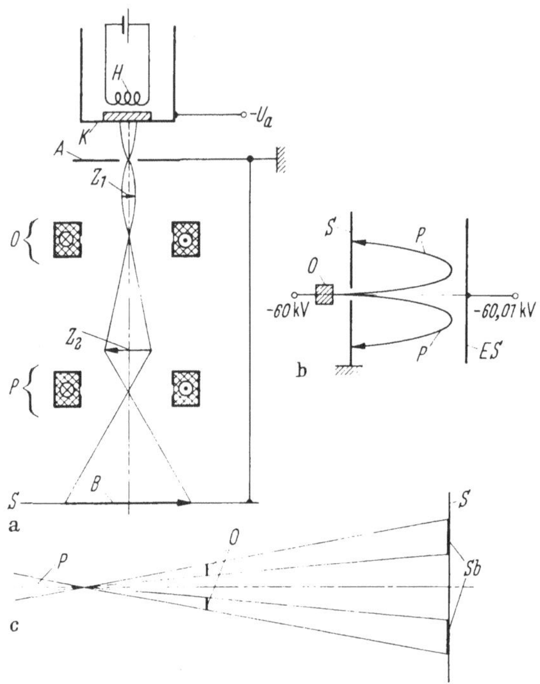

Abb. 241a—c. Spezielle Elektronenmikroskope.
a) Emissions-Elektronenmikroskop mit magnetischen Linsen [95].
H = Heizwicklung; K = Kathode mit Objekt; A = Beschleunigungselektrode; Z_1, Z_2 = erstes bzw.
zweites Zwischenbild; O = Objektiv; P = Projektiv; S = Leuchtschirm; B = Endbild.
b) Spiegel-Elektronenmikroskop.
O = Objekt (Kathode); S = Leuchtschirm; ES = Elektronenspiegel; P = Elektronenstrahl.
c) Schatten-Elektronenmikroskop (vgl. [96]).
P = Elektronenstrahl; O = Objekt; S = Leuchtschirm; Sb = Schattenbild des Objekts.

3. Technische Daten neuerer Elektronenmikroskope

Die technischen Daten verschiedener moderner Elektronenmikroskope sind in Tab. 15 zusammengestellt.

Tabelle 15

Technische Daten verschiedener Elektronenmikroskope

	a	b	c	d	e
Art	m	m	m	m	e
f_0 [mm]	2,7	4,5		—	6
U_a [kV]	40—100	40—100	50	15—45	50
$\Delta U_a/U_a$	$1 \cdot 10^{-5}$	$< 3 \cdot 10^{-5}$	$< 10^{-4}$	—	$3 \cdot 10^{-4}$
V_E	500–160000	1000–60000	1500–6000	170–3000	1600–16000
δ_E [Å]	< 15	< 50	≈ 100	1000	20

m = Mikroskop mit magnetischen Linsen, e = Mikroskop mit elektrischen Linsen, f_0 = Objektivbrennweite, U_a = Elektronenbeschleunigungsspannung, $\Delta U_a/U_a$ = Schwankung der Beschleunigungsspannung, V_E = Vergrößerung, δ_E = maximales Auflösungsvermögen. a = Siemens-Elektronenmikroskop (Elmiskop I), b = Philips-Elektronenmikroskop, c = RCA-Elektronenmikroskop Type EMT, d = Philips-Emissions-Elektronenmikroskop, e = AEG-Zeiss-Elektronenmikroskop Type EM 8.

Bemerkungen zu Tab. 15:

Bei den Elektronenmikroskopen a bis d (mit magnetischen Linsen) wird das abbildende (magnetische) Feld durch eisengekapselte Spulen oder Permanentmagnete erzeugt. Zwischen den Polschuhen wird das Feld auf den für kurze Brennweiten (einige mm) notwendigen kleinen Raum zusammengedrängt. Beim Elektronenmikroskop e (mit elektrischen Linsen) werden stark inhomogene rotationssymmetrische (elektrische) Felder zur Abbildung benutzt, z. B. die Felder von Dreipol-Dreiloch-Scheibenlinsen, die als Einzellinsen geschaltet sind. Die Linsenelektroden müssen gut poliert und abgerundet sein. Wegen der Durchschlagsgefahr dürfen sie nicht zu nahe beieinander liegen. Brennweiten unter 5 mm sind daher nur für Linsenspannungen unter 60 kV erreichbar.

a) Siemens-Elektronenmikroskop (Elmiskop I): Das eigentliche Mikroskop besteht aus Elektronenkanone, Doppelkondensor mit drei auswechselbaren Aperturblenden, Objektschleuse, Objektiv mit Stigmator (zur Korrektur des axialen Astigmatismus), Zwischenlinse und Projektiv. Vor dem Projektiv befindet sich ein herausklappbarer Zwischenschirm, auf dem das vergrößerte Zwischenbild betrachtet werden kann. Das Projektiv enthält in einer Trommel vier austauschbare Polschuhe verschiedener Brennweite, mit denen das Zwischenbild 16-, 80-, 160- oder 320fach vergrößert werden kann.

b) Philips-Elektronenmikroskop: Dessen schräg liegendes Mikroskoprohr enthält einen Kondensor mit Aperturblende und vier weitere Elektronenlinsen in der Reihenfolge: Objektiv, Beugungslinse, Zwischenlinse und Projektiv. Für Feinbereichsbeugung (Vergrößerung V_E = 1000 bis 4000) wird das primäre Beugungsbild durch die Beugungslinse in die

Gegenstandsebene des Projektivs und von diesem vergrößert auf den Leuchtschirm abgebildet. Die Zwischenlinse wird zur Abbildung bei starker (d. h. 4000- bis 60000facher) Vergrößerung verwendet.

c) RCA-Elektronenmikroskop Type EMT: Dieses magnetostatische Gerät ist ein Kleinmikroskop. Objektiv und Projektiv sind hier die (zur Variation der Vergrößerung) austauschbaren Polschuhe eines Permanentmagneten. Durch Verschieben des Objektivpolschuhs kann das ganze Abbildungssystem zentriert werden.

d) Philips-Emissions-Elektronenmikroskop: Das elektronenemittierende Objekt wird hier mit einer elektrischen Immersionslinse und zwei magnetischen Linsen vergrößert auf einen Leuchtschirm abgebildet.

e) AEG-Zeiss-Elektronenmikroskop Type EM 8: Dieses Gerät enthält eine elektrische Objektivlinse und einen elektrischen Stigmator zur Korrektur des Astigmatismus. Als Projektiv dienen zwei hintereinanderliegende elektrische Linsen verschiedener Brennweiten, die jede für sich oder beide zusammen eingeschaltet werden können. Das Endbild kann mit einer Lupe betrachtet werden.

VII. Teilchenbeschleuniger

Für kernphysikalische Untersuchungen, für die therapeutische Anwendung in der Medizin und zur Energiegewinnung durch Kernfusion sind Elementarteilchen und Ionen sehr hoher Energie erforderlich. Anlagen, mit denen sich Teilchenenergien von etwa 100 keV bis einigen 10 GeV und höher erzielen lassen, bezeichnet man als Teilchenbeschleuniger (vgl. [*103, 108*]).

A. Linearbeschleuniger

Bei diesen Geräten durchlaufen die Teilchen während der Beschleunigung eine geradlinige Flugbahn. Die Beschleunigung erfolgt in einer oder mehreren Stufen durch elektrische Gleich- oder Hochfrequenzfelder.

1. Einstufiger Gleichspannungs-Linearbeschleuniger

Den Aufbau dieses (ältesten) für Elektronen und Ionen geeigneten Beschleunigers zeigt Abb. 242a. Die Teilchen werden hinter der Beschleunigungselektrode durch eine magnetische Linse fokussiert und verlassen das Beschleunigungsrohr durch ein Lenard- (dünne Al-Folie) oder Blendenfenster. Die erreichbare Endenergie der Elektronen bzw. Ionen beträgt:

$$E_{k_{\max}} = q\,U_a, \tag{181}$$

wobei q die Teilchenladung und U_a die durchlaufene Potentialdifferenz bedeutet. $E_{k_{\max}}$ liegt meist zwischen 0,05 und 2 MeV.

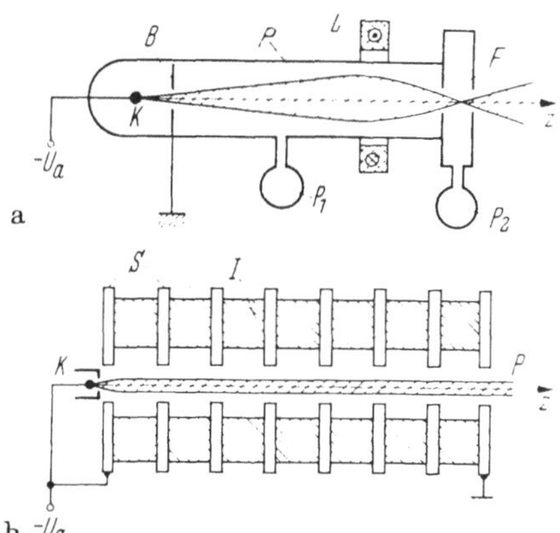

Abb. 242. a) Einstufiger Gleichspannungs-Linearbeschleuniger (GOLDSTEIN, LENARD 1900).

K = Kathode (bzw. Ionenquelle); B = Beschleunigungselektrode; P_1, P_2 = Pumpen; L = Sammellinse; F = Lenard- oder Blendenfenster; P = Teilchenstrahl.

b) Mehrstufiger Gleichspannungs-Linearbeschleuniger [111].

K = Kathode (bzw. Ionenquelle); S = Scheibenelektroden; I = Keramikisolatoren (die gleichzeitig als Widerstände zur Spannungsteilung dienen); P = Teilchenstrahl.

2. Mehrstufiger Gleichspannungs-Linearbeschleuniger [111]

Die Beschleunigungsstrecke enthält eine Anzahl von Scheibenelektroden, die durch Keramikringe voneinander isoliert sind (vgl. Abb. 242 b). Das jeweilige Potential der Scheibenelektroden wird mit Potentiometern festgelegt oder durch den Widerstand der Keramikscheiben bestimmt. Die Scheibenelektroden wirken gleichzeitig als Elektronenlinsen, die den Teilchenstrahl periodisch fokussieren. Die Anordnung eignet sich zur Erzeugung von schnellen Elektronen, Ionen oder Neutronen. Letztere entstehen durch Deuteronenbestrahlung von schwerem Eis (vgl. Bd. I. S. 87). Die erreichbare Endenergie der Teilchen ergibt sich aus Gl. (181).

Als Hochspannungsquellen dienen entweder Bandgeneratoren mit Sprühelektrode (van de Graaff-Generatoren, bis 12 MeV und 1 mA). selbsterregte Bandgeneratoren oder Stoßspannungsgeneratoren [104]. Die obere Spannungsgrenze wird von der Durchschlagsfestigkeit des Isoliermaterials bestimmt.

3. Mehrstufige HF-Linearbeschleuniger [105. 113. 116]

Die Beschleunigung von Elektronen oder Ionen geschieht hier durch hochfrequente Wechselfelder, die mit einem Rohrlinsen- oder Lochscheibensystem erzeugt werden. Auch in diesem Fall kann der Teilchenstrahl periodisch fokussiert werden, da das elektrische Feld zwischen zwei benachbarten Elektroden unabhängig von der jeweiligen Elektrodenpolarität stets sammelnd wirkt.

a) Linearbeschleuniger mit Rohrlinsensystem. Diese bewirken eine stufenweise Beschleunigung von Teilchen in einem stehenden Wellenfeld, das durch Anlegen einer hochfrequenten Wechselspannung an zwei Gruppen parallelgeschalteter, hintereinanderliegender Rohrelemente erzeugt wird (vgl. Abb. 243a). Damit die Teilchen auf ihrer Flugbahn zwischen je zwei benachbarten Rohrelementen immer ein Beschleunigungsfeld vorfinden, muß die Länge l eines Rohrelements gleich der Strecke $s = vT/2$ sein, die ein Teilchen mit der Geschwindigkeit v während der halben Periodendauer $T/2$ der Wechselspannung zurücklegt. Die erforderliche Frequenz der Beschleunigungsspannung wird daher:

$$f = \frac{1}{T} = \frac{v}{2\,l} \, . \tag{182}$$

Beispiel: Für 30 keV-Elektronen ist $v \approx 10^{10}$ cm/sec und die erforderliche Beschleunigerfrequenz $f = 10^{10}/2 \cdot 10 = 0.5 \cdot 10^{9}$ Hz = 500 MHz (bei $l = 10$ cm).

Bei *konstanter* Frequenz muß nach Gl. (182) die Länge $l = vT/2$ der Rohrelemente proportional mit der Teilchengeschwindigkeit v zunehmen.

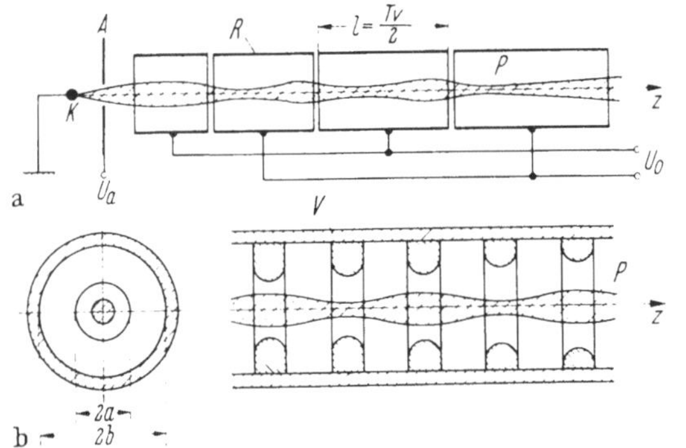

Abb. 243a u. b. Mehrstufige Hochfrequenz - Linearbeschleuniger [*105, 113, 116*].
a) Mit Rohrlinsensystem. K = Kathode; A = Beschleunigungselektrode; R = Rohrelemente; P = Teilchenstrahl. b) Mit hintereinander geschalteten Lochscheibenresonatoren. V = Verzögerungsleitung; P = Teilchenstrahl.

Tritt ein Teilchen mit der Anfangsenergie qU_o in das erste Rohrelement ein und beträgt der Energiezuwachs zwischen jedem nachfolgenden Rohrelementpaar ebenfalls qU_o, so gilt für die erreichbare Endenergie der beschleunigten Teilchen[1]:

$$E_{k_{max}} = \left(\frac{3}{12} \, L f q \, U_o \, \sqrt{M} \right)^{2/3} \tag{183}$$

---

[1] Vgl. Aufgabe 118. S. 378.

(L [in cm] = Gesamtlänge des Beschleunigers, f [in Hz] = Frequenz der Wechselspannung, q [in As] = Teilchenladung, M [in Ws³/cm²] = Teilchenmasse, $q U_0$ [in Ws] = Energiezuwachs pro Stufe, $E_{k_{max}}$ ergibt sich in Ws). Die Endenergie steigt also mit der Länge des Beschleunigers, der Frequenz und Amplitude der Wechselspannung sowie mit der Teilchenladung und -masse an.

Die Parallelschaltung der geradzahligen und ungeradzahligen Rohrelemente führt bei hohen Werten der Beschleunigung wegen der fortgesetzten Neuaufladung der Rohrkapazitäten zu einem relativ großen Leistungsaufwand. Dieser Leistungsbedarf wird wesentlich kleiner, wenn die Beschleunigungselemente als Resonatoren ausgebildet werden, wie dies beim

b) Linearbeschleuniger mit hintereinanderliegenden Lochscheibenresonatoren der Fall ist (vgl. Abb. 243 b). Dieser Beschleuniger wirkt wie eine Wanderfeldröhre mit umgekehrtem Energietransport. Bei der Wanderfeldröhre überträgt ein Elektronenstrahl Energie auf eine fortschreitende elektromagnetische Welle, die dadurch verstärkt wird. Beim („Wanderwellen"-)Beschleuniger wird dagegen der elektromagnetischen Welle vom Teilchenstrahl fortlaufend Energie entzogen und den Teilchen als Beschleunigungsenergie zugeführt. Damit diese Energieübertragung möglich ist, muß die elektromagnetische Welle eine (möglichst große) axiale Komponente der elektrischen Feldstärke besitzen und eine Phasengeschwindigkeit[1] haben, die an allen Stellen der Beschleunigungsstrecke gleich der Teilchengeschwindigkeit ist. In diesem Fall befinden sich alle Teilchen, die „phasenrichtig" in den Beschleuniger eintreten, dauernd in einem elektrischen Beschleunigungsfeld[2]. Dadurch steigt die Teilchengeschwindigkeit längs der Beschleunigungsstrecke an. Daher muß auch die Phasengeschwindigkeit der elektromagnetischen Welle in Beschleunigungsrichtung zunehmen (und dabei immer kleiner als die Lichtgeschwindigkeit sein).

Elektromagnetische Wellen, die eine Axialkomponente der elektrischen Feldstärke aufweisen und eine Phasengeschwindigkeit $v_p < c$ (c = Lichtgeschwindigkeit) haben, lassen sich in einem zylindrischen, mit Blenden versehenen Hohlleiter, der sog. „Runzelröhre" erzeugen. Diese Röhre verhält sich wie eine Reihe hintereinanderliegender Hohlraumresonatoren. In einer solchen Röhre hängt die Phasengeschwindigkeit einer hindurchlaufenden Welle von der Resonatortiefe $(b - a)$ ab. Läßt man daher den Rohrradius b längs der Beschleunigungsstrecke

---

[1] Die Phasengeschwindigkeit ist die Geschwindigkeit, mit der sich z. B. das Maximum der axialen elektrischen Feldstärke mit der Welle fortbewegt.

[2] Außer dieser kontinuierlichen Beschleunigung durch Wanderwellen gibt es auch die stoßweise Beschleunigung im stehenden Wellenfeld.

abnehmen oder den Lochradius a ansteigen, so kann man den örtlichen Verlauf der Phasengeschwindigkeit so einstellen, daß die Wellen mit den zu beschleunigenden Teilchen in Tritt bleiben. Etwas zu schnelle oder zu langsame Teilchen werden dabei auf stabile Gleichgewichtslagen innerhalb der Welle phasenfokussiert.

Die erreichbare Endenergie der Teilchen hängt von der Leistung der Welle am Eingang des Beschleunigers, von der Dämpfung der Welle bei der Fortpflanzung im Beschleunigungsrohr und vom Verhältnis des Lochradius a zur Wellenlänge λ ab. Als Hochfrequenzgeneratoren dienen Magnetrons oder Klystrons, die bei einer Frequenz von 3 GHz Impulse von einigen MW und 2 μsec Dauer bei einer Wiederholungsfrequenz von 200 Impulsen pro Sekunde erzeugen. Je nach der Beschleunigergröße beträgt die Länge der Beschleunigungsstrecke 1 bis 100 m, die mittlere Strahlstromstärke 1 bis 500 μA, die Eintrittsenergie der Teilchen 10 bis 2000 kV und die Endenergie 1 bis 1000 MeV.

4. Anwendungen der Linearbeschleuniger

Die Linearbeschleuniger werden als Teilchenquellen für Röntgen-Therapiegeräte (bis 10 MeV) und als Generatoren für schnelle Elektronen und Ionen verwendet.

B. Ionen-Spiralbahn-Beschleuniger mit zwei HF-Elektroden in einem konstanten magnetischen Führungsfeld (Zyklotron) [109, 110]

1. Aufbau und Wirkungsweise

Den Aufbau dieses Beschleunigers zeigt Abb. 244a. Im homogenen, zeitlich konstanten Magnetfeld zwischen zwei kreisrunden Polschuhen eines Elektromagneten befindet sich eine Vakuumkammer, die (in ihrer Mitte) eine Ionenquelle sowie zwei große, an hochfrequenter Wechselspannung liegende dosenförmige Elektroden („Dees") enthält (vgl. Abb. 244b). Innerhalb dieser (hohlen) Elektroden durchläuft jedes Ion vom Magnetfeld („Führungsfeld") erzwungene halbkreisförmige Bahnen und durchquert dabei jedesmal den Spalt zwischen den HF-Elektroden. Geschieht dies phasenrichtig im Takt der Hochfrequenzschwingung, so finden die Ionen im Spalt ständig ein Beschleunigungsfeld vor. Die Geschwindigkeit der Ionen wird dadurch stufenweise erhöht. Da der Radius R der Halbkreis-Ionenbahnen in einem konstanten Magnetfeld der Induktion B für Ionen der Ruhemasse M_0 und der Ladung q

$$R = \frac{v}{\omega} = \frac{M_0 v}{qB} \tag{184}$$

beträgt, steigt bei konstanter Ionenmasse der Bahnradius R proportional mit der Ionengeschwindigkeit v an. Als Ionenbahn ergibt sich daher eine Spirale, die aus aneinandergefügten Halbkreisen mit wachsenden Radien besteht. Die Ionen bleiben trotz ihrer wachsenden Geschwindigkeit v stets im Takt mit der Hochfrequenz, da ihre Umlaufzeit τ im Magnetfeld von R und v unabhängig ist:

$$\tau = \frac{2\pi R}{v} = 2\pi \frac{M_o}{qB} . \qquad (185)$$

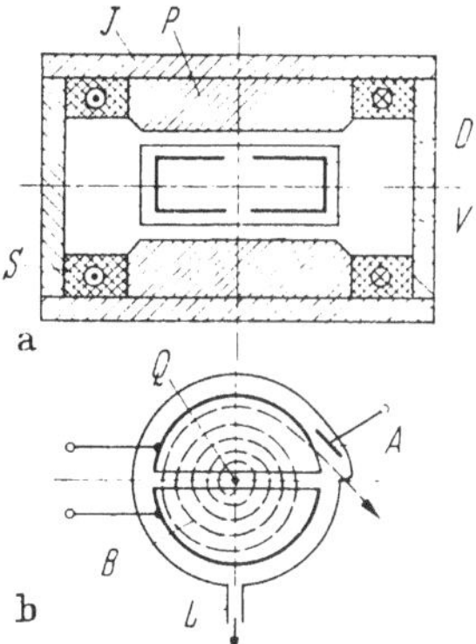

Abb. 244. Aufbau eines Zyklotrons [109, 110].
a) Elektromagnet mit Vakuumkammer;
b) Vakuumkammer mit HF-Beschleunigungselektroden (Dees) und Ionenbahn.
J = Eisenjoch; S = Erregerspulen; P = Polschuhe; D = HF-Elektroden (Dees); V = Vakuumkammer; Q = Ionenquelle; A = Ablenkelektrode (zum Ausschleusen der Ionen); B = Ionenbahn; L = Saugstutzen der Vakuumpumpe.

Mit zunehmendem Bahnradius gelangen die Ionen an den Rand der HF-Elektroden und werden dort durch zwei Ablenkplatten mit Hilfe eines Spannungsimpulses aus der Vakuumkammer ausgeschleust.

Die maximal erreichbare Teilchenenergie $E_{k_{\max}}$ ergibt sich daraus, daß die Umlaufzeit τ der Ionen gleich der Periodendauer $T = 1/f = \lambda/c$ der hochfrequenten Wechselspannung ist. Mit Gl. (185) wird $v = 2\pi R/\tau = 2\pi Rc/\lambda$ und für $R = R_{\max}$:

$$E_{k_{\max}} = \frac{1}{2} M_o v^2 = 2 M_o \left(\frac{\pi c}{\lambda}\right)^2 R_{\max}^2 \qquad (186)$$

(M_o [in Ws³/cm²] = Ruhemasse der Ionen, c [in cm/sec] = Lichtgeschwindigkeit, λ [in cm] = Wellenlänge der HF-Schwingung, $R_{\max}$ [in cm] = maximal möglicher Ionenbahnradius; $E_{k_{\max}}$ ergibt sich in Ws). Nach dieser Gleichung ist die erreichbare Endenergie der *Ruhe*masse der beschleunigten Ionen proportional.

Beispiel: Mit einer Anlage, die Protonen (mit der Ruhemasse M_p) auf 5 MeV beschleunigt, können Deuteronen (Ruhemasse $M_d = 2 M_p$) auf 10 MeV und α-Teilchen ($M_a = 4 M_p$) auf 20 MeV beschleunigt werden.

Die Endenergie nimmt außerdem zu, wenn die Wellenlänge λ kleiner wird. Die untere Grenze der Wellenlänge ($\lambda_{\min} = 10$ bis 20 m) ist durch die endliche Kapazität der HF-Elektroden sowie durch die aus Gl. (185) folgende Beziehung $\lambda \sim 1/B$ ($B_{\max} \approx 2$ Vs/m²) festgelegt. Dadurch ist der Endenergie eine Grenze gesetzt, die nur durch Vergrößern des ganzen Zyklotrons (d.h. durch Vergrößern von $R_{\max}$) überschritten werden kann. Damit jedoch diese theoretische Energiegrenze überhaupt erreicht wird.

21*

muß die Umlauffrequenz $1/\tau$ und damit nach Gl. (185) die Masse der Ionen während der Beschleunigung konstant bleiben. Für *Ionen* ist dies bis zu Energien von etwa 50 MeV der Fall. Bei *Elektronen* macht sich dagegen die relativistische Massenzunahme schon bei Energien von etwa 20 keV an bemerkbar (vgl. Bd. I, Abb. 14). Deswegen ist das klassische Zyklotron als Beschleuniger für Elektronen ungeeignet. Für sie benutzt man statt dessen ein ähnliches Gerät (manchmal „Elektronen-Zyklotron" genannt), das mit Hohlraumresonatoren und Phasenfokussierung arbeitet und die Elektronen auf etwa 5 MeV beschleunigen kann.

2. Richtungs- und Phasenfokussierung des Ionenstrahls

Damit der Ionenstrahl das Zyklotron nach der Beschleunigung mit einem möglichst kleinen Querschnitt verläßt, muß der Strahl während der Beschleunigung richtungsfokussiert werden. In *radialer* Richtung geschieht dies durch das magnetische Führungsfeld. Denn bewegt sich ein Ion mit der Geschwindigkeit v_0 nicht auf seiner „Gleichgewichtsbahn" mit dem Radius R_0 (Bedingung: $M v_0^2/R_0 = e v_0 B$), sondern auf einer Bahn mit dem Radius $R = R_0 + \varDelta R$, so entsteht eine radial gerichtete Kraft

$$K_r = \frac{M v_0^2}{R} - e v_0 B = \frac{M v_0^2}{R_0\left(1 + \frac{\varDelta R}{R_0}\right)} - e v_0 B = \frac{M v_0^2}{R_0}\left(1 - \frac{\varDelta R}{R_0}\right) - e v_0 B$$

oder

$$K_r = \mp \frac{M v_0^2}{R_0} \cdot \frac{\varDelta R}{R_0}, \tag{187}$$

die das Ion zur Gleichgewichtsbahn („Sollbahn") zurücktreibt.

In *axialer* Richtung (d. h. in der Richtung senkrecht zur Spiralbahnebene) wird der Ionenstrahl periodisch durch das elektrische Zylinderlinsenfeld zwischen den HF-Elektroden fokussiert. Diese ionenoptische Fokussierung reicht aber nicht aus. Daher erzeugt man beim Zyklotron eine zusätzliche axiale Fokussierungswirkung, indem man die Kraftlinien des magnetischen Führungsfelds durch Wahl keilförmiger Polschuhe nach außen krümmt (vgl. Abb. 245). Dadurch entstehen oberhalb und unterhalb der mittleren Spiralbahnebene radiale Komponenten der magnetischen Feldstärke. Diese erzeugen Kräfte, welche die Ionen zur mittleren Spiralbahnebene zurücktreiben. Die Ionen führen dabei Schwingungen um diese Mittelebene aus, deren Amplitude mit wachsendem Bahnradius immer kleiner wird. Die Keilform der Polschuhe bewirkt auch eine Abnahme der magnetischen Feldstärke mit wachsendem Radius (Abstand von der Zyklotronachse). Dadurch wird die Fokussierungswirkung in radialer Richtung nach Gl. (187) etwas schwächer als im Zyklotron mit homogenem Magnetfeld[1].

Der zur axialen Richtungsfokussierung notwendige Abfall der magnetischen Feldstärke in radialer Richtung hat zur Folge, daß sich entsprechend Gl. (185) die Umlaufzeit τ der Ionen mit wachsendem Bahnradius vergrößert. Dadurch ändert sich auch die Phase zwischen den umlaufenden Ionen und der beschleunigenden Wechselspannung, und zwar so lange, bis für ein einzelnes Ionenpaket die Durchquerung des Spalts zwischen den HF-Elektroden mit dem Nulldurchgang der Wechselspannung zusammenfällt. Die Ionen werden

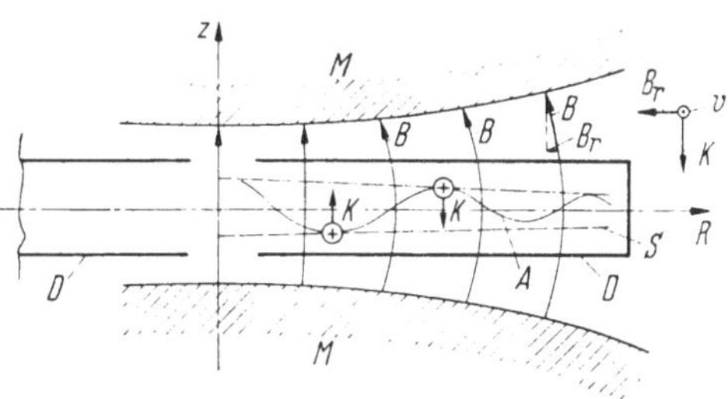

Abb. 245. Zusätzliche axiale Richtungsfokussierung des Ionenstrahls im Zyklotron durch keilförmige Polschuhe (vgl. [108]).
M = Polschuhe; D = HF-Elektroden („Dees"); S = Begrenzung des Strahlquerschnitts in axialer Richtung; A = räumliche Schwingungen der Ionen infolge der rücktreibenden Kräfte K; B = magnetische Induktion.

dann nicht mehr weiter beschleunigt. Bevor diese kritische Phase erreicht ist, müssen die Ionen den Rand der HF-Elektroden erreicht haben und ausgeschleust werden. Die hiermit gestellten Forderungen lassen sich durch eine geeignete Wahl des radialen Feldverlaufs $B = f(R)$ (z. B. geringer Abfall von B in der Mitte und steiler Abfall am Rand der Polschuhe) erfüllen.

3. Technische Daten und Anwendungen

Als Beispiel für die technischen Daten seien die Werte des Berkeley-Zyklotrons angegeben: Polschuhdurchmesser 92,5 cm, Polschuhabstand 31 cm, Magnetgewicht 75 t, magnetische Induktion 1,57 Vs/m², zugeführte HF-Leistung 40 bis 60 kW, Strahlstromstärke 100 μA, Endenergie (für Deuteronen) 8,5 MeV.

Das Zyklotron dient vorwiegend zur Beschleunigung von Protonen, Deuteronen und α-Teilchen. Bei veränderlicher Hochfrequenz kann es (in Miniaturausführung) als Massenspektrograph-Manometer („Omegatron") verwendet werden (vgl. Bd. I, S. 288).

---

[1] Mit $B = B_0 \left(1 - n \dfrac{1R}{R_0}\right)$ wird nach Gl. (187): $K_r = \dfrac{M\,r_0^2}{R_0} \cdot \dfrac{1R}{R_0}\,(1-n)$; $0 < n < 1$.

C. Kreisbahn-Induktionsbeschleuniger

1. Betatron („Elektronenschleuder") [107, 114, 116]

a) Aufbau und Wirkungsweise. Ein magnetisches Feld, das sich zeitlich ändert, erzeugt nach dem Induktionsgesetz ein elektrisches Wirbel-

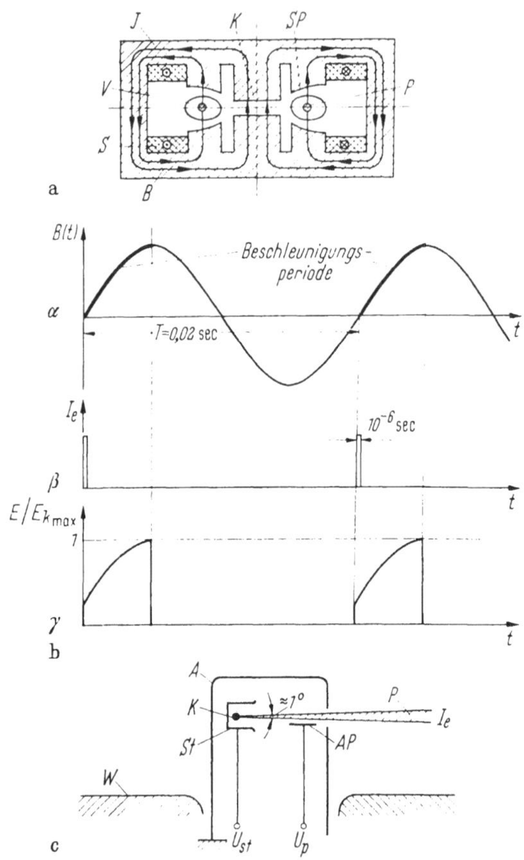

Abb. 246. Aufbau und Wirkungsweise eines Betatrons [107, 114, 116].
a) Querschnitt durch den Elektromagneten und die Vakuumkammer.
J = Eisenjoch (Blechpakete); K = Eisenkern mit variablem Luftspalt zur Sollkreiseinstellung; SP = Steuerpolschuh; S = Erregerspulen (Primärwicklung); V = Vakuumkammer (Torus); P = Elektronenstrahl („Sekundärwicklung"); B = Magnetische Induktion.
b) Beschleunigungsvorgang.
α) Verlauf der sinusförmigen magnetischen Induktion im Kern und in den Steuerpolschuhen; β) Eingangsstromimpulse (I_e = einige μA); γ) relativer Energiegewinn eines Elektronenpakets während eines Beschleunigungszyklus.
c) Aufbau einer Betatron-Ionenquelle für Stromimpulse von ca. 1 μsec Dauer.
K = Kathode; St = Steuerelektrode; AP = Ablenkplatte; A = Beschleunigungselektrode; P = Elektronenstrahl; W = Glaswand des Torus.

feld, wobei die elektrische Umlaufspannung U_0 längs einer (in sich geschlossenen) elektrischen Kraftlinie gleich dem zeitlichen Schwund ($-d\Phi/dt$) des hindurchtretenden Induktionsflusses ist:

$$U_o = -\frac{d\Phi}{dt}.$$ (188)

Diese Umlaufspannung wird beim Betatron zum Beschleunigen von Elektronen verwendet.

In seinem Aufbau gleicht das Betatron einem Transformator, dessen Sekundärwicklung durch einen „Elektronenschlauch" in einer ringförmigen, zwischen Steuerpolschuhe eingebetteten Vakuumkammer ersetzt ist (vgl. Abb. 246a). Als Primärwicklung dienen zwei wechselstromgespeiste Erregerspulen, die im Eisenkern und zwischen den Steuerpolschuhen einen sinusförmigen magnetischen Wechselfluß (von z. B. 50 Hz) erzeugen. Dieser Wechselfluß induziert in der Vakuumringkammer eine sinusförmig schwankende elektrische Umlaufspannung. Immer wenn die magnetische Induktion ansteigt (vgl. Abb. 246b), werden im Augenblick ihres Nulldurchgangs Elektronen aus einer Glühkathode (vgl. Abb. 246c) tangential in die Ringkammer eingeschossen. Dort folgen die Elektronen den induzierten kreisförmigen elektrischen Kraftlinien und gewinnen bei jedem Umlauf einen bestimmten Betrag an kinetischer Energie. Durch das magnetische „Führungsfeld" zwischen den Steuerpolschuhen wird dafür gesorgt, daß der Radius der Elektronenbahn während der Beschleunigungszeit konstant (gleich dem Sollkreisradius R_s) bleibt. Der Sollkreisradius läßt sich durch Variieren eines Luftspalts im Kern auf den gewünschten Wert einstellen. Kurz bevor die ansteigende magnetische Induktion ihren Scheitelwert erreicht, werden die Elektronen durch elektrische Ablenkfelder oder durch Schwächung des Führungsfeldes mit Hilfsspulen (d. h. durch Vergrößerung von R_s) aus der Vakuumkammer ausgeschleust. Dieser Vorgang wiederholt sich mit einer Frequenz von 50 Hz.

In einem Betatron mit dem Sollkreisradius R_s und der magnetischen Induktion $B = B_0 \sin \omega t$ beträgt der *mittlere*, während der Beschleunigungsdauer $t = T/4$ erzielte Energiegewinn ΔE_k pro Umlauf angenähert[1]:

$$\Delta E_k = 2\omega R_s^2 B_o \ [\text{eV}]$$ (189)

($\omega = 2\pi f = 2\pi/T$ = Kreisfrequenz [in 1/sec], R_s = Sollkreisradius [in cm], B_o = Scheitelwert der magnetischen Induktion im Kern [in Vs/cm²]). Unter der Annahme, daß die Elektronengeschwindigkeit während der ganzen Beschleunigungsdauer $T/4$ angenähert gleich der Lichtgeschwin-

---

[1] Vgl. Aufgabe 119, S. 378.

digkeit c ist (der Energiegewinn beruht dann im wesentlichen auf der relativistischen Massenzunahme), wird die Zahl der Umläufe während der Beschleunigungsdauer gleich $N = (cT/4)/2\pi R_s = c/8\pi f R_s = c/4\pi R_s$ und die Endenergie:

$$E_{k_{max}} = N \cdot \Delta E_k = \frac{1}{2}\, c R_s B_o \ [\text{eV}] \tag{190}$$

(c in cm/sec, R_s in cm, B_o in Vs/cm²). Die Endenergie ist also dem Sollkreisradius und dem Scheitelwert der magnetischen Induktion proportional.

Beispiel: Für ein Betatron mit den Daten: $R_s = 50$ cm, $B_o = 4000$ Gauß und $f = 50$ Hz wird der mittlere Energiegewinn pro Umlauf $\Delta E_k = 62{,}8$ eV und die Endenergie (bei $N = 4{,}77 \cdot 10^5$ Umläufen während der Beschleunigungszeit $t = T/4 = 5$ msec) $E_{k_{max}} = N \Delta E_k = 30$ MeV.

Die erreichbare Endenergie wird dadurch begrenzt, daß die Elektronen beim Umlauf auf ihrer Kreisbahn (wie ein Dipol) dauernd Strahlung emittieren und dadurch Energie verlieren. Diese „Strahlungsdämpfung" nimmt mit einer hohen Potenz der Elektronenenergie zu und wird im Grenzfall gleich dem mittleren Energiegewinn pro Umlauf. Für die Beschleunigung von *Ionen* ist das Betatron nicht geeignet. Die Ionen haben bei gleicher Energie eine sehr viel kleinere Geschwindigkeit als die Elektronen und können daher während der Beschleunigungszeit nicht oft genug umlaufen, um höhere Energien zu erreichen.

b) Betriebsbedingungen des Betatrons. Für den Betrieb des Betatrons müssen zwei Bedingungen erfüllt sein:

$\varkappa$) *Die Wideröe-Bedingung* [116]. Sie ergibt sich aus dem Gleichgewicht der Kräfte am umlaufenden Elektron und besagt, daß die magnetische Induktion $B(R_s)$ *am* Sollkreis immer gerade halb so groß sein muß wie die mittlere Induktion B_m *innerhalb* des Sollkreises[1]:

$$B(R_s) = \frac{1}{2}\, B_m. \tag{191}$$

Diese Bedingung ist für jeden gewünschten Sollkreisradius durch Wahl eines bestimmten Verhältnisses der Luftspaltbreite im Kern zur Luftspaltbreite zwischen den Steuerpolschuhen erfüllbar.

---

[1] Mit $mv^2/R_s = e\,v\,B(R_s)$ wird $m\dot{v} = e R_s \dot{B}(R_s) = eE$ und die magnetische

Umlaufspannung $U_0 = 2\pi R_s E = 2\pi R_s^2 \dot{B}(R_s) = \dfrac{\partial}{\partial t} \int\limits_0^{R_s} 2\pi R B(R)\,dR$. Durch In

tegration ergibt sich mit $\int\limits_0^{R_s} R B(R)\,dR = B_m \int\limits_0^{R_s} R\,dR = B_m R_s^2/2$ die Gl. (191).

β) Die Stabilitätsbedingung nach Steenbeck (vgl. [*108*]). Die Stabilitätsbedingung für die Sollkreisbahn verlangt, daß — ähnlich wie beim Zyklotron — kleine Abweichungen eines Elektrons vom Sollkreis rücktreibende Kräfte erzeugen (Richtungsfokussierung). In *radialer* Richtung sind solche Kräfte dann vorhanden, wenn die magnetische Induktion $B(R)$ des Führungsfeldes in der Umgebung des Sollkreises etwas langsamer als mit $1/R$ abnimmt, was durch eine entsprechende Polschuhform erreicht werden kann. In diesem Fall (vgl. Abb. 247) herrscht nur auf dem Sollkreis mit dem Radius R_s Gleichgewicht zwischen der zentripetalen Lorentzkraft $K_L = erB(R)$ und der Zentrifugalkraft $K_Z = mv^2/R$. An der Stelle $R_s + \varDelta R$ ist dagegen

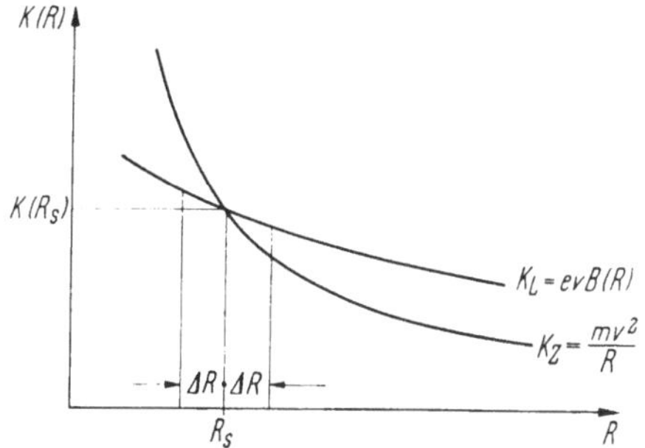

Abb. 247. Für den Betatronbetrieb erforderlicher Verlauf der (am umlaufenden Elektron angreifenden) Lorentzkraft K_L und der Zentrifugalkraft K_Z in Abhängigkeit vom Elektronenbahnradius R (Stabilitätsbedingung nach STEENBECK). R_s = Sollkreisradius (vgl. [*108*]).

$K_L > K_Z$, und es entsteht eine rücktreibende Kraft nach innen, während an der Stelle $R_s - \varDelta R$ wegen $K_L < K_Z$ eine rücktreibende Kraft nach außen wirksam wird.

Damit der Elektronenstrahl innerhalb der Vakuumkammer auch in *axialer* Richtung fokussiert wird, müssen die Kraftlinien des magnetischen Führungsfeldes ähnlich wie beim Zyklotron durch geeignete Wahl der Polschuhform nach außen gekrümmt werden. Dadurch entstehen radiale Komponenten der magnetischen Feldstärke, die den Elektronenstrahl axial fokussieren.

Da die Kathode des Betatrons etwas seitlich vom Sollkreis liegt und der eingeschlossene Elektronenstrahl einen gewissen Öffnungswinkel besitzt, treten die meisten Elektronen nicht genau tangential in die Sollkreisbahn ein. Diese Elektronen führen wegen der rücktreibenden Kräfte Sinusschwingungen um den Sollkreis aus, die während der Beschleunigungsdauer allmählich abklingen (Kerst-Schwingungen). Wenn die Anfangsamplitude dieser Schwingungen zu groß ist, werden die Elektronen nicht mehr auf dem Sollkreisradius „eingefangen" und gehen für die Beschleunigung verloren. Um diesen Verlust zu verringern, muß das Zeitintervall, innerhalb dessen die Elektronen in die Sollkreisbahn eintreten sollen, auf etwa 1 μsec begrenzt werden.

c) Technische Daten. Ein großes, von KERST [*106*] gebautes Betatron besitzt folgende Daten: Sollkreisradius $R_s = 123.5$ cm, Abmessungen des Eisenjochs $7 \cdot 4 \cdot 1.9$ m. Gewicht 350 t. Scheinleistung 180 MVA. Verluste 170 kW, Frequenz 60 Hz, mittlerer Energiegewinn pro Umlauf $\Delta E_k = 3000$ eV, Umlaufzahl $N = 1{,}4 \cdot 10^5$, Startenergie der Elektronen 100 keV, Endenergie $E_{k_{max}} = 340$ MeV.

Neben dem „Einstrahl‘‘-Betatron mit Beschleunigung nur während der ersten Hälfte der positiven Flußhalbwelle sind für therapeutische und wissenschaftliche Anwendungen auch „Zweistrahl‘‘-Betatrons gebaut worden, bei denen beide Halbwellen der magnetischen Induktion zur Beschleunigung von Elektronen im Uhrzeigersinn (positive Halbwelle) bzw. im Gegensinn (negative Halbwelle) ausgenutzt werden.

2. Deuteriumerhitzer für die Kernfusion

a) Prinzip. Deuteriumgas (D_2, schwerer Wasserstoff) wird in einer äußerst stromstarken elektrischen Entladung auf Temperaturen wie die im Sonneninnern (d. h. auf $2 \cdot 10^7$ bis 10^8 °C) gebracht. Bei diesen Temperaturen beginnen die Kerne der (vollständig ionisierten) Gasatome (Deuteronen) miteinander zu verschmelzen (Kernfusion). Dabei entstehen schwerere Elemente wie Tritium und ein Heliumisotop sowie Protonen und Neutronen. Außerdem wird eine sehr große Energiemenge frei. Könnte diese Energie nutzbar gemacht werden, so stünde im Meerwasser, das zu einem siebtel Prozent aus schwerem Wasser besteht, eine unerschöpfliche Energiequelle zur Verfügung.

b) Aufbau und Wirkungsweise einer Kernfusionsanlage. Eine solche Anlage (vgl. Abb. 248) besteht aus einem Einphasentransformator mit

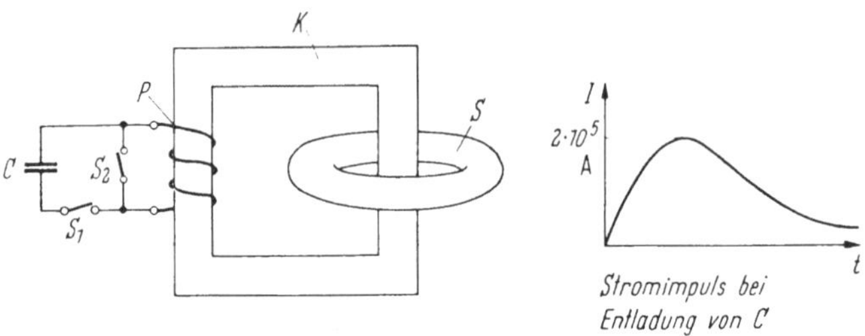

Abb. 248. Prinzipieller Aufbau einer Kernfusionsanlage mit Kreisbahn-Induktionsbeschleunigung. K = Transformatorkern; P = Primärwicklung; S = Entladungsrohr mit elektrodenloser Ringentladung („Sekundärwicklung‘‘); C = Ladekondensator.

großer Primärwicklung und einem kreisringförmigen Entladungsrohr (Torus) als Sekundärwicklung. Das Entladungsrohr ist aus isolierten Aluminiumteilstücken zusammengesetzt, hat einen Durchmesser von etwa 3 m und ist mit Deuteriumgas (D_2) von 10^{-4} bis 10^{-3} Torr gefüllt. Das in einem HF-Feld hochionisierte Deuteriumgas (Plasma) dient als „Kurzschlußwicklung‘‘ des Transformators.

Beim Schließen des Schalters S_1 (vgl. Abb. 248) erzeugt eine Kondensatorentladung über die Primärwicklung im Entladungsrohr („Sekundärwicklung") einen starken Stromimpuls ($> 10^5$ A) in Form einer elektrodenlosen Ringentladung. Durch das elektrische Wirbelfeld, das sich dabei im Entladungsrohr aufbaut, werden die Plasmaelektronen beschleunigt und können dadurch die noch nicht ionisierten Deuteriumatome in Deuteronen und Elektronen zerschlagen. Trotz der Abkühlung des Plasmas an der Toruswand und der Rekombinationsverluste wachsen mit dem Stromanstieg (Anstiegssteilheit etwa 10^8 A/sec) die Temperatur, der Druck und die Leitfähigkeit des Gases so stark, daß im Plasma während einer Entladung kurzzeitig die Bedingungen zur Kernfusion existieren können.

c) Pinch-Effekt. Die Erreichung der für die Kernfusion erforderlichen Plasmatemperaturen von etwa $10^8\,^\circ$C wird durch den Pinch-Effekt erleichtert. Dieser Effekt beruht darauf, daß sich in einer Entladung gleichgerichtete Stromfäden durch die Wirkung ihrer Magnetfelder anziehen. (Die den Stromschlauch umschlingenden magnetischen Kraftlinien ziehen sich dabei zusammen.) Daher übt auch die Ringentladung einer Kernfusionsanlage durch das von ihr erzeugte Magnetfeld auf sich selbst Druckkräfte aus. (Die elektrostatischen Abstoßungskräfte sind hier im Gegensatz zum Hochvakuum unwirksam, da die negative Raumladung durch positive Ionen kompensiert wird.) Die den Stromring einschnürenden Druckkräfte wachsen mit dem Quadrat der Stromstärke bzw. der magnetischen Induktion. Der Stromschlauch löst sich dadurch bereits am Beginn des Stromimpulses von der Röhrenwand ab. Damit fällt die starke Abkühlung durch die Wände weg, und die Temperatur steigt sprungartig um viele Zehnerpotenzen (Pinch-Effekt). Bei völlig eingeschnürtem Stromschlauch halten sich die magnetische Druckkraft an der Schlauchoberfläche und der Druck des hocherhitzten Plasmas das Gleichgewicht. Zwischen dem Plasmaring und der Toruswand herrscht dann Hochvakuum, da die Plasmaionen durch das starke Magnetfeld am Entweichen gehindert werden.

Durch den Pinch-Effekt entstehen bei $(1{,}5$ bis $1{,}9) \cdot 10^5$ A Stromstärke bereits Temperaturen von $5 \cdot 10^6\,^\circ$C. Solche Temperaturen können aus der Verbreiterung bestimmter vom Plasma emittierter Spektrallinien gemessen werden (Dopplereffekt). Da jedoch das vollständig ionisierte Gas

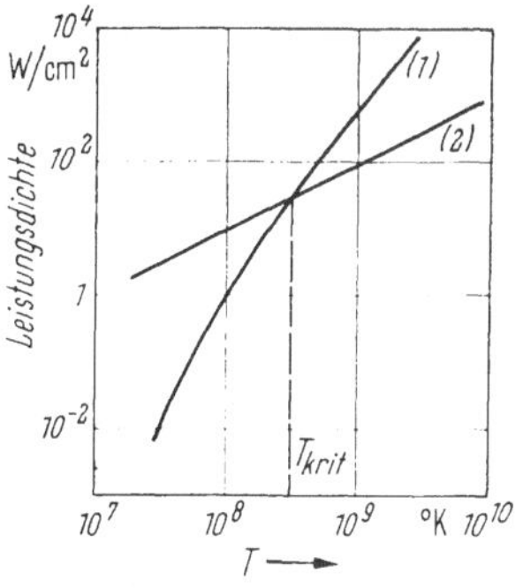

Abb. 249. Durch Kernreaktionen freiwerdende Leistungsdichte (*1*) und von den Elektronen abgestrahlte Leistungsdichte (*2*) in Abhängigkeit von der Elektronentemperatur einer Kernfusionsanlage nach Abb. 248. Bei $T \gtrless T_\text{krit}$ ist ein stationärer Fusionsprozeß möglich [*108*a].

der Ringentladung keine Spektrallinien aussendet, wird ein geringer Prozentsatz von schwerem Gas (z. B. Sauerstoff oder Stickstoff) als „Thermometer" zugesetzt. Solche Gase werden im Plasma nicht vollständig ionisiert, behalten also einen Teil ihrer Valenzelektronen und können deshalb Spektrallinien emittieren.

In Abb. 249 sind die durch Kernreaktionen frei werdende Leistungsdichte (d. h. die Energie pro Kernreaktion multipliziert mit der Anzahl der Kernreaktionen pro cm^3 und Sekunde) und die von den Elektronen abgestrahlte Leistungsdichte (die der Bremsstrahlung der Elektronen beim Zusammenstoß mit den Ionen entspricht) in Abhängigkeit von der Elektronentemperatur dargestellt. Daraus geht hervor, daß erst bei Elektronentemperaturen ab etwa $3 \cdot 10^8 \, °K$ die Energie aus den Kernreaktionen die Verluste durch die Bremsstrahlung übertrifft. Der Wirkungsquerschnitt der Deuteronen in bezug auf die Kernreaktion ist also erst ab etwa $3 \cdot 10^8 \, °K$ größer als der des Bremsstrahlungsmechanismus.

D. Kreisbahn-Beschleuniger mit magnetischem Führungsfeld und zwei oder mehr HF-Elektroden (Synchrotrons)

Durch Kombination des magnetischen Führungsfelds vom Betatron und der HF-Beschleunigungselektroden des Zyklotrons erhält man einen neuen Beschleunigertyp, das Synchrotron, dessen wesentliches Merkmal die *Phasenstabilität* zwischen Beschleunigungsfeld und umlaufendem Teilchen ist. Je nachdem, ob sich dabei die magnetische Induktion B des Führungsfelds, die Winkelgeschwindigkeit ω des Teilchens oder beide periodisch mit der Zeit ändern, bezeichnet man den Beschleuniger als Elektronen-Synchrotron $[\omega = \text{const}, \quad B = f(t)]$. Synchrozyklotron $[\omega = f(t), B = \text{const}]$ bzw. Protonen-Synchrotron $[\omega = f(t), B = f(t)]$.

1. Elektronen-Synchrotron [*112, 115*]

$$[\omega = \text{const}, B = f(t)].$$

a) Aufbau und Wirkungsweise. Der Aufbau des Elektronen-Synchrotrons gleicht dem des Betatrons. jedoch enthält der Transformator keinen Kern (vgl. Abb. 250). Dieser ist überflüssig, weil die Elektronen nicht (wie beim Betatron) durch ein Magnetfeld. sondern (ähnlich wie beim Zyklotron) durch HF-Elektroden beschleunigt werden. Die Elektronen laufen dabei auf einer Kreisbahn um. deren konstanter Radius R_s

durch ein magnetisches Führungsfeld festgelegt wird. Damit sie bei jeder Spaltdurchquerung zwischen den (schlauchförmigen) HF-Elektroden beschleunigt werden, muß ihre Kreisfrequenz $\omega_e = v/R_s$ gleich der Kreisfrequenz $\omega = 2\pi f$ der Beschleunigungsspannung sein. Da ω konstant gehalten wird, muß wegen $\omega = \omega_e = v/R_s = \mathrm{const}$ die Bahngeschwindigkeit $v = \mathrm{const}$, d. h. ungefähr gleich der Lichtgeschwindigkeit c sein:

$$\omega_e = \omega = 2\pi f = c/R_s = \mathrm{const} \qquad (192)$$

($\omega_e =$ Kreisfrequenz der umlaufenden Elektronen [in 1/sec], $f =$ Frequenz der Beschleunigungsspannung [in Hz], $c =$ Lichtgeschwindigkeit [in cm/sec], $R_s =$ „Synchron"-Kreisbahnradius der Elektronen [in cm]). Um diese Bedingung zu erfüllen, sollten die Elektronen angenähert mit Lichtgeschwindigkeit (entsprechend einer Energie von etwa 2 MeV) in die Vakuumkammer eingeschleust werden. Statt dessen kommt man jedoch auch mit einer Startenergie von etwa 100 keV aus, wenn man das Synchrotron durch Einbringung eines kleinen Kerns in den Transformator so

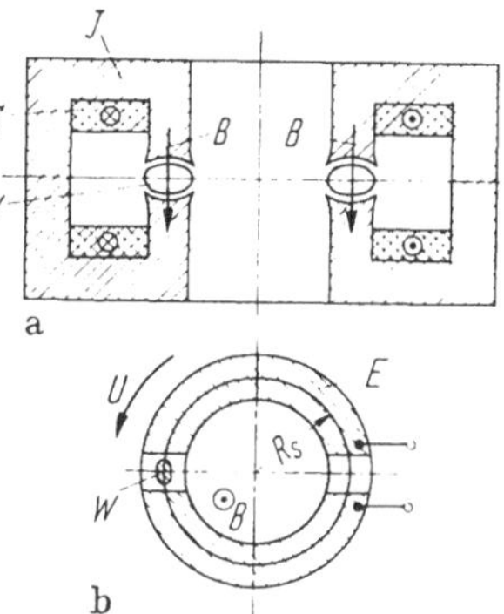

Abb. 250. Aufbau eines Elektronen-Synchrotrons [112, 115].
a) Querschnitt durch den Elektromagneten und die Vakuumkammer. J Eisenjoch; S Erregerspulen für das Führungsfeld; V Vakuumkammer (Torus); B magnetische Induktion.
b) Aufbau der Vakuumkammer. $E =$ HF-Elektroden; W Elektronenwolke; U Umlaufrichtung der Elektronen bei der angegebenen Richtung der magnetischen Induktion B; R_s Sollkreisradius.

lange als Betatron betreibt, bis die Elektronen angenähert Lichtgeschwindigkeit erreicht haben.

Die augenblickliche Energie der umlaufenden Elektronen ergibt sich aus den Beziehungen $E_k = mc^2$, $mc^2/R_s = ecB$ und Gl. (192):

$$E_k = mc^2 = ecBR_s = \frac{ec^2 B}{2\pi f}. \qquad (193)$$

Die magnetische Induktion B des Führungsfeldes und die Teilchenenergie sind also einander direkt proportional. Beide steigen während eines Beschleunigungszyklus mit der Zeit an. Dem Zuwachs ΔB an magnetischer Induktion entspricht dabei ein Zuwachs $\Delta E_k = ec^2 \Delta B/2\pi f$ an kinetischer Energie je Umlauf. Für $B = B_{\mathrm{max}}$ wird die erreichbare Endenergie:

$$E_{k_{\mathrm{max}}} = \frac{ec^2 B_{\mathrm{max}}}{2\pi f} \quad [\mathrm{Ws}] \qquad (193\,\mathrm{a})$$

(e in As, c in cm/sec, B_{max} in Vs/cm², f in Hz).

b) Vorteile des Elektronen-Synchrotrons. Das Elektronen-Synchrotron besitzt gegenüber den bisher behandelten Kreisbahn-Beschleunigern folgende Vorteile:

$\alpha)$ *Phasenstabilität im HF-Feld.* Ein „phasenrichtig" (bei A_1; vgl. Abb. 251) im Beschleunigungsspalt ankommendes Elektron („Sollelektron" auf dem Sollkreis mit dem Radius R_s) ändert während des ganzen Beschleunigungsvorgangs seine Phasenlage (A_1, A_2, A_3 etc.) nicht.

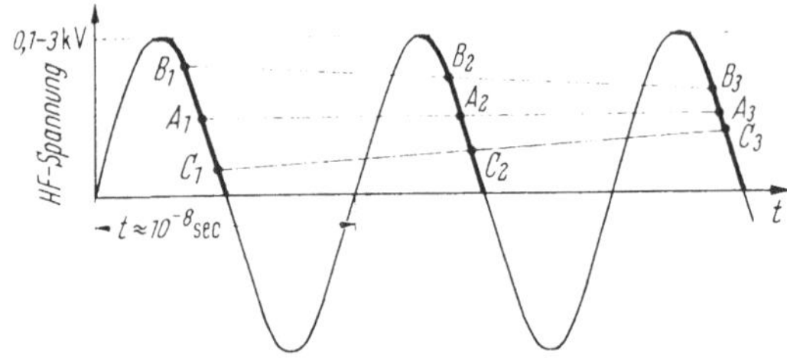

Abb. 251. Auf die Beschleunigungsspannung bezogene Phasenlage eines „phasenrichtig" (A_1, A_2, A_3), zu spät (B_1, B_2, B_3) oder zu früh (C_1, C_2, C_3) in den Beschleunigungsspalt eines Elektronen-Synchrotrons eintretenden Elektrons. Die Elektronen der Phasenlagen B und C werden allmählich auf die stabile Lage A „phasenfokussiert" (vgl. [108]).

Ein zu früh (z. B. bei B_1) in den Beschleunigungsspalt eingeführtes Elektron nimmt mehr Energie auf. Dadurch erhält es eine etwas zu große relativistische Masse, und entsprechend wird auch sein Bahnradius $R > R_s$. Auf seiner größeren Bahn läuft das Elektron mit der gleichen Geschwindigkeit um wie das Sollelektron, nämlich nahezu mit Lichtgeschwindigkeit. Daher ist seine Umlaufzeit relativ zum Sollelektron größer. Das Elektron kommt deshalb mit jedem Umlauf immer später (d. h. bei B_2, B_3 etc.) im Spalt an; die Phasendifferenz gegenüber dem (phasenrichtigen) Sollelektron verkleinert sich also. Entsprechendes gilt für ein zu spät (z. B. bei C_1) im Spalt eintreffendes Elektron, das wegen seines kleineren Energiezuwachses (seiner geringeren Massenzunahme) einen kleineren Bahnradius und damit eine kleinere Umlaufzeit hat. Nach mehreren Umläufen werden so alle Elektronen um das phasenrichtige Sollelektron herum fokussiert. Bis die Elektronen ihre Sollage erreichen, führen sie um diese Lage „Synchrotronschwingungen" mit abklingender Amplitude aus.

Mit der Phasenstabilität ist gleichzeitig eine

$\beta)$ *automatische Kompensation der Strahlungsdämpfung* verbunden. Jedes Elektron wählt nämlich während der Beschleunigung seine stabile Phasenlage so aus, daß es pro Umlauf neben der Beschleunigungsenergie $\varDelta E_k$ (entsprechend der Zunahme $\varDelta B$ der magnetischen Induktion) noch so viel zusätzliche Energie aufnimmt wie es je Umlauf durch Strahlung verliert. Der phasenstabile Punkt (A_1, A_2, A_3 etc.) rutscht daher mit zunehmender Ausstrahlung am Abhang der Wechselspannung hinauf. (Deren Amplitude soll daher möglichst groß sein.) Außerdem erfolgt durch den Strahlungsverlust eine Dämpfung der Synchrotronschwingungen.

In Abb. 252 ist das Energiespektrum der elektromagnetischen Strahlung dargestellt, die von Elektronen verschiedener Energie im Elektronen-Synchrotron emittiert wird. Das Diagramm enthält auf der Abszisse die Wellenlänge der elektromagnetischen Strahlung und auf der Ordinate die mittlere Strahlungsenergie, die von einem Elektron in jedem 1 Å-Wellenlängenintervall pro Sekunde abgegeben wird. Das Maximum dieses Spektrums ist durch die maximale Elektronenenergie festgelegt. Die Breite des Spektrums wird durch die unterschiedliche Beschleunigung bzw. Verzögerung der nicht phasenrichtig verteilten Elektronen im Beschleunigungsspalt verursacht. Bei einer Elektronenenergie ab etwa 30 MeV liegt ein Teil des Spek-

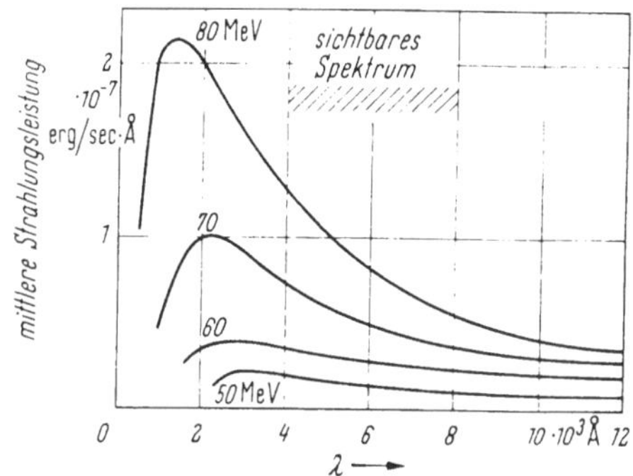

Abb. 252. Energiespektrum der elektromagnetischen Strahlung, die pro sec und 1 Å-Wellenlängenintervall von Elektronen verschiedener Energie im Elektronen-Synchrotron emittiert wird (vgl. [108]).

trums im sichtbaren Bereich. Das zugehörige (enggebündelte) Licht kann mit bloßem Auge als Fleck von rötlicher bis bläulichweißer Farbe beobachtet werden, wenn die Blickrichtung den Elektronenkreis tangiert und die Elektronen der Blickrichtung entgegenlaufen.

γ) *Fehlen der Wideröe-Bedingung.* Das Fehlen der Wideröeschen „1/2"-Bedingung [s. Gl. (191)] erlaubt eine höhere Kraftflußdichte des Führungsfeldes. Dadurch wird auch die erreichbare Endenergie beim Elektronen-Synchrotron größer als beim Betatron (bis 500 MeV).

c) Technische Daten und Anwendung. Die technischen Daten des großen Berkeley-Elektronen-Synchrotrons sind: Gesamtgewicht 135 t. Synchronkreisradius $R_s = 100$ cm, Betriebsfrequenz der magnetischen Induktion 32 Hz, maximale HF-Spannung 3 kV, Frequenz der HF-Spannung 47,7 MHz, Zahl der Elektronenstromimpulse 6 pro Sekunde, Startenergie 100 keV, mittlerer Energiegewinn pro Umlauf 1,2 keV, Endenergie 312 MeV (Elektronen-bzw. γ-Strahlung), Intensität der γ-Strahlung 1000 r/min.

Ein Anwendungsbeispiel des Elektronen-Synchrotrons ist die Erzeugung von Mesonen durch die harte γ-Strahlung.

2. Synchrozyklotron

$$[\omega = f(t), \; B = \text{const}]$$

a) Aufbau und Wirkungsweise. Das Synchrozyklotron gleicht in seinem Aufbau weitgehend dem Zyklotron (Abb. 244 a), jedoch wird bei ihm durch sinusförmige Frequenzmodulation der HF-Beschleunigungsspannung während des Umlaufs eines Teilchens auf seiner Spiralbahn *Phasenstabilität* erzeugt. Während eines Beschleunigungszyklus (vgl. Abb. 253) nimmt dabei die Frequenz gerade so schnell ab, daß die Teilchen (Protonen, Deuteronen oder α-Teilchen) trotz ihrer Massenzunahme stets rechtzeitig das Beschleunigungsfeld zwischen den HF-Elektroden passieren. Anfang und Ende eines Beschleunigungszyklus sind durch je einen — der Ionenquelle bzw. dem Ablenkkondensator zugeführten — Impuls festgelegt.

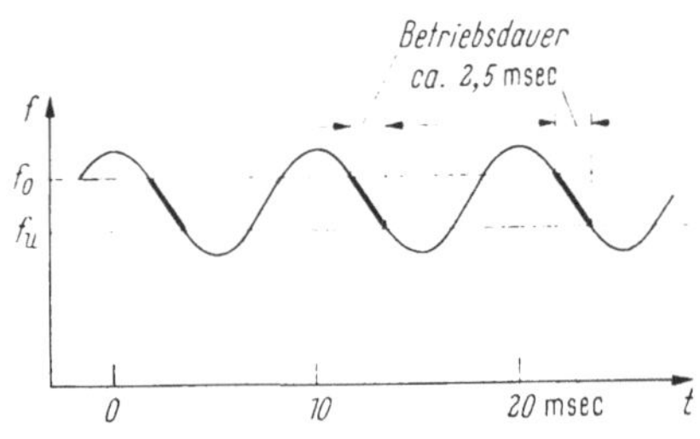

Abb. 253. Frequenzmodulation der HF-Beschleunigungsspannung und Beschleunigungsphasen im Synchrozyklotron (vgl. [*108*]).

Die Phasenstabilisierung durch Frequenzmodulation erlaubt im Vergleich mit dem Zyklotron mehr Teilchenumläufe pro Beschleunigungsvorgang. Die erreichbare Endenergie erhöht sich dadurch gegenüber der des Zyklotrons um etwa den Faktor 10 (auf 500 bis 900 MeV je nach Teilchenart).

b) Technische Daten und Anwendungen. Das Berkeley-Synchrozyklotron hat folgende Daten: Gesamtgewicht 3400 t, Polschuhdurchmesser 4,8 m, maximale Induktion des magnetischen Führungsfeldes 2,33 Vs/m², Frequenzhub der Beschleunigungsspannung 36 bis 13 MHz, Modulationsfrequenz 64 Hz, maximale Beschleunigungsspannung 9 kV, Strahlstromstärke 1 μA, Endenergie für Protonen 730, für Deuteronen 460 und für α-Teilchen 910 MeV.

Das Synchrozyklotron dient wie das Zyklotron zur Erzeugung von energiereichen Protonen, Deuteronen und α-Teilchen. Als Deuteronenbeschleuniger ist es auch zur Erzeugung von Neutronen (durch Bestrahlung von schwerem Eis mit Deuteronen) geeignet.

3. Protonen-Synchrotron

$$[\omega = f(t), \; B = f(t)]$$

a) Aufbau und Wirkungsweise. Während die (leichten) Elektronen in einem Synchrotron praktisch schon bei Beginn der „Beschleunigung" mit konstanter Geschwindigkeit (Lichtgeschwindigkeit) umlaufen, steigt die Geschwindigkeit von schwereren Teilchen (z. B. Protonen) nur langsam an. Während deshalb beim Elektronen-Synchrotron die Kreisfrequenz ω der Beschleunigungsspannung nach Gl. (192) konstant bleiben kann, muß sie beim Protonen-Synchrotron entsprechend

$$\omega(t) = \omega_e(t) = \frac{v(t)}{R_s},\qquad (194)$$

also proportional mit der Teilchengeschwindigkeit $v(t)$ zeitlich ansteigen, damit der Bahnradius R_s konstant bleibt. Außerdem muß der Anstieg von $\omega(t)$ bis auf wenige $^0/_{00}$ auf den Anstieg von $B(t)$ abgestimmt sein. Obwohl diese Forderung nur mit hohem technischem Aufwand erfüllt werden kann, ist das Protonen-Synchrotron ab etwa 1000 MeV dem Synchrozyklotron vorzuziehen, da sein Ringmagnet (mit kreisringförmigen Polschuhen) wesentlich billiger ist als der große Magnet des Synchrozyklotrons.

Im Aufbau gleicht das Protonen- dem Elektronen-Synchrotron. Wie dieses enthält es eine (in den Ringmagneten eingebettete) Vakuumkammer mit schlauchförmigen HF-Elektroden. Anstelle der Kreisbahn können auch viertelkreisförmige — durch gerade, feldfreie Strecken unterbrochene — Führungsfelder verwendet werden (Beschleuniger mit „Rennbahnform", vgl. Abb. 254). Da eine Erregung des Ringmagneten mit 50-Hz-Wechselstrom wegen des großen Leistungsaufwands zu teuer wäre, läßt man die Induktion des Führungsfelds im Protonen-Synchrotron nur langsam (etwa innerhalb einer Sekunde) auf ihren Höchstwert anwachsen. Entsprechend lange dauert die Beschleunigungszeit. Nach dem Ausschleusen der Teilchen geht die Induktion innerhalb von 4 bis 8 sec wieder auf ihren Ausgangswert zurück. Während der Beschleunigungszeit erreichen die Teilchen in 10^6 bis 10^7 Umläufen praktisch Lichtgeschwindigkeit und verlassen die Maschine als Stromimpuls von 10^{-7} sec Dauer.

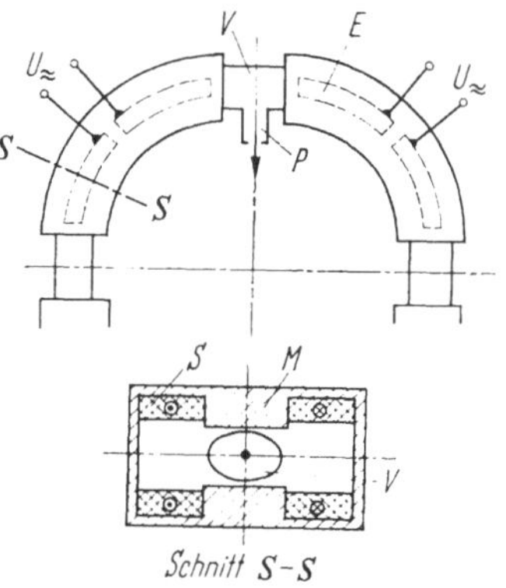

Abb. 254. Beschleunigungsstrecke eines Protonen-Synchrotrons (vgl. [108]). V = Vakuumkammer; P = Pumpanschluß; E = Beschleunigungselektrode; M = Fokussierungsmagnete; S = Erregerspulen.

Die *Phasenfokussierung* der Teilchen während der Beschleunigung geschieht ähnlich wie beim Elektronen-Synchrotron. Für die *Richtungsfokussierung* reicht bei großen Maschinen der Abfall der magnetischen Induktion mit wachsendem Bahnradius nicht aus. Nimmt nämlich das

Magnetfeld mit zunehmendem Radius ab (*negativer* Gradient; vgl. Abb. 255 a), so wird der Teilchenstrahl *radial* fokussiert, aber axial stark defokussiert. Eine Zunahme des Magnetfelds mit zunehmendem Radius (*positiver* Gradient; vgl. Abb. 255 b) bewirkt eine starke *axiale* Fokussierung, verbunden mit einer starken Defokussierung in radialer Richtung. Man teilt deshalb bei großen Maschinen die kreisförmige Beschleunigungsstrecke in magnetische Sektorfelder mit abwechselnd positivem und negativem Gradienten auf und erhält auf diese Weise einen „alternating gradient"- oder AG-Beschleuniger mit ausreichender axialer und radialer Fokussierung des Teilchenstrahls („strong focusing").

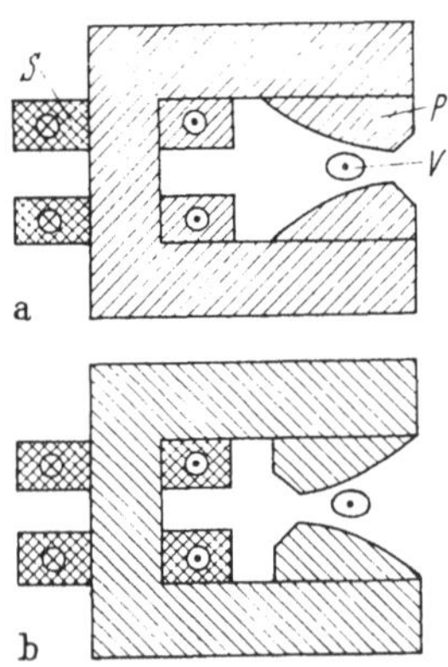

Abb. 255. Aufbau der Ringmagnete mit positivem (a) bzw. negativem Feldgradienten (b) beim Protonen-Synchrotron (AG-Beschleuniger). V = Vakuumkammer; S = Erregerspulen; P = hyperbolisch geformte Polschuhe (vgl. [108]).

b) Technische Daten. Daten des Protonen-Synchrotrons von Brookhaven (Cosmotron): Eisengewicht 1640 t, Bahnradius $R_s = 9$ m, Frequenz des magnetischen Führungsfelds 12 pro Minute, HF-Modulationsbereich 0,4 bis 4,2 MHz, Anfangsenergie der Protonen 4 MeV, Injektionsstromstärke 1 mA, Endenergie 3000 MeV = 3 GeV, Stromstärke beim Austritt einige μA.

Daten des AG-Protonen-Synchrotrons von Genf (Cern): Eisengewicht 4000 t, Bahnradius 100 m, Frequenz des magnetischen Führungsfelds 12 pro Minute. HF-Modulationsbereich 5 bis 16 MHz, Anfangsenergie der Protonen 50 MeV (erzeugt durch einen Linearbeschleuniger von 70 m Länge), Endenergie 26000 MeV, Zahl der Beschleunigungsstrecken bzw. Pumpstationen 38. Beschleunigungsspannung 4,1 kV pro Stufe.

VIII. Literaturverzeichnis zum Kapitel 2

I. Elektronenlinsen

[1]* Ardenne, M. v.: Tabellen zur angewandten Physik, Bd. I. Berlin: Deutscher Verlag der Wissenschaften 1962.

[2] Borries, B. v., u. J. Dosse: Zerstreuung von Elektronenstrahlen durch eigene Raumladung. Arch. Elektrotechn. 32 (1938) 221.

[3] Breitenberger, E.: Diverging electrostatic lenses in accelerators. Nucl. Instr. 1 (1957) 55.

[4] Brüche, E., u. W. Henneberg: Geometrische Elektronenoptik. Ergebn. exakt. Naturw. 15 (1936) 365.

---

* Zusammenfassende Darstellung über größere Teilgebiete der Elektronik.

[5]* BRÜCHE, E., u. A. RECKNAGEL: Elektronengeräte, Berlin: Springer 1941.

[6]* BRÜCHE, E., u. O. SCHERZER: Geometrische Elektronenoptik, Berlin: Springer 1934.

[7] COSSLETT, V. E.: Introduction to electron optics, Oxford: Clarendon Press 1946.

[8] DE BROGLIE, L.: L'optique electronique, Paris 1946.

[9] DIELS, K., u. G. WENDT: Quantitative Betrachtungen zum Projektions-Fernsehempfang mit Kathodenstrahlröhren. Telefunkenztg. 19 (1938) Nr. 78, S. 38.

[10] GLASER, W.: Elektronen- und Ionenoptik, Handbuch der Physik, Bd. 33 (Korpuskularoptik), hrsg. v. S. FLÜGGE, Berlin/Göttingen/Heidelberg: Springer 1956, S. 123—395.

[11]* GLASER, W.: Grundlagen der Elektronenoptik, Wien: Springer 1952.

[12] GRAY, F.: Electrostatic electron-optics. Bell Syst. techn. J. 18 (1939) 1.

[13] GUNDERT, E.: Der Öffnungsfehler von elektrostatischen Rohrlinsen. Z. Phys. 112 (1939) 689.

[14] KINDER, E., u. A. PENDZICH: Eine neue magnetische Linse kleiner Brennweite. Jahrb. AEG-Forschg. 7 (1940) 23.

[15] KLEMPERER, O.: Electron optics, Cambridge: University Press 1953.

[15a] KNOLL, M., u. G. WENDT: Geometrische Elektronenoptik, Leipzig 1944, unveröffentlicht.

[16] MARSCHALL, H.: Über die sphärische Aberration magnetischer Konzentrier-spulen. Telefunkenröhre H. 16 (1939) S. 190.

[17]* OLLENDORFF, F.: Technische Elektrodynamik, Bd. II, 1: Elektronik des Einzelelektrons. Berlin/Göttingen/Heidelberg: Springer 1955.

[18]* PICHT, J.: Einführung in die Theorie der Elektronenoptik, Leipzig: J. A. Barth 1957.

[19]* ROTHE, H., u. W. KLEEN: Hochvakuum-Elektronenröhren, Bd. I: Physikalische Grundlagen, Frankfurt: Akad. Verlagsges. 1955.

[20]* RUSTERHOLZ, A.: Elektronenoptik, Basel: Birkhäuser 1950.

[21] SCHRÖDER, W.: Magnetische Elektronenlinse. DRP Sch 112176 v. 24. 2. 1937.

[22]* SPANGENBERG, K.: Vacuum tubes, New York: McGraw-Hill 1948.

[23] STABENOW, G.: Eine magnetische Elektronenlinse ohne Bilddrehung. Z. Phys. 96 (1935) 634.

[24]* STRUTT, M. J. O.: Elektronenröhren, Lehrbuch der drahtlosen Nachrichten-technik, Bd. III, hrsg. v. N. v. KORSHENEWSKY u. W. T. RUNGE, Berlin/Göttingen/Heidelberg: Springer 1957.

[25] WATSON, E. E.: Dispersion of an electron beam. Phil. Mag. 3 (1927) 849.

[26] WEIZEL, W.: Lehrbuch der theoretischen Physik, Bd. 1, 2. Aufl., Berlin/Göttingen/Heidelberg: Springer 1955.

[27] WENDT, G.: Elektronenoptik der Fernsehbildröhren, Lehrbuch der drahtlosen Nachrichtentechnik, Bd. V: Fernsehtechnik, 1. Teil, hrsg. v. N. v. KORSHENEWSKY u. W. T. RUNGE, Berlin/Göttingen/Heidelberg: Springer 1956, S. 480—548.

[28]* ZWORYKIN, V. K., G. A. MORTON, E. G. RAMBERG, J. HILLIER u. A. W. VANCE: Electron optics and the electron microscope, New York: Wiley 1946.

II. Immersionssysteme

Siehe [2, 19, 25]; ferner:

[29] CHANG, K. K.: Biperiodic electrostatic focusing for high-density electron beams. Proc. IRE 45 (1957) 1522.

[30] CHANG, K. K.: Confined electron flow in periodic electrostatic fields of very short periods. Proc. IRE 45 (1957) 66.

[31] CHANG, K. K.: Optimum design of periodic magnet structures for electron beam focusing. RCA-Rev. 16 (1955) 65.

[32] COOK, J. S., R. KOMPFNER u. W. H. YOCOM: Slalom focusing. Proc. IRE 45 (1957) 1517.

[33] HEIL, O., u. J. J. EBERS: A new wide-range high-frequency oscillator. Proc. IRE 38 (1950) 645.

[34] KAMKE, D.: Elektronen- und Ionenquellen. Handbuch der Physik, Bd. 33 (Korpuskularoptik). hrsg. v. S. FLÜGGE, Berlin/Göttingen/Heidelberg: Springer 1956, S. 1—122.

[35] KNOLL, M., u. J. SCHLOEMILCH: Elektronenoptische Stromverteilung in steuerbaren Elektronenröhren. Arch. Elektrotechn. 28 (1934) 507.

[36] PIERCE, J. R.: Theory and design of electron beams, New York: D. van Nostrand 1954.

[37] TIEN, P. K.: Focusing of a long cylindrical electron stream by means of periodic electrostatic fields. J. appl. Phys. 25 (1954) 1281.

III. Elektronenoptische Ablenkorgane

Siehe [*1, 4—8, 11, 15, 17, 18, 20, 22, 27, 28*]; ferner:

[38] ASTON, F. W.: A positive ray spectrograph. Phil Mag. 38 (1919) 707.

[39] ASTON, F. W.: Mass spectra and isotopes, London: E. Arnold 1942.

[40] BAINBRIGDE, K. T., u. E. B. JORDAN: Mass spectrum analysis. Phys. Rev. 50 (1936) 282.

[41] BARNARD, G. P.: Modern mass spectrometry, London 1953:

[42] BARTKY, W., u. A. J. DEMPSTER: Paths of charged particles in electric and magnetic fields. Phys. Rev. 33 (1929) 1019.

[43] BENHAM, W. E.: The advantage of inclining the deflecting plates in a cathode-ray oscillograph. Wireless Engrs. 13 (1936) 10.

[44] BENNETT, W. H.: Radio frequency mass spectrometer. J. appl. Phys. 21 (1950) 143.

[45] BONDY, H., u. K. POPPER: Ein Massenspektrometer mit Richtungs- und Geschwindigkeitsfokussierung. Ann. Phys. 17 (1933) 425.

[46] DEMPSTER, J. A.: A new method of positive ray analysis. Phys. Rev. 11 (1918) 316.

[47] DEMPSTER, J. A.: New methods in mass spectroscopy. Proc. Am. phil. Soc. 75 (1936) 755.

[48] EWALD, H., u. H. HINTERBERGER: Methoden und Anwendungen der Massenspektroskopie, Weinheim: Verlag Chemie 1953.

[49] EWALD, H.: Massenspektroskopische Apparate, Handbuch der Physik, Bd. 33 (Korpuskularoptik), hrsg. v. S. FLÜGGE, Berlin/Göttingen/Heidelberg: Springer 1956, S. 546—608.

[50] EWALD, H.: Eine Neukonstruktion des Mattauch-Herzog'schen doppelfokussierenden Massenspektrographen. Z. Naturf. 1 (1946) 131.

[51] FLECHSIG, W.: Über die elektrostatische Ablenkung in Kathodenstrahlröhren mit nicht ebenen Ablenkplatten. Hausmitt. Fernseh-AG 1 (1939) 94.

[52] GABOR, D.: Oszillographieren von Wanderwellen mit dem Kathodenstrahloszillographen. Forschungshefte der Stud. Gesellsch. f. Höchstspannungsanl. 1 (1927) 7.

[53] GUNDERT, E.: Der Trapezfehler bei Oszillographenröhren. Telefunkenztg. 26 (1953) 89.

[54] HERZOG, R.: Ionen- und elektronenoptische Zylinderlinsen und Prismen. Z. Phys. 89 (1934) 447.

[55] HUGHES, A. L., u. V. ROJANSKY: On the analysis of electronic velocities by electrostatic means. Phys. Rev. 34 (1929) 284.

[56] MATTAUCH, J., u. R. HERZOG, Über einen neuen Massenspektrographen. Z. Phys. 89 (1934) 786.

[57] RIECK, G. R.: Einführung in die Massenspektroskopie. Berlin: Deutscher Verlag der Wissenschaften 1956.

[58] SCHLESINGER, K.: Progress in the development of postacceleration and electrostatic deflection. Proc. IRE 44 (1956) 659.

[59] SOMMER, H., H. A. THOMAS u. J. A. HIPPLE: The measurement of e/m by cyclotron resonance. Phys. Rev. 82 (1951) 697.

[60] THOMSON, J. J.: Rays of positive electricity. Phil. Mag. 20 (1910) 752.

[61] WENDT, G.: Fehler bei Ablenkung eines Kathodenstrahlbündels durch einfachsymmetrische Ablenkorgane. Z. Phys. 119 (1942) 423.

[62] WENDT, G.: Ablenkvermögen eisenloser Ablenkspulen für Kathodenstrahlröhren. Telefunken-Röhre H. 19/20 (1941) 99.

IV. Elektronenoptische Ähnlichkeitsgesetze

Siehe [6, 10, 11, 18, 20].

V. Elektronenstrahl-Wandlerröhren

Siehe [1, 5, 9, 19, 22, 24, 27, 52]; ferner:

[63] BIGALKE, A.: Meßtechnik der Elektronenstrahl-Oszillographen. Karlsruhe: Braun 1959.

[64] CZECH, J.: Oszillographen-Meßtechnik. Berlin: Verlag für Radio-Foto-Kinotechnik 1959.

[65]* ECKART, F.: Elektronenoptische Bildwandler und Röntgenbildverstärker. Leipzig: Barth 1956.

[66] ECKART, F.: Zur Entwicklung von Bildwandlern und Bildverstärkern. Ann. Phys. 14 (1954) 1.

[67] FARNSWORTH, P.: Television by electron image scanning. J. Franklin Inst. 218 (1934) 411.

[68] HARTH, W.: Aufbau und Wirkungsweise neuerer Signal- und Sichtspeicherröhren. NTZ 15 (1962) 279.

[69] HEIMANN, W.: Elektronenoptische Abbildung von Photokathoden als Grundlage für Fernsehübertragung. ENT 12 (1935) 68.

[70] JENKINS, J. A., u. R. A. CHIPPENDALE: The application of image converters to high speed photography. J. Brit. IRE 11 (1951) 505.

[71] KERKHOF, F., u. I. W. WERNER: Fernsehen. Eindhoven: Philips Techn. Bibliothek 1954.

[72] KNOLL, M.: Nutzeffekt des Kathodenstrahloszillographen. Z. techn. Phys. 12 (1931) 54.

[73] KNOLL, M., u. B. KAZAN: Viewing storage tubes. Advances in Electronics and Electron Physics. Bd. 8. New York: Acad. Press. 1956, S. 447—501.

[74] KNOLL, M., u. W. HARTH: Niveauverschiebungsdiagramme zur Beschreibung der Ladungsprozesse in Speicherröhren. ETZ A 78 (1957) 543.

[74a] KNOLL, M., u. W. HARTH: Ladungsspeicherröhren. Fortschr. Hochfrequenztechn. 5 (1960) 167—228.

[75] LINDEN, B. R., u. P. A. SNELL: Shutter image converter tubes. Proc. IRE 45 (1957) 513.

[76] McGEE, J. D., W. L. WILCOCK u. L. MANDEL: Photo-electronic image devices. Advances in Electronics and Electron Physics, Bd. 12 u. 16, New York: Acad. Press 1960 u. 1962.

[77] McILWAIN. K., u. C. E. DEAN: Principles of color television, New York: Wiley 1956.

[78] POHL, J.: Elektronenoptische Abbildung mit lichtelektrisch ausgelösten Elektronen. Z. techn. Phys. 15 (1934) 579.

[79] ROTTGARD, K. H. J., u. W. BERTHOLD: Fernsehbildröhren, Berlin: Lang 1956.

[80] SCHAFFERNICHT, W.: Der elektronenoptische Bildwandler. Z. techn. Phys. 17 (1936) 596.

[81]* SCHRÖTER, F.: Fernsehtechnik, 1. u. 2. Teil, Lehrbuch der drahtlosen Nachrichtentechnik, Bd. V, hrsg. v. N. v. KORSHENEWSKY u. W. T. RUNGE. Berlin/Göttingen/Heidelberg: Springer 1956 u. 1963.

[82]* SIMON, H., u. R. SUHRMANN: Der lichtelektrische Effekt und seine Anwendungen, 2. Aufl., Berlin/Göttingen/Heidelberg: Springer 1958.

[83] STERNGLASS, E. J.: High-speed electron multiplication by transmission secondary electron emission. Rev. scient. Instr. 26 (1956) 1202.

[84] TEVES, M. C., u. T. TOL: Elektronische Verstärkung von Röntgenbildern. Philips Techn. Rdsch. 14 (1952) 37.

[85] WENTWORTH, J. W.: Color television engineering, New York: McGraw-Hill 1955.

[86]* ZWORYKIN, V. K., u. E. G. RAMBERG: Photoelectricity, New York: Wiley 1955.

[87] ZWORYKIN, V. K., u. G. A. MORTON: Television, New York: Wiley 1954.

[88] ZWORYKIN, V. K., E. G. RAMBERG u. L. E. FLORY: Television in science and industry. New York: Wiley 1958.

VI. Elektronenmikroskope

Siehe [*1, 5—8, 10, 11, 15, 20, 28*]; ferner:

[89] APPELT, H.: Einführung in die mikroskopischen Untersuchungsmethoden. Leipzig: Geest & Portig 1959.

[90] BORRIES, B. v.: Die Übermikroskopie, Berlin: Saenger 1949.

[91] BRÜCHE, E., u. H. JOHANNSON: Elektronenoptik und Elektronenmikroskop. Naturwissensch. 20 (1932) 353.

[92] HAINE, M. E.: The electron microscope, London: Spon 1961.

[93] HALL, C. E.: Introduction to electron microscopy, New York: McGraw-Hill 1953.

[94] KNOLL, M., u. E. RUSKA: Beitrag zur geometrischen Elektronenoptik. Ann. Phys. 12 (1932) 607.

[95] KNOLL, M., F. G. HOUTERMANS u. W. SCHULZE: Untersuchung der Emissionsverteilung an Glühkathoden mit dem magnetischen Elektronenmikroskop. Z. Phys. 78 (1932) 340.

[96] LEISEGANG, S.: Elektronenmikroskope, Handb. d. Physik, Bd. 33 (Korpuskularoptik). hrsg. v. S. FLÜGGE, Berlin/Göttingen/Heidelberg: Springer 1956. S. 396—545.

[97] MAHL, H.: Über das elektrostatische Elektronenmikroskop hoher Auflösung. Z. techn. Phys. 20 (1932) 607.

[98] MAHL, H., u. E. GÖLZ: Elektronenmikroskopie, Leipzig: Bibliogr. Inst. 1951.

[99] MARTON, C., u. S. SASS: Bibliography of electron microscopy. J. appl. Phys. 14 (1943) 522, 15 (1944) 575 u. 16 (1945) 373.

[100] MÜLLER, H.: Präparation von technisch-physikalischen Objekten für die elektronenoptische Untersuchung, Leipzig: Geest & Portig 1962.

[101] RATHBURN, M. E., M. J. EASTWOOD u. O. M. ARNOLD: Supplied biography of electron microscopy. J. appl. Phys. 17 (1946) 759.

[102] REIMER, L.: Elektronenmikroskopische Untersuchungs- und Präparationsmethoden, Berlin/Göttingen/Heidelberg: Springer 1959.

VII. Teilchenbeschleuniger

Siehe [1, 3]; ferner:

[103] BALDINGER, E., R. HERB, B. COHEN, R. WILSON, D. KERST, G. GREEN u. L. SMITH: Instrumentelle Hilfsmittel der Kernphysik I, Handbuch der Physik, Bd. 44, hrsg. v. S. FLÜGGE, Berlin/Göttingen/Heidelberg: Springer 1959.

[104] COCKCROFT, J. D., u. E. T. S. WALTON: Experiments with high velocity positive ions. Proc. roy. Soc. 129 A (1930) 477.

[105] FRY, D. W.: Der lineare Elektronenbeschleuniger. Philips techn. Rdsch. 14 (1953) 193.

[106] KERST, D. W.: Method of increasing betatron energy. Phys. Rev. 68 (1945) 233.

[107] KERST, D. W.: Acceleration of electrons by magnetic induction. Phys. Rev. 58 (1940) 841.

[108]* KOLLATH, R.: Teilchenbeschleuniger, Braunschweig: Vieweg 1962.

[108a] KÖPPENDÖRFER, W.: Einführung in die Probleme der kontrollierten Kernfusion. Kerntechnik 2 (1960) 217.

[109] LAWRENCE, E. O., u. N. E. EDLEFSEN: On the production of high speed protons. Science 72 (1930) 376.

[110] LAWRENCE, E. O., u. M. S. LIVINGSTON: A method for producing high speed hydrogen ions without the use of high voltage. Phys. Rev. 37 (1931) 1707.

[111] MAURER, K., T. SPRINGER u. H. MAIER-LEIBNITZ: Elektrostatischer Elektronenbeschleuniger mit starker Fokussierung. Z. angew. Phys. 9 (1957) 597.

[112] McMILLAN, E. M.: The synchrotron — a proposed high energy particle accelerator. Phys. Rev. 68 (1945) 143.

[113] SLOAN, D. H., u. E. O. LAWRENCE: The production of heavy high speed ions without the use of high voltages. Phys. Rev. 38 (1931) 2021.

[114] STEENBECK, M.: Beschleunigung von Elektronen durch elektrische Wirbelfelder. Naturwiss. 31 (1943) 234.

[115] VEKSLER, V.: A new method for acceleration of relativistic particles. C. R. Acad. Sci. USSR 43 (1944) 329.

[116] WIDERÖE, R.: Über ein neues Prinzip zur Herstellung hoher Spannungen. Arch. Elektrotechn. 21 (1928) 387.

Übungsaufgaben zu Band I und II[1]

Aufgaben zu Band I: Grundlagen und Vakuumtechnik

Kapitel 1: Grundlagen der Entladungsgeräte

I. Elementarteilchen und Atommodelle

1. In einer nichtabgeschirmten Braunschen Röhre wird der Elektronenstrahl durch das Erdmagnetfeld abgelenkt (vgl. Abb. 1.1). Gegeben sind die magnetische Feldstärke $H = 0{,}5$ A/cm, die Stromstärke des Elektronenstrahls $I = 20\,\mu$A, die kinetische Energie der Elektronen an der Anode (A): $E_k = 400$ eV und der Abstand D zwischen Anode (A) und Leuchtschirm (L): $D = 20$ cm.

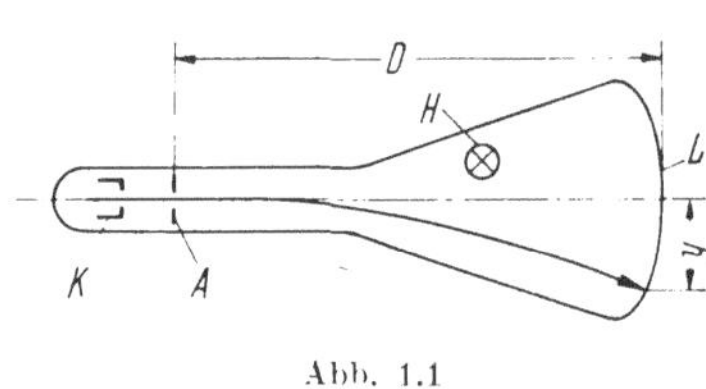

Abb. 1.1

a) Wie groß ist die Ablenkung y [cm] eines ursprünglich axial verlaufenden Elektronenstrahls, wenn die Achse der Braunschen Röhre senkrecht zum Magnetfeld gerichtet ist?

b) Wie groß wird y [cm], wenn die Röhrenachse mit der Magnetfeldrichtung einen Winkel von 45° bildet?

c) Wie groß ist die Kraft [in kp und in Ws/m], die der Elektronenstrahl auf den Schirm ausübt?

2. In einem Zylinderkondensator mit den Radien $R_i = 9{,}5$ cm und $R_a = 10{,}5$ cm bewegen sich elektrisch geladene Teilchen auf einer konzentrischen Kreisbahn mit dem Radius $R = 10$ cm. Zwischen den Elektroden des Zylindersystems liegt dabei eine Spannung $U = 508$ V mit der in Abb. 1.2 angegebenen Polarität.

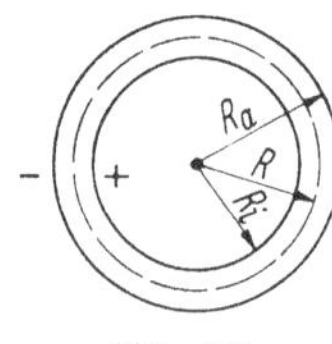

Abb. 1.2

Das elektrische Feld werde nun abgeschaltet und statt dessen ein homogenes Magnetfeld erzeugt, dessen Kraftlinien parallel zur Zylinderachse in die Zeichenebene hineintreten sollen. Unter der Voraussetzung, daß die magnetische Induktion $B = 16{,}95$ Gauß beträgt, bewegen sich die Teilchen auf der gleichen Kreisbahn mit der gleichen Geschwindigkeit und Richtung wie vorher im elektrischen Feld.

Man beantworte folgende Fragen:

a) Welche Polarität haben die Teilchen?

b) In welchem Umlaufsinn wird die Kreisbahn von den Teilchen durchlaufen?

c) Wie groß ist die Energie E_k [eV], die Geschwindigkeit v [cm/sec] und die spezifische Ladung q/m (Ladung pro Masseneinheit in As/g und in cm²/Vs²) der Teilchen?

---

[1] Diese Aufgabensammlung ist im Rahmen des Vorlesungs- und Übungsbetriebs am Institut für Technische Elektronik der TH München entstanden.

3. Anhand des Termschemas für ein Quecksilberatom (vgl. Bd. I, Abb. 10) beantworte man folgende Fragen:

a) Wie groß sind die Ionisierungsspannung und die minimale Anregungsspannung des Quecksilberatoms?

b) Wie groß sind die Wellenlängen der bei folgenden Elektronenübergängen absorbierten Strahlung: $1\,S \to 2\,P_2$, $2\,S \to 2\,P$, $U_i \to 1\,S$? In welchen Fällen wird die Strahlung emittiert (bzw. absorbiert)?

c) Ein Elektron trifft mit einer kinetischen Energie von 40 eV auf ein Hg-Atom und bewirkt in diesem einen Elektronenübergang $1\,S \to 2\,P$. Wie groß sind die Geschwindigkeit v [in km/sec] und die kinetische Energie E_k des Elektrons [in eV, Ws und erg] nach der Kollision?

4. a) Man ermittle die „klassische" bzw. „relativistische" Endgeschwindigkeit von Elektronen bzw. H^+-Ionen, die eine Beschleunigungsspannung von 2,5 kV bzw. 100 kV durchlaufen haben.

b) Wie groß ist (in $\%$ der „relativistischen" Geschwindigkeit v_{rel}) der jeweilige Unterschied zwischen v_{kl} (Geschwindigkeit ohne relativistische Korrektur) und v_{rel} (Geschwindigkeit mit relativistischer Korrektur)?

II. Thermische Elektronenquellen

5. Die statistische Geschwindigkeitsverteilung von Teilchen läßt sich durch die Beziehung $dN = N\,f(v)\,dv$ ausdrücken, worin N die gesamte Teilchenzahl, dN die Anzahl der Teilchen mit einer Geschwindigkeit zwischen v und $v + dv$ und $f(v)$ die Verteilungsfunktion ist. Für die Maxwellsche Geschwindigkeitsverteilung lautet die Verteilungsfunktion:

$$f(v) = \frac{4}{\sqrt{\pi}} \cdot \frac{v^2}{v_w^3} \cdot e^{-\left(\frac{v}{v_w}\right)^2} \quad \text{[s. Bd. I, Gl. (17)]}$$

a) Man zeige, daß durch Integration von $dN = N\,f(v)\,dv$ über den gesamten Geschwindigkeitsbereich die Gesamtzahl N der Teilchen erfaßt wird.

b) Man berechne die *mittlere* Geschwindigkeit v_m der Teilchen durch Ausmittlung der Geschwindigkeiten sämtlicher Teilchen [s. Bd. I, Gl. (19)].

c) Man berechne die *effektive* Geschwindigkeit v_e der Teilchen durch Ausmittlung der Geschwindigkeitsquadrate (Energien) sämtlicher Teilchen [s. B. I. Gl. (20)].

d) Wie lautet das Verhältnis $v_w : v_m : v_e$ zahlenmäßig?

$$\textit{Anmerkung: } 1. \int_0^\infty x^{2n}\, e^{-x^2}\, dx = \frac{1 \cdot 3 \cdot 5 \dots \cdot (2n-1)}{2^{n+1}} \cdot \sqrt{\pi};$$

$$2. \int_0^\infty x\, e^{-x}\, dx = 1.$$

6. An einer Diode mit ebenen Elektroden wird der Anlaufstrom I_a in Abhängigkeit von der Anoden*gegen*spannung U_a gemessen. Anode und Kathode bestehen aus gleichem Material.

$-U_a$ [V]	I_a [µA]	$-U_a$ [V]	I_a [µA]
1,36	0,5	1,21	3
1,30	1	1,16	5
1,24	2	1,10	10

Aus der halblogarithmischen Darstellung der Anlaufstromkennlinie ermittle man die Kathodentemperatur T [°K] der Diode. Wie groß ist die Temperaturspannung U_T?

7. Eine Hochvakuumdiode, die eine ebene Kathode aus Wolfram ($W_K = 4{,}5$ eV) und eine dazu planparallele Anode aus Nickel ($W_A = 5{,}0$ eV) enthält, wird im Anlaufstromgebiet betrieben. Die Kathodentemperatur ist $T = 2340$ °K, die Kathodenfläche $F = 3{,}8$ cm². Die Richardson-Konstante für Wolfram beträgt $A = 60$ A/cm² °K². Bei einer äußeren Anoden*gegen*spannung $U_a = 2$ V fließt ein Anodenstrom $I_a = 1$ μA.

a) Wie groß ist die Temperaturspannung U_T der Kathode?

b) Um welchen Faktor ändert sich der Anodenstrom, wenn die äußere Anodenspannung um $\Delta U = U_T$ erhöht bzw. erniedrigt wird?

c) Aus dem angegebenen Wertepaar für U_a und I_a ermittle man den Sättigungsstrom I_s der Diode.

Welchen Wert für I_s liefert die Richardson-Formel?

d) Man gebe allgemein die Anlaufstromsteilheit $S = -dI_a/dU_a$ der Diode in Abhängigkeit vom Anodenstrom I_a an.

Für welchen Wert des Anodenstroms I_a ergibt sich eine Steilheit $S = 50$ μA/V?

e) Wie groß muß die zur Kathodenoberfläche senkrechte Geschwindigkeitskomponente v_i eines Elektrons *im* Metallgitter sein, damit es die Austrittsarbeit der Wolframkathode aufbringen kann und nach dem Verlassen der Kathode noch eine Geschwindigkeit von 600 km/sec besitzt?

f) Welche Energie [Ws] muß einem Elektron, das im Energiebändermodell der Kathode auf dem Grundniveau sitzt, mindestens zugeführt werden, damit es die Kathodenoberfläche mit der Geschwindigkeit $v_o = 0$ verlassen kann? (Für Wolfram ist $E_F = 9{,}1 \cdot 10^{-12}$ erg.)

8. Für eine Hochvakuumdiode soll eine fadenförmige Wolfram-Massivkathode mit kreisförmigem Querschnitt so dimensioniert werden, daß sie bei einem zulässigen Spannungsabfall von 0,6 V pro cm Fadenlänge eine Emissionsstromdichte von 200 mA/cm² liefert. Die gesamte Fadenlänge ist $l = 3$ cm. Man ermittle:

a) den erforderlichen Fadendurchmesser d,

b) den gesamten Emissionsstrom I_s der Kathode,

c) die Elektronenausbeute A_t (Verhältnis Sättigungsstrom zu Heizleistung) der Kathode.

(Soweit erforderlich, sind für die Lösung der Aufgabe die Abb. 24 und 28 in Bd. I heranzuziehen.)

9. In einer Hochvakuumdiode mit ebenen Elektroden (Abstand $d = 0{,}5$ cm, Fläche $F = 4$ cm²) emittiert die Kathode bei der Temperatur $T = 1700$ °K einen Strom von 540 mA und bei $T = 1500$ °K einen Strom von 40 mA. Die Elektronen haben beim Verlassen der Kathode eine Geschwindigkeitsverteilung entsprechend dem Anlaufstromgesetz.

a) Man ermittle die Austrittsarbeit W_K [eV] der Kathode.

b) Man beschreibe die Struktur dieser Kathode und vergleiche deren Emissionseigenschaften mit denen einer Wolfram-Massivkathode.

10. Gegeben ist eine Hochvakuumdiode mit ebenen Wolframelektroden. Die (direkt geheizte) Kathode hat eine Elektronenausbeute $A_t = 4$ mA/W und soll aus einer 10-V-Gleichspannungsquelle gespeist werden. Bei Zimmertemperatur (293 °K) beträgt der Gleichstromwiderstand der Kathode $R = 0{,}5$ Ohm.

a) Man ermittle die Heizleistung N_H und den Heizstrom I_H der Kathode für die Betriebstemperatur $T = 2320$ °K (Temperaturkoeffizient des Kathodenwiderstandes $\varkappa = 9{,}4 \cdot 10^{-3}$ 1/°K).

b) Wie groß ist der Emissionsstrom I_s der Kathode?

III. Photo-, Sekundär- und Feldemissions-Elektronenquellen

11. Eine Photokathode aus Bariumoxyd (Austrittsarbeit $W_K = 1,5\,\mathrm{eV}$) wird durch Bestrahlung mit weißem Licht (Wellenlängenbereich $200-1000\,\mathrm{m\mu}$) zur Elektronenemission angeregt.

a) Welcher Teil des Lichtspektrums ruft die Elektronenemission hervor?

b) Welches ist die maximale Geschwindigkeit $v_{\max}$ [km/sec] der emittierten Elektronen?

c) Mit welcher Geschwindigkeit v [km/sec] verlassen die Elektronen die Photokathode, wenn diese mit

1) orange-farbenem ($\lambda = 6000\,\text{Å}$)

2) ultraviolettem ($\lambda = 2000\,\text{Å}$) Licht bestrahlt wird?

12. In einer **Cs**-Kathode (Austrittsarbeit $W_K = 1,8\,\mathrm{eV}$) habe ein bestimmtes Elektron eine Energie von $2\,\mathrm{eV}$ (gerechnet vom Grundniveau). Die maximale Elektronenenergie bei $0\,°\mathrm{K}$ beträgt für Cäsium $1,5\,\mathrm{eV}$.

a) Man skizziere das Energieniveaudiagramm der **Cs**-Kathode und ermittle an Hand dieses Diagramms die Mindestenergie $W_{\min}$ [Ws], die dem betrachteten Elektron zugeführt werden muß, damit es emittiert wird.

b) Mit welcher Geschwindigkeit v [km/sec] tritt das Elektron senkrecht aus der **Cs**-Kathode aus, wenn es von einem einfallenden UV-Photon (Wellenlänge $\lambda = 2000\,\text{Å}$) dessen ganze Energie erhält?

13. Zur Bestimmung des Sekundäremissionsfaktors $\delta = I_s/I_p$ von Festkörpern dient die Versuchsanordnung der Abb. 1.3a (vgl. Bd. I, Abb. 48): Die von der ge-

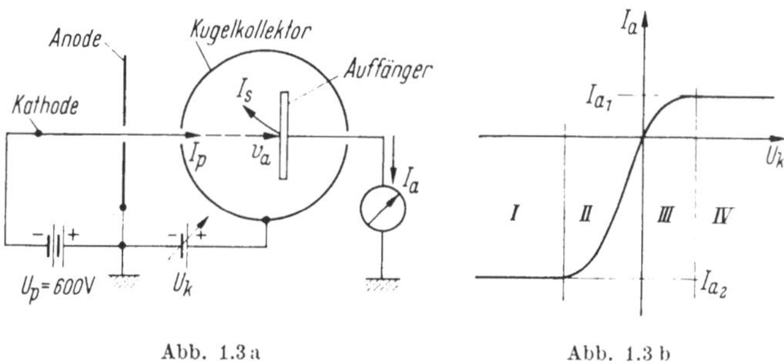

Abb. 1.3a   Abb. 1.3b

heizten Kathode mit der Austrittsgeschwindigkeit $v_o = 0$ emittierten Elektronen werden durch das elektrische Feld zwischen Kathode und Anode beschleunigt und gelangen durch eine kleine Öffnung in der Anode und im Kugelkollektor zum Auffänger. Dort treffen sie mit der Geschwindigkeit v_a auf (Strom I_p) und lösen Sekundärelektronen aus (Strom I_s). Bei der Messung des Auffängerstromes I_a als Funktion der Kollektorspannung U_k erhält man den Kurvenverlauf der Abb. 1.3b.

a) Man ermittle die Geschwindigkeit v_a [in km/sec] der Elektronen am Auffänger für den Fall $U_k = 0$ ($U_p = 600\,\mathrm{V}$).

b) Man skizziere den Verlauf der Funktion $v_a = f(\pm U_k)$ (Geschwindigkeit am Auffänger in Abhängigkeit von der Kollektorspannung).

c) Gemäß Abb. 1.3b wird für positive Kollektorspannung U_k ein Sättigungsstrom $I_{a1} = 0,2\,\mu\mathrm{A}$, für negative Kollektorspannung dagegen ein Sättigungsstrom $I_{a2} = -1,0\,\mu\mathrm{A}$ gemessen. Man berechne hieraus den Primärelektronenstrom I_p.

d) Wie groß ist der Sekundäremissionsfaktor δ des Auffängers?

e) Man bestimme aus der Größe von δ die Art des Auffängermaterials.

f) Man diskutiere den Kurvenverlauf der Abb. 1.3b in den U_k-Bereichen I—IV.

14. Gegeben ist ein dreistufiger Sekundärelektronen-Vervielfacher („multiplier"; vgl. Abb. 1.4), von dessen Kathode (K) ein Elektronenstrom $I_{s1} = 2$ mA zur Elektrode I fließt, wobei die Elektronen die Kathode mit der Anfangsgeschwindigkeit $v_0 = 0$ verlassen. An der Elektrode 1 werden Sekundärelektronen ausgelöst, die zur Elektrode II fliegen (Strom I_{s2}) und dort erneut Sekundärelektronen auslösen (Strom I_{s3}) usw.

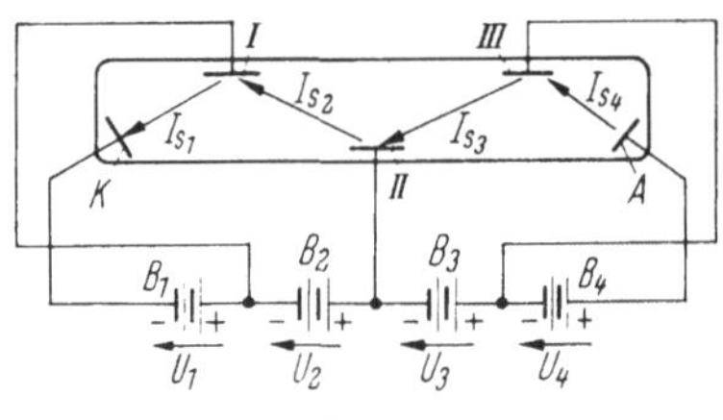

Abb. 1.4

Der Sekundäremissionskoeffizient der Elektroden I—III beträgt jeweils $\delta = 5$; die Anfangsgeschwindigkeit der Sekundärelektronen entspricht jeweils einer Energie von 8 eV. An der Anode (A) entstehen keine Sekundärelektronen. Die Spannung zwischen den Elektroden beträgt $U_1 = U_2 = U_3 = U_4 = 100$ V.

a) Man ermittle die Größe der Ströme I_{s2}, I_{s3} und I_{s4}.

b) Wie groß sind die Ströme in den Zuleitungen zu den Elektroden I—IV und die Ströme durch die Batterien B_1—B_4?

c) Man ermittle die Verlustleistung für die Elektroden I—IV sowie die Leistung, die von jeder der Batterien abgegeben wird.

IV. Kernstrahlungsquellen

15. Die Zahl der pro Zeiteinheit zerfallenden Atomkerne eines radioaktiven Präparats ist zu jedem Zeitpunkt proportional der Zahl der insgesamt vorhandenen Atomkerne, also:

$$dN = -\lambda N\, dt \quad [\text{s. Bd. I, Gl. (39)}];$$

N — Zahl der Atomkerne zum Zeitpunkt t.

λ — Zerfallskonstante.

a) Man berechne die zur Zeit t noch vorhandene Anzahl N der Atomkerne.

(N_a sei die Zahl der zur Zeit $t = 0$ pro Sekunde zerfallenden Atomkerne).

b) Man berechne die Gesamtzahl N_g der bis zum völligen Zerfall umgewandelten Atomkerne.

c) Man berechne die nach 2 Jahren noch vorhandene Intensität und die Zahl der Atomkerne sowie die Gesamtzahl der nach völligem Zerfall umgewandelten Atomkerne eines Co^{60}-Präparats, das zu Beginn des Zerfalls eine Aktivität von 1 mC besitzt. (1 mC $= 3.7 \cdot 10^7$ Zerfälle pro sec; Halbwertszeit von Co^{60}: $T_h = 5.25$ Jahre.)

16. Zur Erzeugung von Neutronen benutzt man häufig die Kernumwandlung

$${}_4Be^9 + \alpha \rightarrow {}_6C^{12} + n \quad (\text{vgl. Abb. 1.5}).$$

Damit diese Kernumwandlung erfolgen kann, müssen die α-Teilchen eine hin-

Abb. 1.5   Be-Atom

reichende Energie besitzen, um die abstoßenden Coulombkräfte beim Eindringen in das Berylliumatom überwinden zu können. $\left(\text{Die Coulombkraft zwischen zwei}\right.$ Ladungen Q_1 und Q_2 beträgt $K = \dfrac{Q_1 Q_2}{4\pi\varepsilon_0 r^2}\cdot\Big)$

Es ist die zur Auslösung der Kernumwandlung erforderliche Energie der α-Teilchen [in eV] zu berechnen, wenn die Coulombkräfte bis zu einer Entfernung $r = 10^{-12}$ cm vom Kernmittelpunkt wirksam sind (in größerer Kernnähe überwiegen die anziehenden Kernkräfte).

V. Technische Ionen- und Photonenquellen

VI. Teilchenströme in Hochvakuum-Entladungsstrecken

17. Ein Elektron tritt zur Zeit $t = 0$ mit der Geschwindigkeit v_0 in den Raum zwischen zwei parallelen Elektroden A und B (Abstand d) ein, wo durch die Gleichspannung U_g ein homogenes elektrisches Feld erzeugt wird (vgl. Abb. 1.6). Durch das Elektron werden auf den Elektroden A und B positive Ladungen q_A und q_B influenziert, deren Summe gleich der Elektronenladung $e = 1{,}6 \cdot 10^{-19}$ As ist. Bei der Bewegung des Elektrons ändern sich die Influenzladungen q_A und q_B linear mit x ($x =$ Abstand des Elektrons von der Platte A); dies hat einen Influenzstrom I_0 im äußeren Stromkreis zur Folge.

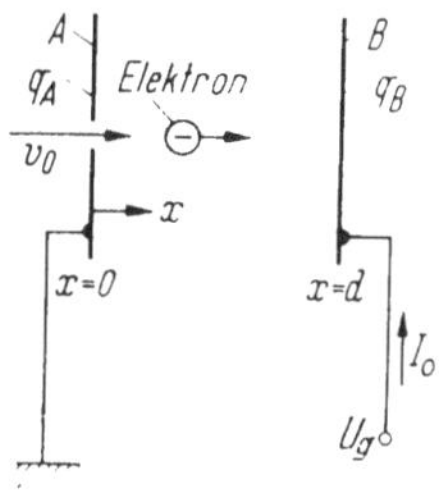

a) Wie lauten allgemein die Beziehungen $q_A = f(x)$ und $q_B = f(x)$, wenn sich das Elektron von A nach B bewegt?

Wie groß sind die Influenzladungen q_A und q_B, wenn sich das Elektron bei $x = d/2$ bzw. $x = d$ befindet?

Abb. 1.6

b) Der Influenzstrom im äußeren Kreis ist $I_0 = \dfrac{dq_B}{dt}$. Unter obiger Annahme, daß das Elektron zur Zeit $t = 0$ mit der Geschwindigkeit v_0 in den felderfüllten Raum eintritt, skizziere man den zeitlichen Verlauf des Influenzstroms $I_0 = f(t)$ für folgende Fälle:

α) $U_g = 0$

β) $U_g > 0$ (Platte B positiv)

γ) $U_g < 0$ (Platte B negativ, so daß das Elektron zwischen A und B umkehrt). Wie groß ist der Influenzstrom I_0 zur Zeit $t = 0$?

($v_0 = 6 \cdot 10^3$ km/sec; $d = 8$ cm).

c) Welche Zeit τ [sec] verbringt das Elektron im Raum zwischen A und B, wenn $v_0 = 6 \cdot 10^3$ km/sec, $U_g = -200$ V (B negativ) und $d = 8$ cm beträgt?

Welche elektrische Arbeit [Ws] wird in dieser Zeit insgesamt von der Batterie (Spannung U_g) geleistet?

18. An einer Hochvakuumdiode mit ebenen Elektroden (Abstand d) liegt die Anodenspannung U_a. Der Einfluß der von der Kathode erzeugten Elektronenraumladung auf die Feldverteilung in der Röhre sei vernachlässigbar klein.

a) Für ein Elektron, das die Kathode mit der Anfangsgeschwindigkeit v_0 verläßt, ermittle man allgemein die Geschwindigkeit v und den Weg x in Abhängigkeit von der Zeit t.

b) Wie groß ist die Laufzeit des Elektrons zwischen Kathode und Anode?

c) Man ermittle die Größe der Gegenspannung zwischen Kathode und Anode, die notwendig ist, damit das Elektron im Abstand $d/4$ vor der Anode umkehrt.

19. Gegeben ist eine ebene Elektrodenanordnung (vgl. Abb. 1.7), bestehend aus den beiden Platten A und B (Abstand $2d$) und dem in der Mitte zwischen diesen liegenden Gitter G. Zwischen A und G liegt die Spannung U_A, zwischen G und B die Spannung U_B.

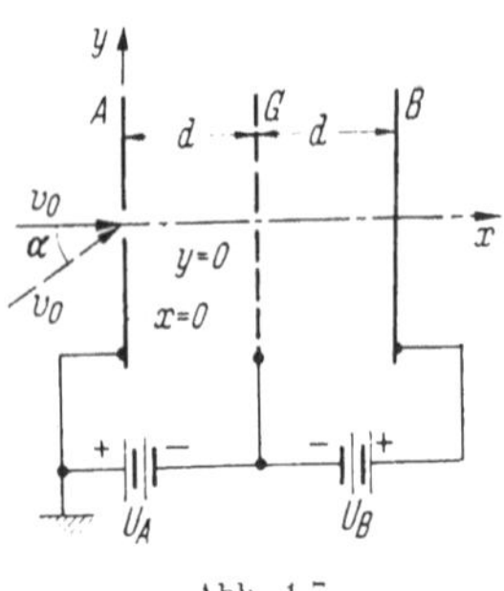

Abb. 1.7

Durch eine Öffnung in der Platte A (bei $x = 0$, $y = 0$) tritt zur Zeit $t = 0$ ein Elektron in Richtung der x-Achse mit der Geschwindigkeit v_0 (entsprechend einer durchlaufenen Spannung U_0) in den felderfüllten Raum ein.

a) Man ermittle allgemein die Zeit T, die das Elektron im felderfüllten Raum zwischen A und B verbringt, wenn

(1) $|U_A| > |U_0|$ bzw.

(2) $|U_A| < |U_0|$ ist.

b) Für den Fall $|U_A| < |U_0|$ skizziere man den Verlauf der Funktion $x = f(t)$ (vom Elektron zurückgelegter Weg x als Funktion der Zeit t; $(0 \leq x \leq 2d)$).

c) Für $v_0 = 9000 \text{ km/sec}$, $U_A = 400 \text{ V}$, $U_B = 250 \text{ V}$ und $d = 10 \text{ cm}$ beantworte man die Frage a) zahlenmäßig. Wie groß dürfte U_A bei sonst gleichbleibenden Zahlenwerten höchstens gemacht werden, damit das Elektron die Platte B gerade erreichen kann?

d) An welcher Stelle y_G und mit welcher kinetischen Energie W_G [erg] durchfliegt ein Elektron das Gitter G, wenn es unter einem Winkel $\alpha = 30°$ (gegen die x-Achse) mit der Geschwindigkeit v_0 in den felderfüllten Raum eintritt? ($v_0 = 9000 \text{ km/sec}$; $U_A = 100 \text{ V}$; $d = 10 \text{ cm}$).

20. In einer Hochvakuumröhre befinden sich als Elektroden zwei parallele Metallplatten im Abstand $d = 4 \text{ cm}$. Zwischen den Platten liegt eine Gleichspannung $U = 1000 \text{ V}$. Zur Zeit $t = 0$ startet in der Mitte der negativen Platte (Kathode) ein Elektron und gleichzeitig in der Mitte der positiven Platte (Anode) ein positives Helium-Ion He^+ (Atomgewicht von Helium: $\mu = 4$).

a) In welcher Entfernung x von der Anode und nach welcher Zeit t treffen sich die beiden Teilchen? (Die Wirkung des elektrischen Felds eines Teilchens auf die Bewegung des anderen werde vernachlässigt.)

b) Welche Vorgänge können sich abspielen, wenn die Teilchen aufeinanderprallen?

21. Gegeben ist die ebene Elektrodenanordnung eines Reflexklystrons (vgl. Abb. 1.8). Die Elektronen verlassen die Kathode K mit der Anfangsgeschwindigkeit $v_0 = 0$ und haben beim Passieren des Gitters G_1 eine konstante Geschwindigkeit v_1 entsprechend $U_B = 1,6 \text{ kV}$.

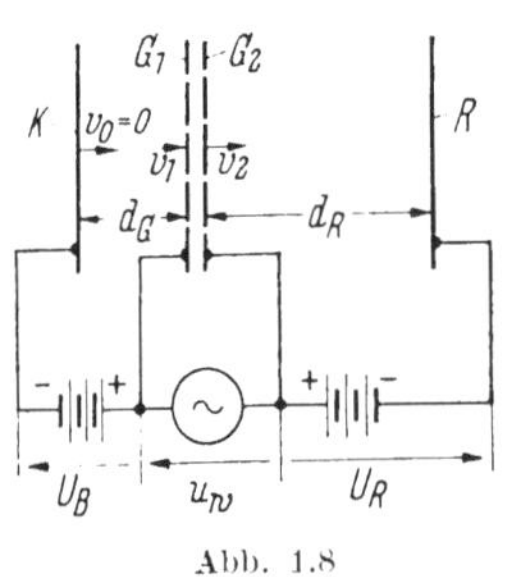

Abb. 1.8

Zwischen den Gittern G_1 und G_2 liegt eine Wechselspannung

$$u_w = U_w \cos \omega t,$$

wobei $U_w = 0,4 \text{ kV}$ und $f = \dfrac{\omega}{2\pi} = 400 \text{ MHz}$ ist.

Die beiden Gitter sind so dicht hintereinander angebracht, daß die Laufzeit der Elektronen zwischen den Gittern vernachlässigbar ist. Zwischen dem Gitter G_2 und der Reflektorelektrode R werden die Elektronen durch ein Bremsfeld der Feldstärke $E_R = U_R/d_R$ zur Umkehr gezwungen. Gegeben ist $d_G = 2 \text{ cm}$, $d_R = 5 \text{ cm}$.

Man beantworte folgende Fragen:

a) Mit welcher Geschwindigkeit v_1 und nach welcher Zeit t_1 kommen die Elektronen am Gitter G_1 an?

b) Welches ist der größtmögliche Wert v_{2max} und der kleinstmögliche Wert v_{2min} der Geschwindigkeit v_2, mit der die Elektronen das Gitter G_2 verlassen können?

c) Wie groß muß die Bremsspannung U_R der Reflektorelektrode R gegenüber dem Gitter G_2 gewählt werden, damit ein Elektron, welches den Raum zwischen den beiden Gittern unbeeinflußt (weder beschleunigt noch verzögert) passiert, nach der Zeit $\tau = T$ wieder das Gitter G_2 erreicht? (T = Periodendauer der Gitterwechselspannung u_w).

d) Die Bremsspannung U_R habe den nach c) berechneten Wert. Bis auf welche Strecke x kann sich ein Elektron im Reflektorraum vom Gitter G_2 entfernen, wenn es das Gitter G_2 mit der Geschwindigkeit $v_2 = v_{2max}$ verlassen hat?

22. Gegeben ist die angenäherte Potentialverteilung in einer (ebenen) Triode, an deren Gitter G eine positive Spannung $U_g = +10$ V liegt (vgl. Abb. 1.9). Das Potential an der Stelle $x = R$ sei $U_R = +4$ V, das Anodenpotential $U_a = -6$ V gegenüber der Kathode K. Der Abstand zwischen Anode und Kathode ist $d = 4$ mm.

a) Wie nahe kommt ein Elektron der Anode A, wenn es mit der Geschwindigkeit $v_0 = 4{,}25 \cdot 10^7$ cm/sec aus der Kathode K austritt, nachdem es die Gitterebene passiert hat?

b) Welche Größe und welches Vorzeichen muß U_a haben, damit das Elektron die Anode gerade erreicht?

c) Welche Zeit τ verbringt das Elektron im Raum zwischen Anode und Kathode, bis es auf dem Gitter bzw. auf der Kathode landet? (Spannungen wie unter a).

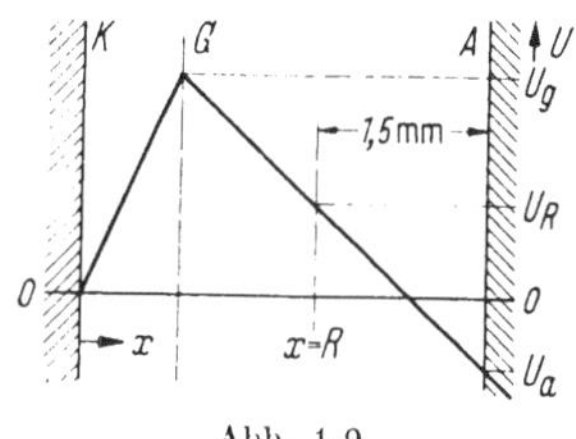

Abb. 1.9

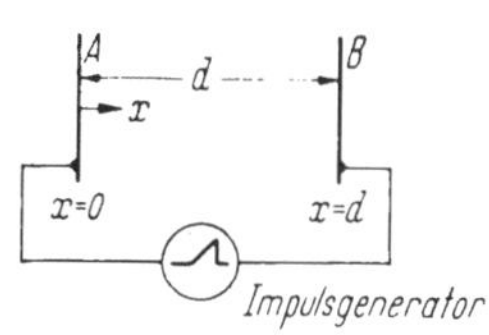

Abb. 1.10

23. Zwei ebene Platten A und B (Abstand $d = 1$ cm; vgl. Abb. 1.10) befinden sich im Hochvakuum und sind an einen Impulsgenerator angeschlossen, dessen Spannung in $3 \cdot 10^{-8}$ sec von 0 auf 1 V linear ansteigt, so daß die Platte B positiv gegenüber A wird. Sobald die Spannung 1 V erreicht ist, werden die Platten kurzgeschlossen.

a) In welcher Entfernung x von der Platte A befindet sich ein Elektron im Augenblick des Kurzschlusses, wenn es bei Beginn des Spannungsimpulses an der Platte A in Ruhe war?

b) Welche Zeit verbringt das Elektron im Raum zwischen A und B?

c) Man skizziere den Verlauf der Kurven $x = f(t)$ (Ort des Elektrons als Funktion der Zeit) und $v = f(x)$ (Geschwindigkeit des Elektrons als Funktion des Ortes). Wie lautet die Funktion $v = f(x)$ allgemein?

24. Gegeben sind zwei planparallele, feinmaschige Gitter, die für Elektronen ideal durchlässig seien. Zwischen den Gittern liegt eine Gleichspannung U mit der in Abb. 1.11 angegebenen Polarität. Die Räume I und III sind feldfrei.

Ein Elektron tritt mit der Geschwindigkeit v_0 entsprechend einer durchlaufenen Spannung U_0 unter dem Winkel $\varkappa = 45°$ durch das Gitter A in den felderfüllten Raum II ein (vgl. Abb. 1.11).

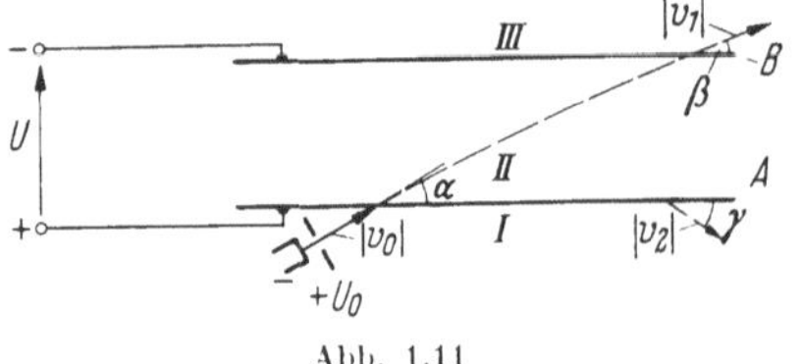

Abb. 1.11

a) Mit welcher Geschwindigkeit v_1 und unter welchem Winkel β, allgemein abhängig von U und U_0, verläßt das Elektron durch das Gitter B den Raum II? Wie groß sind v_1 [km/sec] und β für $U_0 = 600$ V und $U = 200$ V?

b) Wie groß muß das Verhältnis U/U_0 gemacht werden, damit das Elektron das Gitter B gerade erreicht? Welche Geschwindigkeit hat es dort, wenn $U_0 = 600$ V beträgt?

c) U/U_0 sei größer als der unter b) ermittelte Grenzwert, so daß das Elektron im Raum II zur Umkehr gezwungen wird.

Welche Potentialdifferenz ΔU, abhängig von U_0, durchläuft das Elektron dann im Raum II bis zu seinem Umkehrpunkt?

Mit welcher Geschwindigkeit v_2 und unter welchem Winkel γ kehrt das Elektron in den Raum I zurück?

25. Ein homogenes zeitlich konstantes Magnetfeld der Induktion B, dessen Kraftlinien senkrecht zur x-y-(Zeichen-)Ebene verlaufen, werden durch zwei „ideal durchlässige" Netzelektroden N_1 und N_2 (Abstand d) begrenzt (vgl. Abb. 1.12).

Zur Zeit $t = 0$ tritt an der Stelle $x = y = z = 0$ ein Elektronenstrahl mit der Geschwindigkeit v_0 in den felderfüllten Raum ein. Der Elektronenstrahl schließt mit der y-Achse den Winkel $\varkappa$ ein und verläuft senkrecht zur z-Achse.

a) Man berechne allgemein die Koordinate x_2 der Austrittsstelle des Elektronenstrahls (an der Elektrode N_2).

b) Welche Beziehung muß zwischen v_0, B, d und $\varkappa$ bestehen, damit der Elektronenstrahl die Netzelektrode N_2 gerade berührt?

Man gebe allgemein die Koordinate x_2' der Berührungsstelle an.

c) Man berechne x_2 zahlenmäßig für folgende Werte: $d = 2$ cm; $v_0 = 30\,000$ km/sec; $\varkappa = 45°$; $B = 18,5$ Gauß.

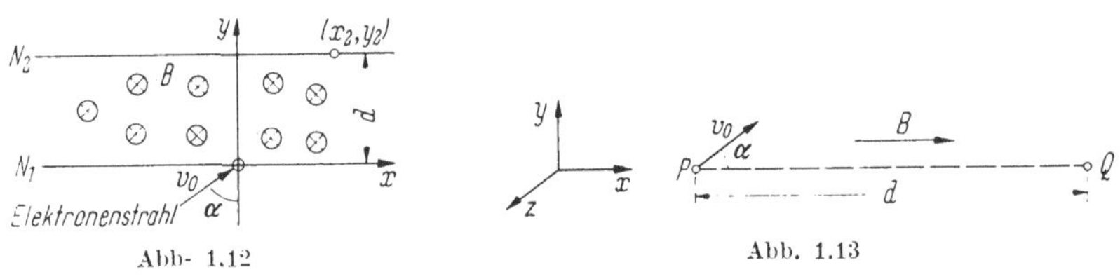

Abb. 1.12   Abb. 1.13

26. Ein Elektron tritt zur Zeit $t = 0$ am Punkt P mit einer Geschwindigkeit v_0 und unter dem Winkel $\varkappa$ in ein Magnetfeld der Induktion B ein (vgl. Abb. 1.18). Der Vektor v_0 liegt in der xy-Ebene.

a) Man gebe die Koordinaten x, y und z der Bahnkurvenpunkte abhängig von der Zeit t allgemein an.

b) Wie groß muß allgemein die Induktion B sein, damit das Elektron durch den Punkt Q fliegt?

c) Welchen Wert hat die erforderliche Induktion für $v_0 = 10^9$ cm/sec, $\varkappa = 45°$ und $d = 10$ cm?

d) Zu welchem Zeitpunkt nach dem Start erreicht das Elektron wieder die x-Achse? (Zahlenwerte wie unter c).

e) Man skizziere die Projektionen der Elektronenbahn auf die x-z- bzw. y-z-Ebene.

27. In der gezeichneten Anordnung (bestehend aus den planparallelen Platten P_1 und P_2; vgl. Abb. 1.14) wird ein Elektronenstrahl durch ein homogenes elektrisches und ein dazu paralleles, gleichzeitig vorhandenes magnetisches Feld abgelenkt. Die Platte P_2, die im Abstand $y = d$ von der x-z-Ebene (Platte P_1) parallel zu dieser angeordnet ist, enthält an der Stelle $x = z = a$ eine kleine Öffnung A.

Die Elektronen treten an der Stelle $x = y = z = 0$ mit der Geschwindigkeit $v_0 = v_{z_0}$ in den felderfüllten Raum ein.

a) Man gebe die Koordinaten x, y und z der Bahnkurvenpunkte in Abhängigkeit von der Zeit t allgemein an.

b) Man beschreibe die Bahn des Elektronenstrahls und skizziere die Projektion der Bahn auf die Platte P_2 für den Fall, daß der Elektronenstrahl durch die Öffnung A tritt.

c) Wie groß müssen Plattenabstand d [cm] und Anfangsgeschwindigkeit v_0 [km/sec] der Elektronen sein, damit der Elektronenstrahl durch die Öffnung A (bei $x = a$, $y = d$, $z = a$) hindurchtreten kann, wenn $E = 44$ V/cm, $B = 10$ Gauß und $a = 2$ cm beträgt?

d) Welche Zeit verbringt ein Elektron im felderfüllten Raum?

e) Welche Größe [km/sec] haben die drei Komponenten v_x, v_y und v_z der Geschwindigkeit v, mit der die Elektronen durch das Loch der Platte P_2 hindurchtreten?

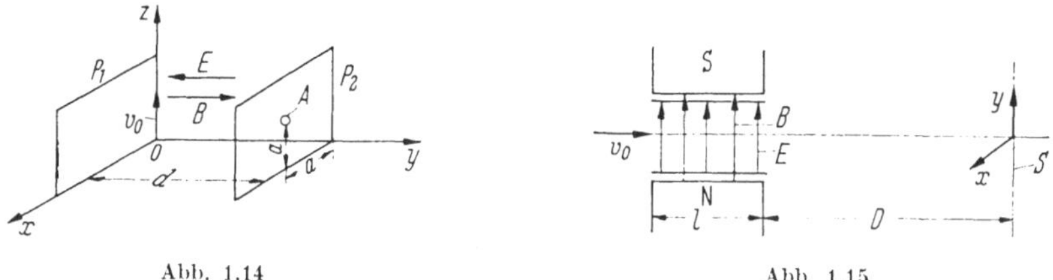

Abb. 1.14   Abb. 1.15

28. Ein Strahl positiv geladener Teilchen durchquert ein konstantes elektrisches Feld (Feldstärke E), dem ein konstantes Magnetfeld (magnetische Induktion B) gleicher Richtung überlagert ist. Strahlrichtung und Feldrichtung stehen aufeinander senkrecht (siehe Abb. 1.15).

Die Teilchen des Strahls haben beim Eintritt in das zusammengesetzte Feld die Anfangsgeschwindigkeit v_0. Nach Durchlaufen des Feldes trifft der Strahl im Abstand D vom Ende des Feldes (siehe Abb. 1.15) auf einen Auffänger S (Koordinaten x, y). d = Abstand der Ablenkplatten, U = Spannung an den Ablenkplatten, l = Länge des elektrischen bzw. magnetischen Feldes.

Man beantworte folgende Fragen:

a) An welcher Stelle (x, y) trifft der Teilchenstrahl auf den Schirm S?

b) Auf welchen Punkten des Schirms landen die Teilchen, die zwar verschiedene Anfangsgeschwindigkeiten v_0, aber das gleiche Verhältnis q/m (Ladung zu Masse) haben?

Man eliminiere hierzu v_0 aus den Gleichungen für x und y und skizziere die Kurve $y = f(x)$ in der x-y-Ebene des Schirms.

29. Gegeben ist eine Hochvakuumdiode mit ebenen Elektroden: Elektrodenabstand $d = 0{,}3$ cm, Elektrodenfläche $F = 5$ cm². Die Temperatur der Thoriumfilmkathode (Austrittsarbeit $3{,}5$ eV) beträgt $T = 1750$ °K. Die Geschwindigkeit der Elektronen beim Austritt aus der Kathode sei $v_0 = 0$.

a) Man ermittle den Wert des Anodenstromes I_a für die Anodenspannungswerte $U_a = -3$ V und $U_a = +50$ V.

b) Bei welcher Anodenspannung U_{ao} fließt der gesamte von der Kathode emittierte Strom zur Anode?

c) Wie groß ist die Zahl N der Elektronen, die sich bei der Anodenspannung U_{ao} (vgl. Frage b) in jedem Augenblick zwischen Kathode und Anode befinden?

30. Gegeben ist eine ebene Hochvakuumdiode mit folgenden Daten: Elektrodenabstand $d = 1{,}53$ mm, Elektrodenfläche $F = 5$ cm², Sättigungsstrom $I_s = 500$ mA. Die Geschwindigkeit der Elektronen beim Austritt aus der Kathode sei $v_0 = 0$.

a) Man berechne und zeichne die Anodenstrom-Anodenspannungs-Kennlinie für den Anodenspannungsbereich von -10 V bis $+150$ V.

b) Man berechne für denselben Anodenspannungsbereich die Stromsteilheit $S = dI_a/dU_a$. Man zeichne den Kurvenverlauf $S = f(U_a)$. Für welche Werte von U_a ist die Steilheit gleich Null?

31. Gegeben ist eine Hochvakuumdiode mit ebenem Elektrodensystem und folgenden Daten: Elektrodenabstand $d = 1{,}5$ mm, Elektrodenfläche $F = 4$ cm², Sättigungsstromdichte $j_s = 100$ mA/cm². Bei positiven Anodenspannungen sei der Anodenstrom (bis zum Erreichen seines Sättigungswertes) raumladungsbegrenzt. Die Austrittsgeschwindigkeit der Elektronen aus der Kathode sei $v_0 = 0$.

a) Man ermittle den Wert des Anodenstroms I_a für die Anodenspannungswerte $U_a = -10$ V, $+80$ V, $+150$ V.

b) Man skizziere die Abhängigkeit der Anodenverlustleistung N_v von der Anodenspannung: $N_v = f(U_a)$.

c) Wie groß ist die Geschwindigkeit v_a der Elektronen an der Anode für $v_0 = 10^8$ cm/sec und $U_a = +20$ V?

32. Eine ideale Diode mit ebenen Elektroden werde im Raumladungsgebiet betrieben (siehe Abb. 1.16). Die Kathode besteht aus Wolfram ($A = 60$ A/cm² °K²,

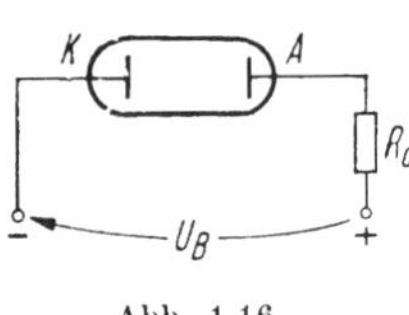

Abb. 1.16

$W_K = 4{,}5$ eV, Kathodenfläche $F_K = 4$ cm²), die Anode aus Tantal ($W_A = 4{,}1$ eV). Die Raumladungskonstante K sei $0{,}5$ mA/V$^{3/2}$.

In der Anodenzuleitung liegt ein Widerstand $R_a = 1$ kΩ.

Die Betriebstemperatur der Kathode beträgt $T = 2280$ °K.

a) Wie groß sind der Anodenstrom und die Anodenspannung für die Batteriespannung $U_B = 200$ V?

b) Wie groß ist die Steilheit der Diode im Arbeitspunkt? ($U_B = 200$ V).

c) Man berechne den gesamten Emissionsstrom der Kathode für eine Kathodentemperatur von 2280 °K. Wie groß müssen ungefähr im Vergleich dazu die Betriebstemperaturen von thorierten Wolframkathoden und BaO–SrO–Kathoden sein, damit diese bei gleicher Kathodenfläche den gleichen Emissionsstrom liefern? Wodurch erklärt sich dieser Unterschied zwischen den erforderlichen Betriebstemperaturen?

d) Wie groß müßte R_a sein, damit die Anodenverlustleistung der Diode 5 W nicht übersteigt? ($U_B = 200$ V).

33. Eine Hochvakuumdiode mit ebenen Wolframelektroden wird in der gezeichneten Anordnung (Abb. 1.17) im Raumladungsgebiet der I_a-U_a-Kennlinie betrieben.

Gegeben sind folgende Daten der Diode:

Kathodentemperatur $T = 2320°$ K, Kathodenfläche $F = 2$ cm², Elektrodenabstand $d = 2$ mm, Austrittsarbeit für Wolfram: $W_K = 4,5$ eV.

(Die Elektronen sollen die Kathode mit der Geschwindigkeit $v_0 = 0$ verlassen.)

a) Die Wechselspannungsquelle sei zunächst kurzgeschlossen; $U_B = 70$ V. Man ermittle den Sättigungsstrom I_s und den Anodenstrom der Diode.

b) An die Klemmen 1 und 2 werde nun eine Wechselspannung $U = U_0 \sin \omega t$ gelegt. $U_0 = 40$ V,

$$f = \frac{\omega}{2\pi} = 200 \text{ Hz}.$$

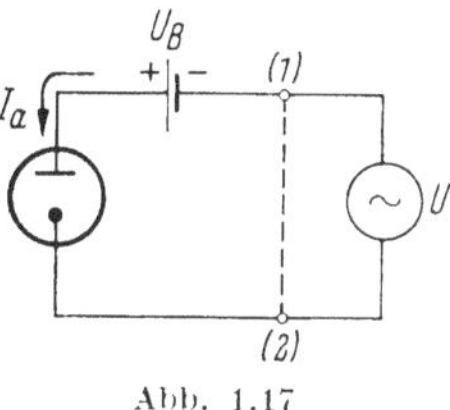
Abb. 1.17

Zwischen welchen Grenzen schwankt in diesem Fall der Anodenstrom?

34. Eine Hochvakuumdiode mit ebenen Elektroden wird im Raumladungsgebiet ihrer I_a-U_a-Kennlinie betrieben. Für den Fall $v_0 = 0$ ist der Potentialverlauf zwischen den Elektroden durch die Beziehung $U(x) = \left(\dfrac{x}{d}\right)^n U_a$ gegeben (d = Elektrodenabstand, x = Abstand von der Kathode, U_a = Anodenspannung, v_0 = Geschwindigkeit der Elektronen beim Austritt aus der Kathode).

a) Welchen Wert hat der Exponent n?

Wie lautet demnach die Funktion $U(x)$ in obiger Form?

b) Die Feldstärke an der Anode sei bei Stromdurchgang E_1, im stromlosen Zustand (bei gleicher Anodenspannung) E_2. Wie groß ist das Verhältnis E_1/E_2?

c) Für einen Elektrodenabstand $d = 2$ cm und eine Anodenspannung $U_a = 225$ V ermittle man die Geschwindigkeit der Elektronen bei $x = d/2$.

VII. Grundlagen der geometrischen Elektronenoptik

35. In einem Elektrodensystem sei folgende Potentialverteilung gegeben (vgl. Abb. 1.18): Im Dreieck ABC betrage das Potential $U_2 = +400$ V; außerhalb des Dreiecks ABC: $U_1 = +100$ V gegenüber der Kathode.

Die Kathode erzeugt einen Elektronenstrahl, der parallel zu GG' verläuft und bei D die Potentialgrenze AB trifft.

Man ermittle den Verlauf des Elektronenstrahls in diesem Feld. (Man gebe dazu die Winkel an, die der Elektronenstrahl jeweils mit der Horizontalen GG' einschließt.)

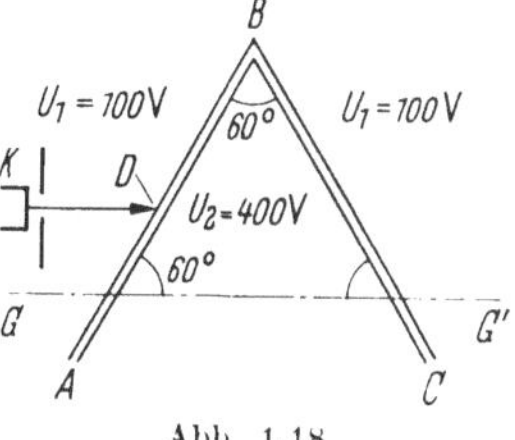
Abb 1.18

VIII. Wirkungsweise stromsteuernder Hochvakuumröhren

36. Eine ideale Hochvakuumtriode werde in der gezeichneten Verstärkerschaltung (Abb. 1.19) betrieben. Das Kennlinienfeld der Röhre ist durch die Gleichung

$$I_a = K(U_g + D U_a)^{3/2}$$

gegeben. $K = 0,75 \dfrac{\text{mA}}{\text{V}^{3/2}}$, $D = 0,05$, Batteriespannung $U_B = 220$ V, Anoden-

23*

widerstand $R_a = 10\,\text{kOhm}$. Die Röhre soll einen Anodenruhestrom $I_{a_0} = 6\,\text{mA}$ ($E_w = 0$) führen.

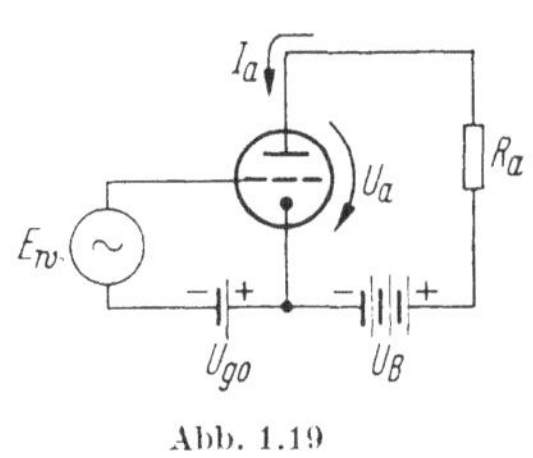

Abb. 1.19

a) Wie groß sind die Steilheit S und der Innenwiderstand R_i im Arbeitspunkt?

b) Wie groß ist die „Stromverstärkung" $v_i = \dfrac{I_{aw}}{E_w}$ und die Spannungsverstärkung $v_u = \dfrac{U_{aw}}{E_w}$ für kleine Wechselspannungen E_w? (U_{aw}, I_{aw} = Anodenwechselspannung bzw. -strom.)

c) Man zeichne die I_a-U_a-Kennlinien für $U_g = 0$, -4, $-8\,\text{V}$ und trage in dieses Kennlinienfeld die Widerstandsgerade ein.

d) Zwischen welchen Werten schwankt der Anodenstrom, wenn die aussteuernde Spannung E_w eine Amplitude von 4 V hat? Wie groß ist also die Abweichung ΔI_a vom Anodenruhestrom I_{ao} nach größeren und kleineren Werten?

37. Eine ideale Hochvakuumtriode hat die Kennliniengleichung $I_a = K(U_g + D\,U_a)^{3/2}$, wobei $K = 0{,}4\,\text{mA/V}^{3/2}$ und $D = 0{,}05$. Die Steilheit der Röhre im Arbeitspunkt sei $S = 1{,}2\,\text{mA/V}$ ($U_{go} = -3\,\text{V}$).

a) Man berechne die Anodenspannung und den Anodenstrom der Röhre.

b) Welcher Anodenwiderstand R_a wäre zu wählen, damit die Spannungsverstärkung $v_u = 15$ wird bzw. damit die Leistungsverstärkung v_n möglichst groß wird! ($U_{go} = -3\,\text{V}$.) Welche Batteriespannung ist dafür jeweils erforderlich?

38. Eine Hochvakuumtriode mit ebenen Elektroden, deren I_a-U_a-Kennlinienfeld durch die Gleichung $I_a = K(U_g + D\,U_a)^{3/2}$ gegeben ist, wird in der skizzierten Schaltung (Abb. 1.20) im Raumladungsgebiet betrieben.

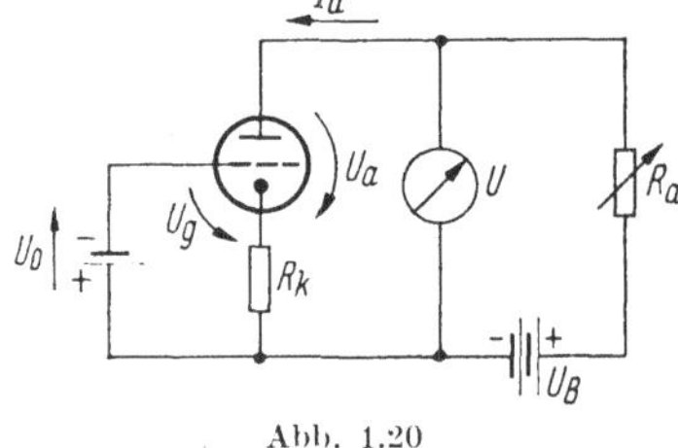

Abb. 1.20

$U_B = 400\,\text{V}$, $U_0 = 4\,\text{V}$, $R_k = 300\,\text{Ohm}$. $K = 1\,\text{mA/V}^{3/2}$. Der Widerstand R_a ist veränderlich.

Für $R_a = 10\,\text{kOhm}$ wurde eine Spannung $U = 240\,\text{V}$ gemessen. (Die Stromaufnahme des Voltmeters sei vernachlässigbar.)

a) Wie groß ist der Durchgriff D der Triode?

b) Wie ändert sich der Anodenstrom, wenn der Widerstand R_a zwischen Null und ∞ variiert wird? (Man zeichne dazu den ungefähren Verlauf der Funktion $I_a = f(R_a)$).

c) Man ermittle den Anodenstrom I_a und die Anodenverlustleistung N_a für $R_a = 0$.

39. Bei einem Magnetron betrage der Abstand zweier benachbarter Schwingräume $L = 0{,}5\,\text{cm}$, der Abstand Anode-Kathode sei $D = 1\,\text{cm}$. (Der Einfachheit halber werde eine ebene Anordnung betrachtet). Das Magnetron soll im „π-mode"-Betrieb zur Erzeugung von Schwingungen der Frequenz $f = 10^9\,\text{Hz}$ verwendet werden.

a) Wie groß muß die mittlere Translationsgeschwindigkeit v_m der Elektronen sein, damit eine Anregung von Schwingungen erfolgen kann?

b) Man leite die Beziehung ab, die zwischen der mittleren Translationsgeschwindigkeit v_m, der elektrischen Feldstärke E und der magnetischen Induktion B besteht.

c) Für die magnetische Induktion $B = 565$ Gauß berechne man die notwendige Anodengleichspannung U_g, den Wert der „Cut-off"-Spannung U_c und den Wirkungsgrad η des Magnetrons.

d) Man schätze ab, wie groß bei den gegebenen Abmessungen und für die geforderte Frequenz der erzeugten Schwingungen die magnetische Induktion B mindestens sein muß, damit das Magnetron überhaupt als Schwingungserzeuger arbeiten kann.

IX. Teilchenströme in Gasentladungsstrecken

40. In einer mit Argon gefüllten Relaisröhre betrage der Abstand zwischen der (als eben angenommenen) Zündelektrode und der (ebenen) Kathode $d = 0,05$ cm. Der sekundäre Townsend-Ionisierungskoeffizient sei $\gamma = 0,175$.

Wie groß muß der Druck in der Relaisröhre sein, damit die Zündspannung höchstens 180 V beträgt?

41. In einer Glimmröhre befinden sich zwei parallele ebene Elektroden im Abstand $d = 0,2$ cm. Der Ionisierungskoeffizient α des Füllgases ist von der Feldstärke E in der Glimmröhre abhängig: $\alpha = 2 \cdot 10^{-4} \cdot E^2$ [1/cm]. Gegeben ist ferner der sekundäre Ionisierungskoeffizient $\gamma = 10^{-6}$ sowie die Townsend-Konstanten des Füllgases: $A = 38$ 1/cm Torr; $B = 118$ V/cm Torr.

a) Man berechne die Zündspannung der Glimmröhre.

b) Welcher Füllgasdruck ist für diese Zündspannung erforderlich?

42. Eine Gasdiode mit zylinderförmigen Elektroden ($r_k = 0,1$ cm; $r_a = 0,6$ cm; $l = 3$ cm) ist mit Argongas (Druck $p = 1$ Torr) gefüllt. Der Ionisierungskoeffizient α ist für $p = 1$ Torr annähernd gegeben durch $\alpha = 4 \cdot r^{-1/3}$ [1/cm] (r in cm).

Die Kathode emittiert eine Elektronenstromdichte von $20\ \mu\text{A/cm}^2$.

a) Man berechne den Stromverstärkungsfaktor und den Anodenstrom der Gasdiode.

b) Wie groß ist der zur Kathode fließende *Ionen*strom?

43. Gegeben ist eine edelgasgefüllte Diode mit ebenen Elektroden (Elektrodenabstand $d = 3$ cm, Füllgas: Argon). Die Kathode emittiert einen thermischen „Dunkelstrom" von $5 \cdot 10^{-14}$ A. Wie groß darf der Druck in der Röhre sein, damit der Anodendunkelstrom den Wert 10^{-13} A nicht überschreitet? (Anodenspannung $U_a = +90$ V).

X. Teilchenströme in Halbleitern

44. a) Wie groß ist das Verhältnis n/p der Elektronenzahl zur Löcherzahl in einem eigenleitenden Silizium-Einkristall? (Begründung!)

b) Wie groß sind die Beweglichkeiten μ_n und μ_p der Elektronen bzw. Löcher in diesem Kristall?

Wie erklärt sich der Unterschied zwischen den beiden Beweglichkeiten?

c) Ein eigenleitender Silizium-Einkristall besitzt z. B. bei Zimmertemperatur einen spezifischen Widerstand $\varrho = 3 \cdot 10^5$ Ωcm. Wie groß ist die Zahl n_i der Elektronen pro cm³, die zur Leitfähigkeit beitragen?

45. In einem p-Germaniumkristall beträgt die Löcherkonzentration $p = 10^{14}$ 1/cm³ und die Elektronenkonzentration $n = 5,7 \cdot 10^{12}$ 1/cm³.

Welche Feldstärke E ist in dem Kristall erforderlich, damit die Stromdichte $j = 10$ mA/cm² beträgt?

46. An einer Germaniumkristallscheibe von 0,2 cm Dicke und 0,4 cm Durchmesser liegt eine Gleichspannung von 20 V, die im Kristall ein homogenes elektrisches

Feld erzeugt (siehe Abb. 1.21). Das Germanium hat bei Zimmertemperatur eine spezifische Leitfähigkeit $\sigma = \sigma_n + \sigma_p = 1/48\ 1/\Omega\mathrm{cm}$ (σ_n, σ_p = durch Elektronen bzw.

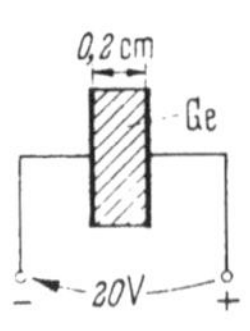

Abb. 1.21

Löcher erzeugte spez. Leitfähigkeit). Die Konzentrationen der Elektronen (n) und Löcher (p) im Kristall sind durch die Beziehung $n \cdot p = n_i^2 = \mathrm{const}$ miteinander verknüpft. ($n_i = 10^{13}\ 1/\mathrm{cm}^3$ bei Zimmertemperatur.)

a) Wie ist die Beweglichkeit der Ladungsträger im Halbleiter definiert und welche Dimension hat sie?

Wie hängt die spez. Leitfähigkeit σ_n bzw. σ_p mit der Beweglichkeit zusammen?

b) Unter dem Einfluß des angelegten Feldes bewegen sich die Löcher mit einer Geschwindigkeit von 1,9 km/sec in Feldrichtung durch den Kristall.

Wie groß ist die Beweglichkeit der Löcher und entsprechend die der Elektronen, wenn diese bei gleichem Feld eine Geschwindigkeit von 3,9 km/sec erreichen?

c) Wie viele Elektronen und Löcher befinden sich pro cm³ im Kristall? Wie ist die Lösung bezüglich der Konzentrationen physikalisch zu interpretieren?

d) Wie groß ist der durch den Kristall fließende Strom?

47. Ein Germanium-Einkristall enthält pro 100 Gramm Germanium 10^{-6} Gramm Antimon (**Sb**). Die Zahl z der Atome, die in einem Gramm eines Stoffes (z. B. **Ge**) enthalten ist, ergibt sich aus: $z = L/\mu$ (Atome/g). Dabei ist $L = 6,02 \cdot 10^{23}$ Atome/Mol (Loschmidtsche Zahl) und μ das Atomgewicht des betreffenden Stoffes: $\mu_{Ge} = 72,6$; $\mu_{Sb} = 121,8$. Gegeben ist ferner das spezifische Gewicht von Germanium: $\gamma_{Ge} = 5,3\ \mathrm{p/cm}^3$.

a) Unter der Voraussetzung, daß alle **Sb**-Atome (und nur diese!) ionisiert sind, ermittle man die Konzentration der Ladungsträger im **Ge**-Kristall. Handelt es sich dabei um Löcher oder um Elektronen?

b) Wie groß ist der spezifische Widerstand des **Ge**-Kristalls?

Kapitel 2: Hochvakuumtechnik und Herstellungsprozesse der Entladungsgeräte

I. Wechselwirkung von Teilchen mit Gasen und Dämpfen

48. Ein Vakuumgefäß mit dem Inhalt $V = 50\ \mathrm{l}$ enthält Argongas bei 10 Torr und 20 C (Atomgewicht von Argon $\mu = 40$; gaskinetischer Wirkungsradius $r = 1,8 \times 10^{-8}$ cm).

Man ermittle

a) die Konzentration n und das Gewicht G des Gases,

b) die wahrscheinlichste Geschwindigkeit v_w der Gasmoleküle.

49. Im Kolben einer Natriumdampflampe befinde sich in ausreichender Menge Natrium und eine Füllung von 0,5 Torr Argon (bei $T = 300\ \mathrm{K}$). Im Betrieb hat die Lampe eine Temperatur von 700 °K.

a) Wie groß werden bei 700 K der Partialdruck des Argons und der Dampfdruck des Natriums? Wie groß wird also bei dieser Temperatur der Totaldruck im Kolben?

b) Um welchen Faktor haben sich die Partialdrucke durch die Temperaturerhöhung geändert? Wie erklärt sich die verschieden starke Zunahme der Partialdrucke der Komponenten mit der Temperatur?

c) Wie groß ist die Teilchenkonzentration im Kolben bei 700 °K?

d) Wie groß ist die mittlere freie Weglänge für Elektronen in der abgeschalteten Lampe (bei $T = 300\,°K$)?

e) Welche Feldstärke ist in der kalten Lampe mindestens erforderlich, damit diese zündet? (Ionisierungsspannung für Argon: 15,7 V.)

f) Welche Bedeutung hat die Dampf- bzw. Gasfüllung für die Funktion der Lampe?

50. In einem Behälter befindet sich Argongas (Atomgewicht von Argon: $\mu = 40$) mit der Konzentration n; die Gasmoleküle haben Maxwellsche Geschwindigkeitsverteilung. Es soll die mittlere Zahl der Gasmoleküle berechnet werden, die pro Sekunde und cm² auf die Wand des Behälters auftreffen.

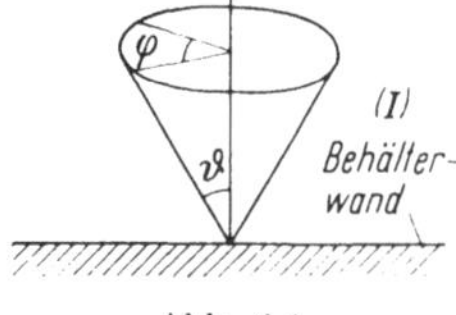

Abb. 2.1

Die Zahl der Stöße pro cm² und Sekunde aus der Richtung ϑ, φ (vgl. Abb. 2.1) ist $n\,(d\omega/4\pi)\,v_m \cos\vartheta$, wobei das Raumwinkelelement $d\omega = d\vartheta \sin\vartheta\,d\varphi$ und v_m die mittlere thermische Geschwindigkeit der Moleküle ist.

a) Durch Integration über ϑ und φ im Raum (I) ermittle man allgemein die Zahl z der Gasmoleküle, die pro Sekunde auf 1 cm² der Behälterwand auftreffen.

b) Wie groß ist z bei $T = 293\,°K$ und $p = 1$ Torr bzw. 10^{-6} Torr?

c) Man gebe allgemein den Zusammenhang zwischen dem Druck p und der Stoßzahl z sowie der Temperatur T an.

51. Gegeben sei eine kreisförmige Öffnung (Durchmesser $2r$ klein gegen die mittlere freie Weglänge) in der Wand eines Vakuumsystems (vgl. Abb. 2.2). Im Vakuumsystem (rechts von der Wand) herrsche der Druck p, außerhalb des Vakuumsystems der Druck p_0, wobei $p < p_0$ und p_0 prop. n_0 bzw. p prop. n ist (n, $n_0 =$ Anzahl der Moleküle pro cm³; $v_m =$ mittlere thermische Molekülgeschwindigkeit).

a) Man gebe die Konzentration n abhängig von p_0, p und n_0 an. (Die Temperatur sei links und rechts von der Wand gleich.)

b) Welcher Bruchteil $\varkappa$ aller Moleküle bewegt sich in jedem Augenblick senkrecht auf die Wand zu?

c) Wie groß ist die Zahl N_0 bzw. N der Moleküle, die im Mittel pro Sekunde und pro cm² von links bzw. rechts senkrecht auf die Wand auftreffen?

d) Wie groß ist die Anzahl A bzw. A_0 der Gasmoleküle, die im Mittel pro Sekunde nach rechts bzw. nach links durch die Öffnung fliegen?

Wie groß ist demnach der resultierende Molekülstrom M (Moleküle/sec) durch die Öffnung nach rechts?

e) Wie groß ist das Gasvolumen (Fördervolumen) F [cm³/sec], das (beim Druck p) pro Sekunde durch die Öffnung in das Vakuumsystem einströmt?

52. In einer mit Helium gefüllten Gasentladungsröhre bewegen sich Elektronen vom Heizfaden zur Anode. Die mittlere freie Weglänge eines Elektrons im Helium sei 4 cm. Der Abstand zwischen Heizfaden und Anode sei 2 cm.

Man ermittle den Bruchteil der vom Heizfaden emittierten Elektronen, die wenigstens einmal mit Heliumatomen zusammenstoßen, bevor sie die Anode erreichen.

Wie groß ist der Druck in der Gasentladungsröhre bei Zimmertemperatur?

53. Die mittlere freie Weglänge der Luftmoleküle in einer Entladungsröhre soll $\lambda_g \sim 10\,d$ sein ($d =$ Elektrodenabstand), damit sich in der Röhre ein axialer Elektronenstrahl „optisch" ausbreiten kann.

Welchen Elektrodenabstand darf daher eine „plane" Diode bei Zimmertemperatur höchstens haben, damit diese Bedingung bei einem Gasdruck (Luft) von 10^{-4} Torr erfüllt ist?

54. Ein Röhrenglaskolben mit einem Volumen $V = 1\ l$ enthält Stickstoff bei einem Druck $p_0 = 10$ Torr und einer Temperatur $T = 293\,°K$.

a) Wie groß ist der mittlere Abstand d_m [cm] zweier benachbarter Stickstoffmoleküle?

b) Wie oft stößt ein Molekül in der Sekunde mit Nachbarmolekülen zusammen?

c) Wie viele Moleküle W treffen pro Sekunde auf die Kathode auf? (Kathodenfläche $F = 3\ cm^2$.)

II. Wechselwirkung von Elektronen mit Festkörpern

55. Ein 30 keV-Elektronenstrahl verliere beim Durchdringen einer Kupferfolie (Dichte 8,9 g/cm³) 20% seiner Energie.

a) Man ermittle die Dicke der Folie.

b) Wie dick müßte die Folie sein, damit der Elektronenstrahl vollständig absorbiert wird?

III. Entgasungs- und Getterprozesse

56. An der 65 cm² großen Innenwand eines Rundfunkröhren-Glaskolbens (Volumen $V = 40\ cm^3$) haftet eine lückenlose monomolekulare Schicht von Stickstoffmolekülen (Molekülradius $r = 1,9 \cdot 10^{-8}$ cm). Jedes Stickstoffmolekül bedeckt dabei eine Fläche $f \approx r^2\pi$. Bei Zimmertemperatur (300°K) herrscht im Röhrenkolben der Druck $p_0 = 10^{-5}$ Torr.

a) Wie viele Moleküle N_1 haften an der Kolbenwand und wie viele Moleküle N_2 befinden sich bei Zimmertemperatur im freien Gasraum?

Wie groß ist das Verhältnis N_1/N_2?

b) Auf welchen Wert p_1 erhöht sich der Druck p_0, wenn infolge Erhitzung des Röhrenkolbens während des Betriebs und nachfolgender Abkühlung auf Zimmertemperatur 50% der an der Glaswand haftenden Moleküle in den freien Gasraum gelangen?

c) Auf welche verschiedenen Weisen wird bei der Rundfunkröhrenfertigung dafür gesorgt, daß solche unerwünschten Druckänderungen während der Lebensdauer der Röhren nicht auftreten?

IV. Vakuummeßtechnik und -meßgeräte

57. In einem Omegatron, das an einen stickstoffgefüllten Rezipienten angeschlossen ist, herrsche der Druck p. Das Magnetfeld und der Elektronenstrahl verlaufen parallel zur y-Achse (vgl. Abb. 2.3). Die Elektronen erzeugen längs der von ihnen durchlaufenen Wegstrecke l durch Stoßionisation einfach geladene positive Stickstoffionen, die einen Ionenstrom i_0^- ergeben; die spezifische Ionisierung sei dabei s_0 (Ionenpaare/cm Torr) $=$ const.

a) Man gebe den Ionenstrom i_0^- (bzw. die pro Sekunde entstehende Ionenzahl N_0) in Abhängigkeit vom Elektronenstrom i^- (bzw. der Zahl N^- der Elektronen, die pro Sekunde den Ionisierungsraum durchfliegen) sowie von s_0, p und l an.

b) Wird an das parallel zur x-y-Ebene liegende Plattenpaar P_1P_2 eine Wechselspannung gelegt, so durchlaufen die Ionen — ausgehend vom Elektronenstrahl — eine bestimmte Bahn. Man skizziere die Projektion dieser Bahn auf die x-y- und die x-z-Ebene.

(Annahme: Die Ionen haben keine Geschwindigkeitskomponente in Richtung der y-Achse.)

c) Der Weg, den die Ionen auf ihrer Bahn vom Elektronenstrahl bis zum Auffänger A zurücklegen, sei L. Auf dieser Wegstrecke geht ein Teil der Ionen durch Zusammenstöße mit neutralen Gasmolekülen verloren.

Wie viele Ionen N^+ gelangen demnach pro Sekunde zum Auffänger A, wenn am Beginn der Strecke L pro Sekunde N_0 Ionen starten? Wie groß ist demnach der Ionenstrom $i^+ = f(i^-, s_0, p, l, L, \lambda)$? ($\lambda(p) =$ mittlere freie Weglänge der Stickstoffionen.)

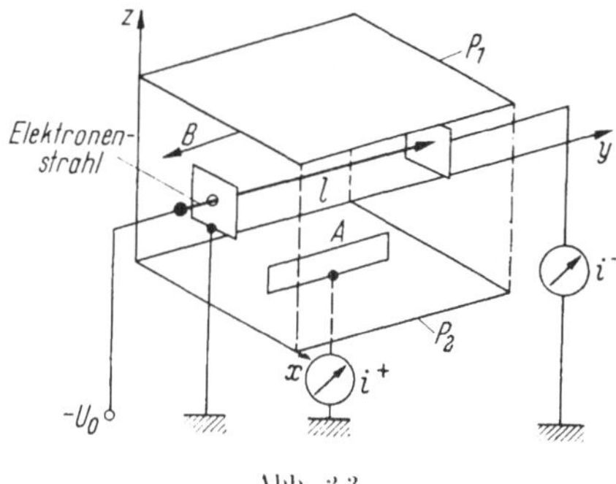

Abb. 2.3

d) Wie lautet der Zusammenhang zwischen dem Ionenstrom i^+ und dem Druck p im Rezipienten?

Man skizziere den Verlauf der Funktion $i^+ = f(p)$.

e) Für die Zahlenwerte $i^- = 30\,\mu\text{A}$, $s_0 = 10$ (Trägerpaare/cm Torr), $p = 10^{-8}$ Torr, $l = 1$ cm, $L = 10$ cm und $T = 300\,°\text{K}$ ermittle man die Größe des Ionenstromes i^+.

Anhand des gewonnenen Ergebnisses schätze man ab, welchen Druck $p_{\min}$ man mit dem betrachteten Omegatron gerade noch messen kann, wenn das Instrument i^+ einen minimalen Strom von 10^{-13} A zu messen gestattet.

58. Man zeichne die quadratische Skala eines Kompressionsmanometers, bei dem das Kompressionsvolumen 100 cm³, der Kapillarquerschnitt 1 mm² und die Kapillarlänge 10 cm beträgt. Hierzu gebe man die Eichpunkte für 10^{-1}, $5 \cdot 10^{-2}$, 10^{-2}, $5 \cdot 10^{-3}$, 10^{-3}, 10^{-4} und 10^{-5} Torr an.

V. Vakuumpumpen

59. Eine Drehschieberpumpe habe folgende Daten: Durchmesser des umlaufenden Metallzylinders $D = 6$ cm, nutzbare Länge dieses Zylinders $L = 8$ cm; Drehzahl $n = 400$ min⁻¹; Durchmesser des zylindrischen Pumpraumes $D_a = 9$ cm; Länge des Pumpraumes $L = 8$ cm. Das Volumen des Drehschiebers sei vernachlässigbar.

Man berechne das stündliche Fördervolumen F_p [m³/h] der Pumpe.

60. In einer Ionenpumpe mit zwei kalten Kathoden fließt bei einem Elektronenstrom $i^- = 10$ mA und einem Druck $p = 10^{-8}$ Torr ein Ionenstrom $i^+ = 10^{-9}$ A. Die Funktion $i^+ = f(p)$ verläuft linear: $i^+ = c \cdot p$.

a) Wie groß ist der gemessene Ionenstrom i_k bei dem Druck $p_k = 10^{-k}$ Torr? ($k = 3 \ldots 10$.)

b) Wie viele Moleküle N werden beim Druck $p = 10^{-8}$ Torr pro Sekunde in der Ionenpumpe aufgezehrt?

(Es sei angenommen, daß jedes von einem Elektron erzeugte Ion vom Auffänger „aufgezehrt" wird.)

c) Wie groß ist die Gaskonzentration n bei 10^{-8} Torr und $T = 300\,°\text{K}$?

d) Welches Fördervolumen F [l/min] ergibt sich demnach für die Ionenpumpe bei 10^{-8} Torr?

VI. Hochvakuumanlagen

61. Gegeben ist eine Vakuumleitung mit kreisförmigem Querschnitt (vgl. Abb. 2.4). Die Drucke p_1 und p_2 seien jeweils kleiner als 10^{-3} Torr ($T = 293\,°\text{K}$).

a) Man berechne den Gesamtwiderstand und den Gesamtleitwert der Vakuumleitung für Luft ($\mu = 29$).

b) An die Vakuumleitung ist bei (2) ein Rezipient und bei (1) eine Öldiffusionspumpe angeschlossen, die bei 10^{-4} Torr eine Saugleistung $S = 0,01$ Torr l/sec hat. Wie groß ist (bei $p_1 = 10^{-4}$ Torr) das wirksame Fördervolumen F_2 am Ende der Vakuumleitung bei (2)?

c) Um wieviel % wird demnach das Fördervolumen der Pumpe durch die davorgeschaltete Vakuumleitung herabgesetzt?

d) Wie groß ist der Gütegrad der Pumpanlage?

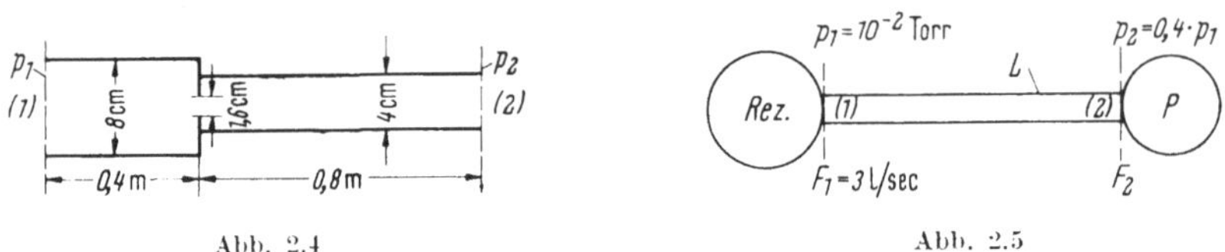

Abb. 2.4　　　　　　　　　　　　　　Abb. 2.5

62. Im skizzierten Vakuumsystem (vgl. Abb. 2.5) wird der Druck $p_1 = 10^{-2}$ Torr durch die Vakuumleitung L auf $p_2 = 0,4\,p_1$ Torr erniedrigt. Das Fördervolumen bei (1) ist $F_1 = 3$ l/sec.

Wie groß ist das Fördervolumen F_2 [l/sec] der Pumpe? Wie groß ist der Widerstand W der Vakuumleitung?

63. Zur Evakuierung eines Rezipienten vom Volumen V werde an diesen eine Pumpe angeschlossen, deren Fördervolumen F_p in folgender Weise druckabhängig sei:

$$F_p = F_o - \frac{C}{p^{1/2}}\ [\text{m}^3/\text{h}];$$

F_o = Fördervolumen bei $p_0 = 760$ Torr,
C = Konstante (von der verwendeten Pumpenart abhängig). Der Grenzdruck p_g der Pumpe sei vernachlässigbar.

a) Man berechne allgemein die Zeit t_1, welche erforderlich ist, um im Rezipienten den Druck p_0 auf den Wert p_1 zu erniedrigen.

b) Man gebe allgemein den Verlauf des Druckes p im Rezipienten in Abhängigkeit von der Zeit t an.

c) Nach welcher Zeit ist im Rezipienten der Druck von 760 auf 1 Torr abgesunken, wenn zur Zeit $t = 0$ der Druck 760 Torr betrug?

$$V = 400\ \text{l};\ F_o = 20\ \text{m}^3/\text{h};\ C = 10\ \frac{\text{m}^3\ \text{Torr}^{1/2}}{\text{h}}.$$

64. Eine Drehkolbenpumpe hat ein konstantes Fördervolumen $F_p = 40\ \text{m}^3/\text{h}$ und ein Endvakuum von 10^{-2} Torr.

a) Man ermittle die Zeit t_a [min], in der ein direkt an die Pumpe angeschlossener Rezipient mit 500 Liter Inhalt von 750 Torr auf $3 \cdot 10^{-2}$ Torr evakuiert wird.

b) Man berechne die Pumpzeit t_b [min], in der der Druck von 750 auf $3 \cdot 10^{-2}$ Torr sinkt, wenn zwischen Pumpe und Rezipient eine Rohrleitung mit einem konstanten Strömungswiderstand $W = 10^{-4}$ sec/cm^3 angeordnet ist.

c) Der Rezipient besitze nun ein Leck, dem ein konstantes „Fördervolumen" von 400 cm³/sec entspricht. Die Anordnung ist sonst die gleiche wie in Frage b).

Um wieviel Prozent ändert sich die Pumpzeit gegenüber derjenigen von Frage b)?

65. Bei der Evakuierung eines Bildröhrenkolbens mit dem Volumen V und dem Anfangsdruck p_0 wurde die zeitliche Druckabnahme $p = f(t)$ im Röhrenkolben gemessen:

t	0	0,25	0,5	1	2	4	8	12	16	20	30	40	min
p	740	200	60	15	3	0,8	0,3	0,18	0,1	0,07	0,04	0,03	Torr

Der Grenzdruck der am Kolben angeschlossenen Pumpe ist $p_g = 0{,}02$ Torr; $V = 9000$ cm³.

a) Man zeichne den ungefähren Verlauf der Fördervolumen-Charakteristik $F_p = f(p)$ (Fördervolumen [l/min] als Funktion des Druckes [Torr] im Röhrenkolben).

Man gebe insbesondere das Fördervolumen [l/min] der Pumpe für die Drucke $p = 60$ Torr, 0,8 Torr und 0,07 Torr an.

b) Man gebe ein geeignetes Manometer an, das zur Druckkontrolle während des Pumpens verwendet werden kann.

66. Der Glaskolben nach Aufg. 54 wird über eine Vakuumleitung mit konstantem Strömungswiderstand W an eine Diffusionspumpe angeschlossen und auf 10^{-3} Torr evakuiert.

a) Wie groß darf der Strömungswidersand W [sec/cm³] der Vakuumleitung höchstens sein, damit die Pumpzeit nicht mehr als 10 Minuten beträgt?

(Fördervolumen der Pumpe 0,1 l/sec = const, Grenzdruck $p_g = 4 \cdot 10^{-4}$ Torr.)

b) Welche mechanische Arbeit A [Wsec] wird von der Pumpe am Saugstutzen während der Pumpzeit geleistet, wenn der Druck dort nach der Gleichung $p = p_g + p_0 e^{-t/10}$ [Torr] (t in sec) abnimmt?

67. Ein Elektronenstrahlgenerator zur Erzeugung eines Elektronenstrahls in Außenluft enthalte zwei Vakuumkammern mit den Drucken p_0 bzw. p_1 (vgl. Abb. 2.6). Zwei kreisförmige Öffnungen (1) und (2) trennen die Vakuumkammern voneinander bzw. von der Außenluft (Druck p_2). An die innere Vakuumkammer (Hochvakuumkammer, Druck p_0) sei die Hochvakuumpumpe (*HP*) direkt angeschlossen. Die andere Vakuumkammer ist über eine Saugleitung mit dem Strömungswiderstand W' [sec/cm³] an die Saugseite der Vorpumpe (*VP*) mit dem Vorvakuumdruck p_v angeschlossen. Außer den Strömungswiderständen W_1 und W_2 der beiden Öffnungen (1) und (2) und dem Widerstand W' sollen keine weiteren Strömungswiderstände vorhanden sein. Lecks und im Innern der Vakuumkammern entstehende Gase sind zu vernachlässigen. Alle Überlegungen sollen sich auf den stationären Fall nach sehr langer Pumpzeit beziehen.

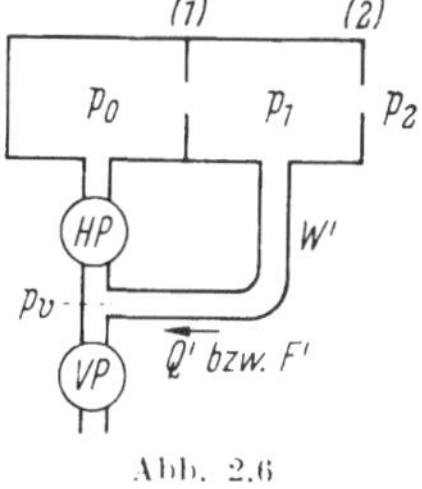

Abb. 2.6

Vorgegeben sind:

Außendruck	$p_2 = 760$ Torr (1 Torr $= 1{,}33 \cdot 10^3$ dyn/cm²)
Innendruck	$p_0 = 10^{-4}$ Torr
Vorvakuumdruck	$p_v = 5$ Torr
Widerstand der Öffnung (2)	$W_2 = 0{,}02$ sec/cm³
Radius der Öffnung (1)	$r_1 = 0{,}2$ mm
Wandstärke der Öffnung (1)	$d_1 \approx 0$ (Öffnung in dünner Wand)
Molekulargewicht der Luft $\mu = 29$; Temperatur $T = 293$ K.	

a) Man berechne den Strömungswiderstand W_1 [sec/cm³]. (Annahme: $\lambda_g \gg 2\,r_1$.)

b) Unter der Voraussetzung $W' = 0$ berechne man die Förderleistungen Q_h [erg/sec] der Hochvakuumpumpe (HP), Q_v [erg/sec] der Vorpumpe (VP), die Fördervolumina F_h [cm³/sec] der Hochvakuumpumpe und F_v [cm³/sec] der Vorpumpe sowie das Fördervolumen F_2 [cm³/sec] der Öffnung (2) auf der Außenluftseite.

c) Man berechne denjenigen Wert von W', für welchen $p_1 = 30$ Torr beträgt und bestimmte für diesen Fall die neuen Werte aus Frage b).

d) Welche Pumpenart wäre als Hochvakuum- bzw. Vorpumpe für den Fall der Frage b) geeignet?

Aufgaben zu Band II: Stromsteuernde und elektronenoptische Entladungsgeräte

Kapitel 1: Stromsteuernde Hochvakuum-, Gas- und Festkörper-Entladungsgeräte [1]

I. Hochvakuumdioden und ihre Entladungsformen

68. a) Auf welchen Wert muß die Austrittsarbeit einer Wolframkathode durch ein äußeres elektrisches Beschleunigungsfeld reduziert werden, damit man bei einer Temperatur von 2500 °K eine Emissionsstromdichte von 20 A/cm² erhält?

b) Welche Feldstärke ist dazu erforderlich?

69. Eine Vakuumdiode hat als Kathode einen Wolframdraht (Radius $r_k = 0,5$ mm, Länge $l = 4$ cm), der von einer zylinderförmigen Anode umgeben ist ($r_a = 2$ cm). Die Austrittsgeschwindigkeit der Elektronen an der Kathode sei vernachlässigt.

a) Wie groß ist der Emissionsstrom der Diode bei einer Kathodentemperatur $T = 2500$ °K, wenn die Anodenspannung Null ist?

b) Wie groß müßte die Anodenspannung gewählt werden, damit der Sättigungsstrom 1 A beträgt ($T = 2500$ °K)?

Um wieviel Prozent wird dabei die Austrittsarbeit der Wolframkathode vermindert?

70. Eine Diode mit zylinderförmigen Elektroden hat eine Kathode mit 0,08 cm Radius und 2 cm Länge. Der Radius der konzentrischen Anode beträgt 0,32 cm.

Die Kathode emittiert bei der Temperatur $T = 1700$ °K einen Strom von 50 mA, bei $T = 1400$ °K einen Strom von 0,5 mA. (Die Austrittsgeschwindigkeit der Elektronen sei vernachlässigt.)

a) Wie groß ist die Austrittsarbeit der Kathode?

b) Man berechne den raumladungsbegrenzten Anodenstrom für die Anodenspannungen $U_a = 30$ V bzw. $U_a = 5$ V ($T = 1700$ °K).

71. An zwei planparallelen Elektroden (Abstand $d = 1,5$ cm) liegt eine Spannung von 300 V. In dem Raum zwischen den Elektroden sei die Raumladungsdichte konstant und gerade so groß, daß der Potentialgradient an der negativen Elektrode den Wert Null hat.

---

[1] Die zu den Übungsaufgaben zu Kapitel 1 des zweiten Bandes gehörenden Abbildungen wurden jeweils mit der Ziffer 3 bezeichnet.

Man ermittle zahlenmäßig:

a) die Raumladungsdichte ϱ,

b) die Elektronenkonzentration n,

c) die Größe des Potentialgradienten an der positiven Elektrode,

d) die Oberflächenladungsdichte σ auf der positiven Elektrode,

e) die Raumladung Q (Coulomb) im Volumen eines Quaders, der von einer Elektrode zur anderen reicht und 1 cm² Querschnitt hat,

f) die Beschleunigung, die ein Elektron in der Mitte zwischen den beiden Elektroden erfährt.

72. Gegeben sind zwei konzentrische Zylinder mit den Radien r_1 und r_2 und den Potentialen U_1 und U_2 (vgl. Abb. 3.1). Der Raum zwischen den Zylindern ist raumladungsfrei.

$$U_2 - U_1 = U_a = 360 \text{ V};$$
$$r_1 = 0{,}04 \text{ cm}, \ r_2 = 0{,}6 \text{ cm}.$$

Man ermittle:

a) die elektrische Ladung Q_1 (pro cm Achsenlänge) auf dem Innenzylinder (1),

b) die Oberflächenladungsdichten σ_1 und σ_2 auf dem Innen- und Außenzylinder,

c) den Potentialgradienten am Innen- bzw. Außenzylinder,

man zeichne:

d) den Potentialverlauf $U(r)$ zwischen den beiden Zylindern.

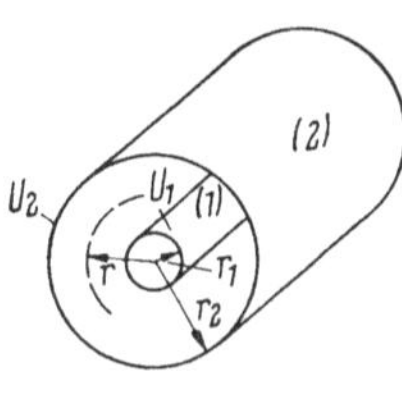

Abb. 3.1

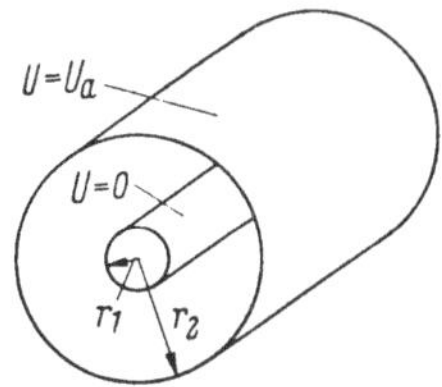

Abb. 3.2

73. Zwischen den konzentrischen zylinderförmigen Elektroden einer Hochvakuumdiode (vgl. Abb. 3.2) besteht eine konstante Raumladungsdichte ϱ, die bewirkt, daß der Potentialgradient an der Innenelektrode gerade Null wird: $(dU/dr)_{r_1} = 0$. Das Potential der Innenelekrode sei $(U)_{r_1} = 0$, das Potential der Außenelektrode $(U)_{r_2} = U_a$.

Man berechne den allgemeinen Ausdruck für den Potentialverlauf $U = f(r)$ zwischen den beiden Elektroden.

74. Eine Hochvakuumdiode hat als Kathode einen Wolframdraht mit einem Radius $r_k = 0{,}08$ cm und der Länge $l = 4$ cm. Die Anode ist ein konzentrischer Zylinder mit dem Radius $r_a = 0{,}8$ cm. Die Emissionsstromdichte der Kathode beträgt $j_s = 500$ mA/cm². Die Anodenspannung ist $U_a = 200$ V. Der Potentialverlauf in der Röhre ist angenähert gegeben durch $U(r) = (r/r_a)^{2/3} U_a$. (Die Geschwindigkeit der Elektronen beim Austritt aus der Kathode sei vernachlässigbar klein.)

a) Wie viele Elektronen N verlassen pro Sekunde die Kathode?

b) Aus der Poisson-Gleichung ermittle man den allgemeinen Ausdruck für die Raumladungsdichte $\varrho = f(r)$ und skizziere den Kurvenverlauf. In das gleiche Bild zeichne man auch den Verlauf der Elektronengeschwindigkeit $v = f(r)$.

c) Wie groß ist die Raumladungsdichte ϱ_a [As/cm³], die Elektronenkonzentration n_a [1/cm³] und die Feldstärke E_a [V/cm] an der Anode?

75. Ein Wolframdraht mit dem Radius $r_k = 0,5$ mm und 5 cm Länge ist die Kathode einer Hochvakuumdiode. Die Kathode wird von einer konzentrischen Anode (Radius $r_a = 1,2$ cm) umgeben. Die Austrittsgeschwindigkeit der Elektronen aus der Kathode sei vernachlässigt.

a) Für eine Anodenspannung von 100 V berechne man den raumladungsbegrenzten Anodenstrom.

b) Man ermittle das Potential U, den Potentialgradienten dU/dr, die Elektronengeschwindigkeit v und die Raumladungsdichte ϱ an der Stelle $r = 4\,r_k$ ($U_a = 100$ V).

76. Mit einer Röntgenröhre mit Drehanode ($I_a = 4$ mA) sollen Röntgenstrahlen (Wellenlängenbereich $0,1 < \lambda < 10$ Å) erzeugt werden, die durch ein 2 mm dickes Berylliumfenster (Absorptionskoeffizient 0,3 1/cm) aus der Röhre austreten. Die Anode der Röhre besteht aus Wolfram.

a) Man berechne die gesamte in der Röhre entstehende Röntgenstrahlleistung [Watt]. Welcher Anteil dieser Leistung steht außerhalb des Berylliumfensters zur Verfügung? (Konstante $C = 1 \cdot 10^{-9}$ 1/V).

b) Welche Anforderungen werden vor allem an die Anode hinsichtlich der Betriebssicherheit der Röhre gestellt?

77. Gegeben ist eine Gleichstromverstärkerschaltung, an deren Eingang eine an Spannung liegende Photozelle Z angeschlossen ist (vgl. Abb. 3.3). Mit Hilfe dieser Anordnung sollen die Schwankungen eines auf die Photozellenkathode auftreffenden Lichtflusses L in elektrische Spannungsschwankungen U_R umgeformt werden.

Die Photozelle hat eine spannungsunabhängige Empfindlichkeit von 25 μA/ Lumen; der auf die Photokathode auftreffende Lichtfluß betägt $L = 0,06$ Lumen.

Für die in der Schaltung verwendete Triode bestehe (bei der Gitterspannung $U_g = 0$) folgender Zusammenhang zwischen U_a und I_a:

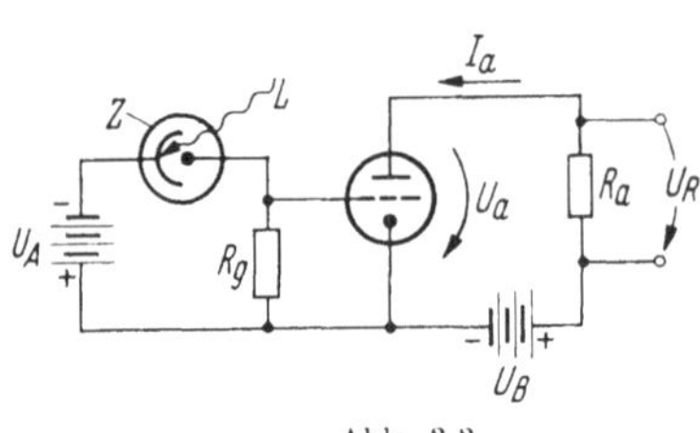

Abb. 3.3

U_a	0	10	20	30	40	50	60	80	V
I_a	0	1,0	2,8	5,2	8,0	11,2	14,7	22,6	mA

Gegeben sind ferner:

Durchgriff $D = 0,1$; $R_g = 2$ MΩ; $R_a = 10$ kΩ; $U_A = 80$ V; $U_B = 150$ V.

Man ermittle:

a) die bei Beleuchtung der Photozelle am Gitter der Triode sich einstellende Gleichspannung U_g,

b) die dabei am Ausgang des Verstärkers auftretende Gleichspannung U_R,

c) den Betrag der Stromänderung [mA] im Widerstand R_a, wenn der Lichtfluß L von 0,06 Lumen auf 0,1 Lumen erhöht wird, und

d) den Stromverstärkungsfaktor v_i der Verstärkerschaltung.

II. Gasgefüllte Dioden und ihre Entladungsformen

78. Die ebene Kathode einer mit Helium (Gasdruck $p = 0,5$ Torr) gefüllten Photozelle wird mit monochromatischem Licht bestrahlt. Dabei wird von der Kathode ein Photoelektronenstrom von 2 μA emittiert.

Anodenspannung: $U_a = 40$ V; Abstand Kathode—Anode: $d = 0,8$ cm.

Townsend-Konstanten für **He**: $A = 3 \, \dfrac{1}{\text{Torr cm}}$, $B = 34 \, \dfrac{V}{\text{cm Torr}}$.

a) Wie groß ist der Stromverstärkungsfaktor der Photozelle?

b) Wie groß ist der Strom an der Anode?

c) Man skizziere den ungefähren Verlauf des Anodenstroms in Abhängigkeit vom Gasdruck in der Photozelle. Bei welchem Druck erreicht der Anodenstrom einen Maximalwert und wie groß ist dieser?

d) Wie verläuft im Prinzip die I_a-U_a-Kennlinie dieser Photozelle (Skizze)? Wie ändert sich der Kennlinienverlauf, wenn die Photozelle auf 10^{-6} Torr evakuiert wird (Skizze)? Wodurch erklärt sich der Unterschied?

79. In einer mit Helium (Druck $p = 5$ Torr) gefüllten Glimmentladungsröhre beträgt der Abstand zwischen den (ebenen) Elektroden $d = 0,4$ cm. Die Kathode der Röhre emittiert einen Elektronenstrom $I_0 = 10$ mA. Der sekundäre Townsend-Ionisierungskoeffizient des Füllgases beträgt $\gamma = 0,05$.

Die Röhre werde in der skizzierten Schaltung (Abb. 3.4) betrieben.

Wie groß ist der im Widerstand $R = 2\,k\Omega$ fließende Strom I und die erforderliche Betriebsspannung U_B, wenn die Spannung an der Röhre $U = 40$ V beträgt?

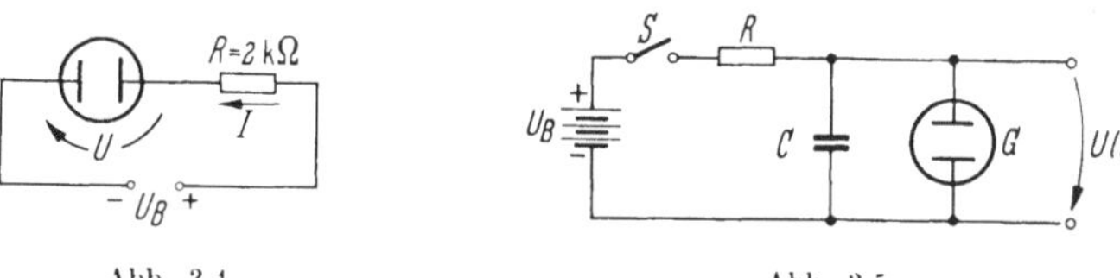

Abb. 3.4   Abb. 3.5

80. Gegeben ist die skizzierte Schaltung (Abb. 3.5) mit der Kaltkathoden-Glimmröhre G, dem Widerstand R, dem Kondensator C und der Batterie (Spannung U_B).

Die Glimmröhre G hat die Zündspannung U_z und die Löschspannung U_l ($U_l < U_z$; $U_z < U_B$).

Im gezündeten Zustand habe die Röhre den Widerstand Null.

Der Schalter S wird zur Zeit $t = 0$ geschlossen.

a) Man skizziere den zeitlichen Verlauf der Ausgangsspannung $U(t)$.

b) Man ermittle allgemein die Periodendauer T[sec] und die Frequenz f[Hz], mit der die Ausgangsspannung $U(t)$ schwankt.

Wie groß ist die Frequenz für $U_B = 300$ V, $U_z = 170$ V, $U_l = 0$ V, $R = 2\,k\Omega$ und $C = 1\,\mu$F?

c) Man beschreibe kurz die Vorgänge, die sich während einer Periode der Ausgangsspannung $U(t)$ in der Glimmröhre abspielen.

81. Eine Ionisationskammer mit dem Volumen $V = 600$ cm³, dem Druck $p = 3 \cdot 10^3$ Torr und planparallelen Elektroden ist in der gezeichneten Weise mit einer Elektrometerröhre verbunden (vgl. Abb. 3.6).

Die Ionisationskammer wird bei 27 °C durch eine γ-Strahlenquelle mit einer Dosisleistung von 10 mr/h

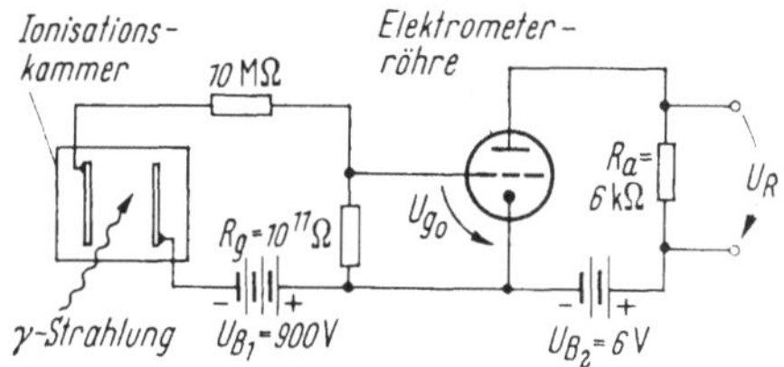

Abb. 3.6

bestrahlt. Die I_a-U_a-Kennliniengleichung der Elektrometerröhre lautet: $I_a = K(U_g + D U_a)^{3/2}$ $(D = 10\%)$; bei $I_a = 150\,\mu A$ beträgt die Steilheit der Elektrometerröhre $S = 1\,\text{mA/V}$.

a) Wie groß ist die Gleichspannung U_{g0} am Gitter der Elektrometerröhre

α) ohne Bestrahlung der Ionisationskammer,

β) bei Bestrahlung der Ionisationskammer?

b) Wie groß wird in den Fällen a) α) und β) die Ausgangsspannung U_R am Widerstand R_a?

c) Um welchen Betrag muß die Dosisleistung der Strahlenquelle erhöht (erniedrigt) werden, damit der Anodenstrom I_a (und damit die Ausgangsspannung U_R) Null wird?

Anmerkung: Zur Beantwortung von Frage b) zeichne man das I_a-U_a-Kennlinienfeld der Elektrometerröhre.

III. Hochvakuumtrioden

82. Die Dimensionen einer Hochvakuumtriode mit ebenem Elektrodensystem sind (vgl. Abb. 3.7):

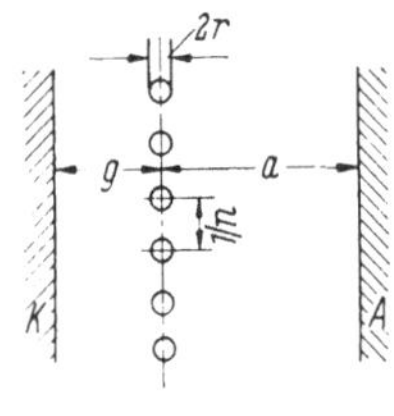

$g = 0,08$ cm; $a = 0,16$ cm; $2\pi n r = 0,12$, $n = 10\,\text{cm}^{-1}$; Kathodenfläche $F = 2\,\text{cm}^2$.

Man ermittle:

a) Die „Stern"-Kapazitäten C_a, C_g und C_k;

b) die Eingangskapazität C_{kg}, die Gitter-Anodenkapazität C_{ga} sowie die Ausgangskapazität C_{ka};

c) den Durchgriff D.

Für $U_a = 250$ V und $U_g = -15$ V ermittle man

d) die Steuerspannung U_{st} und

Abb. 3.7

e) den genauen Potentialverlauf in einer Gitterstabebene sowie in einer Ebene zwischen zwei Gitterstäben (Skizze).

83. Gegeben ist eine Hochvakuumtriode mit der Kennliniengleichung $I_a = K_1(U_g + D_1 U_a)^{3/2}$.

a) Bei konstant gehaltener Gitterspannung U_g wird durch Änderung der Anodenspannung U_a der Anodenstrom I_a von 8 mA auf 1 mA herabgesetzt. Um welchen Faktor m ändert sich dabei der (dynamische) Innenwiderstand R_{i1} der Triode?

b) Der gegebenen Triode (Innenwiderstand R_{i1}, Steilheit S_1 im Arbeitspunkt) wird eine zweite mit anderen Kenndaten (R_{i2}, S_2) parallelgeschaltet.

Man skizziere die Parallelschaltung und ermittle den Innenwiderstand R_i und die Steilheit S dieser Röhrenkombination.

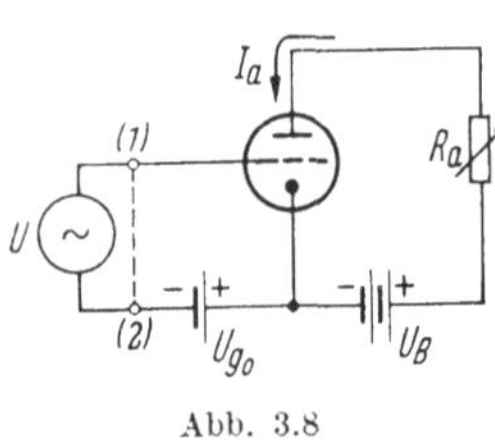

84. Eine Triode mit der Kennliniengleichung $I_a = K(U_g + D U_a)^{3/2}$ wird in der gezeichneten Schaltung betrieben (vgl. Abb. 3.8).

Gegeben sind:

$K = 1\,\dfrac{\text{mA}}{\text{V}^{3/2}}$ (Raumladungskonstante),

$\mu = \text{const} = 24$ (Verstärkungsfaktor für $R_a \to \infty$),

$R_i = 8\,\text{k}\Omega$ (Innenwiderstand im Arbeitspunkt),

$U_{g0} = 4$ V.

Abb. 3.8

Die Wechselspannungsquelle an den Klemmen (1) und (2) sei zunächst kurzgeschlossen:

a) Man ermittle die Steilheit S der Röhre im Arbeitspunkt.

b) Welcher Zusammenhang $I_a = f(S)$ besteht zwischen dem Anodenstrom I_a und der Steilheit S der Röhre?

An die Klemmen (1) und (2) wird jetzt die Wechselspannungsquelle angeschlossen, die eine Spannung $U = U_w \sin \omega t$ liefert ($U_w = 2$ V):

c) Für die beiden Fälle $R_a = 0$ und $R_a \to \infty$ ermittle man jeweils die Grenzen, zwischen denen der Anodenstrom I_a infolge der Aussteuerung schwankt. (Arbeitspunkt wie unter a)). Welche Batteriespannung U_B wäre in jedem der beiden Fälle erforderlich?

85. Eine Triode wird in der gezeichneten Verstärkerschaltung (Abb. 3.9) mit Kathodengegenkopplung betrieben. (Die Gleichspannungsversorgung ist der Einfachheit halber in der Zeichnung weggelassen.) Gegeben sind der Durchgriff D und die Steilheit S der Triode im Arbeitspunkt. Am Verstärkereingang liegt eine kleine Steuerwechselspannung U_w.

a) Man berechne allgemein die Spannungsverstärkung $v = U_R/U_w$.

b) Man ermittle allgemein das Verhältnis $v_k = U_k/U_w$.

Für den Fall $R_a = 0$ geht die obige Schaltung in die sog. Anodenbasisschaltung („Kathodenfolger") über.

c) Wie lautet nach b) die Spannungsverstärkung $v_k = U_k/U_w$ für die Anodenbasisschaltung?

d) Man berechne als Maß für die Leistungsverstärkung dieser Schaltung den Ausdruck N_R/U_w^2, wobei N_R die in R_k erzeugte Wechselstromleistung ist.

e) Welcher Wert von R_k ergibt optimale Leistungsverstärkung? Wie groß ist demnach $(N_R/U_w^2)_{\text{opt}}$?

f) Man gebe für die unter c), d) und e) berechneten Größen die Zahlenwerte an, wenn gegeben sind: $S = 5$ mA/V; $D = 0{,}1$; $R_k = 200\ \Omega$;

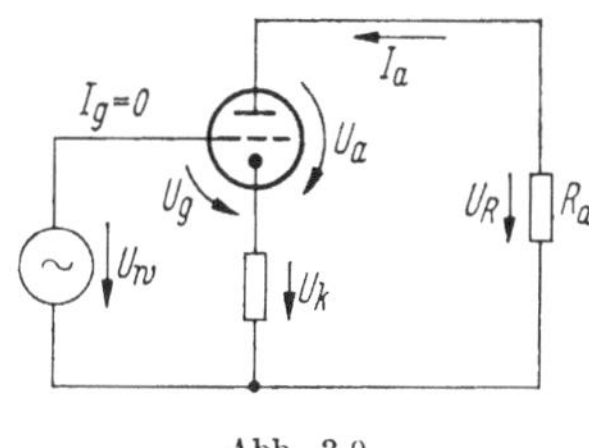

Abb. 3.9

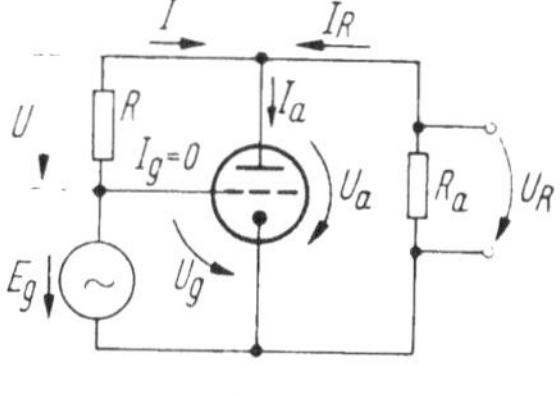

Abb. 3.10

86. Eine Triode wird in der gezeichneten Schaltung (Abb. 3.10) betrieben. (Die Gleichspannungsquellen sind der Einfachheit halber weggelassen; der Gitterstrom der Röhre ist Null: $I_g = 0$; die angegebenen Spannungen sind kleine Wechselspannungen.)

Gegeben sind die Steilheit der Röhre im Arbeitspunkt $S = 5$ mA/V und der Durchgriff $D = 6\%$, $R_a = 18$ kΩ.

a) Man berechne allgemein die Spannungsverstärkung $v = U_R/E_g$.

b) Welcher Wert von R ergibt maximale bzw. minimale Verstärkung? Wie groß sind die zugehörigen Verstärkungsfaktoren $v_{\max}$ und $v_{\min}$?

87. Eine Triode wird in der gezeichneten Gitterbasisschaltung (Abb. 3.11) betrieben. (Die Gleichspannungsquellen sind der Einfachheit halber weggelassen; der Gitterstrom der Röhre ist Null: $I_g = 0$; die angegebenen Spannungen sind kleine Wechselspannungen.)

a) Man berechne den allgemeinen Ausdruck für die Spannungsverstärkung $v_u = U_2/U_1$,

b) Für welchen Wert von R_k wird die Spannungsverstärkung v_u ein Maximum?

c) Man ermittle allgemein die Leistungsverstärkung $v_n = N_2/N_1$. (N_2 = die am Widerstand R entstehende Ausgangsleistung; N_1 = die von der Wechselspannungsquelle abgegebene Leistung.)

d) Man beantworte die Fragen a) und c) für die Zahlenwerte: $R = 50\,\mathrm{k\Omega}$, $S = 2\,\mathrm{mA/V}$, $D = 5\%$, $R_k = 4\,\mathrm{k\Omega}$.

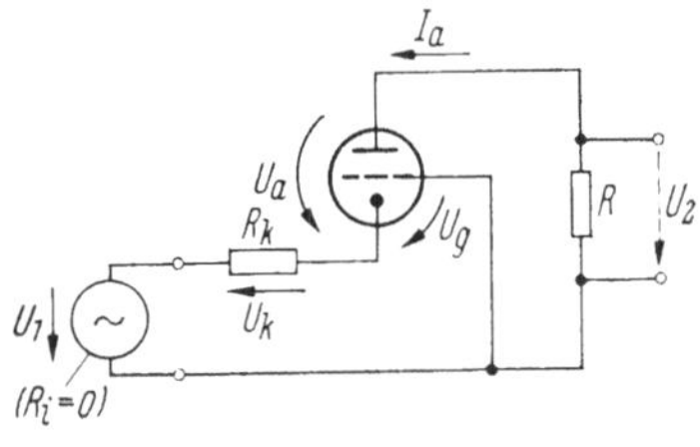

Abb. 3.11

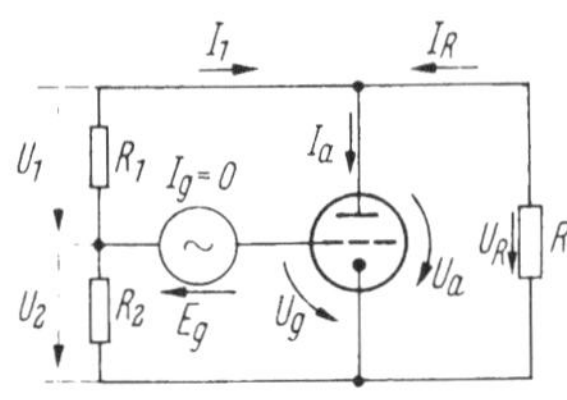

Abb. 3.12

88. Für die gezeichnete Gegenkopplungsschaltung (Abb. 3.12) seien folgende Werte gegeben:

Steilheit der Triode im Arbeitspunkt $S = 1\,\mathrm{mA/V}$;

Durchgriff $D = 0{,}05$; $R = 30\,\mathrm{k\Omega}$, $R_2 = 4\,\mathrm{k\Omega}$. (Die Gleichspannungsquellen sind der Einfachheit halber weggelassen; der Gitterstrom der Röhre ist Null: $I_g = 0$).

Man berechne allgemein die Spannungsverstärkung $v_u = U_a/E_g$ der Röhre in der gezeichneten Schaltung. Wie groß ist v_u für die beiden Fälle:

a) $R_1 \to \infty$ b) $R_1 = 56\,\mathrm{k\Omega}$?

IV. Hochvakuum-Mehrpolröhren

89. Man skizziere je eine I_a-U_a-Kennlinie für eine Triode und eine Tetrode und erkläre den Unterschied der Kennlinienverläufe. Wie ist der Innenwiderstand für beide Röhren definiert? Wie verläuft demnach die Kurve für den Trioden- bzw. Tetroden-Innenwiderstand in Abhängigkeit von der Anodenspannung U_a?

90. Für eine Elektronenstrahl-Tetrode (Beam-Power-Röhre) sind folgende Betriebsdaten gegeben:

Gittervorspannung $U_g = -14\,\mathrm{V}$,

Schirmgitterspannung = Anodenspannung: $U_s = U_a = 250\,\mathrm{V}$,

Anodenstrom $I_a = 72\,\mathrm{mA}$,

Schirmgitterstrom $I_s = 6\,\mathrm{mA}$,

Anodenstrom-Steilheit $S = 6\,\mathrm{mA/V}$ und Innenwiderstand $R_i = 21\,\mathrm{k\Omega}$.

Annahme: $I_s/I_a = $ const.

a) Wie lautet (unter der Bedingung $I_s/I_a = $ const) der Zusammenhang zwischen der „Kathodenstrom-Steilheit" $\dfrac{dI_k}{dU_g}$ und der „Anodenstrom-Steilheit" $\dfrac{dI_a}{dU_g}$?

b) Mit Hilfe des Ergebnisses von a) berechne man den Schirmgitter-Durchgriff D_s und die Raumladungskonstante K der Röhre.

c) Wie groß wird der Anodenstrom und der Schirmgitterstrom, wenn die Anodenspannung auf $350\,\mathrm{V}$ erhöht und gleichzeitig die Gittervorspannung auf $-18\,\mathrm{V}$ erniedrigt wird? ($U_s = $ const.)

91. Eine Pentode hat folgende Betriebsdaten:
$U_g = -2\,\mathrm{V}$; $D_s = 0{,}05$; Raumladungskonstante $K = 1{,}2\,\mathrm{mA/V^{3/2}}$,
$U_s = 80\,\mathrm{V}$; $D_a = 0{,}007$; Steilheit $S = 3\,\mathrm{mA/V}$.

a) Man ermittle die Anodenspannung U_a und den Anodenstrom I_a der Röhre.

b) Wie groß ist der Spannungsverstärkungsfaktor v_u bei einem Anodenwiderstand $R_a = 50\,\mathrm{k\Omega}$?

c) Welcher Anodenwidersand wäre erforderlich, damit die Leistungsverstärkung v_n ein Maximum wird?

92. Eine Photo-Sekundäremissions-Vervielfacherröhre mit $n_1 = 10$ Stufen wird bei konstanter Beleuchtung betrieben. Um welchen Faktor m ändert sich der Ausgangsstrom,

a) wenn der Sekundäremissionskoeffizient jeder Stufe von $\delta_1 = 3$ auf $\delta_2 = 4$ erhöht wird?

b) wenn die Stufenzahl von $n_1 = 10$ auf $n_2 = 12$ erhöht wird, wobei der Sekundäremissionskoeffizient $\delta_1 = 3$ ist?

c) Man skizziere die Betriebsschaltung des Vervielfachers und gebe die Richtung der Ströme an, die in den einzelnen Zweigen der Schaltung im Betrieb fließen.

93. Eine Photo-Sekundäremissions-Vervielfacherröhre („Photo-Multiplier") mit Netzelektroden soll bei vorgegebener Gesamtbetriebsspannung $U_\mathrm{ges} = 720\,\mathrm{V}$ so dimensioniert werden, daß eine möglichst hohe Stromverstärkung erzielt wird. Die Elektroden (Dynoden) der Vervielfacherröhre sind mit einer $\mathbf{Ag_2O\text{-}Cs}$-Schicht bedeckt, deren Sekundäremissionskoeffizient δ als Funktion der Elektronenbeschleunigungsspannung pro Stufe (Stufenspannung) U gemessen wurde:

U [V]	0	10	20	30	40	50	60	80	100	150
δ	0	0,6	1,1	1,6	2,1	2,5	2,8	3,4	3,7	4,2

a) Man zeige, daß die Gesamtverstärkung V der Vervielfacherröhre für eine bestimmte optimale Stufenspannung U_opt einen Maximalwert annimmt.

Wie groß ist (ungefähr) diese optimale Stufenspannung U_opt?

b) Wie groß sind die optimale Stufenzahl n und die zugehörige Gesamtverstärkung V der Vervielfachers, wenn die Stufenspannung $U = 45\,V$ beträgt?

(Die Spannung zwischen der letzten Dynode und der Anode sei vernachlässigt.)

V. Gasgefüllte Mehrpolröhren

94. Ein Glühkathoden-Thyratron werde in der gezeichneten Schaltung betrieben (vgl. Abb. 3.13). Der Schalter S werde zur Zeit $t = 0$ geschlossen.

a) Man erläutere die Wirkungsweise der Schaltung.

b) Man skizziere den zeitlichen Verlauf der am Kondensator C liegenden Spannung U_c.

c) Gegeben sei $U_g = 15\,\mathrm{V}$, das Gittersteuerverhältnis des Thyratrons $\mu = 16$, $U_B = 400\,\mathrm{V}$, $R = 2\,\mathrm{k\Omega}$, $C = 1\,\mu\mathrm{F}$. Man ermittle den Höchst-

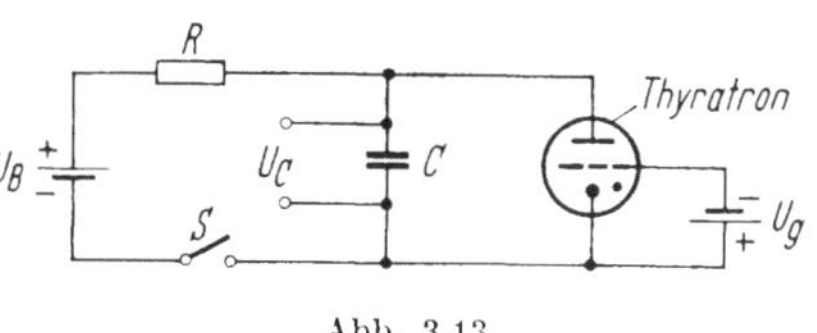

Abb. 3.13

wert und die Frequenz der Spannung U_c. (Zündwiderstand und Löschspannung des Thyratrons seien vernachlässigbar klein.)

24*

95. Ein Glühkathoden-Thyratron soll in der gezeichneten Schaltung (Abb. 3.14) als Gleichrichter verwendet werden.

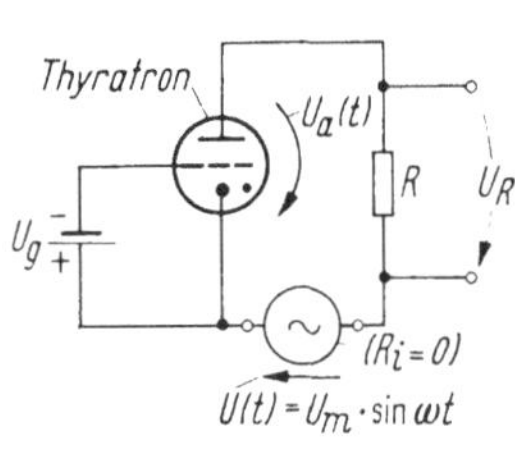

Abb. 3.14

Gegeben sind folgende Daten des Thyratrons:

Gittersteuerverhältnis: $\mu = \text{const} = -10$;

Brennspannung $U_b = \text{const} = 8$ V;

die Löschspannung sei vernachlässigbar klein. Die Gittervorspannung beträgt $U_g = 15$ V.

Die Amplitude der gleichzurichtenden Wechselspannung sei $U_m = 200$ V, die Frequenz $f = \dfrac{\omega}{2\pi} = 50$ Hz. Der Belastungswiderstand ist $R = 500$ Ohm.

a) Man erläutere die Wirkungsweise der Schaltung und den Entladungsmechanismus im Glühkathoden-Thyratron.

b) Man skizziere den zeitlichen Verlauf der Wechselspannung $U(t)$; in das gleiche Bild zeichne man den zeitlichen Verlauf der Anodenspannung $U_a(t)$ des Thyratrons.

c) Man berechne den Mittelwert U_{R_m} der Spannung U_R, die am Widerstand R zur Verfügung steht.

(Anmerkung: Bei der Berechnung des Mittelwerts kann die Brennspannung des Thyratrons vernachlässigt werden.)

VI. Zweipolige Festkörper-Entladungsgeräte

96. Bei einem p-n-**Ge**-Photoelement ist die n-Zone mit 10^{16} **Sb**-Atomen/cm³ und die p-Zone mit 10^{15} **In**-Atomen/cm³ dotiert. Diese Fremdatome seien bei Zimmertemperatur alle ionisiert.

a) Wie groß ist die Diffusionsspannung U_D im p-n-Übergang?

b) Der p-n-Übergang wird mit Licht der Wellenlänge $3000 < \lambda < 8000$ Å bestrahlt.

Welcher Teil des Lichtspektrums löst einen Photostrom aus?

Wie groß kann die erzeugte Photospannung höchstens werden?

97. Die Durchlaßkennlinie eines Selengleichrichters stellt angenähert eine Gerade dar (vgl. Abb. 3.15). An den Gleichrichter wird über einen Widerstand R eine sinusförmige Wechselspannung $U = U_0 \sin \omega t$ gelegt.

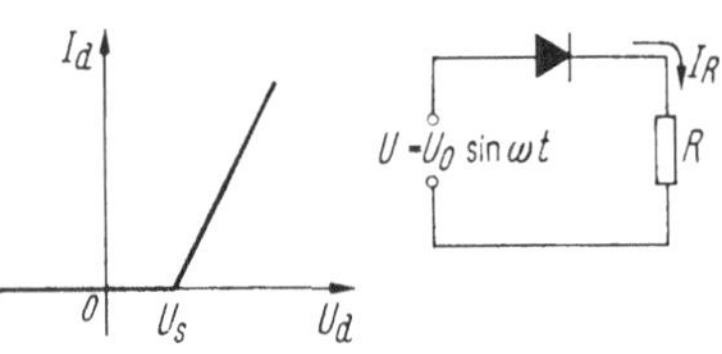

Abb. 3.15

a) Man skizziere den zeitlichen Verlauf des Stromes $I_R = f(t)$, der durch den Widerstand R fließt.

b) Man skizziere den zeitlichen Verlauf der am Gleichrichter liegenden Spannung $U_g = f(t)$.

Kapitel 2: Elektronenoptische Geräte [1]

I. Elektronenlinsen

98. Bei einer rotationssymmetrischen Elektrodenanordnung sei das Potential auf der Achse $U_0(z)$ vorgegeben.

---

[1] Die zu den Übungsaufgaben zu Kapitel 2 des zweiten Bandes gehörenden Abbildungen wurden jeweils mit der Ziffer 4 bezeichnet.

a) Mit Hilfe einer Taylorreihe entwickle man das Potential $U(r,z)$ in der Umgebung der Achse bis zu den ersten beiden nicht verschwindenden Gliedern. (Die auftretenden Koeffizienten bestimme man mit Hilfe der Laplace-Gleichung: $\dfrac{1}{r}\dfrac{\partial}{\partial r}\left(r\dfrac{\partial U}{\partial r}\right) + \dfrac{\partial^2 U}{\partial z^2} = 0$.)

b) Man zeige, daß die radiale Feldstärke auf der Achse stets verschwindet.

99. Gegeben sei eine elektrische Linse, bestehend aus einer Lochblende mit dem Potential U_L und aus zwei Netzen N_1 und N_2 mit den Potentialen U_1 bzw. U_2 (vgl. Abb. 4.1). Die Abstände der Netze von der Lochblende seien d_1 bzw. d_2 ($R \ll d_1$; $R \ll d_2$).

a) Man berechne die Brennweiten dieser Linse.

b) Man gebe die Bedingung an, unter der diese Linse für einen von links einfallenden Strahl α) sammelnd β) zerstreuend wirkt.

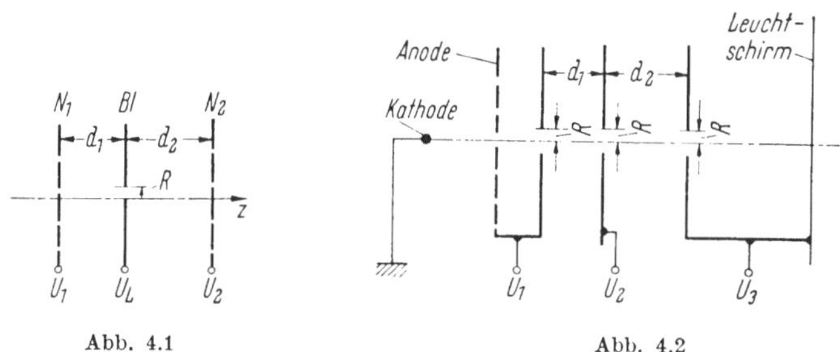

Abb. 4.1   Abb. 4.2

100. Gegeben ist eine Dreipol-Dreiloch-Scheibenlinse (vgl. Abb. 4.2) mit den Elektrodenspannungen $U_1 = 400$ V, $U_2 = 600$ V und $U_3 = 1200$ V (bezogen auf die geerdete Kathode). Der Elektrodenabstand beträgt $d_1 = 1$ cm bzw. $d_2 = 1{,}5$ cm. Die Öffnungen der Lochscheiben haben alle den gleichen Radius $R = 0{,}5$ mm.

a) Man skizziere für die obige Linsenanordnung den Verlauf des Achsenpotentials $U_o(z)$, und dessen erste und zweite Ableitung, also $U_o'(z)$ und $U_o''(z)$ zwischen Anode und Leuchtschirm.

b) Man skizziere in demselben Bereich den Verlauf von $\dfrac{1}{\sqrt{U_o(z)}}$ und $\dfrac{U_o''(z)}{\sqrt{U_o(z)}}$. Welche Bedeutung hat die letztere Kurve?

c) Man gebe aus dem Kurvenverlauf unter b) an, ob die Linse sammelt oder zerstreut und begründe das Ergebnis.

101. In einem elektronenoptischen System wird zur Abbildung eine Einrohrlinse mit Netz verwendet. Das Potential der Netzelektrode beträgt $U_N = 800$ V, das Potential des Rohres $U_R = 200$ V. Die Netzelektrode ist der Kathode zugewandt. Die Gesamtlänge des Systems (Gegenstands-Bildebene) ist 25 cm; die Bildweite ist 20 cm.

a) Man berechne die Brennweiten f_N und f_R.

b) Wie groß muß der Rohrradius R gewählt werden?

c) Man berechne die Vergrößerung V.

d) Was geschieht, wenn bei gleichen Spannungen U_N bzw. U_R die Rohrlinse um 180° gedreht wird, so daß nun die Rohrelektrode der Kathode zugewandt ist?

102. Gegeben ist die Induktion $B_{z_0}(z)$ längs der optischen Achse einer magnetischen Elektronenlinse: $B_{z_0} = B_0/[1 + (z/d)^2]$ (d = „Halbwertsbreite").

a) Man berechne allgemein die Brennweiten f_1 und f_2 sowie die Bilddrehung φ.

b) Wie groß sind die Brennweiten und die Bilddrehung für Protonen und Elektronen, die jeweils nach Durchlaufen einer 40 kV-Beschleunigungsstrecke in das Linsenfeld eintreten. ($B_{z_0}(d) = 5000$ G, $d = 2$ cm.)

103. Gegeben sei die magnetische Induktion längs der optischen Achse einer kurzen Luftspule: $B_{z_0}(z) = B_0 e^{-(z/d)^2}$ ($B_0 = 8000$ G, $d = 2$ cm).

a) Man berechne die Brennweite f und die Bilddrehung φ

α) allgemein,

β) für $\mathrm{Li^+}$-Ionen ($E_k = 2000$ eV).

b) Durch geeignete Superposition zweier solcher Spulenfelder entsteht eine magnetische Linse ohne Bilddrehung. Der Abstand der beiden Spulenmittelebenen sei $2D$.

α) Wie lautet für eine solche Linse der allgemeine Ausdruck für die magnetische Induktion längs der optischen Achse?

β) Wie lautet der allgemeine Ausdruck für die Brennweite?

γ) Für welchen Wert von D wird diese Brennweite gleich der unter a) berechneten?

104. Mit einer kurzen Luftspule vom Radius $R = 2$ cm soll der Überkreuzungspunkt eines Elektronenstrahls auf einen Leuchtschirm S abgebildet werden (vgl.

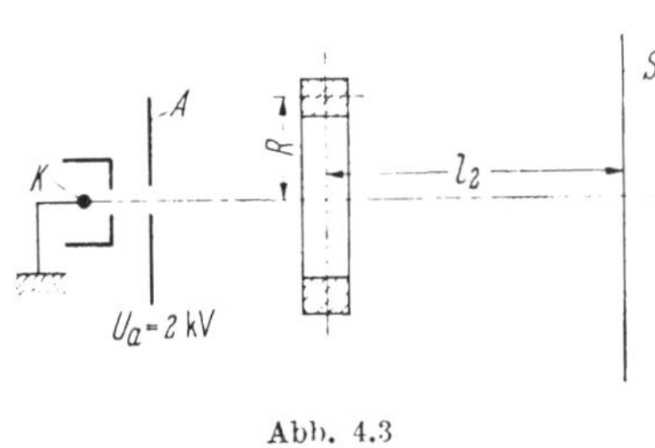

Abb. 4.3

Abb. 4.3). Die Elektronen treten mit einer Energie von 2 keV in das Linsenfeld ein. Die Stromdichte beträgt am Überkreuzungspunkt $j_c = 50$ mA/cm² und am Leuchtschirm $j_s = 1$ mA/cm². Der Abstand der Linsenhauptebene vom Leuchtschirm ist $l_2 = 25$ cm.

a) Man skizziere den ungefähren Verlauf des Elektronenstrahlbündels zwischen Kathode K und Leuchtschirm S.

b) Man berechne die Vergrößerung V und die Gegenstandsweite l_1.

c) Wie groß sind die Brennweiten f_1 und f_2?

d) Wie groß ist die Amperewindungszahl der Spule?

105. Anhand der Formeln für die Größe Δr der Bildfehler von elektrostatischen Linsen ermittle man diejenigen Fehler, die am stärksten ins Gewicht fallen

a) bei großer Blendenöffnung und kleinem Achsenabstand des Gegenstandspunktes,

b) bei kleiner Blendenöffnung und großem Achsenabstand des Gegenstandspunktes.

(Es sei dabei angenommen, daß die Fehlerkoeffizienten der einzelnen Bildfehler ungefähr gleich groß sind.)

II. Immersionssysteme

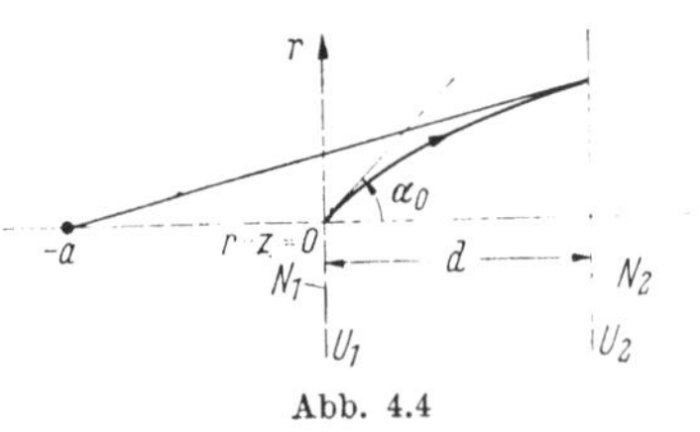

Abb. 4.4

106. Zwischen zwei parallelen Netzen N_1 und N_2 (Abstand d; vgl. Abb. 4.4) herrscht ein Beschleunigungsfeld ($U_2 > U_1$). An der Stelle $r = z = 0$ treten Elektronen mit der Energie $e U_1$ in das Beschleunigungsfeld ein. Die Elektronenbahnen schließen im Punkt $r = z = 0$ mit der z-Achse den Winkel α_0 ein.

a) Man zeige, daß für kleine Eintrittswinkel α_0 (sin $\alpha_0 \approx \alpha_0$) die Elektronen von einem Punkt $z = -a$ zu kommen scheinen.

b) Wie groß ist a, wenn der Abstand der Netze $d = 1$ cm und $U_2/U_1 = 2$ beträgt?

III. Elektronenoptische Ablenkorgane

107. Für die ideale Ablenkung eines Elektronenstrahls in einem doppelsymmetrischen elektrischen Ablenkorgan gilt die Differentialgleichung $d^2 y/dz^2 = -(1/2\,U_a)\,E_y(z)$. Dabei ist U_a die Beschleunigungsspannung der Elektronen und $E_y(z)$ die y-Komponente der elektrischen Feldstärke längs der z-Achse (Symmetrieachse).

a) Für $E_y(z) = -U_p/d = $ const (lange parallele Ablenkplatten; vgl. Bd. II, Abb. 196) berechne man den Ablenkwinkel γ und die Ablenkung y_e des Elektronenstrahls.

b) Für $E_y(z) = -U_p/2xz$ (geneigte Ablenkplatten; vgl. Bd. II, Abb. 198a) berechne man ebenfalls den Ablenkwinkel γ und die Ablenkung y_e (am Rand des Ablenksystems).

c) Für $U_a = 2$ kV ermittle man:

α) y_e und γ für lange parallele Ablenkplatten, wenn $l = 2$ cm, $d = 1$ cm und $U_p = 400$ V beträgt.

β) U_p für geneigte Ablenkplatten, wenn der Elektronenstrahl genau so stark wie unter α) abgelenkt werden soll und $r_1/r_2 = 0{,}5$, $l = 2$ cm und $d_2 = 1$ cm beträgt.

108. Ein Elektronenstrahl (Beschleunigungsspannung U_a) tritt in ein homogenes magnetisches Ablenkfeld der Feldstärke H und der Länge l ein (vgl. Bd. II. Abb. 201).

a) Für kleine Ablenkwinkel (sin $\gamma \approx$ tan $\gamma \approx \gamma$) berechne man die Ablenkung y_m, den Ablenkwinkel γ und die Lage der Hauptebene z_{II}.

b) Wie groß sind y_m, γ und z_{II} für $H = 10$ A/cm, $U_a = 1600$ V und $l = 2$ cm?

109. In einer Fernsehröhre werden elliptische, gekreuzte Ablenkspulen verwendet (vgl. Bd. II, Abb. 204). Die Spulenlänge in Richtung der Röhrenachse beträgt 5 cm. Jede Spule besteht aus 500 Windungen. Der Abstand zwischen Ablenk-Hauptebene und Leuchtschirm ist 20 cm. Der Röhrenhals hat einen Durchmesser von 3 cm. Der ausnutzbare Leuchtschirmdurchmesser beträgt 40 cm. Die Anode liegt auf einer Spannung von 2,5 kV gegenüber der geerdeten Kathode.

a) Auf dem Leuchtschirm soll ein Fernsehraster mit einem Verhältnis Zeilenlänge zu Bildhöhe von 4:3 dargestellt werden. Man berechne die erforderlichen maximalen Bild- bzw. Zeilenablenkströme.

b) Welche Bahn beschreiben die Strahlelektronen innerhalb des homogenen magnetischen Ablenkfelds? Welche Ablenkfehler entstehen dadurch? Durch welche Maßnahmen können diese Fehler korrigiert werden?

110. Bei einer Oszillographenröhre mit elektrostatischem Ablenksystem, deren letzter, schirmseitiger Blendenradius des elektrostatischen Strahlerzeugungssystems $r_a = 0{,}8$ mm beträgt, wurde folgendes experimentell festgestellt: Bei kleinem Strahlstrom und bei unabgelenktem Elektronenstrahl ist der Leuchtfleckdurchmesser um 0,1 mm größer als der theoretisch zu erwartende Wert.

a) Um welchen elektronenoptischen Fehler handelt es sich hier und wie groß ist die zugehörige Fehlerkonstante?

b) Man gebe die bei dieser Röhre noch möglichen elektronenoptischen Fehler an.

111. In einem Parabelspektrographen mit parallelem elektrischem und magnetischem Homogenfeld (vgl. Bd. II, Abb. 223) werden Elektronen der Energie

$e U_1 \leq E_k \leq e U_2$ eingeschossen. Die Länge der Ablenkplatten und der Polschuhe ist $l = 2$ cm, der Abstand des Leuchtschirms vom gemeinsamen Ablenkzentrum $L = 20$ cm. Zwischen den Ablenkplatten besteht ein elektrisches Feld $E = 100$ V/cm. Die Auftreffpunkte der abgelenkten Elektronen bilden auf dem Leuchtschirm einen Parabelast der Form $y = cx^2$ (c positiv). Die Endpunkte des Parabelastes liegen bei $P(x_1, y_1)$ und $Q(x_2, y_2)$, wobei $x_1 = 1$ cm, $y_1 = 1$ cm, $x_2 = 2$ cm und $y_2 = 4$ cm beträgt.

a) Man berechne U_1 und U_2.

b) Man ermittle allgemein die Konstante c aus den elektrischen, magnetischen und geometrischen Größen der Anordnung.

Welchen Wert hat die Konstante c für die genannten Zahlenwerte?

c) Welche Richtung und Größe muß die magnetische Feldstärke H im Spektrographen haben, damit die beschriebene Ablenkung zustande kommt?

112. In einem Massenspektrometer, bestehend aus einem magnetischen Immersionssystem, werden schwach divergente Ionenbündel nach der Ablenkung um 180° durch ein homogenes Magnetfeld B in der Entfernung $2 R_0$ vom Eintrittsspalt wieder fokussiert. R_0 ist der mittlere Bahnradius für Ionen der Masse M_0 bzw. der Ladung q, die den Eintrittsspalt mit der Voltgeschwindigkeit U_A passieren.

a) Für Ionen der Masse $M_0 \pm \Delta M$ (jedoch gleicher Ladung q und Voltgeschwindigkeit U_A) berechne man die neuen Auftreffpunkte x_1 und x_2, gerechnet vom Eintrittsspalt.

b) Damit die Ionen der Masse $M_0 \pm \Delta M$ gerade nicht mehr den Austrittsspalt passieren können, bestimme man die Breite S dieses Austrittsspaltes und daraus die Massenauflösung $M_0/\Delta M$ des Spektrometers.

c) Für eine geforderte Massenauflösung $M_0/\Delta M = 100$ und für einen Ionenbahnradius $R_0 = 5$ cm berechne man die zulässige Breite S des Austrittsspaltes.

IV. Elektronenoptische Ähnlichkeitsgesetze

113. Gegeben ist ein eisenfreies elektronenoptisches System im Hochvakuum. Was geschieht, wenn

a) die elektrische und gleichzeitig die magnetische Feldstärke bei konstanten Systemspannungen U und Spulenströmen I um den Faktor n erhöht werden?

b) die Systemspannungen U um den Faktor n und gleichzeitig die Spulenströme um den Faktor $\sqrt{n}$ vergrößert werden, wobei die Dimensionen der Elektroden und Spulen konstant bleiben?

V. Elektronenstrahl-Wandlerröhren

114. In einer Oszillographenröhre beträgt die Entfernung zwischen dem Leuchtschirm und der Mitte der Ablenkplatten für vertikale bzw. horizontale Ablenkung 51 bzw. 54 cm, die Plattenlänge jeweils 2,5 cm und der gegenseitige Plattenabstand 0,7 cm.

a) Man ermittle die Ablenkempfindlichkeit e[mm/V] in horizontaler und vertikaler Richtung für einen 1600 V-Elektronenstrahl.

b) Wie groß ist die ausnutzbare Leuchtschirmfläche?

115. Im Potentialfeld einer typischen Bildwandlerdiode (vgl. Abb. 4.5a) ist stets eine Äquipotentialfläche (mit dem Potential U_N) dadurch ausgezeichnet, daß sie die optische Achse mit der Krümmung Null durchsetzt. Diese Äquipotentialfläche verläuft in unmittelbarer Nähe der Anodenöffnung und zerlegt das abbildende Feld in zwei Teilbereiche mit konvexer bzw. konkaver Krümmung der Potentialflächen. Bringt man an ihre Stelle ein Netz mit gleichem Potential, so hat man den Bildwandler näherungsweise durch eine Kombination eines Kugelkondensatorfeldes (Bereich I) und einer Einrohrlinse mit Netz (Bereich II) ersetzt (vgl. Abb. 4.5 b).

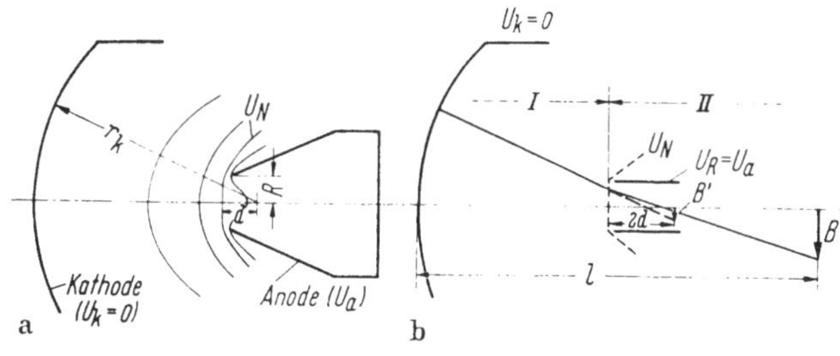

Abb. 4.5 a u. b

Der „Kugel"-Kondensator entwirft im Abstand $2d$ vom Netz (Vergrößerung $V' = d/r_k$) ein Zwischenbild B', aus dem durch die Rohrlinse das resultierende Bild B entsteht. Gegeben sei: $r_k = 50$ mm, $d = 7$ mm, $R = 5{,}5$ mm und $U_N = 0{,}64\,U_a$.

a) Man berechne die Brennweiten f_N und f_R der Rohrlinse.

b) Wie groß werden die erforderliche Gesamtlänge l des Bildwandlers und die Gesamtvergrößerung V?

c) Unter der Annahme, daß U_N von d unabhängig ist, ermittle man den Differentialquotienten $\partial l/\partial d$ für die angegebenen Werte von r_k, d, R und U_N. Was ergibt sich daraus für die Toleranz des Abstandes zwischen Kathode und Anodenöffnung?

d) Warum werden bei Bildwandlerdioden gekrümmte Kathoden verwendet?

VI. Elektronenmikroskope

116. Gegeben sei ein magnetisches Elektronenmikroskop.

a) Mit diesem Elektronenmikroskop sollen im Objekt noch Unterschiede von der Größenordnung 10 Å wahrgenommen werden können. Wie groß muß mindestens die Anodenspannung des Elektronenmikroskops gewählt werden, wenn die maximale Apertur des Elektronenstrahlkegels $5 \cdot 10^{-3}$ beträgt?

b) Der am Leuchtschirm auftretende Bruchteil des Elektronenstroms beträgt 60%. Wie dick darf eine Objektfolie aus Kohlenstoff bei $U_a = 60$ kV gewählt werden?

c) Sämtliche Lineardimensionen des Elektronenmikroskops werden nun um den Faktor k geändert. Wie müssen die Anodenspannung und die Spulenströme geändert werden, damit die Vergrößerung und das Auflösungsvermögen des Elektronenmikroskops erhalten bleiben?

117. Gegeben sei ein Elektronenmikroskop mit einer für die Abbildung maßgebenden Blende (zwischen Objektiv und Projektionslinse) vom Durchmesser 1 cm.

a) Bei sehr kleinem Strahlstrom ist ein Bildpunkt auf der Achse um 0,2 mm größer als der ohne Berücksichtigung von Bildfehlern berechnete. Um welchen Bildfehler handelt es sich und wie groß ist die zugehörige Bildfehlerkonstante?

b) Achsenferne Bildpunkte zeigen eine unsymmetrische Form; der mittlere Radius der Bildpunkte vergrößert sich z. B. auf der x-Achse bei einem Abstand von 2 cm bzw. 3 cm von der Achse um weitere 0,2 bzw. 0,4 mm. Um welche Bildfehler handelt es sich nun, und wie groß sind die zugehörigen Bildfehlerkonstanten?

VII. Teilchenbeschleuniger

118. Ein HF-Linearbeschleuniger (vgl. Abb. 4.6) von der Gesamtlänge L besitzt N Rohrelemente. An die Rohrelemente sei die Wechselspannung $u = U_m \sin \omega t$ ($\omega = 2\pi f$) angelegt. L_n sei die effektive Länge des n-ten Rohrelements.

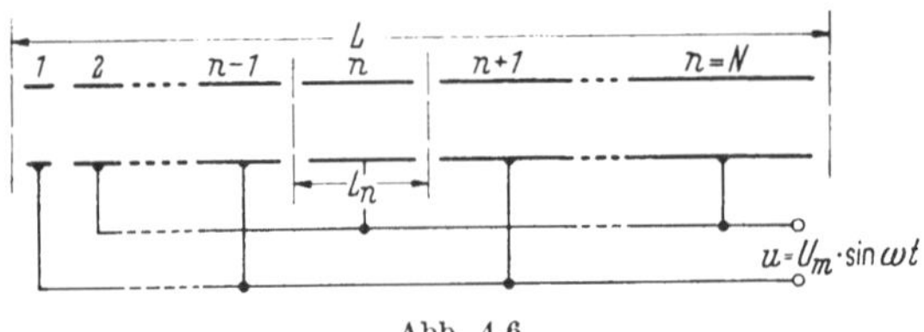

Abb. 4.6

Ein Elektron erhält vor dem Eintritt in das erste Rohrelement und im Spalt zwischen jedem folgenden Rohrelementpaar den Energiezuwachs $e\,U_o$ (U_o entspricht ungefähr U_m).

a) Wie muß die Beziehung zwischen L_n, f und der Geschwindigkeit v_n lauten, damit das Elektron im Spalt zwischen dem $(n-1)$-ten und n-ten Rohrelement gerade ein Beschleunigungsfeld vorfindet? Wie groß ist die kinetische Energie des Elektrons an dieser Stelle?

b) Mit den Ergebnissen von a) gebe man die effektive Rohrlänge L_n als Funktion von U_o, f und n an.

c) Man bestimme die Gesamtlänge L des Beschleunigers. (Hinweis: Die auftretende Summe ist näherungsweise durch ein Integral mit der unteren Grenze Null zu ersetzen).

d) Wie groß ist die Endenergie $E_{k\max} = N\,e\,U_o$ als Funktion von L, U_o und f? Man diskutiere das Ergebnis für Elektronen und Ionen.

119. Es seien folgende Daten eines Betatrons gegeben: Sollkreisradius $R_s = 100\ \text{cm}$; Amplitude der zeitlich veränderlichen, aber homogenen magnetischen Induktion zwischen den Polschuhen $B_o = 5000$ Gauß; Betriebsfrequenz $f = 50$ Hz.

Man berechne zunächst allgemein:

a) für ein Elektron den Energiegewinn $\varDelta E$ pro Umlauf, wenn die Zeitabhängigkeit des magnetischen Flusses durch $\varPhi = \varPhi_o \sin \omega t$ gegeben ist, und daraus den mittleren, während der Beschleunigungsdauer erzielten Energiegewinn $\varDelta E_k$ pro Umlauf;

b) die Zahl N der Umläufe in der Beschleunigungsphase unter der Annahme, daß sich das Elektron während der Beschleunigungsdauer praktisch mit Lichtgeschwindigkeit bewegt, und daraus schließlich die Endenergie $E_{k\max} = N \cdot \varDelta E_k$.

c) Für die oben gegebenen Werte berechne man nun $\varDelta E_k$ [eV], N und $E_{k\max}$ [eV].

120. a) Geht man beim Zyklotron von Deuteronen auf α-Teilchen über, so muß (bei konstanter Oszillatorfrequenz f) das Magnetfeld um einen kleinen Betrag erniedrigt werden. Wie groß ist die erforderliche prozentuelle Verringerung der magnetischen Feldstärke, wenn die Masse eines Deuterons (H^2) 2,014708 ME, die Masse eines α-Teilchens (He^4) 4,003900 ME beträgt? (ME = Masseneinheit.)

b) Der effektive Radius der HF-Elektroden („Dees") eines Zyklotrons sei 53 cm. Der dazugehörige Oszillator werde mit einer Frequenz von 12 MHz betrieben. Wie groß ist die maximal erreichbare kinetische Energie $E_{k\max}$ [eV] für Protonen? ($M_p = 1,67 \cdot 10^{-24}$ g.)

Anhang

A. Einheiten

Physikalische Größe	Einheit	Umrechnung in andere Einheiten
Länge (l)	cm	$1\ \text{cm} = 10^{-5}\ \text{km}$
Zeit (t, τ)	s	—
Masse (M, m)	Ws³/cm²	$1\ \text{Ws}^3/\text{cm}^2 = 10^4\ \text{Ws}^3/\text{m}^2 = 10{,}2$ kp s²/cm $= 10^7$ dyn s²/cm $= 10^7$ g
Ladung (e, q)	As oder Cb	$1\ \text{Cb} = 1\ \text{As} = 3 \cdot 10^9$ ESE (elektrostatische Ladungseinheiten)
Verhältnis Ladung/Masse (e/m, q/m)	cm²/Vs²	$1\ \text{cm}^2/\text{Vs}^2 = 10^{-4}\ \text{m}^2/\text{Vs}^2$ $= 10^{-7}$ As/g $= 10^{-4}$ As/kg
Energie (E mit Index) Arbeit (W)	Ws oder eV Ws	$1\ \text{Ws} = 10^7$ erg $= 10^7$ dyn cm $= 0{,}102$ mkp $= 0{,}239$ cal; $(1\ \text{eV} \triangleq 1{,}6\ 10^{-19}\ \text{Ws})$
Leistung (N) Kraft (K)	W Ws/cm	$1\ \text{W} = 0{,}102$ mkp/s $1\ \text{Ws/cm} = 10^2$ Nw (Newton) $= 10^7$ dyn
Gewicht (G)	kp	$1\ \text{kp} = 10^3\ \text{p} = 9{,}81$ Nw $= 9{,}81 \cdot 10^5$ dyn
Elektrische Spannung (U)	V	$1\ \text{V} = 10^{-3}\ \text{kV} = 10^{-6}\ \text{MV}$
Elektrische Feldstärke (E ohne Index)	V/cm	$1\ \text{V/cm} = 10^2$ V/m
Dielektrische Verschiebung (D)	As/cm²	—
Elektrischer Strom (I)	mA	$1\ \text{mA} = 10^{-3}\ \text{A} = 10^3\ \mu\text{A}$
Magnetische Feldstärke (H)	A/cm	$1\ \text{A/cm} = 4\pi/10$ Oe (Oersted) $= 1{,}256$ Oe.
Magnetische Induktion (B)	Vs/cm²	$1\ \text{Vs/cm}^2 = 10^4\ \text{Vs/m}^2 = 10^8$ Gauß
Elektrischer Widerstand (R)	Ω (Ohm)	—
Kapazität (C)	μF	$1\ \mu\text{F} = 10^{-6}\ \text{F} = 10^{-6}$ As/V $= 10^{-6}$ s/Ω
Induktivität (L)	H	$1\ \text{H} = 1\ \Omega\text{s}$
Druck (p)	Torr oder mm Hg	(vgl. Bd. I, Tab. 8)
Lichtstrom (L)	Lm	—
Lichtstärke (I)	cd	1 cd (Candela) $= 1$ Lm/sterad (1 sterad $=$ Raumwinkeleinheit)
Leuchtdichte (B) einer Fläche	sb	1 sb (Stilb) $= 1\ \text{cd/cm}^2$

B. Physikalische Konstanten

Elektronenladung	$e =$	$1{,}6 \cdot 10^{-19}$ As
Elektronenmasse	$m =$	$9{,}1 \cdot 10^{-35}$ Ws^3/cm$^2 = 9{,}1 \cdot 10^{-28}$ g
Verhältnis e/m	$e/m =$	$1{,}76 \cdot 10^{15} \approx 1{,}8 \cdot 10^{15}$ cm^2/Vs^2 $= 1{,}8 \cdot 10^8$ As/g
Lichtgeschwindigkeit	$c =$	$3 \cdot 10^{10}$ cm/sec
Dielektrizitätskonstante des Vakuums	$\varepsilon_0 =$	$1/(36\pi \cdot 10^{11}) = 8{,}85 \cdot 10^{-14}$ F/cm
Magnetische Permeabilität des Vakuums	$\mu_0 =$	$4\pi \cdot 10^{-9} = 12{,}56 \cdot 10^{-9}$ H/cm
Plancksches Wirkungsquantum	$h =$	$6{,}625 \cdot 10^{-34}$ Ws^2
Boltzmannsche Konstante	$h =$	$1{,}38 \cdot 10^{-23}$ Ws/°K
Allgemeine Gaskonstante	$R =$	$8{,}316$ Ws/°K Mol $= 8{,}136 \cdot 10^7$ erg/°K Mol
Loschmidtsche Zahl	$L =$	$6{,}025 \cdot 10^{23}$ Moleküle/Mol (1 Mol $=$ Molekulargewicht in Gramm)
Molvolumen bei 0 °C und 760 Torr	$V_0 =$	22431 cm^3

Sachverzeichnis